KB078870

전기설비기초 실기/실습

김홍용 · 김병철 · 오선호 공저

일진사

머리말

전기는 고도화된 현대 산업 사회와 정보화 미래 산업의 핵심 에너지로서 일상생활은 물론 모든 산업 분야에 널리 이용되고 있다. 이러한 전기를 사용 목적에 맞게 이용할 수 있도록 해주는 전기공사는 발전소에서 산업 현장과 가정으로의 전기 공급, 산업용 공작 기계의 운전, 사회의 모든 분야의 건축설비 시공과 병용하여 많은 변화를 가져오고 있으며, 합리적이고 편리한 시설과 자동화에 따른 지속적이고 혁신적인 발전을 하고 있다. 따라서 전기공사를 통해 전기설비기술을 익힘으로써 각종 산업 현장에 필요한 기술자로서의 능력을 갖출 수 있다.

본 교재는 전기설비를 처음 배우는 학생들을 위해 제1장 전기설비 측정, 제2장 전기내선공사 실습, 제3장 수변전설비로 편성하여 기능 단위별 학습이 가능하도록 하였으며, 산업 사회의 발전에 따른 관계 법령의 개정으로 수많은 수성 보완 작업을 거쳐 완성되었다.

제1장에서는 전기 시스템의 기본 개념과 구성 요소를 소개하여 저항, 전압, 전류 등의 기본적인 전기량에 대한 이해를 바탕으로 회로 구성 및 해석 방법을 학습할 수 있도록 하였다. 또한 다양한 전기 부품과 도구들을 사용하여 회로를 구성하고 전기설비 측정을 실습하는 과정을 수록하였다.

제2장에서는 현장 활용성이 높은 기초 회로 중심으로 실습 과제를 구성함으로써 전기설비 내선공사의 기본 개념과 회로 구성 및 해석 방법을 학습할 수 있도록 하였다. 특히, 초보자들도 쉽게 이해할 수 있도록 현장감 있는 실습 장면을 사진으로 첨부하였으며, 기구 배치 및 배관도와 전기 회로도를 컬러로 작성하였다.

제3장에서는 수변전설비에 초점을 맞추어 전력을 효율적으로 분배하기 위한 변압기, 배전반, 차단기 등의 장비들에 대해 이해하고 그 역할을 탐구할 수 있도록 하였으며, 실제 수변전설비의 모델링 실습을 통해 이러한 장비들의 작동 원리와 상호 연결성을 경험할 수 있도록 하였다.

끝으로 이 교재가 전기설비를 공부하는 학생들에게 큰 도움이 되어 좋은 결실을 거둘 수 있기를 기대하며, 미래 산업 사회의 유능한 전기 기술인이 되어 자신의 발전을 이룸과 동시에 국가 산업 발전에 크게 이바지하기를 바란다.

저자 씀

차 례

제1장 전기설비 측정

제2장 전기내선공사 실습

제3장 수변전설비

• 수변전설비 주요 기기

• 수변전설비 실습

전기설비 측정

1. 전류 측정
2. 전압 측정
3. 절연저항 측정
4. 접지저항 측정

전기설비 측정 실습 과제

1 전류 측정

전선에 흐르는 전류를 정확하게 측정함으로써 과부하 상태 점검 및 전류 불평형에 따른 문제를 사전에 해결할 수 있다.

1 측정 장비

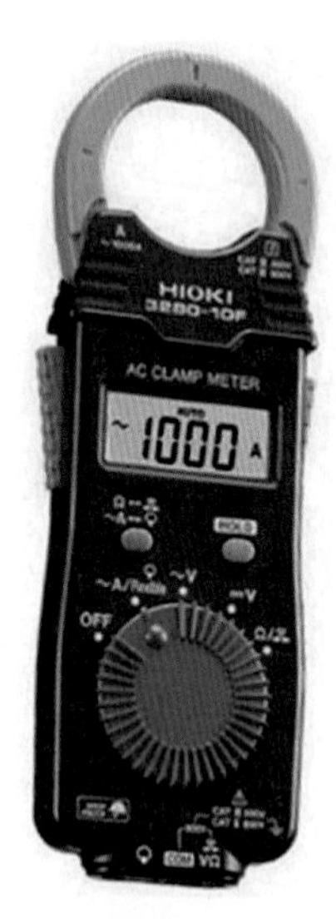

클램프 미터

2 측정 원리(Ampere의 오른나사 법칙)

① 전류가 흐르면 주위에 자계(자기장)가 발생한다. 자계의 크기는 전류에 비례한다. 따라서 자계를 측정하면 전류를 알 수 있다.

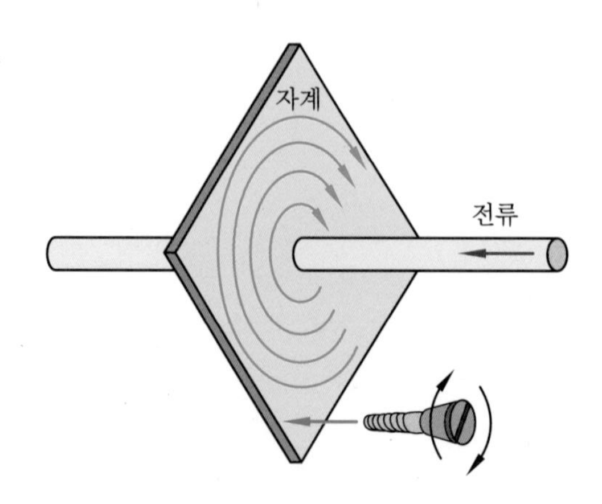

② 자계가 변화하면 주변의 코일에 전류가 발생한다. 전류의 크기는 자계의 증감에 비례한다.

③ 전류계 구조

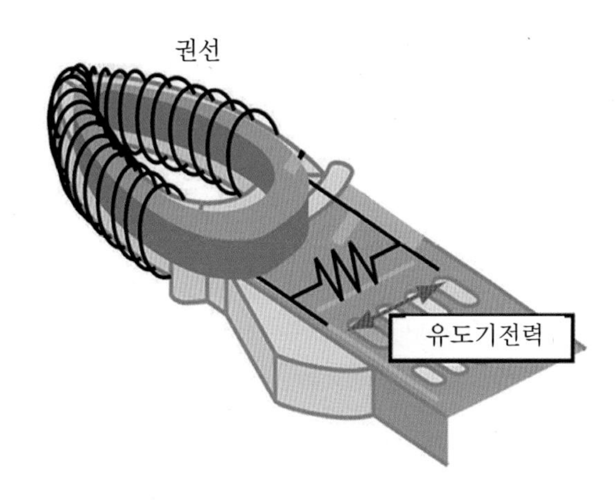

3 전류 측정 시 주의사항

① 측정 전에 영점 조정을 수행하여 측정 도체를 클램프하지 않고 완전히 닫힌 상태에서 "0[A]"인지 확인한다.

② 측정 도체를 클램프 센터에 위치하고 측정을 실시한다.

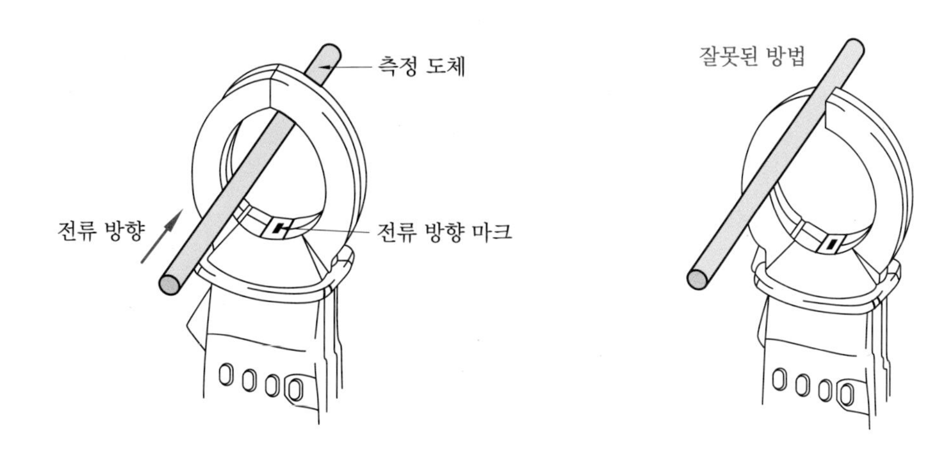

4 전류 측정 실시

(1) 1상 2선식

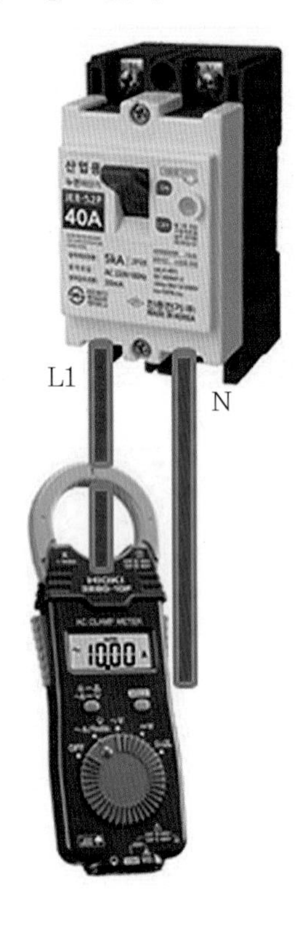

2.2[kVA] 전기기계기구 사용 시,

- 부하용량 : 2.2[kVA]
- 전압 : 220[V]
- 이때 전류는 10[A]이므로,

  L1 전류 : 10[A]

  N 전류 : 10[A]

  합산 전류 : 0[A]

[Sample 측정]

10A

10A

0A

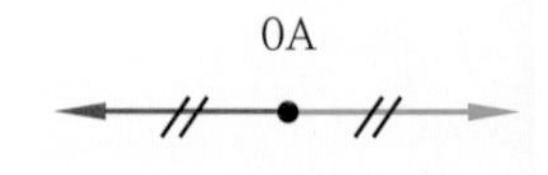

L1전류 측정[0.15A]

0.15A

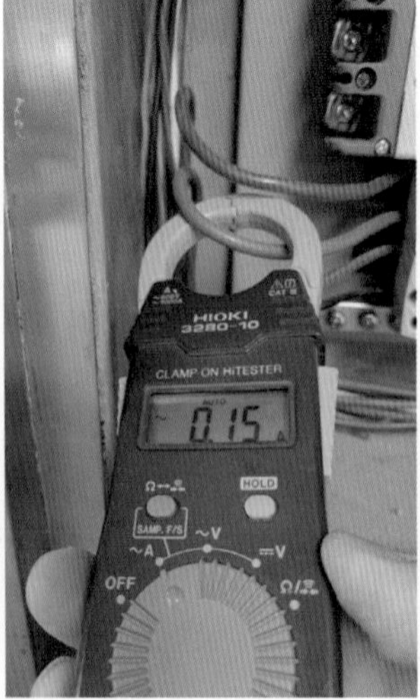

N 전류 측정[0.15A]

0.15A

L1, N 전류 측정[0A]

0A

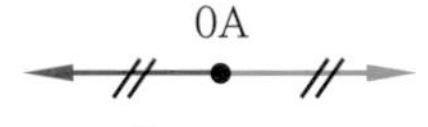

(2) 3상 3선식

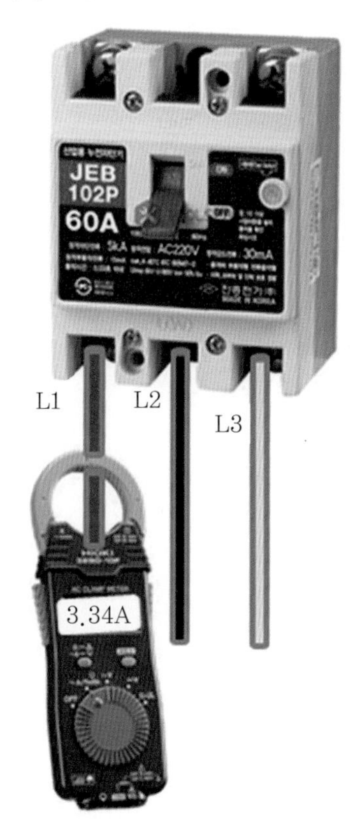

2.2[kVA] 전기기계기구 사용 시,

- 부하용량 : 2.2[kVA]
- 전압 : 380[V]
- 이때 전류는 3.34[A]이므로,
  L1 전류 : 3.34[A]
  L2 전류 : 3.34[A]
  L3 전류 : 3.34[A]
  합산 전류 : 0[A]

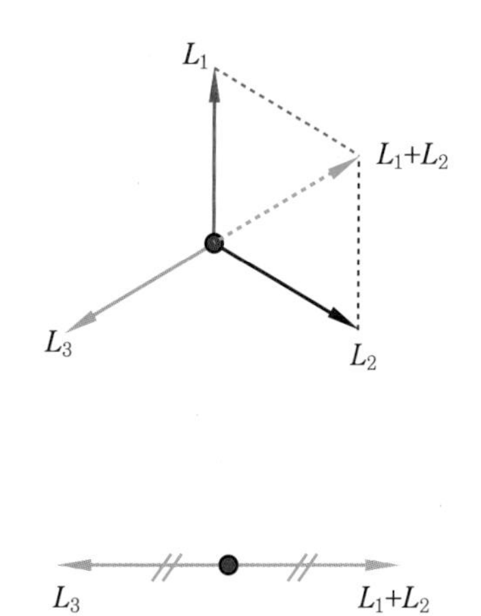

[Sample 측정]

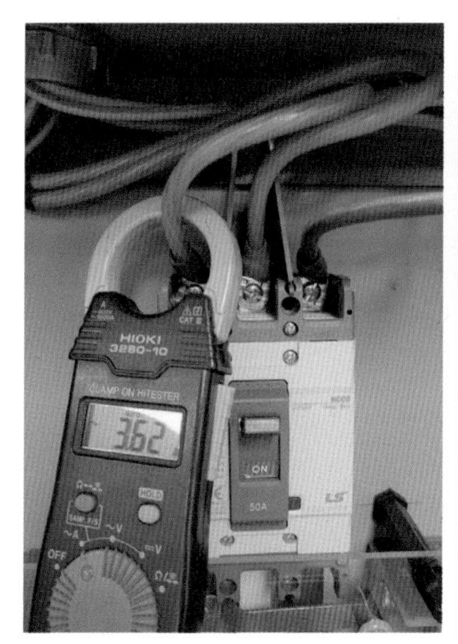

L1 전류 측정[3.62A]

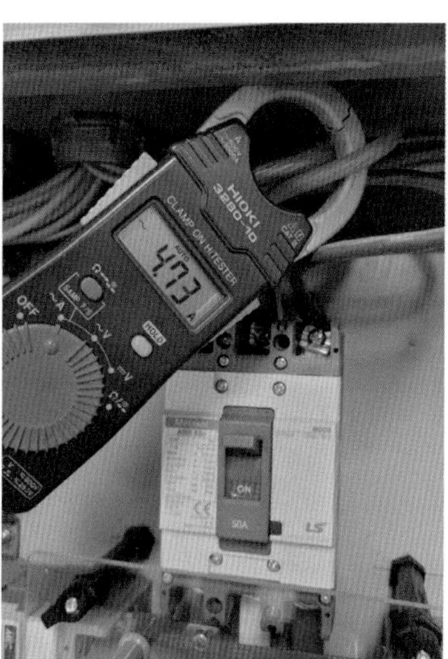

L2 전류 측정[4.73A]

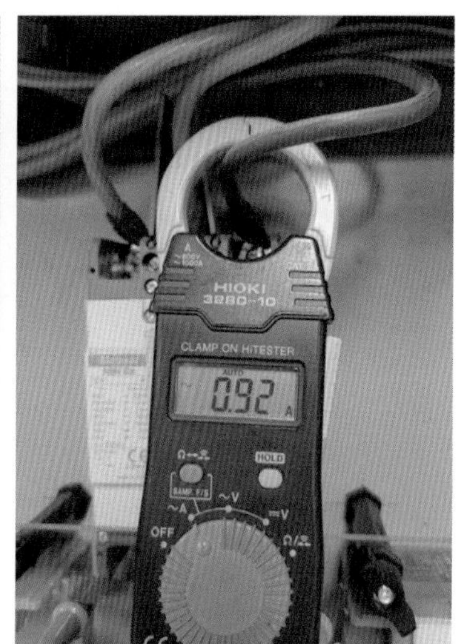

L3 전류 측정[0.92A]

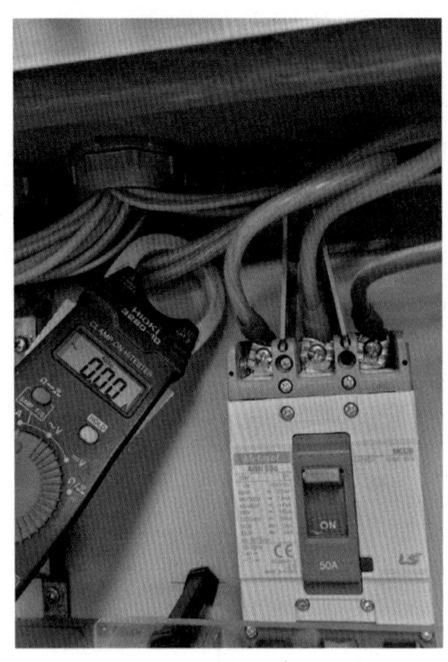

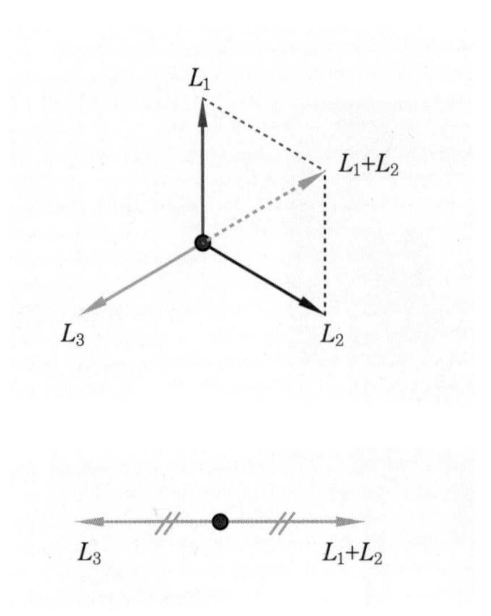

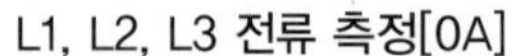
L1, L2, L3 전류 측정[0A]

2 전압 측정

전선의 전압을 정확하게 측정함으로써 전압의 허용범위 내로 유지되는지 또는 과전압, 부족전압이 형성되는지 알 수 있다.

1 측정 장비

다기능 계측기 또는 전압 측정기

2 전압 측정 방법

(1) 선간전압 측정

상(phase)과 상(phase) 사이의 선간전압을 측정한다.

(2) 상전압 측정

상(phase)과 대지(ground) 사이의 상전압을 측정한다.

(3) 단자 연결 방법

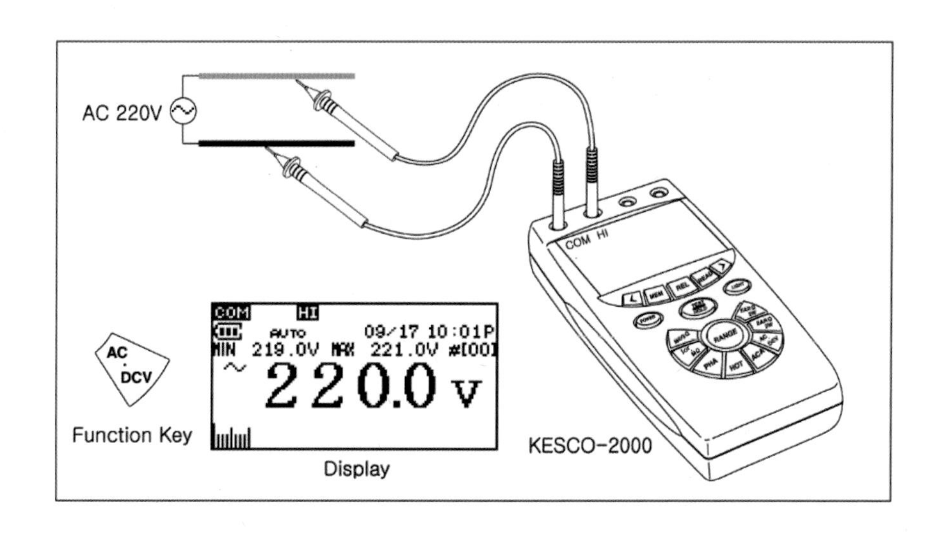

3 전압 측정 실시

(1) 3상 4선식

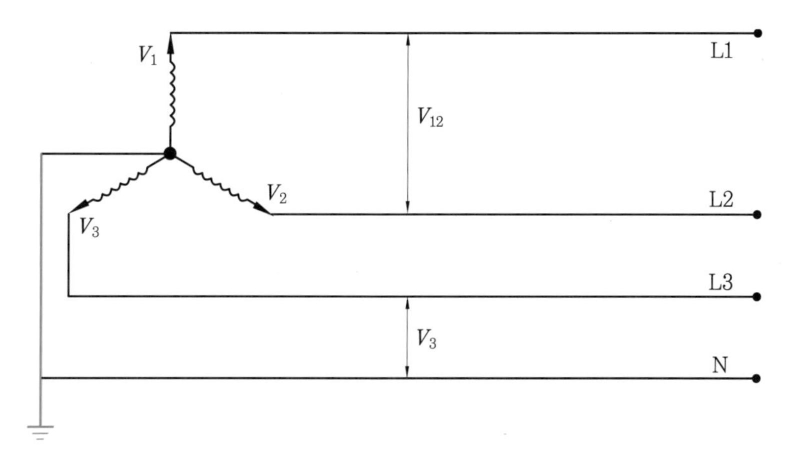

상전압 : V_1, V_2, V_3

선간전압 : V_{12}, V_{23}, V_{31}

선간전압 $V_{12} = \sqrt{3} \times$ 상전압 V_1

TR 22,900 / 380-220 기준

No	전압	이론값	측정값
1	상전압(V_1, V_2, V_3)	220	
2	선간전압(V_{12}, V_{23}, V_{31})	380	

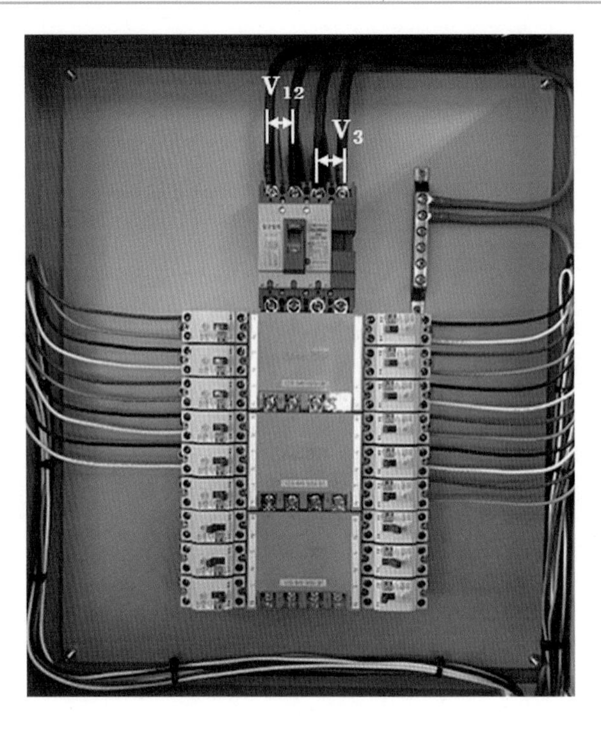

TR 22,900 / 208-120 기준

No	전압	이론값	측정값
1	상전압(V_1, V_2, V_3)	120	
2	선간전압(V_{12}, V_{23}, V_{31})	208	

[Sample 측정]

① 선간전압 측정

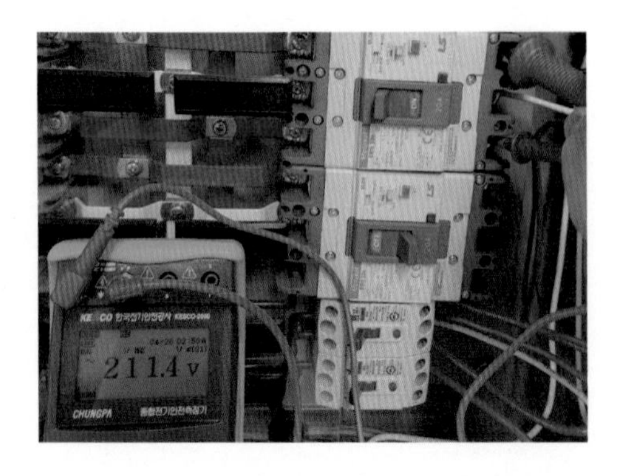

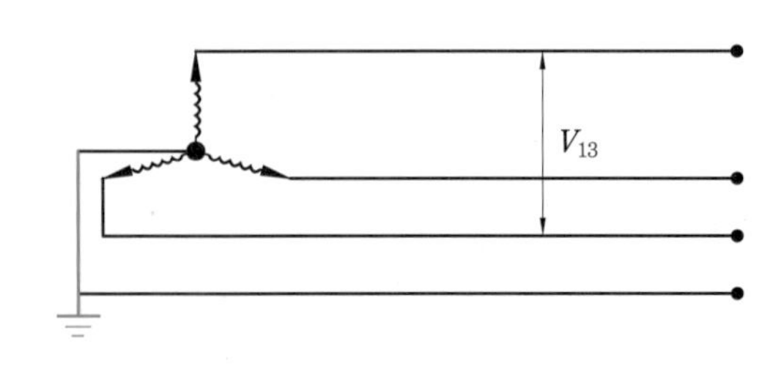

② 상전압 측정

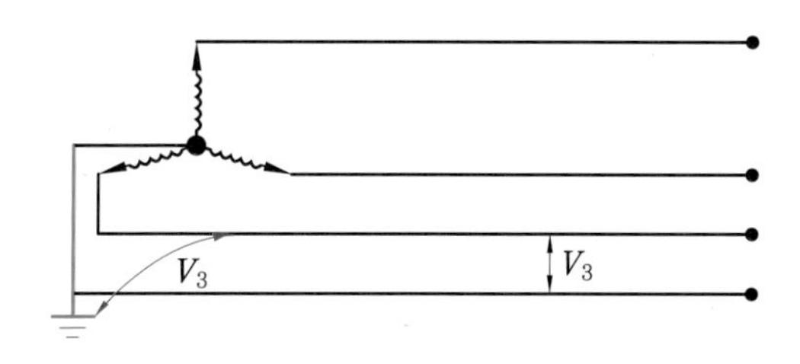

(2) 3상 3선식(비접지방식)

상전압 : V_1, V_2, V_3

선간전압 : V_{12}, V_{23}, V_{31}

선간전압 = 상전압

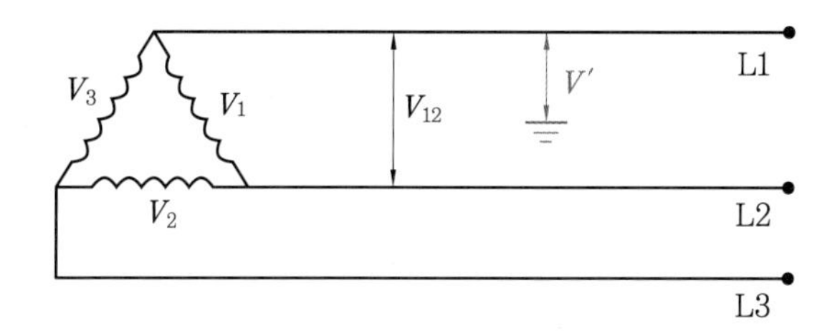

TR 22,900 / 220 기준

No	전압	이론값	측정값
1	선간전압(V_{12}, V_{23}, V_{31})	220	
2	대지전압(V') (접지~각 상간)	$\frac{220}{\sqrt{3}}$	

(3) 3상 3선식(접지방식)

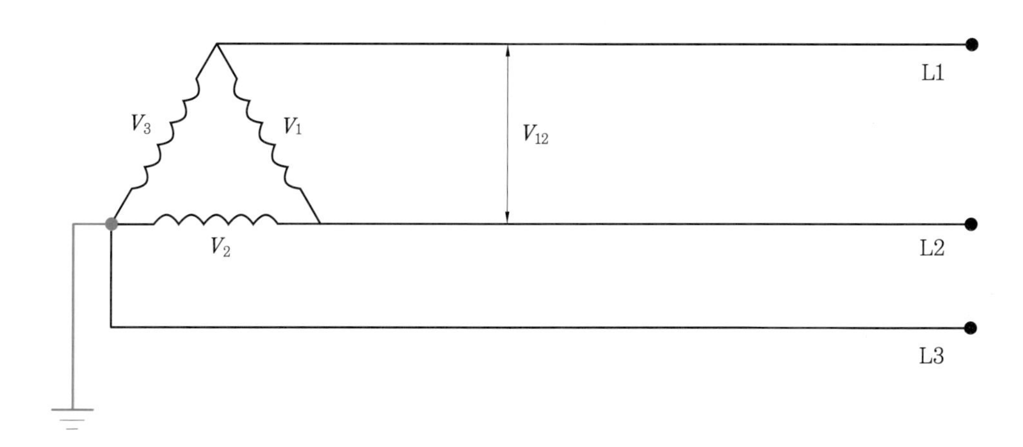

TR 22,900 / 220 기준

No	전압	이론값	측정값
1	선간전압(V_{12}, V_{23}, V_{31})	220	
2	대지전압 (접지~각 상간)	L1 : 220 L2 : 220 L3 : 0	

3 절연저항 측정

대지(접지)와 전선 또는 전선과 전선 사이의 절연저항을 측정함으로써 전선의 피복상태, 기기의 절연 상태를 확인하여 이상 유무를 알 수 있다.

1 측정 장비

다기능 계측기 또는 절연저항 측정기

2 절연저항 측정 원리

① 절연저항계에서 발생된 직류전압(예 DC 500[V])을 통해 흐르는 전류 I_g를 측정한다.

② 전압(500[V])을 측정된 전류로 나누어 절연저항을 측정한다.

$$R = \frac{500\text{V}}{I_g}\ [\text{M}\Omega]$$

3 절연저항 측정 방법

차단기를 OFF시킨 후 측정한다(정전 상태에서 측정 실시).

(1) 전선간

상(phase)과 상(phase) 사이의 절연저항을 측정한다.

(2) 대지(접지)~전선간

상(phase)과 대지(ground) 사이의 절연저항을 측정한다.

(3) 측정 전압(기기 선정)

고압기기 또는 배선은 1,000[V] 또는 2,000[V]
저압기기는 500[V]
약전류 회로는(SELV, PELV) 250[V]

(4) 단자 연결 방법

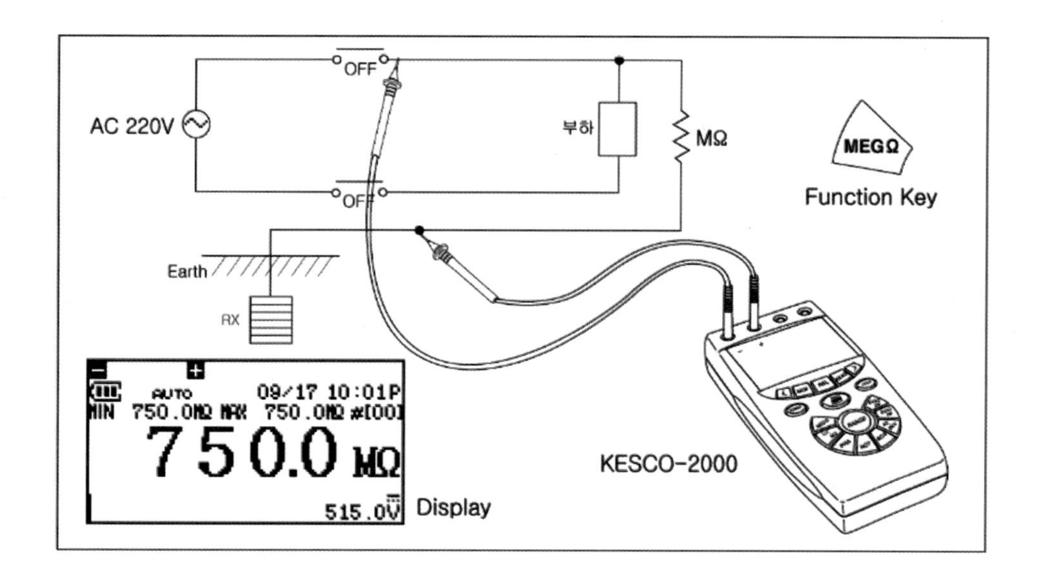

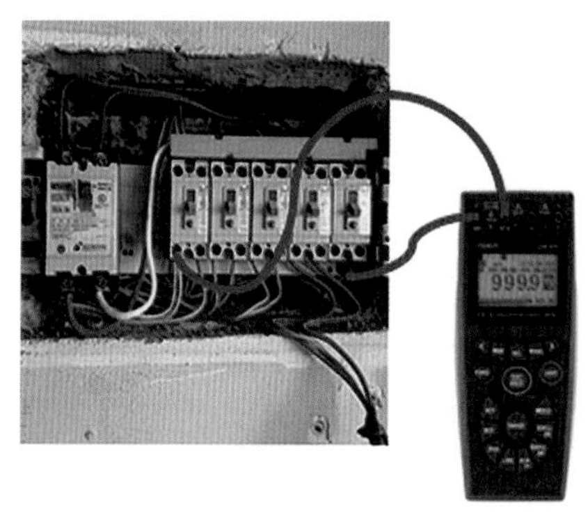

분전함 절연저항계

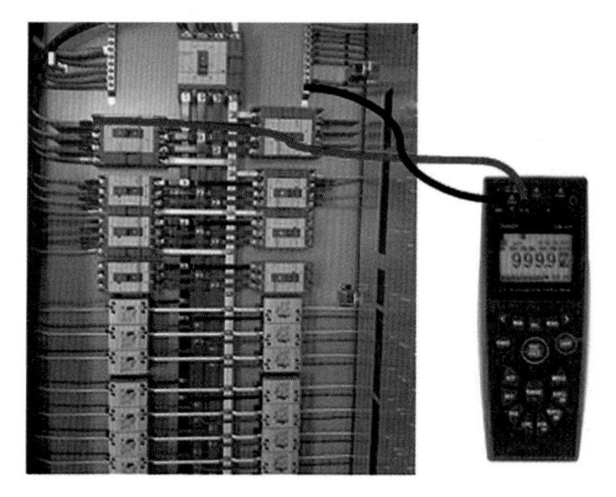

분전함 절연저항계

4 절연저항 기준

※ ELV(2차 전압이 AC 50V 이하, DC 120V 이하)

전로의 사용 전압	시험전압(DCV)	절연저항(MΩ)
SELV[①] 및 PELV[②]	250	0.5 이상
FELV[③], 500[V] 이하	500	1.0 이상
500[V] 초과	1000	1.0 이상

① SELV(Safety Extra-Low Voltage) : 비접지회로
② PELV(Protective Extra-Low Voltage) : 접지회로
③ FELV(Funtion Extra-Low Voltage) : 접지회로
※ FELV(1, 2차가 전기적으로 절연되지 않는 회로)

5 절연저항 측정 시 고려사항

① 절연저항은 측정 시 기후, 온도, 습도, 오염의 정도 등에 의해 측정값이 변화될 수 있으므로, 측정값이 항상 일정하다고 볼 수 없다.

② 기본적으로 기준치를 만족하는지 확인하고, 절연저항이 나쁠 경우 분할하여 세부적으로 측정할 필요가 있다.

③ 주요 절연저항 불량개소로는 전기배선, 콘센트, 전기기계 기구 절연 불량이 있다.

6 절연저항 측정기록표(양식)

측정자 : (서명) 년 월 일

점검대상	사용 전압 (V)	기준치	□ 절연저항(MΩ) □ 누설전류(mA)		비고	점검대상	사용 전압 (V)	기준치	□ 절연저항(MΩ) □ 누설전류(mA)		비고
			측정치	결과					측정치	결과	

[비고] 1. 절연저항 : SELV(비접지회로) 및 PELV(1차와 2차가 절연된 접지회로) – 0.5MΩ,
FELV(1차와 2차가 전기적으로 절연되지 않는 접지회로) – 1MΩ 적용
다만, 2020.12.31. 이전의 전기설비는 대지전압 150V 이하 – 0.1MΩ, 300V 이하 – 0.2MΩ, 400V 이상 – 0.4MΩ 적용
2. 저항성 누설전류 : 1mA 이하

7 절연저항 측정기록표(Sample)

측정장비 : 디지털다기능계측기 (일기 : 청) 2020년 1월 31일

점검대상	사용 전압 (V)	기준치	■ 절연저항(MΩ) □ 누설전류(mA) □ 설비상태 점검 □ 접지저항(Ω)		비고	점검대상	사용 전압 (V)	기준치	□ 절연저항(MΩ) □ 누설전류(mA) □ 설비상태 점검 ■ 접지저항(Ω)		비고
			측정치	결과					측정치	결과	
[LV/1]						[LV/1]					
주 ACB 3P 3200A	220	1 이상	999	적합	65kA	ACB 외함	220	100 이하	12	적합	
SC MCCB 3P 225A	〃	〃	999	적합	35kA	콘덴서 외함	〃	〃	12	적합	
[LV/2]						[LV/2]	380/220	〃	12	적합	
주 ACB 4P 630A	380/220	1	999	적합	50kA	ACB 외함	〃	〃	12	적합	
SC MCCB 3P 50A	〃	〃	999	적합	10kA	콘덴서 외함	〃	〃	12	적합	
[LV/3]						[LV/3]	220	〃	12	적합	
ATS 3P 600A	220	1	999	적합		ATS 외함	〃	〃	12	적합	
[LV/R]						[LV/R]	380/220	〃	12	적합	
MCCB 3P 30A	380/220	1	999	적합		[배전반]	〃	〃	1.8	적합	공학관
[배전반]					공학관	ACB 외함	〃	〃	1.8	적합	
주 ACB 4P 1000A	380/220	1	999	적합	65kA	콘덴서 외함	〃	〃	1.8	적합	
SC MCCB 3P 60A	〃	〃	999	적합	25kA		아	래	빈	칸	
	아	래	빈	칸							

8 기타 사항(통전 전류와 인체 반응)

(1) 최소 감지 전류

① 인체에 전압을 가하고, 통전 전류의 값을 서서히 증가시킬 경우 인체가 전류의 흐름을 느끼는 최소 전류

② 상용 주파수(60[Hz])에서 성인 남자는 약 1[mA]

③ 전원 종류, 남녀, 건강 상태, 연령 등에 따라 달라질 수 있다.

(2) 가수 전류(= 고통 한계 전류)

① 통전 전류를 최소 감지 전류 이상으로 증가시키면 인체가 고통을 느끼기 시작하는데, 이 고통은 참을 수 있으며, 생명에는 지장이 없다.

② 이때 고통에서 인체가 자력으로 이탈 가능한 전류를 일컫는다.

③ 상용 주파수(60[Hz])에서 성인 남자의 경우 약 9[mA]

(3) 불수 전류(= 마비 한계 전류)

① 통전 전류가 가수 전류의 한계를 넘게 되면 전류가 흐르는 부위의 인체는 근육 경련, 신경이 마비되어 움직임이 자유롭지 못하다.

② 인체가 스스로 감전 상태를 벗어날 수 없게 되는 전류이다.

③ 상용 주파수(60[Hz])에서 성인 남자의 경우 16[mA]

(4) 심실 세동 전류(= 치사 전류)

① 인체의 통전 전류가 불수 전류 이상이 되면 전류의 일부가 심장 부분으로 흘러가게 되어 심장이 정상적인 맥동을 하지 못하고 불규칙한 세동을 함으로써 혈액순환 장애가 발생하는데, 이러한 현상을 심실세동이라 한다.

② 심실 세동 상태가 되면 전류를 제거하여도 자연적으로 건강을 회복하지 못하고 그대로 방치하면 수분 내에 사망할 수 있다.

③ 상용 주파수(60[Hz]) 교류에서 성인 남자

- 통전시간이 0.03초인 경우 : 1,000[mA]
- 통전시간이 3초인 경우 : 100[mA]

4 접지저항 측정

접지는 전기기기의 절연이 어떤 원인으로 저하되면 기기 외함이 누설전류로 인하여 지락이 발생하고, 대지전위 상승으로 인한 감전사고를 예방하기 위해 실시한다. 접지저항이 설계치(또는 기준치) 이내인지 기기로 측정한다.

1 측정 장비

다기능 계측기 또는 접지저항 측정기

2 접지저항 측정 원리(전위 강하법)

① 접지극에 접지전류 I[A]를 유입하면, 접지전극의 전위가 V[V]만큼 상승한다.

② 접지저항은 전위상승값과 접지전류의 비이며, $R = \frac{V}{I}$ [Ω]이다.

③ 세부 사항

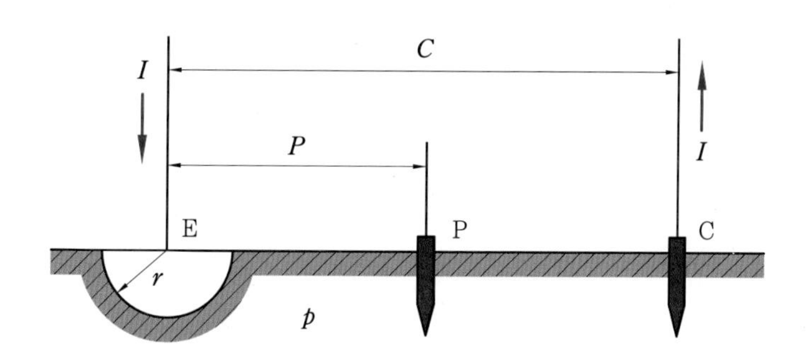

접지저항기 단자 설치 위치

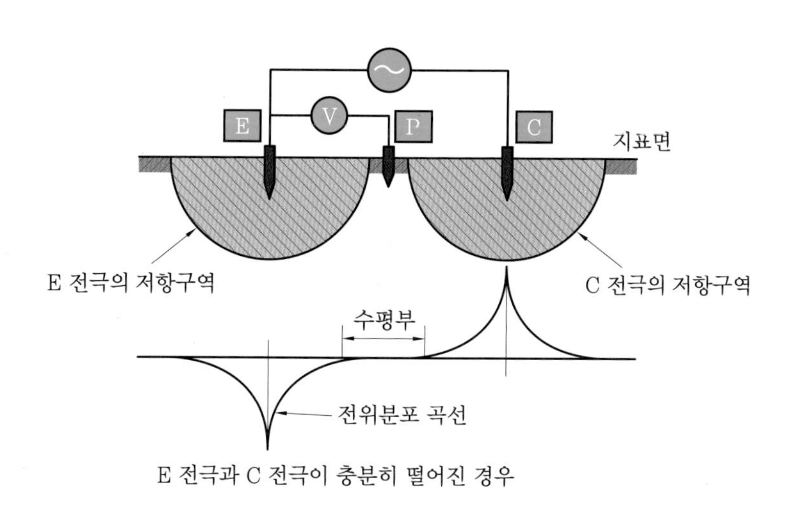

전위분포 곡선

- 접지저항 측정 시 E와 C는 적당한 거리로 이격하고 P극은 전위분포 곡선상의 수평부인 지점에 설치한다.
- 이 수평부인 지점(P극)은 이론적으로 E와 C 간 거리의 61.8%인 지점이며, 이렇게 설치하면 정확한 접지저항값을 얻을 수 있다.

3 접지저항 측정 방법

(1) 2단자법(약식 측정법)

① 접지단자(E) : 측정하고자 하는 접지 대상물에 연결한다.

② 보조 접지단자(PC단자)를 주 차단기 중성선 단자(또는 기준이 될 수 있는 접지단자)에 접촉시킨다.

③ 지(地)전압을 측정(중성선단자~접지단자)하여 5[V] 이상일 경우 전원을 차단하고 다시 측정한다.

④ 테스트 버튼을 눌러 접지저항을 측정한다.

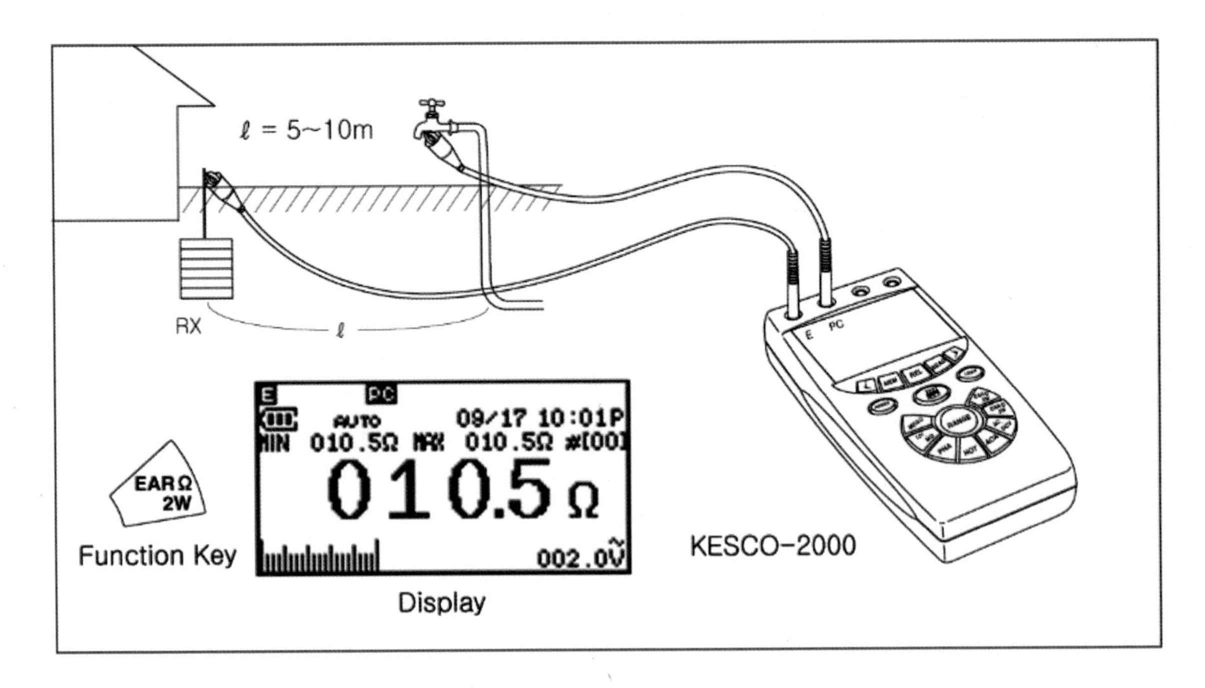

(2) 3단자법

① 접지단자(E) : 측정하고자 하는 접지 대상물에 연결한다.

② 보조 접지단자(P, C단자)를 각 테스트 접지단자에 연결한다(P는 C의 61.8% 위치).

③ 테스트 버튼을 눌러 접지저항을 측정한다.

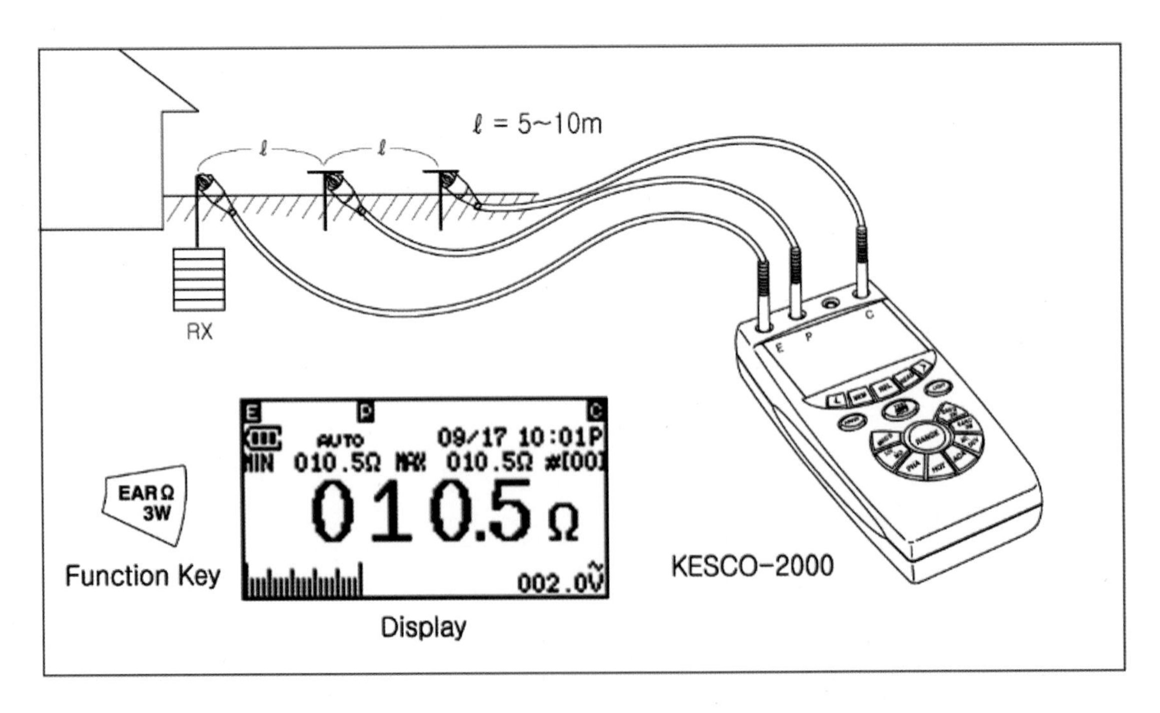

4 접지저항 측정 시 고려사항

① 인입선 또는 기타 전선로의 아래에서 접지저항계의 보조 접지극이 이들 선로와 평행되지 않도록 한다.

② 접지저항계 보조 접지극은 저항 구역이 중첩되지 않도록 매설지점으로부터 가능한한 충분히 (10m 이상) 멀리 떨어져 측정한다.

③ 전위 보조극의 위치는 전위 변화가 적은 수평부(E~C) 일직선상의 50~60%(61.8%) 지점에 설치한다.

5 접지저항 측정기록표(양식)

측정자 : (서명) 년 월 일

측정대상	사용전압 (V)	기준치 (Ω)	측정치 (Ω)	결과	비고	측정대상	사용전압 (V)	기준치 (Ω)	측정치 (Ω)	결과	비고

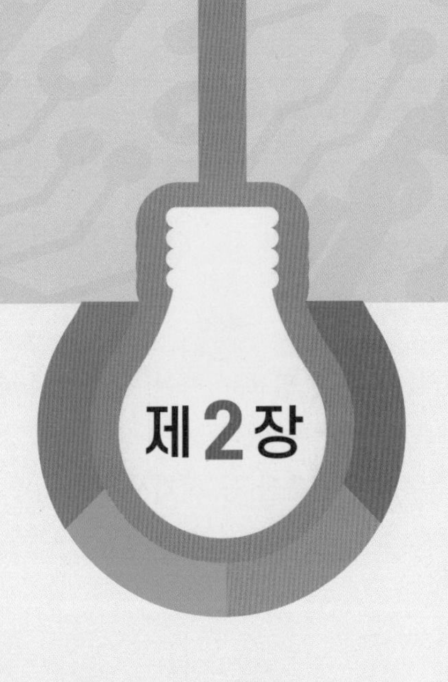

전기내선공사 실습

Project 1	전등 및 콘센트 회로	소요시간	6시간

학번 (　　　　　) 성명 (　　　　　)

■ 실습 목적

1. 전기에너지를 조명설비, 전원설비 등을 필요로 하는 장소까지 설계도서에 따라 전기회로를 적합하고 안전하게 공사하는 능력을 함양할 수 있다.
2. 한국전기설비규정(KEC)을 준수하여 건축물 등 전기사용장소에 전기회로 공사를 수행할 수 있다.

■ 실험 · 실습 소요 재료 내역

번호	재료명	규격	단위	수량
1	배선용 차단기(MCB)	3P 30A, AC 220V	EA	1
2	8각 정션박스	금속	EA	1
3	리셉터클 소켓	둥근형 2P, AC 220V	EA	1
4	전등용 스위치	2구 단로, AC 220V	EA	1
5	스위치 박스	난연 또는 금속	EA	1
6	콘센트(접지형)	2P 16A, AC 220V	EA	1
7	콘센트 박스	난연 또는 금속	EA	1
8	CD 전선관 커넥터	ϕ25, 16mm	EA	5
9	CD 전선관	16mm	M	4
10	비닐전선(HIV 1.78mm)	2.5mm^2 갈색, 단선	M	5
11	비닐전선(HIV 1.78mm)	2.5mm^2 파란색, 단선	M	2
12	새들	철재, 16mm	EA	8

■ 사용 공구 내역

번호	공구명	규격	단위	수량	번호	공구명	규격	단위	수량
1	드라이버	60×200, 양용	EA	1	5	니퍼	200mm	EA	1
2	롱 노즈 플라이어	200mm	EA	1	6	전동 드라이버	충전식	EA	1
3	와이어 스트리퍼		EA	1	7	공구 벨트	공사용	EA	1
4	펜치	200mm	EA	1	8	피시 테이프	입선용	EA	1

■ 회로 동작 설명

1. 배선용 차단기(MCB)를 켜면(ON) 콘센트 전원이 들어온다.
2. 배선용 차단기(MCB)를 켠 상태에서 스위치(S1)를 켜면 리셉터클 램프(R)가 점등, 끄면(OFF) 리셉터클 램프(R)가 소등한다.
3. 배선용 차단기(MCB)를 끄면(OFF) 모든 회로가 꺼진다.

■ 기구 배치 및 배관도

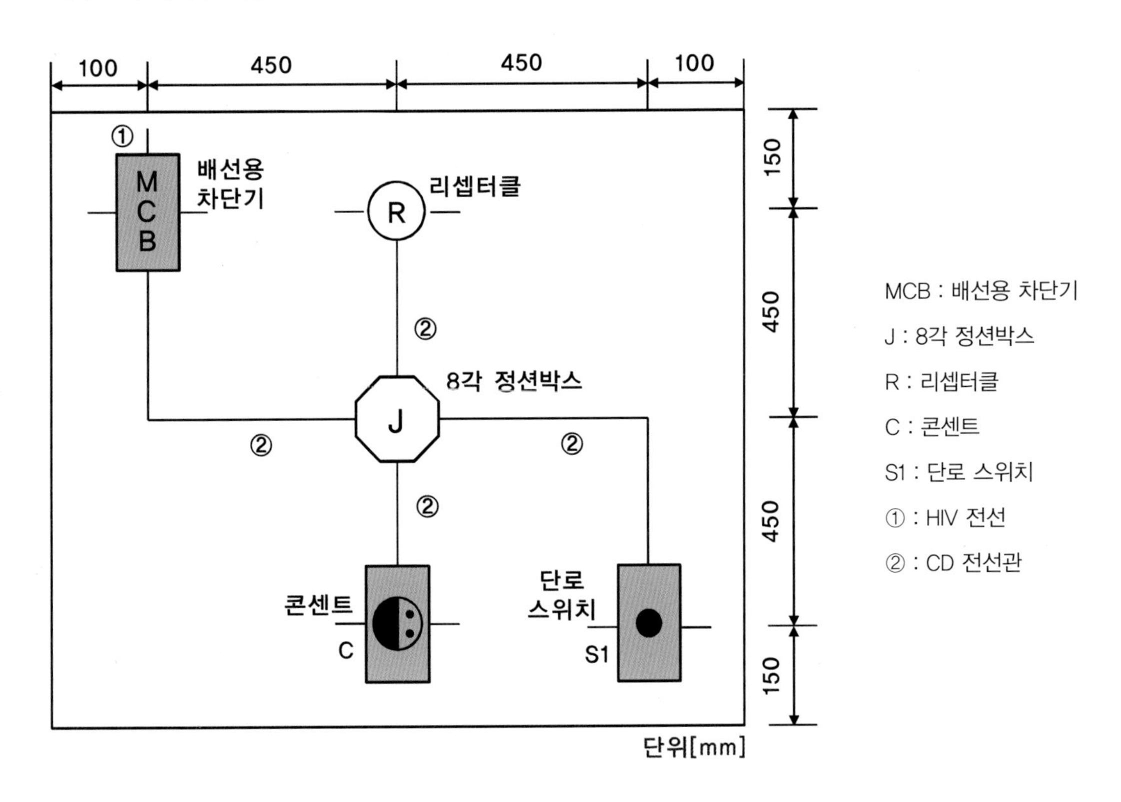

MCB : 배선용 차단기
J : 8각 정션박스
R : 리셉터클
C : 콘센트
S1 : 단로 스위치
① : HIV 전선
② : CD 전선관

■ 전기 동작 회로도

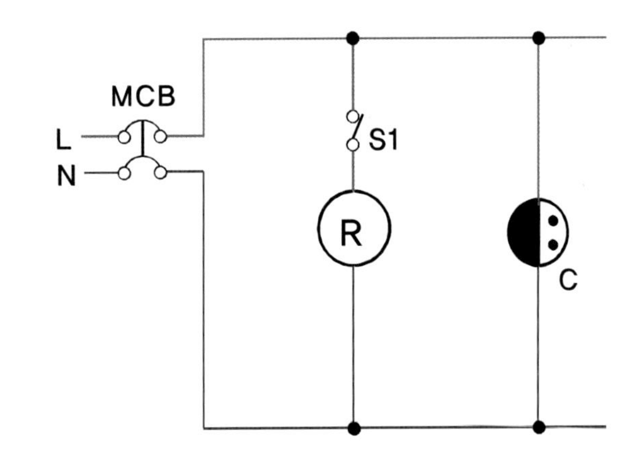

L(HIV 1.78mm 회색)
N(HIV 1.78mm 파란색)

■ 지시사항 및 안전사항

1. 지급된 재료와 실습장 시설을 사용하여 제한시간 내에 주어진 과제를 안전에 유의하여 완성한다.
   (단, 과제에 표시되지 않은 사항은 한국전기설비규정에 따른다.)
2. 전원방식은 단상 AC 220V를 사용한다.
3. 작업판 제도 시 치수 오차범위는 외관 ±30mm를 허용한다.
4. 공사 방법은 ① HIV 전선 ② CD 전선관을 설치한다.
5. CD 전선관과 박스가 접속되는 부분은 커넥터를 사용한다.
6. 요소 작업 시 손이 다치지 않도록 안전에 유의하여 작업한다.

■ 평가 내용

평가 영역		세부 평가 내용	배점
회로 해석(도면 검토)		주어진 과제의 회로 해석과 결선은 올바른가?	10
요소 작업	작업판 제도	작업판에 도면에서 제시한 규격으로 제도하였는가?	10
	기구 설치	작업판에 기구를 정확한 위치에 설치하였는가?	5
	배관 설치	작업판에 배관을 정확한 위치에 설치하였는가?	5
	입선 작업	배관에 알맞은 전선을 입선하였는가?	10
	접속 상태	전선과 기구를 알맞게 접속하였는가?	10
		정션박스 내 전선과 전선의 접속은 알맞게 하였는가?	10
실습 태도	실습 준비	공구 및 실습 준비는 철저한가?	10
	재료 사용	실습 재료의 사용은 경제적인가?	10
	문제 해결	발생한 문제의 해결에 적극적이며 방법은 바람직한가?	10
실습 시간		정해진 시간 내에 과제를 완성하였는가?	10
종합			100

Guide 1 전등 및 콘센트 회로

■ 실습 순서

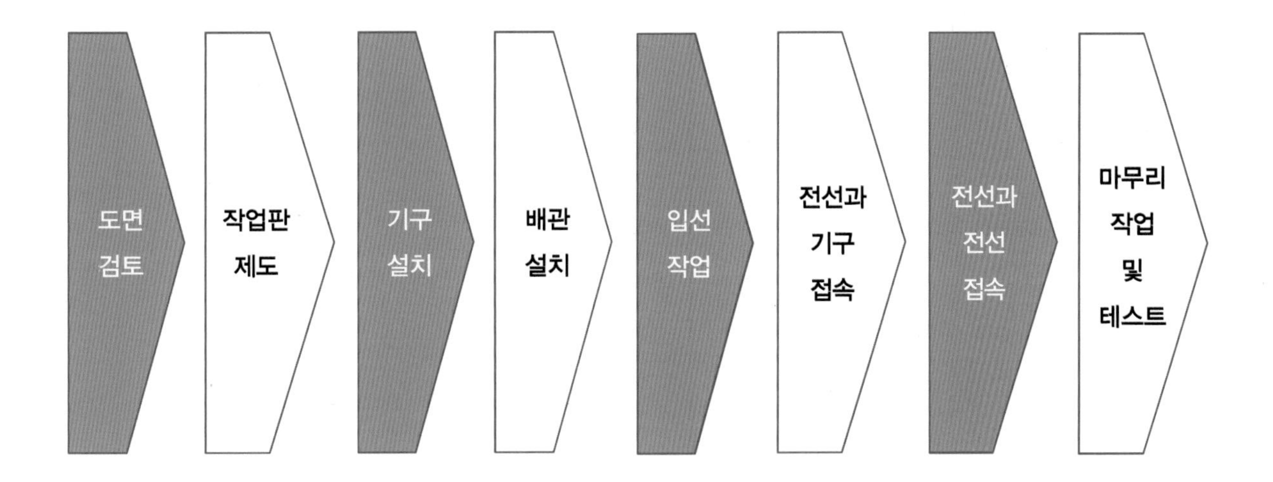

1 도면 검토

① 기구 배치 및 배관도를 확인하여 실제 사용하는 실습 재료와 수량을 체크하여 준비한다.
② 동작 회로도가 어떻게 동작되는지 확인한다.
③ 지시사항 및 안전사항에 나타난 공사 방법을 참고하여 공사를 준비한다.

2 작업판 제도

① 기구 배치 및 배관도 내 · 외곽선을 작업판에 스틱자와 하얀색 분필로 제도한다.

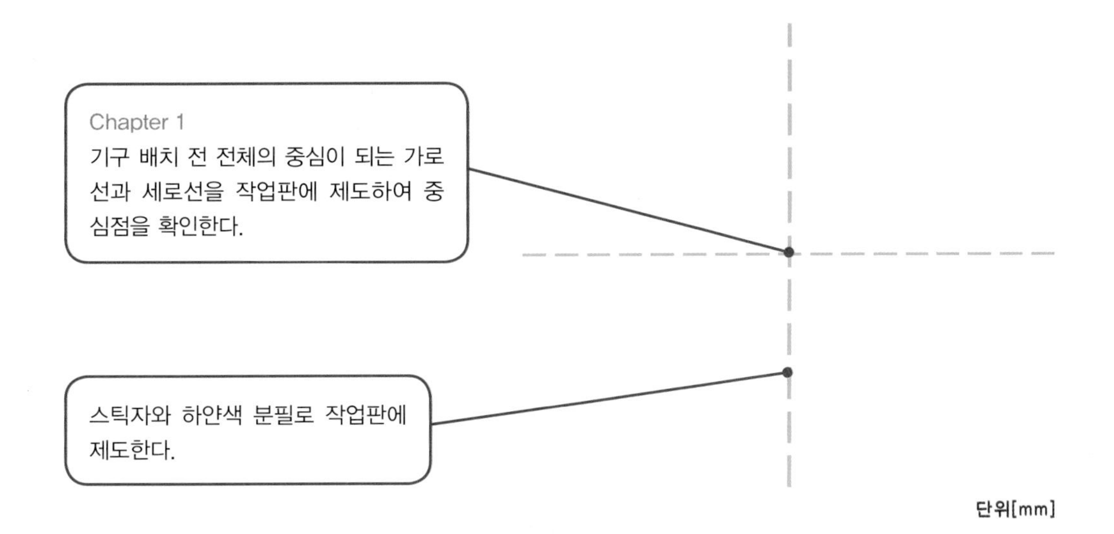

② 세로 기준선을 기준으로 오른쪽과 왼쪽 가로 간격 450 mm와 100 mm를 확인하여 세로 외곽선은 실선으로, 세로선은 점선으로 작업판에 제도한다.

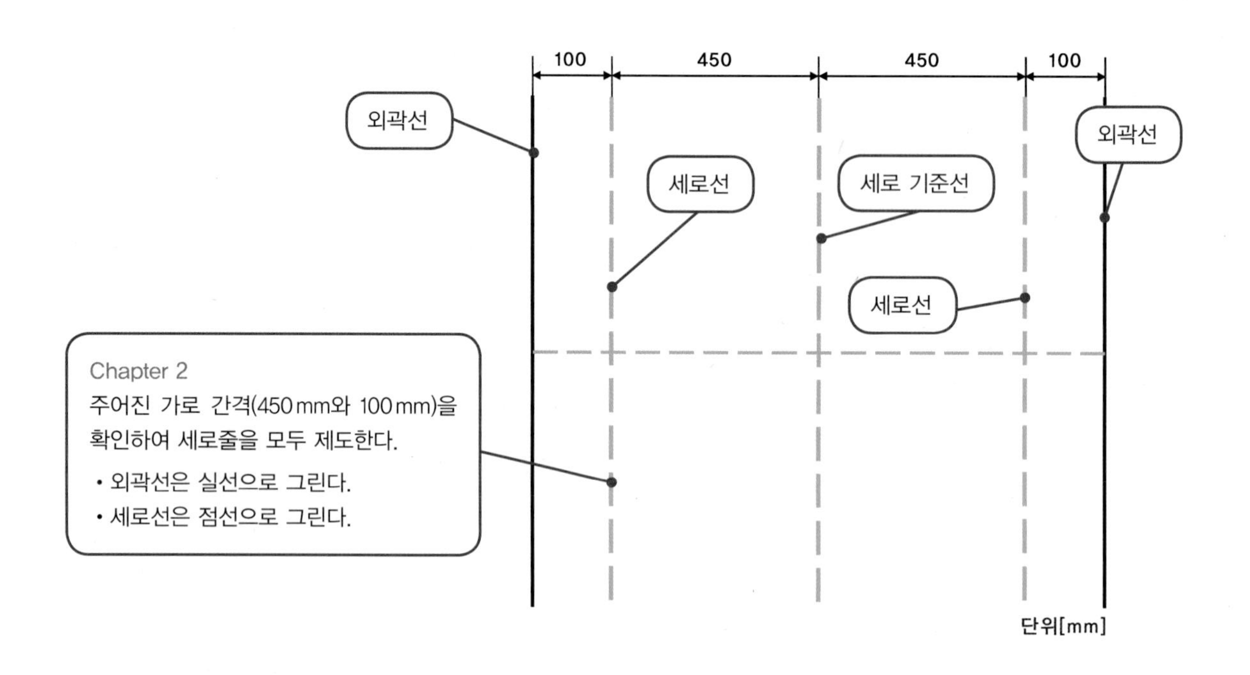

③ 가로 기준선을 기준으로 위쪽과 아래쪽 세로 간격 450 mm와 150 mm를 확인하여 가로 외곽선은 실선으로, 가로선은 점선으로 작업판에 제도한다.

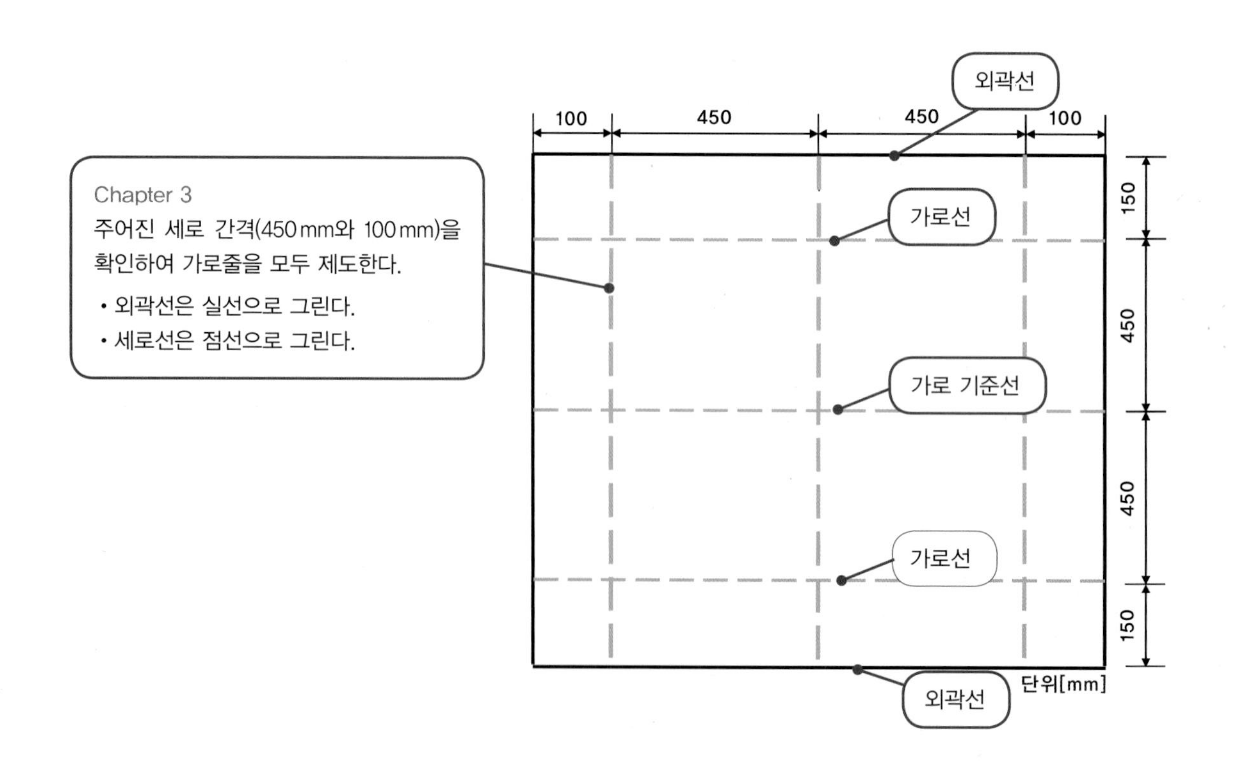

④ 주어진 가로와 세로선이 겹치는 중심점에 기구를 설치할 수 있도록 표기한다. (예 정션박스 J, 배선용 차단기 MCB, 리셉터클 소켓 R 등)

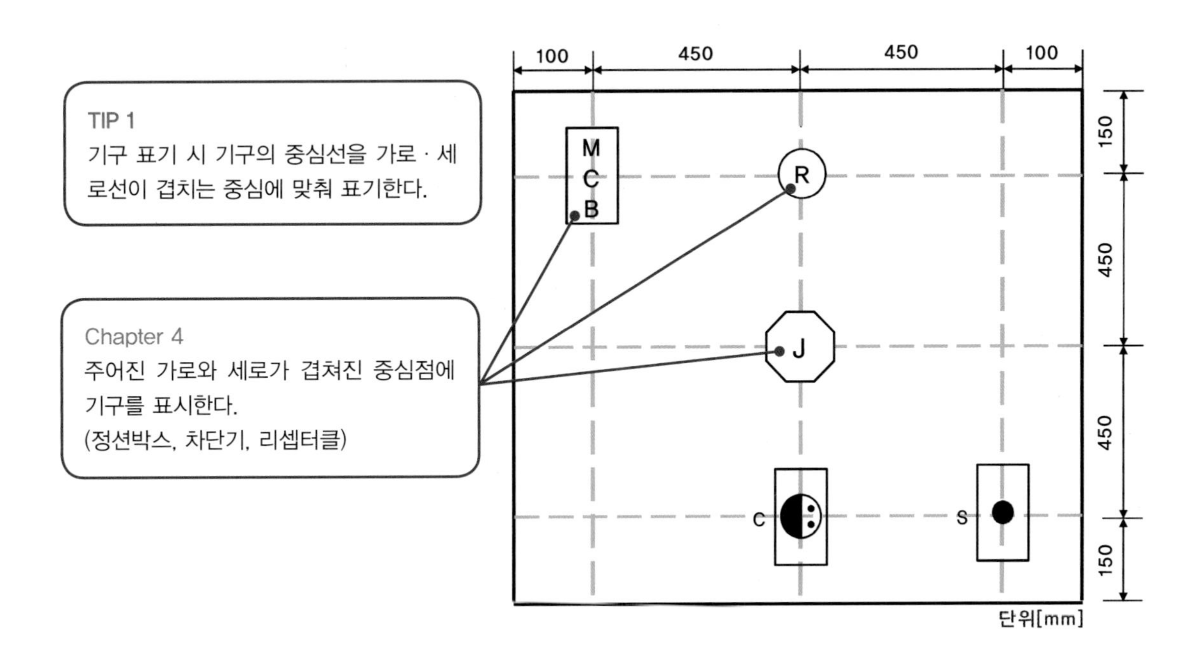

⑤ 배관 및 배선 공사의 종류를 숫자로 표기한다. (① HIV 전선 공사, ② CD 전선관 공사)

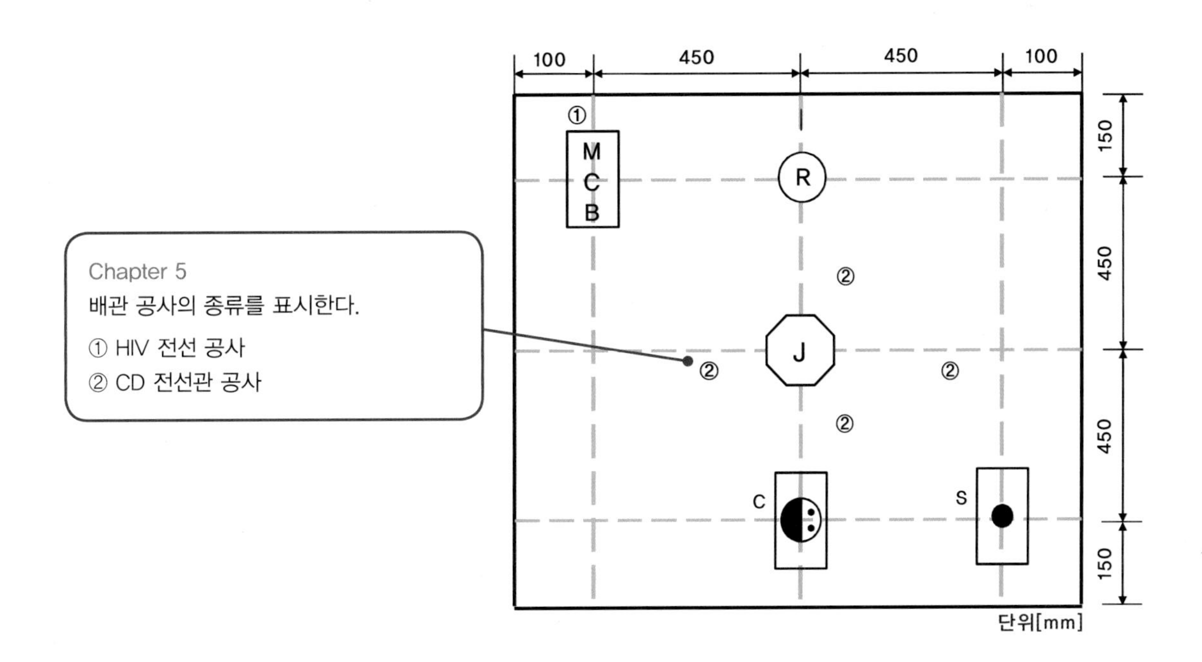

3 기구 설치

작업판에 표기된 기구 위치에 기구를 철판 피스로 고정한다.

TIP 2

철판 피스는 헤드 부분이 평평한 것을 선택한다. 기구별 철판 피스 규격은 아래와 같다.

① 8각 정션박스	4×12×4EA
② 배선용 차단기	4×20×2EA
③ 리셉터클	4×12×2EA
④ 콘센트	4×16×2EA
⑤ 스위치	4×16×4EA

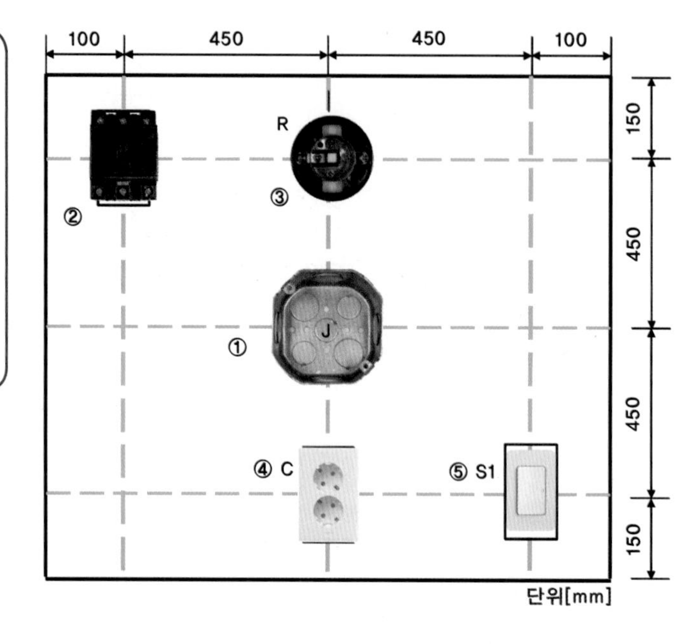

4 배관 설치

① 기구 설치가 완료되면 배관을 설치한다. 배관은 도면과 같이 CD 전선관을 사용한다. CD 전선관 설치 전 박스와 전선관 접속 시 커넥터를 연결한다.

Chapter 1

배관 설치 전 정션박스에 커넥터를 설치한다.

② CD 전선관용 커넥터
- 8각 정션박스×4EA
- 콘센트 박스×1EA
- 스위치 박스×1EA

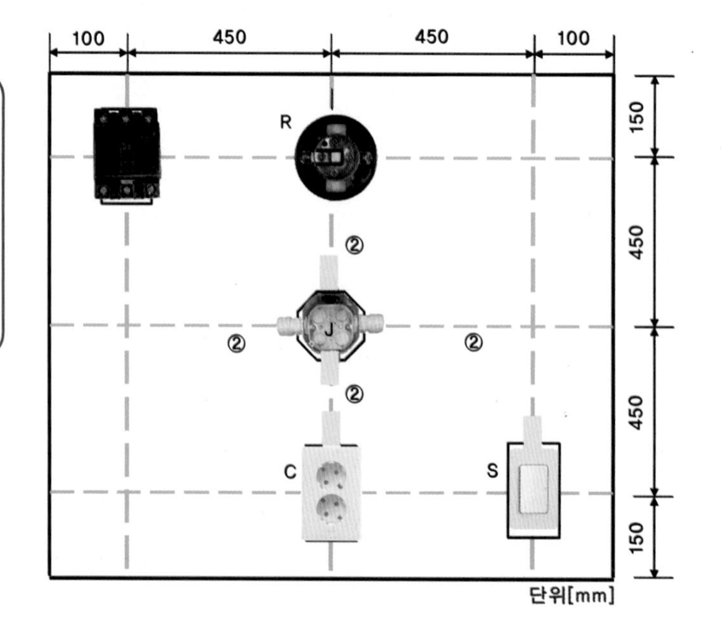

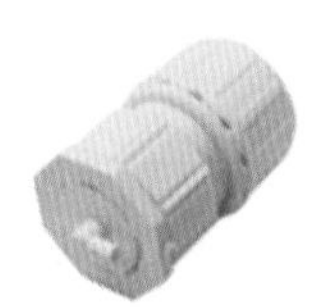

CD 전선관용 커넥터

② CD 전선관을 규격에 알맞게 설치한다. 또한 기구와 전선관의 접속 시 이격거리를 50 mm 이내로 설치한다.

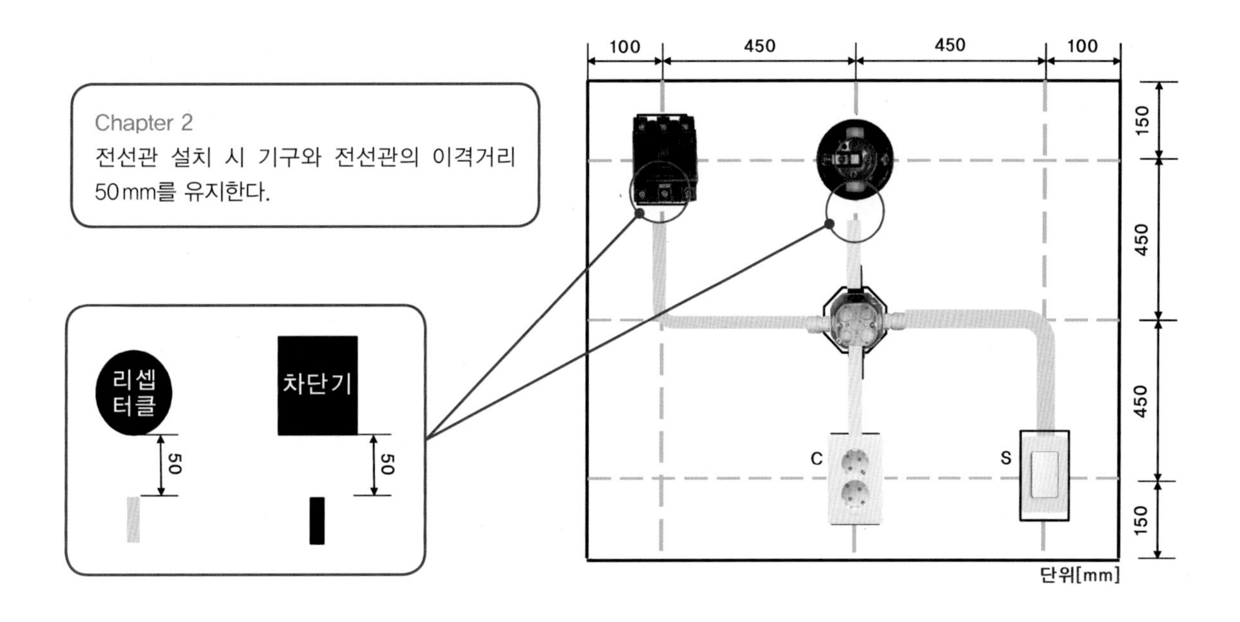

③ CD 전선관 설치 시 직선 구간은 300 mm 간격마다 새들로 고정시켜준다. CD 전선관의 곡선 · 박스 · 차단기 · 리셉터클 소켓 구간은 150 mm 간격으로 새들을 설치한다.

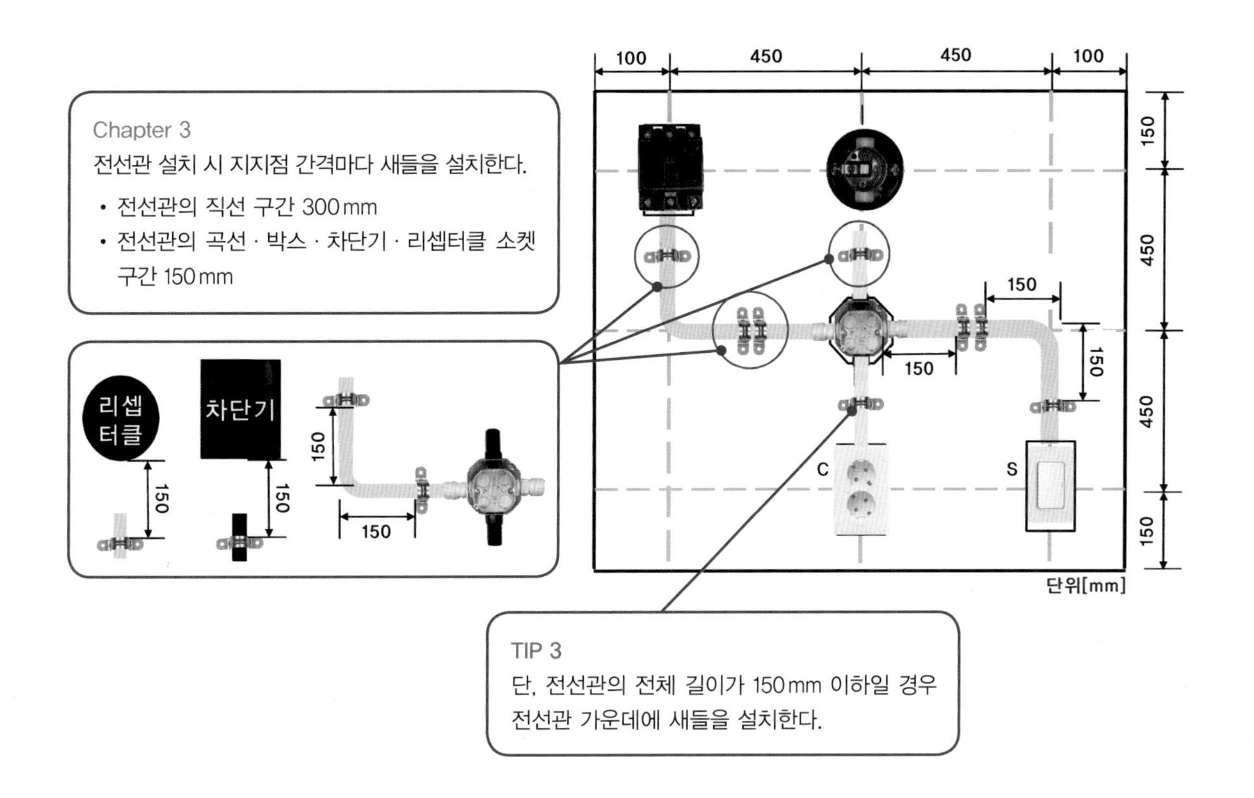

5 입선 작업

① 전기 동작 회로도를 기구 배치 및 배관도에 적용하여 설치한다.

❖ 기구 배치 및 배관도

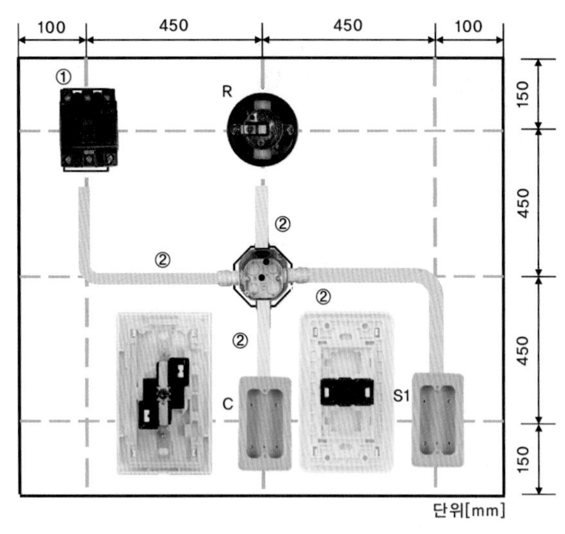

❖ 전기 동작 회로도

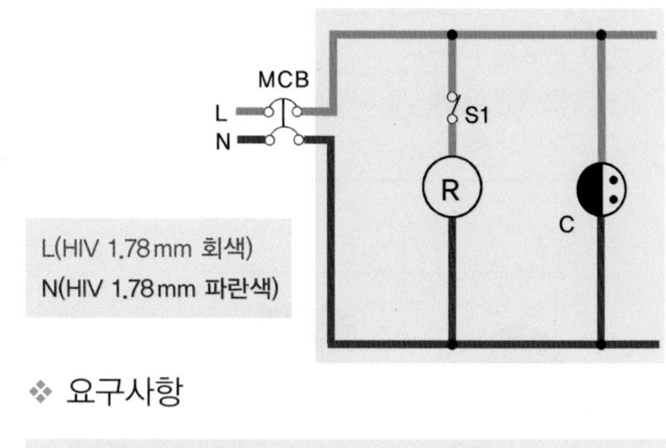

❖ 요구사항

가. 전원 : 단상 2선식(220ACV)
나. 동작
- 배선용 차단기(MCB)를 투입하면 콘센트에 교류전원 220V가 흐르게 된다.
- 단로 스위치 S1으로 전등 R을 점멸한다.

다. 공사 구분
① HIV 전선 공사, ② CD 전선관 공사

② 배선용 차단기(MCB) 1차 입력 단자에 인입선(L, N상)을 연결한다. L상은 HIV 1.78mm 회색이고, N상은 HIV 1.78mm 파란색으로 사용한다.

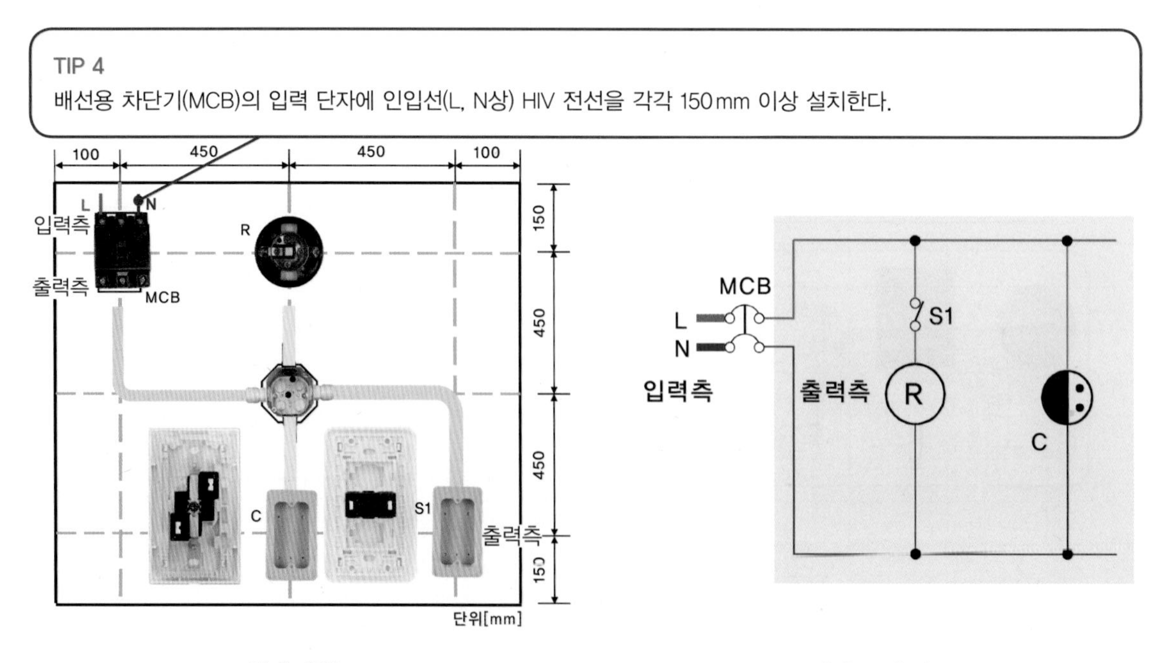

실제 배선도　　　　전기 동작 회로도

③ 배선용 차단기(MCB) 2차 인출선(L상)을 콘센트(C) 입력 단자에 HIV 1.78mm 회색 전선으로 연결한다.

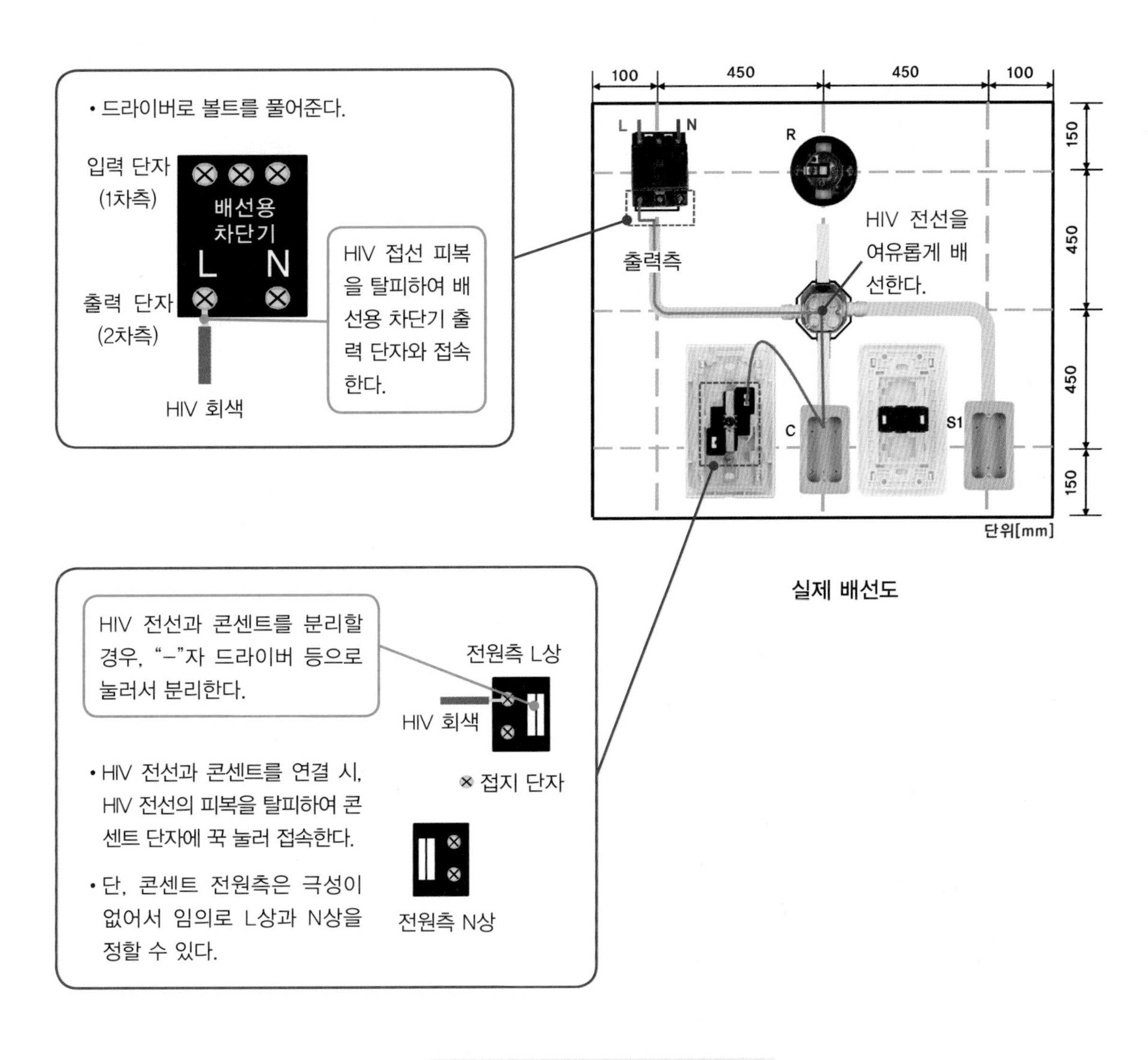

실제 배선도

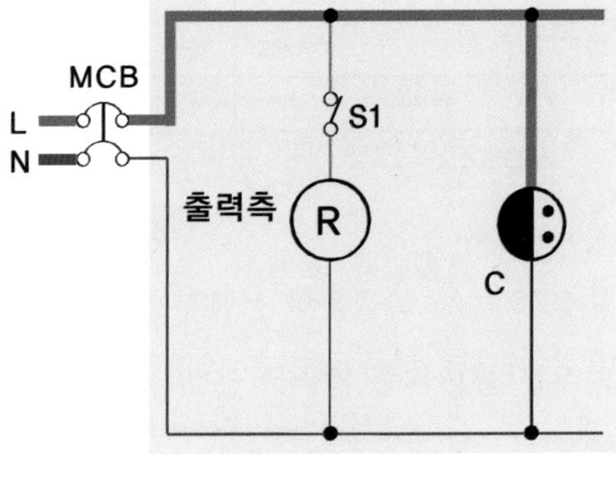

전기 동작 회로도

④ 콘센트(C) 출력 단자에 정션박스를 거쳐 배선용 차단기(MCB) 2차측 N상 접속 단자에 HIV 1.78 mm 파란색 전선으로 연결한다.

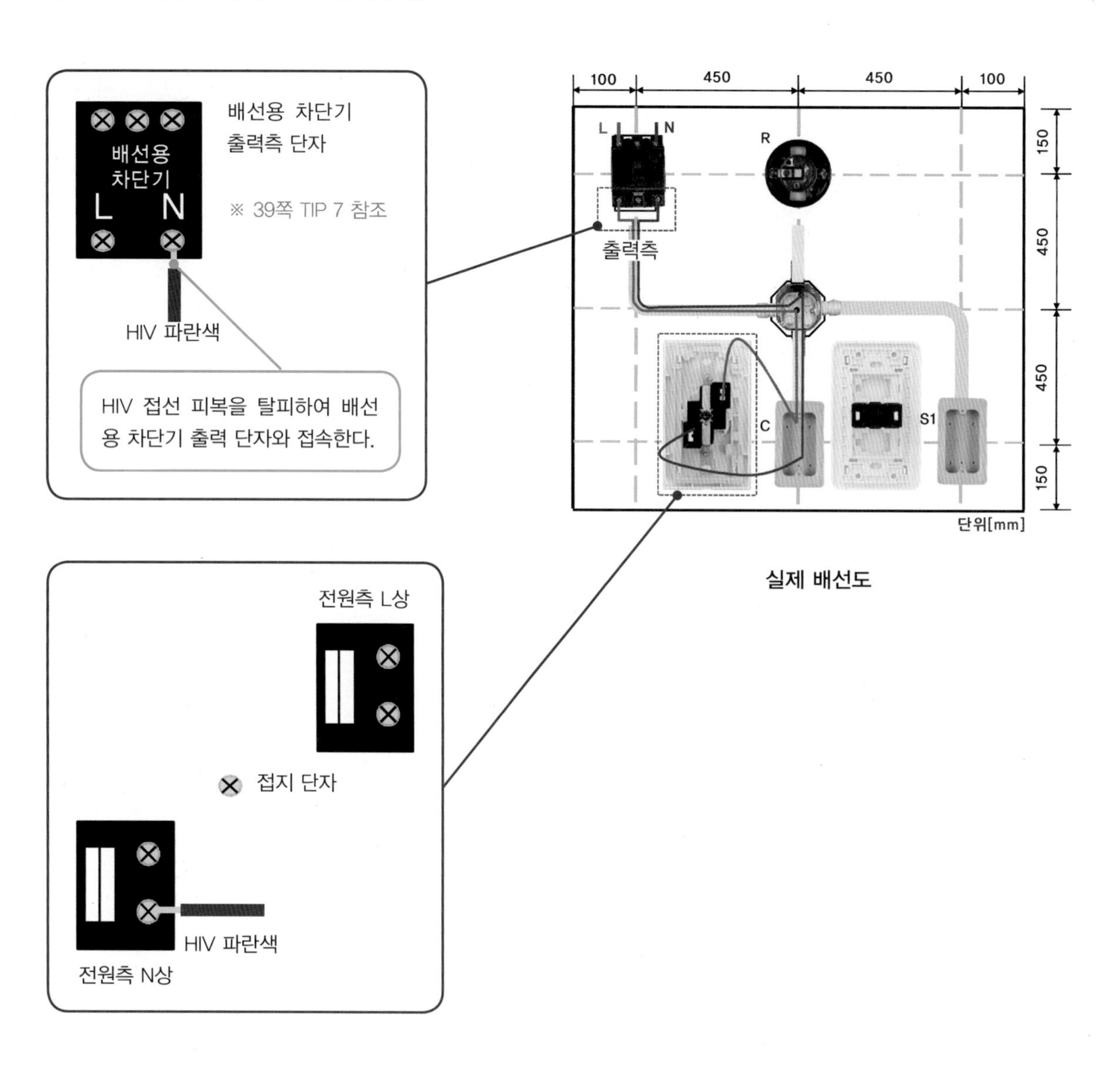

실제 배선도

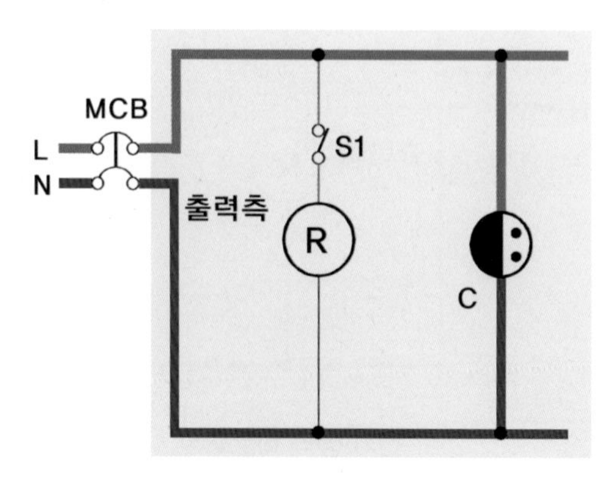

전기 동작 회로도

⑤ 배선용 차단기(MCB) 2차측 L상과 콘센트(C) 입력 단자가 접속된 전선 Ⓐ와 S1(단로 스위치) 입력 단자 Ⓑ를 HIV 1.78mm 회색으로 연결한다. 또한 S1(단로 스위치) 출력 단자 Ⓒ'와 리셉터클 소켓 입력 단자 Ⓓ와 HIV 1.78mm 회색으로 연결한다.

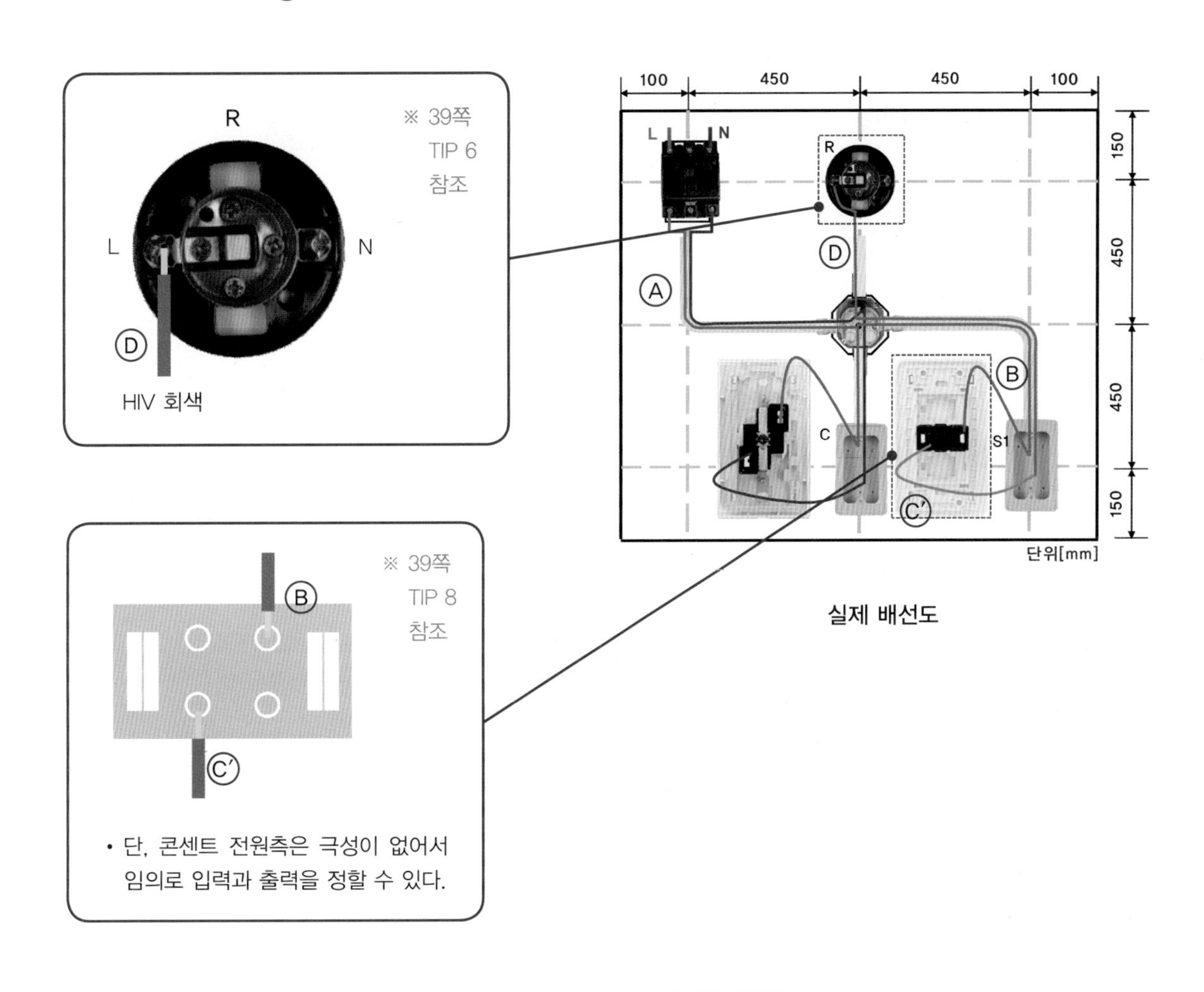

실제 배선도

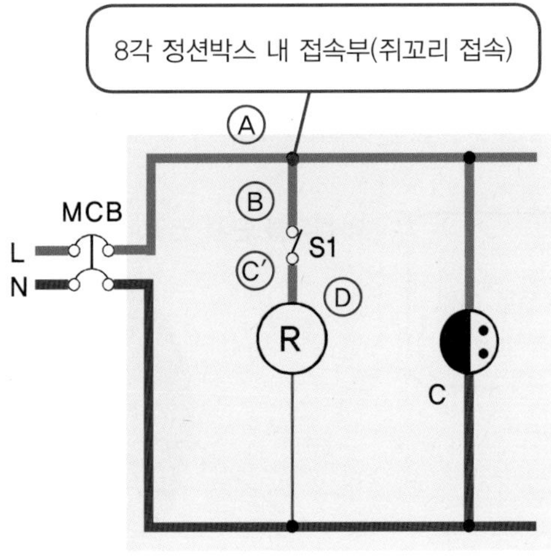

전기 동작 회로도

⑥ 배선용 차단기 2차측 N상 단자 Ⓔ와 콘센트(C) N상 단자 Ⓕ와 연결된 정션박스 내의 HIV 전선과 리셉터클 소켓 출력 단자(N)을 HIV 1.78mm 파란색 전선으로 연결하여 회로를 완성한다.

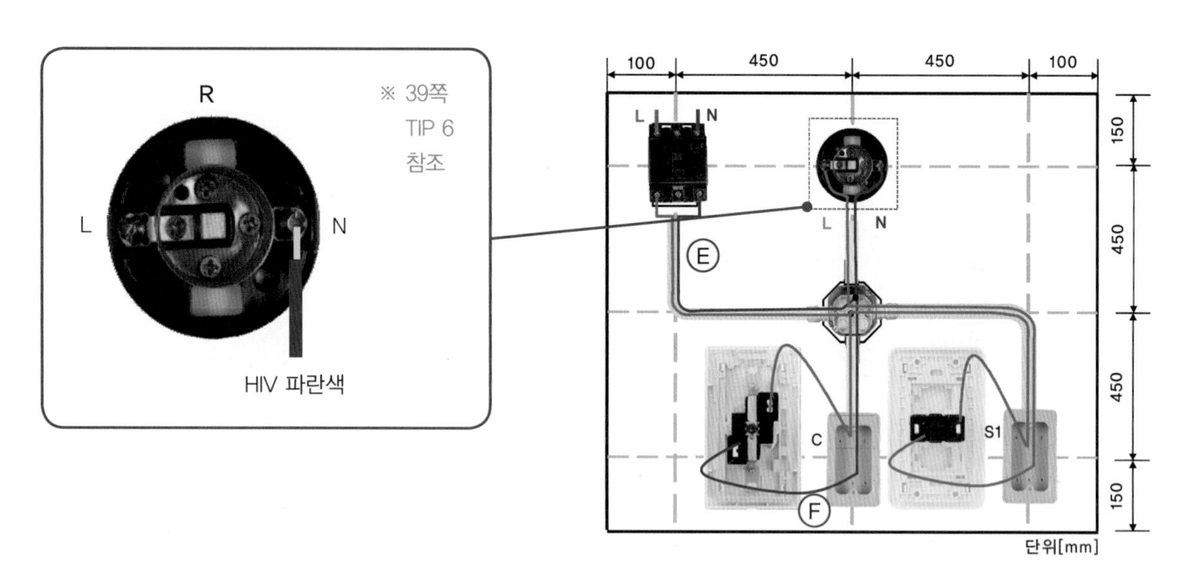

실제 배선도

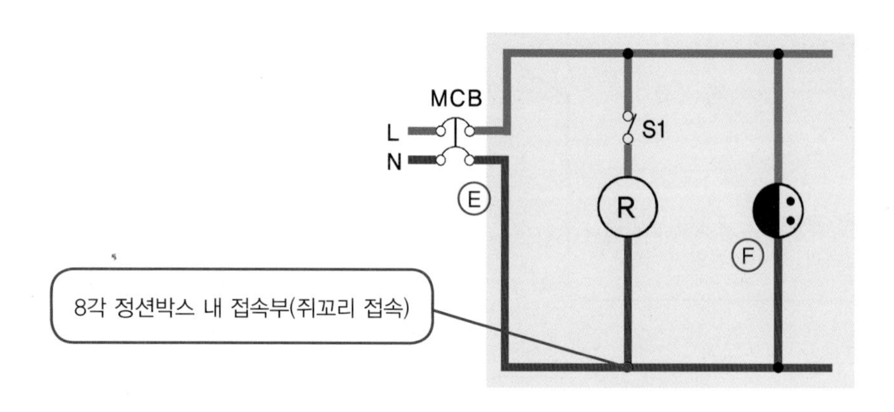

전기 동작 회로도

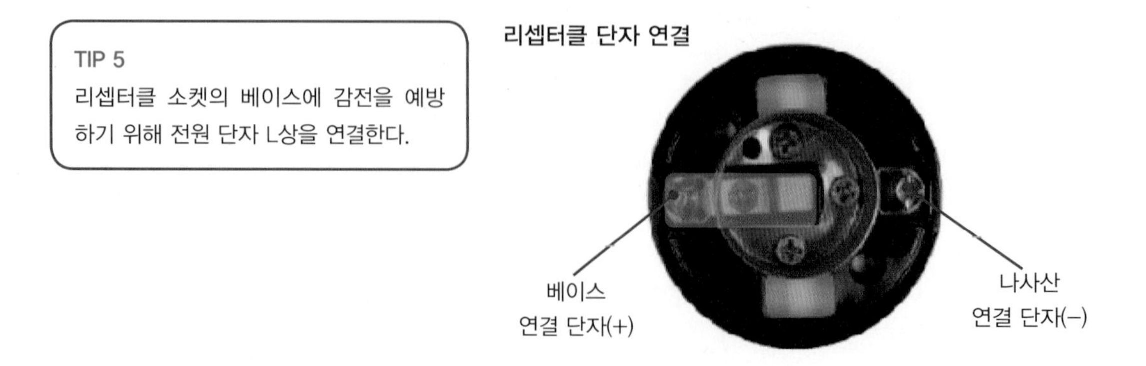

6 전선과 기구 접속

① 전선과 리셉터클 소켓 단자와 연결 시 도체 부분을 물음표(?) 모양으로 만들어서 볼트가 조여지는 방향으로 접속한다.

② 전선과 차단기 접속단자와 연결 시 피복이 단자에 물리는 현상을 방지하기 위해 도체 부분이 접속 후 10mm 정도 보일 수 있도록 한다.

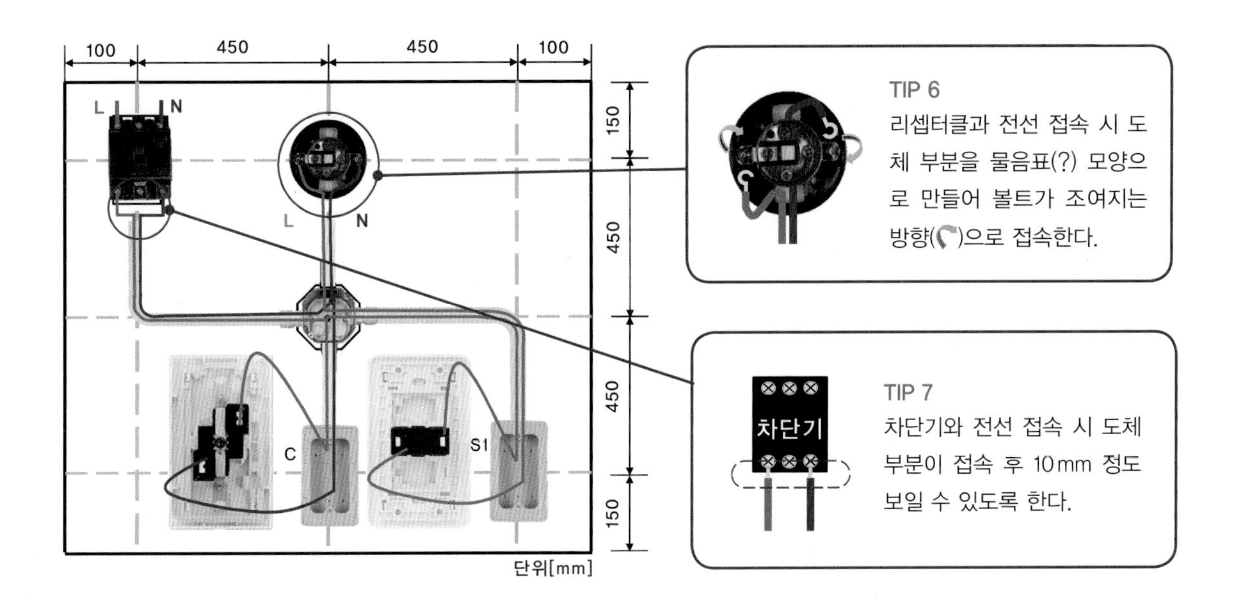

③ 전선과 콘센트를 연결할 경우 전선의 피복을 10mm 정도 탈피하여 콘센트 접속구에 연결한다. 접속구는 원터치 방식으로 "딸깍" 소리가 날 때까지 키워서 연결한다.

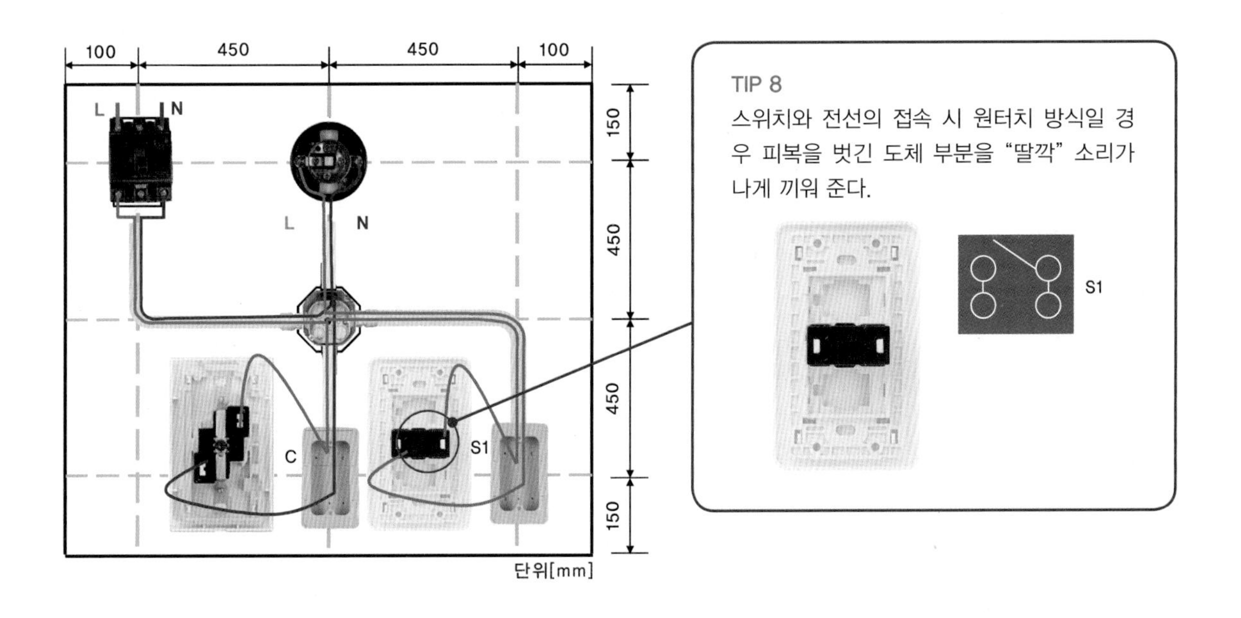

7 전선과 전선의 접속

① 박스 내 전선을 접속할 경우 쥐꼬리 접속을 4단 이상 꼬아서 절단하고 와이어 커넥터를 오른쪽으로 돌려 절연한다. 박스 내 여유선은 150 mm 이상 충분히 남겨서 동그랗게 감는다.

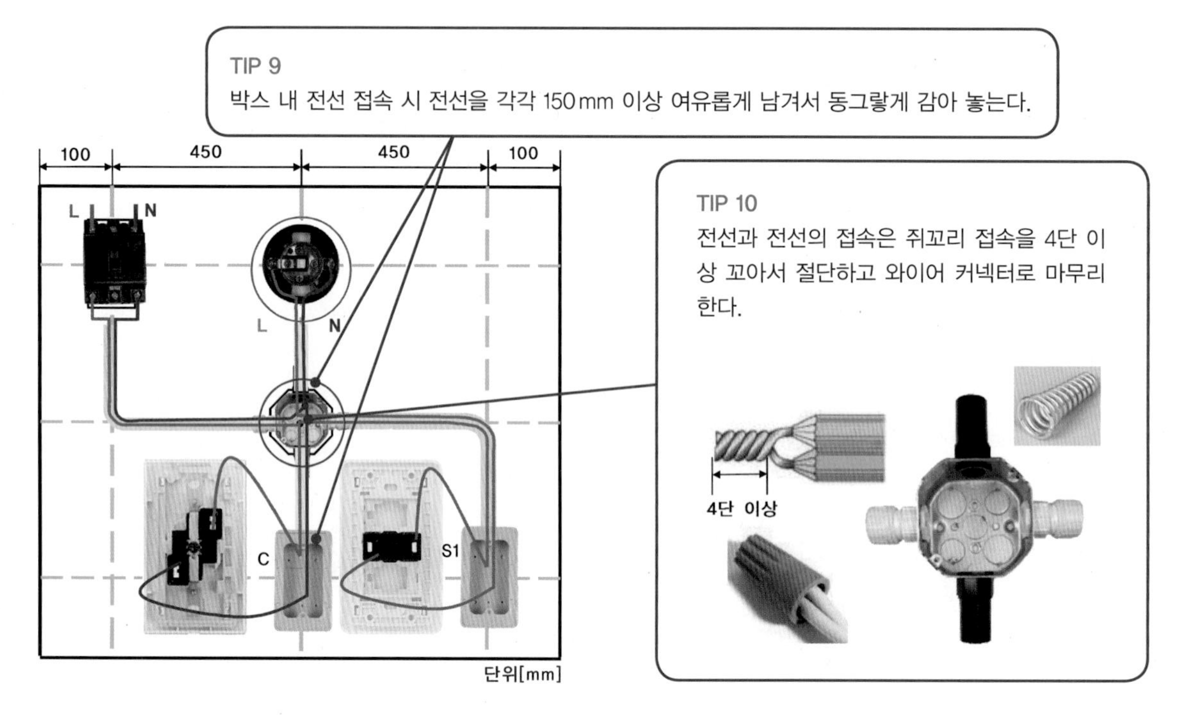

8 마무리 및 동작 테스트

① 콘센트와 스위치 전용 박스에 철판 피스로 고정한 후 플레이트를 끼워 마무리한다.

② 리셉터클 소켓 커버(뚜껑)를 닫는다.

③ 벨 테스터를 이용해 회로를 점검한다.

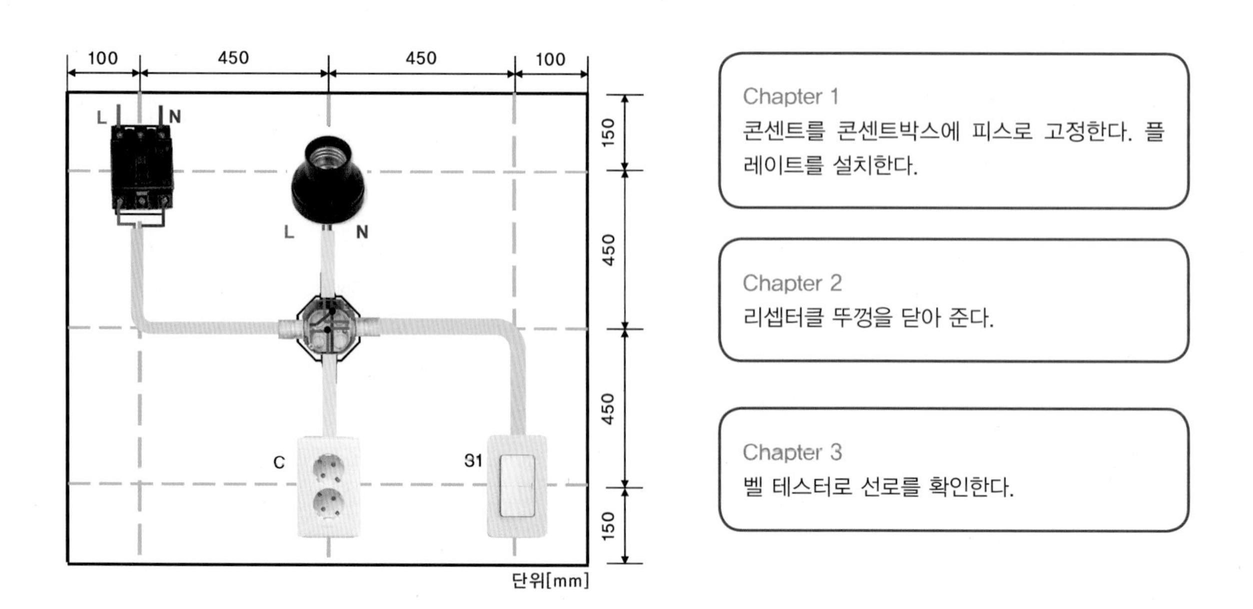

Project 2	1개소 점멸 전등 회로	소요시간	6시간

학번 (   ) 성명 (   )

■ 실습 목적

1. 전기에너지를 여러 개의 조명설비가 필요로 하는 장소까지 설계도서에 따라 전기회로를 적합하고 안전하게 공사하는 능력을 함양할 수 있다.
2. 단로 2구 스위치의 내부 회로도를 이해하고 설치할 수 있다.
3. 한국전기설비규정(KEC)을 준수하여 건축물 등 전기사용장소에 전기회로 공사를 수행할 수 있다.

■ 실험 · 실습 소요 재료 내역

번호	재료명	규격	단위	수량
1	배선용 차단기(MCB)	3P 30A, AC 220V	EA	1
2	8각 정션박스	금속	EA	1
3	리셉터클 소켓	둥근형 2P, AC 220V	EA	2
4	전등용 스위치	2구 단로, AC 220V	EA	1
5	스위치 박스	난연 또는 금속	EA	1
6	PE 전선관 커넥터	ϕ25 난연, 16mm	EA	4
7	PE 전선관	난연, 16mm	M	2
8	CD 전선관 커넥터	ϕ25 난연, 16mm	EA	2
9	CD 전선관	난연, 16mm	M	4
10	비닐전선(HIV 1.78mm)	2.5mm^2 갈색, 단선	M	8
11	비닐전선(HIV 1.78mm)	2.5mm^2 파란색, 단선	M	5
12	새들	16mm 전선관용	EA	8
13	철판 피스	4×12	EA	24

■ 사용 공구 내역

번호	공구명	규격	단위	수량	번호	공구명	규격	단위	수량
1	드라이버	60×200, 양용	EA	1	5	니퍼	200mm	EA	1
2	롱 노즈 플라이어	200mm	EA	1	6	전동 드라이버	충전식	EA	1
3	와이어 스트리퍼		EA	1	7	공구 벨트	공사용	EA	1
4	펜치	200mm	EA	1	8	피시 테이프	입선용	EA	1

■ 회로 동작 설명

1. 배선용 차단기(MCB)를 켜면(ON) 2구 단로 스위치(S1 · S2) 입력 단자에 전원이 공급된다.
2. 배선용 차단기(MCB)를 켠(ON) 상태에서 스위치(S1)을 켜면(ON) 리셉터클 램프(R1)가 점등, 끄면(OFF) 리셉터클 램프(R1)가 소등한다. 또한 스위치(S2)를 켜면(ON) 리셉터클 램프(R2)가 점등하고 끄면(OFF) 리셉터클 램프(R2)가 소등한다.
3. 배선용 차단기(MCB)를 끄면(OFF) 모든 회로가 꺼진다.

■ 기구 배치 및 배관도

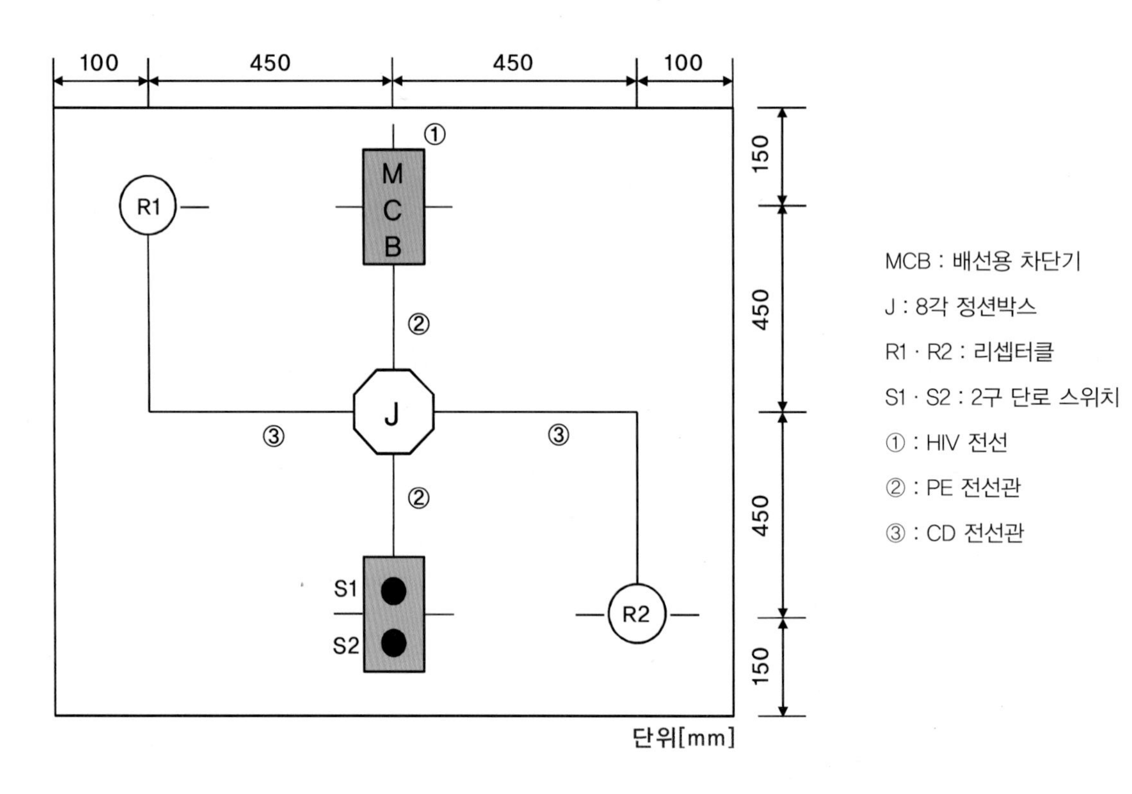

■ 전기 동작 회로도

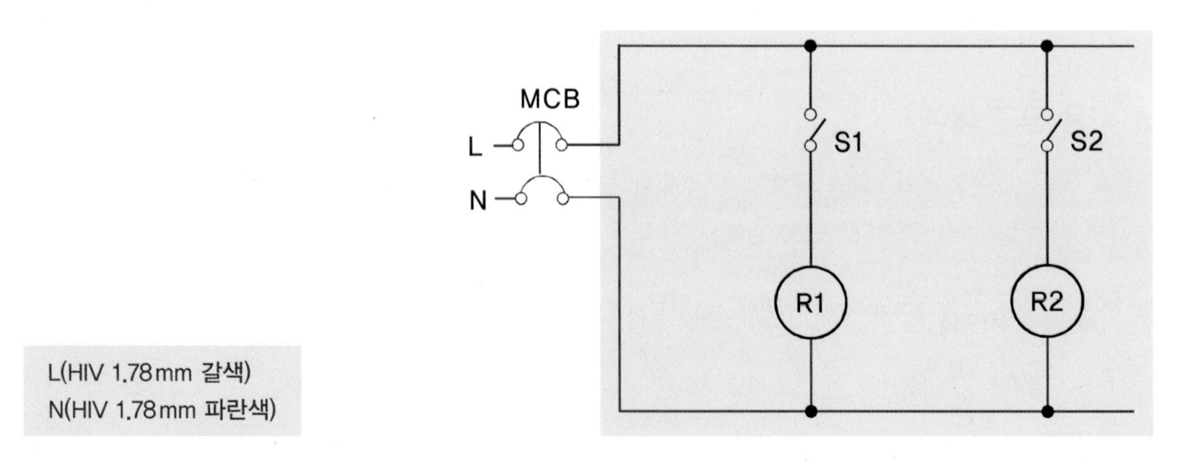

L(HIV 1.78mm 갈색)
N(HIV 1.78mm 파란색)

지시사항 및 안전사항

1. 지급된 재료와 실습장 시설을 사용하여 제한시간 내에 주어진 과제를 안전에 유의하여 완성한다. (단, 과제에 표시되지 않은 사항은 한국전기설비규정에 따른다.)
2. 전원방식은 단상 AC 220V를 사용한다.
3. 작업판 제도 시 치수 오차범위는 외관 ±30mm를 허용한다.
4. 공사 방법은 ① HIV 전선, ② PE 전선관, ③ CD 전선관을 설치한다.
5. PE · CD 전선관과 박스가 접속되는 부분은 커넥터를 사용한다.
6. 요소 작업 시 손이 다치지 않도록 안전에 유의하여 작업한다.

평가 내용

평가 영역		세부 평가 내용	배점
회로 해석(도면 검토)		주어진 과제의 회로 해석과 결선은 올바른가?	10
요소 작업	작업판 제도	작업판에 도면에서 제시한 규격으로 제도하였는가?	10
	기구 설치	작업판에 기구를 정확한 위치에 설치하였는가?	5
	배관 설치	작업판에 배관을 정확한 위치에 설치하였는가?	5
	입선 작업	배관에 알맞은 전선을 입선하였는가?	10
	접속 상태	전선과 기구를 알맞게 접속하였는가?	10
		정션박스 내 전선과 전선의 접속은 알맞게 하였는가?	10
실습 태도	실습 준비	공구 및 실습 준비는 철저한가?	10
	재료 사용	실습 재료의 사용은 경제적인가?	10
	문제 해결	발생한 문제의 해결에 적극적이며 방법은 바람직한가?	10
실습 시간		정해진 시간 내에 과제를 완성하였는가?	10
종합			100

Guide 2 1개소 점멸 전등 회로

■ 실습 순서

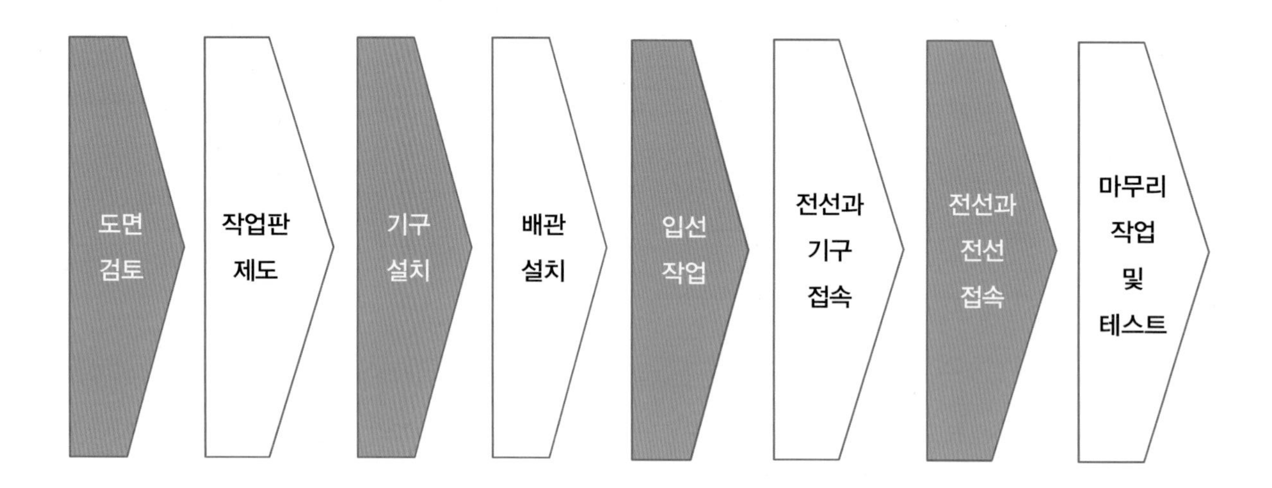

1 도면 검토

① 기구 배치 및 배관도를 확인하여 실제 사용하는 실습 재료와 수량을 체크하여 준비한다.

② 동작 회로도가 어떻게 동작되는지 확인한다.

③ 지시사항 및 안전사항에 나타난 공사 방법을 참고하여 공사를 준비한다.

2 작업판 제도

① 기구 배치 및 배관도 내 · 외곽선을 작업판에 스틱자와 하얀색 분필로 제도한다.

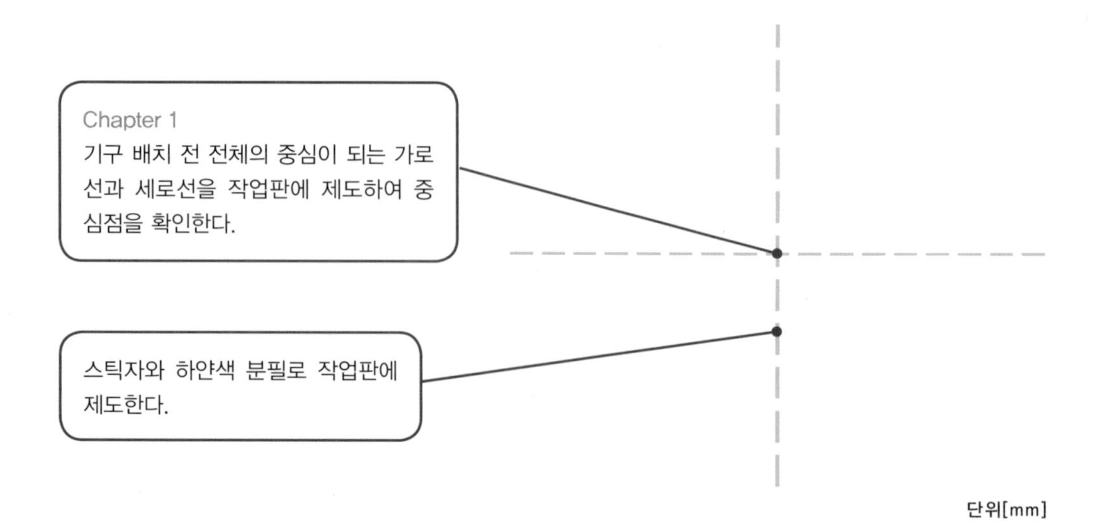

② 세로 기준선을 기준으로 오른쪽과 왼쪽 가로 간격 450 mm와 100 mm를 확인하여 세로 외곽선은 실선으로, 세로선은 점선으로 작업판에 제도한다.

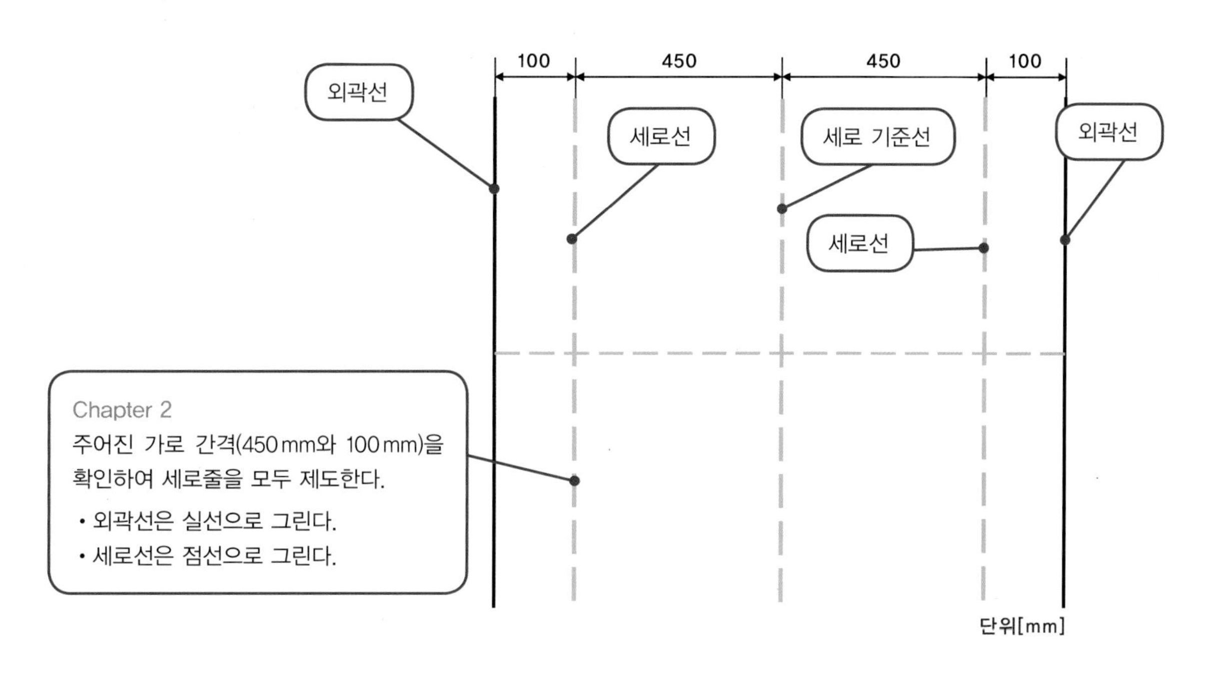

③ 가로 기준선을 기준으로 위쪽과 아래쪽 세로 간격 450 mm와 150 mm를 확인하여 가로 외곽선은 실선으로, 가로선은 점선으로 작업판에 제도한다.

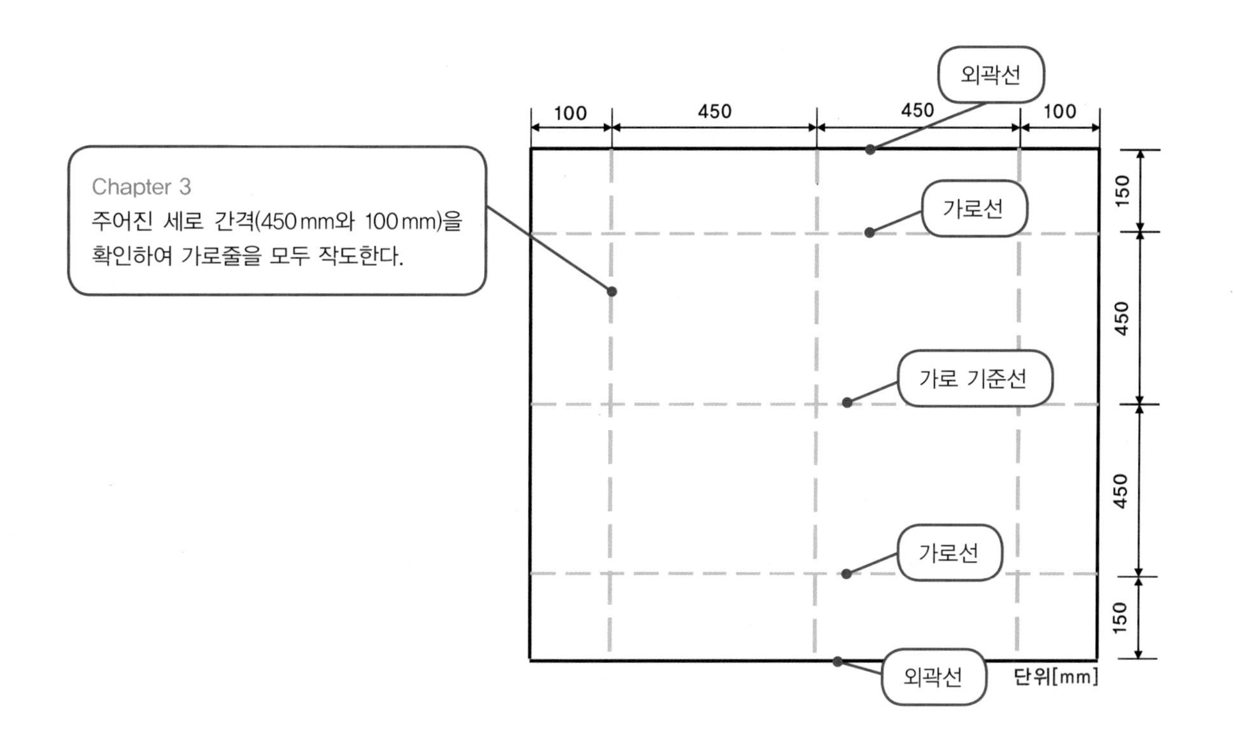

3 기구 설치

① 주어진 가로와 세로선이 겹치는 중심점에 기구를 설치할 수 있도록 표기한다. (예 정션박스 J, 배선용 차단기 MCB, 리셉터클 소켓 R1 · R2 등)

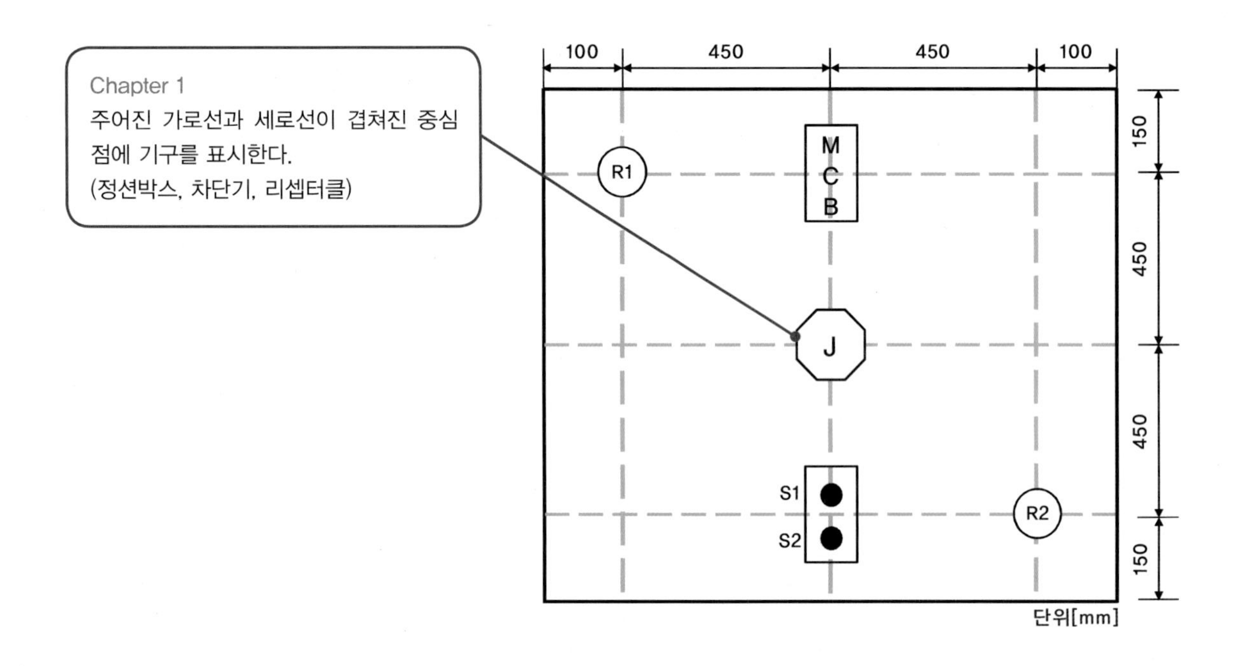

② 배관 및 배선 공사의 종류를 숫자로 표기한다. (① HIV 전선 공사, ② PE 전선관 공사, ③ CD 전선관 공사)

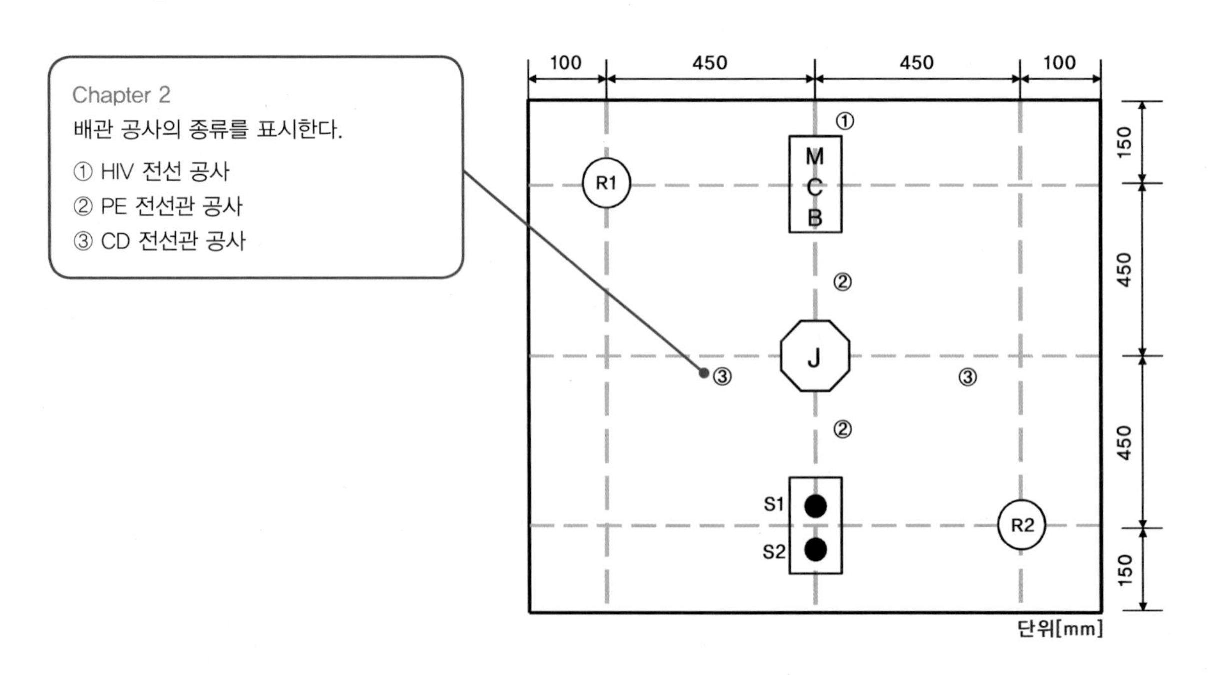

③ 기구를 작업판에 표기된 기구 위치에 철판 피스로 고정한다.

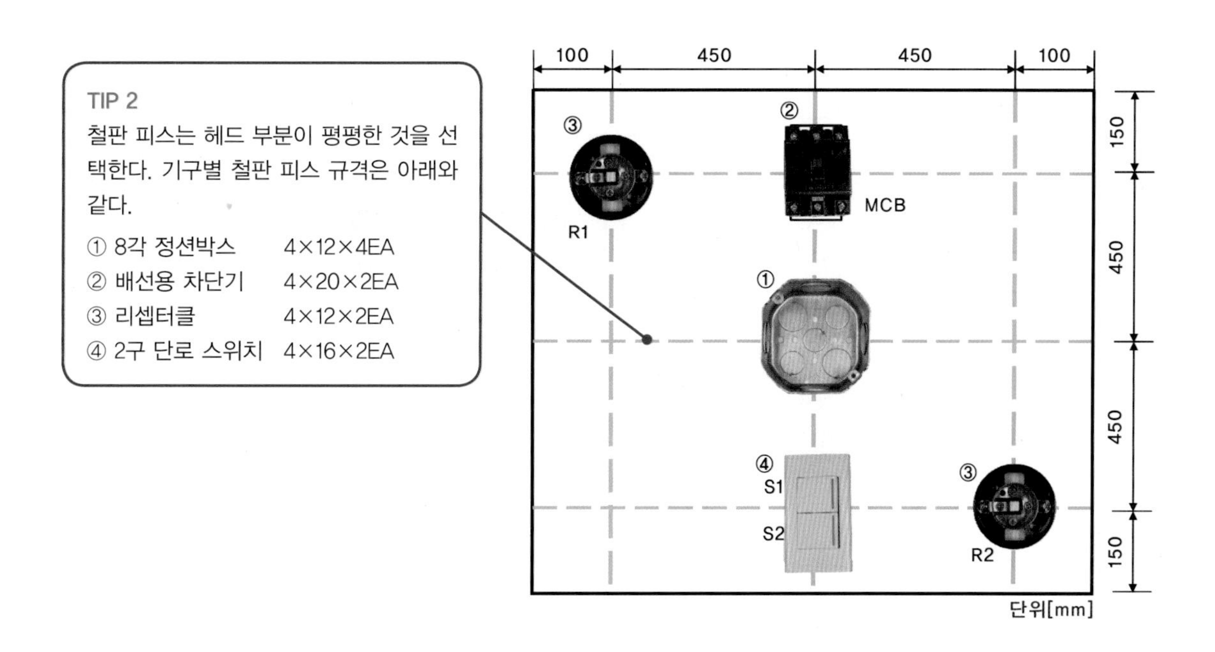

4 배관 설치

① 기구 설치가 완성되면 배관을 설치한다. 배관은 도면과 같이 PE · CD 전선관을 사용한다. 각 전선관 설치 전 박스와 전선관 접속 시 커넥터를 연결한다.

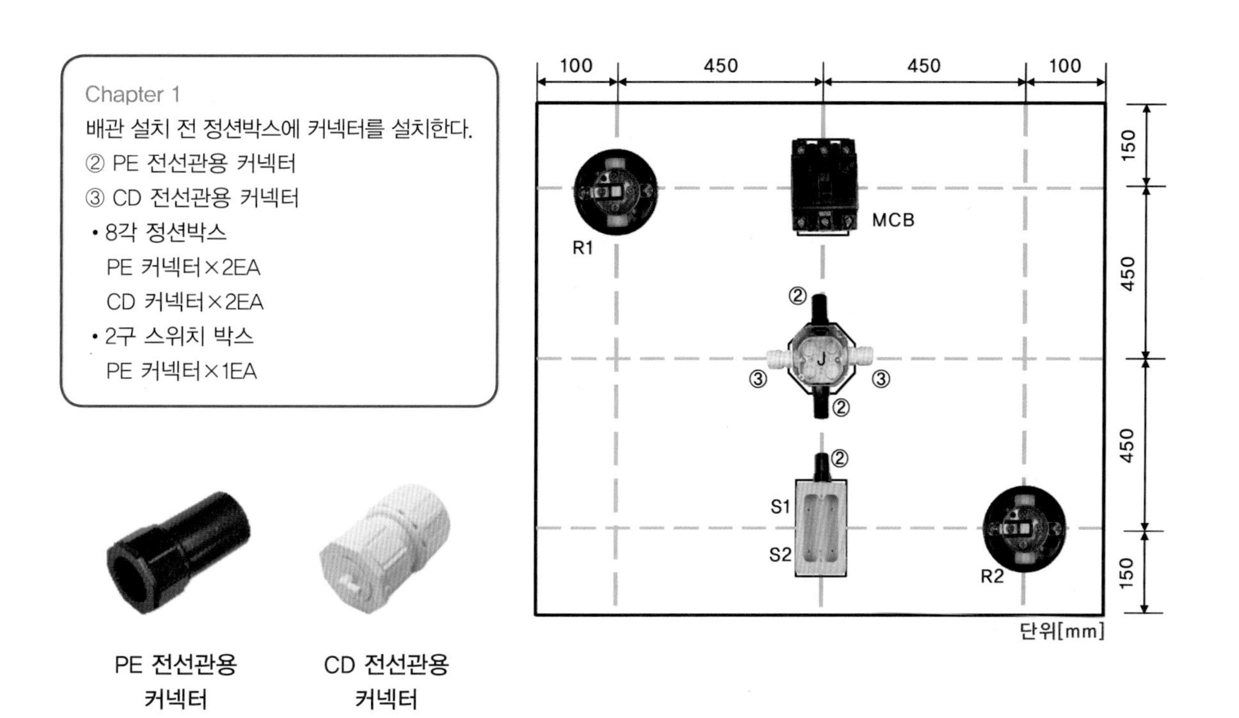

② PE · CD 전선관을 규격에 알맞게 설치한다. 또한 기구와 전선관의 접속 시 이격거리를 50 mm 이내로 설치한다.

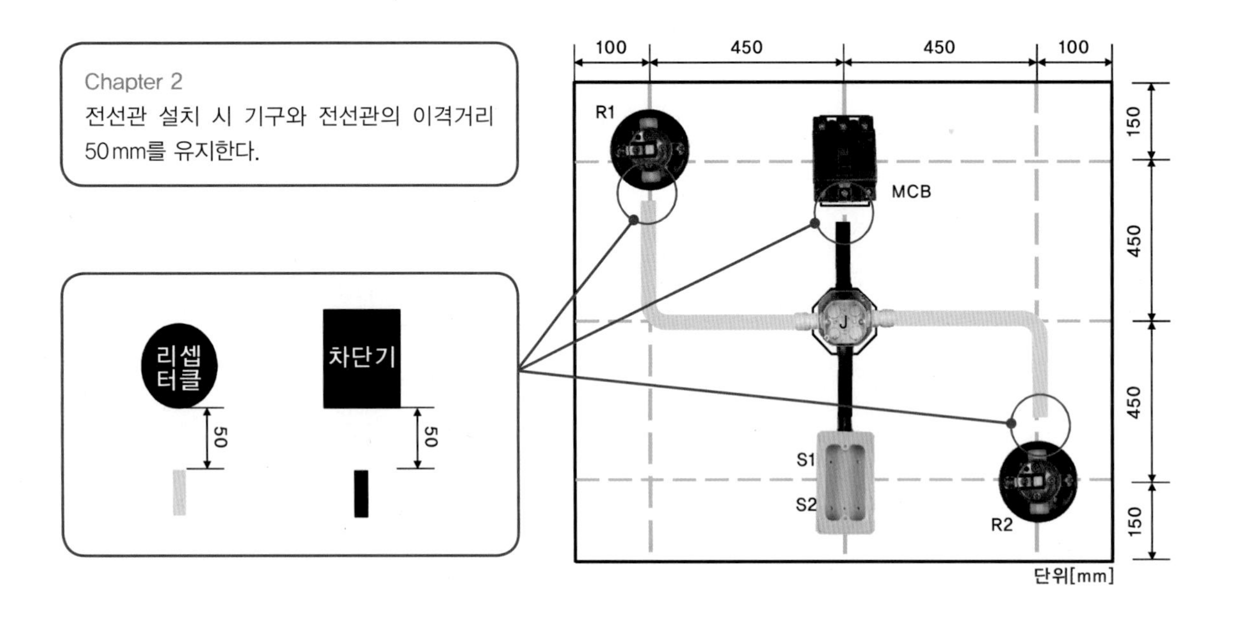

③ 전선관 설치 시 직선 구간은 300 mm 간격마다 새들로 고정한다. 전선관의 곡선 · 박스 · 차단기 · 리셉터클 소켓 구간은 150 mm 간격으로 새들을 설치한다.

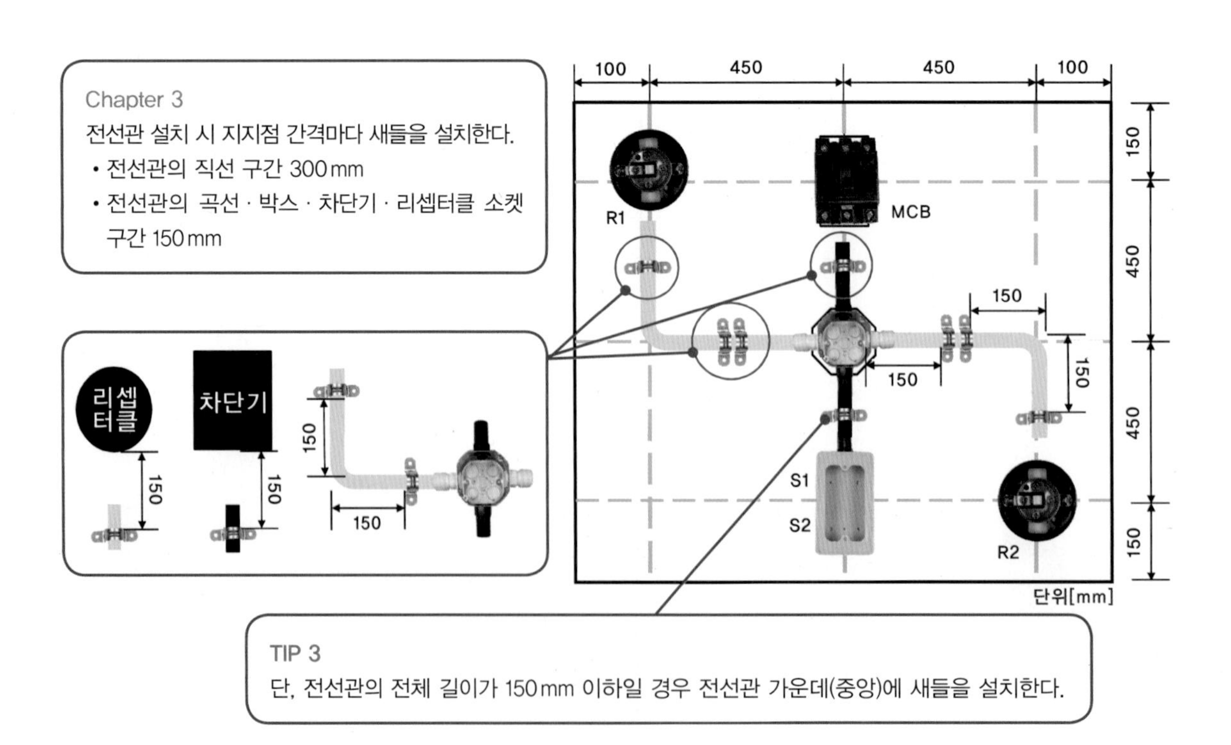

5 입선 작업

① 전기 동작 회로도를 기구 배치 및 배관도에 적용하여 설치한다.

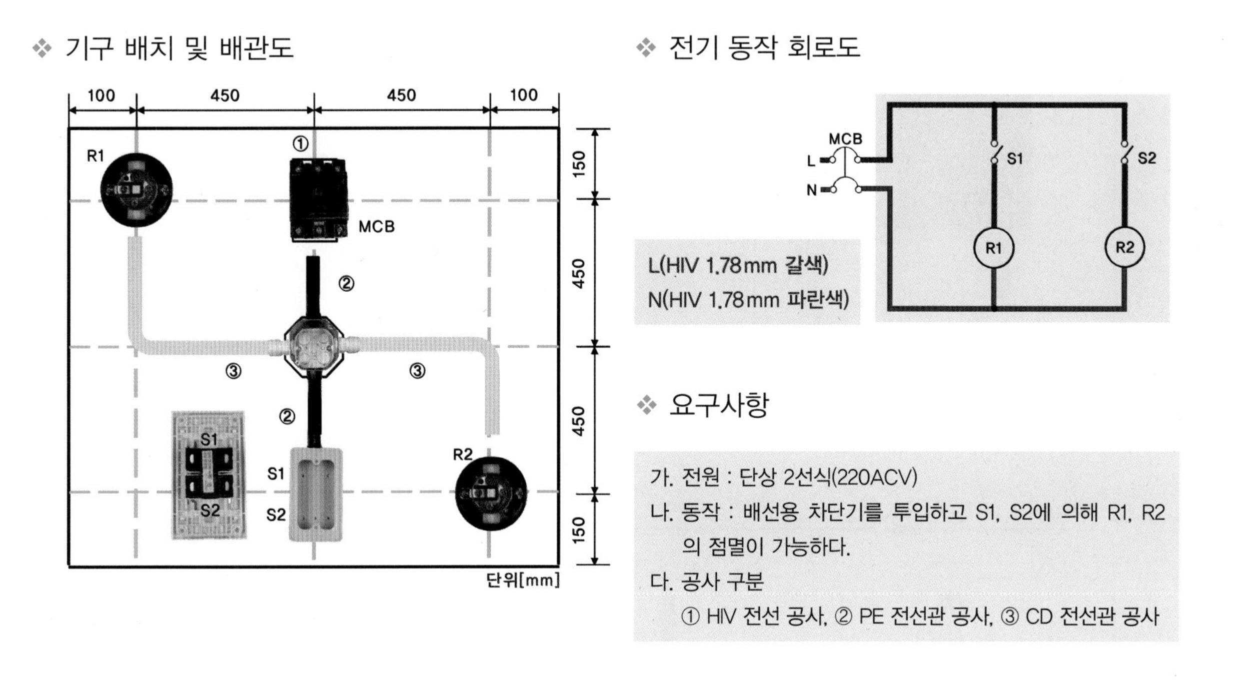

② 배선용 차단기(MCB) 1차 입력 단자에 인입선(L, N상)을 연결한다. L상은 HIV 1.78mm 갈색이고 N상은 HIV 1.78mm 파란색으로 사용한다.

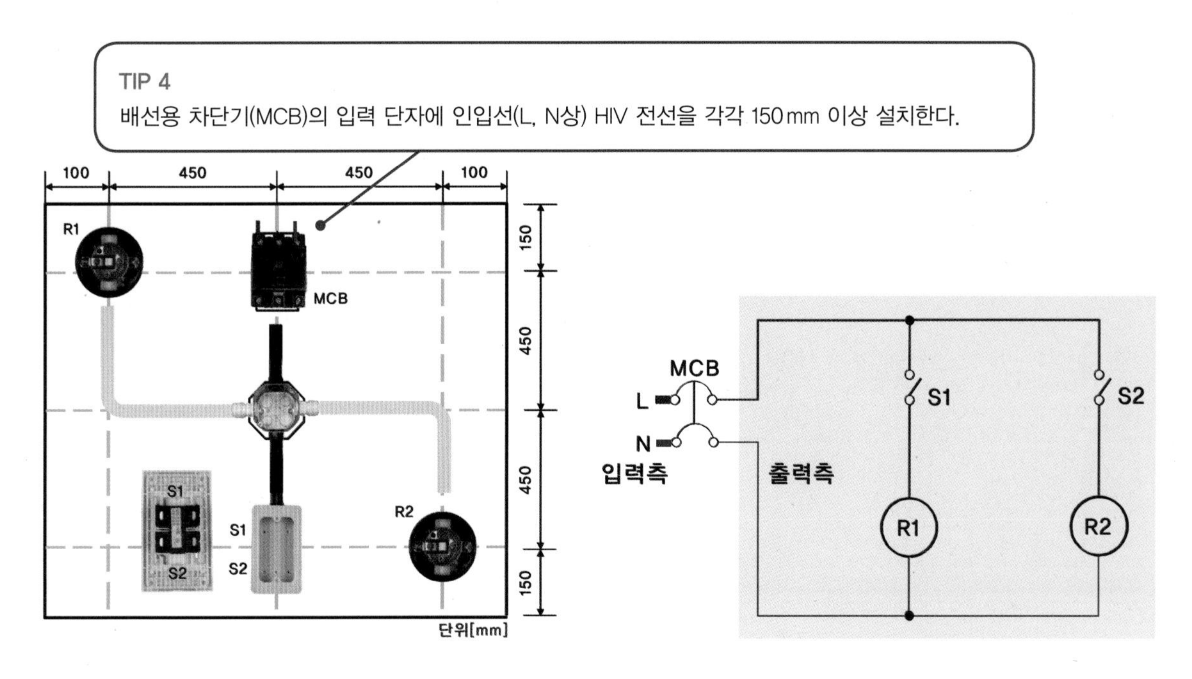

실제 배선도

전기 동작 회로도

③ 배선용 차단기(MCB) 2차 출력선(L상)을 2구 단로 스위치(S1) 입력 단자에 HIV 1.78mm 갈색 전선으로 연결한다.

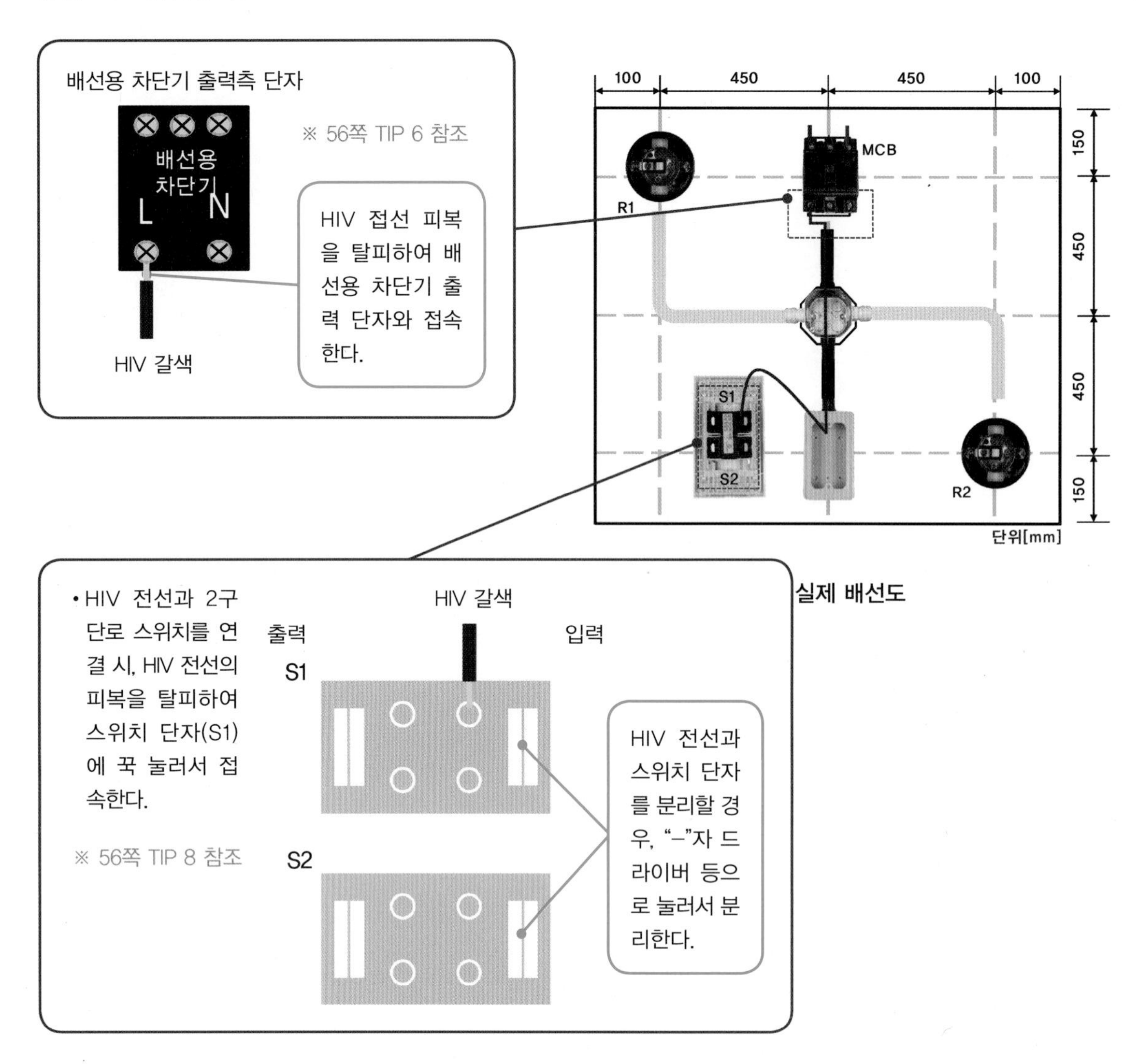

실제 배선도

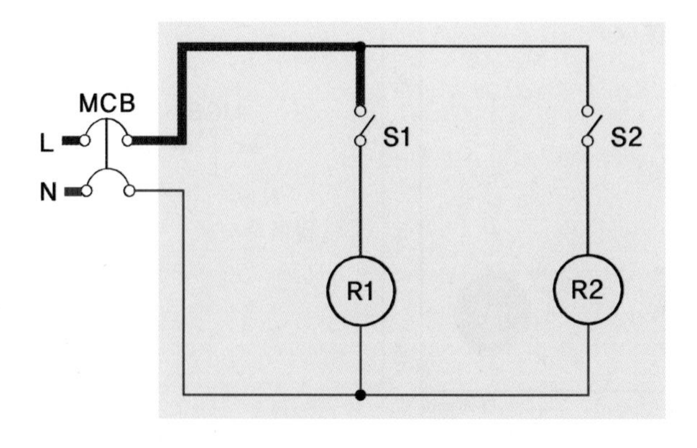

전기 동작 회로도

④ 2구 단로 스위치(S1) 출력 단자에서 정션박스를 거쳐 리셉터클 소켓 R1 베이스 단자에 HIV 1.78 mm 갈색 전선으로 연결한다.

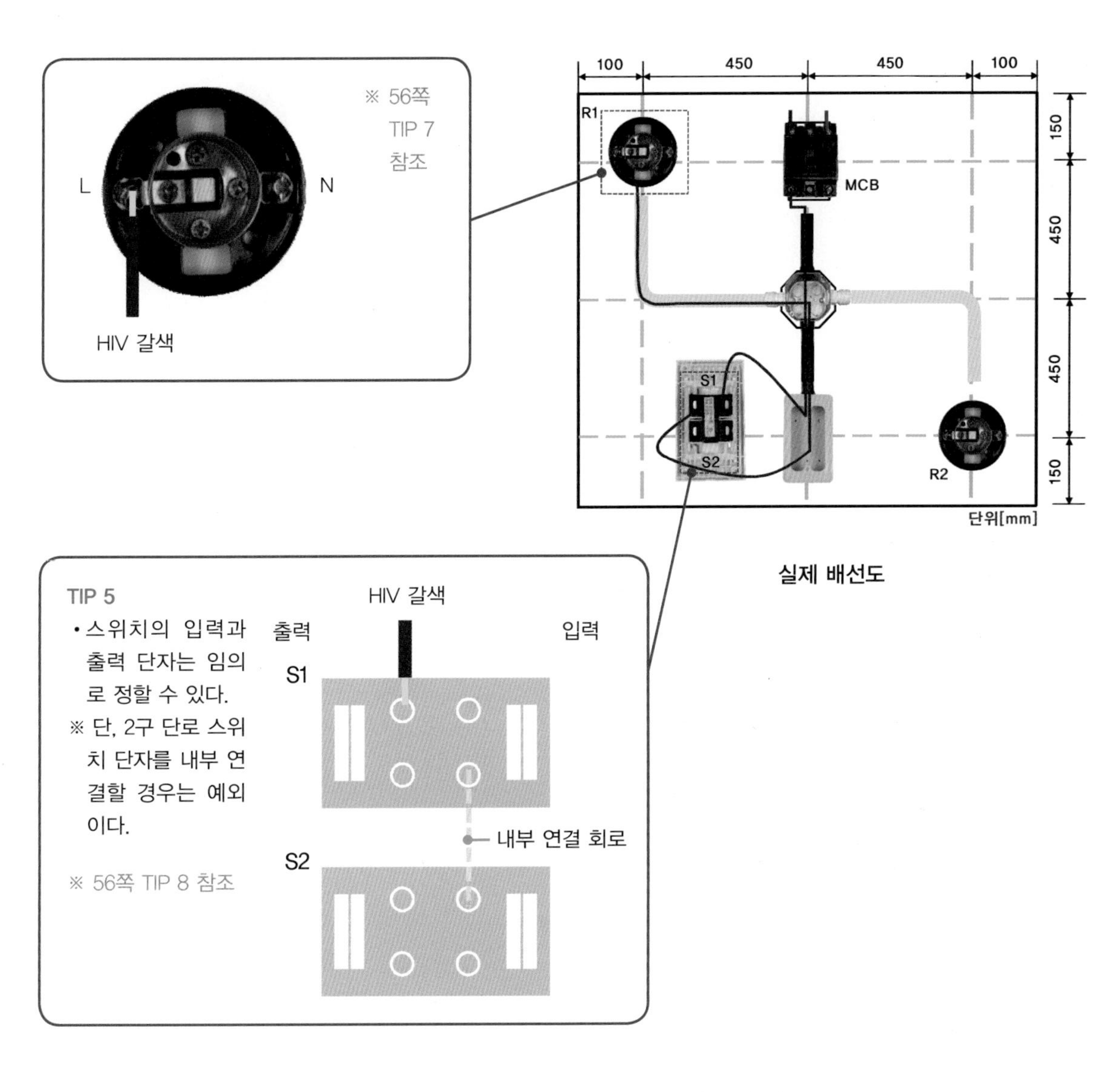

실제 배선도

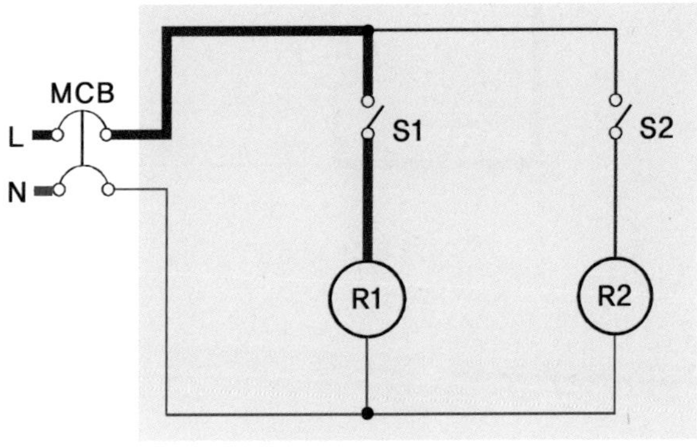

전기 동작 회로도

⑤ 리셉터클 소켓 R1 출력 단자와 배선용 차단기(MCB) N상을 HIV 1.78 mm 파란색으로 연결한다.

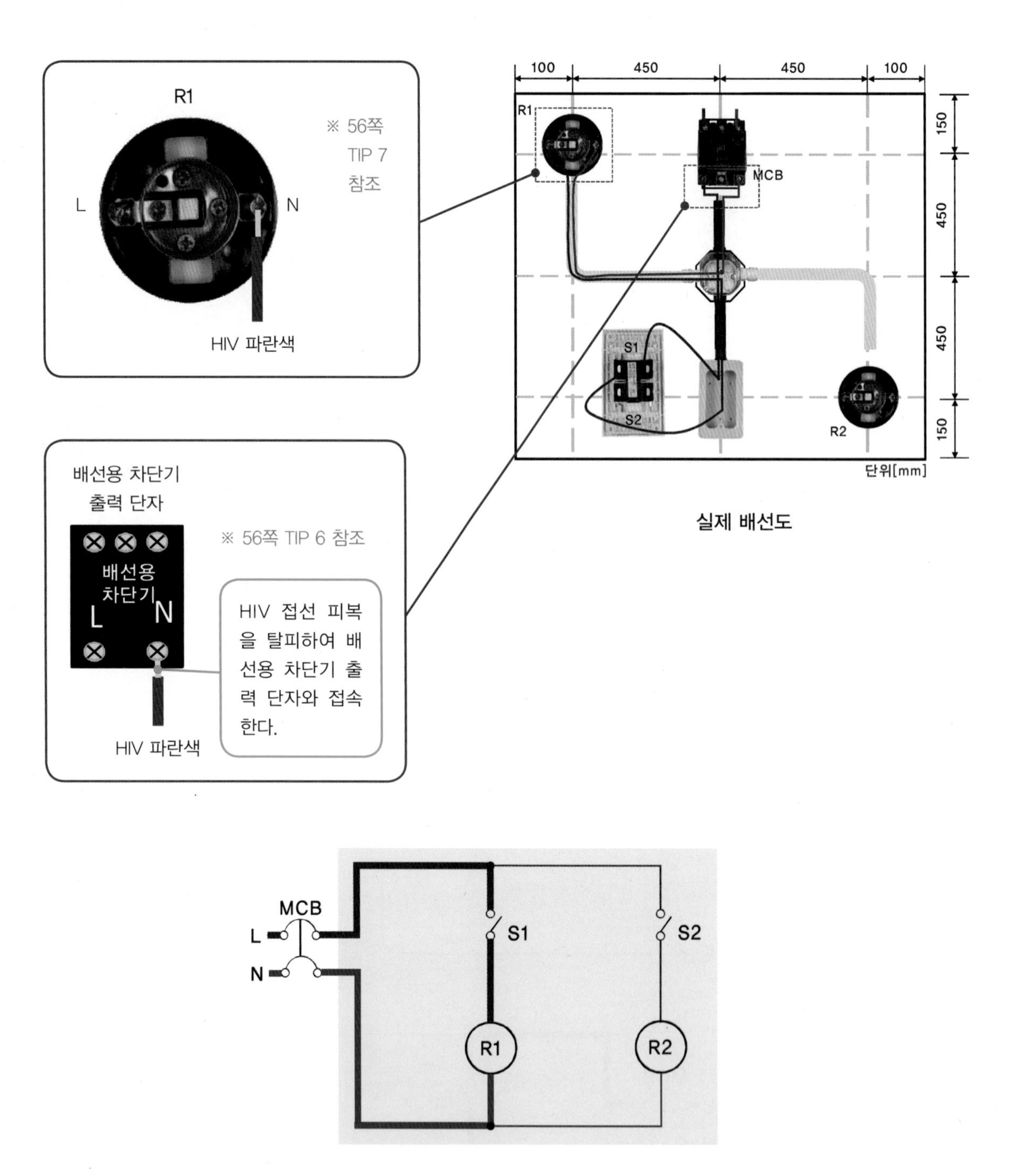

실제 배선도

전기 동작 회로도

⑥ 단로 스위치(S1) 입력 단자와 단로 스위치(S2) 입력 단자를 스위치 박스 내에서 점프선 HIV 1.78mm 갈색으로 연결한다. (단, 2구 단로 스위치 기성 제품 중 내부 연결이 된 제품은 설치하지 않는다.)

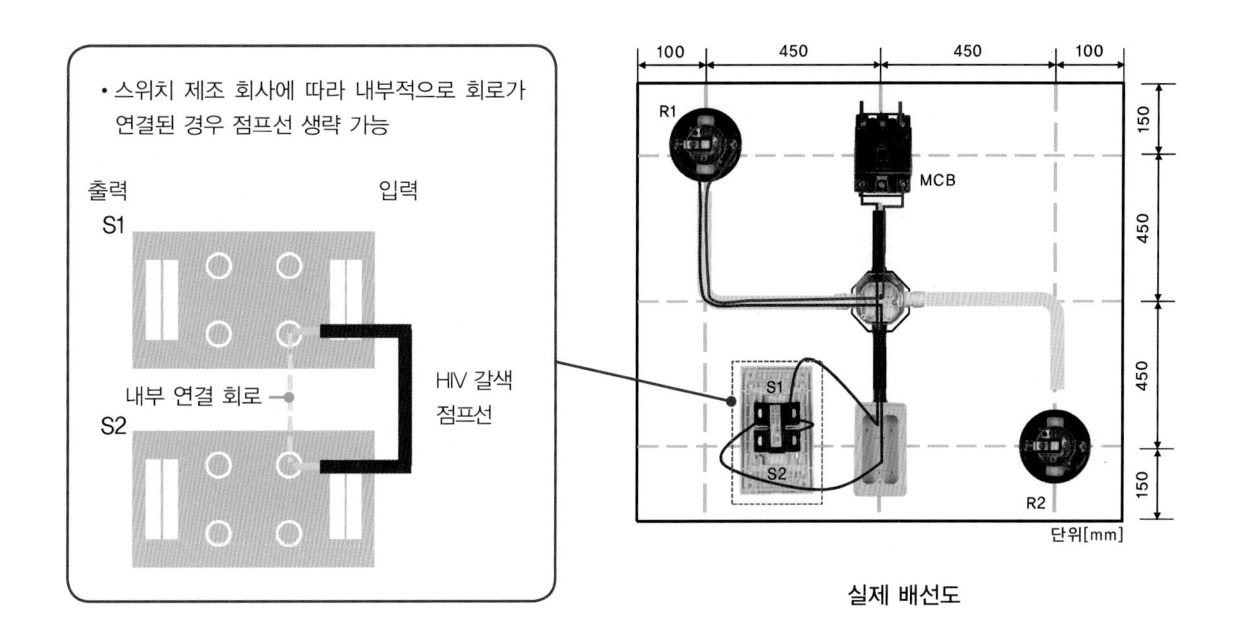

실제 배선도

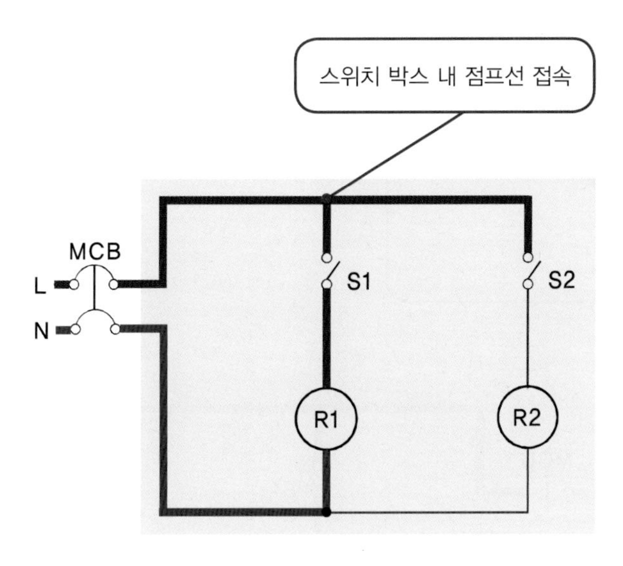

전기 동작 회로도

⑦ 단로 스위치(S2) 출력 단자와 리셉터클 소켓(R2) 입력 단자를 HIV 1.78mm 갈색으로 연결한다.

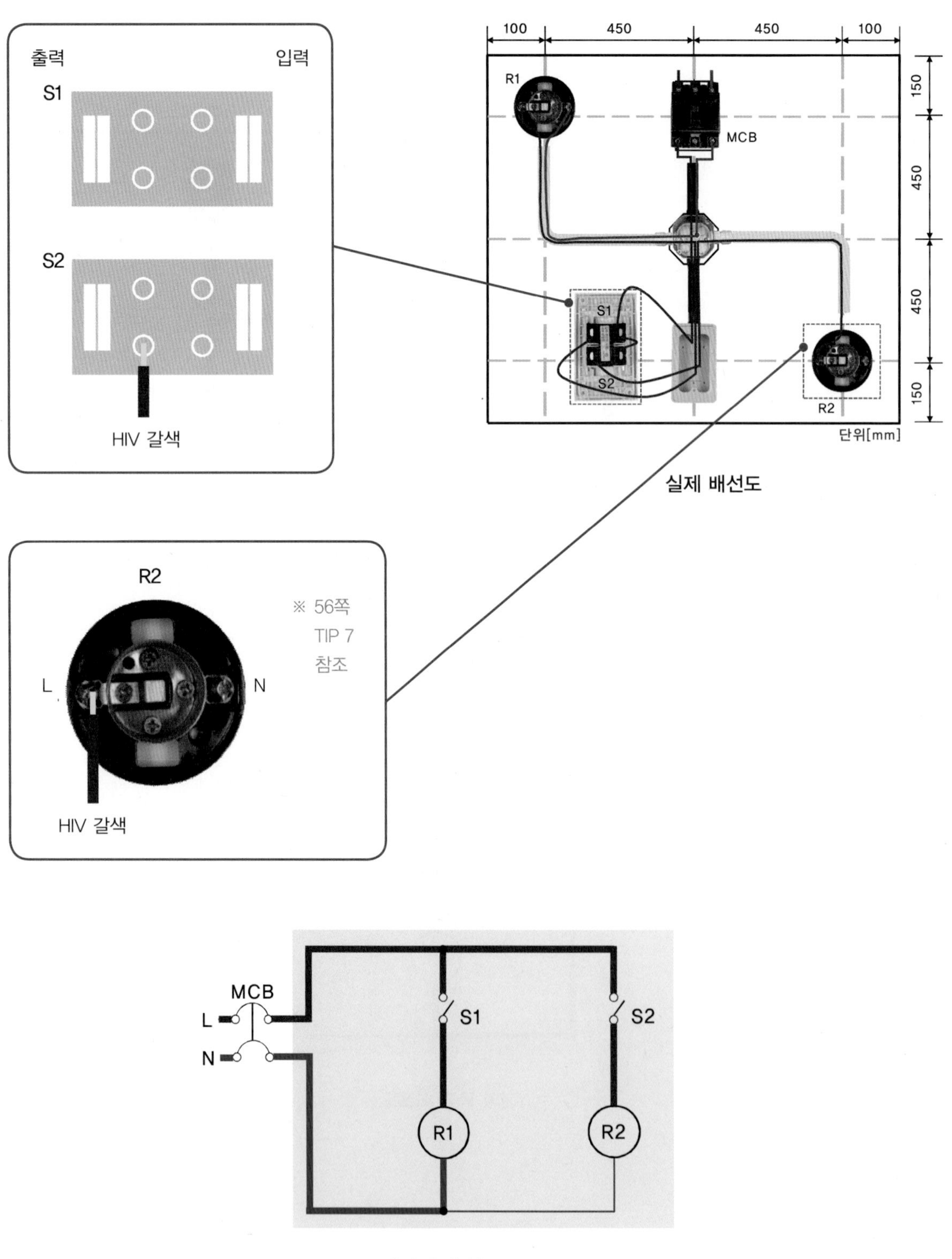

실제 배선도

전기 동작 회로도

⑧ 리셉터클 소켓(R2) 출력 단자와 정션박스 내에 HIV 1.78mm 파란색 전선과 연결한다.

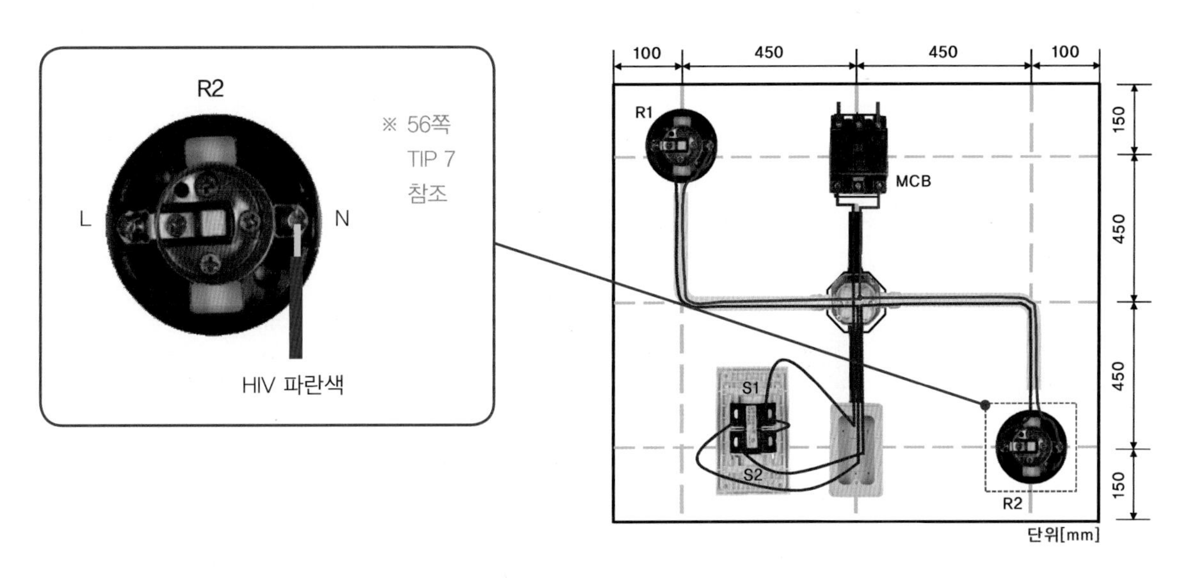

실제 배선도

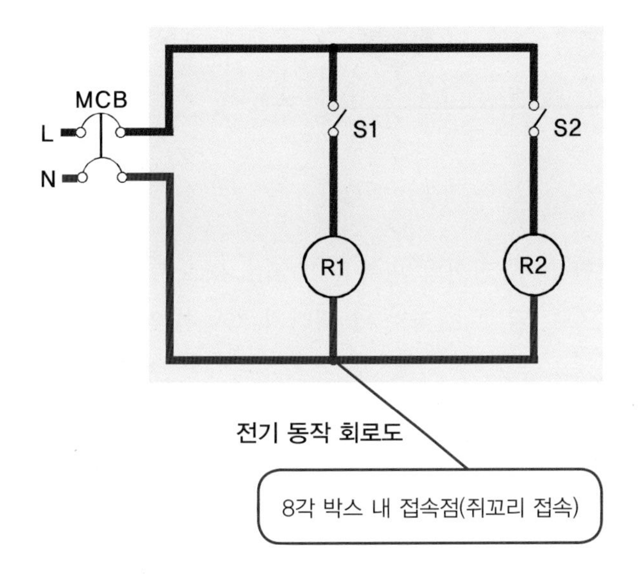

전기 동작 회로도

6 전선과 기구 접속

① 전선과 리셉터클 소켓 단자와 연결 시 도체 부분을 물음표(?) 모양으로 만들어서 볼트가 조여지는 방향으로 접속한다.

② 전선과 차단기 접속단자와 연결 시 피복이 단자에 물리는 현상을 방지하기 위해 도체 부분이 접속 후 10mm 정도 보일 수 있도록 한다.

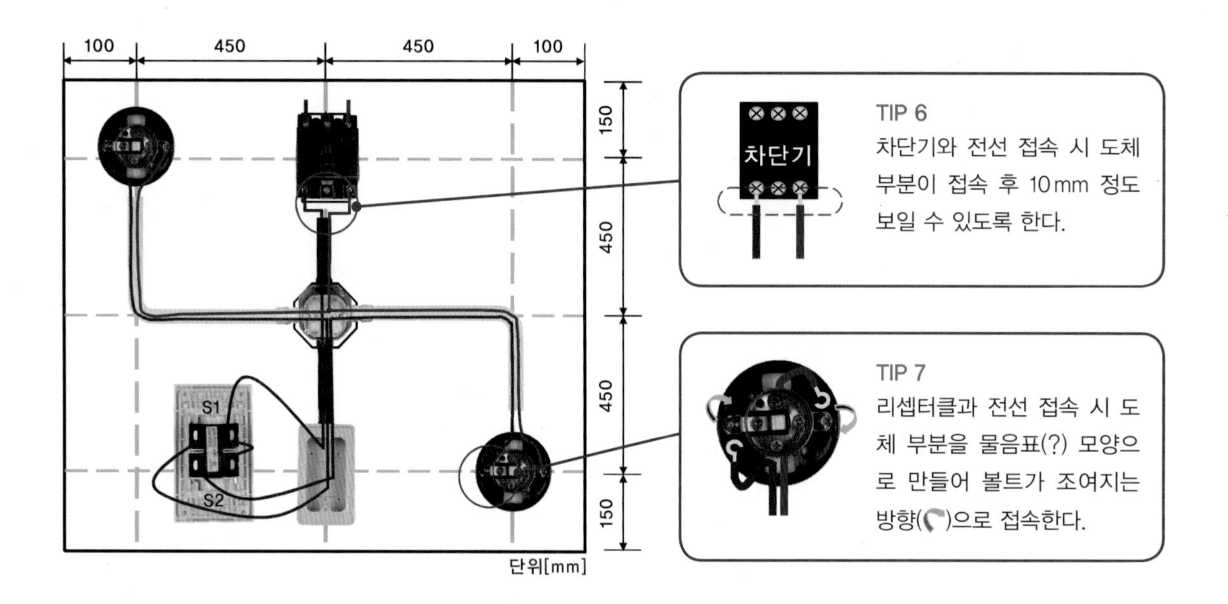

③ 전선과 스위치를 연결할 경우 전선의 피복을 10mm 정도 탈피하여 콘센트 접속구에 연결한다. 접속구는 원터치 방식으로 "딸깍" 소리가 날 때까지 키워서 연결한다.

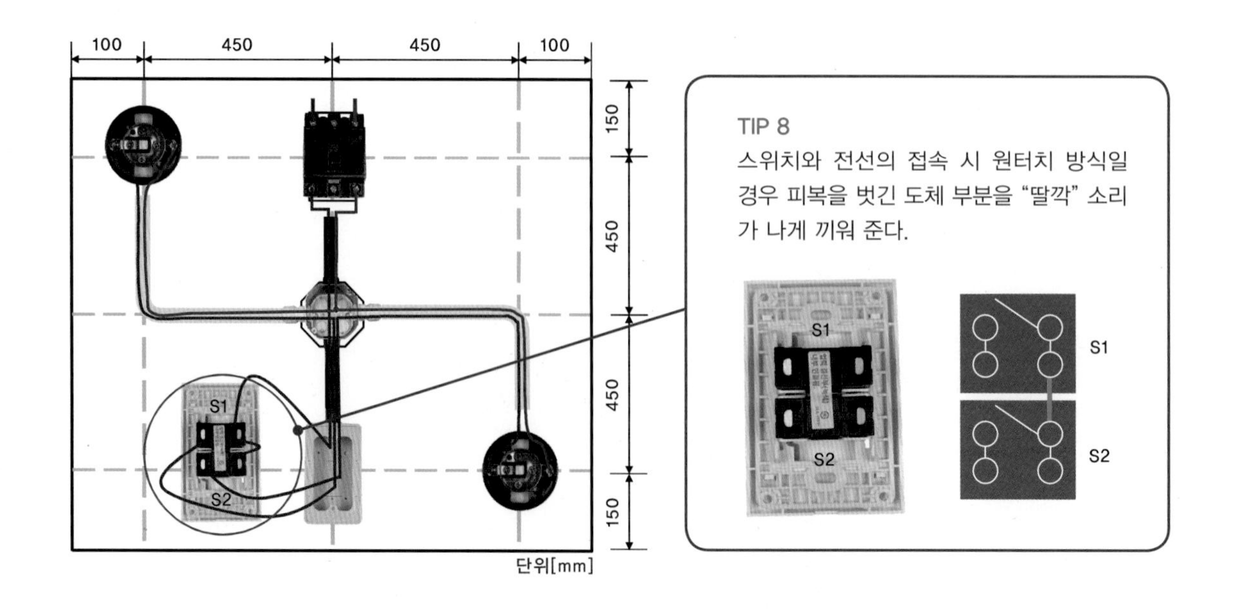

7 전선과 전선의 접속

박스 내 전선을 접속할 경우 쥐꼬리 접속을 4단 이상 꼬아서 절단하고 와이어 커넥터를 오른쪽으로 돌려 절연한다. 박스 내 여유선은 150 mm 이상 충분히 남겨서 동그랗게 감는다.

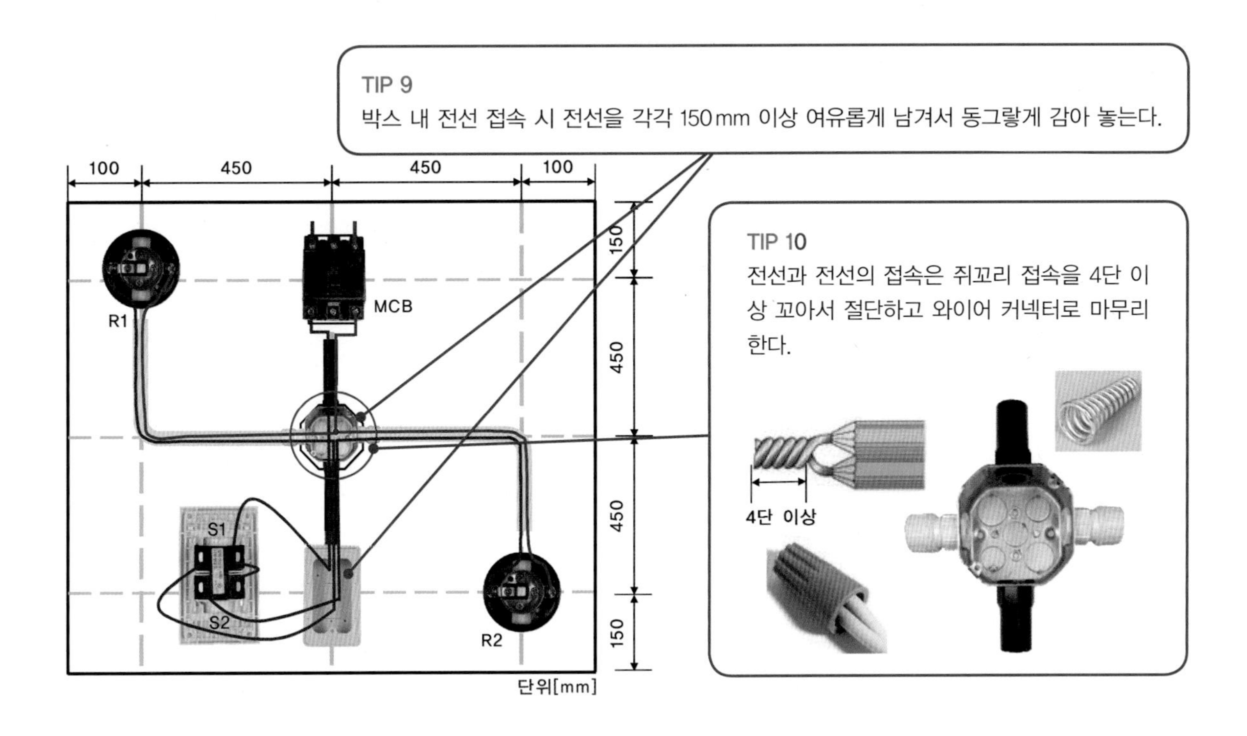

8 마무리 및 동작 테스트

① 스위치 전용 박스에 철판 피스로 고정 플레이트 설치 후 마무리한다.

② 리셉터클 소켓 커버(뚜껑)를 닫고, 벨 테스터로 회로를 점검한다.

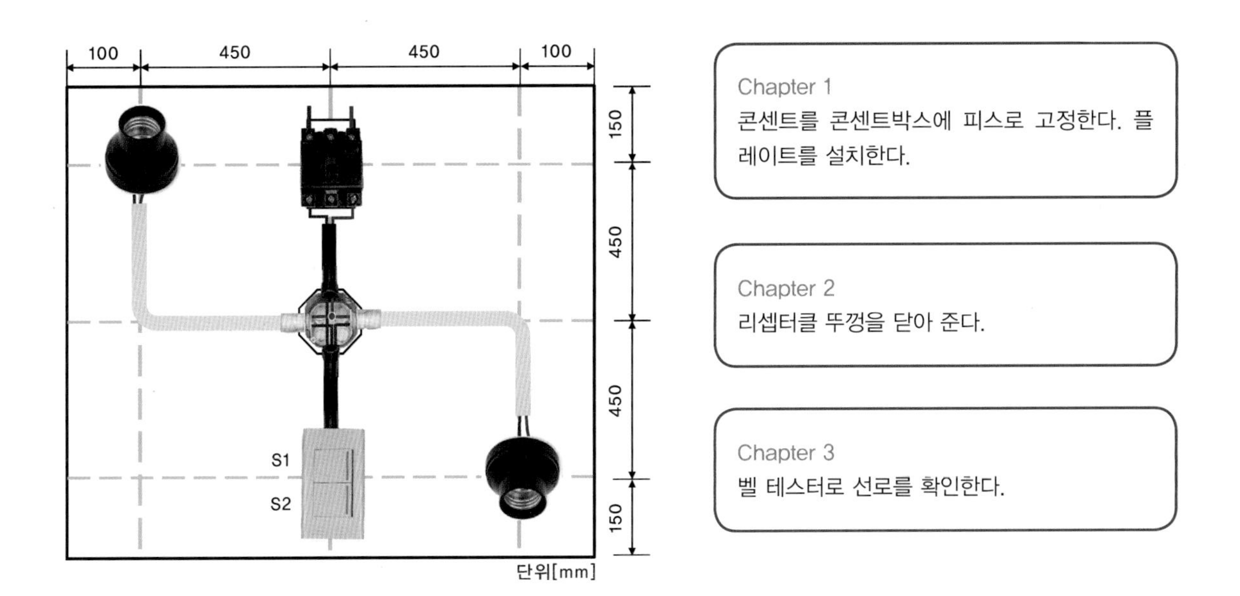

Project 3	3로 스위치 사용 회로	소요시간	6시간

학번 (　　　　　) 성명 (　　　　　)

■ 실습 목적

1. 전기에너지를 여러 개의 조명설비가 필요로 하는 장소까지 설계도서에 따라 전기기구, 전선관, 케이블 등을 안전하고 적합하도록 공사하는 능력을 습득할 수 있다.
2. 3로 스위치의 내부 회로도를 이해하고 설치할 수 있다.
3. 한국전기설비규정(KEC)을 준수하여 건축물 등 전기 사용 장소에 전기회로 공사를 수행할 수 있다.

■ 실험 · 실습 소요 재료 내역

번호	재료명	규격	단위	수량
1	배선용 차단기(MCB)	3P 30A, AC 220V	EA	1
2	8각 정션박스	금속	EA	1
3	리셉터클 소켓	둥근형 2P, AC 220V	EA	2
4	전등용 스위치	1구 3로, AC 220V	EA	1
5	스위치 박스	난연 또는 금속	EA	1
6	PE 전선관 커넥터	ϕ25, 16mm	EA	3
7	PE 전선관	16mm	M	5
8	비닐전선(HIV 1.78mm)	2.5mm^2 검은색, 단선	M	5
9	비닐전선(HIV 1.78mm)	2.5mm^2 파란색, 단선	M	2
10	새들	철재, 16mm	EA	8

■ 사용 공구 내역

번호	공구명	규격	단위	수량	번호	공구명	규격	단위	수량
1	드라이버	60×200, 양용	EA	1	5	니퍼	200mm	EA	1
2	롱 노즈 플라이어	200mm	EA	1	6	전동 드라이버	충전식	EA	1
3	와이어 스트리퍼		EA	1	7	공구 벨트	공사용	EA	1
4	펜치	200mm	EA	1	8	피시 테이프	입선용	EA	1

회로 동작 설명

1. 배선용 차단기(MCB)를 커면(ON) 3로 스위치(S3) OFF 단자에 연결되어 있는 리셉터클 램프(R2)가 점등된다.
2. 3로 스위치(S3)를 켜면(ON) 리셉터클 램프(R1)이 점등되며, 리셉터클 램프(R2)는 소등된다.
3. 배선용 차단기(MCB)를 끄면(OFF) 모든 회로가 꺼진다.

기구 배치 및 배관도

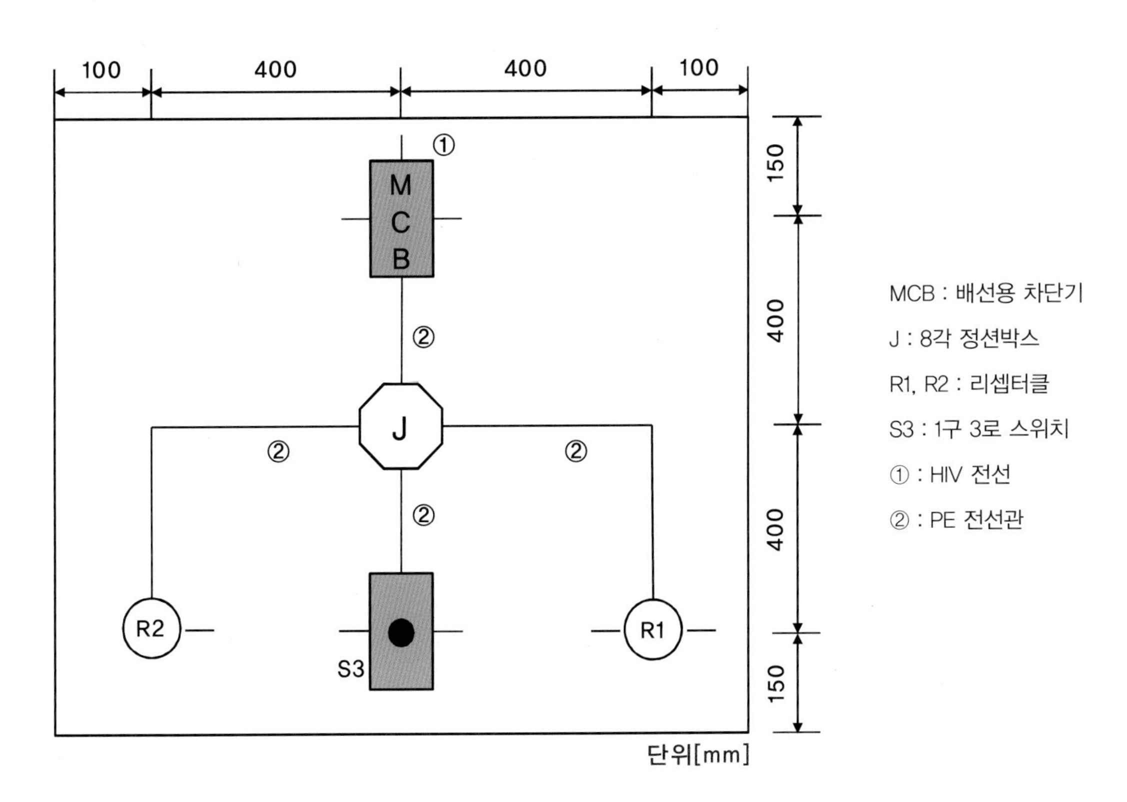

전기 동작 회로도

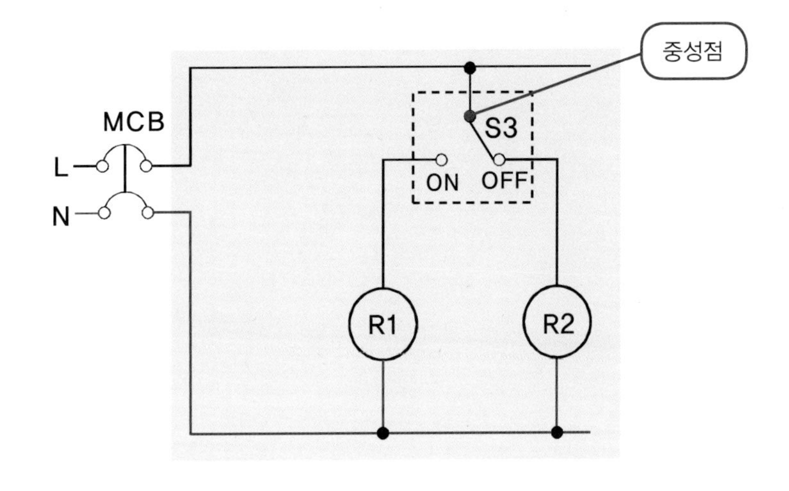

L(HIV 1.78mm 검은색)
N(HIV 1.78mm 파란색)

■ 지시사항 및 안전사항

1. 지급된 재료와 실습장 시설을 사용하여 제한시간 내에 주어진 과제를 안전에 유의하여 완성한다.
   (단, 과제에 표시되지 않은 사항은 한국전기설비규정에 따른다.)
2. 전원 방식은 단상 AC 220V를 사용한다.
3. 작업판 제도 시 치수 오차범위는 외관 ±30mm를 허용한다.
4. 공사 방법은 ① HIV 전선, ② PE 전선관을 설치한다.
5. PE 전선관과 박스가 접속되는 부분은 커넥터를 사용한다.
6. 요소 작업 시 손이 다치지 않도록 안전에 유의하여 작업한다.

■ 평가 내용

<table>
<tr><th colspan="2">평가 영역</th><th>세부 평가 내용</th><th>배점</th></tr>
<tr><td colspan="2">회로 해석(도면 검토)</td><td>주어진 과제의 회로 해석과 결선은 올바른가?</td><td>10</td></tr>
<tr><td rowspan="6">요소 작업</td><td>작업판 제도</td><td>작업판에 도면에서 제시한 규격으로 제도하였는가?</td><td>10</td></tr>
<tr><td>기구 설치</td><td>작업판에 기구를 정확한 위치에 설치하였는가?</td><td>5</td></tr>
<tr><td>배관 설치</td><td>작업판에 배관을 정확한 위치에 설치하였는가?</td><td>5</td></tr>
<tr><td>입선 작업</td><td>배관에 알맞은 전선을 입선하였는가?</td><td>10</td></tr>
<tr><td rowspan="2">접속 상태</td><td>전선과 기구를 알맞게 접속하였는가?</td><td>10</td></tr>
<tr><td>정션박스 내 전선과 전선의 접속은 알맞게 하였는가?</td><td>10</td></tr>
<tr><td rowspan="3">실습 태도</td><td>실습 준비</td><td>공구 및 실습 준비는 철저한가?</td><td>10</td></tr>
<tr><td>재료 사용</td><td>실습 재료의 사용은 경제적인가?</td><td>10</td></tr>
<tr><td>문제 해결</td><td>발생한 문제의 해결에 적극적이며 방법은 바람직한가?</td><td>10</td></tr>
<tr><td colspan="2">실습 시간</td><td>정해진 시간 내에 과제를 완성하였는가?</td><td>10</td></tr>
<tr><td colspan="2">종합</td><td></td><td>100</td></tr>
</table>

Guide 3 3로 스위치 사용 회로

■ 실습 순서

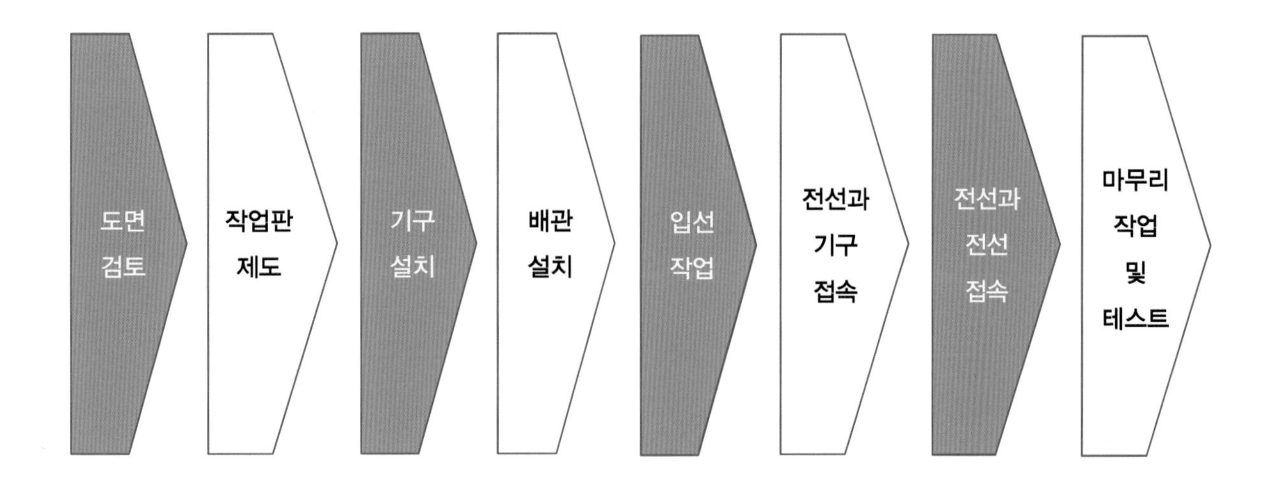

1 도면 검토

① 기구 배치 및 배관도를 확인하여 실제 사용하는 실습 재료와 수량을 체크하여 준비한다.
② 동작 회로도가 어떻게 동작되는지 확인한다.
③ 지시사항 및 안전사항에 나타난 공사 방법을 참고하여 공사를 준비한다.

2 작업판 제도

① 기구 배치 및 배관도 내 · 외곽선을 작업판에 스틱자와 하얀색 분필로 제도한다.

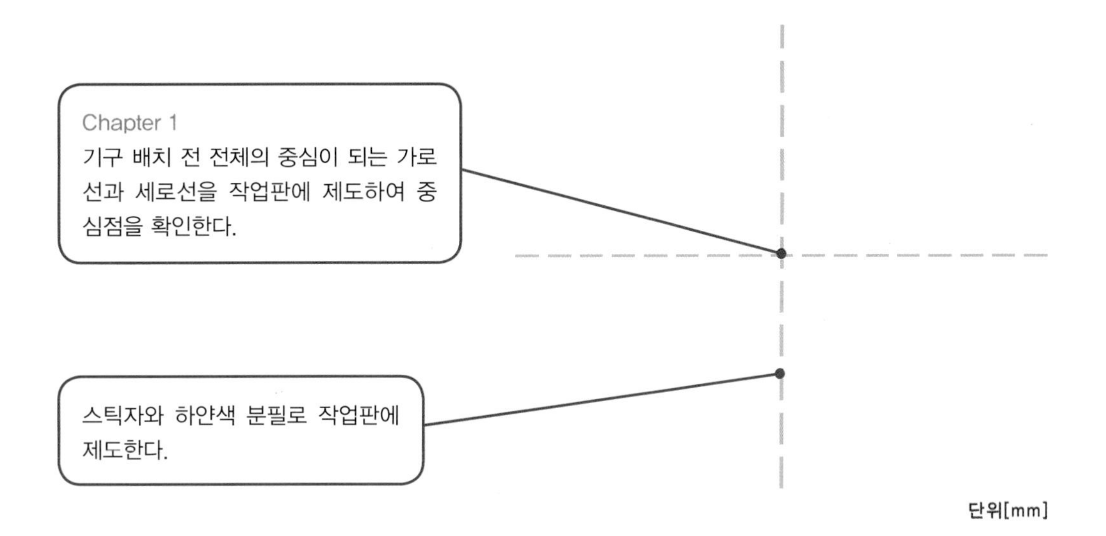

② 세로 기준선을 기준으로 오른쪽과 왼쪽 가로 간격 400 mm와 100 mm를 확인하여 세로 외곽선은 실선으로, 세로선은 점선으로 작업판에 제도한다.

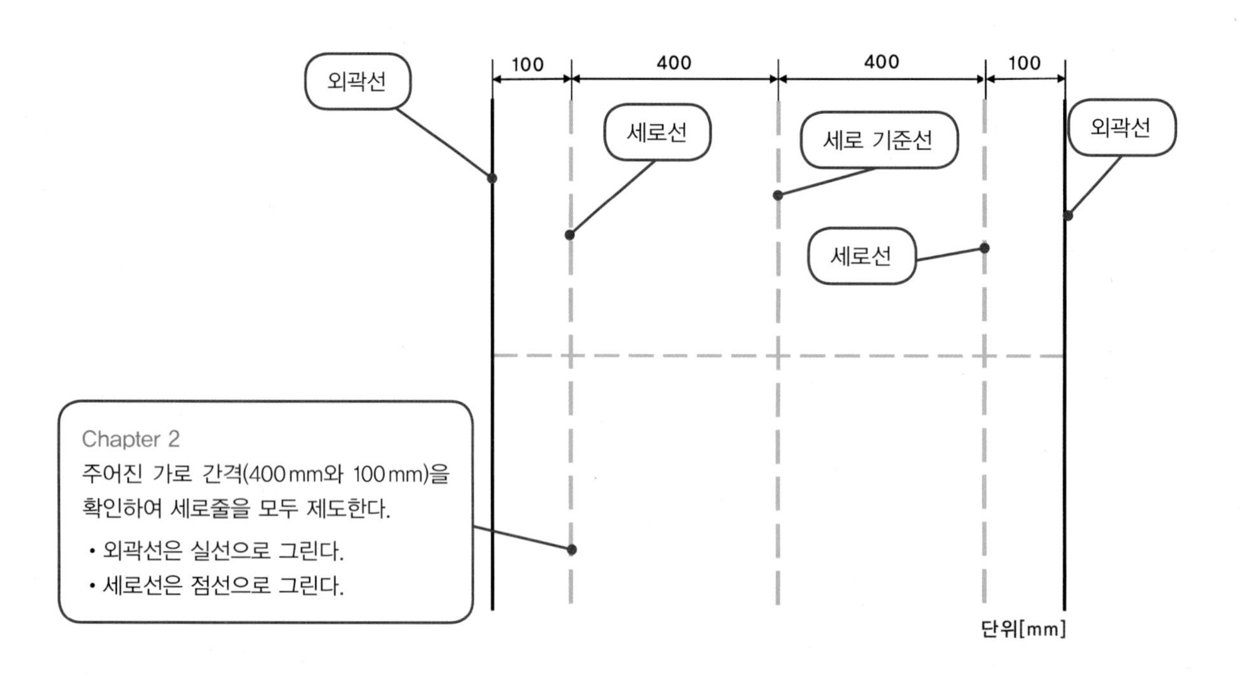

③ 가로 기준선을 기준으로 위쪽과 아래쪽 세로 간격 400 mm와 150 mm를 확인하여 가로 외곽선은 실선으로, 가로선은 점선으로 작업판에 제도한다.

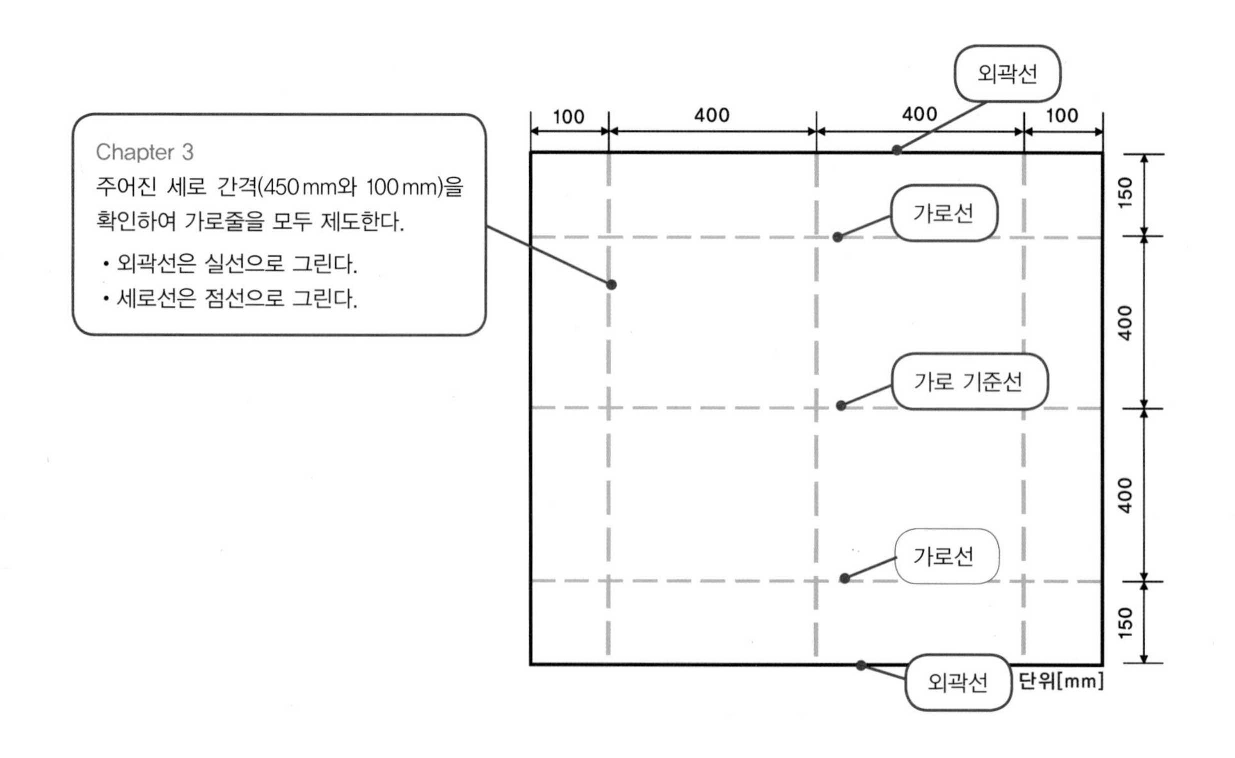

3 기구 설치

① 주어진 가로선과 세로선이 겹치는 중심점에 기구를 설치할 수 있도록 표기한다. (예 정션박스 J, 배선용 차단기 MCB, 리셉터클 소켓 R1 · R2 등)

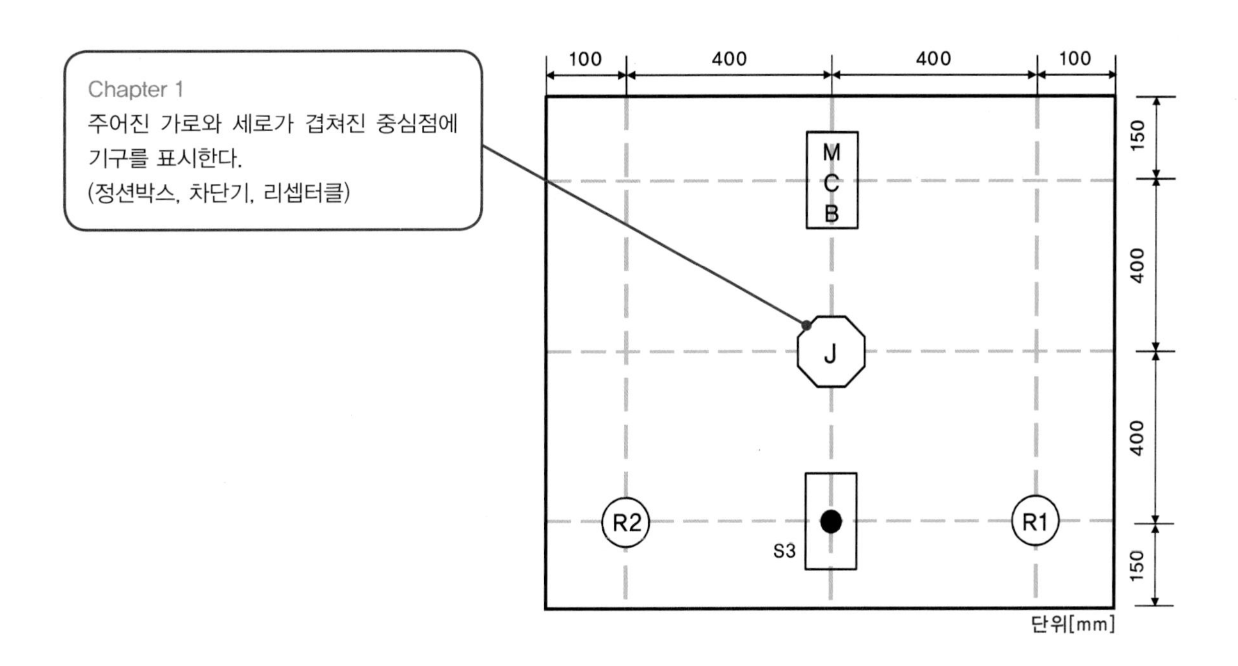

② 배관 및 배선 공사의 종류를 숫자로 표기한다. (① HIV 전선 공사, ② PE 전선관 공사)

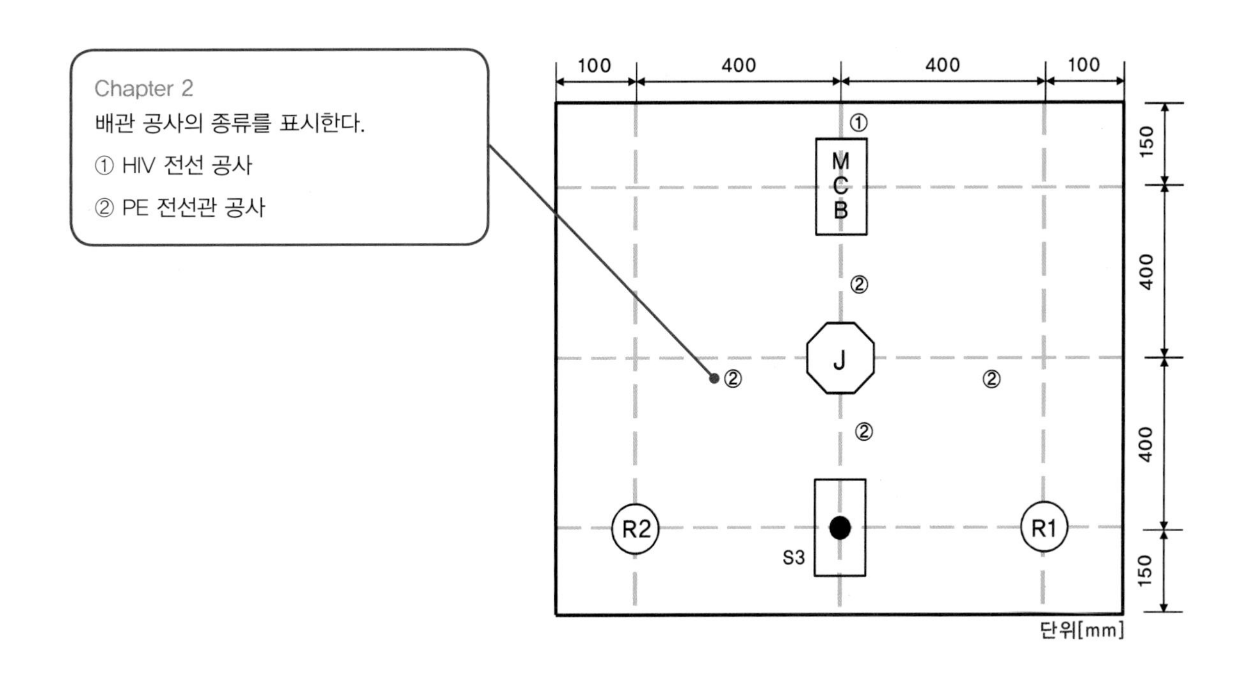

③ 기구를 작업판에 표기된 기구 위치에 철판 피스로 설치한다.

Chapter 3
기구를 작업판에 작도된 위치에 철판 피스로 설치한다.

TIP 1
철판 피스는 헤드 부분이 평평한 것을 선택한다. 기구별 철판 피스 규격은 아래와 같다.

① 8각 정션박스	4×12×4EA
② 배선용 차단기	4×20×2EA
③ 리셉터클	4×12×2EA
④ 스위치 박스	4×16×2EA

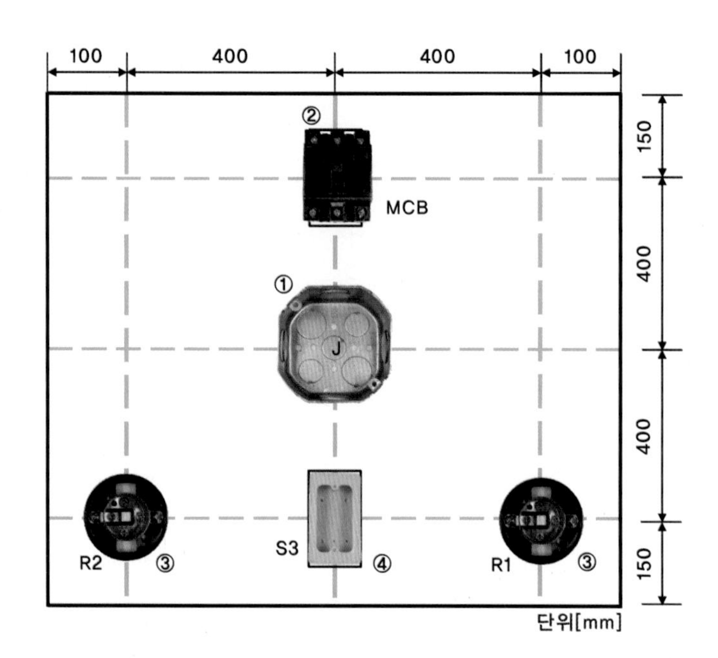

4 배관 설치

① 기구 설치가 완료되면 배관을 설치한다. 배관은 도면과 같이 PE 전선관을 사용한다. 전선관 설치 전 박스와 전선관 접속 시 커넥터를 연결한다.

Chapter 1
배관 설치 전 정션박스에 커넥터를 설치한다.
② PE 전선관용 커넥터
• 8각 정션박스
PE 커넥터×4EA
• 1구 스위치 박스
PE 커넥터×1EA

PE 전선관용 커넥터

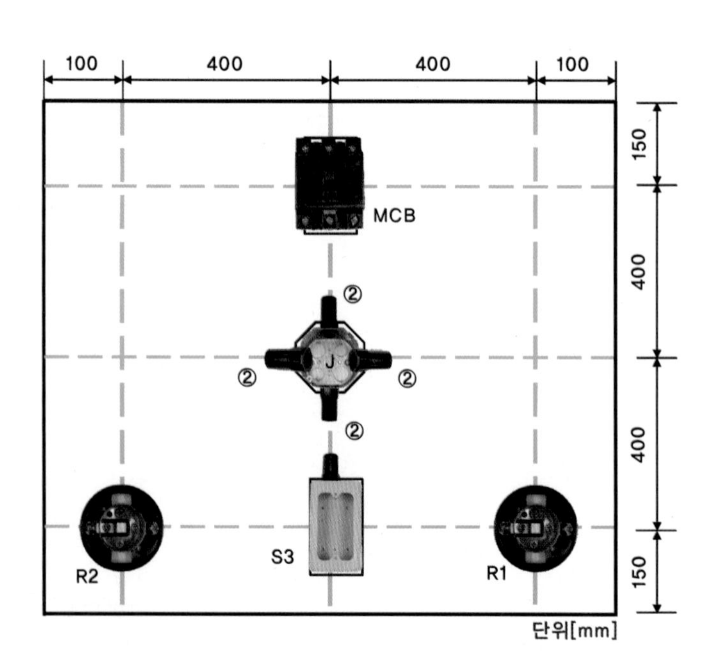

② PE 전선관을 규격에 알맞게 설치한다. 또한, 기구와 전선관의 접속 시 이격거리를 50 mm 이내로 설치한다.

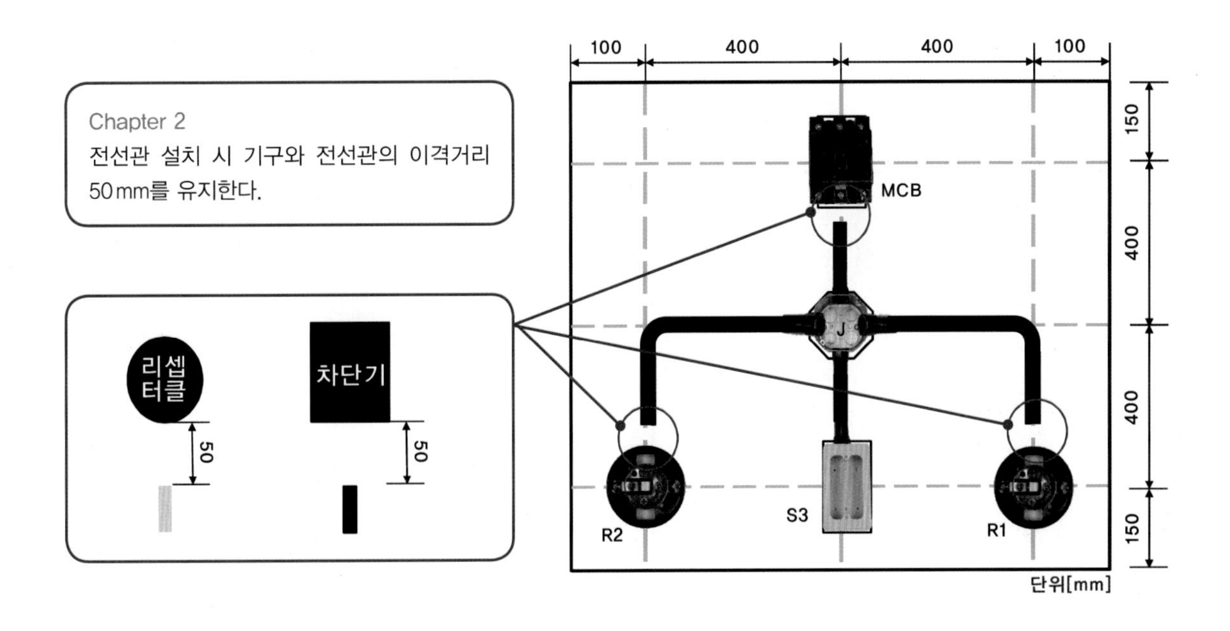

③ 전선관 설치 시 직선 구간은 300 mm 간격마다 새들로 고정한다. 전선관의 곡선 · 박스 · 차단기 · 리셉터클 소켓 구간은 150 mm 간격으로 새들을 설치한다.

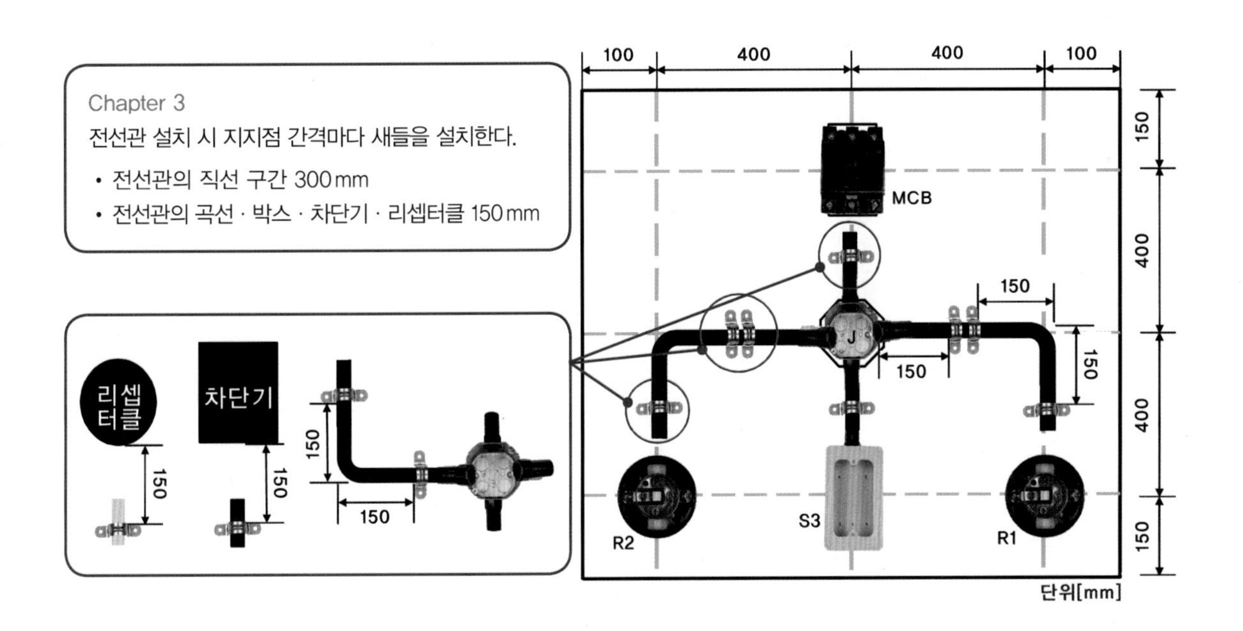

5 입선 작업

① 전기 동작 회로도를 기구 배치 및 배관도에 적용하여 설치한다. (단, 전선 구분을 위해 PE 전선관을 회색으로 표기한다.)

❖ 기구 배치 및 배관도

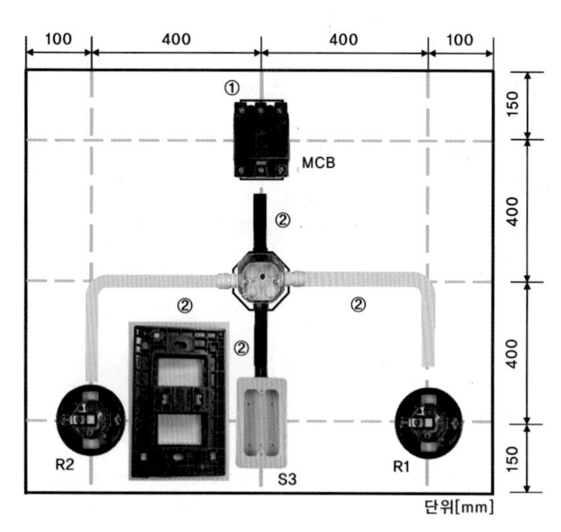

❖ 전기 동작 회로도

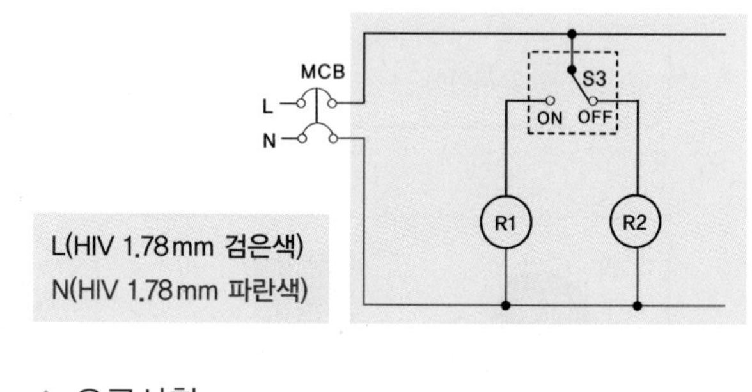

L(HIV 1.78mm 검은색)
N(HIV 1.78mm 파란색)

❖ 요구사항

가. 전원 : 단상 2선식(220ACV)
나. 동작 : 배선용 차단기를 투입하고 S1, S2에 의해 R1, R2의 점멸이 가능하다.
다. 공사 구분
① HIV 전선 공사, ② PE 전선관 공사

② 배선용 차단기(MCB) 1차 입력 단자에 인입선(L, N상)을 연결한다. L상은 HIV 1.78mm 검은색이고 N상은 HIV 1.78mm 파란색으로 사용한다.

TIP 2
배선용 차단기(MCB)의 입력 단자에 인입선(L, N상) HIV 전선을 각각 150mm 이상 설치한다.

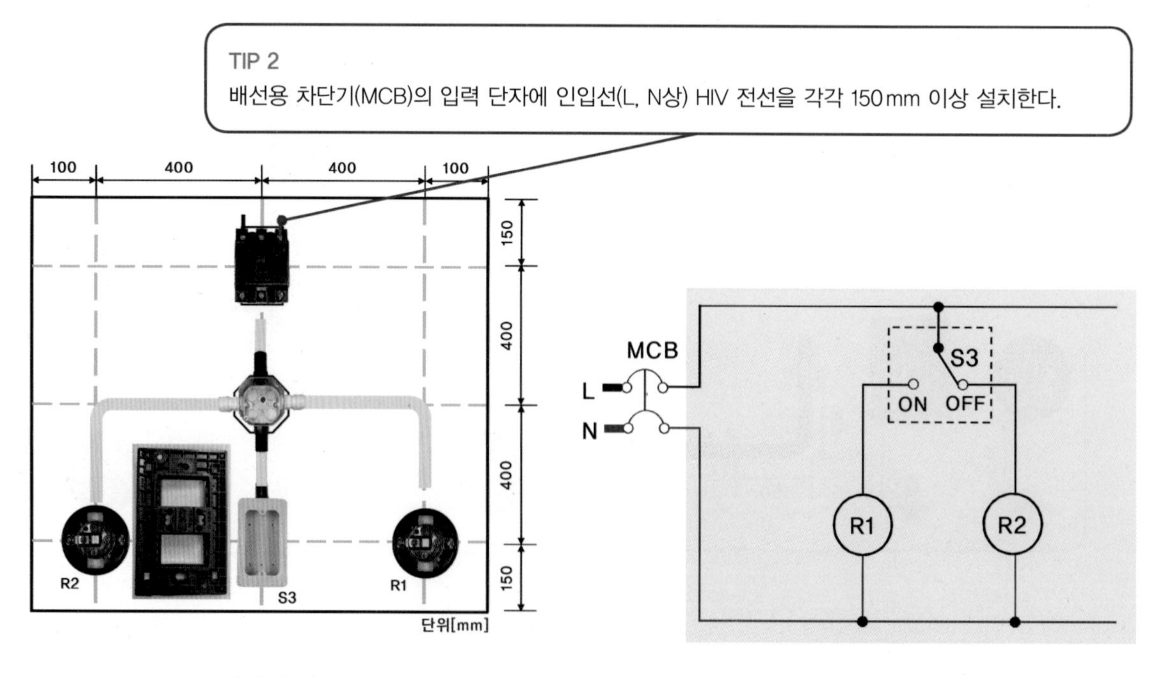

실제 배선도 　　　　 전기 동작 회로도

③ 배선용 차단기(MCB) 2차 출력선(L상)을 1구 3로 스위치(S3) 입력 단자에 HIV 1.78mm 검은색 전선으로 연결한다.

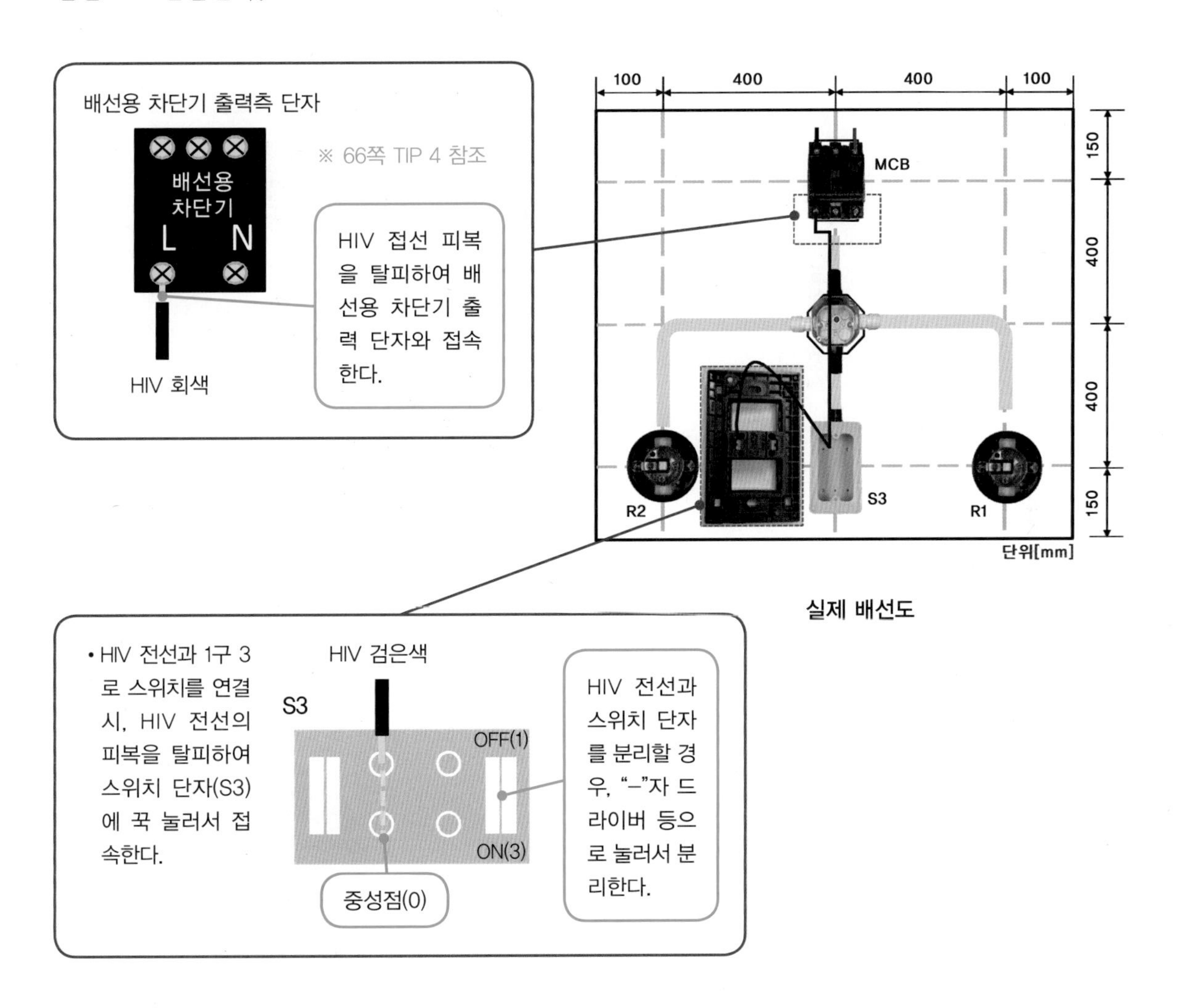

실제 배선도

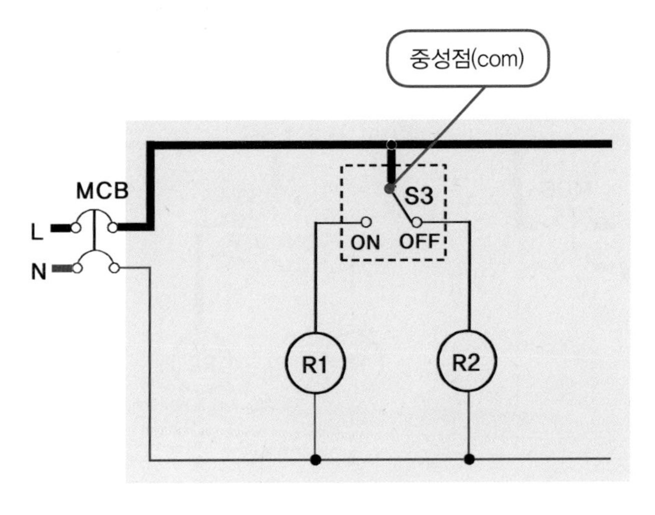

전기 동작 회로도

④ 1구 3로 스위치(S3) 출력 단자(OFF)에서 정션박스를 거쳐 리셉터클 소켓(R2) 베이스 단자에 HIV 1.78mm 검은색 전선으로 연결한다.

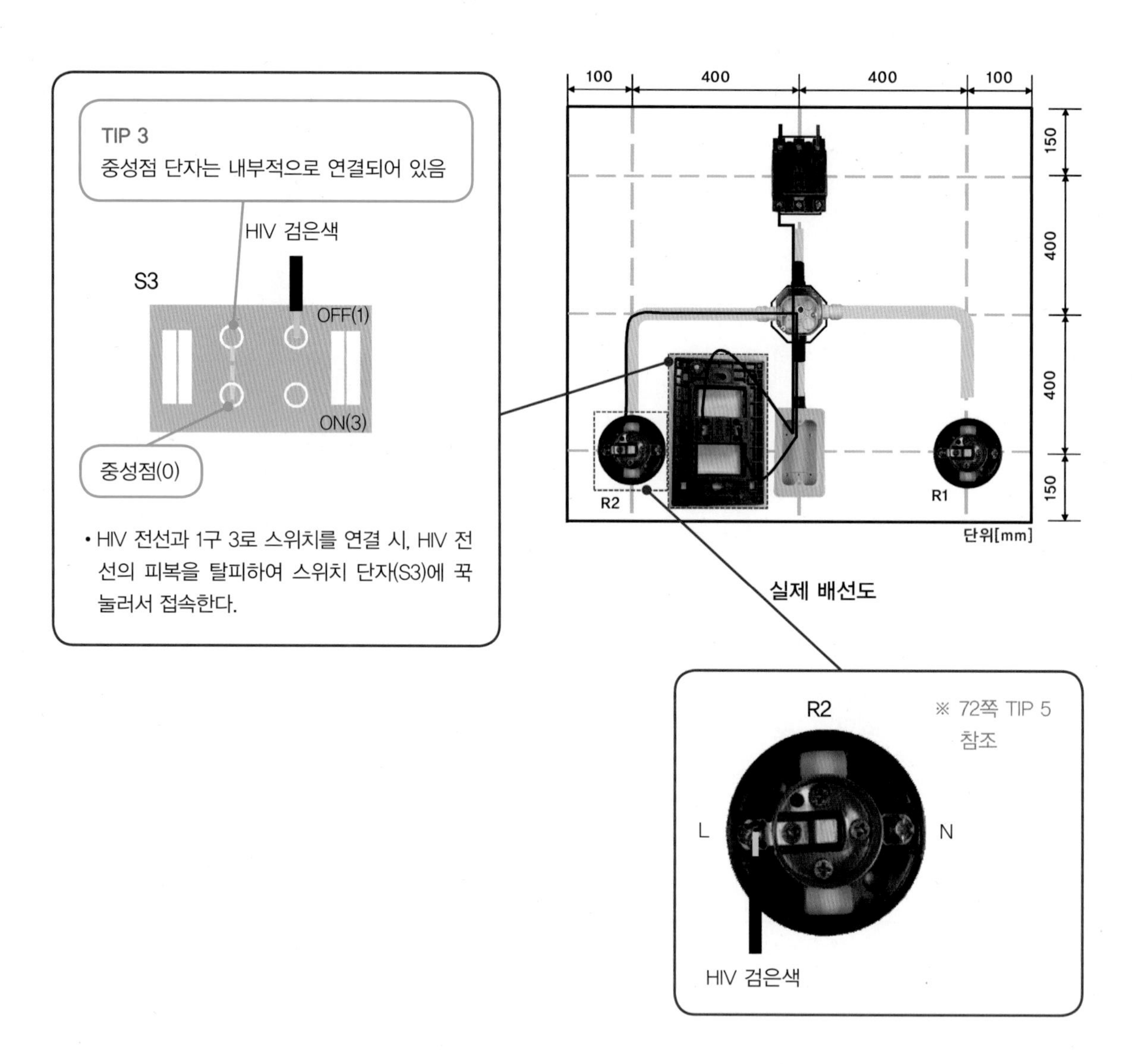

실제 배선도

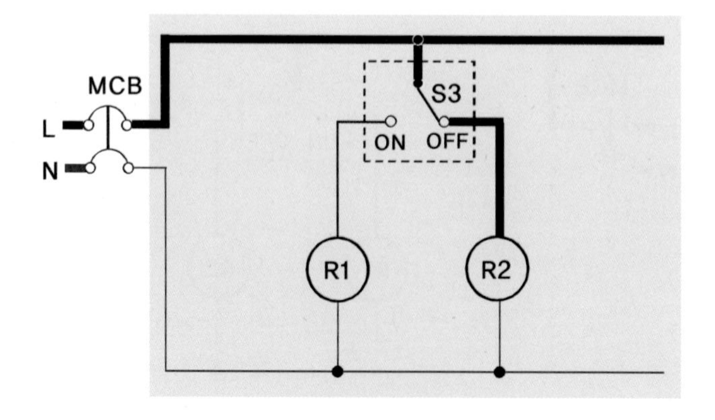

전기 동작 회로도

⑤ 리셉터클 소켓(R2) 출력 단자와 배선용 차단기(MCB) N상을 HIV 1.78 mm 파란색으로 연결한다.

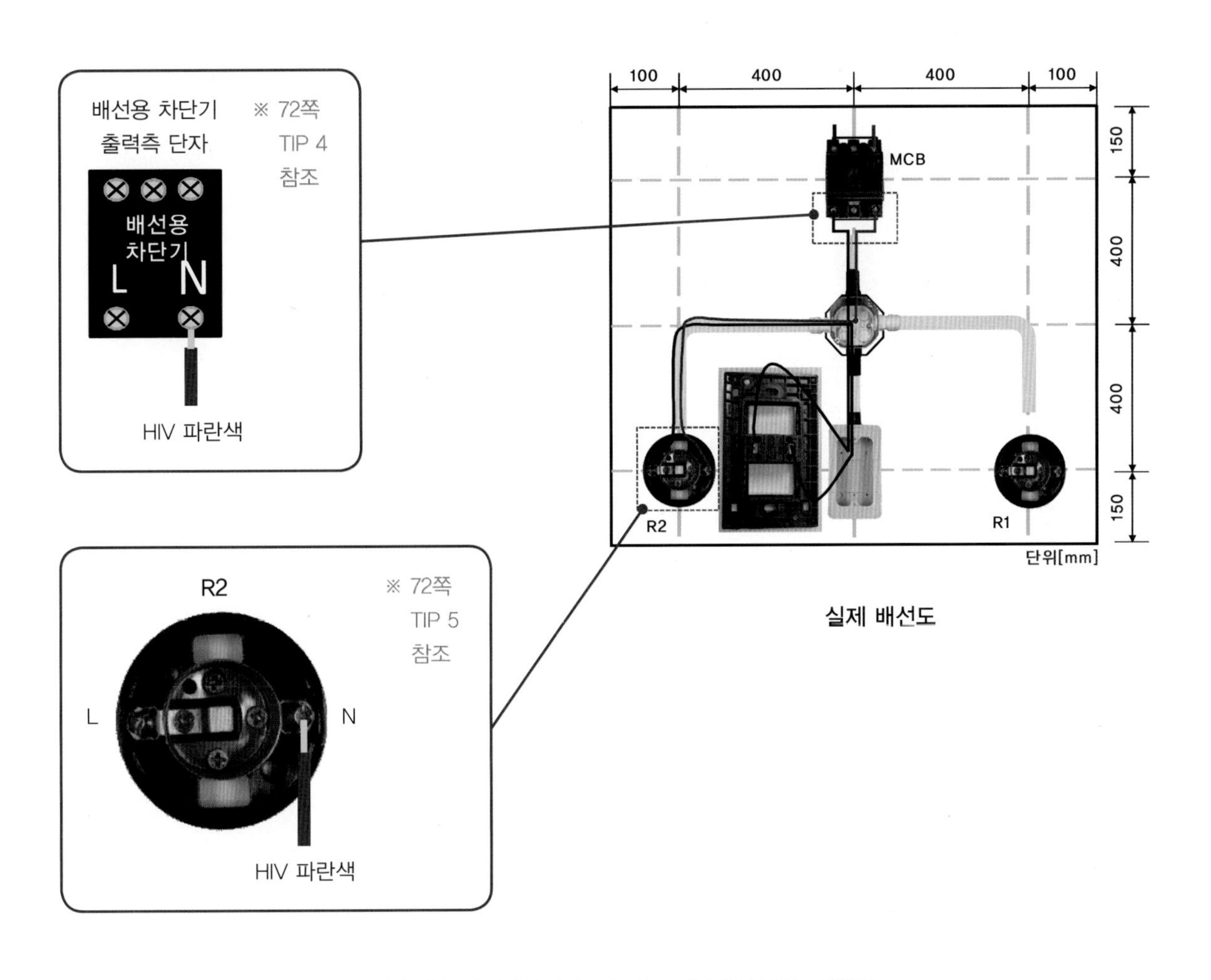

실제 배선도

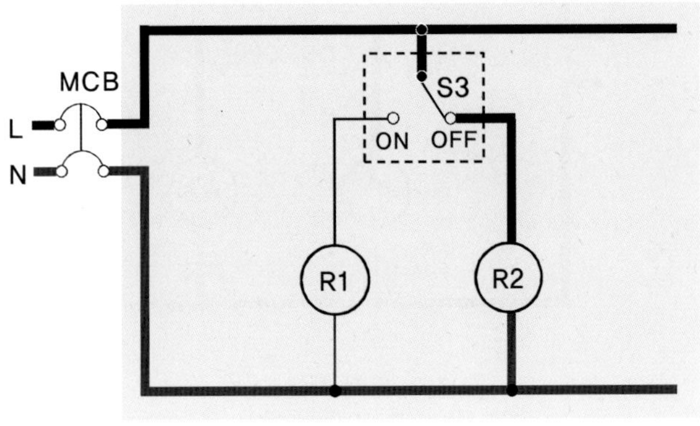

전기 동작 회로도

⑥ 스위치(S3) 출력 단자(ON)에 정션박스를 거쳐 리셉터클 소켓(R2) 베이스 단자에 HIV 1.78 mm 검은색 전선으로 연결한다.

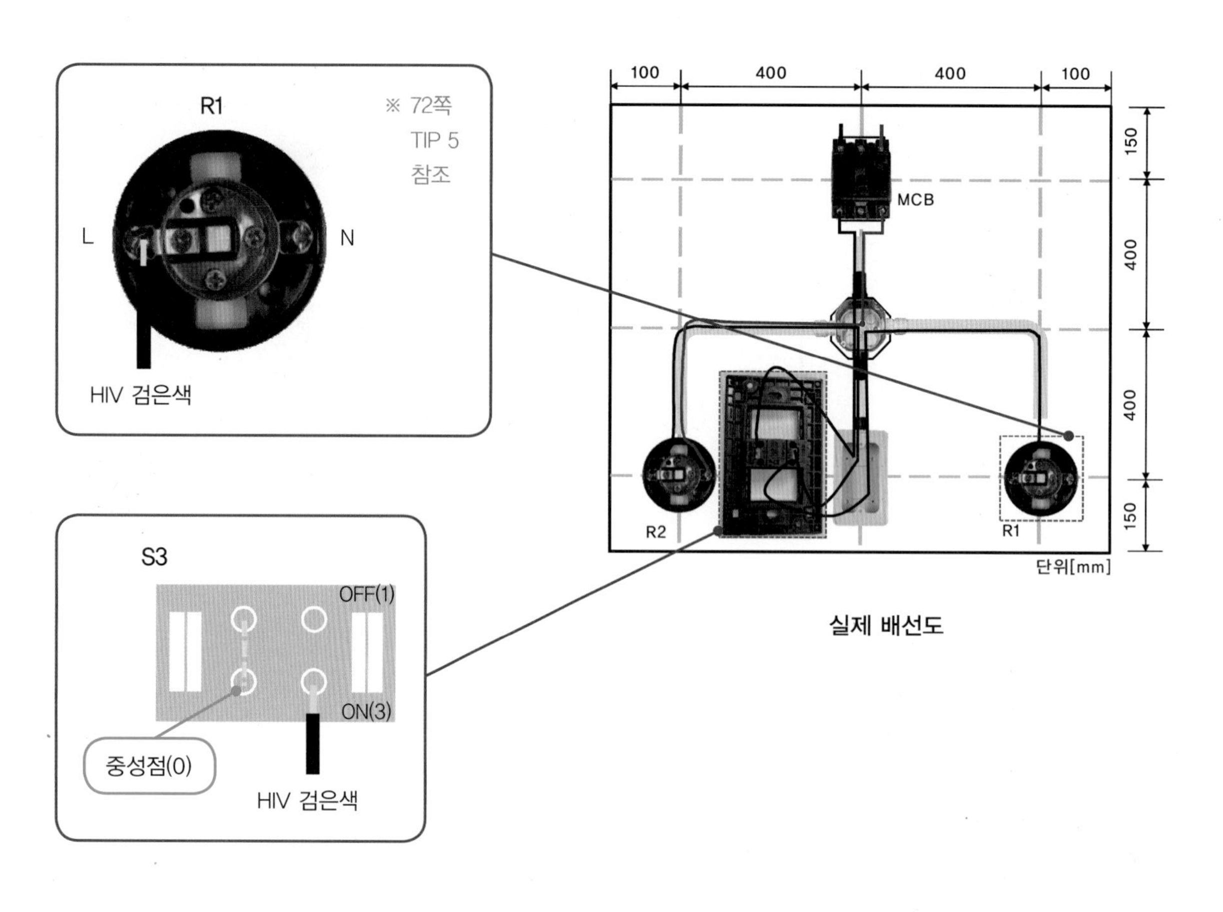

실제 배선도

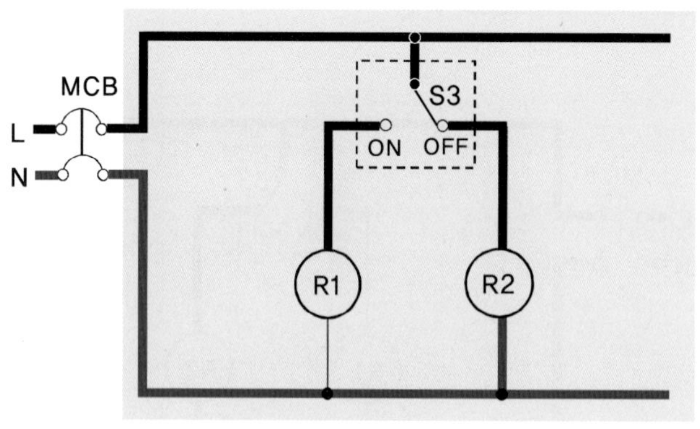

전기 동작 회로도

⑦ 리셉터클 소켓(R2) 출력 단자와 정션박스 내에 HIV 1.78 mm 파란색 전선을 연결한다.

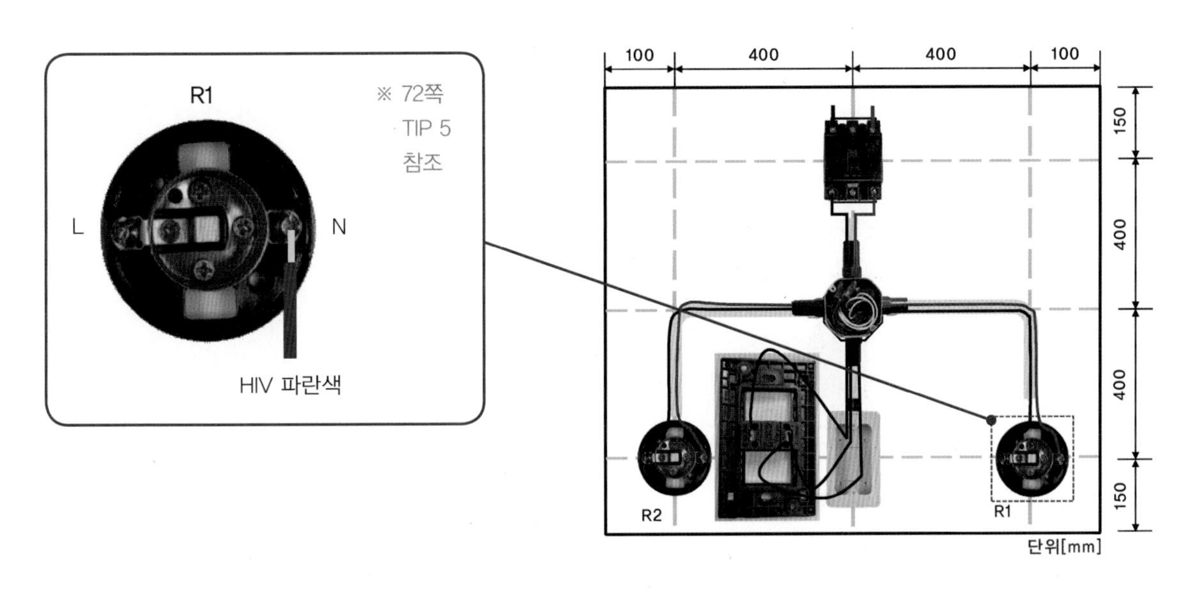

실제 배선도

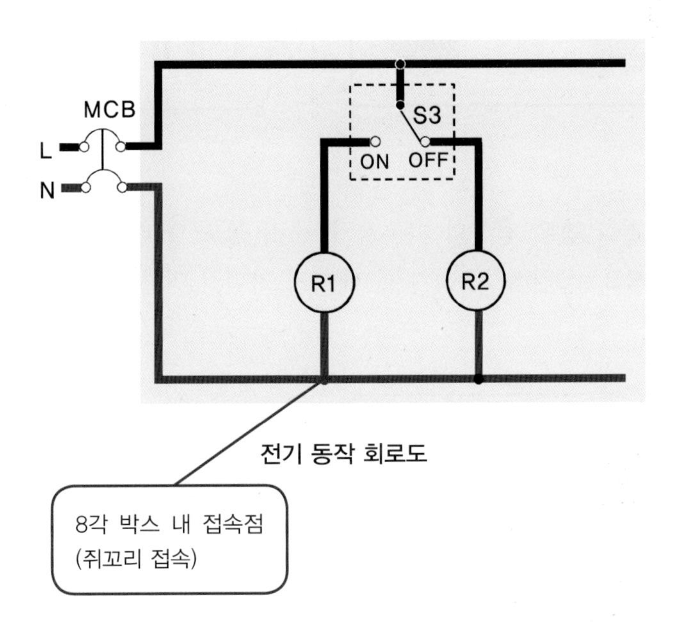

전기 동작 회로도

6 전선과 기구 접속

① 전선과 리셉터클 소켓 단자와 연결 시 도체 부분을 물음표(?) 모양으로 만들어서 볼트가 조여지는 방향으로 접속한다.

② 전선과 차단기 접속단자와 연결 시 피복이 단자에 물리는 현상을 방지하기 위해 도체 부분이 접속 후 10mm 정도 보일 수 있도록 한다.

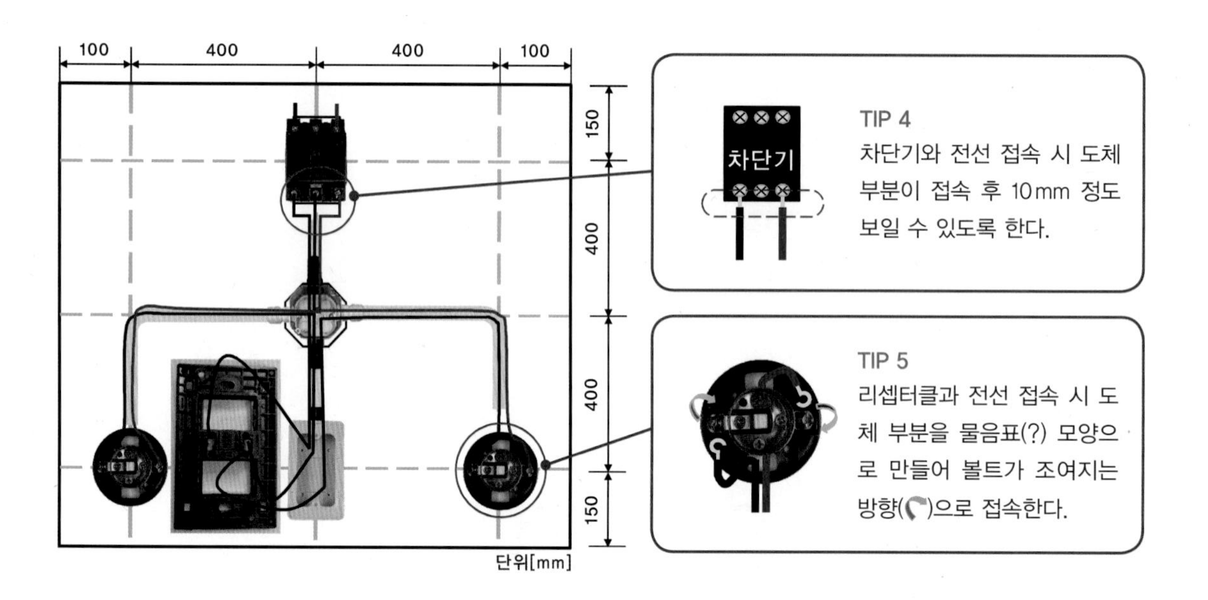

③ 전선과 스위치를 연결할 경우 전선의 피복을 10mm 정도 탈피하여 콘센트 접속구에 연결한다. 접속구는 원터치 방식으로 "딸깍" 소리가 날 때까지 키워서 연결한다.

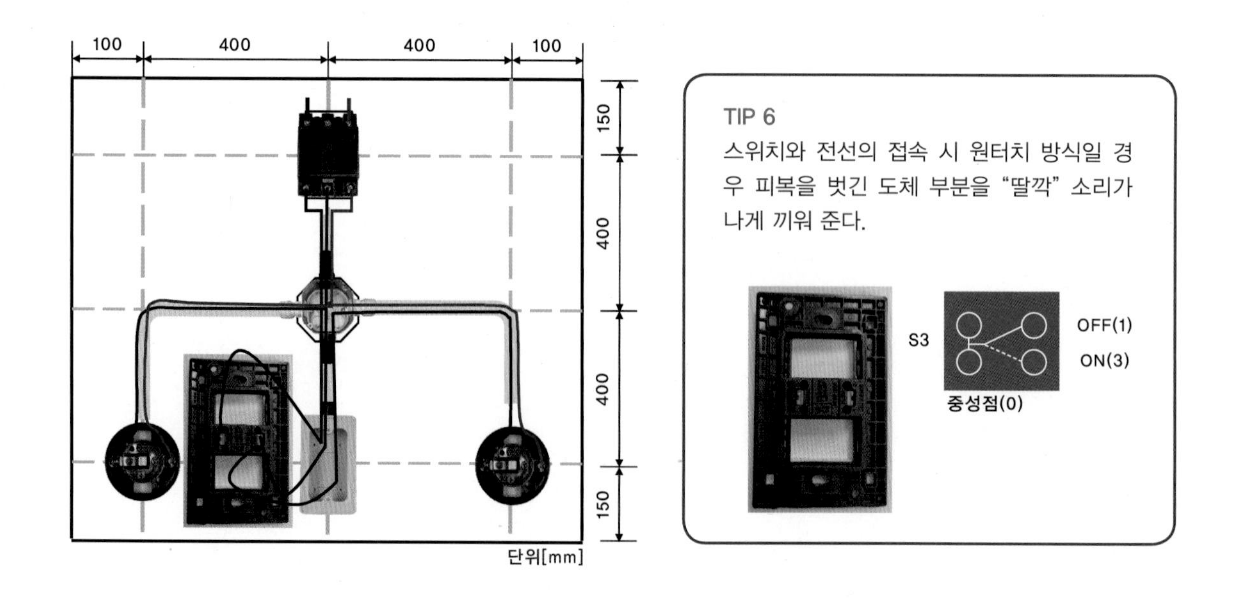

7 전선과 전선의 접속

박스 내 전선을 접속할 경우 쥐꼬리 접속을 4단 이상 꼬아서 절단하고 와이어 커넥터를 오른쪽으로 돌려 절연한다. 박스 내 여유선은 150mm 이상 충분히 남겨서 동그랗게 감는다.

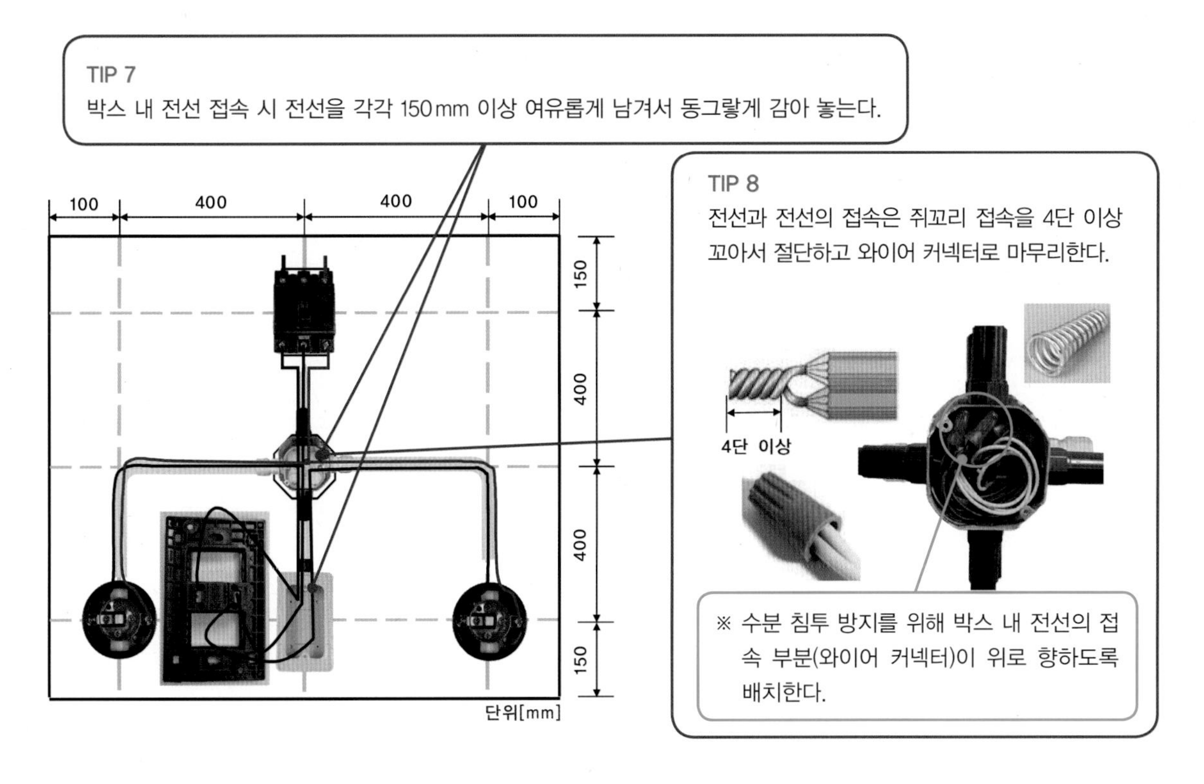

8 마무리 및 동작 테스트

① 스위치 전용 박스에 철판 피스로 고정 플레이트 설치 후 마무리한다.

② 리셉터클 소켓 커버(뚜껑)를 닫고, 벨 테스터로 회로를 점검한다.

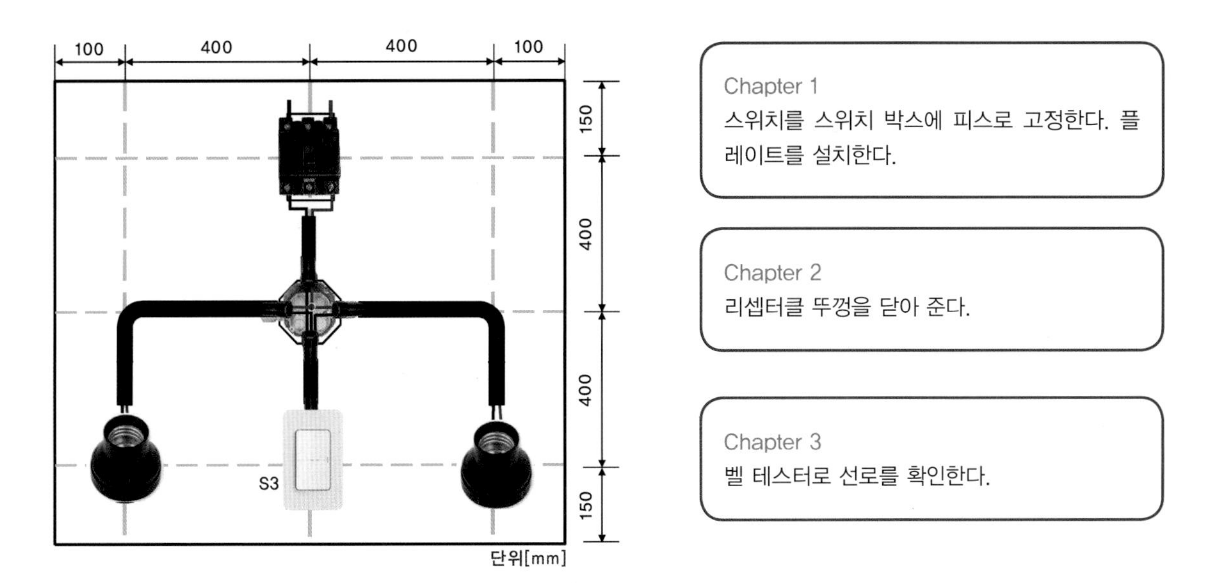

Project 4	2개소 점멸 전등 회로	소요 시간	6시간

학번 ( ) 성명 ( )

■ 실습 목적

1. 전기에너지를 여러 개의 조명설비가 필요로 하는 장소까지 설계도서에 따라 전기기구, 전선관, 케이블 등을 안전하고 적합하도록 공사하는 능력을 습득할 수 있다.
2. 3로 스위치의 내부 회로도를 이해하고 단로 스위치와 혼용하여 설치할 수 있다.
3. 한국전기설비규정(KEC)을 준수하여 건축물 등 전기사용장소에 전기회로 공사를 수행할 수 있다.

■ 실험 · 실습 소요 재료 내역

번호	재료명	규격	단위	수량
1	배선용 차단기(MCB)	3P 30A, AC 220V	EA	1
2	4각 정션박스	금속	EA	1
3	리셉터클 소켓	둥근형 2P, AC 220V	EA	2
4	전등용 스위치	1구 단로, AC 220V	EA	1
5	전등용 스위치	1구 3로, AC 220V	EA	2
6	스위치 박스	난연 또는 금속	EA	3
7	PE 전선관 커넥터	ϕ25, 16mm	EA	3
8	PE 전선관	16mm	M	3
9	CD 전선관 커넥터	ϕ25, 16mm	EA	3
10	CD 전선관	16mm	M	3
11	비닐전선(HIV 1.78mm)	2.5mm^2 회색, 단선	M	5
12	비닐전선(HIV 1.78mm)	2.5mm^2 파란색, 단선	M	2
13	새들	철재, 16mm	EA	8

■ 사용 공구 내역

번호	공구명	규격	단위	수량	번호	공구명	규격	단위	수량
1	드라이버	60×200, 양용	EA	1	5	니퍼	200mm	EA	1
2	롱 노즈 플라이어	200mm	EA	1	6	전동 드라이버	충전식	EA	1
3	와이어 스트리퍼		EA	1	7	공구 벨트	공사용	EA	1
4	펜치	200mm	EA	1	8	피시 테이프	입선용	EA	1

회로 동작 설명

1. 배선용 차단기(MCB)를 켜면(ON) 회로에 전류가 흐르지만 동작은 없다.
2. 단로 스위치(S1)를 켜면(ON) 리셉터클 램프(R1)이 점등하고, 끄면(OFF) 소등된다.
3. 3로 스위치(S3-2, S3-1)가 꺼진(OFF) 상태일 때 3로 스위치(S3-1, S3-2)를 켜면(ON) 리셉터클 램프(R2)가 점등하고, 끄면(OFF) 소등된다.
4. 배선용 차단기(MCB)를 끄면(OFF) 모든 회로는 꺼진다.

기구 배치 및 배관도

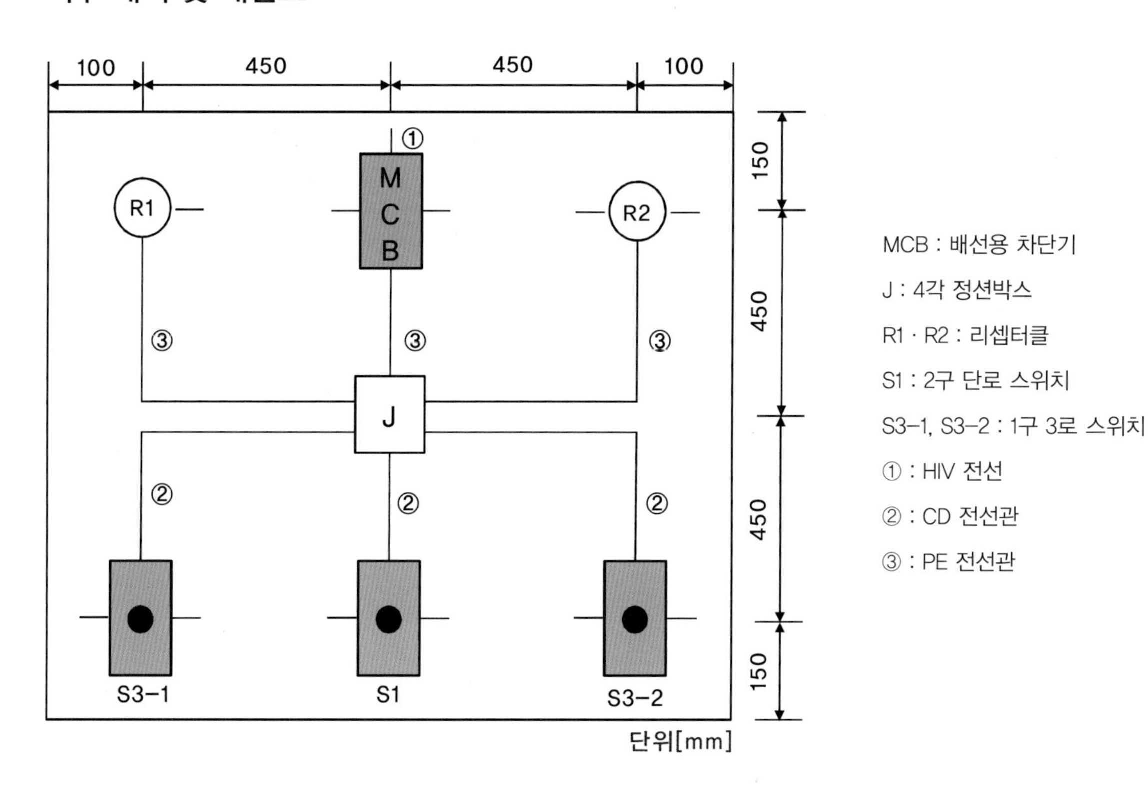

전기 동작 회로도

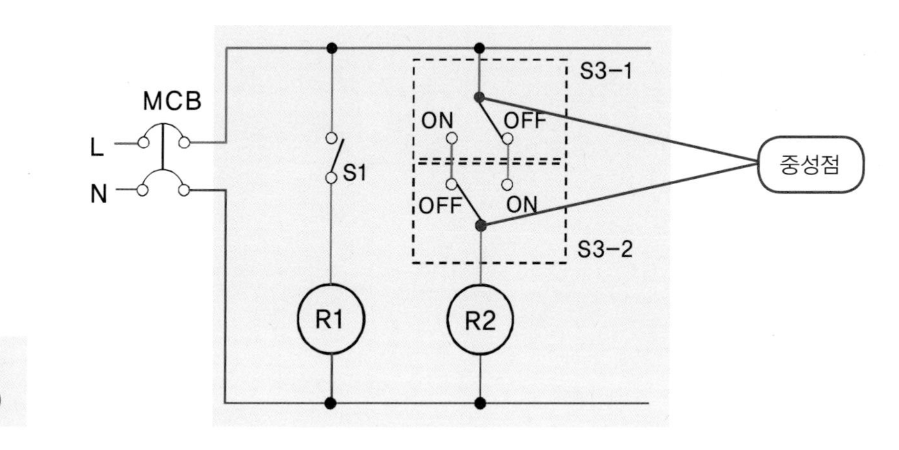

L(HIV 1.78 mm 회색)
N(HIV 1.78 mm 파란색)

■ 지시사항 및 안전사항

1. 지급된 재료와 실습장 시설을 사용하여 제한시간 내에 주어진 과제를 안전에 유의하여 완성한다.
   (단, 과제에 표시되지 않은 사항은 한국전기설비규정에 따른다.)
2. 전원방식은 단상 AC 220V를 사용한다.
3. 작업판 제도 시 치수 오차범위는 외관 ±30 mm를 허용한다.
4. 공사 방법은 ① HIV 전선, ② CD 전선관, ③ PE 전선관을 설치한다.
5. CD 전선관과 박스가 접속되는 부분은 커넥터를 사용한다.
6. 요소 작업 시 손이 다치지 않도록 안전에 유의하여 작업한다.

■ 평가 내용

평가 영역		세부 평가 내용	배점
회로 해석(도면 검토)		주어진 과제의 회로 해석과 결선은 올바른가?	10
요소 작업	작업판 제도	작업판에 도면에서 제시한 규격으로 제도하였는가?	10
	기구 설치	작업판에 기구를 정확한 위치에 설치하였는가?	5
	배관 설치	작업판에 배관을 정확한 위치에 설치하였는가?	5
	입선 작업	배관에 알맞은 전선을 입선하였는가?	10
	접속 상태	전선과 기구를 알맞게 접속하였는가?	10
		정션박스 내 전선과 전선의 접속은 알맞게 하였는가?	10
실습 태도	실습 준비	공구 및 실습 준비는 철저한가?	10
	재료 사용	실습 재료의 사용은 경제적인가?	10
	문제 해결	발생한 문제의 해결에 적극적이며 방법은 바람직한가?	10
실습 시간		정해진 시간 내에 과제를 완성하였는가?	10
종합			100

Guide 4 2개소 점멸 전등 회로

■ 실습 순서

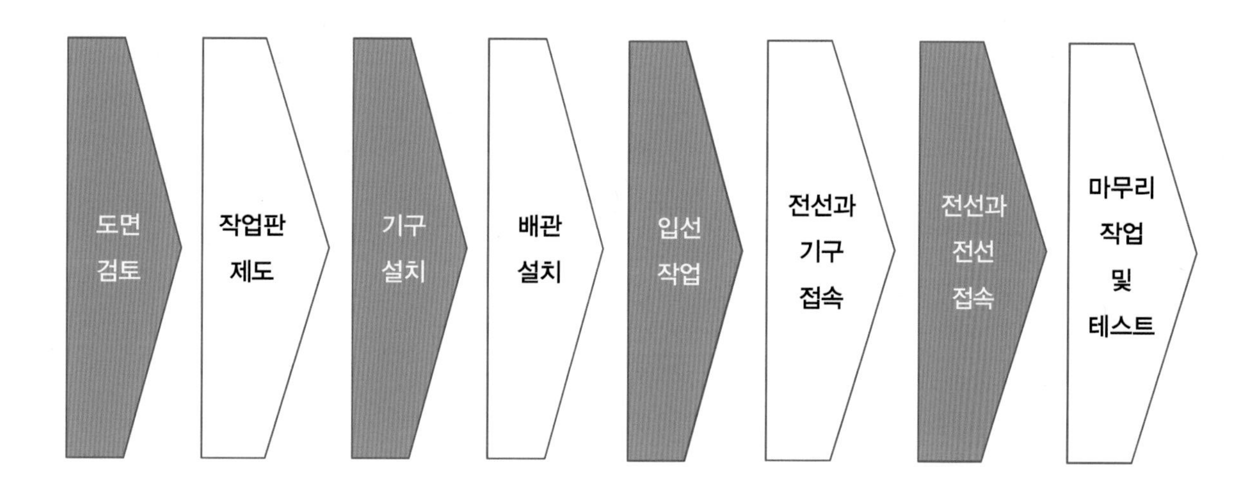

1 도면 검토

① 기구 배치 및 배관도를 확인하여 실제 사용하는 실습 재료와 수량을 체크하여 준비한다.

② 동작 회로도가 어떻게 동작되는지 확인한다.

③ 지시사항 및 안전사항에 나타난 공사 방법을 참고하여 공사를 준비한다.

2 작업판 제도

① 기구 배치 및 배관도 내 · 외곽선을 작업판에 스틱자와 하얀색 분필로 제도한다.

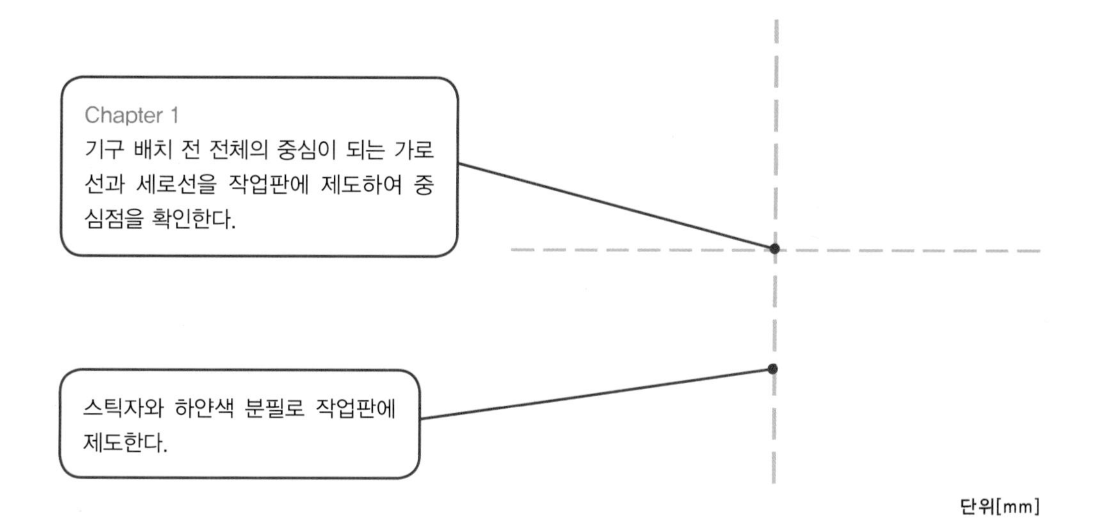

② 세로 기준선을 기준으로 오른쪽과 왼쪽 가로 간격 450 mm와 100 mm를 확인하여 세로 외곽선은 실선으로, 세로선은 점선으로 작업판에 제도한다.

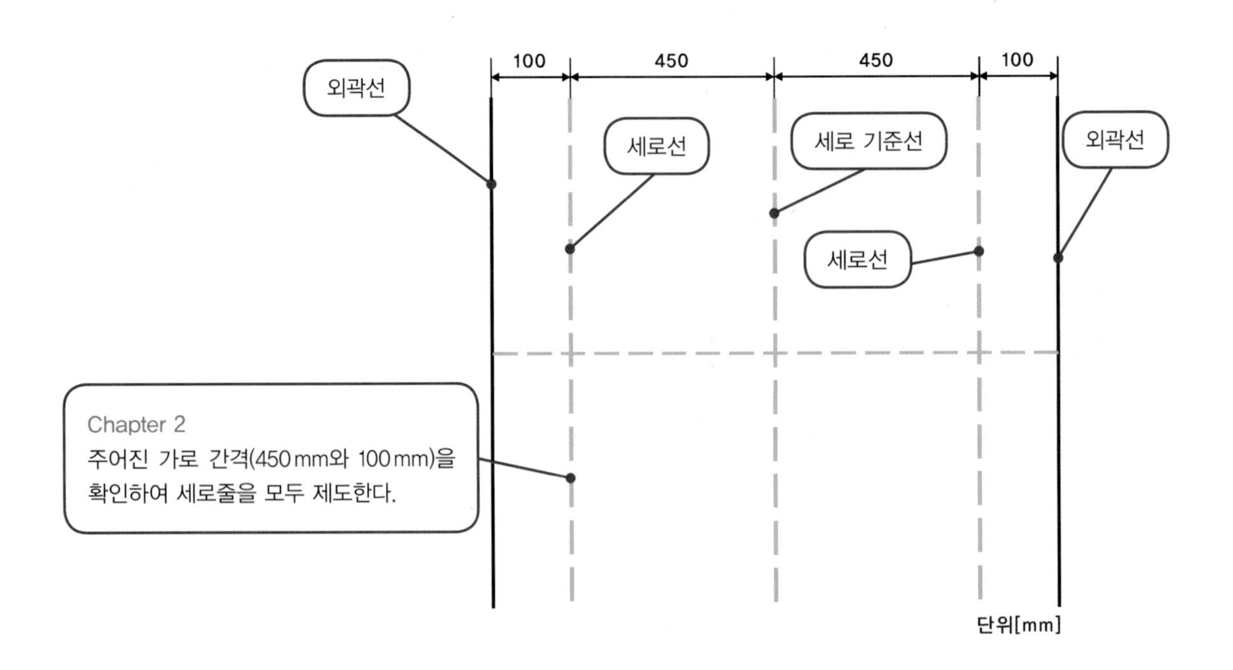

③ 가로 기준선을 기준으로 위쪽과 아래쪽 세로 간격 450 mm와 150 mm를 확인하여 가로 외곽선은 실선으로, 가로선은 점선으로 작업판에 제도한다.

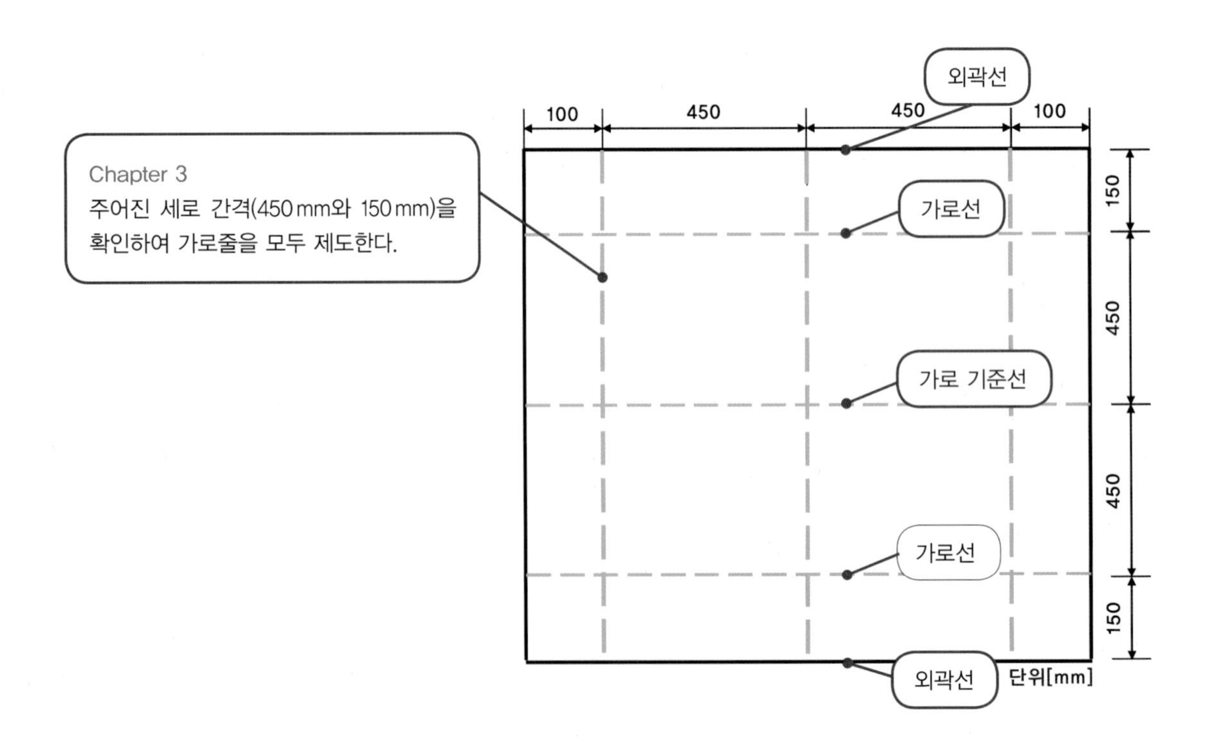

3 기구 설치

① 주어진 가로와 세로선이 겹치는 중심점에 기구를 설치할 수 있도록 표기한다. (예 정션박스 J, 배선용 차단기 MCB, 리셉터클 소켓 R1 · R2 등)

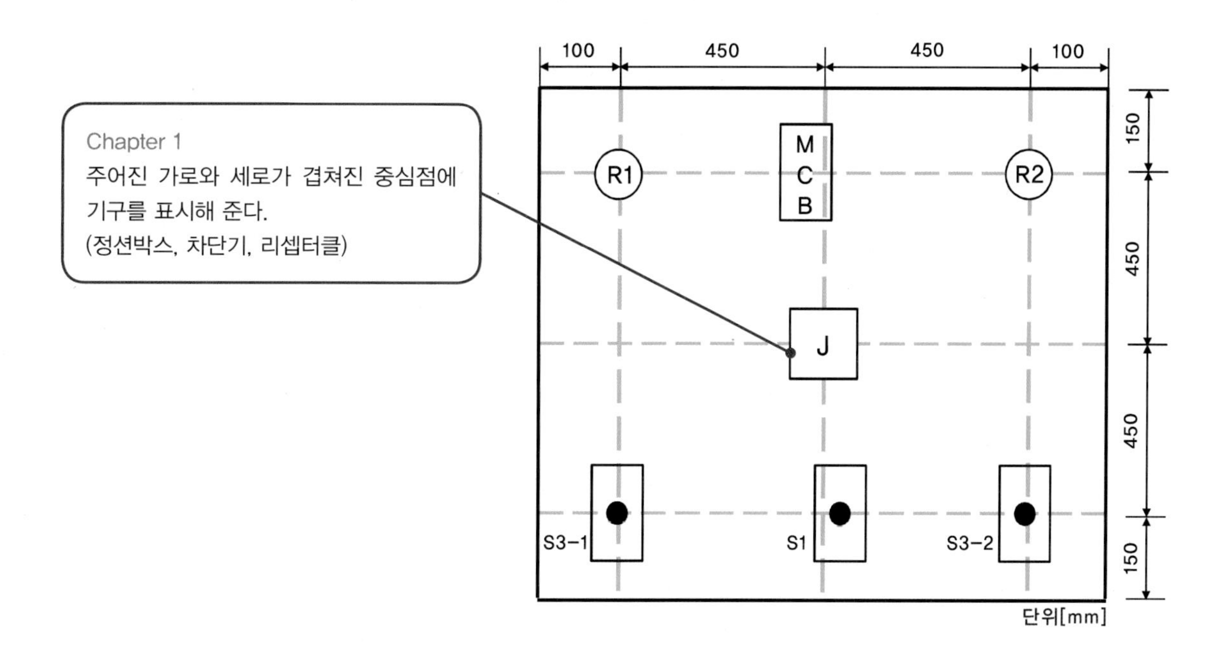

② 배관 및 배선 공사의 종류를 숫자로 표기한다. (① HIV 전선 공사, ② CD 전선관 공사, ③ PE 전선관 공사)

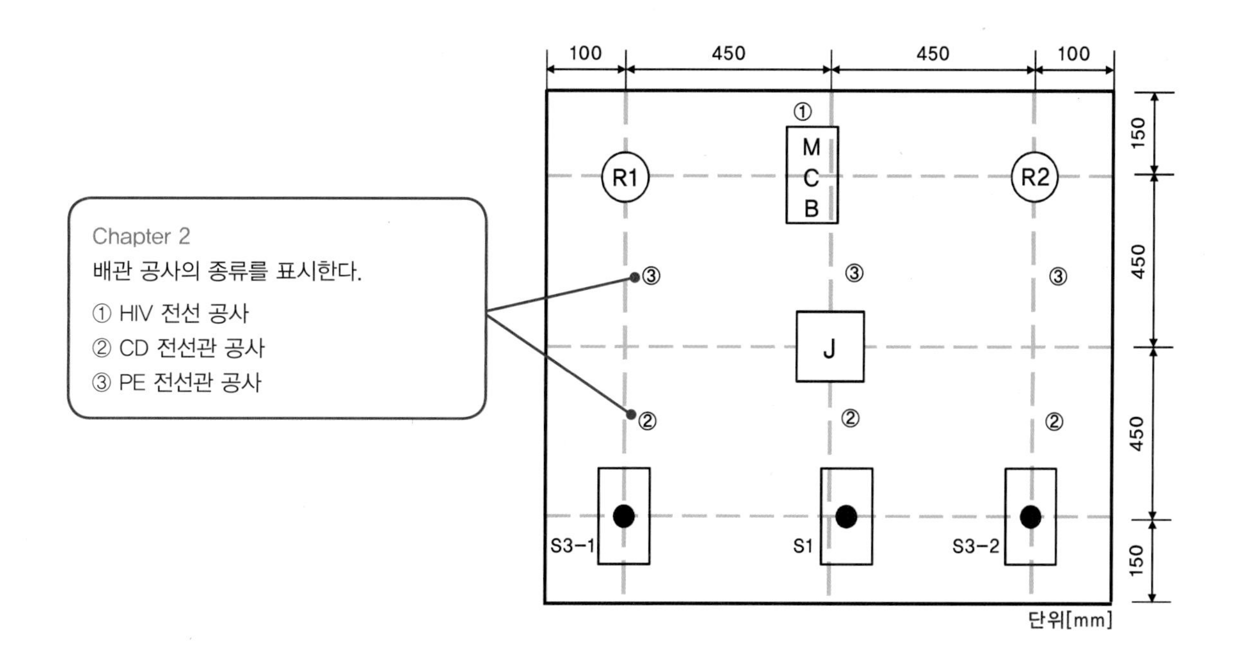

③ 기구를 작업판에 표기된 기구 위치에 철판 피스로 설치한다.

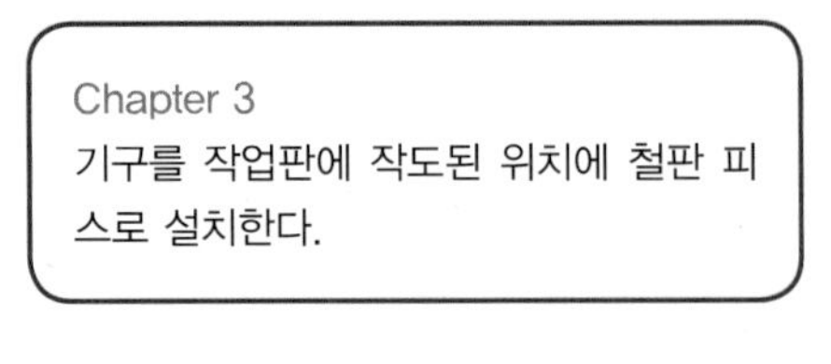
Chapter 3
기구를 작업판에 작도된 위치에 철판 피스로 설치한다.

TIP 1

철판 피스는 헤드 부분이 평평한 것을 선택한다. 기구별 철판 피스 규격은 아래와 같다.

① 4각 정션박스 4×12×4EA
② 배선용 차단기 4×20×2EA
③ 리셉터클 4×12×2EA
④ 스위치 박스 4×16×2EA

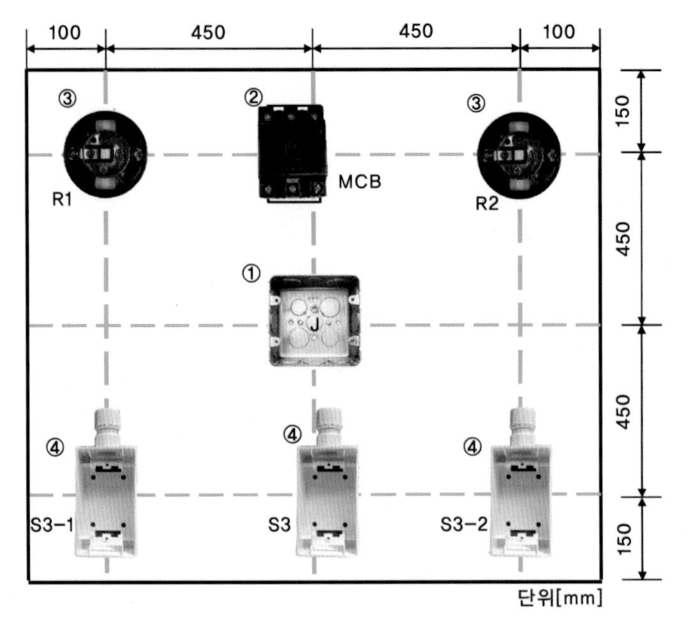

4 배관 설치

① 기구 설치가 완료되면 배관을 설치한다. 배관은 도면과 같이 CD · PE 전선관을 사용한다. 전선관 설치 전 박스와 전선관 접속 시 커넥터를 연결한다.

Chapter 1
배관 설치 전 정션박스에 커넥터를 설치한다.

② CD 전선관용 커넥터
③ PE 전선관용 커넥터

- 4각 정션박스
  PE 커넥터×3EA
  CD 커넥터×3EA
- 스위치 박스
  CD 커넥터×3EA

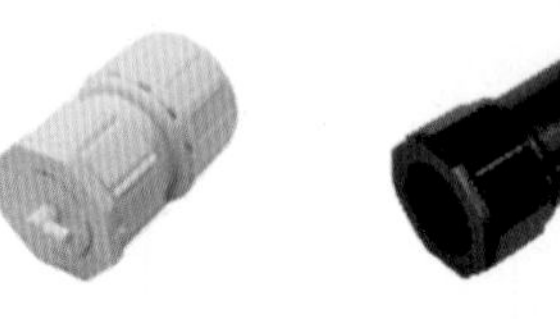

CD 전선관용 커넥터　　PE 전선관용 커넥터

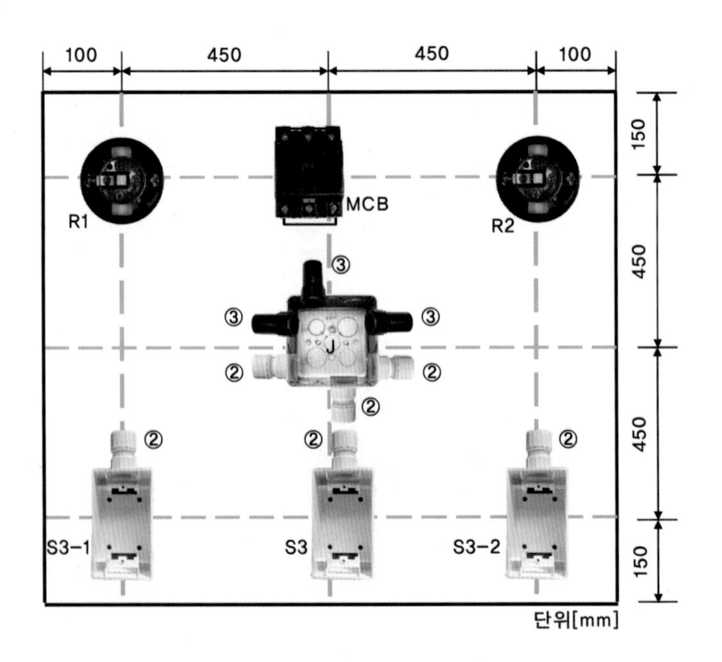

② PE 전선관을 규격에 알맞게 설치한다. 또한 기구와 전선관의 접속 시 이격거리를 50mm 이내로 설치한다.

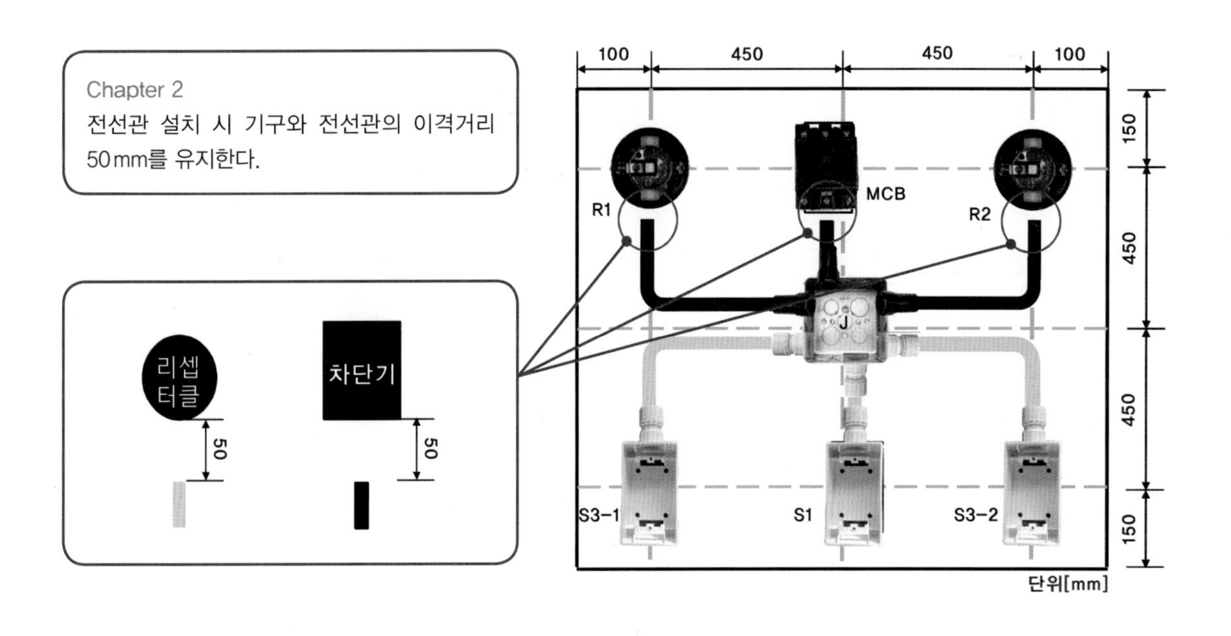

③ 전선관 설치 시 직선 구간은 300mm 간격마다 새들로 고정한다. 전선관의 곡선 · 박스 · 차단기 · 리셉터클 소켓 구간은 150mm 간격으로 새들을 설치한다.

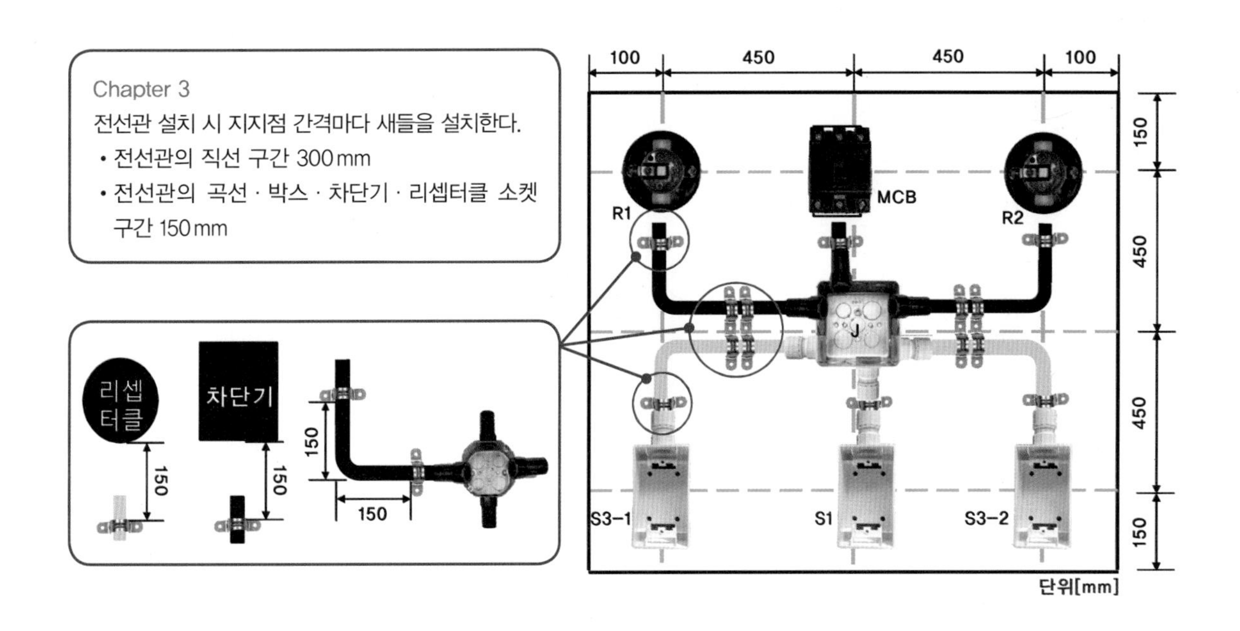

④ 4각 정션박스에서 전선관이 2구간에 설치될 경우 **새들 고정 협조**를 통해 전선관을 고정시킨다.

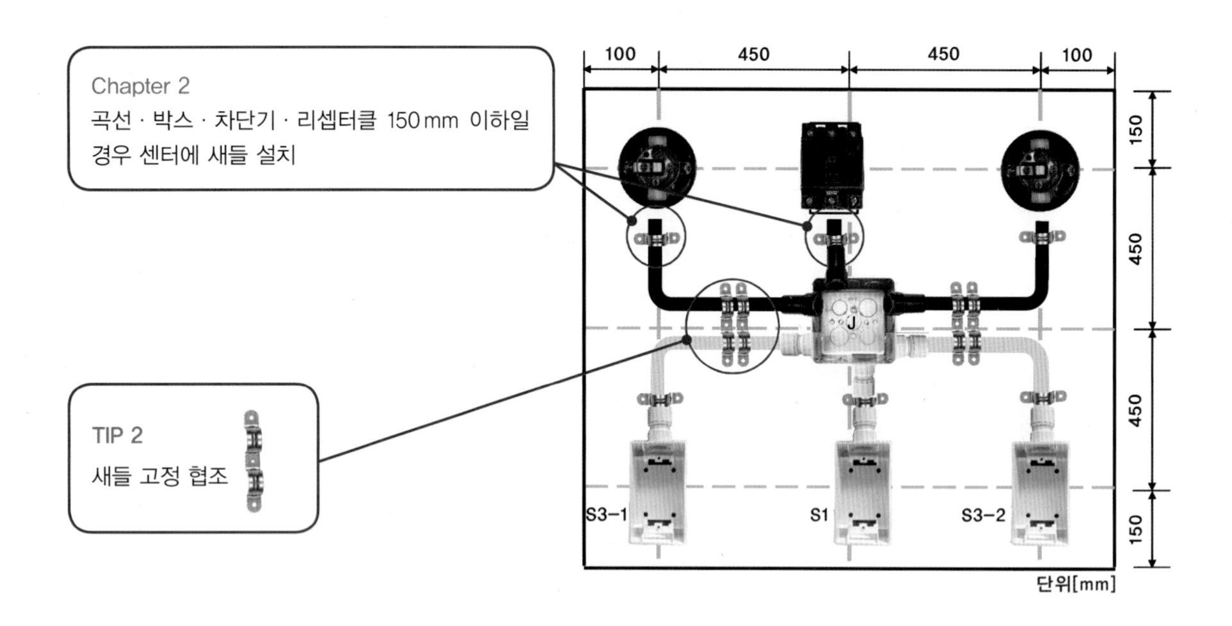

5 입선 작업

① 전기 동작 회로도를 기구 배치 및 배관도에 적용하여 설치한다.

❖ 기구 배치 및 배관도

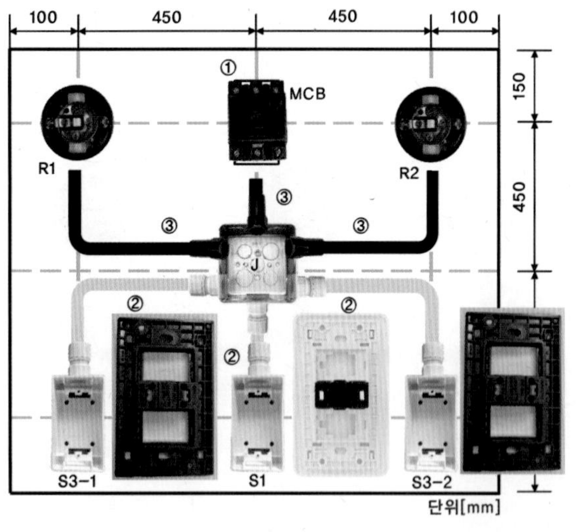

❖ 전기 동작 회로도

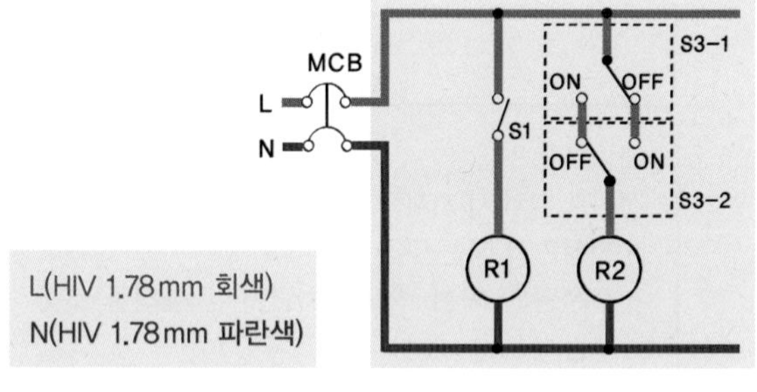

❖ 요구사항

가. 전원 : 단상 2선식(220ACV)

나. 동작

- 배선용 차단기를 투입하고 S1 단로 스위치에 의해 R1이 점멸한다.
- S3-1, S3-2 3로 스위치에 의해 R2가 2개소에서 점멸한다.

다. 공사 구분

① HIV 전선 공사, ② CD 전선관 공사, ③ PE 전선관 공사

② 배선용 차단기(MCB) 1차 입력 단자에 인입선(L, N상)을 연결한다. L상은 HIV 1.78 mm 회색이고 N상은 HIV 1.78 mm 파란색으로 사용한다.

> TIP 3
> 배선용 차단기(MCB)의 입력 단자에 인입선(L, N상) HIV 전선을 각각 150 mm 이상 설치한다.

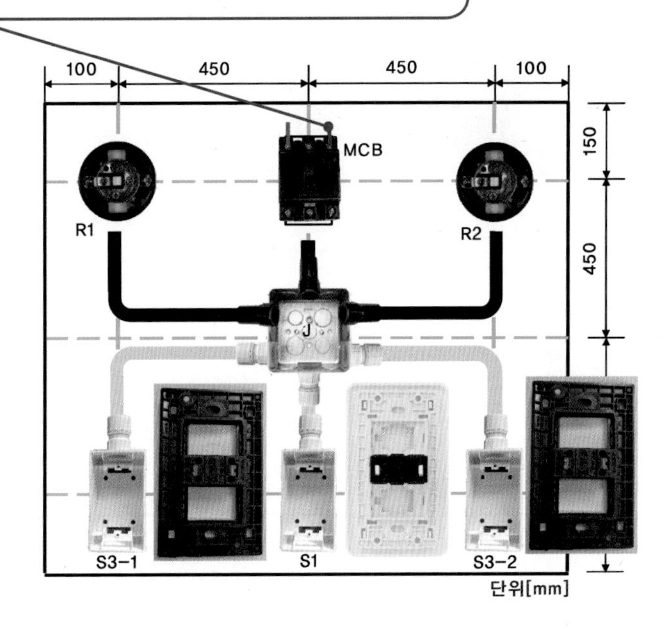

실제 배선도

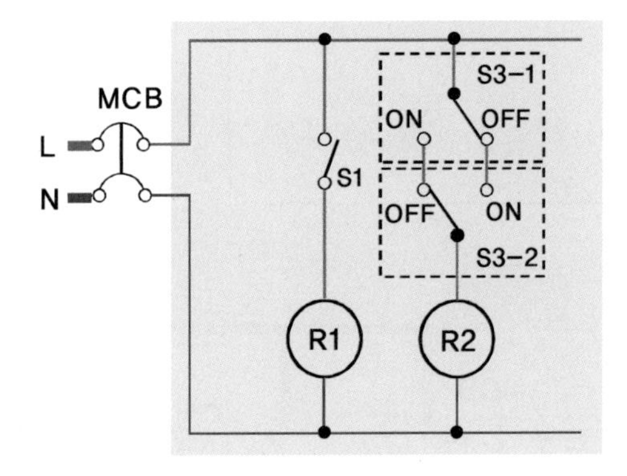

전기 동작 회로도

③ 배선용 차단기(MCB) 2차 출력선(L상)을 단로 스위치(S1) 입력 단자에 HIV 1.78mm 회색 전선으로 연결한다.

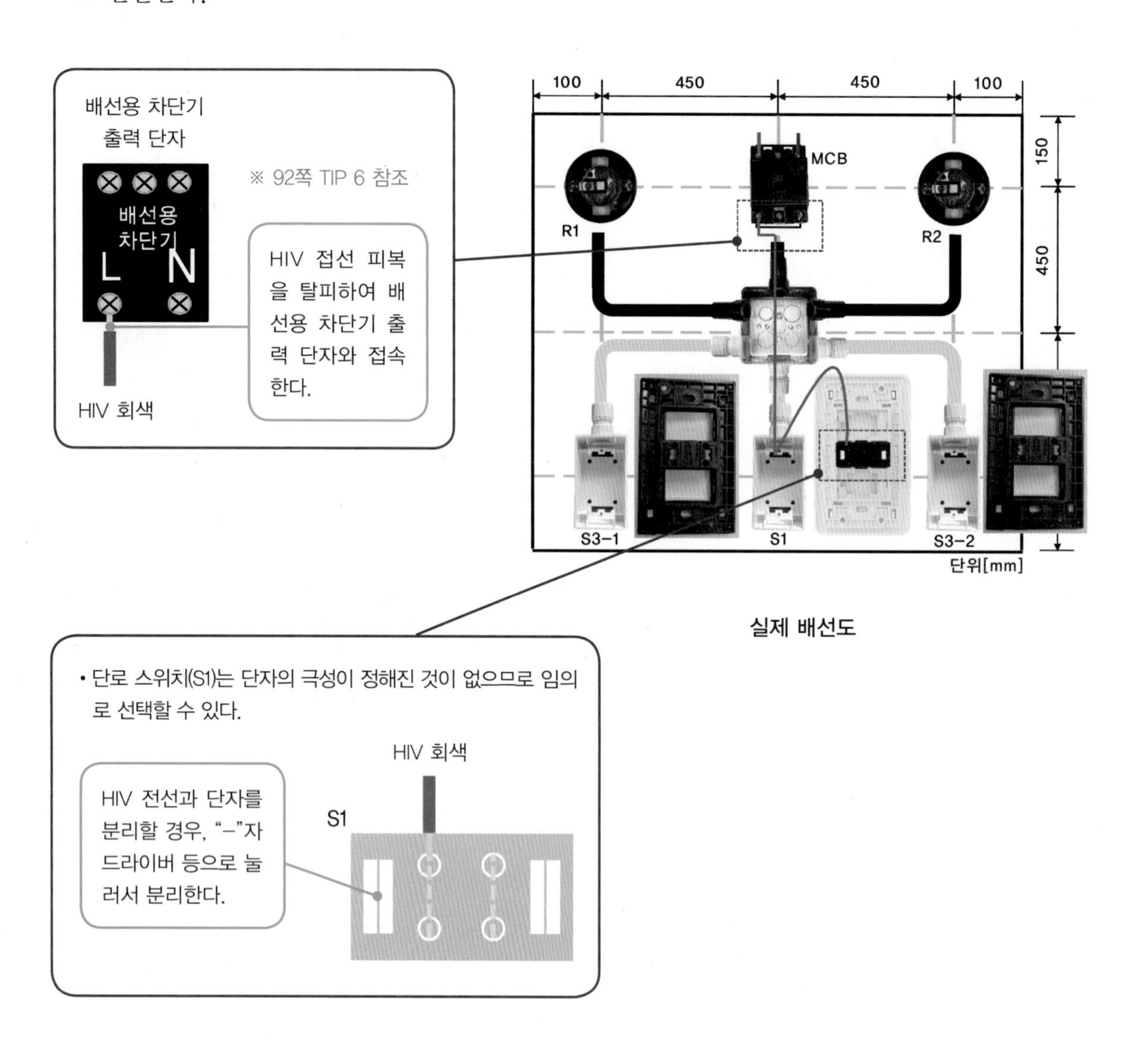

실제 배선도

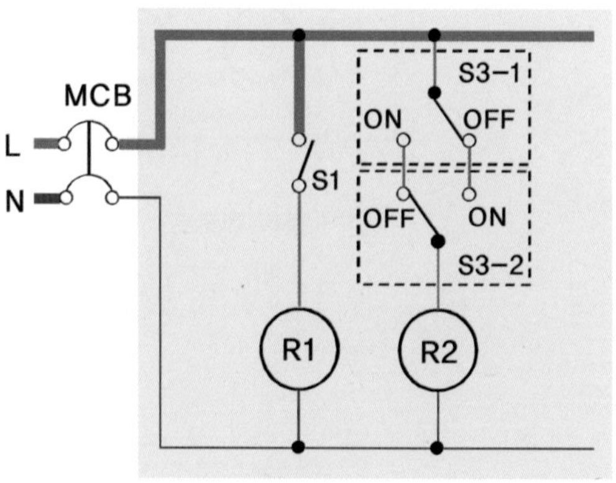

전기 동작 회로도

④ 단로 스위치(S1) 출력 단자에서 정션박스를 거쳐 리셉터클 소켓(R1) 베이스 접속단자에 HIV 1.78 mm 회색 전선으로 연결한다.

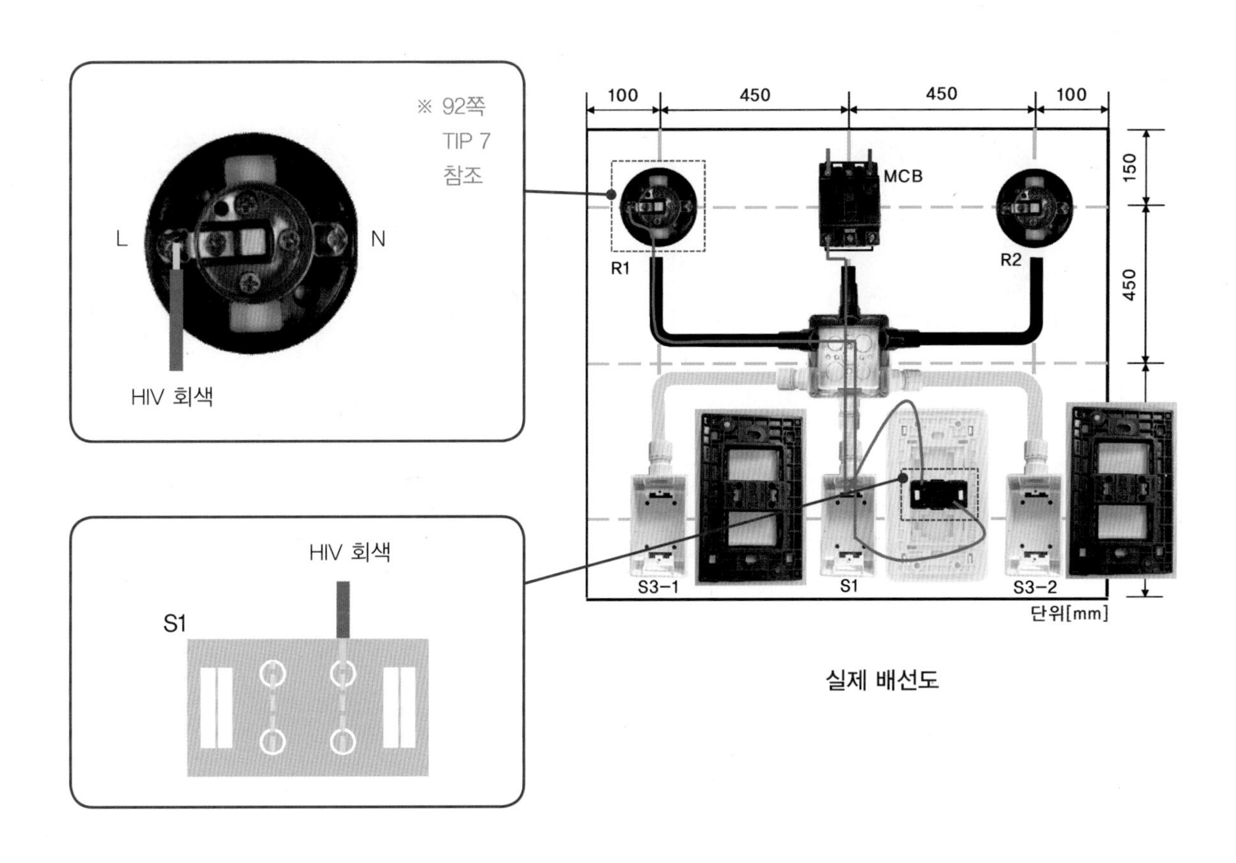

실제 배선도

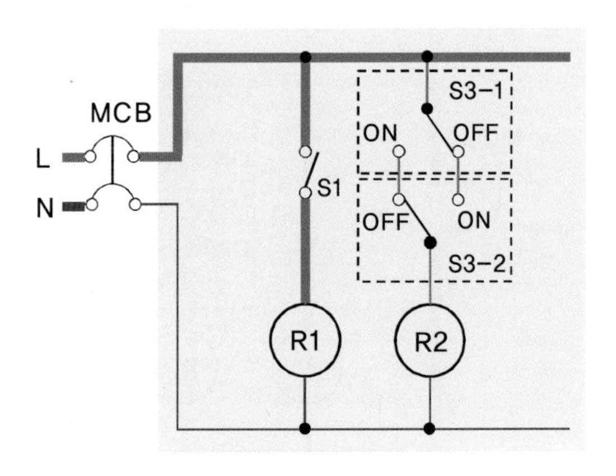

전기 동작 회로도

⑤ 리셉터클 소켓(R1) 출력 단자와 배선용 차단기(MCB) N상을 HIV 1.78mm 파란색으로 연결한다.

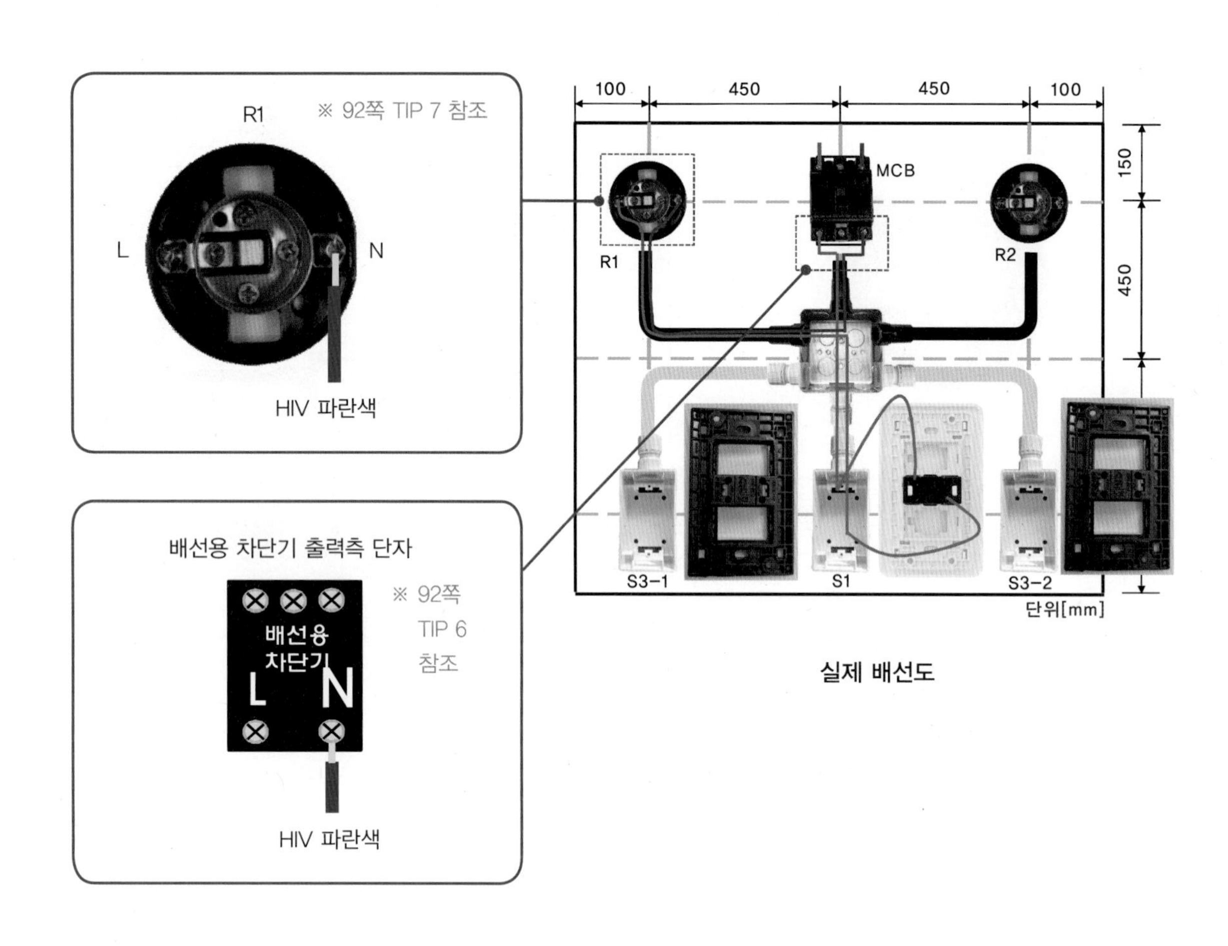

실제 배선도

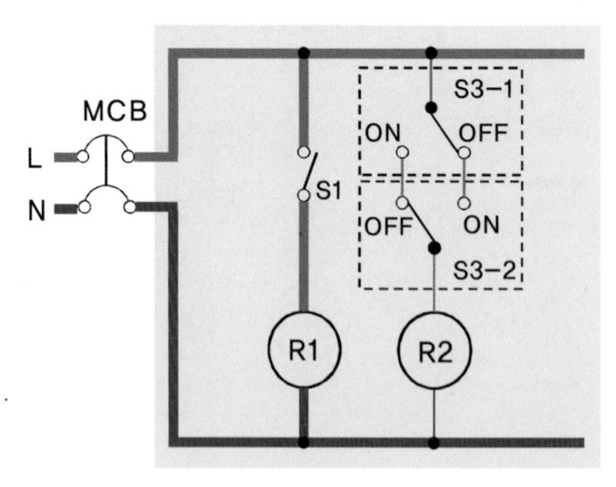

전기 동작 회로도

⑥ 정션박스 내에서 차단기와 연결된 L상과 쥐꼬리 접속하여 3로 스위치(S3-1)의 중성점과 회색 HIV 1.78mm 전선으로 연결한다.

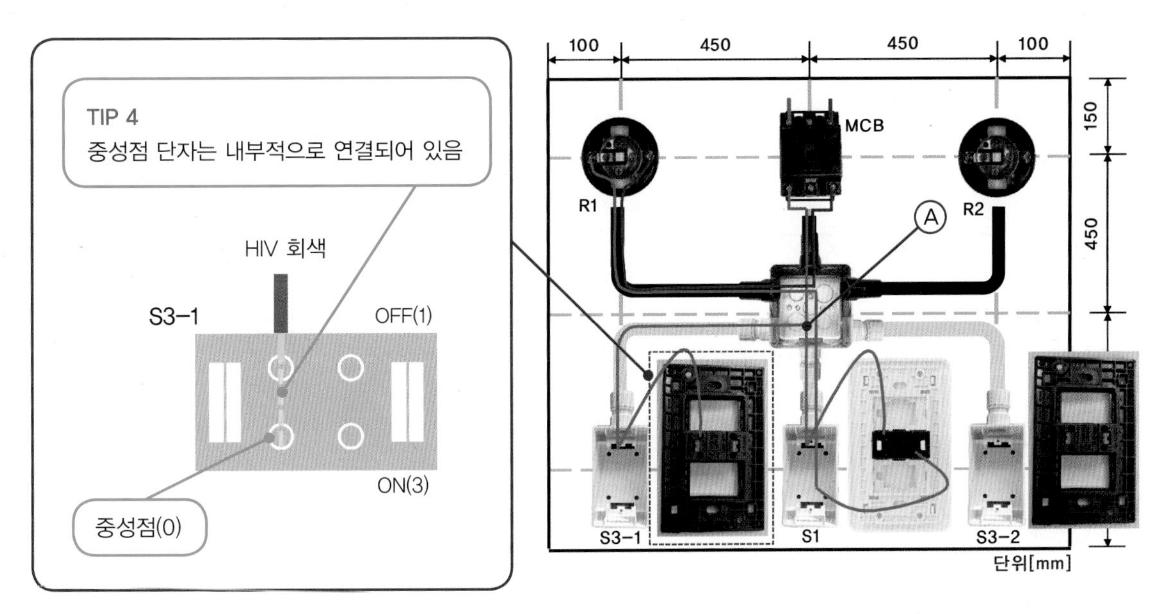

실제 배선도

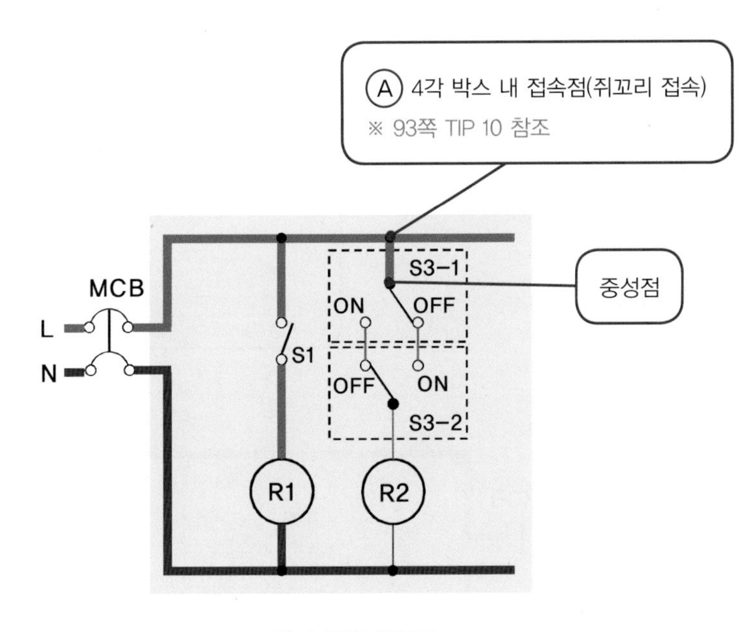

전기 동작 회로도

⑦ 3로 스위치(S3-1)의 출력 단자(OFF)와 3로 스위치(S3-2)의 출력 단자(ON)를 회색 HIV 1.78 mm 전선으로 정션박스를 통해 연결한다.

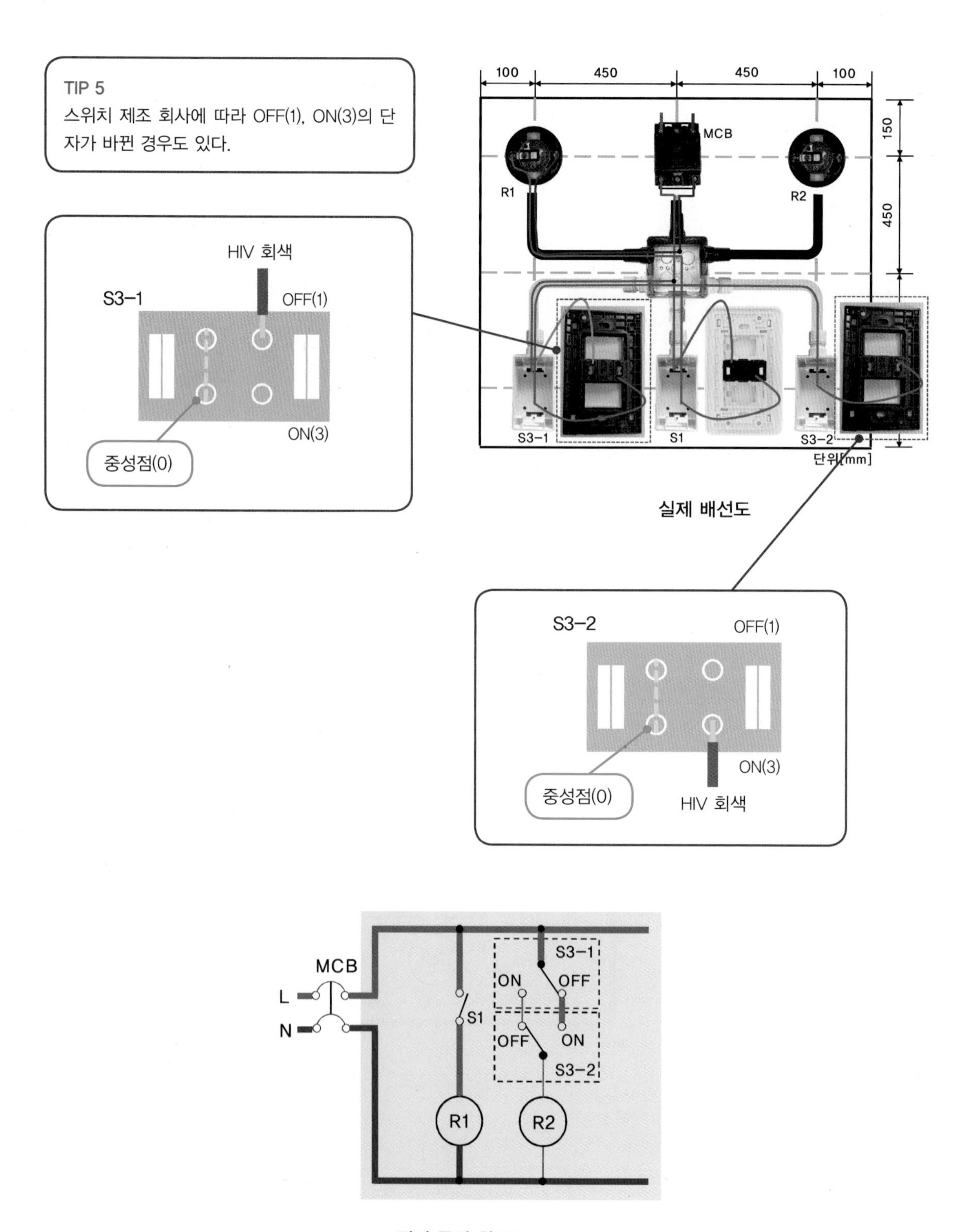

실제 배선도

전기 동작 회로도

⑧ 3로 스위치(S3-1)의 출력 단자(ON)와 3로 스위치(S3-2)의 출력 단자(OFF)를 회색 HIV 1.78mm 전선으로 정션박스를 통해 연결한다.

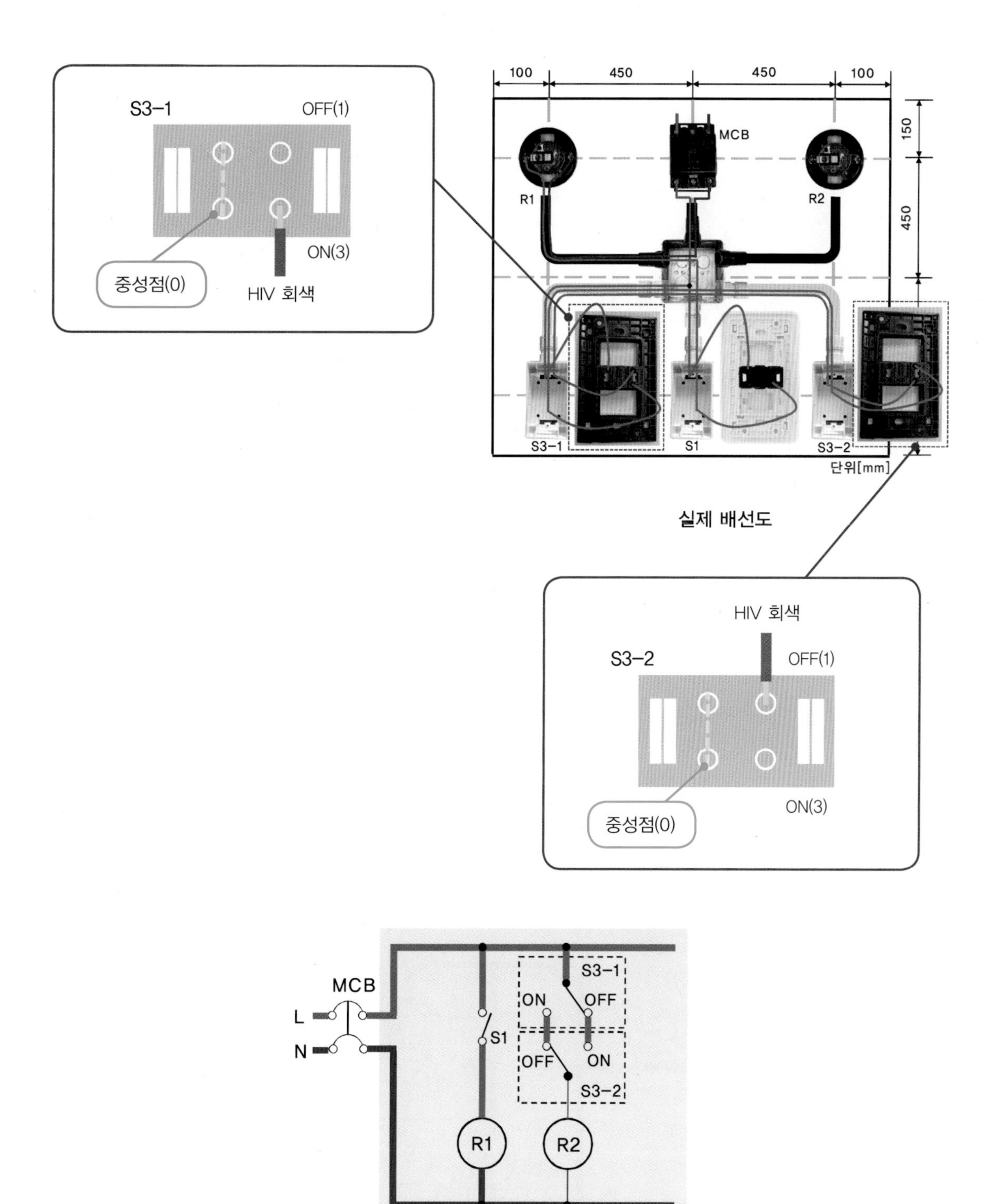

실제 배선도

전기 동작 회로도

⑨ 3로 스위치(S3-2) 중성점과 리셉터클 소켓(R2)의 베이스 단자를 정션박스를 통해 회색 전선으로 연결한다.

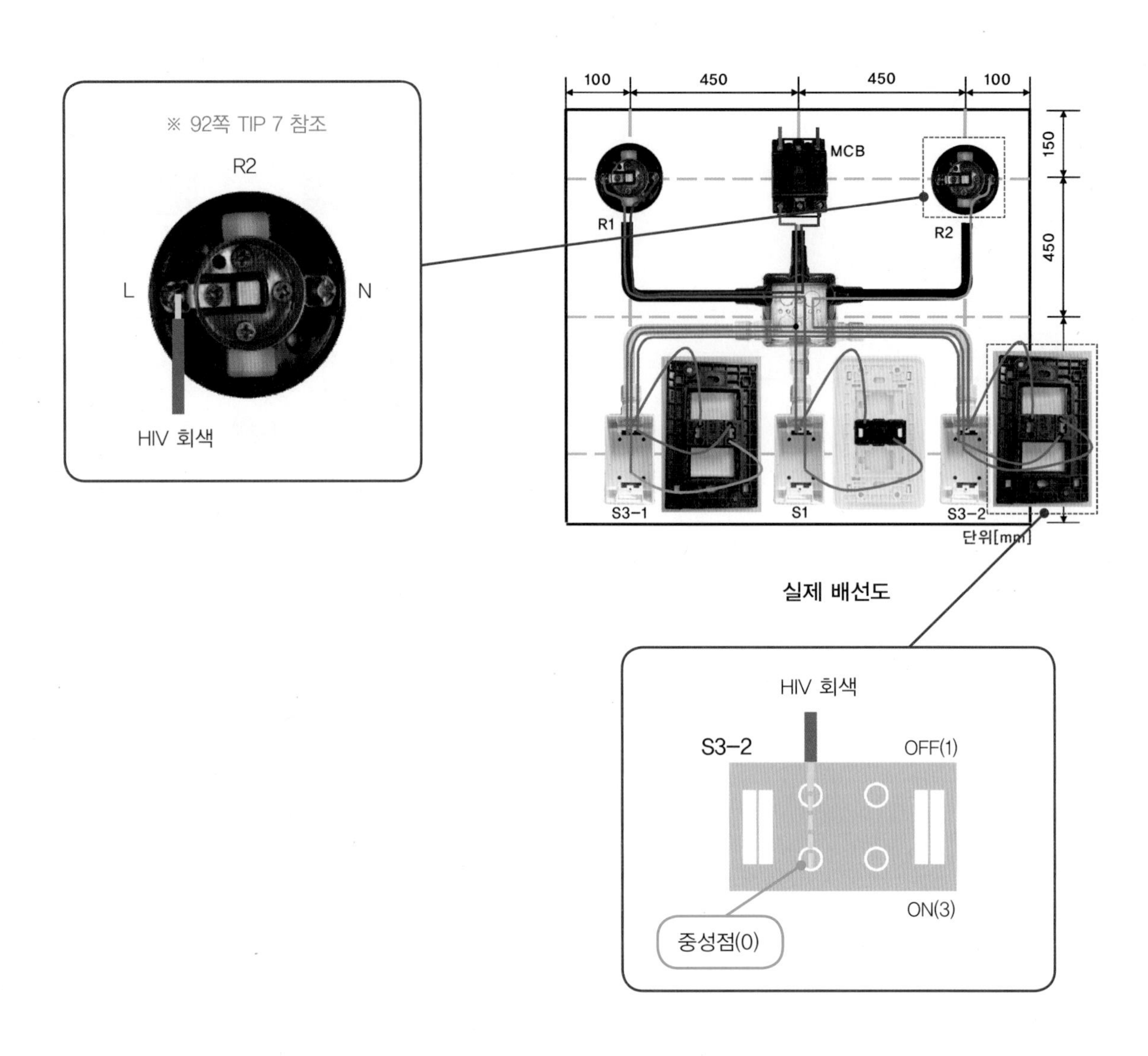

실제 배선도

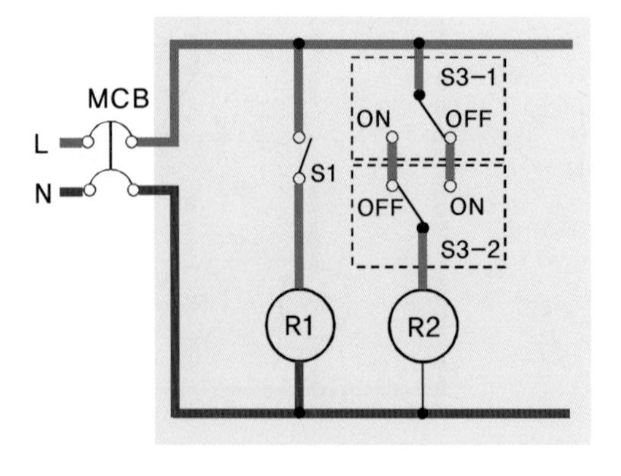

전기 동작 회로도

⑩ 리셉터클 소켓(R2) 출력 단자와 정션박스 내 N상을 찾아 파란색 HIV 1.78mm 전선으로 쥐꼬리 접속한다.

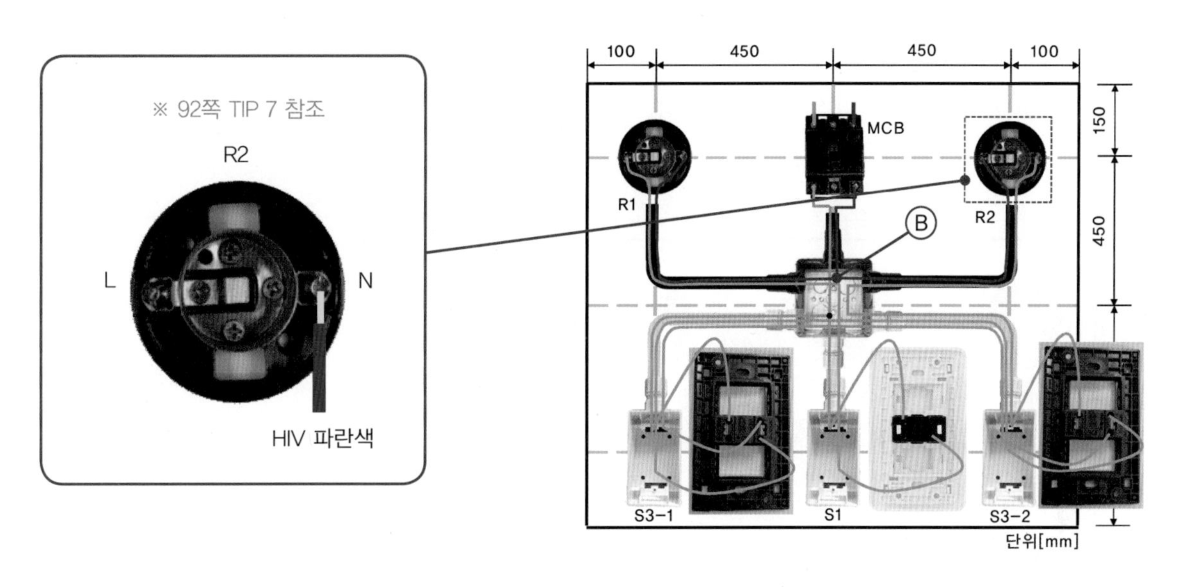

실제 배선도

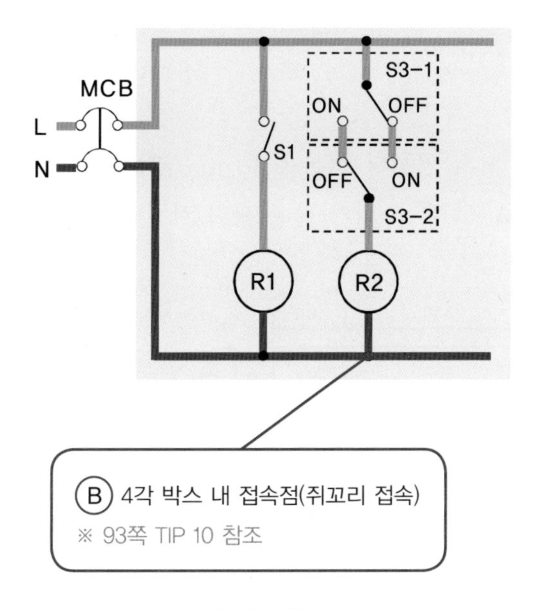

전기 동작 회로도

6 전선과 기구 접속

① 전선과 리셉터클 소켓 단자와 연결 시 도체 부분을 물음표(?) 모양으로 만들어서 볼트가 조여지는 방향으로 접속한다.

② 전선과 차단기 접속단자와 연결 시 피복이 단자에 물리는 현상을 방지하기 위해 도체 부분이 접속 후 10mm 정도 보일 수 있도록 한다.

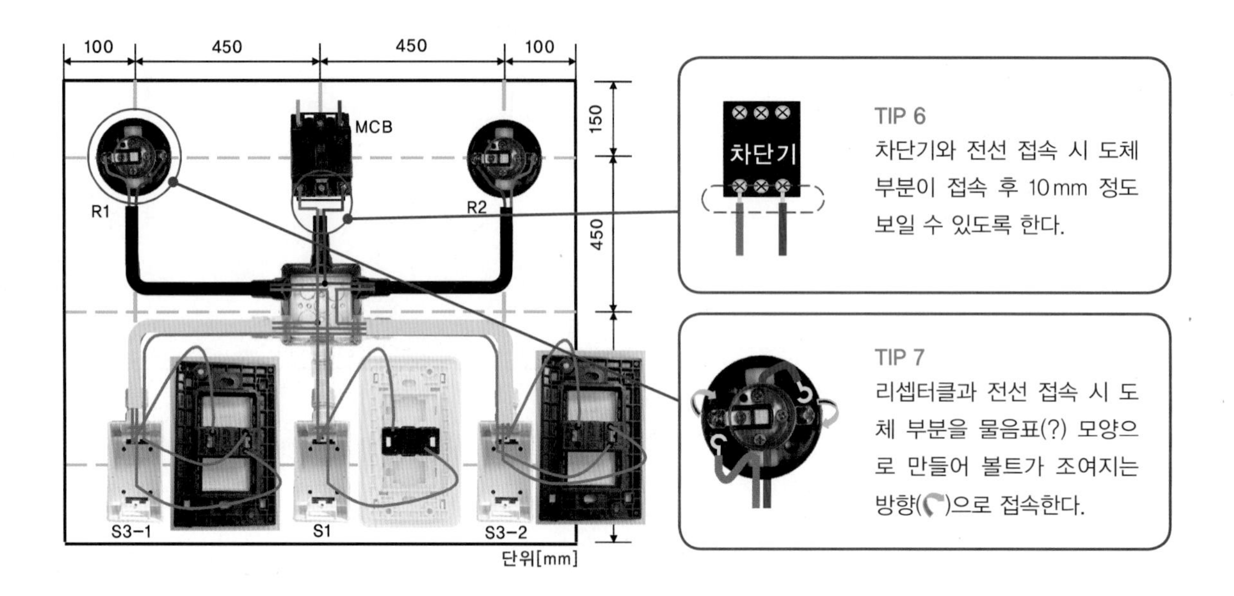

③ 전선과 스위치를 연결할 경우 전선의 피복을 10mm 정도 탈피하여 콘센트 접속구에 연결한다. 접속구는 원터치 방식으로 "딸깍" 소리가 날 때까지 키워서 연결한다.

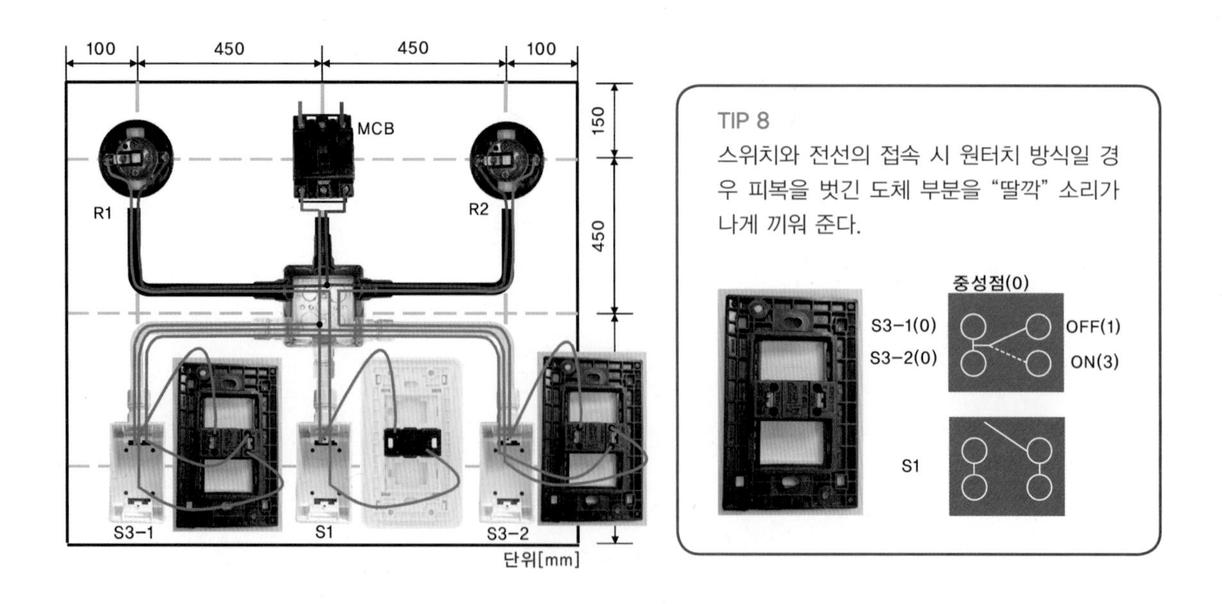

7 전선과 전선의 접속

박스 내 전선을 접속할 경우 쥐꼬리 접속을 4단 이상 꼬아서 절단하고 와이어 커넥터를 오른쪽으로 돌려 절연한다. 박스 내 여유선은 150mm 이상 충분히 남겨서 동그랗게 감는다.

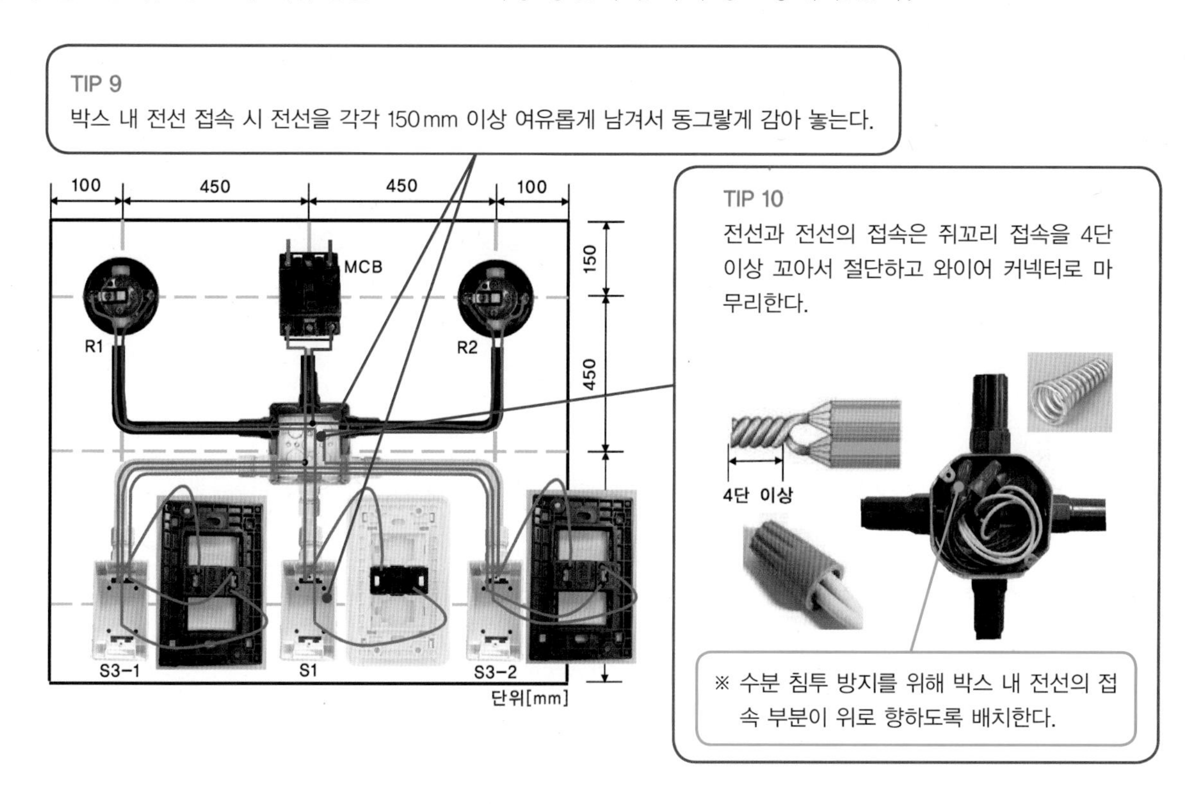

8 마무리 및 동작 테스트

① 스위치 전용 박스에 철판 피스로 고정 플레이트 설치 후 마무리한다.

② 리셉터클 소켓 커버(뚜껑)를 닫고, 벨 테스터로 회로를 점검한다.

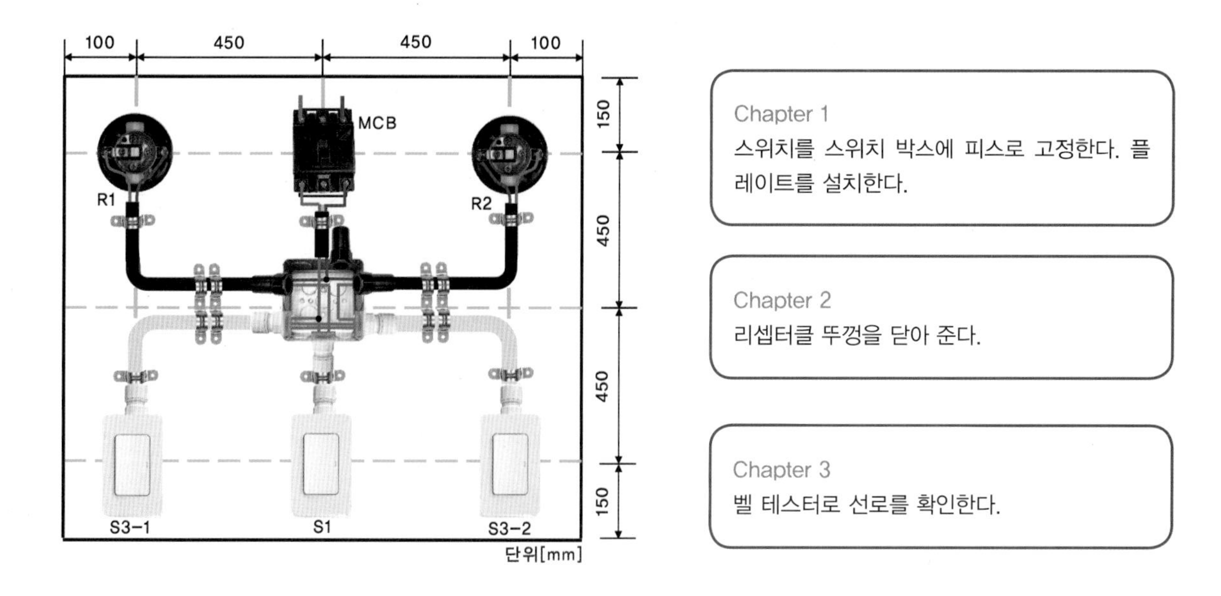

Project 5	3개소 점멸 전등 회로	소요시간	6시간

학번 (　　　　　) 성명 (　　　　　)

■ 실습 목적

1. 전기에너지를 여러 개의 조명설비가 필요로 하는 장소까지 설계도서에 따라 전기기구, 전선관, 케이블 등을 안전하고 적합하도록 공사하는 능력을 습득할 수 있다.
2. 3로 스위치와 4로 스위치의 내부 회로도를 이해하고 혼용하여 설치할 수 있다.
3. 한국전기설비규정(KEC)을 준수하여 건축물 등 전기사용장소에 전기회로 공사를 수행할 수 있다.

■ 실험 · 실습 소요 재료 내역

번호	재료명	규격	단위	수량
1	배선용 차단기(MCB)	3P 30A, AC 220V	EA	1
2	4각 정션박스	금속	EA	1
3	리셉터클 소켓	둥근형 2P, AC 220V	EA	2
4	전등용 스위치	1구 4로, AC 220V	EA	1
5	전등용 스위치	1구 3로, AC 220V	EA	2
6	스위치 박스	난연 또는 금속	EA	3
7	PE 전선관 커넥터	ϕ25, 16mm	EA	3
8	PE 전선관	16mm	M	3
9	CD 전선관 커넥터	ϕ25, 16mm	EA	3
10	CD 전선관	16mm	M	3
11	비닐전선(HIV 1.78mm)	2.5mm^2 회색, 단선	M	5
12	비닐전선(HIV 1.78mm)	2.5mm^2 파란색, 단선	M	2
13	새들	철재, 16mm	EA	8

■ 사용 공구 내역

번호	공구명	규격	단위	수량	번호	공구명	규격	단위	수량
1	드라이버	60×200, 양용	EA	1	5	니퍼	200mm	EA	1
2	롱 노즈 플라이어	200mm	EA	1	6	전동 드라이버	충전식	EA	1
3	와이어 스트리퍼		EA	1	7	공구 벨트	공사용	EA	1
4	펜치	200mm	EA	1	8	피시 테이프	입선용	EA	1

■ 회로 동작 설명

1. 배선용 차단기(MCB)를 켜면(ON) 회로에 전류가 흐르지만 동작은 없다.
2. 3로 스위치(S3-1, S3-2)와 4로 스위치(S4)에 의해 리셉터클 소켓(R1, R2)에 연결된 램프가 병렬로 점등 또는 소등한다.
3. 배선용 차단기(MCB)를 끄면(OFF) 모든 회로는 꺼진다.

■ 기구 배치 및 배관도

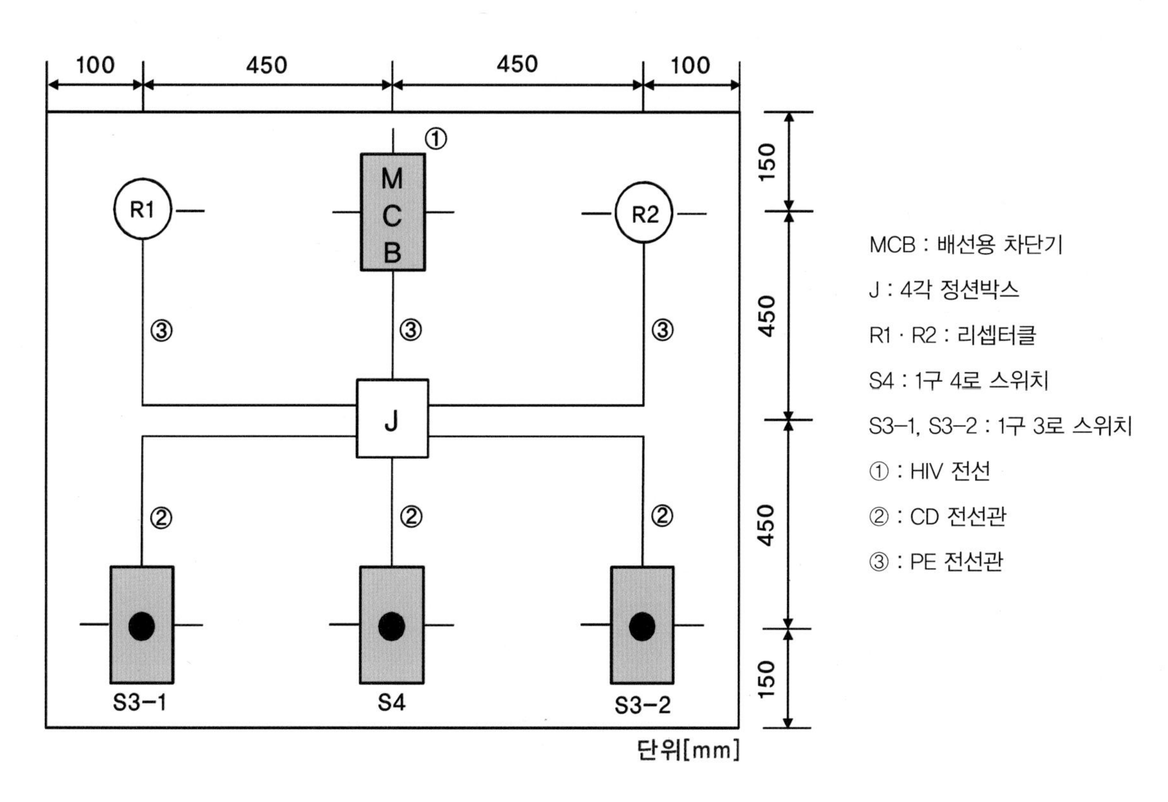

■ 전기 동작 회로도

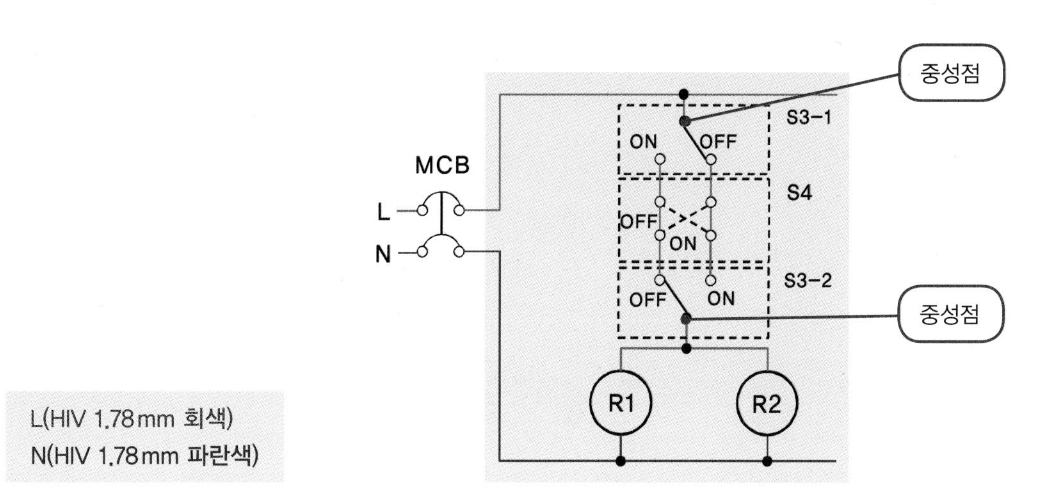

■ 지시사항 및 안전사항

1. 지급된 재료와 실습장 시설을 사용하여 제한시간 내에 주어진 과제를 안전에 유의하여 완성한다.
   (단, 과제에 표시되지 않은 사항은 한국전기설비규정에 따른다.)
2. 전원방식은 단상 AC 220V를 사용한다.
3. 작업판 제도 시 치수 오차범위는 외관 ±30mm를 허용한다.
4. 공사 방법은 ① HIV 전선, ② CD 전선관, ③ PE 전선관을 설치한다.
5. CD 전선관과 박스가 접속되는 부분은 커넥터를 사용한다.
6. 요소 작업 시 손이 다치지 않도록 안전에 유의하여 작업한다.

■ 평가 내용

<table>
<tr><th colspan="2">평가 영역</th><th>세부 평가 내용</th><th>배점</th></tr>
<tr><td colspan="2">회로 해석(도면 검토)</td><td>주어진 과제의 회로 해석과 결선은 올바른가?</td><td>10</td></tr>
<tr><td rowspan="6">요소 작업</td><td>작업판 제도</td><td>작업판에 도면에서 제시한 규격으로 제도하였는가?</td><td>10</td></tr>
<tr><td>기구 설치</td><td>작업판에 기구를 정확한 위치에 설치하였는가?</td><td>5</td></tr>
<tr><td>배관 설치</td><td>작업판에 배관을 정확한 위치에 설치하였는가?</td><td>5</td></tr>
<tr><td>입선 작업</td><td>배관에 알맞은 전선을 입선하였는가?</td><td>10</td></tr>
<tr><td rowspan="2">접속 상태</td><td>전선과 기구를 알맞게 접속하였는가?</td><td>10</td></tr>
<tr><td>정션박스 내 전선과 전선의 접속은 알맞게 하였는가?</td><td>10</td></tr>
<tr><td rowspan="3">실습 태도</td><td>실습 준비</td><td>공구 및 실습 준비는 철저한가?</td><td>10</td></tr>
<tr><td>재료 사용</td><td>실습 재료의 사용은 경제적인가?</td><td>10</td></tr>
<tr><td>문제 해결</td><td>발생한 문제의 해결에 적극적이며 방법은 바람직한가?</td><td>10</td></tr>
<tr><td colspan="2">실습 시간</td><td>정해진 시간 내에 과제를 완성하였는가?</td><td>10</td></tr>
<tr><td colspan="2">종합</td><td></td><td>100</td></tr>
</table>

Guide 5 3개소 점멸 전등 회로

■ 실습 순서

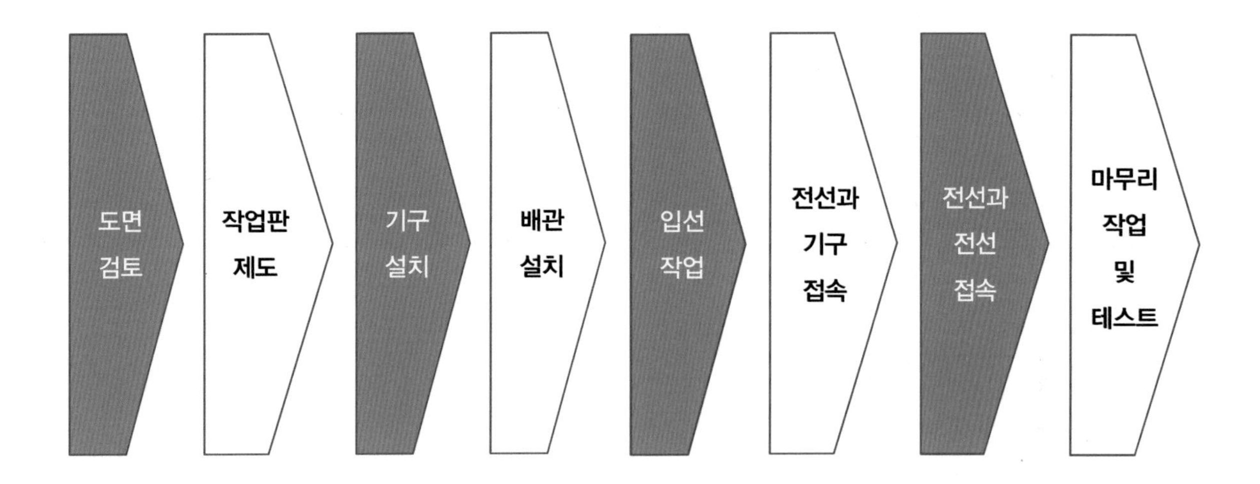

1 도면 검토

① 기구 배치 및 배관도를 확인하여 실제 사용하는 실습 재료와 수량을 체크하여 준비한다.
② 동작 회로도가 어떻게 동작되는지 확인한다.
③ 지시사항 및 안전사항에 나타난 공사 방법을 참고하여 공사를 준비한다.

2 작업판 제도

① 기구 배치 및 배관도 내 · 외곽선을 작업판에 스티자와 하얀색 분필로 제도한다.

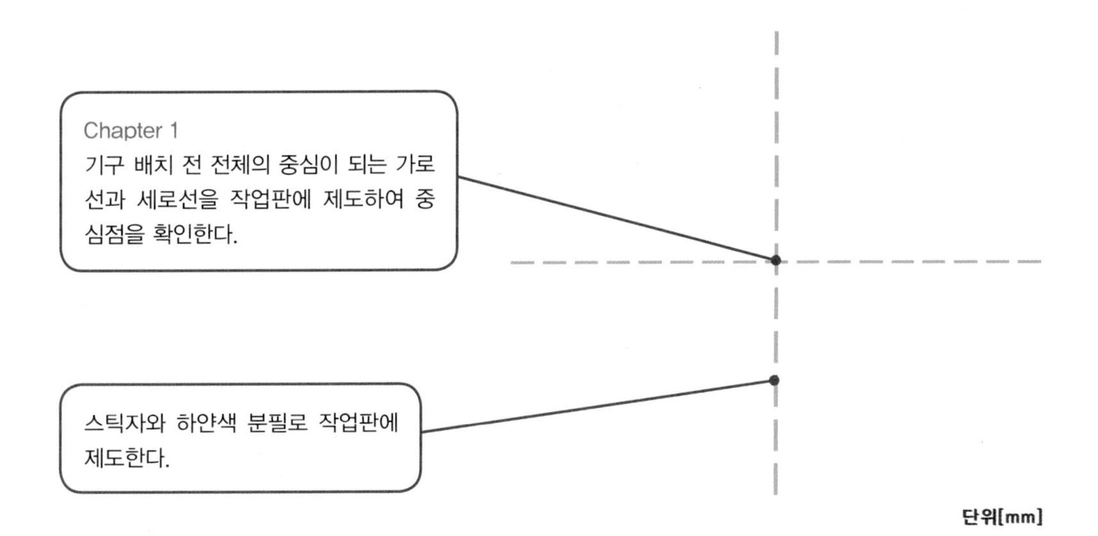

② 세로 기준선을 기준으로 오른쪽과 왼쪽 가로 간격 450 mm와 100 mm를 확인하여 세로 외곽선은 실선으로, 세로선은 점선으로 작업판에 제도한다.

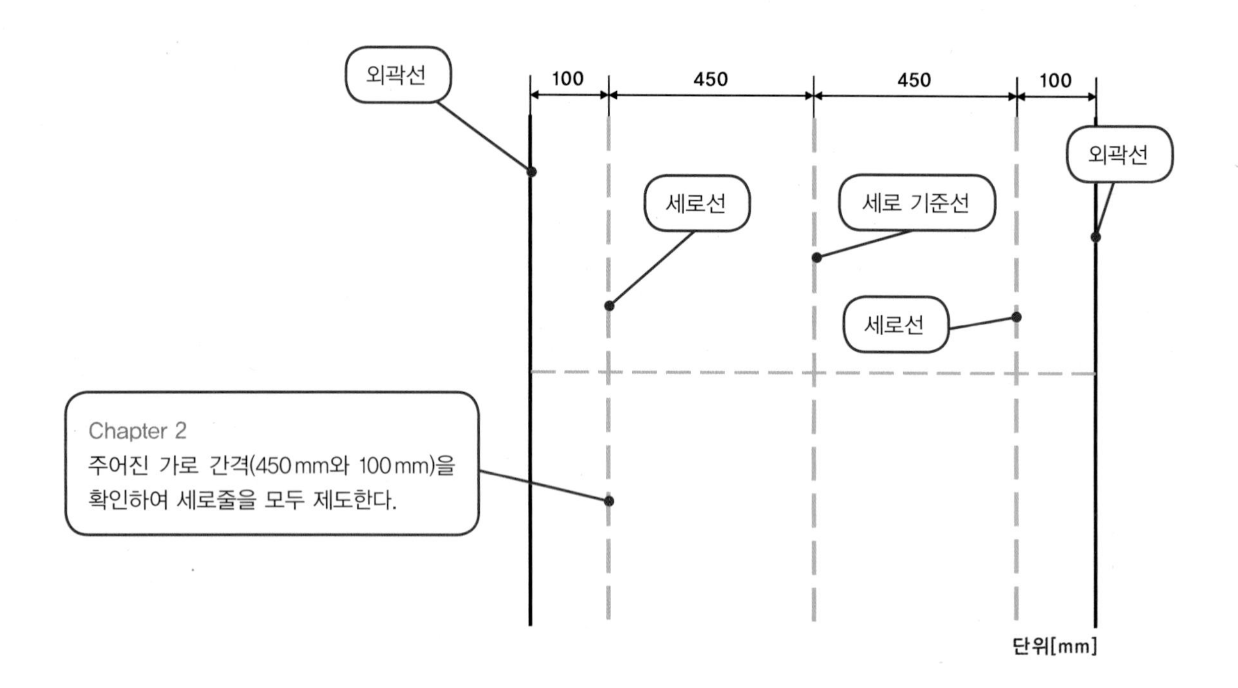

③ 가로 기준선을 기준으로 위쪽과 아래쪽 세로 간격 450 mm와 150 mm를 확인하여 가로 외곽선은 실선으로, 가로선은 점선으로 작업판에 제도한다.

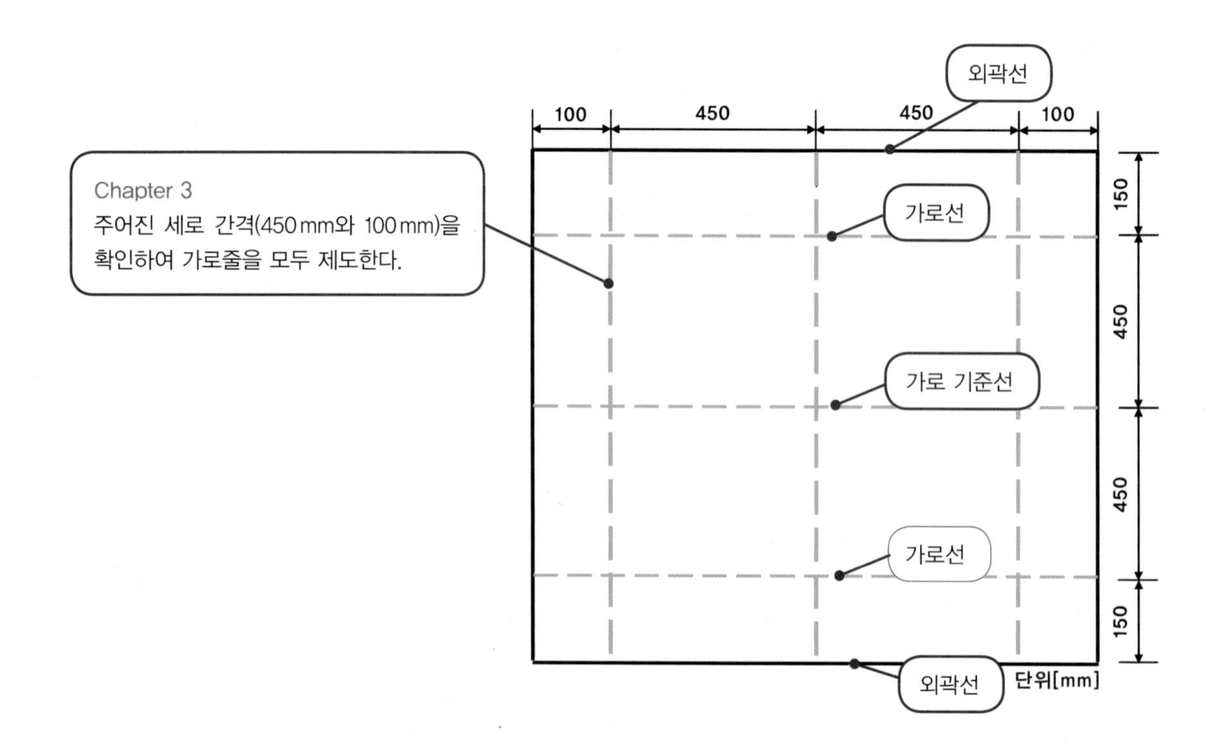

3 기구 설치

① 주어진 가로와 세로선이 겹치는 중심점에 기구를 설치할 수 있도록 표기한다. (예 정션박스 J, 배선용 차단기 MCB, 리셉터클 소켓 R1 · R2 등)

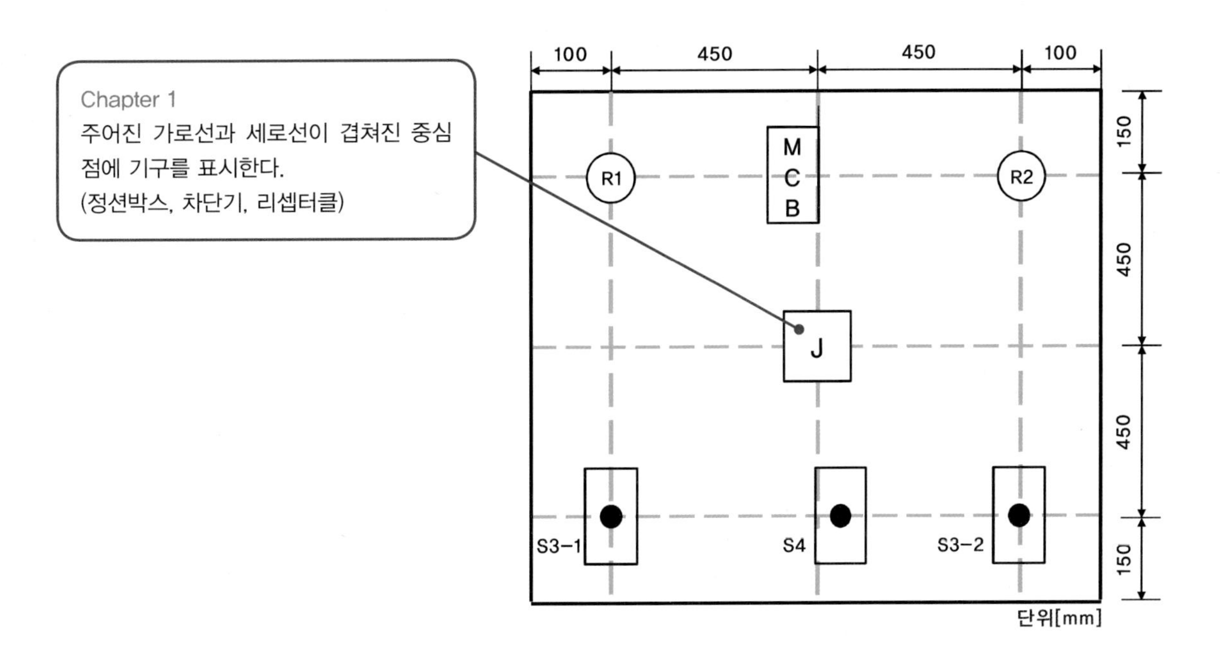

② 배관 및 배선 공사의 종류를 숫자로 표기한다. (① HIV 전선 공사, ② CD 전선관 공사, ③ PE 전선관 공사)

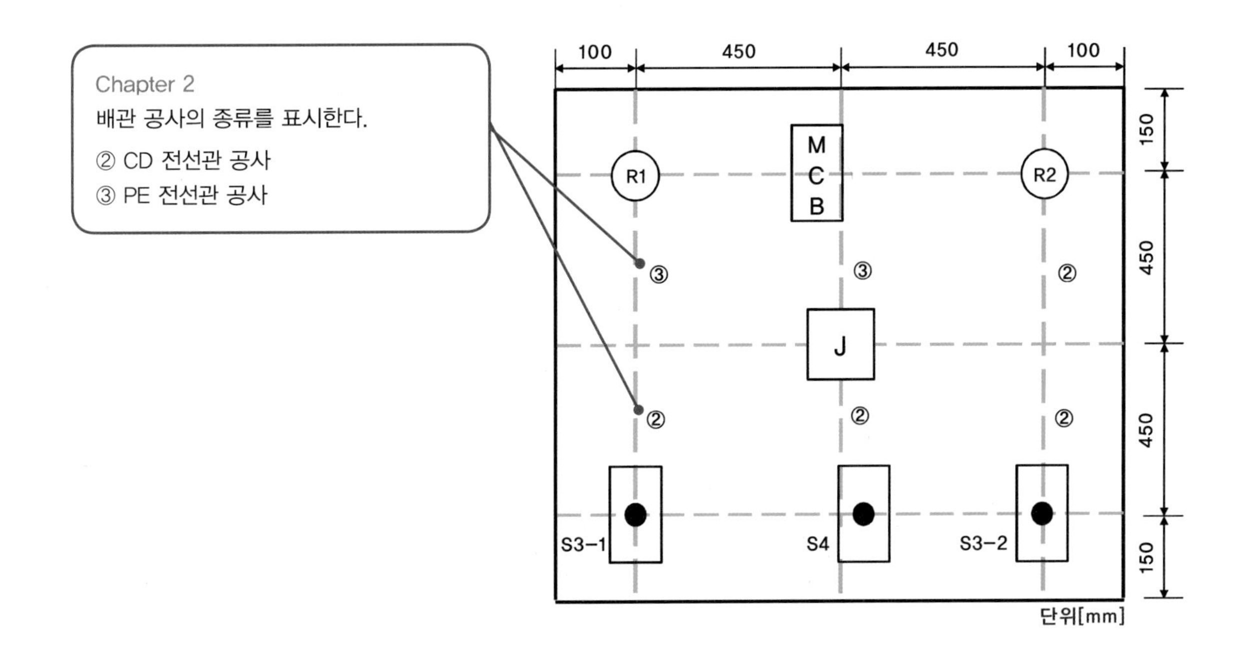

③ 기구를 작업판에 표기된 기구 위치에 철판 피스로 설치한다.

Chapter 3

- 기구를 작업판에 작도된 위치에 철판 피스로 설치한다.
- 철판 피스는 헤드 부분이 평평한 것을 선택한다. 기구별 철판 피스 규격은 아래와 같다.

① 4각 정션박스	4×12×4EA
② 배선용 차단기	4×20×2EA
③ 리셉터클	4×12×2EA
④ 스위치 박스	4×16×2EA

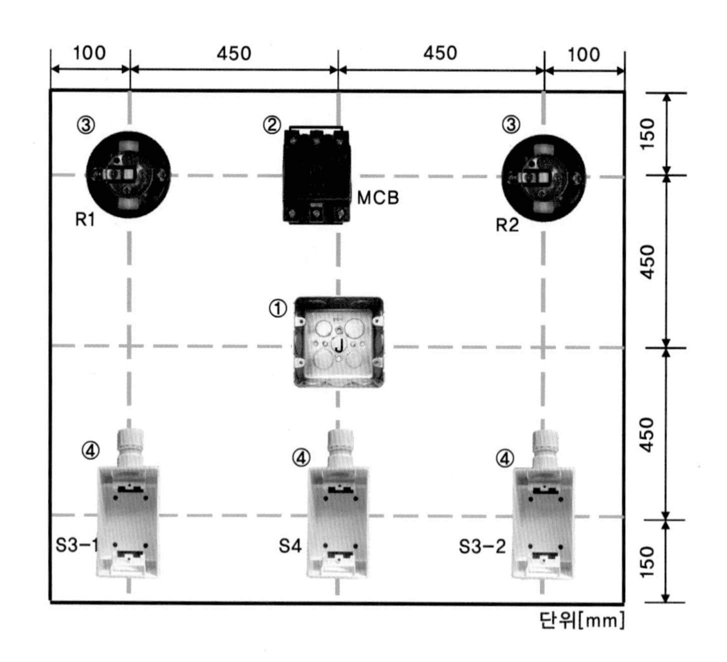

4 배관 설치

① 기구 설치가 완료되면 배관을 설치한다. 배관은 도면과 같이 CD · PE 전선관을 사용한다. 전선관 설치 전 박스와 전선관 접속 시 커넥터를 연결한다.

Chapter 1

배관 설치 전 정션박스에 커넥터를 설치한다.

② CD 전선관용 커넥터

③ PE 전선관용 커넥터

- 4각 정션박스
  PE 커넥터×3EA
  CD 커넥터×3EA
- 스위치 박스
  CD 커넥터×3EA

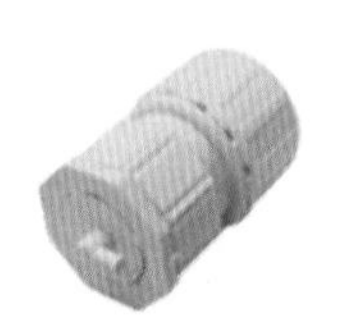

CD 전선관용 커넥터 PE 전선관용 커넥터

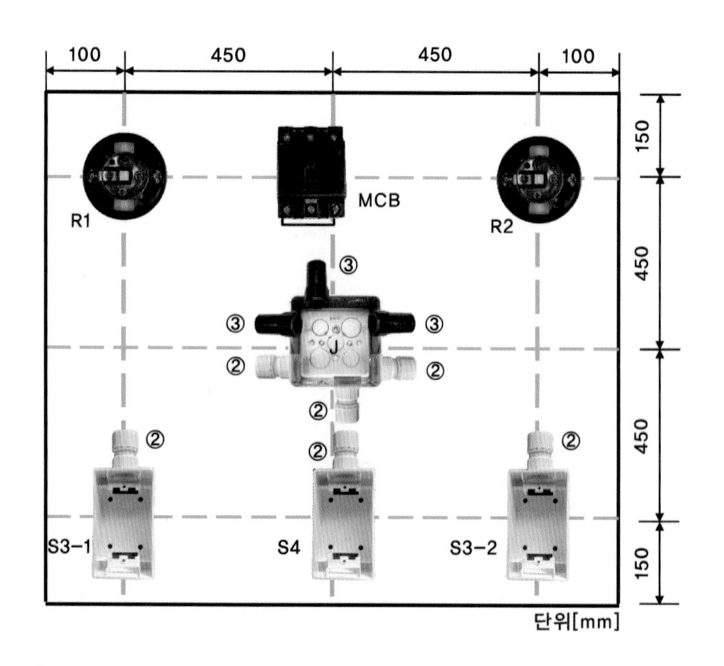

② 전선관을 규격에 알맞게 설치한다. 또한 기구와 전선관의 접속 시 이격거리를 50m 이내로 설치한다.

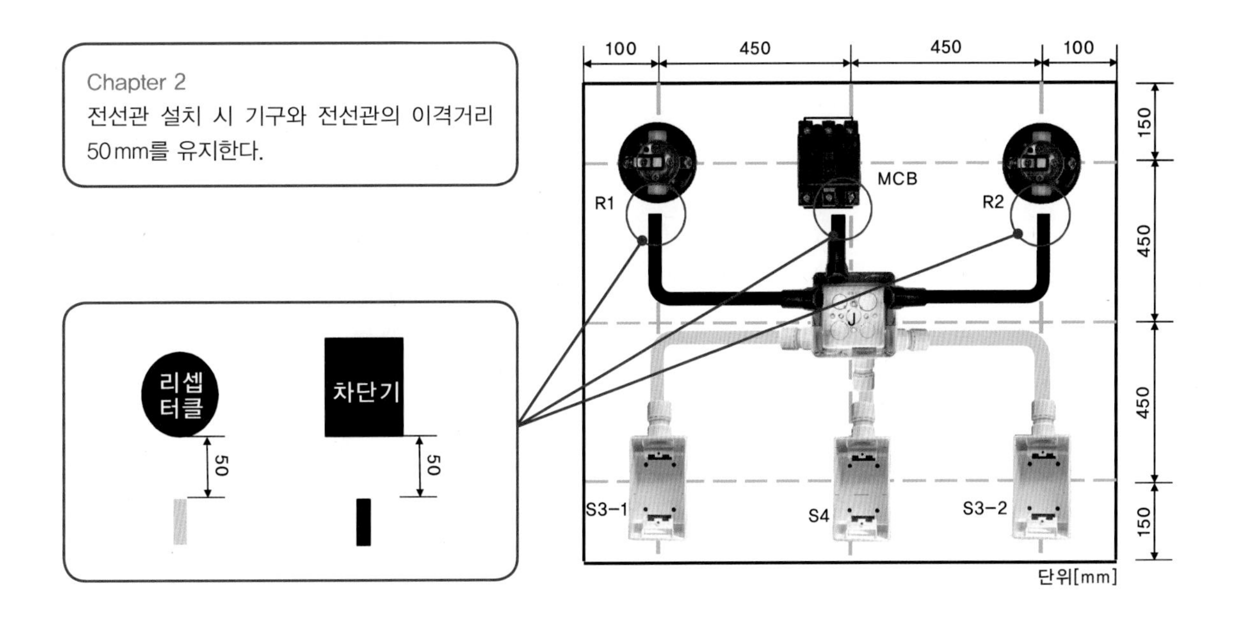

③ 전선관 설치 시 직선 구간은 300mm 간격마다 새들로 고정한다. 전선관의 곡선 · 박스 · 차단기 · 리셉터클 소켓 구간은 150mm 간격으로 새들을 설치한다.

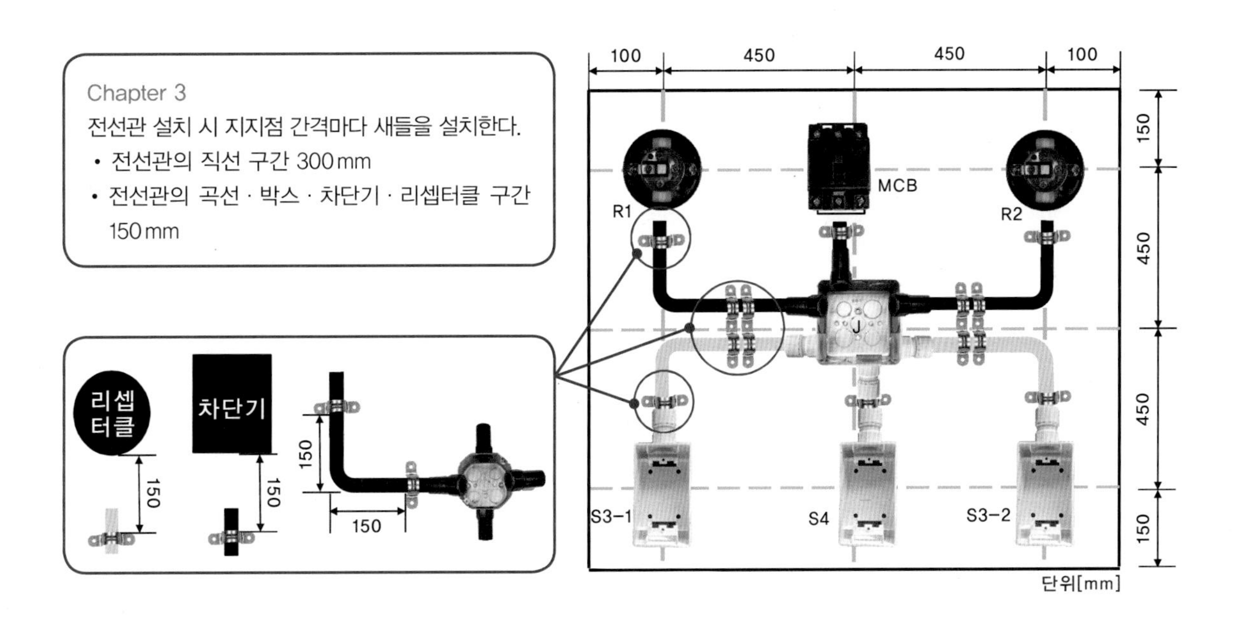

④ 4각 정션박스에서 전선관이 2구간에 설치될 경우 **새들 고정 협조**를 통해 전선관을 고정시킨다.

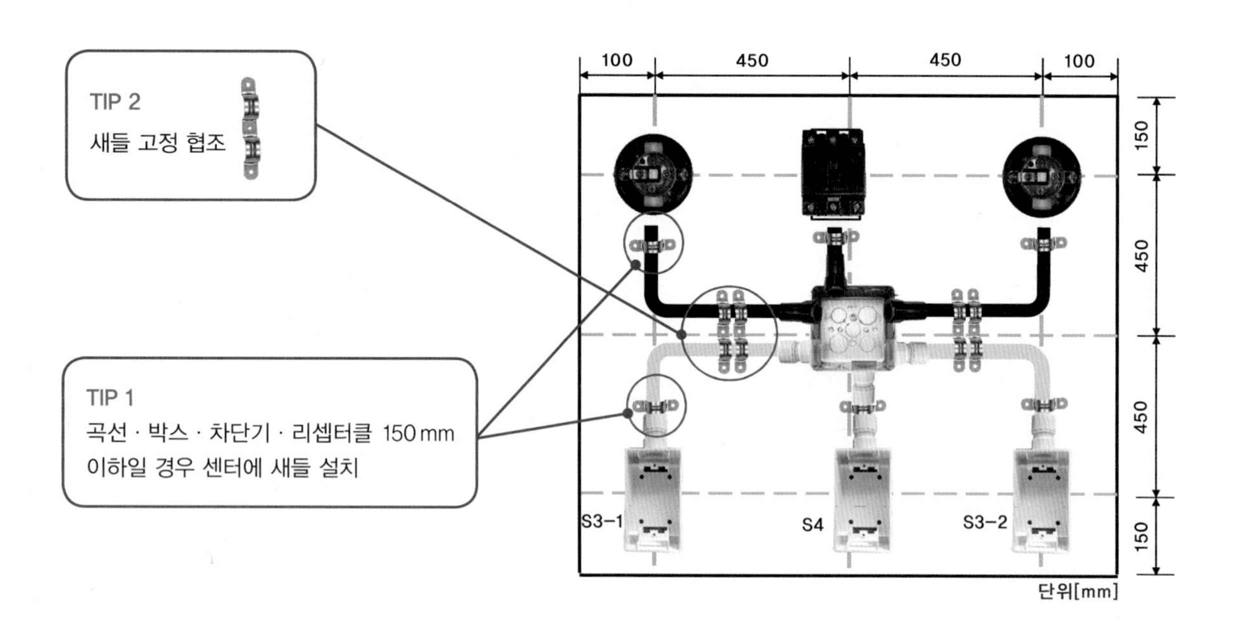

5 입선 작업

① 전기 동작 회로도를 기구 배치 및 배관도에 적용하여 설치한다.

❖ 기구 배치 및 배관도

100 450 450 100
150 450
① MCB
R1 R2
③ ③ ③
② ② ②
S3-1 S4 S3-2
단위[mm]

❖ 전기 동작 회로도

L(HIV 1.78 mm 회색)
N(HIV 1.78 mm 파란색)

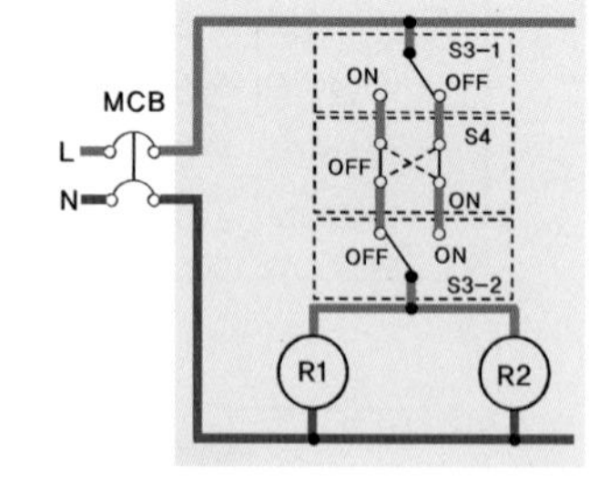

❖ 요구사항

가. 전원 : 단상 2선식(220ACV)
나. 동작 : 배선용 차단기를 투입하고 S3-1, S3-2, S4 3로와 4로 스위치에 의해 R1, R2 램프가 병렬로 3개소에서 점멸이 가능하다.
다. 공사 구분
① HIV 전선 공사, ② CD 전선관 공사, ③ PE 전선관 공사

② 배선용 차단기(MCB) 1차 입력 단자에 인입선(L, N상)을 연결한다. L상은 HIV 1.78mm 회색이고 N상은 HIV 1.78mm 파란색으로 사용한다.

> TIP 3
> 배선용 차단기(MCB)의 입력 단자에 인입선(L, N상) HIV 전선을 각각 150mm 이상 설치한다.

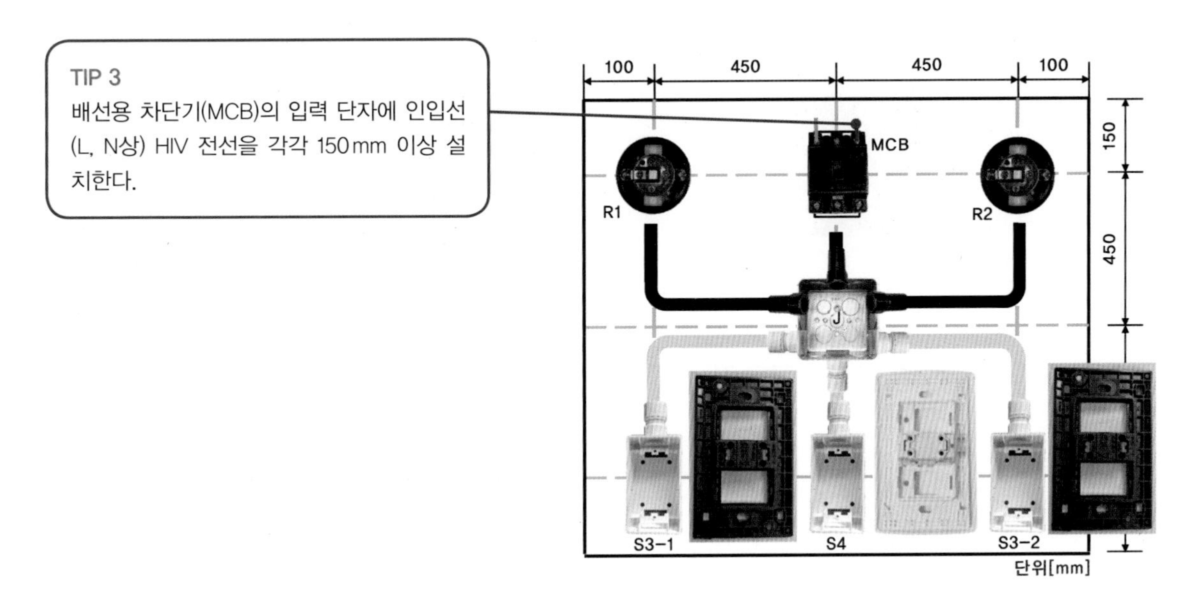

실제 배선도

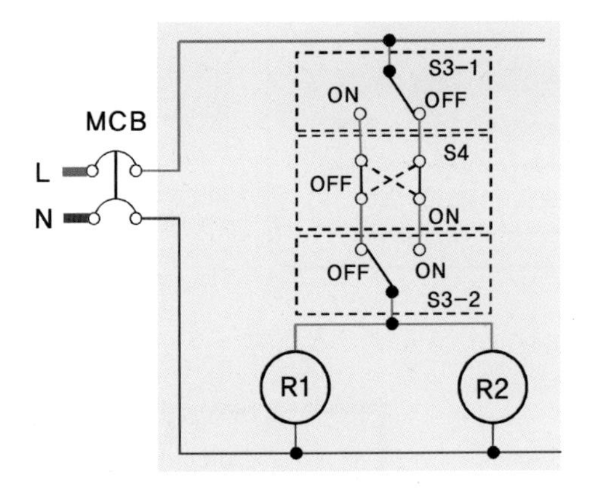

전기 동작 회로도

③ 배선용 차단기(MCB) 2차 출력선(L상)을 3로 스위치(S3-1) 중성점에 HIV 1.78mm 회색 전선으로 연결한다.

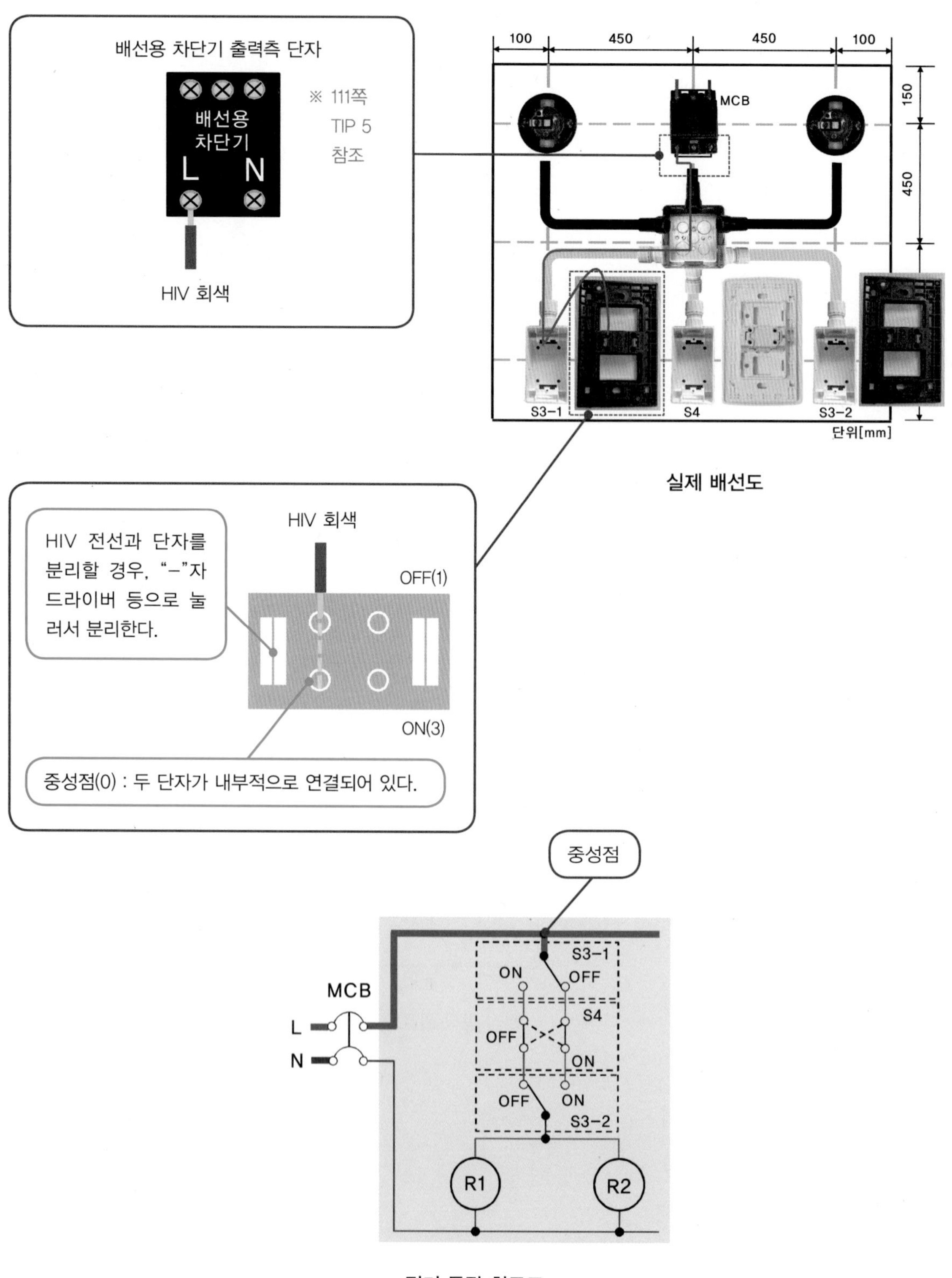

실제 배선도

전기 동작 회로도

④ 3로 스위치(S3−1) 출력 단자(OFF)와 4로 스위치(S4)에 ③번 단자에 정션박스를 거쳐 HIV 1.78mm 회색 전선으로 연결한다.

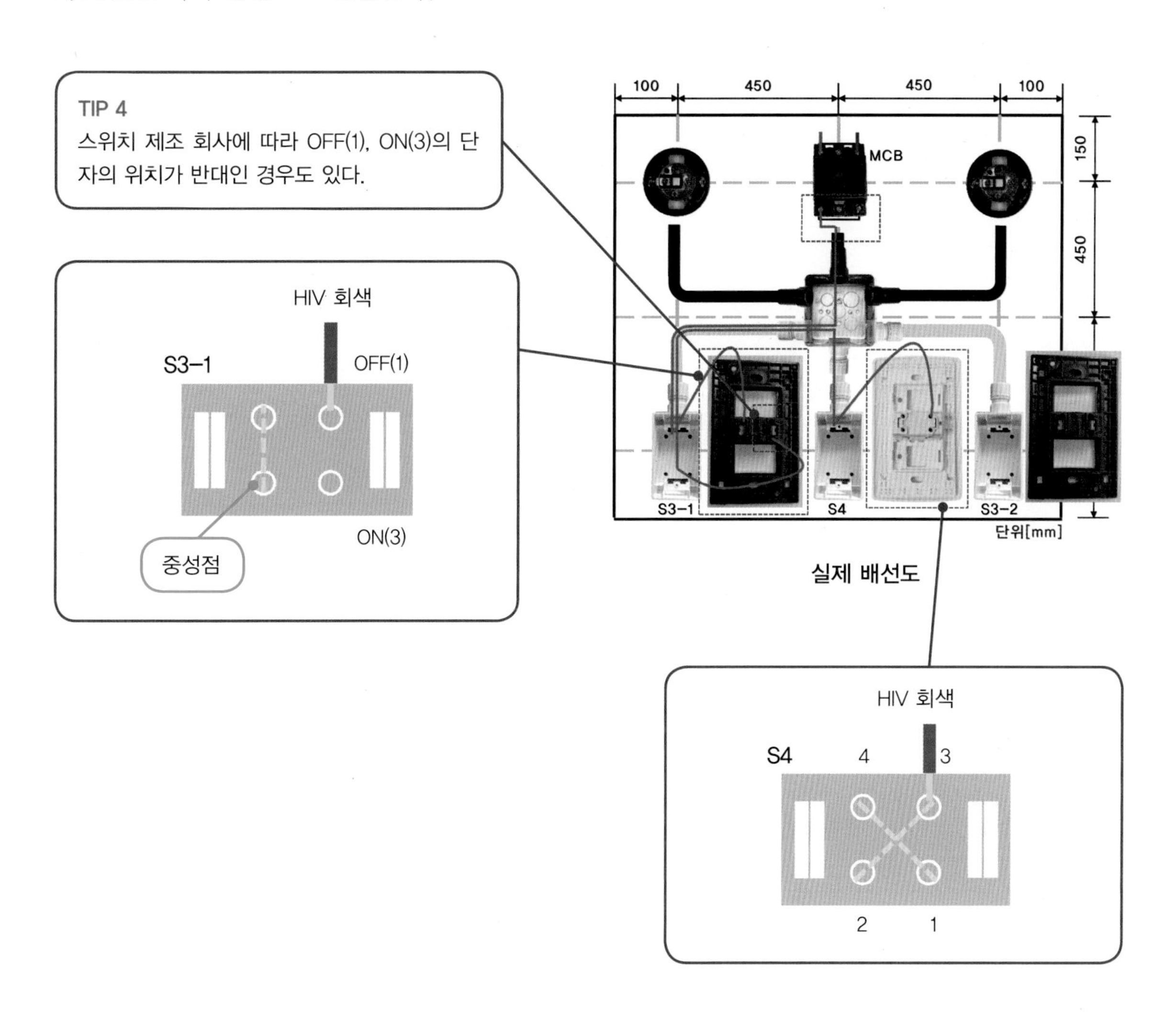

실제 배선도

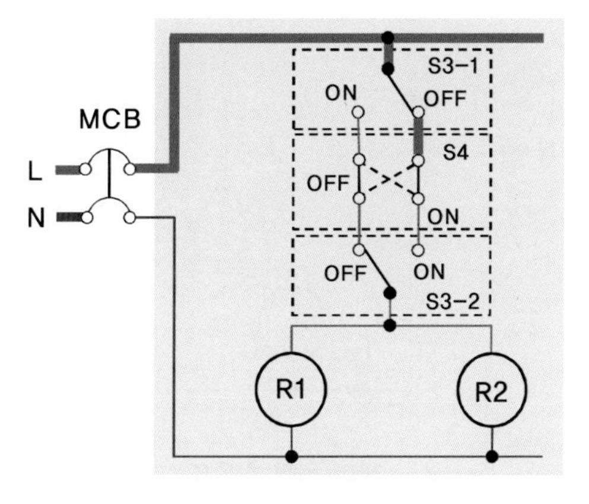

전기 동작 회로도

⑤ 3로 스위치(S3-1) 출력 단자(ON)와 4로 스위치(S4)에 ④번 단자에 정션박스를 거쳐 HIV 1.78mm 회색 전선으로 연결한다.

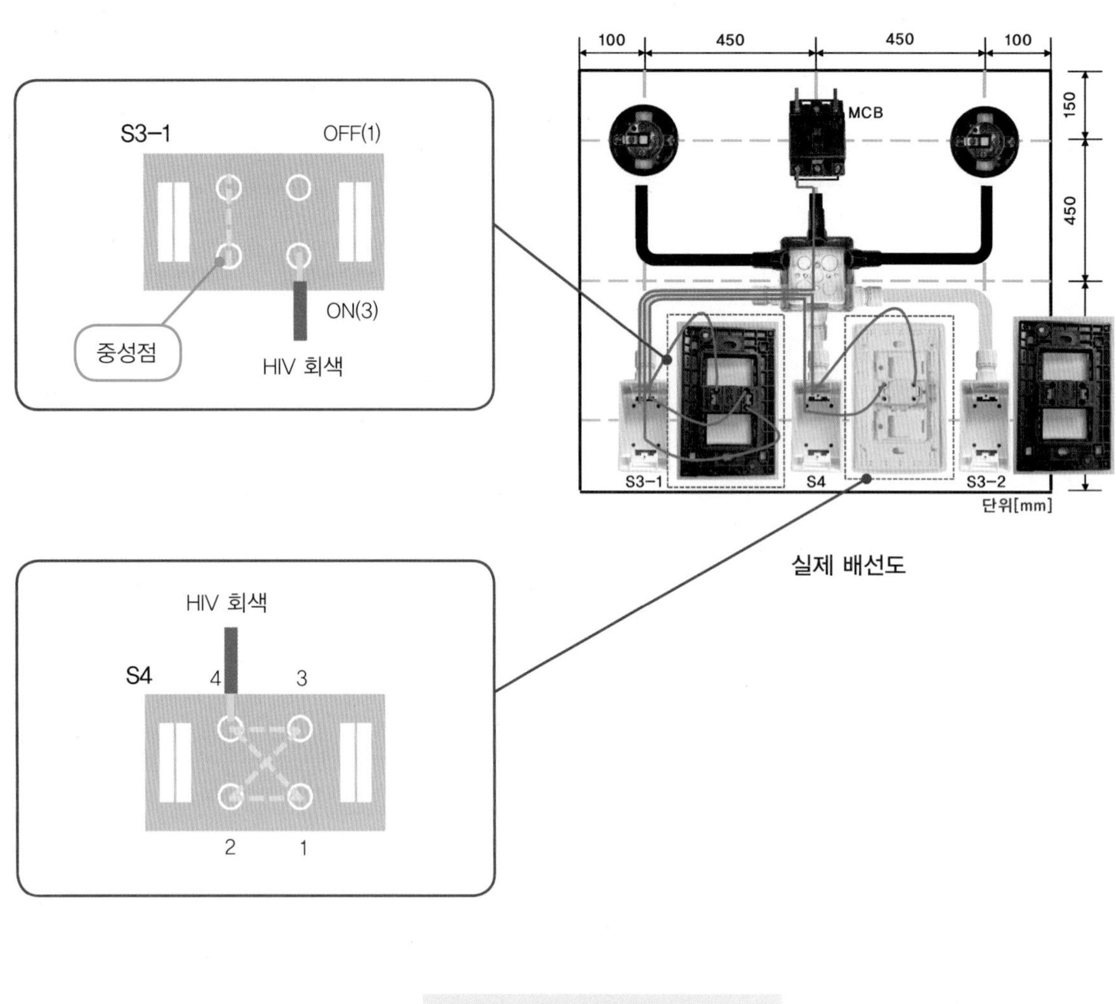

실제 배선도

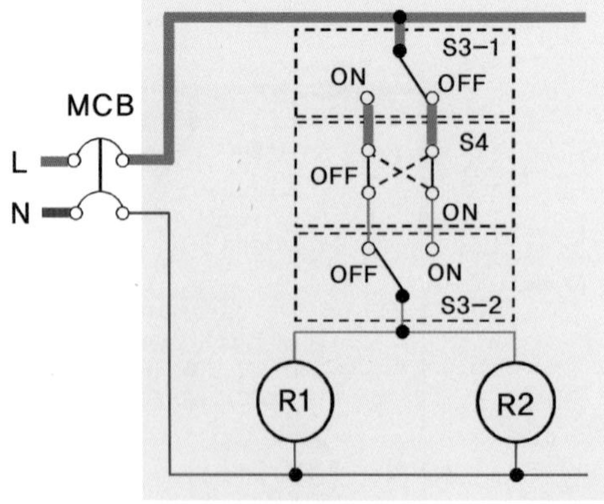

전기 동작 회로도

⑥ 4로 스위치(S4)에 ①번 단자와 3로 스위치(S3-2) 출력 단자(ON)에 정션박스를 거쳐 HIV 1.78mm 회색 전선으로 연결한다.

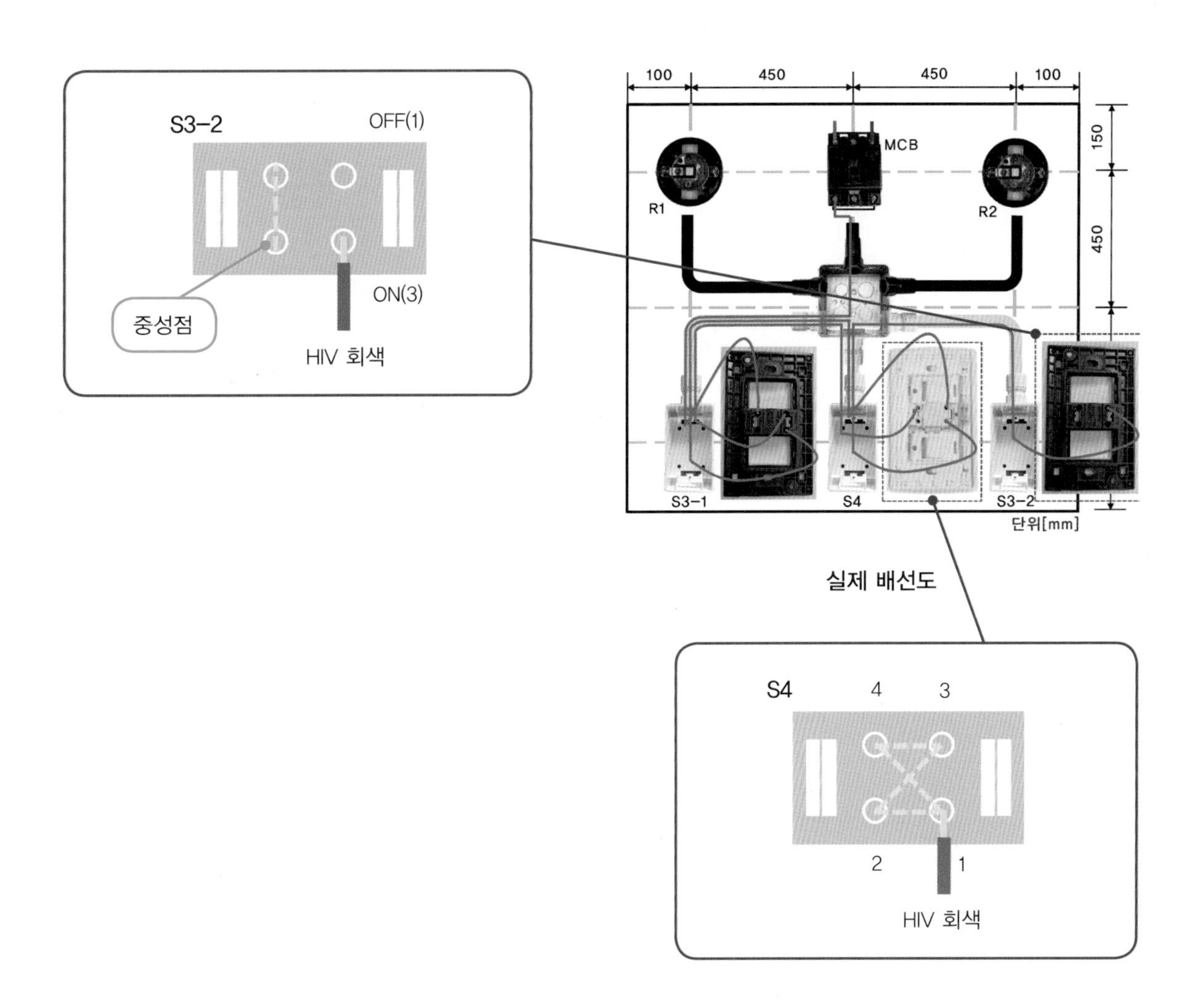

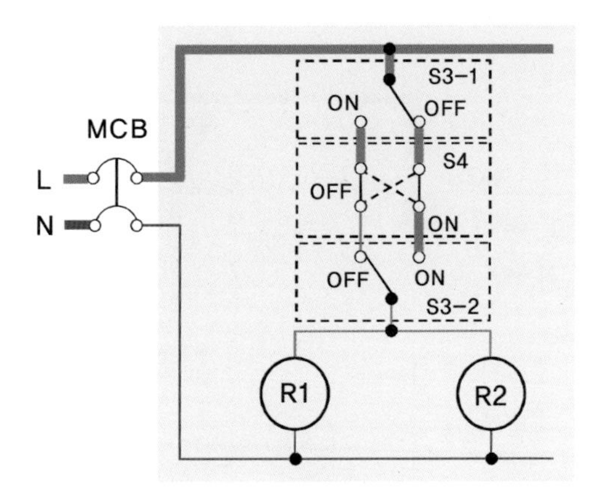

전기 동작 회로도

⑦ 4로 스위치(S4)에 ②번 단자와 3로 스위치(S3-2) 출력 단자(OFF)에 정션박스를 거쳐 HIV 1.78 mm 회색 전선으로 연결한다.

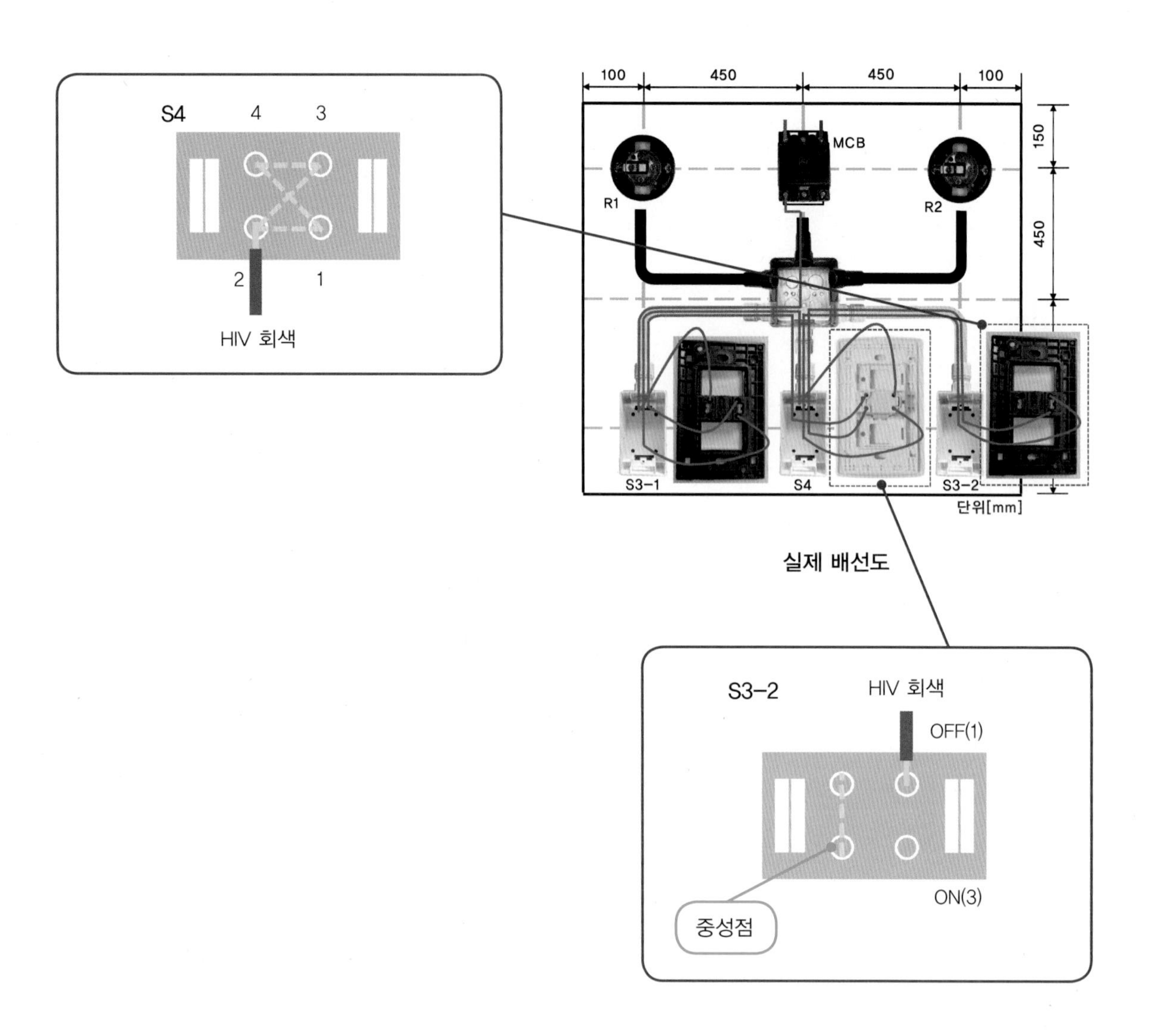

실제 배선도

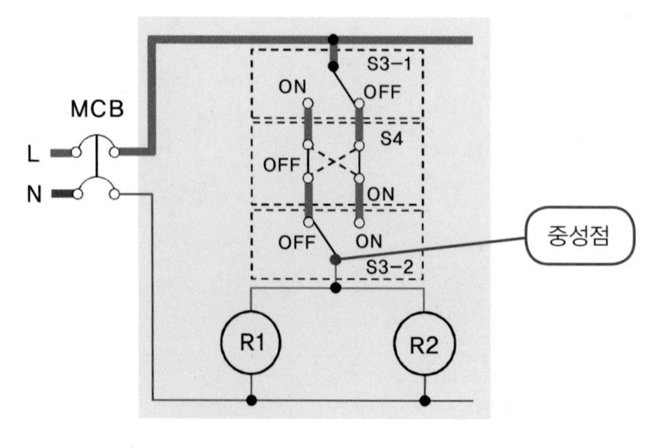

전기 동작 회로도

⑧ 3로 스위치(S3-2)의 중성점과 리셉터클 소켓(R1, R2) 베이스 단자를 HIV 1.78mm 회색 전선으로 정션박스를 통해 연결한다.

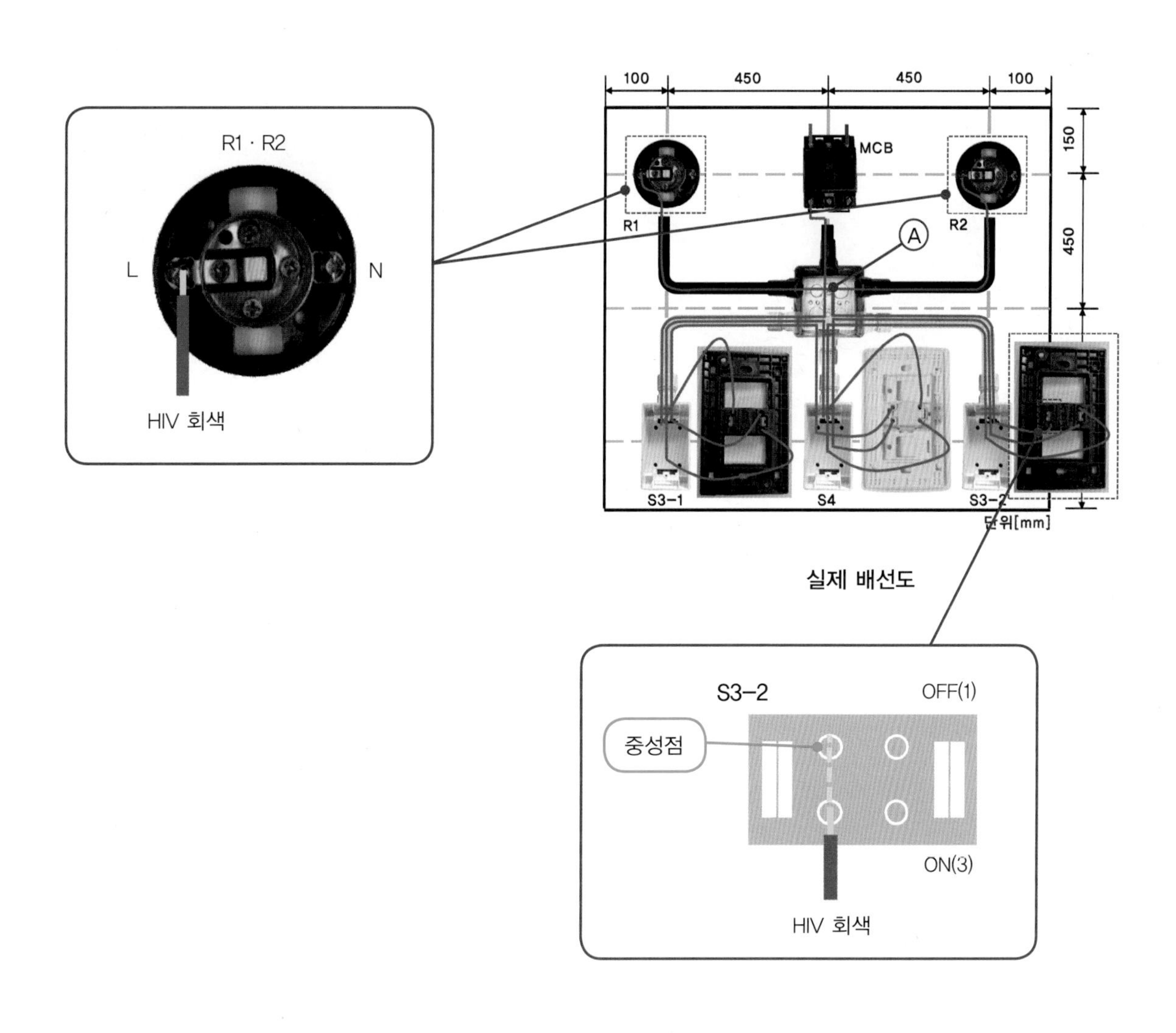

실제 배선도

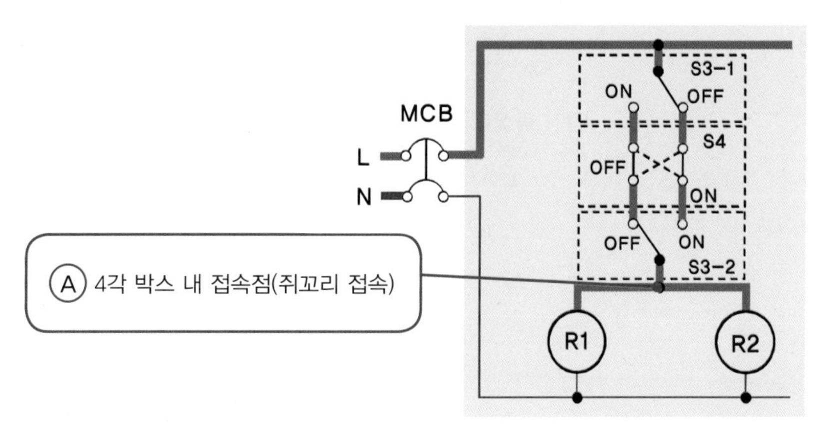

전기 동작 회로도

⑨ 리셉터클 소켓(R1, R2)의 출력 단자를 정션박스 내 L상과 HIV 1.78 mm 파란색 전선으로 쥐꼬리 접속하여 연결한다.

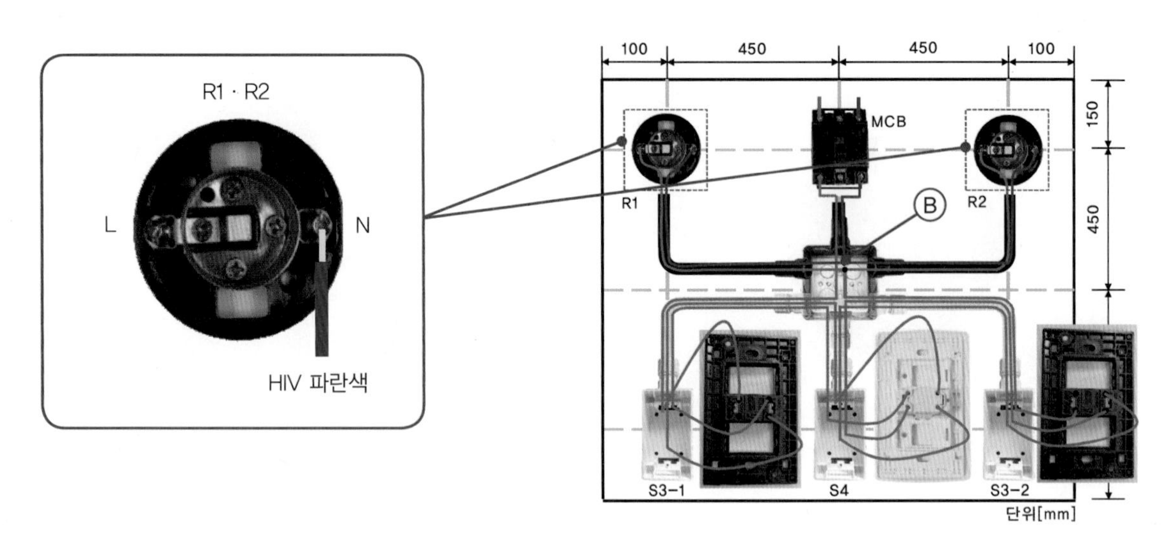

실제 배선도

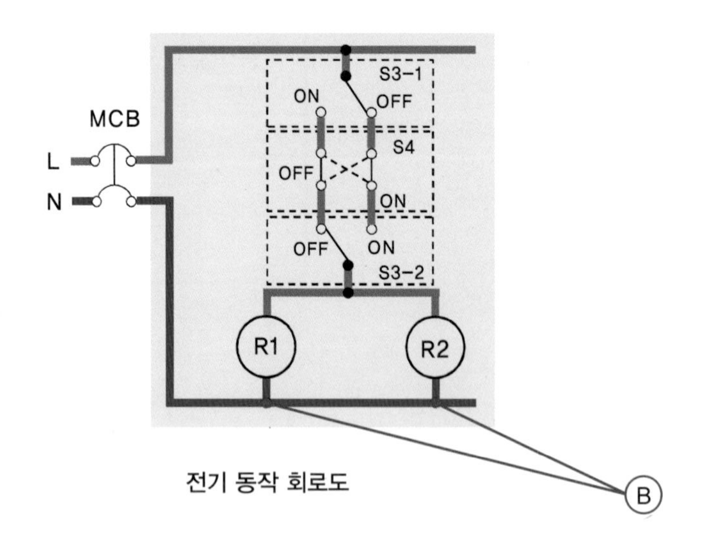

전기 동작 회로도

6 전선과 기구 접속

① 전선과 리셉터클 소켓 단자와 연결 시 도체 부분을 물음표(?) 모양으로 만들어서 볼트가 조여지는 방향으로 접속한다.

② 전선과 차단기 접속단자와 연결 시 피복이 단자에 물리는 현상을 방지하기 위해 도체 부분이 접속 후 10mm 정도 보일 수 있도록 한다.

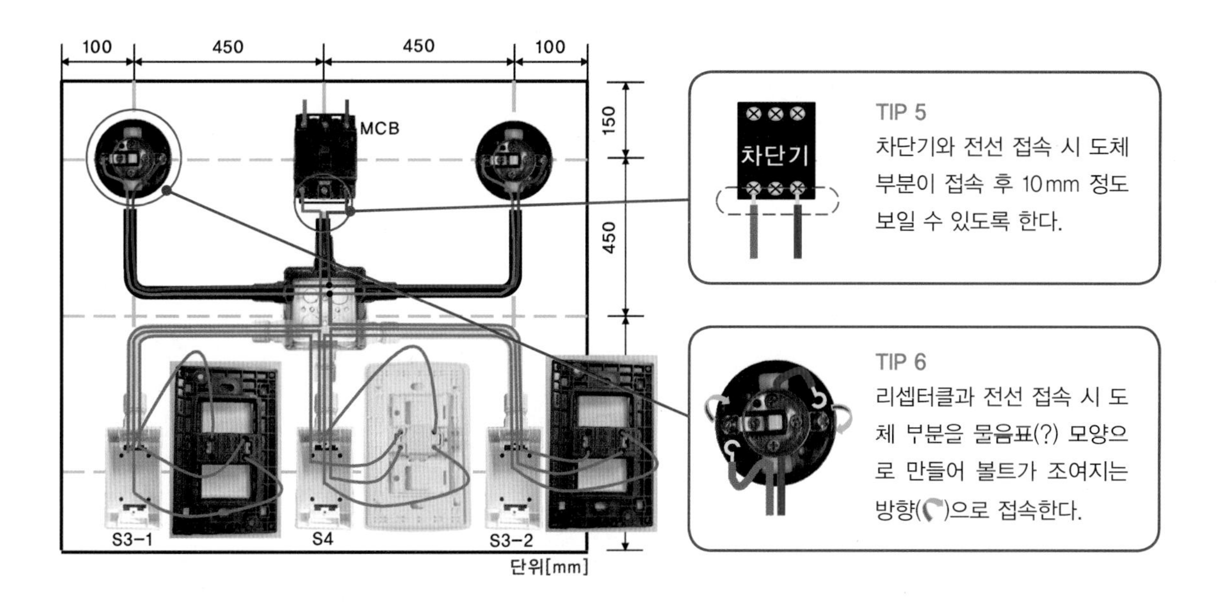

③ 전선과 스위치를 연결할 경우 전선의 피복을 10mm 정도 탈피하여 콘센트 접속구에 연결한다. 접속구는 원터치 방식으로 "딸깍" 소리가 날 때까지 키워서 연결한다.

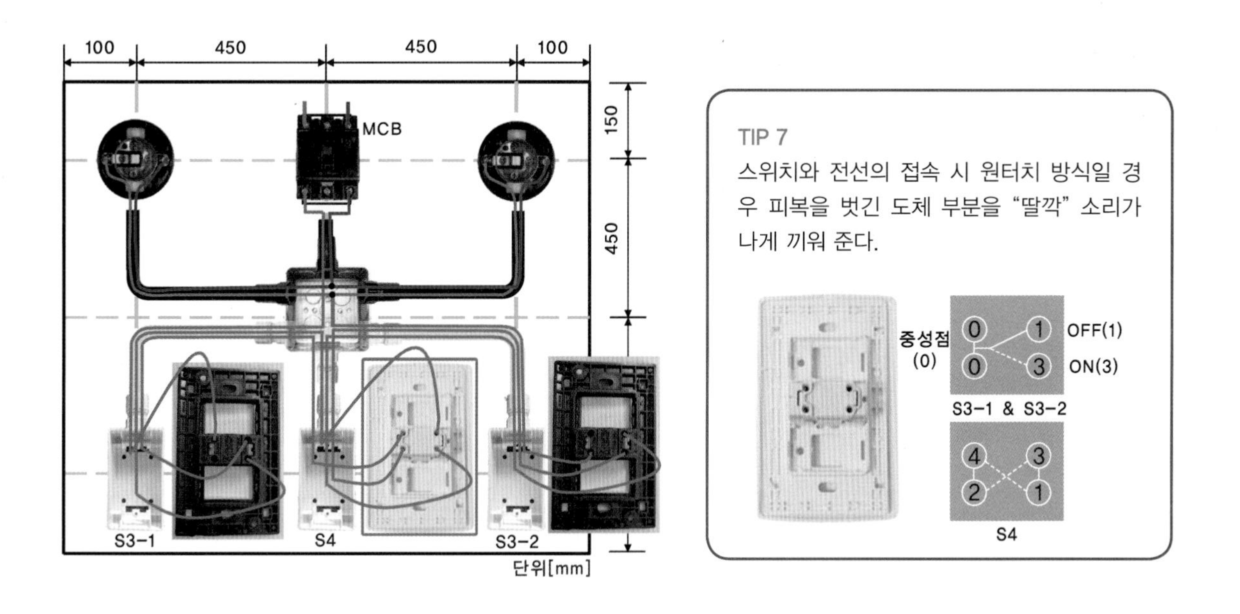

7 전선과 전선의 접속

박스 내 전선을 접속할 경우 쥐꼬리 접속을 4단 이상 꼬아서 절단하고 와이어 커넥터를 오른쪽으로 돌려 절연한다. 박스 내 여유선은 150 mm 이상 충분히 남겨서 동그랗게 감아 놓는다.

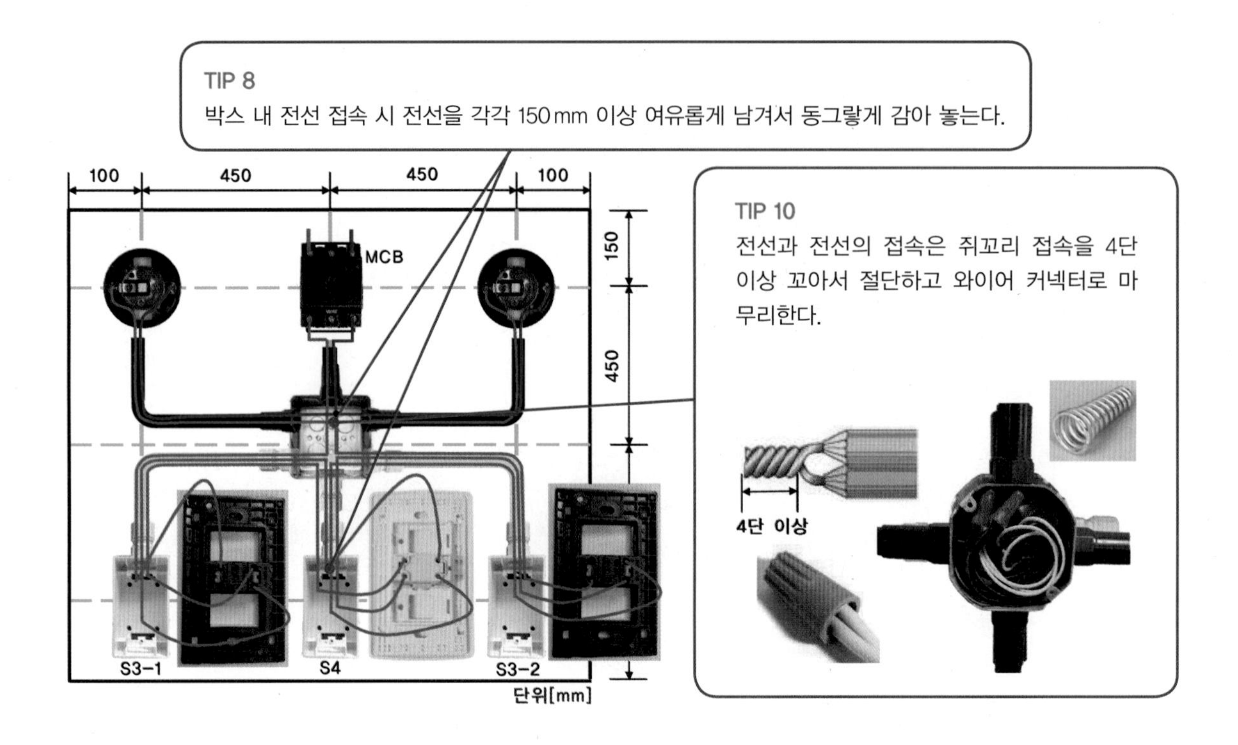

8 마무리 및 동작 테스트

① 스위치 전용 박스에 철판 피스로 고정 플레이트 설치 후 마무리한다.

② 리셉터클 소켓 커버(뚜껑)를 닫고, 벨 테스터로 회로를 점검한다.

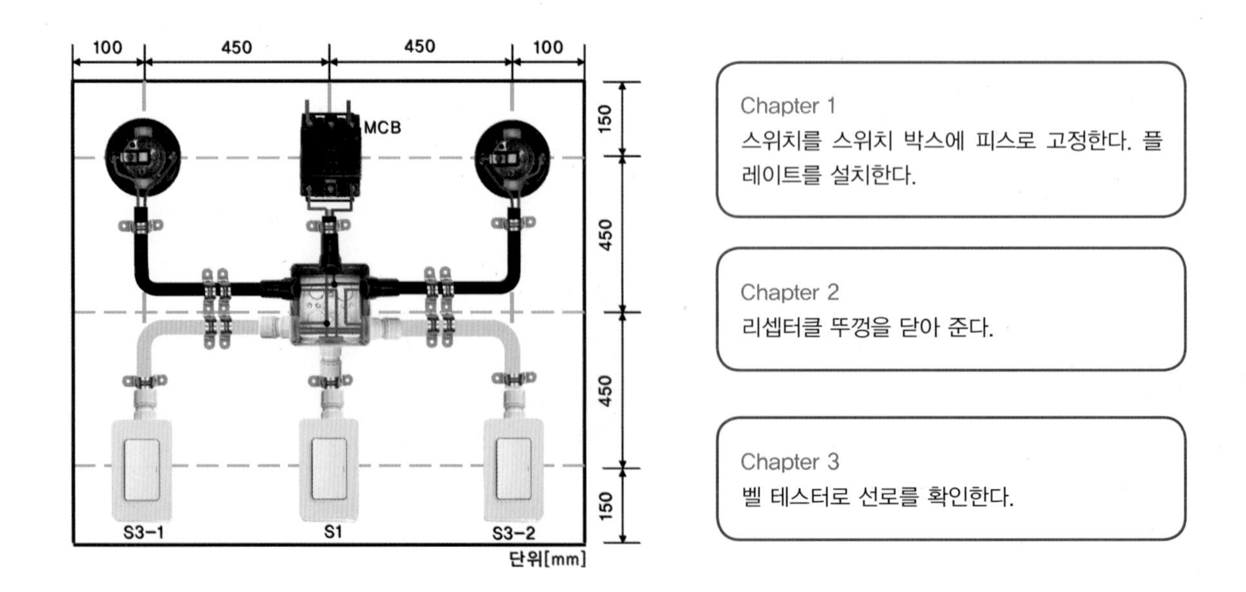

Project 6 3로 스위치 사용 전등 및 콘센트 회로 | 소요시간 | 6시간

학번 (　　　　　　) 성명 (　　　　　　)

■ 실습 목적

1. 전기에너지를 여러 개의 조명설비가 필요로 하는 장소까지 설계도서에 따라 전기기구, 전선관, 케이블 등을 안전하고 적합하도록 공사하는 능력을 습득할 수 있다.
2. 푸시버튼 스위치와 3로 스위치가 혼용된 부하를 제어하는 회로를 설치할 수 있다.
3. 한국전기설비규정(KEC)을 준수하여 건축물 등 전기사용장소에 전기회로 공사를 수행할 수 있다.

■ 실험 · 실습 소요 재료 내역

번호	재료명	규격	단위	수량
1	배선용 차단기(MCB)	3P 30A, AC 220V	EA	1
2	4각 정션박스	금속	EA	1
3	리셉터클 소켓	둥근형 2P, AC 220V	EA	2
4	부저(BZ)	파이롯트형, AC 220V	EA	1
5	컨트롤 박스	부저용 1구, 난연	EA	1
6	전등용 스위치	1구 3로, AC 220V	EA	1
7	스위치 박스	난연 또는 금속	EA	1
8	PE 전선관 커넥터	ϕ25, 16mm	EA	10
9	PE 전선관	16mm	M	6
10	콘센트(접지형)	2P 16A, AC 220V	EA	1
11	콘센트 박스	난연 또는 금속	EA	1
12	푸시버튼 스위치	파이롯트형, AC 220V	EA	1
13	컨트롤 박스	푸시버튼용 1구, 난연	EA	1
14	비닐전선(HIV 1.78mm)	2.5mm^2 검은색, 단선	M	5
15	비닐전선(HIV 1.78mm)	2.5mm^2 파란색, 단선	M	2
16	새들	철재, 16mm	EA	8

■ 사용 공구 내역

번호	공구명	규격	단위	수량	번호	공구명	규격	단위	수량
1	드라이버	60×200, 양용	EA	1	5	니퍼	200 mm	EA	1
2	롱 노즈 플라이어	200 mm	EA	1	6	전동 드라이버	충전식	EA	1
3	와이어 스트리퍼		EA	1	7	공구 벨트	공사용	EA	1
4	펜치	200 mm	EA	1	8	피시 테이프	입선용	EA	1

■ 회로 동작 설명

1. 배선용 차단기(MCB)를 켜면(ON) 콘센트 부하에 전원이 공급된다. 또한 3로 스위치(S3-1) 출력 단자(OFF)에 연결된 리셉터클 소켓(R2) 램프가 점등된다.
2. 3로 스위치를 켜면(ON) 리셉터클 소켓(R1, R2) 램프가 직렬로 연결되어 있어 약하게 점등된다.
3. 푸시버튼 스위치를 누르면 부저(BZ)가 울리고 누르지 않으면 꺼진다.
4. 배선용 차단기(MCB)를 끄면(OFF) 모든 회로는 꺼진다.

■ 기구 배치 및 배관도

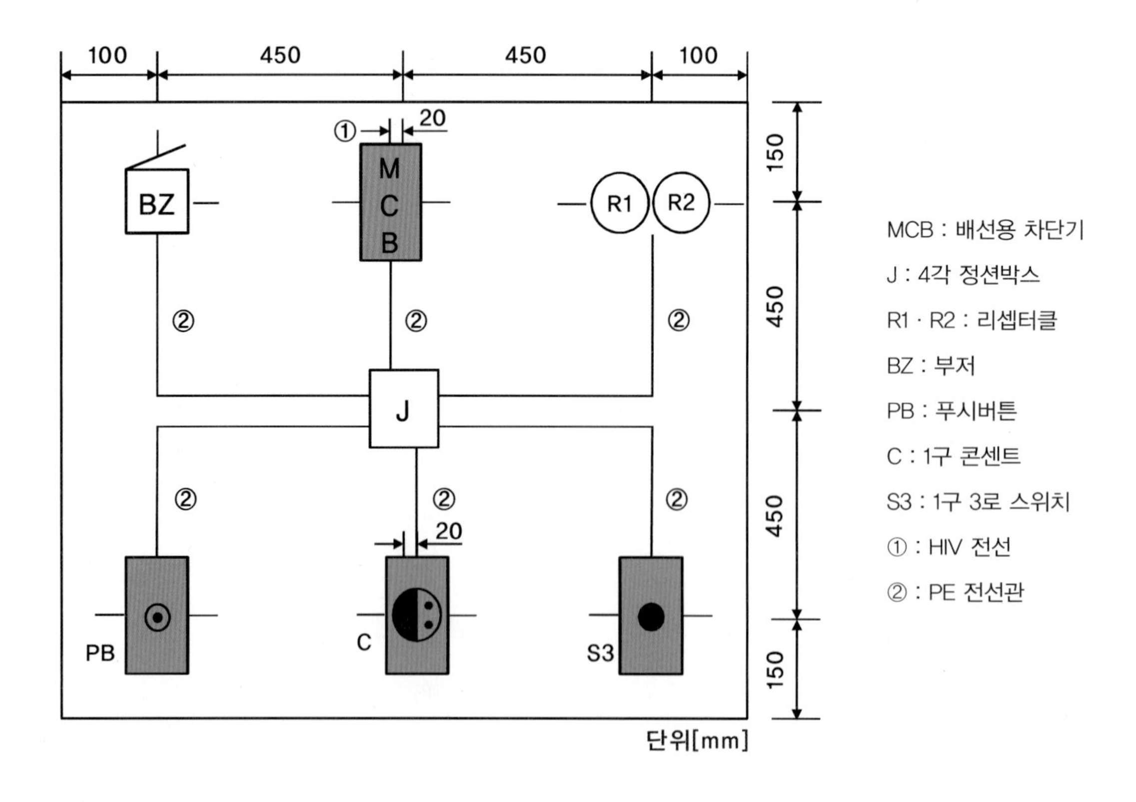

MCB : 배선용 차단기
J : 4각 정션박스
R1 · R2 : 리셉터클
BZ : 부저
PB : 푸시버튼
C : 1구 콘센트
S3 : 1구 3로 스위치
① : HIV 전선
② : PE 전선관

■ 전기 동작 회로도

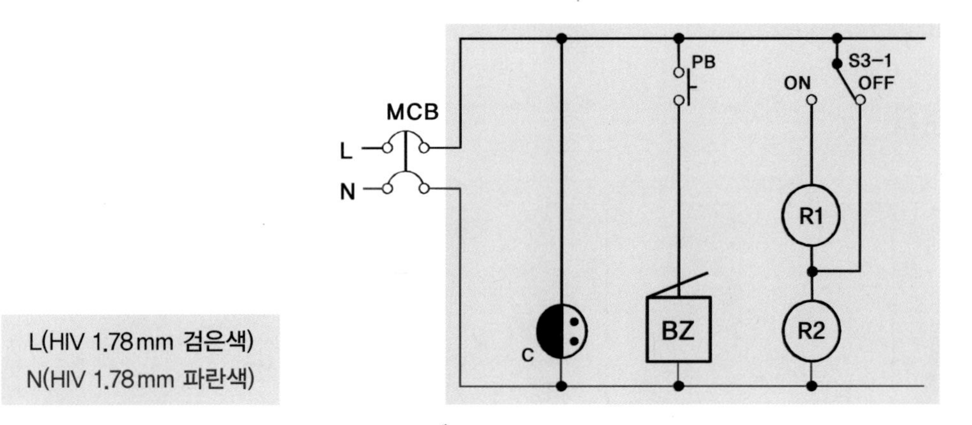

■ 지시사항 및 안전사항

1. 지급된 재료와 실습장 시설을 사용하여 제한시간 내에 주어진 과제를 안전에 유의하여 완성한다.
   (단, 과제에 표시되지 않은 사항은 한국전기설비규정에 따른다.)
2. 전원 방식은 단상 AC 220V를 사용한다.
3. 작업판 제도 시 치수 오차범위는 외관 ±30mm를 허용한다.
4. 공사 방법은 ① HIV 전선, ② PE 전선관을 설치한다.
5. PE 전선관과 박스가 접속되는 부분은 커넥터를 사용한다.
6. 요소 작업 시 손이 다치지 않도록 안전에 유의하여 작업한다.

■ 평가 내용

평가 영역		세부 평가 내용	배점
회로 해석(도면 검토)		주어진 과제의 회로 해석과 결선은 올바른가?	10
요소 작업	작업판 제도	작업판에 도면에서 제시한 규격으로 제도하였는가?	10
	기구 설치	작업판에 기구를 정확한 위치에 설치하였는가?	5
	배관 설치	작업판에 배관을 정확한 위치에 설치하였는가?	5
	입선 작업	배관에 알맞은 전선을 입선하였는가?	10
	접속 상태	전선과 기구를 알맞게 접속하였는가?	10
		정션박스 내 전선과 전선의 접속은 알맞게 하였는가?	10
실습 태도	실습 준비	공구 및 실습 준비는 철저한가?	10
	재료 사용	실습 재료의 사용은 경제적인가?	10
	문제 해결	발생한 문제의 해결에 적극적이며 방법은 바람직한가?	10
실습 시간		정해진 시간 내에 과제를 완성하였는가?	10
종합			100

Guide 6 3로 스위치 사용 전등 및 콘센트 회로

■ 실습 순서

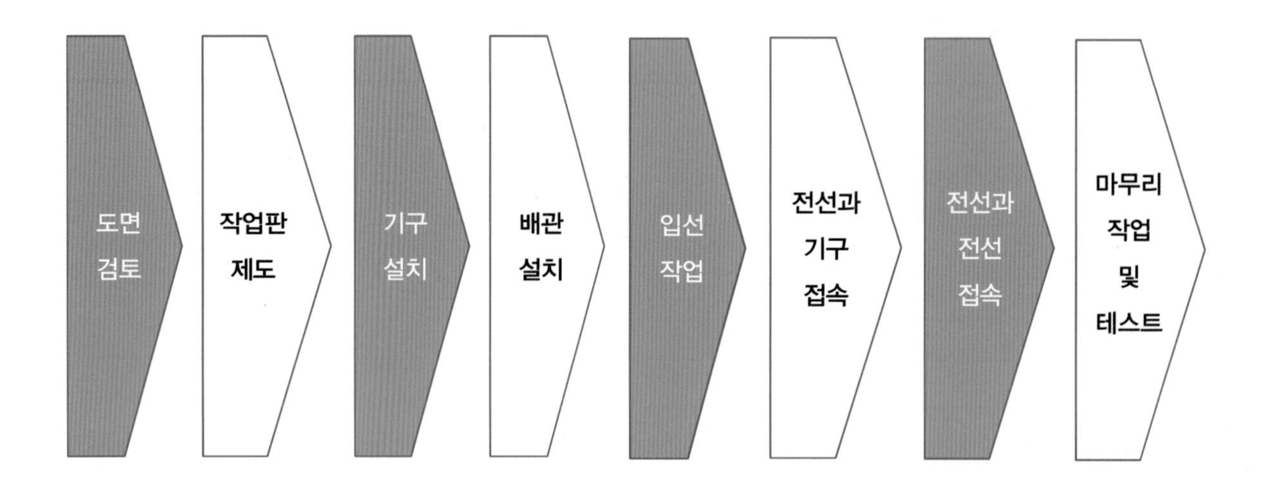

1 도면 검토

① 기구 배치 및 배관도를 확인하여 실제 사용하는 실습재료와 수량을 체크하여 준비한다.
② 동작 회로도가 어떻게 동작되는지 확인한다.
③ 지시사항 및 안전사항에 나타난 공사방법을 참고하여 공사를 준비한다.

2 작업판 제도

① 기구 배치 및 배관도 내 · 외곽선을 작업판에 스틱자와 하얀색 분필로 제도한다.

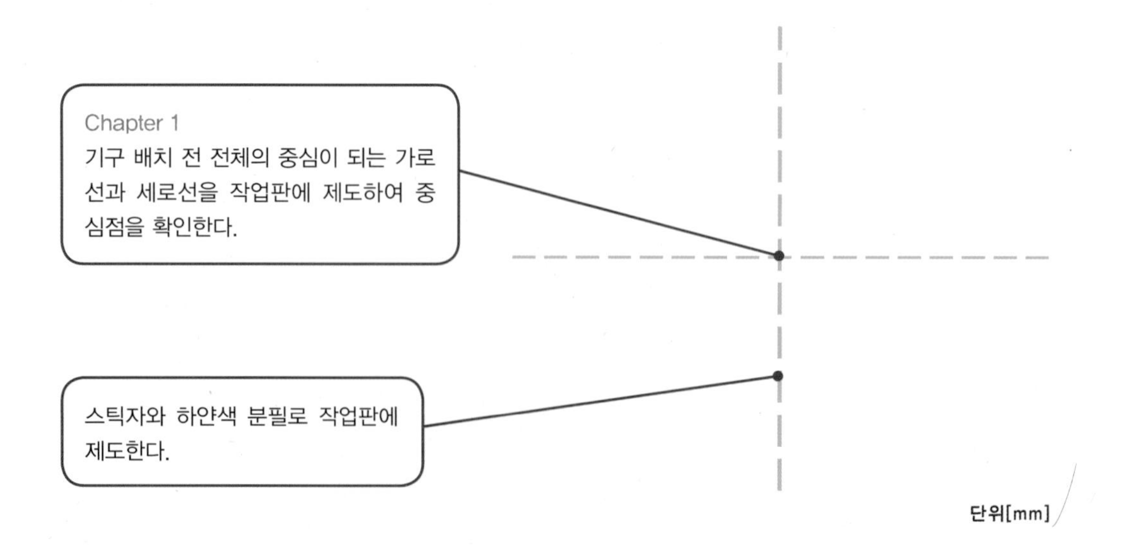

② 세로 기준선을 기준으로 오른쪽과 왼쪽 가로 간격 450 mm와 100 mm를 확인하여 세로 외곽선은 실선으로, 세로선은 점선으로 작업판에 제도한다.

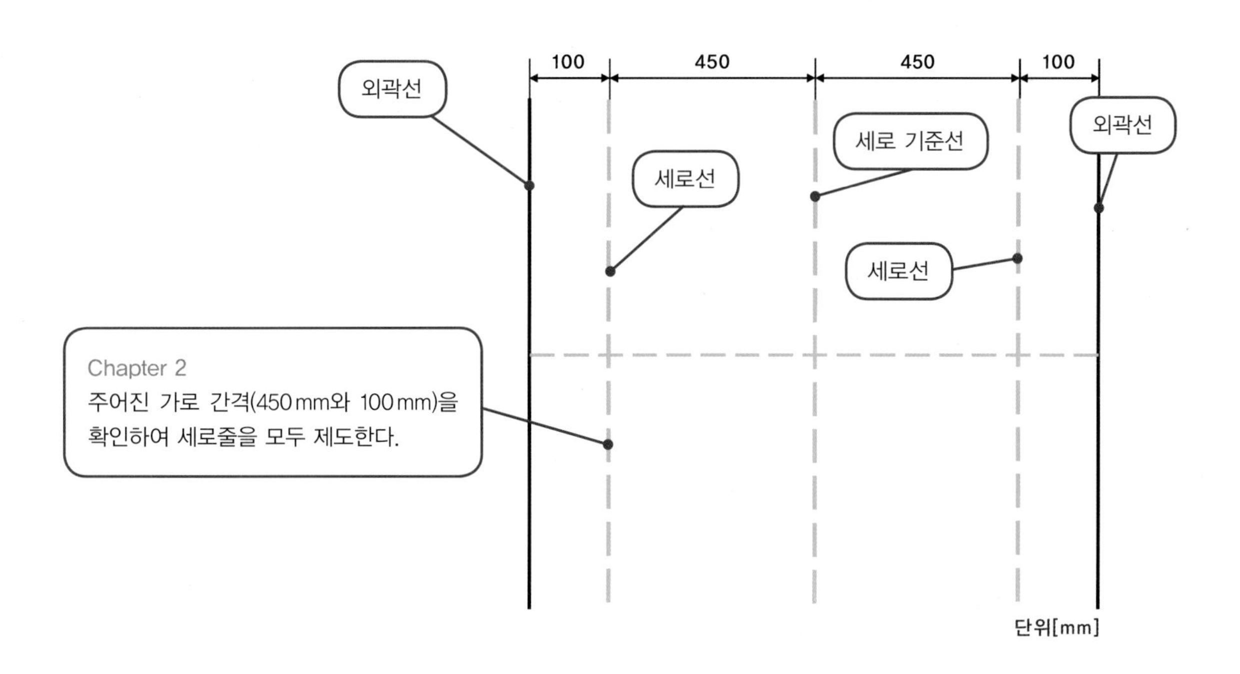

③ 가로 기준선을 기준으로 위쪽과 아래쪽 세로 간격 450 mm와 150 mm를 확인하여 가로 외곽선은 실선으로, 가로선은 점선으로 작업판에 제도한다.

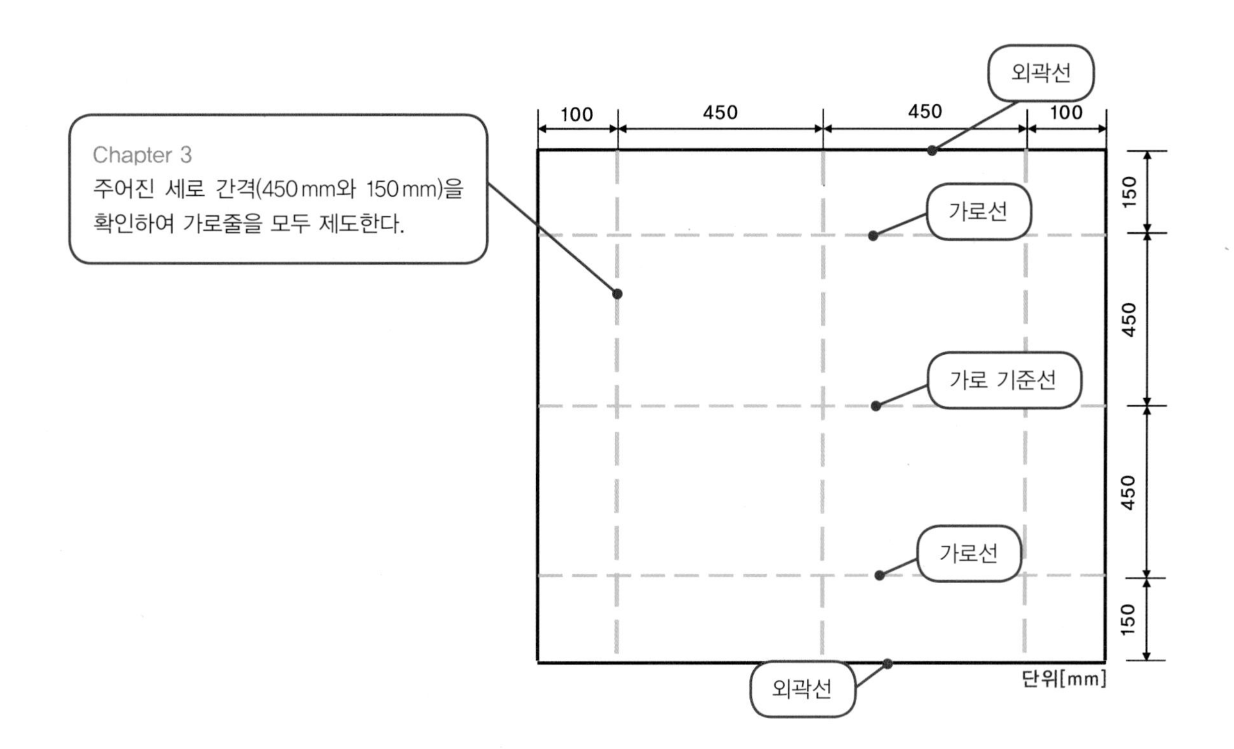

3 기구 설치

① 주어진 가로와 세로선이 겹치는 중심점에 기구를 설치할 수 있도록 표기한다. (예 정션박스 J, 배선용 차단기 MCB, 리셉터클 소켓 R1 · R2 등)

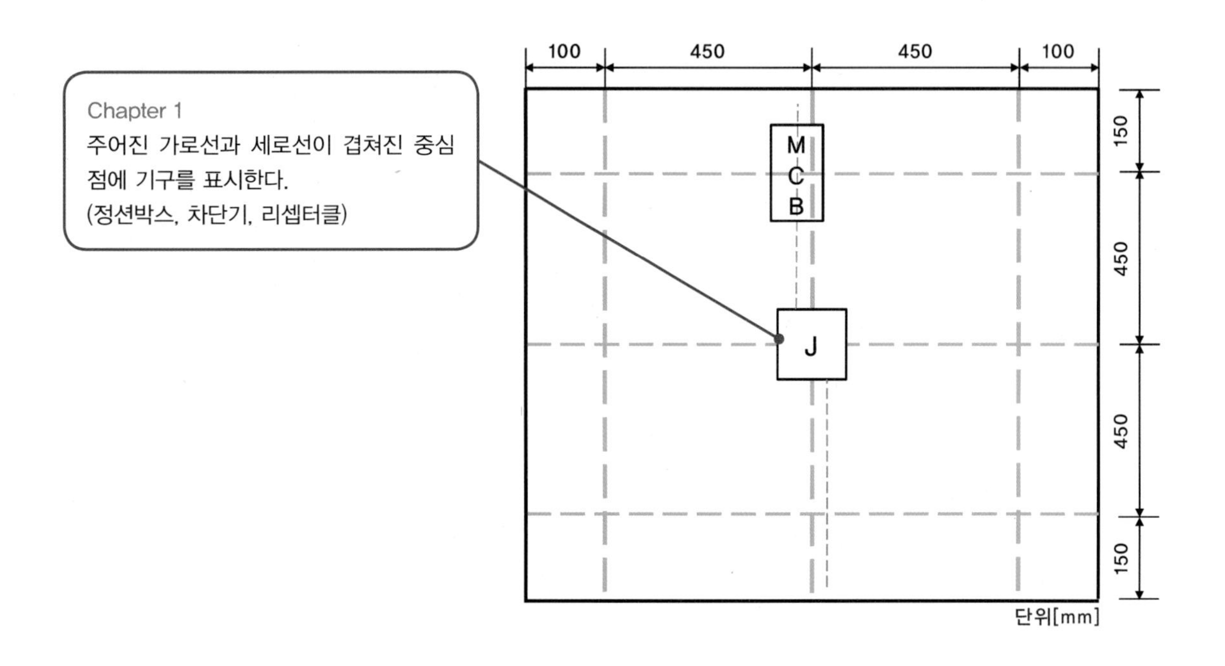

② 배관 및 배선공사의 종류를 숫자로 표기한다.(① HIV 전선 공사, ② PE 전선관 공사)

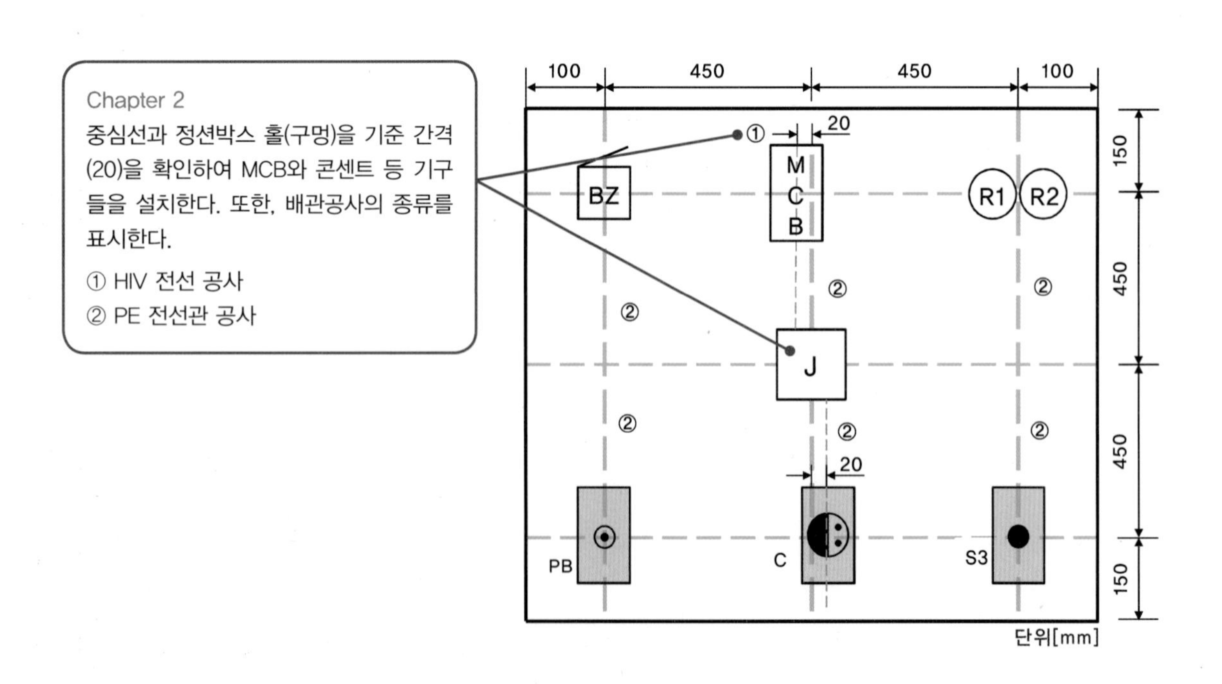

③ 기구를 작업판에 표기된 기구 위치에 철판 피스로 설치한다.

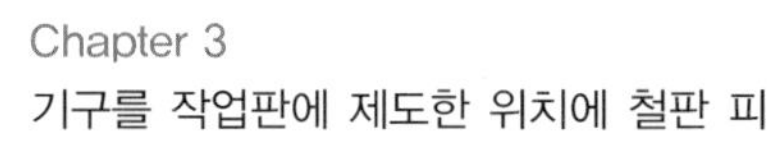

Chapter 3
기구를 작업판에 제도한 위치에 철판 피스로 설치한다.

TIP 1
철판 피스는 헤드 부분이 평평한 것을 선택한다. 기구 및 철판 피스 규격은 아래와 같다.

① 4각 정션박스	4×12×4EA
② 배선용 차단기	4×20×2EA
③ 리셉터클	4×12×4EA
④ 부저 및 푸시버튼 박스	4×12×8EA
⑤ 콘센트 및 스위치 박스	4×16×4EA

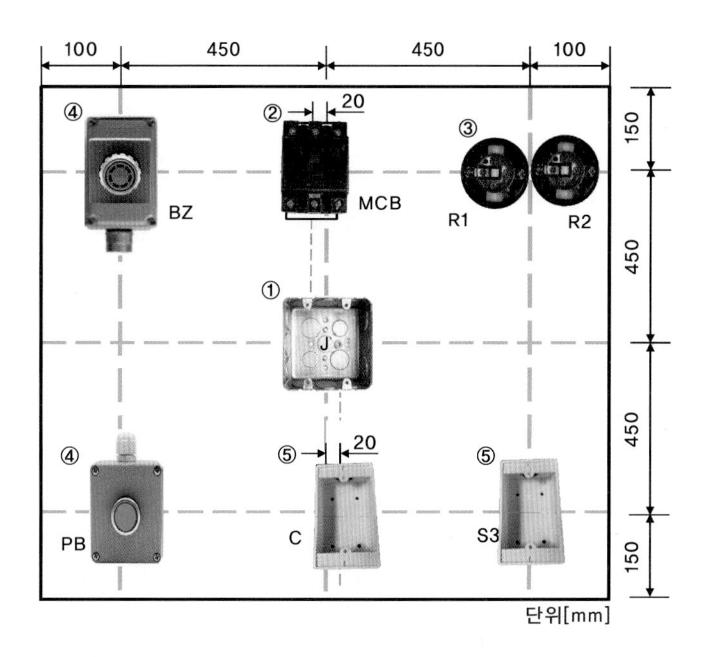

④ 부저(BZ)와 푸시버튼(PB)은 파일럿 타입으로 전용 컨트롤 박스 커버(뚜껑)에 거치해서 설치한다.

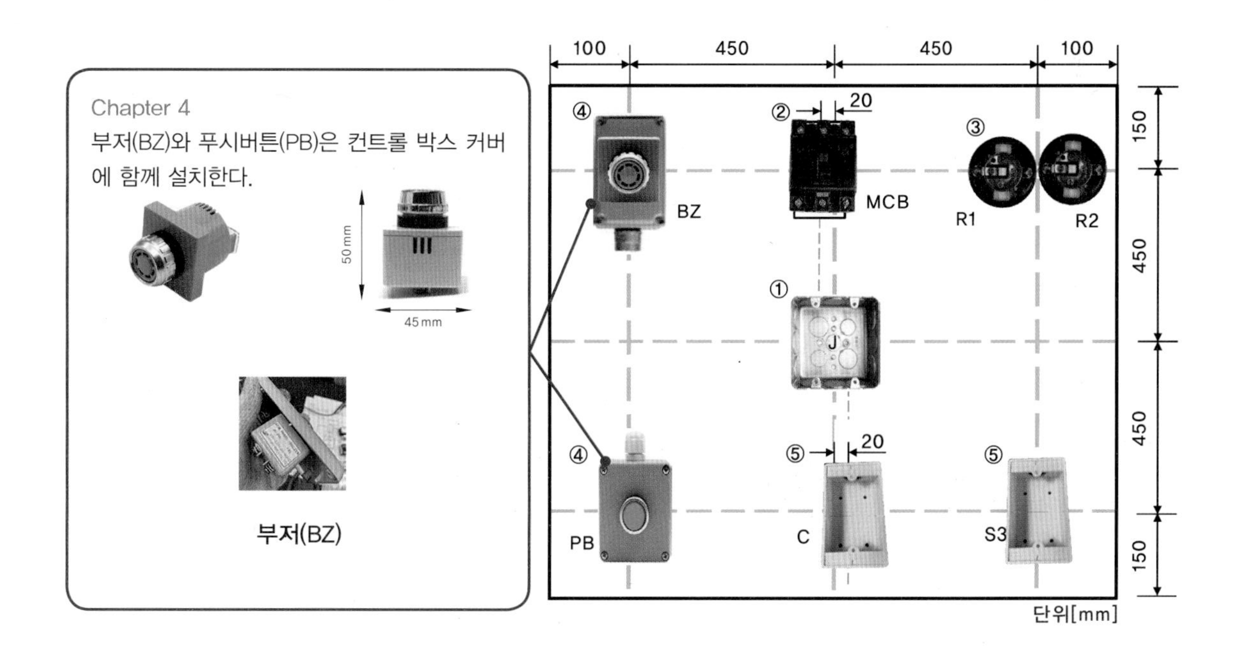

4 배관 설치

① 기구 설치가 완료되면 배관을 설치한다. 전선관 설치 전 정션박스, 컨트롤 박스, 스위치 박스, 콘센트 박스에 커넥터를 설치한다.

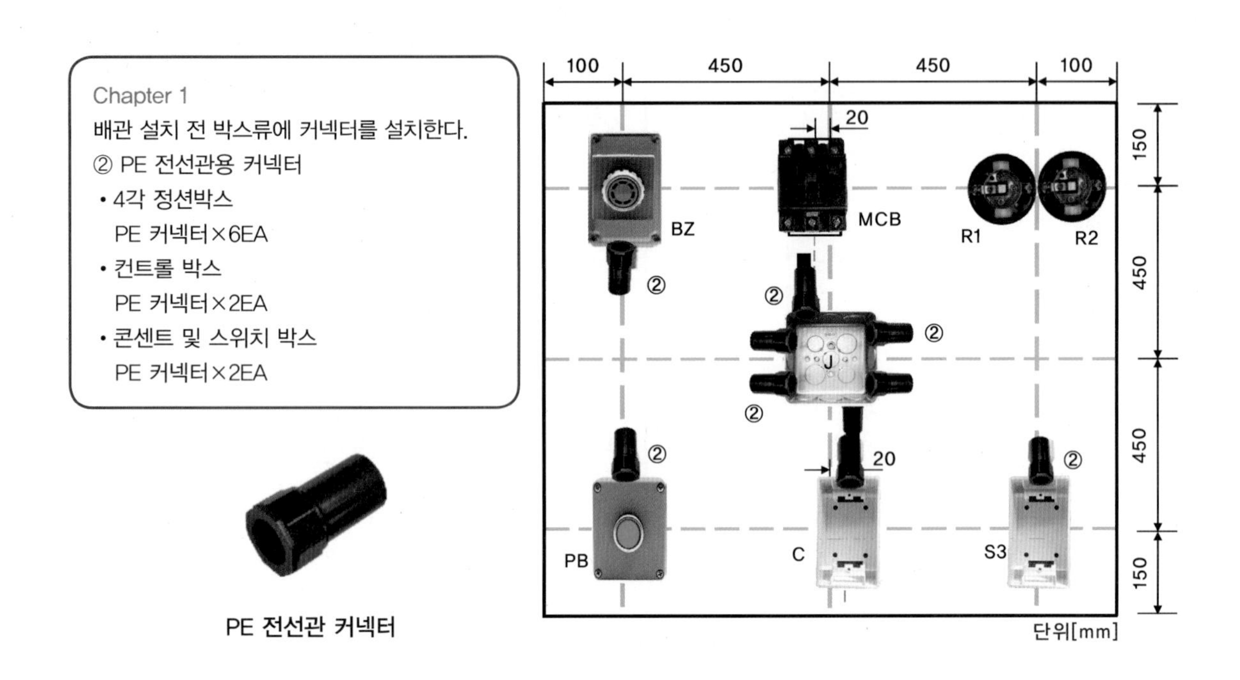

② PE 전선관을 규격에 알맞게 설치한다. 또한 기구와 전선관의 접속 시 이격거리를 50 mm 이내로 설치한다.

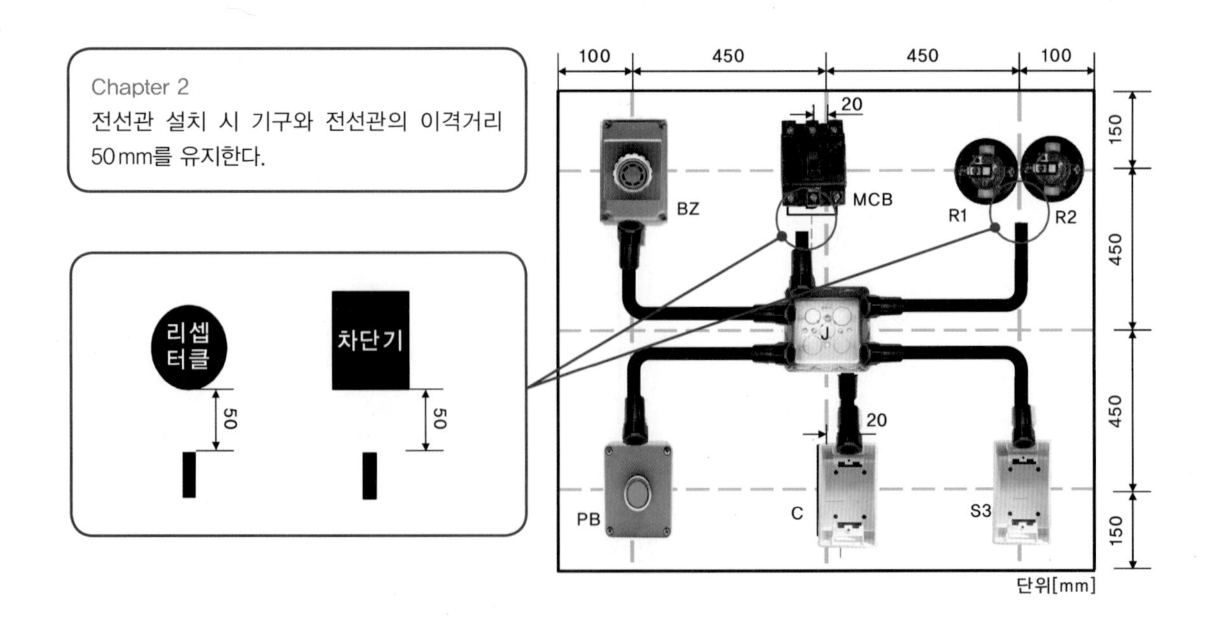

③ 전선관 설치 시 직선 구간은 300 mm 간격마다 새들로 고정한다. 전선관의 곡선 · 박스 · 차단기 · 리셉터클 소켓 구간은 150 mm 간격으로 새들을 설치한다.

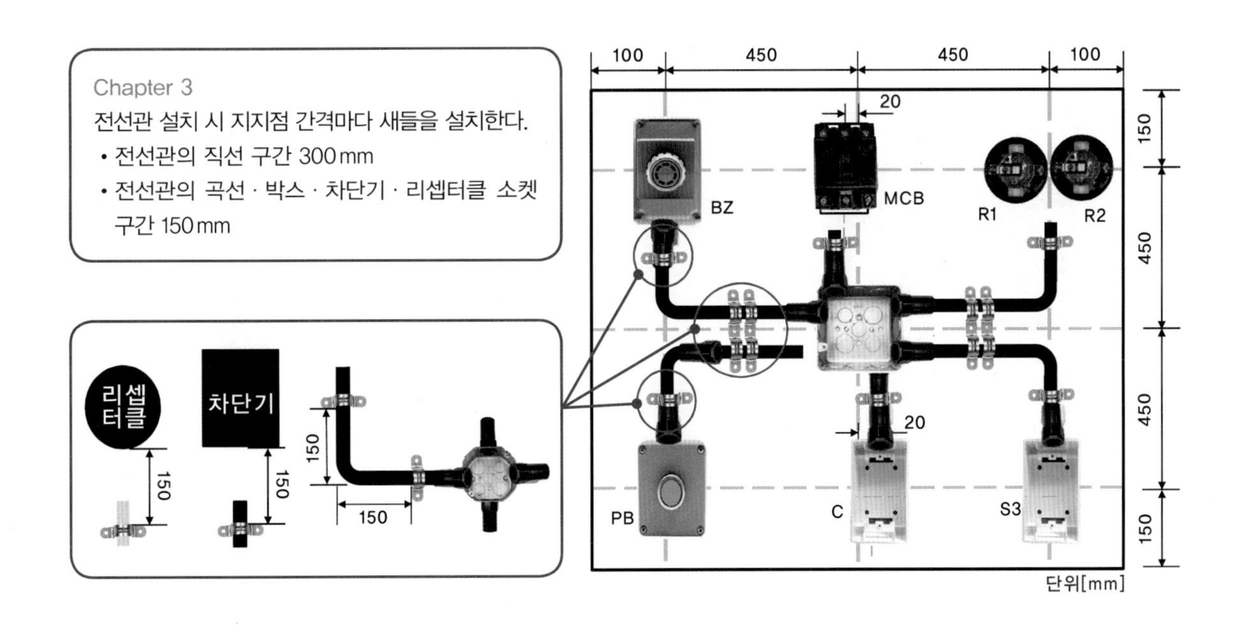

④ 4각 정션박스에서 전선관이 2구간에 설치될 경우 **새들 고정 협조**를 통해 전선관을 고정시킨다.

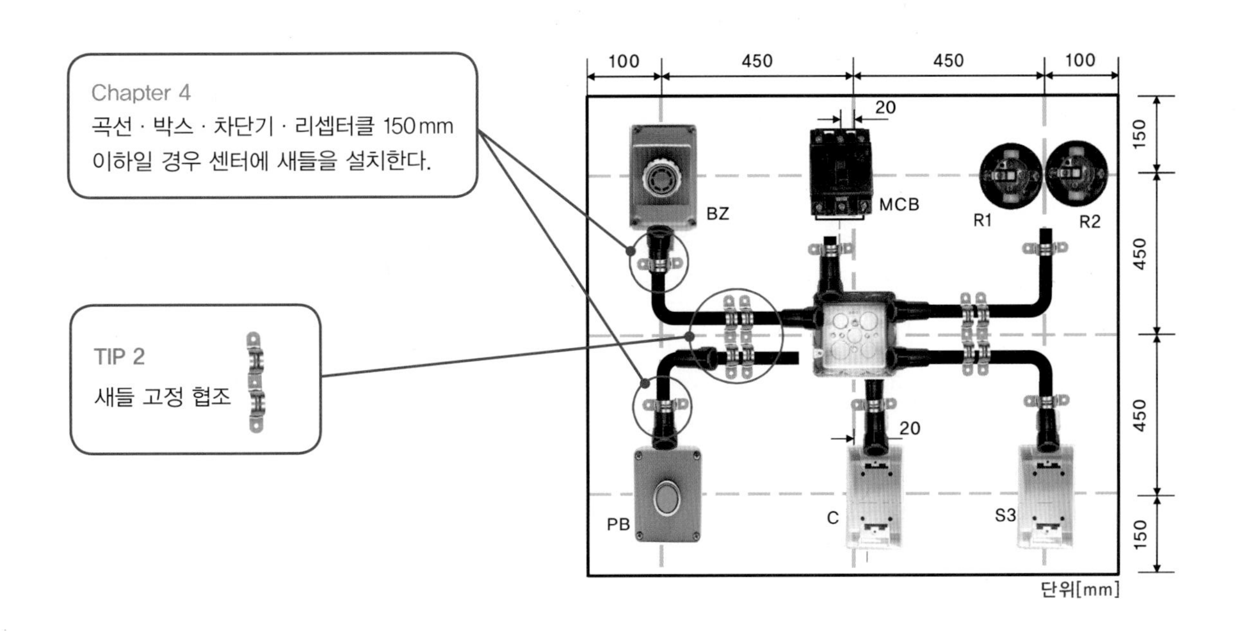

5 입선 작업

① 전기 동작 회로도를 기구 배치 및 배관도에 적용하여 설치한다.

❖ 기구 배치 및 배관도

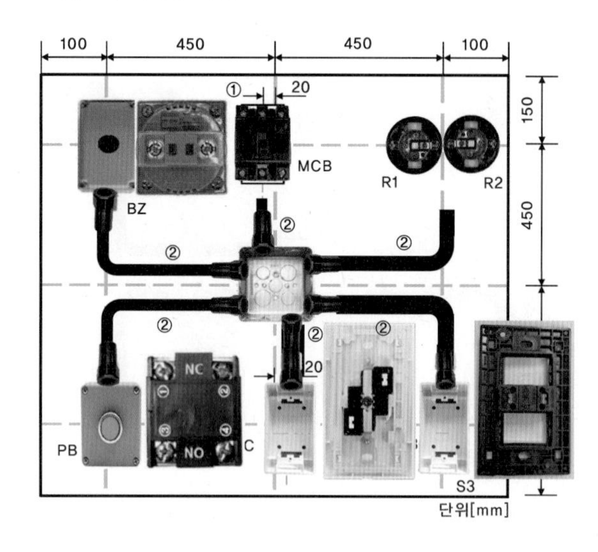

❖ 전기 동작 회로도

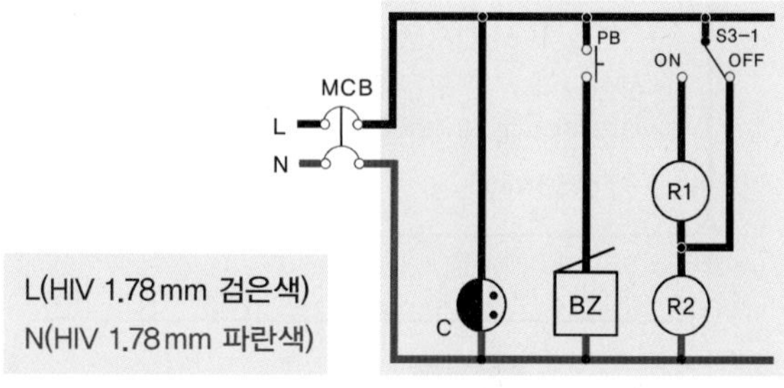

❖ 요구사항

가. 전원 : 단상 2선식(220ACV)
나. 동작
- 배선용 차단기를 투입하면 콘센트에 전원이 투입된다.
- 누름 버튼 스위치(PB)를 누르면 부저(BZ)가 동작한다.
- 3로 스위치(S3)를 끄면(OFF) R2만 점등되고 켜면(ON) R1, R2가 직렬로 점등된다.

다. 공사 구분
① HIV 전선 공사, ② PE 전선관 공사

② 배선용 차단기(MCB) 1차 입력 단자에 인입선(L, N상)을 연결한다. L상은 HIV 1.78mm 검은색이고 N상은 HIV 1.78mm 파란색으로 사용한다.

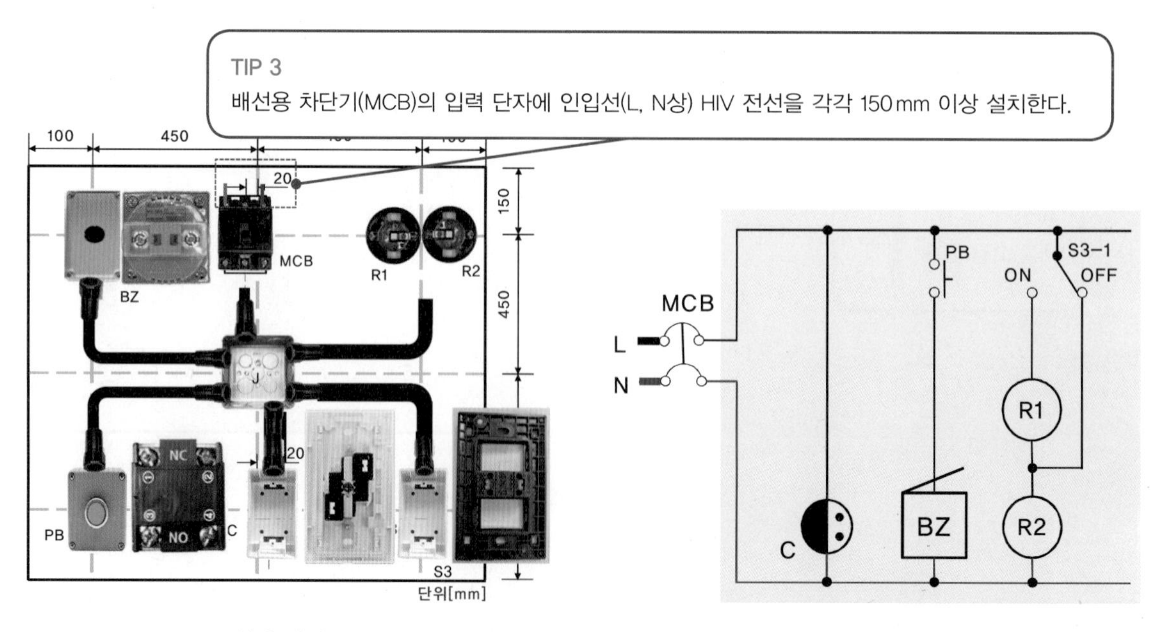

실제 배선도 전기 동작 회로도

③ 배선용 차단기(MCB) 2차 출력선(L상)을 콘센트(C) 입력 단자에 HIV 1.78mm 검은색 전선으로 연결한다. (Ⓐ 콘센트의 단자는 +, − 극성이 정해진 것이 없어서 단자를 임의로 정할 수 있다.)

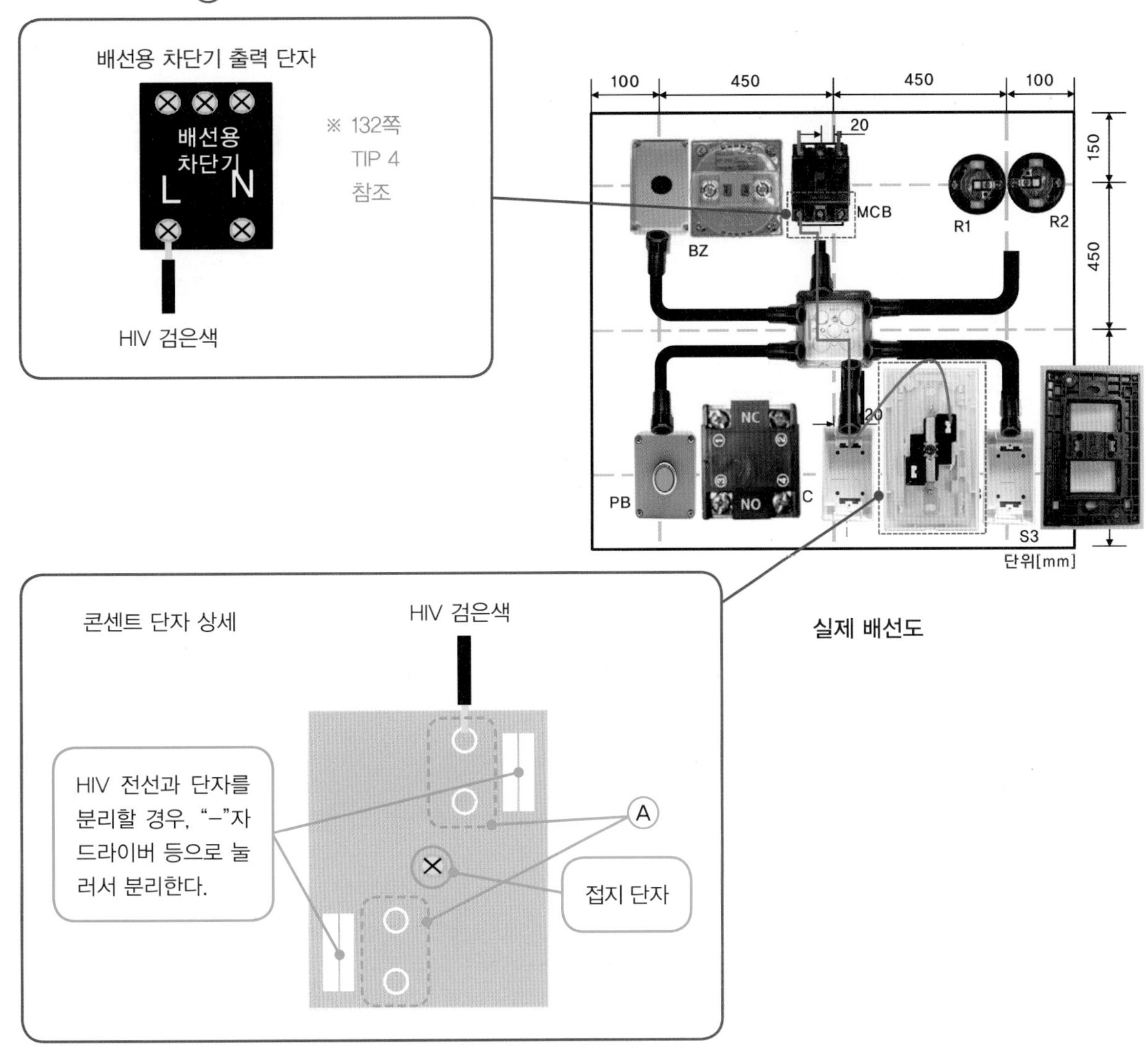

실제 배선도

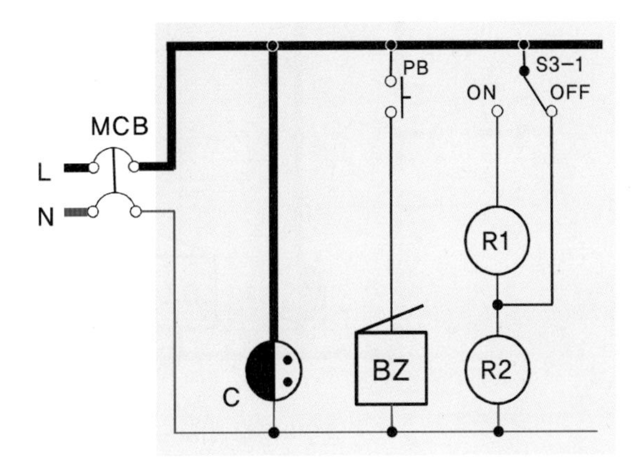

전기 동작 회로도

④ 콘센트(C) 출력 단자와 배선용 차단기(MCB) N상을 정션박스를 통해 HIV 1.78mm 파란색 전선으로 연결한다.

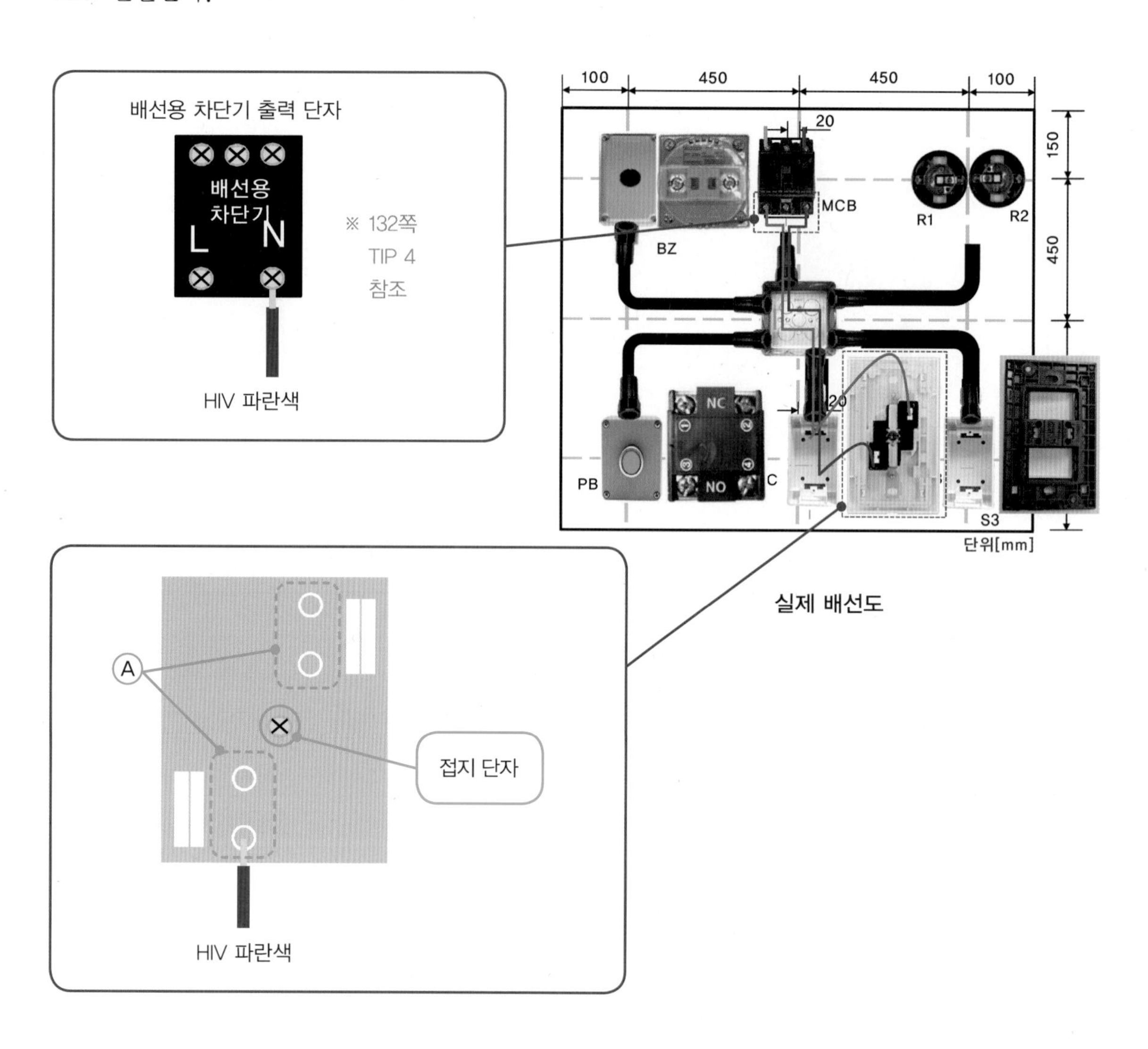

실제 배선도

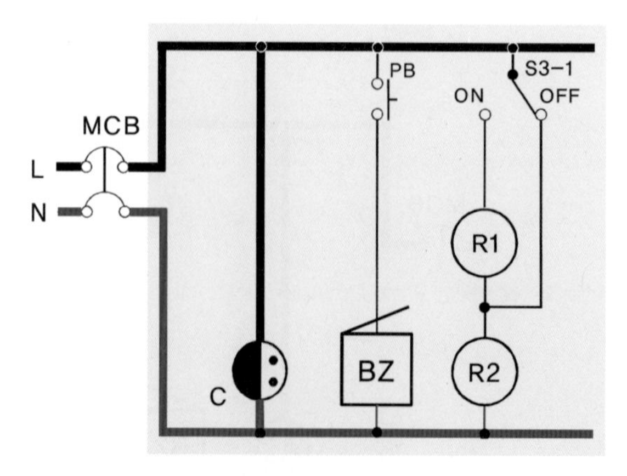

전기 동작 회로도

⑤ 정션박스 내의 L상(회색)을 쥐꼬리 접속하여 푸시버튼 스위치(PB)의 입력 단자와 HIV 1.78mm 검은색 전선으로 연결한다.

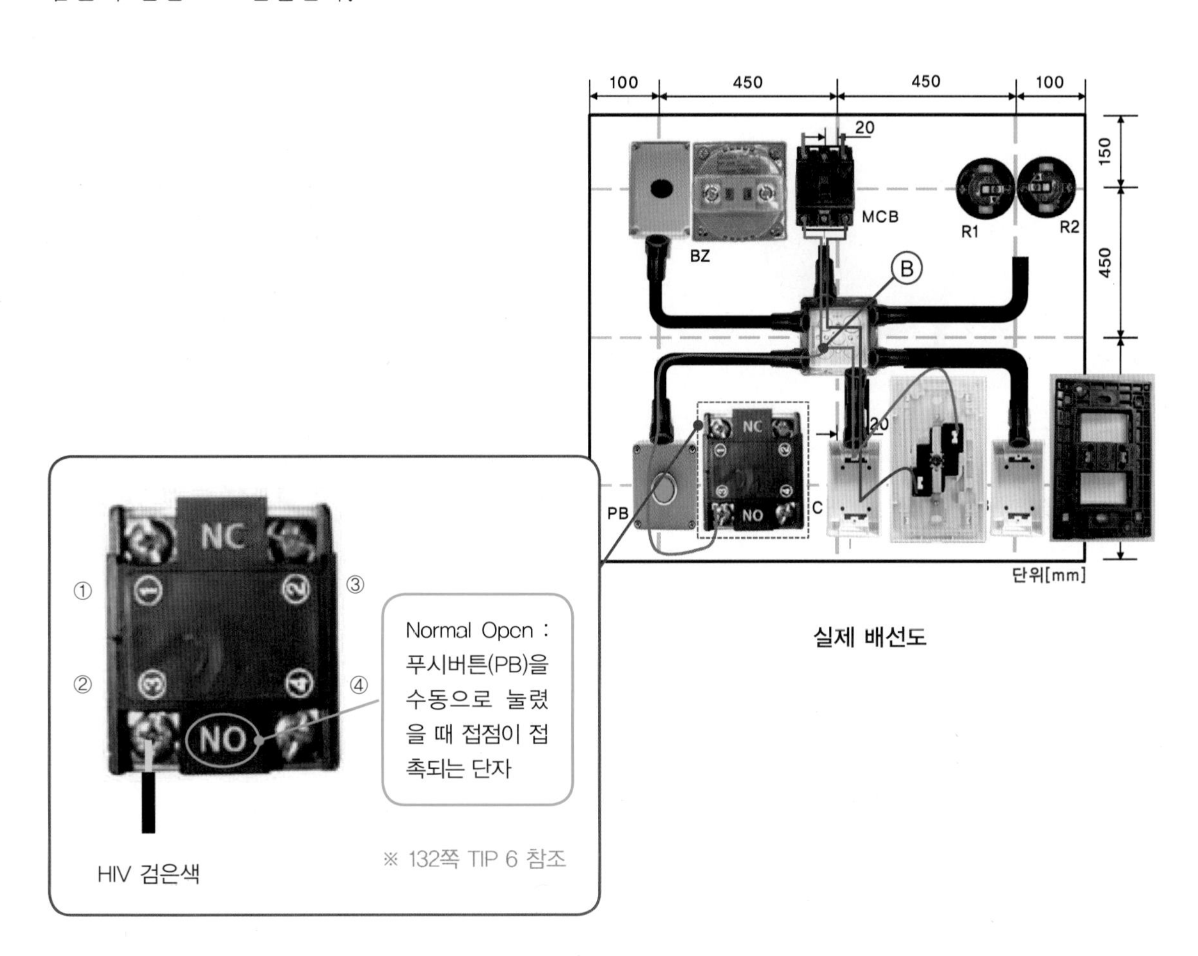

실제 배선도

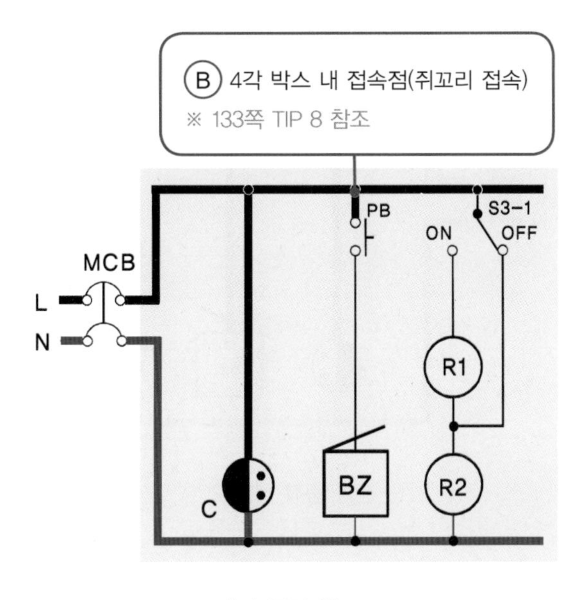

전기 동작 회로도

⑥ 푸시버튼 스위치(PB) 출력 단자와 부저(BZ) 입력 단자와 정션박스를 통해 HIV 1.78 mm 검은색 전선으로 연결한다. (단, 부저는 극성이 없으므로 입력, 출력 단자를 임의로 사용 가능하다.)

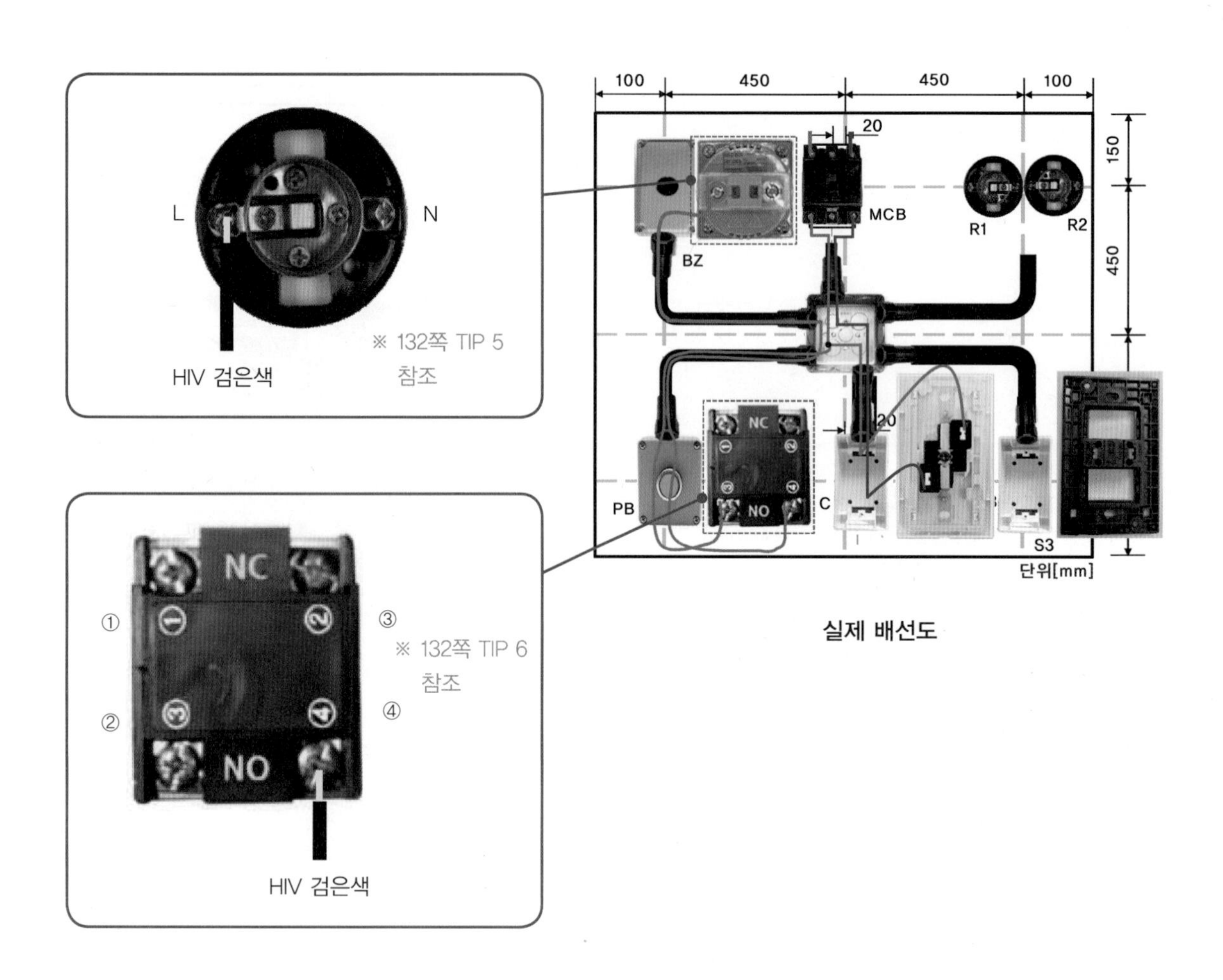

실제 배선도

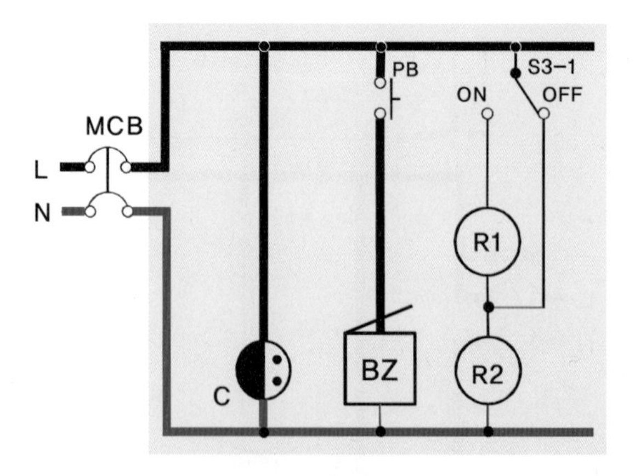

전기 동작 회로도

⑦ 부저(BZ) 출력 단자와 정션박스 내 N상을 HIV 1.78mm 파란색 전선으로 쥐꼬리 접속하여 연결한다.

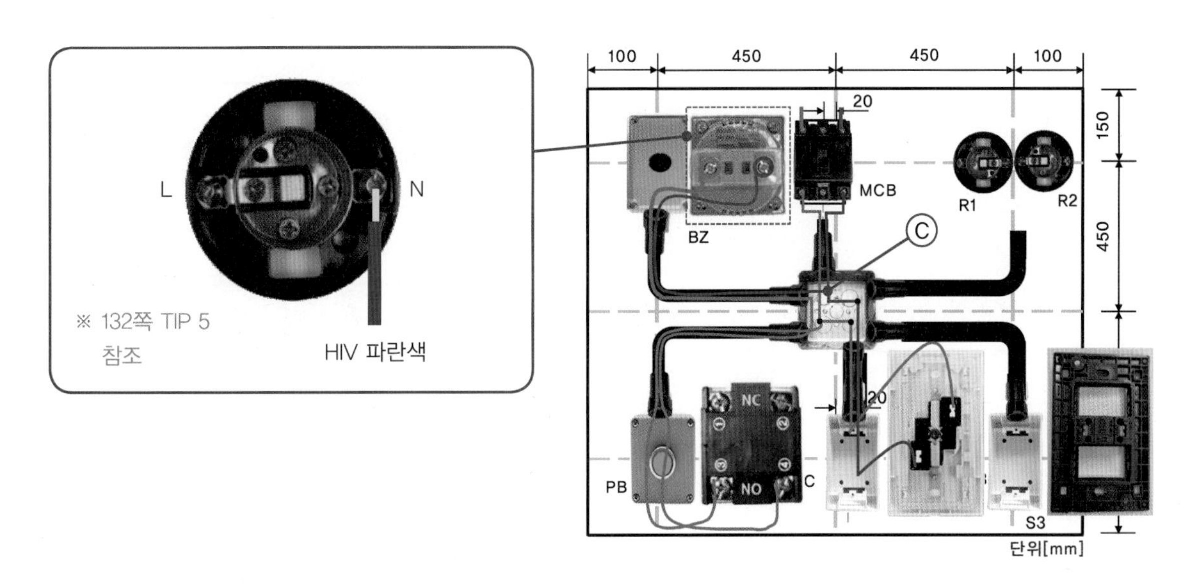

실제 배선도

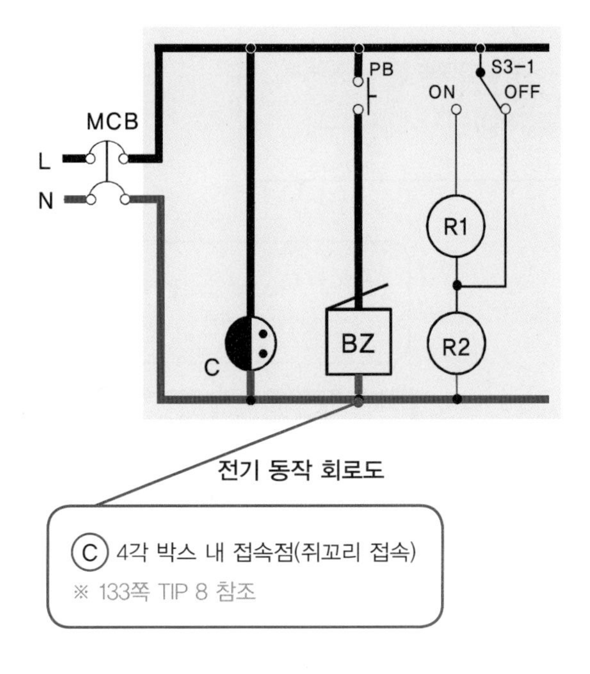

전기 동작 회로도

Ⓒ 4각 박스 내 접속점(쥐꼬리 접속)

※ 133쪽 TIP 8 참조

⑧ 정션박스 내 배선용 차단기(MCB)의 L상(회색)과 HIV 1.78mm 검은색 전선으로 쥐꼬리 접속하여 3로 스위치(S3-1)의 중성선과 연결한다.

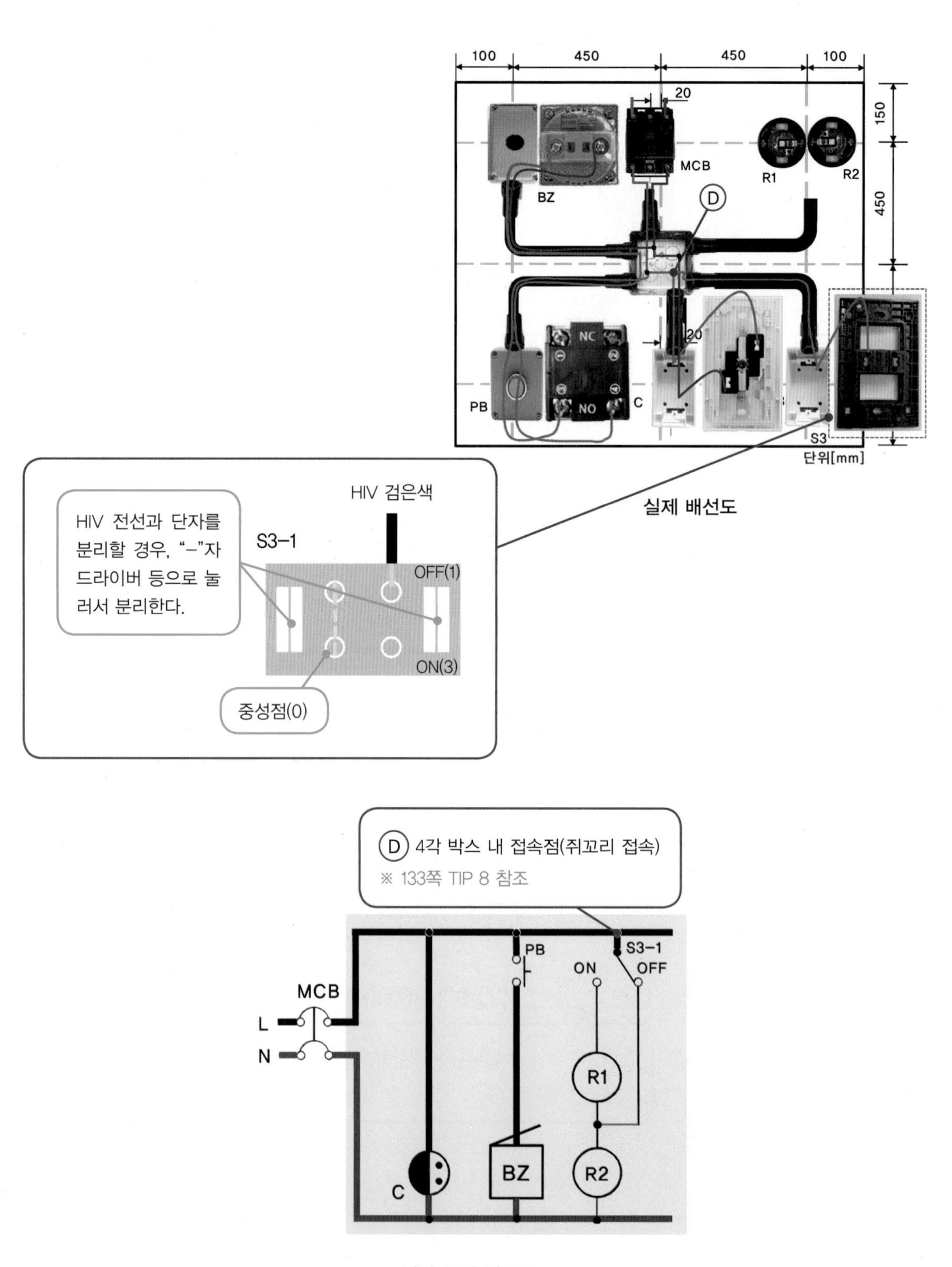

실제 배선도

전기 동작 회로도

⑨ 3로 스위치(S3−1)의 출력 단자(ON)와 리셉터클 소켓(R1) 베이스 단자를 HIV 1.78 mm 검은색 전선으로 정션박스를 통해 연결한다.

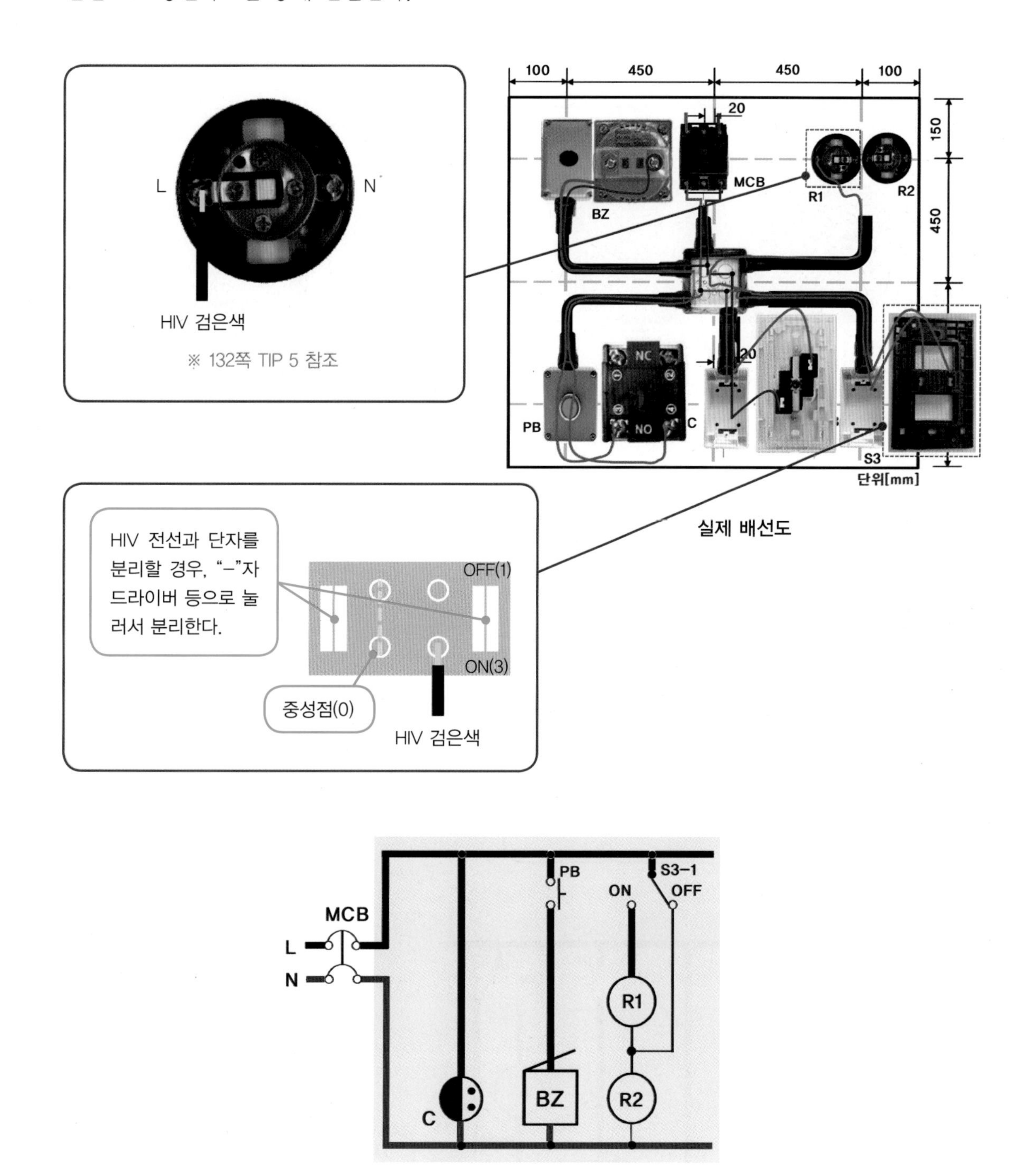

전기 동작 회로도

⑩ 3로 스위치(S3-1)의 출력 단자(OFF)와 리셉터클 소켓(R1) 출력 단자, 리셉터클 소켓(R2) 베이스 단자를 HIV 1.78mm 검은색 전선으로 정션박스를 통해 연결한다. (단, R1과 R2의 접속은 노출하여 설치한다.)

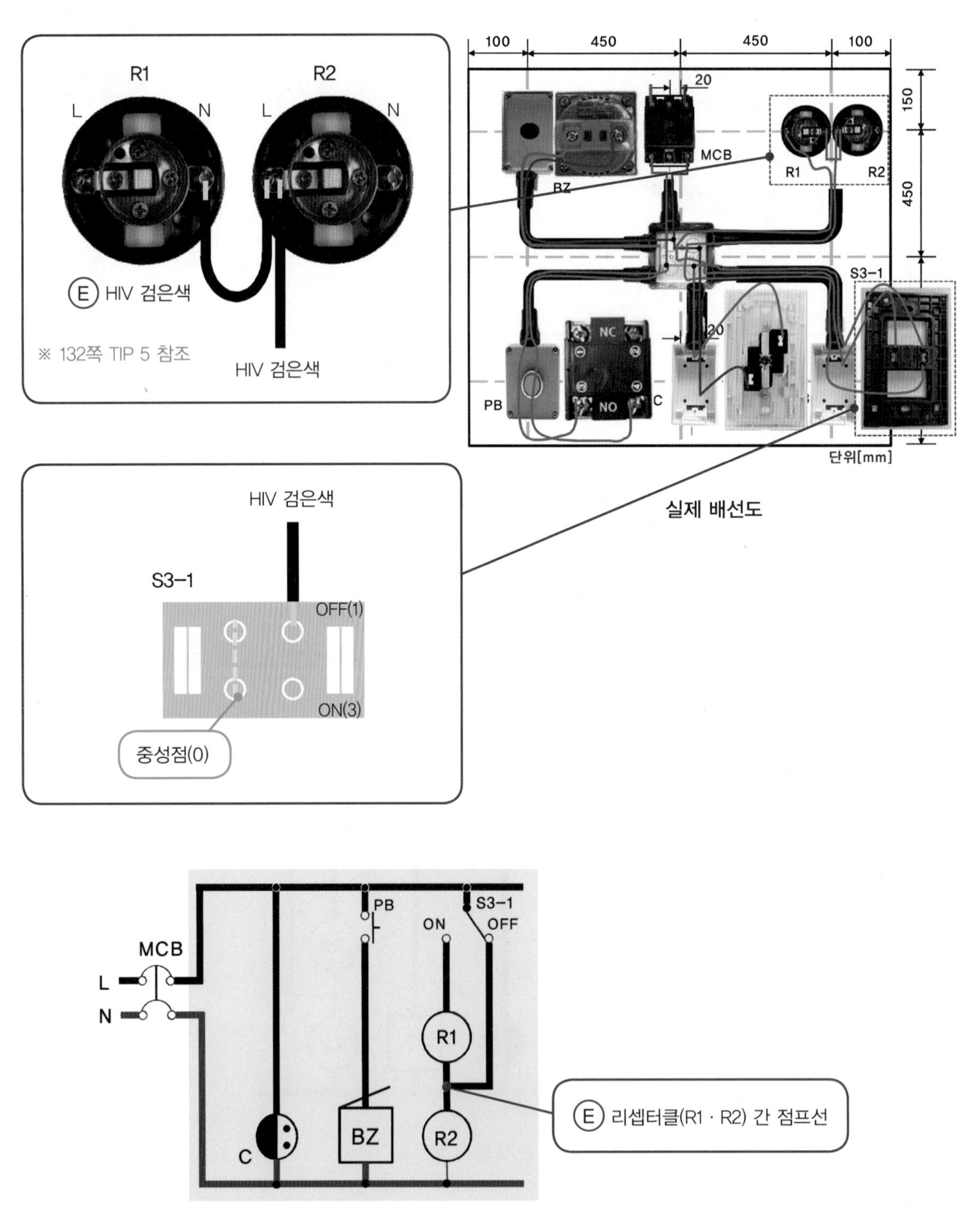

실제 배선도

전기 동작 회로도

⑪ 리셉터클 소켓(R1, R2)의 출력 단자를 정션박스 내 L상과 HIV 1.78mm 파란색 전선으로 쥐꼬리 접속하여 연결한다.

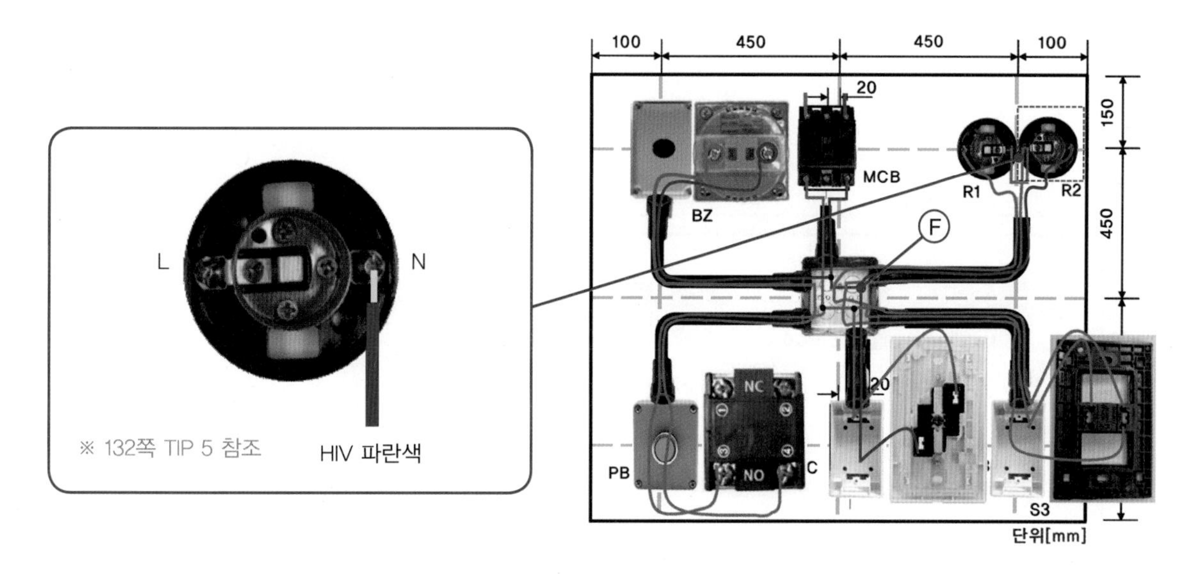

실제 배선도

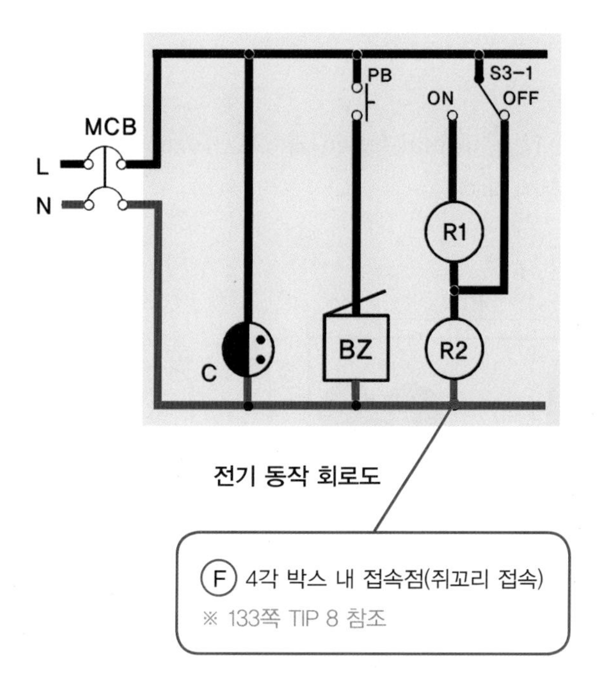

전기 동작 회로도

6 전선과 기구 접속

① 전선과 리셉터클 소켓 단자와 연결 시 도체 부분을 물음표(?) 모양으로 만들어서 볼트가 조여지는 방향으로 접속한다.

② 전선과 차단기 접속 단자와 연결 시 피복이 단자에 물리는 현상을 방지하기 위해 도체 부분이 접속 후 10mm 정도 보일 수 있도록 한다.

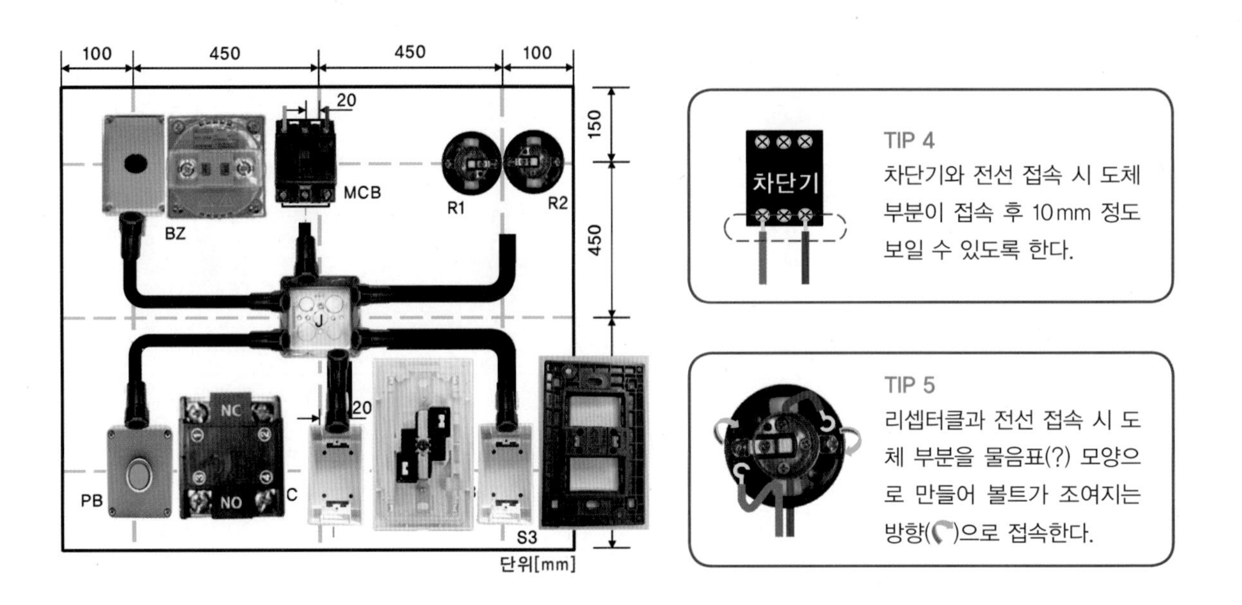

③ 푸시버튼(PB) 스위치는 NO(Normal Open)와 NC(Normal Close)를 확인하여 결선한다. 부저(BZ)와 콘센트(C)는 극성이 없다.

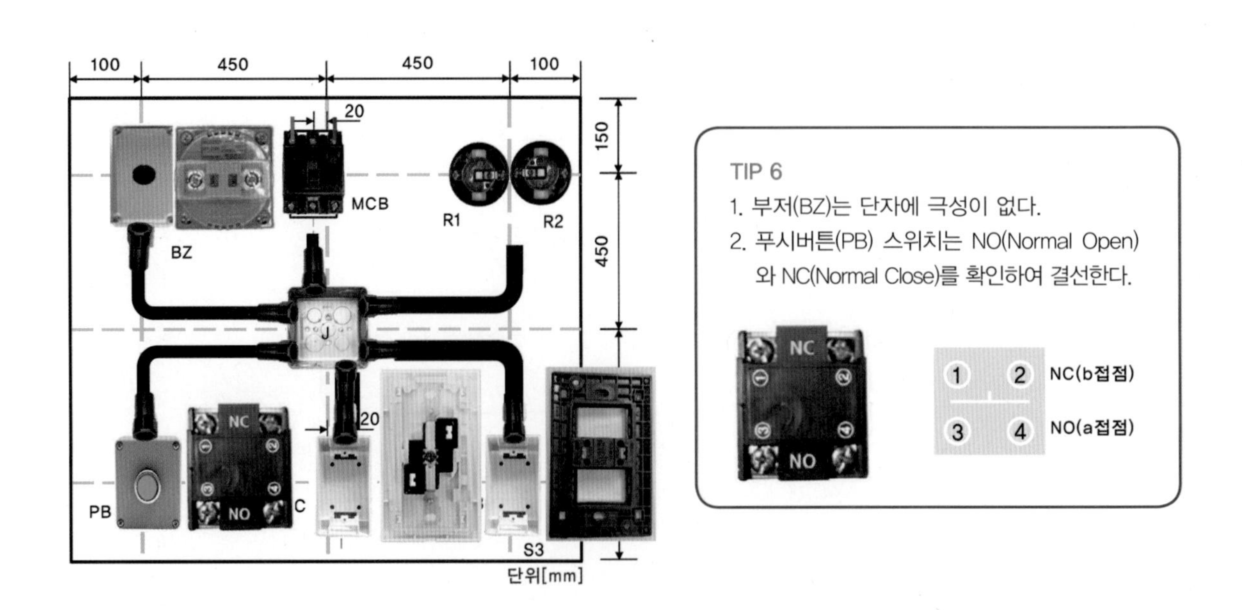

7 전선과 전선의 접속

박스 내 전선을 접속할 경우 쥐꼬리 접속을 4단 이상 꼬아서 절단하고 와이어 커넥터를 오른쪽으로 돌려 절연한다. 박스 내 여유선은 150mm 이상 충분히 남겨서 동그랗게 감는다. 전선의 접속점은 물 고임 방지를 위해 위를 향하게 한다.

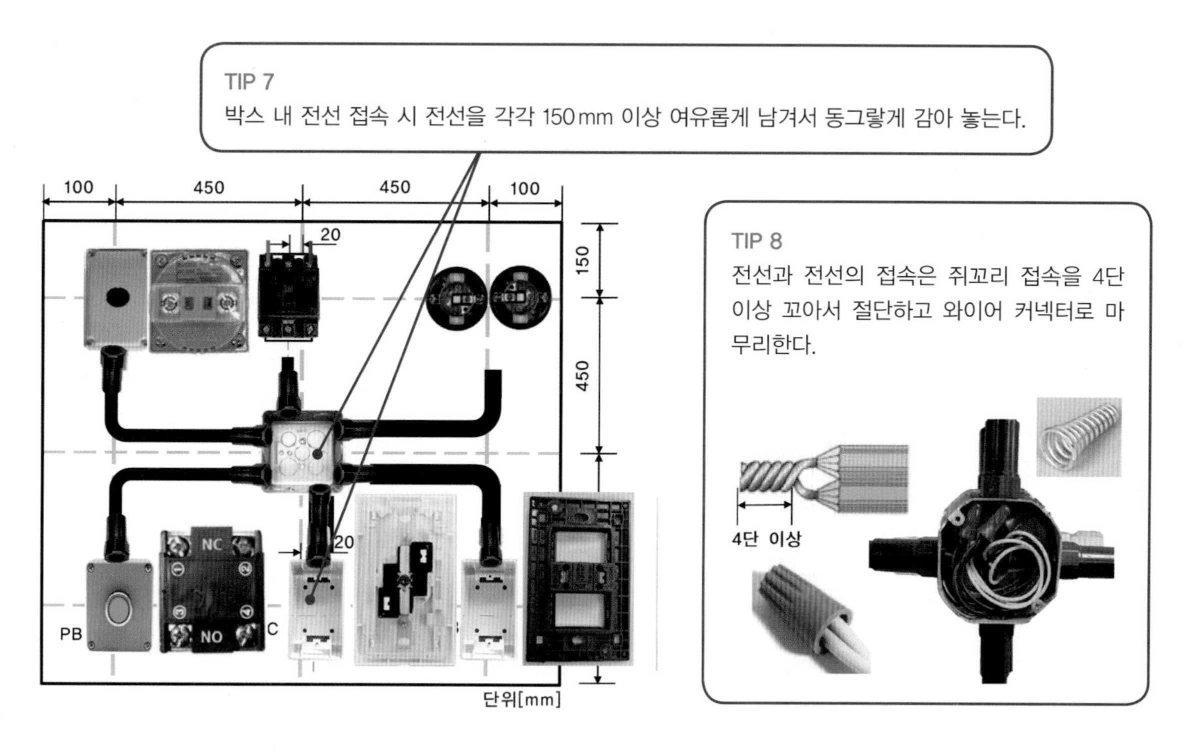

8 마무리 및 동작 테스트

① 스위치 전용 박스에 철판 피스로 고정 플레이트 설치 후 마무리한다.

② 리셉터클 소켓 커버(뚜껑)를 닫고, 벨 테스터로 회로를 점검한다.

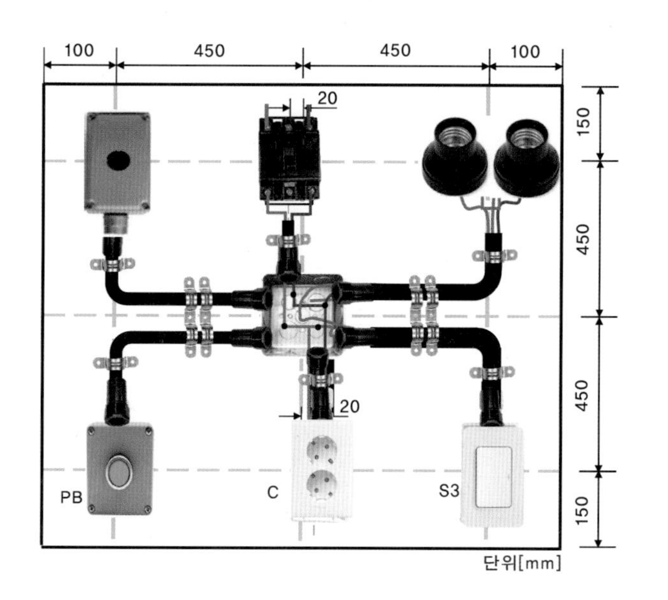

Chapter 1
콘센트를 콘센트박스에 피스로 고정한다. 플레이트를 설치한다.

Chapter 2
리셉터클 뚜껑을 닫는다.

Chapter 3
벨 테스터로 선로를 확인한다.

Project 7	3로 스위치 기능 전등 회로	소요시간	6시간

학번 (   ) 성명 (   )

■ 실습 목적

1. 전기에너지를 여러 개의 조명설비가 필요로 하는 장소까지 설계도서에 따라 전기기구, 전선관, 케이블 등을 안전하고 적합하도록 공사하는 능력을 습득할 수 있다.
2. 단로 스위치 3개를 사용한 3로 스위치 기능 동작 회로를 설치할 수 있다.
3. 한국전기설비규정(KEC)을 준수하여 건축물 등 전기사용장소에 전기회로 공사를 수행할 수 있다.

■ 실험 · 실습 소요 재료 내역

번호	재료명	규격	단위	수량
1	배선용 차단기(MCB)	3P 30A, AC 220V	EA	1
2	4각 정션박스	금속	EA	1
3	리셉터클 소켓	둥근형 2P, AC 220V	EA	3
4	전등용 스위치	1구 단로, AC 220V	EA	3
5	스위치 박스	난연 또는 금속	EA	3
6	CD 전선관 커넥터	ϕ25, 16mm	EA	5
7	CD 전선관	16mm	M	5
8	PE 전선관 커넥터	ϕ25, 16mm	EA	3
9	PE 전선관	16mm	M	4
10	비닐전선(HIV 1.78mm)	2.5mm^2 갈색, 단선	M	5
11	비닐전선(HIV 1.78mm)	2.5mm^2 파란색, 단선	M	2
12	새들	철재, 16mm	EA	8

■ 사용 공구 내역

번호	공구명	규격	단위	수량	번호	공구명	규격	단위	수량
1	드라이버	60×200, 양용	EA	1	5	니퍼	200mm	EA	1
2	롱 노즈 플라이어	200mm	EA	1	6	전동 드라이버	충전식	EA	1
3	와이어 스트리퍼		EA	1	7	공구 벨트	공사용	EA	1
4	펜치	200mm	EA	1	8	피시 테이프	입선용	EA	1

■ 회로 동작 설명

1. 배선용 차단기(MCB)를 켜면(ON) 전류는 흐르지만 동작은 없다.
2. 단로 스위치(S1-1)는 켜고(ON) 단로 스위치(S1-2, S1-3)를 끄면(OFF) 리셉터클 소켓(R1, R2, R3) 램프가 직렬로 점등된다.
3. 단로 스위치(S1-1)는 끄고(OFF) 단로 스위치(S1-2, S1-3)를 켜면(ON) 리셉터클 소켓(R2, R3) 램프가 병렬로 점등된다.
4. 단로 스위치(S1-1, S1-2)는 켜고(ON) 단로 스위치(S1-3)를 끄면(OFF) 리셉터클 소켓(R1) 램프만 점등된다.
5. 단로 스위치(S1-1, S1-2)는 끄고(OFF) 단로 스위치(S1-3)를 켜면(ON) 리셉터클 소켓(R3) 램프만 점등된다.
6. 배선용 차단기(MCB)를 끄면(OFF) 모든 회로는 꺼진다.

■ 실습 도면

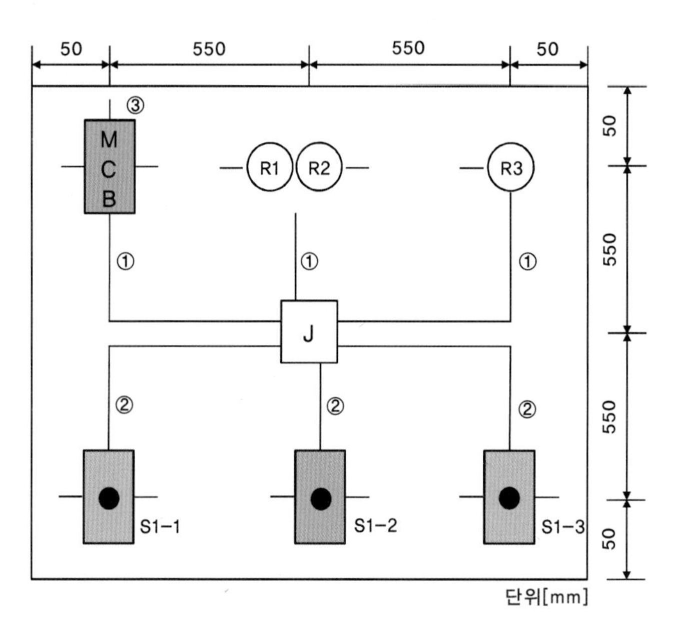

기구 배치 및 배관도

MCB : 배선용 차단기

J : 4각 정션박스

R1 · R2 · R3 : 리셉터클

S1-1, S1-2, S1-3 : 1구 단로 스위치

① : PE 전선관

② : CD 전선관

③ : HIV 전선

L(HIV 1.78mm 갈색)
N(HIV 1.78mm 파란색)

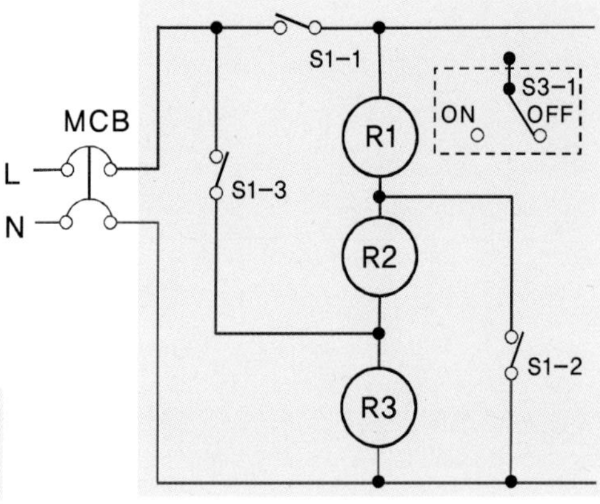

전기 동작 회로도

■ 지시사항 및 안전사항

1. 지급된 재료와 실습장 시설을 사용하여 제한시간 내에 주어진 과제를 안전에 유의하여 완성한다.
   (단, 과제에 표시되지 않은 사항은 한국전기설비규정에 따른다.)
2. 전원 방식은 단상 AC 220V를 사용한다.
3. 작업판 제도 시 치수 오차범위는 외관 ±30mm를 허용한다.
4. 공사 방법은 ① PE 전선관, ② CD 전선관, ③ HIV 전선을 설치한다.
5. 전선관과 박스가 접속되는 부분은 커넥터를 사용한다.
6. 요소 작업 시 손이 다치지 않도록 안전에 유의하여 작업한다.

■ 평가 내용

평가 영역		세부 평가 내용	배점
회로 해석(도면 검토)		주어진 과제의 회로 해석과 결선은 올바른가?	10
요소 작업	작업판 제도	작업판에 도면에서 제시한 규격으로 제도하였는가?	10
	기구 설치	작업판에 기구를 정확한 위치에 설치하였는가?	5
	배관 설치	작업판에 배관을 정확한 위치에 설치하였는가?	5
	입선 작업	배관에 알맞은 전선을 입선하였는가?	10
	접속 상태	전선과 기구를 알맞게 접속하였는가?	10
		정션박스 내 전선과 전선의 접속은 알맞게 하였는가?	10
실습 태도	실습 준비	공구 및 실습 준비는 철저한가?	10
	재료 사용	실습 재료의 사용은 경제적인가?	10
	문제 해결	발생한 문제의 해결에 적극적이며 방법은 바람직한가?	10
실습 시간		정해진 시간 내에 과제를 완성하였는가?	10
종합			100

Guide 7 3로 스위치 기능 전등 회로

■ 실습 순서

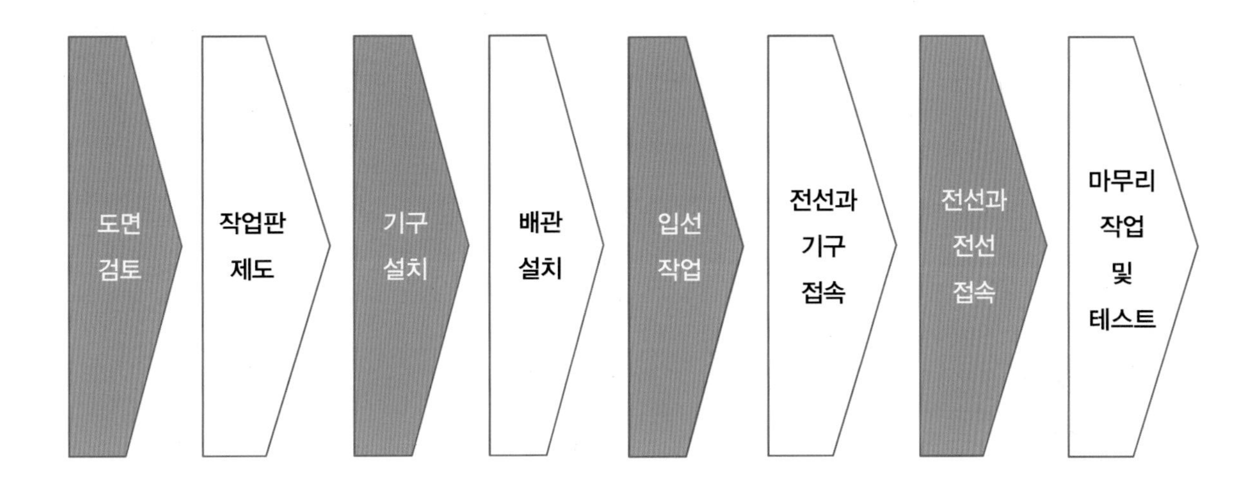

1 도면 검토

① 기구 배치 및 배관도를 확인하여 실제 사용하는 실습 재료와 수량을 체크하여 준비한다.
② 동작 회로도가 어떻게 동작되는지 확인한다.
③ 지시사항 및 안전사항에 나타난 공사 방법을 참고하여 공사를 준비한다.

2 작업판 제도

① 기구 배치 및 배관도 내 · 외곽선을 작업판에 스틱자와 하얀색 분필로 제도한다.

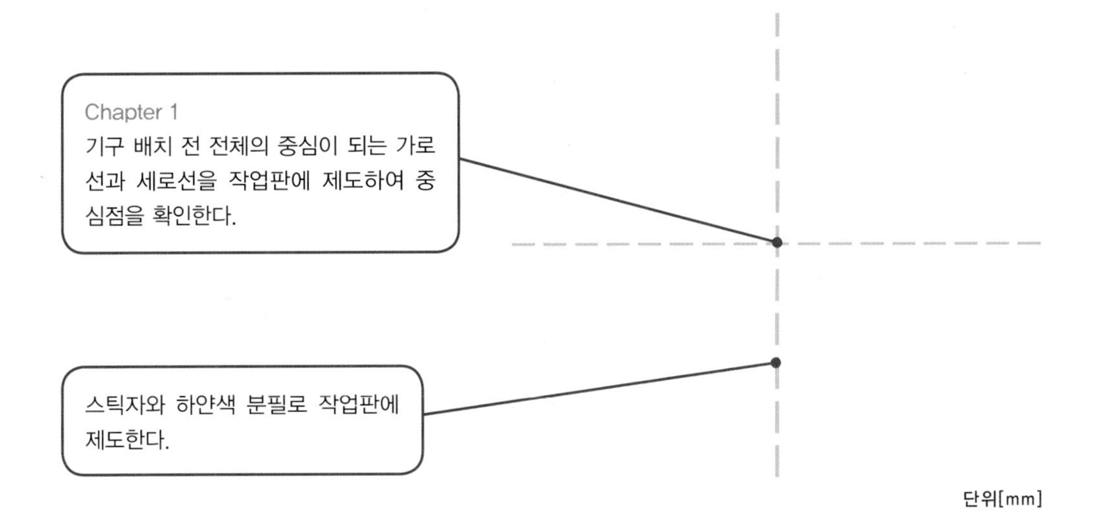

② 세로 기준선을 기준으로 오른쪽과 왼쪽 가로 간격 550 mm와 50 mm를 확인하여 세로 외곽선은 실선으로, 세로선은 점선으로 작업판에 제도한다.

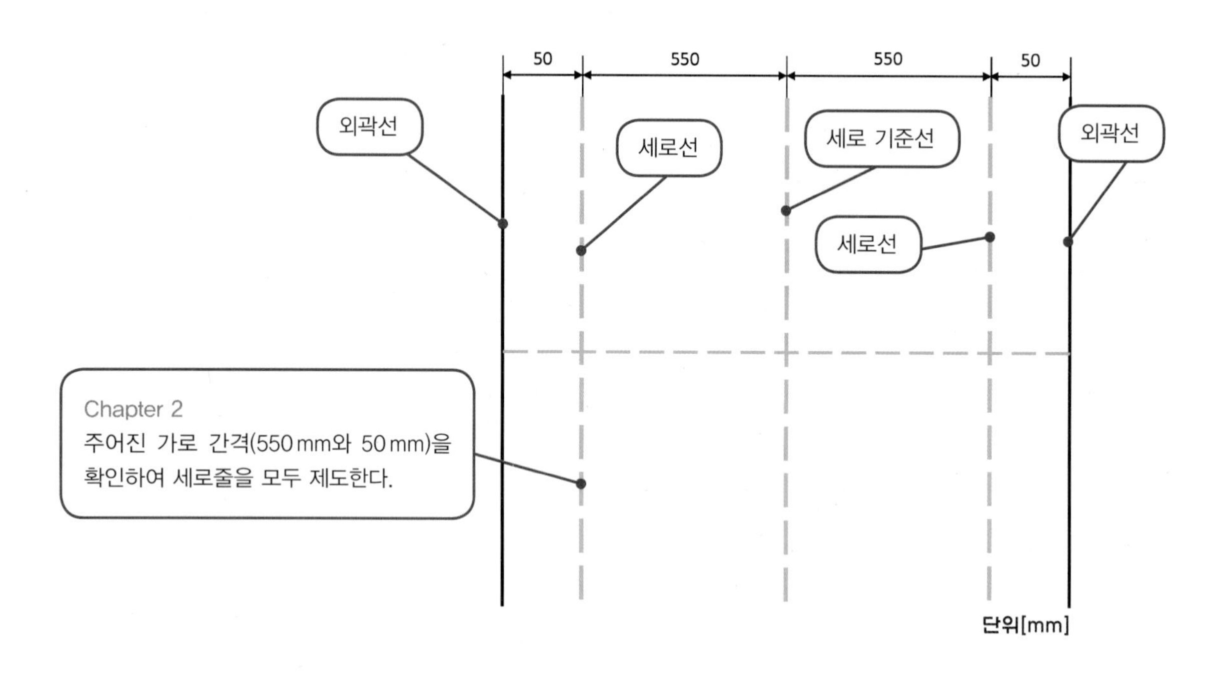

③ 가로 기준선을 기준으로 위쪽과 아래쪽 세로 간격 550 mm와 50 mm를 확인하여 가로 외곽선은 실선으로, 가로선은 점선으로 작업판에 제도한다.

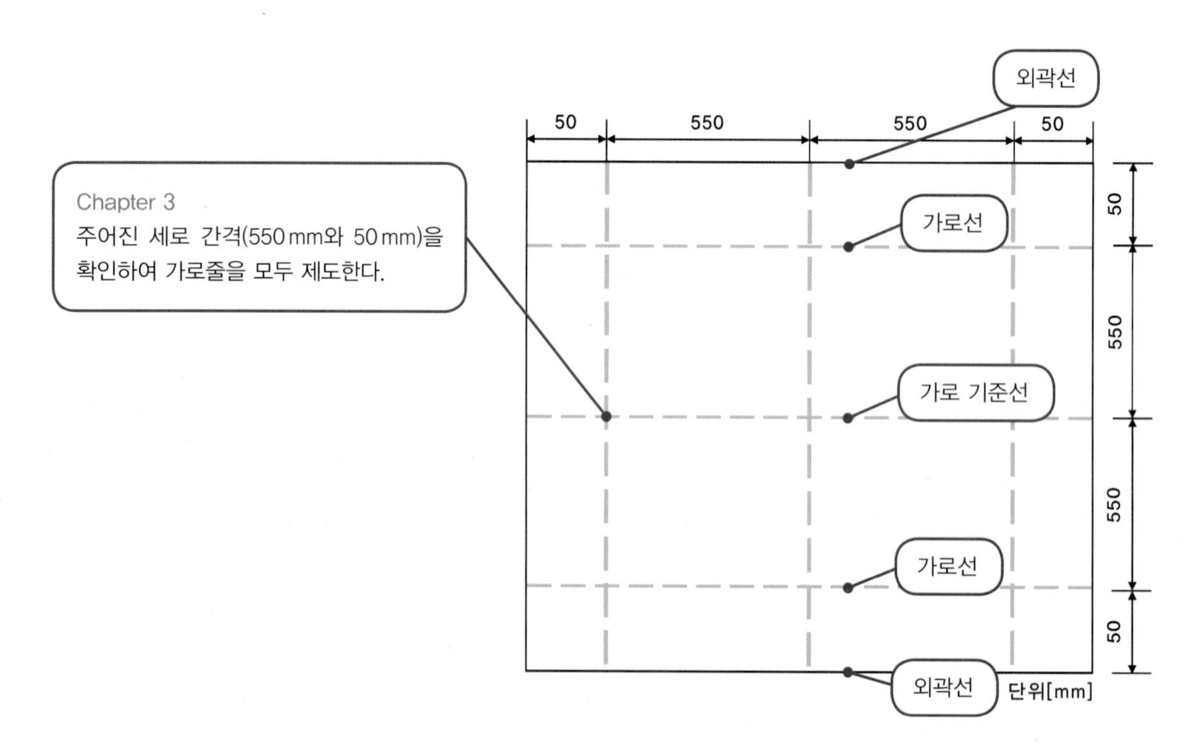

3 기구 설치

① 주어진 가로와 세로선이 겹치는 중심점에 기구를 설치할 수 있도록 표기한다. (예 정션박스 J, 배선용 차단기 MCB, 리셉터클 소켓 R1 · R2 · R3 등)

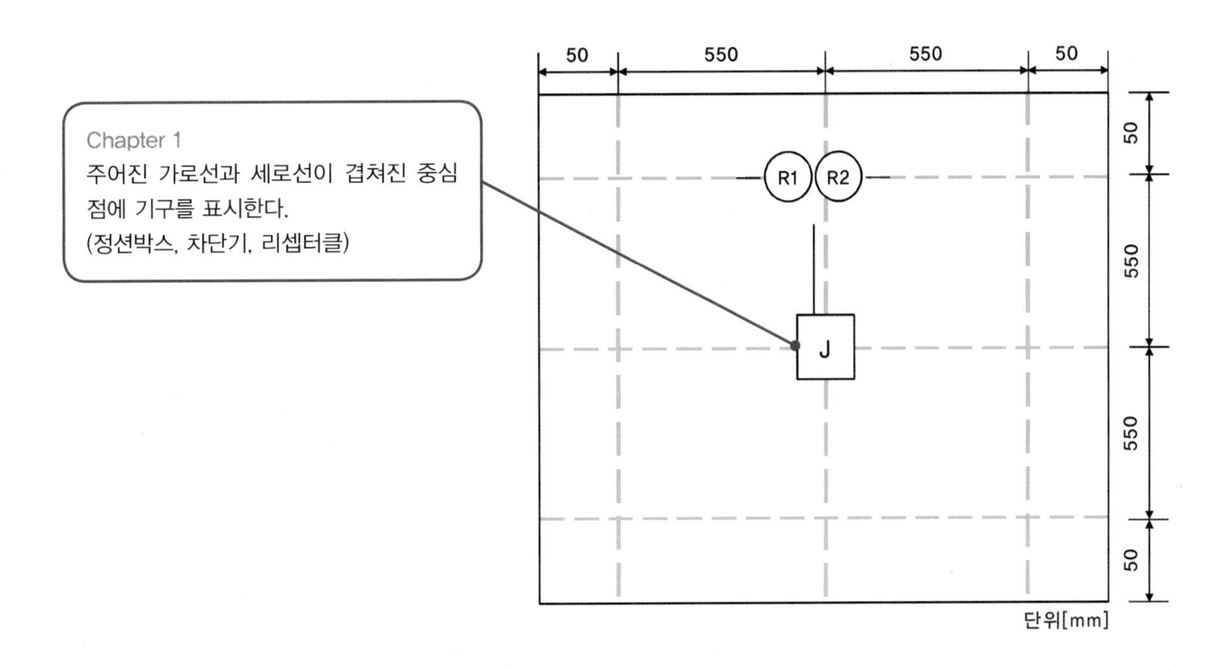

② 배관 및 배선공사의 종류를 숫자로 표기한다. (① PE 전선관 공사, ② CD 전선관 공사, ③ HIV 전선 공사)

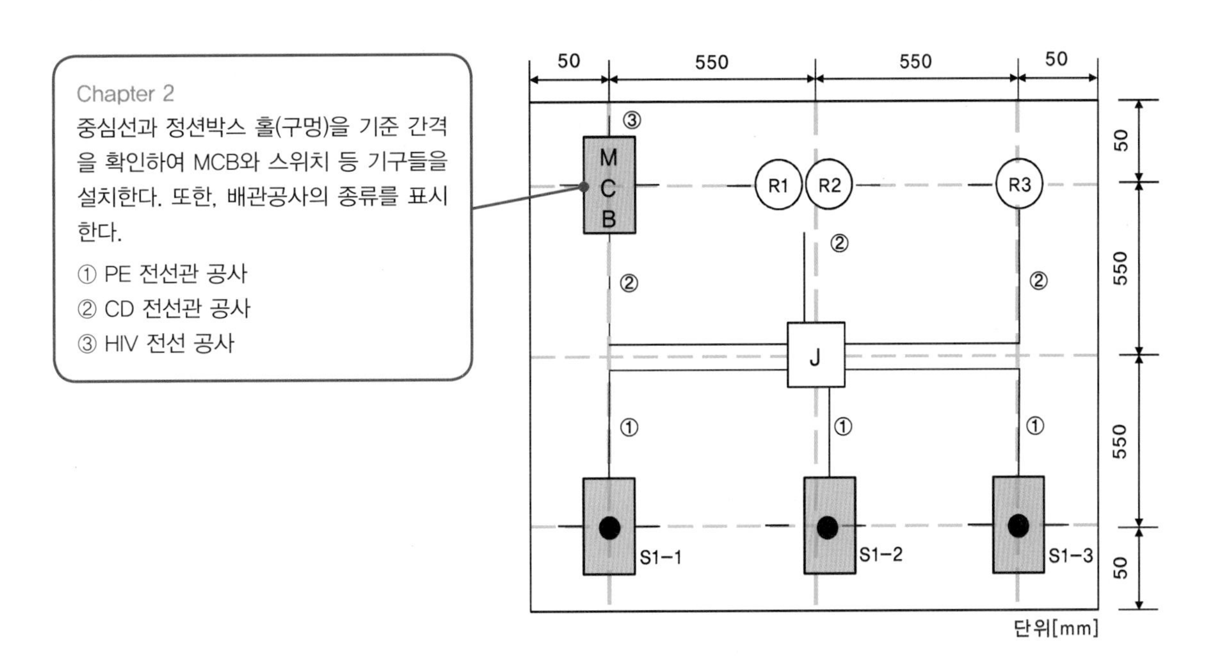

③ 작업판에 표기된 기구 위치에 기구를 철판 피스로 설치한다.

Chapter 3
기구를 작업판에 제도한 위치에 피스로 설치한다.

TIP 1
철판 피스는 헤드 부분이 평평한 것을 선택한다. 기구 및 철판 피스 규격은 아래와 같다.

① 4각 정션박스 4×12×4EA
② 배선용 차단기 4×20×2EA
③ 리셉터클 4×12×6EA
④ 스위치 박스 4×16×6EA

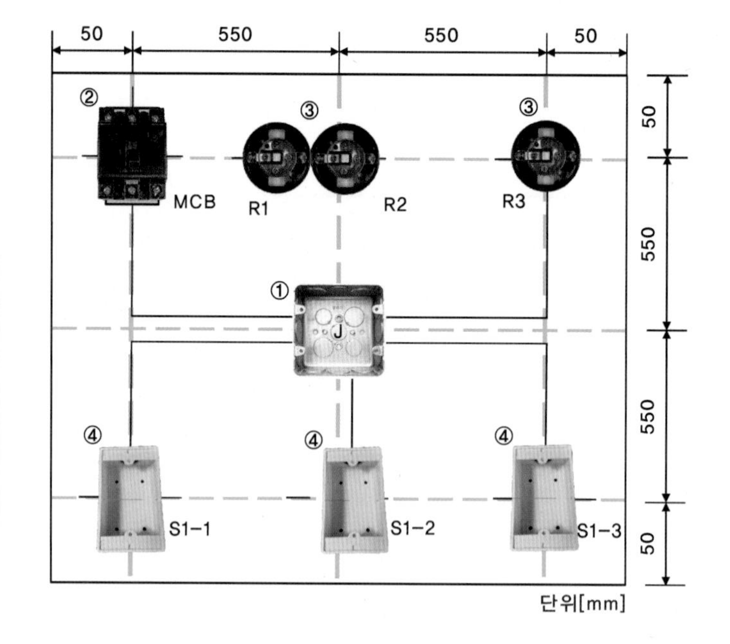

4 배관 설치

① 전선관 설치 전 정션박스, 스위치 박스에 커넥터를 설치한다.

Chapter 1
배관 설치 전 정션박스에 커넥터를 설치한다.

① PE 전선관용 커넥터
② CD 전선관용 커넥터
- 4각 정션박스
  PE 커넥터×3EA
  CD 커넥터×3EA
- 스위치 박스
  CD 커넥터×3EA

PE 전선관 커넥터

CD 전선관 커넥터

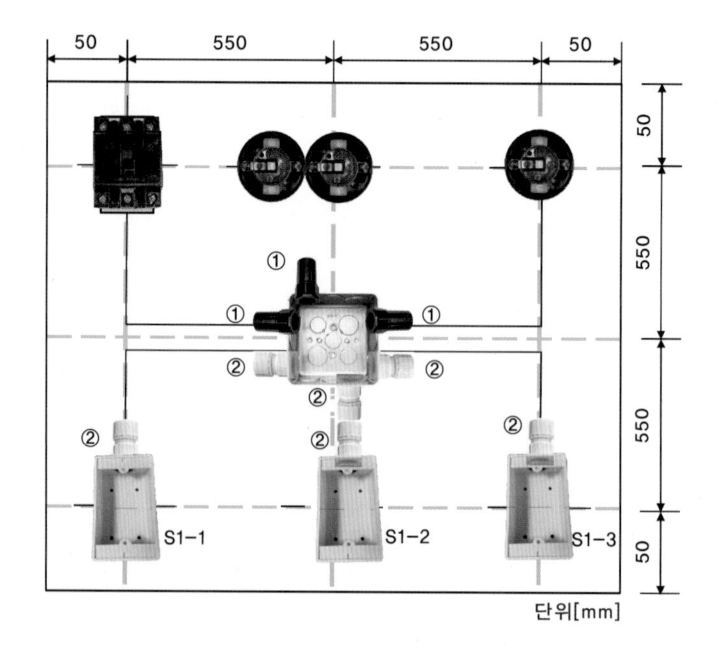

② PE · CD 전선관을 규격에 알맞게 설치한다. 또한 기구와 전선관의 접속 시 이격거리를 50mm 이내로 설치한다.

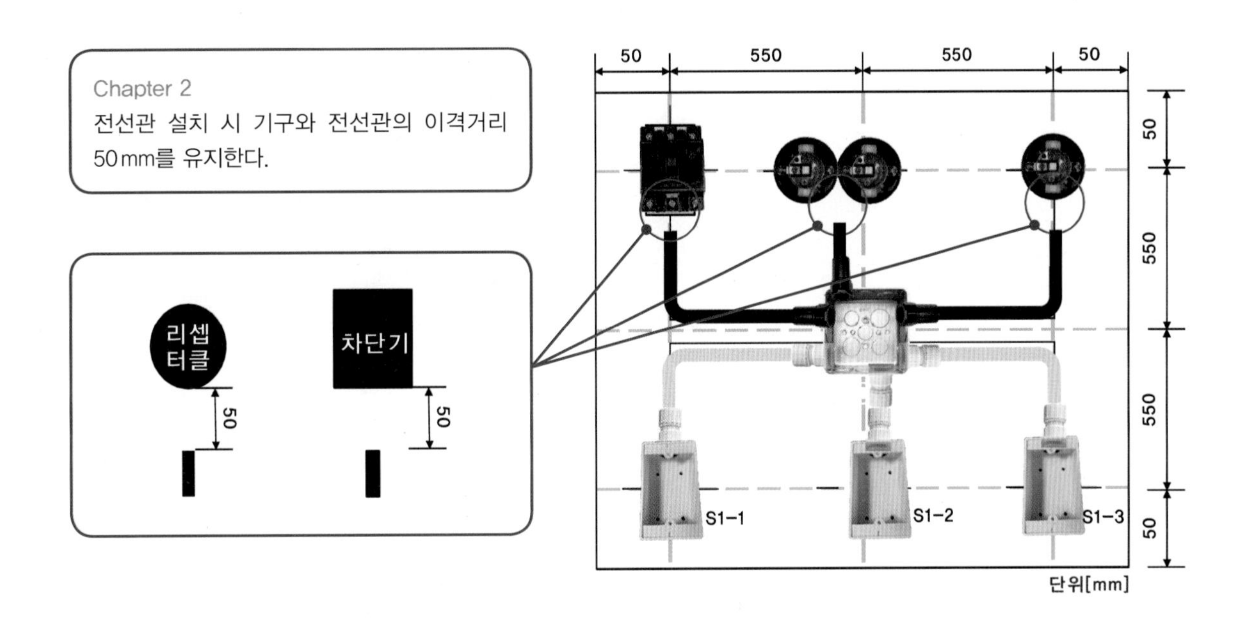

③ 전선관 설치 시 직선 구간은 300mm 간격마다 새들로 고정한다. 전선관의 곡선 · 박스 · 차단기 · 리셉터클 소켓 구간은 150mm 간격으로 새들을 설치한다.

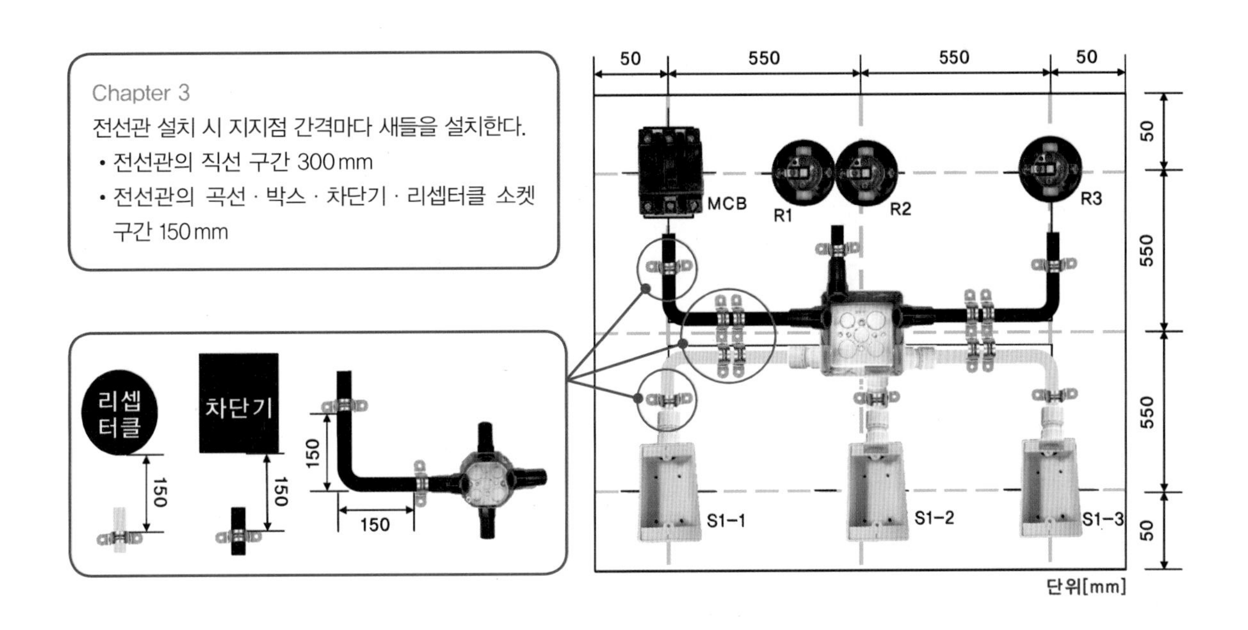

④ 4각 정션박스에서 전선관이 2구간에 설치될 경우 **새들 고정 협조**를 통해 전선관을 고정시킨다.

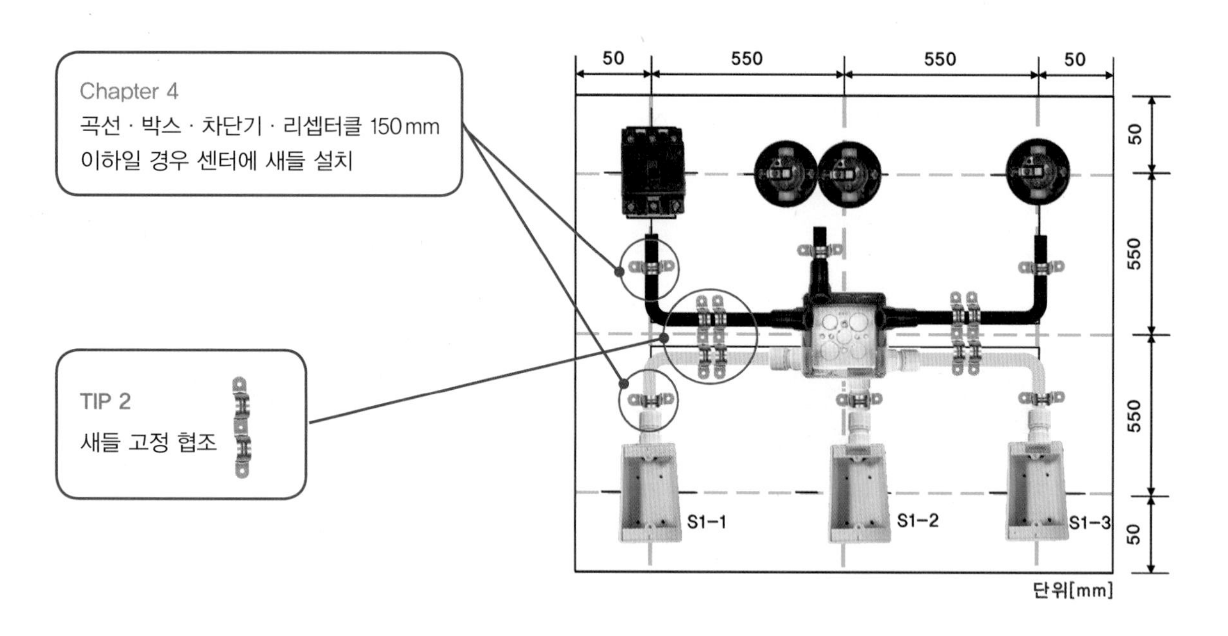

5 입선 작업

① 전기 동작 회로도를 기구 배치 및 배관도에 적용하여 설치한다.

❖ 기구 배치 및 배관도

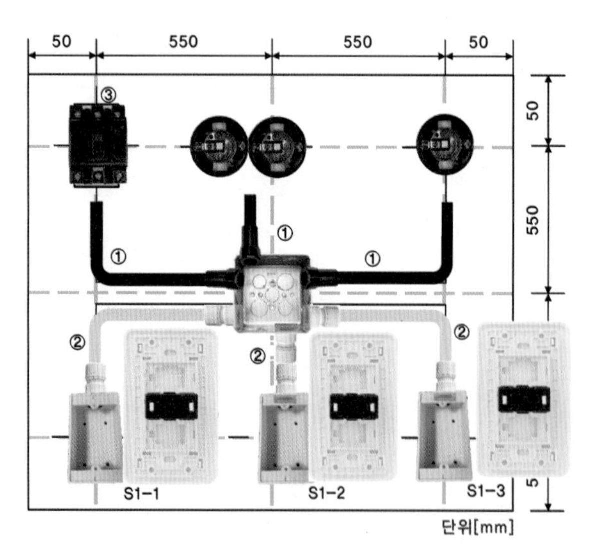

❖ 전기 동작 회로도

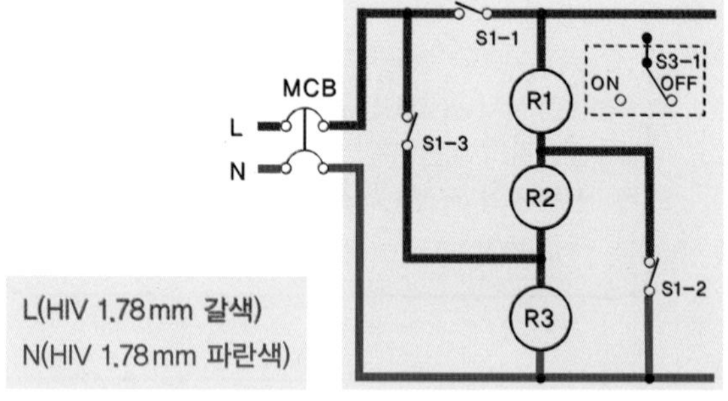

❖ 요구사항

가. 전원 : 단상 2선식(220ACV)
나. 동작
- S1-3 OFF, S1-2 OFF, S1-1 ON 하면 R1, R2, R3 직렬로 점등한다.
- S1-1 OFF, S1-2, S1-3 ON 시 R2, R3 병렬로 점등한다.
- S1-1 ON, S1-2 ON, S1-3 OFF 시 R1 점등한다.
- S1-1, S1-2 OFF S1-3 ON시 R3 점등한다.

다. 공사 구분
① PE 전선관 공사, ② CD 전선관 공사, ③ HIV 전선 공사

② 배선용 차단기(MCB) 1차 입력 단자에 인입선(L, N상)을 연결한다. L상은 HIV 1.78mm 갈색이고 N상은 HIV 1.78mm 파란색으로 사용한다.

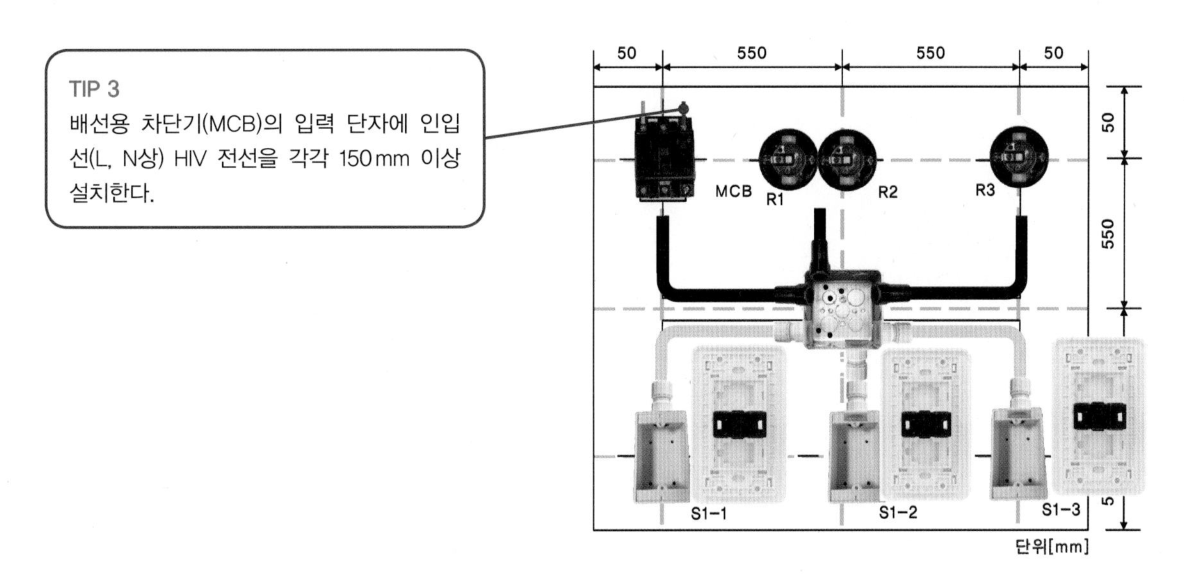

실제 배선도

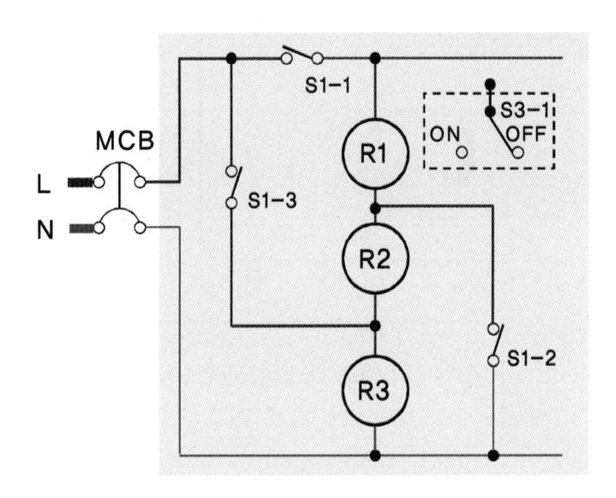

전기 동작 회로도

③ 배선용 차단기(MCB) 2차 출력선(L상)을 단로 스위치(S1-1, S1-3) 입력 단자에 HIV 1.78 mm 갈색 전선으로 연결한다.

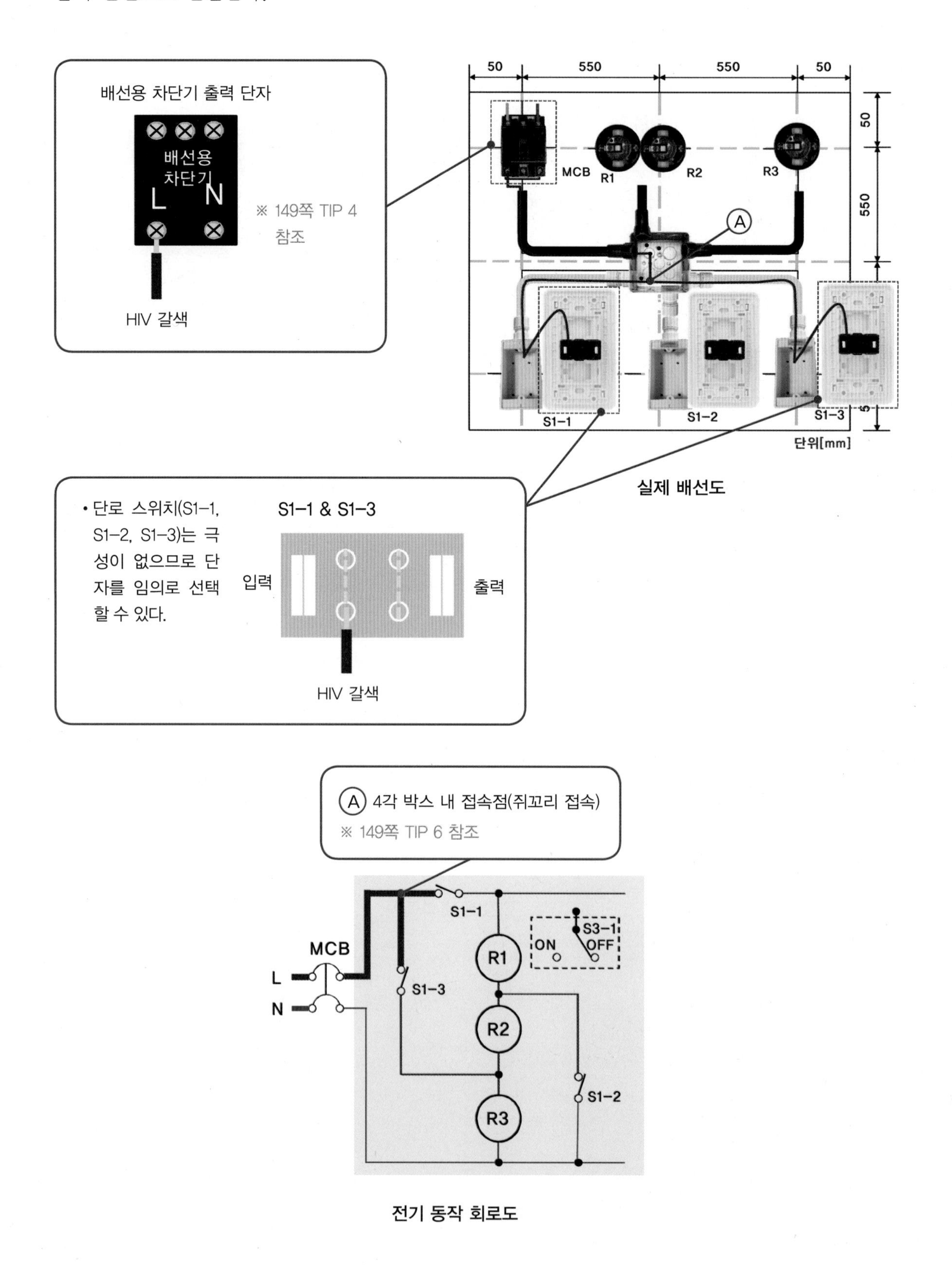

실제 배선도

전기 동작 회로도

④ 단로 스위치(S1-1, S1-3) 출력 단자에 정션박스를 통해 리셉터클 소켓(R1) 입력 단자를 HIV 1.78mm 갈색 전선으로 연결한다.

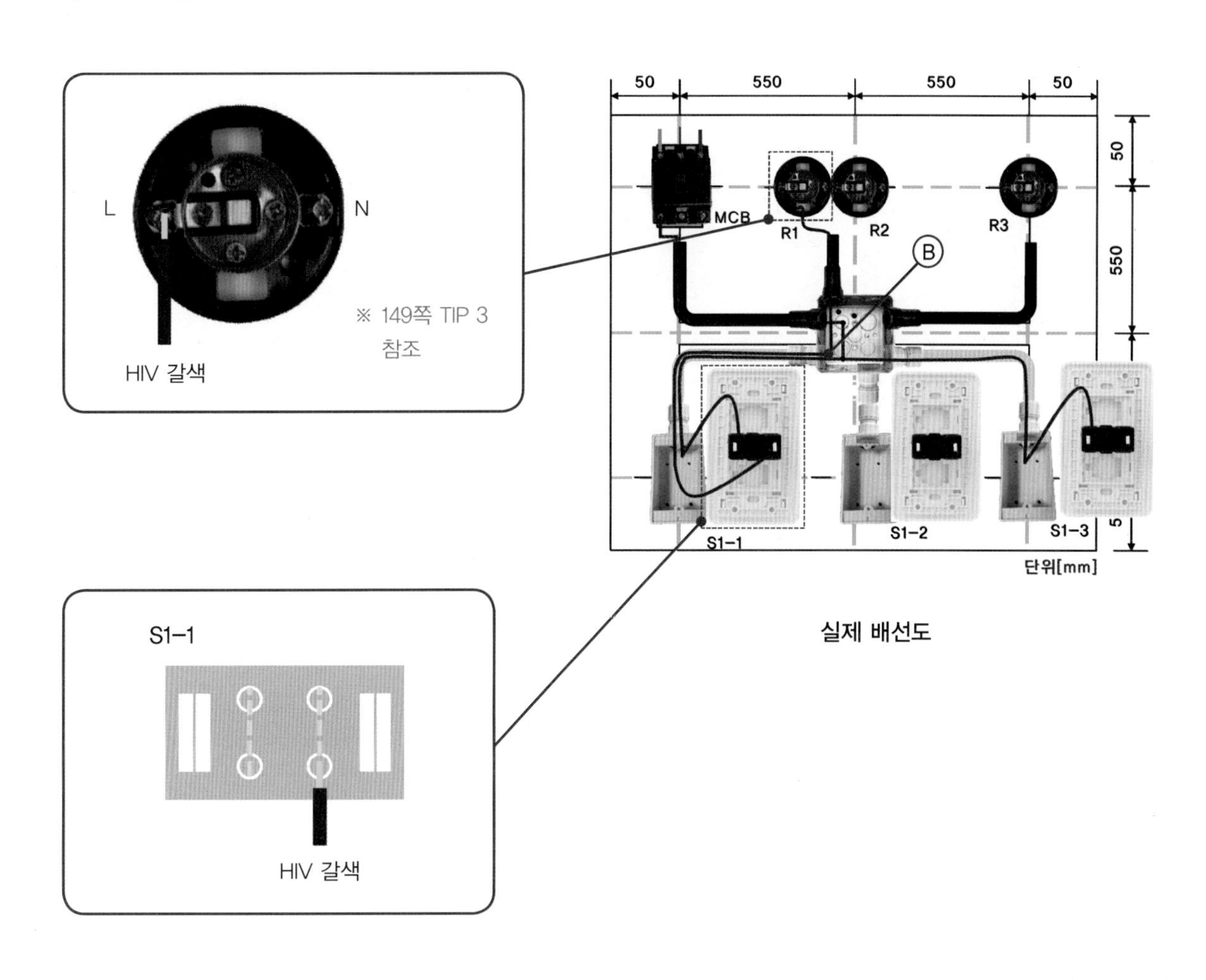

실제 배선도

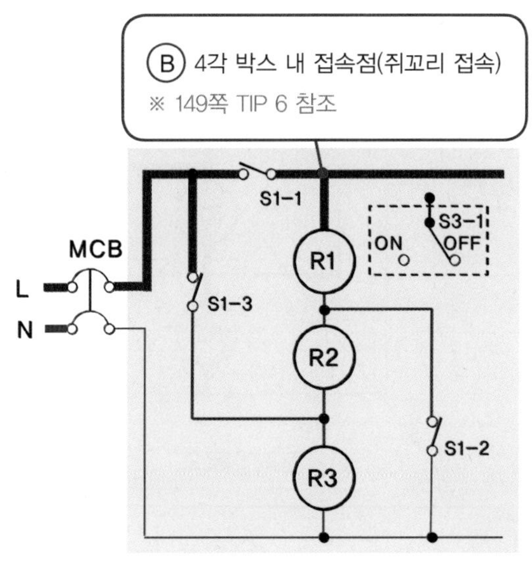

전기 동작 회로도

⑤ 리셉터클 소켓(R1)의 출력 단자와 리셉터클 소켓(R2)의 입력 단자를 정션박스를 통해 HIV 1.78mm 갈색 전선으로 연결한다. 두 접점의 연결점과 단로 스위치(S1-2)의 입력 단자도 HIV 1.78mm 갈색 전선으로 연결한다.

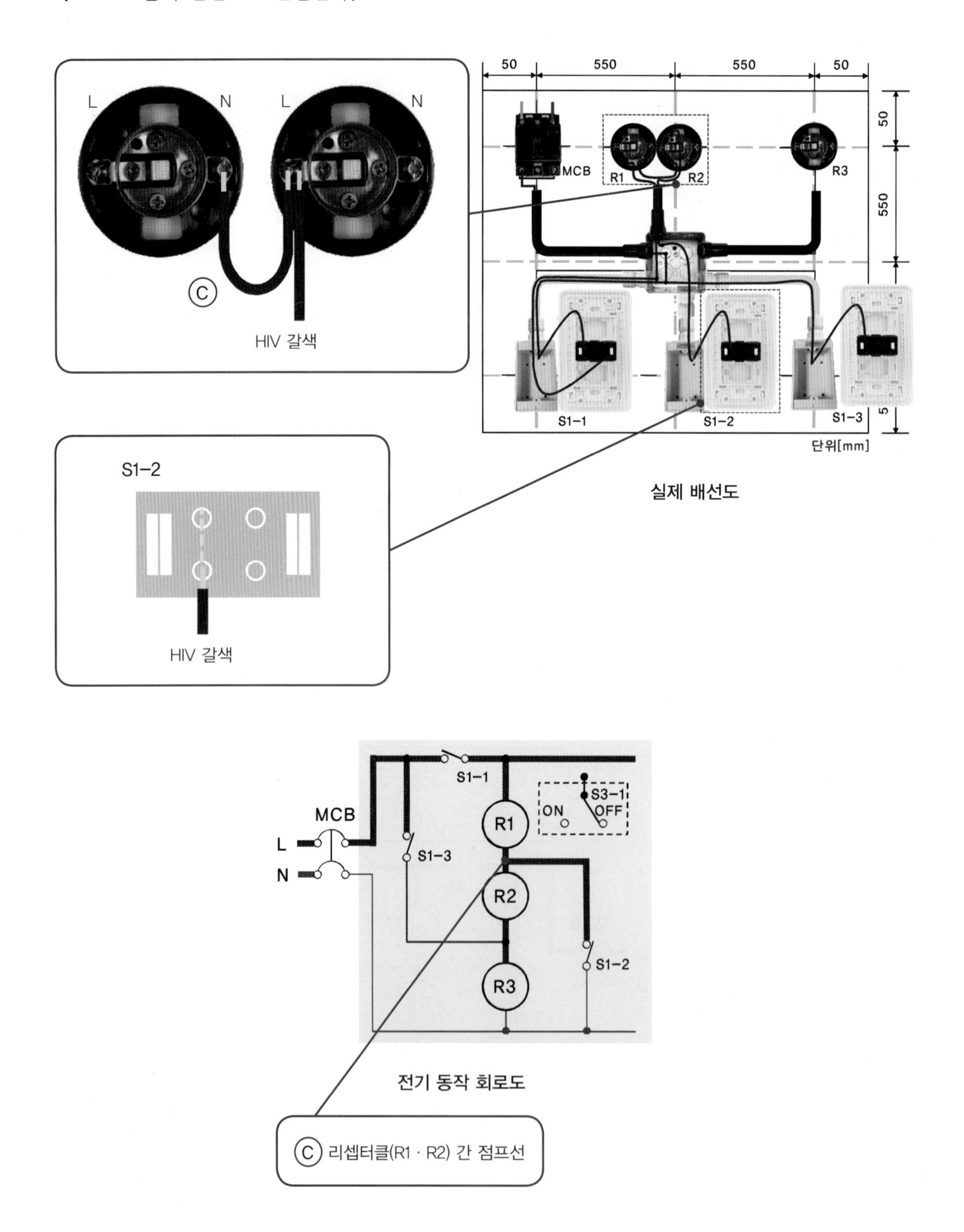

실제 배선도

전기 동작 회로도

⑥ 리셉터클 소켓(R2)의 출력 단자와 리셉터클 소켓(R3)의 입력 단자를 정션박스를 통해 HIV 1.78mm 갈색 전선으로 연결한다. 두 접점의 연결점과 단로 스위치(S1-3)의 출력 단자도 HIV 1.78mm 갈색 전선으로 연결한다.

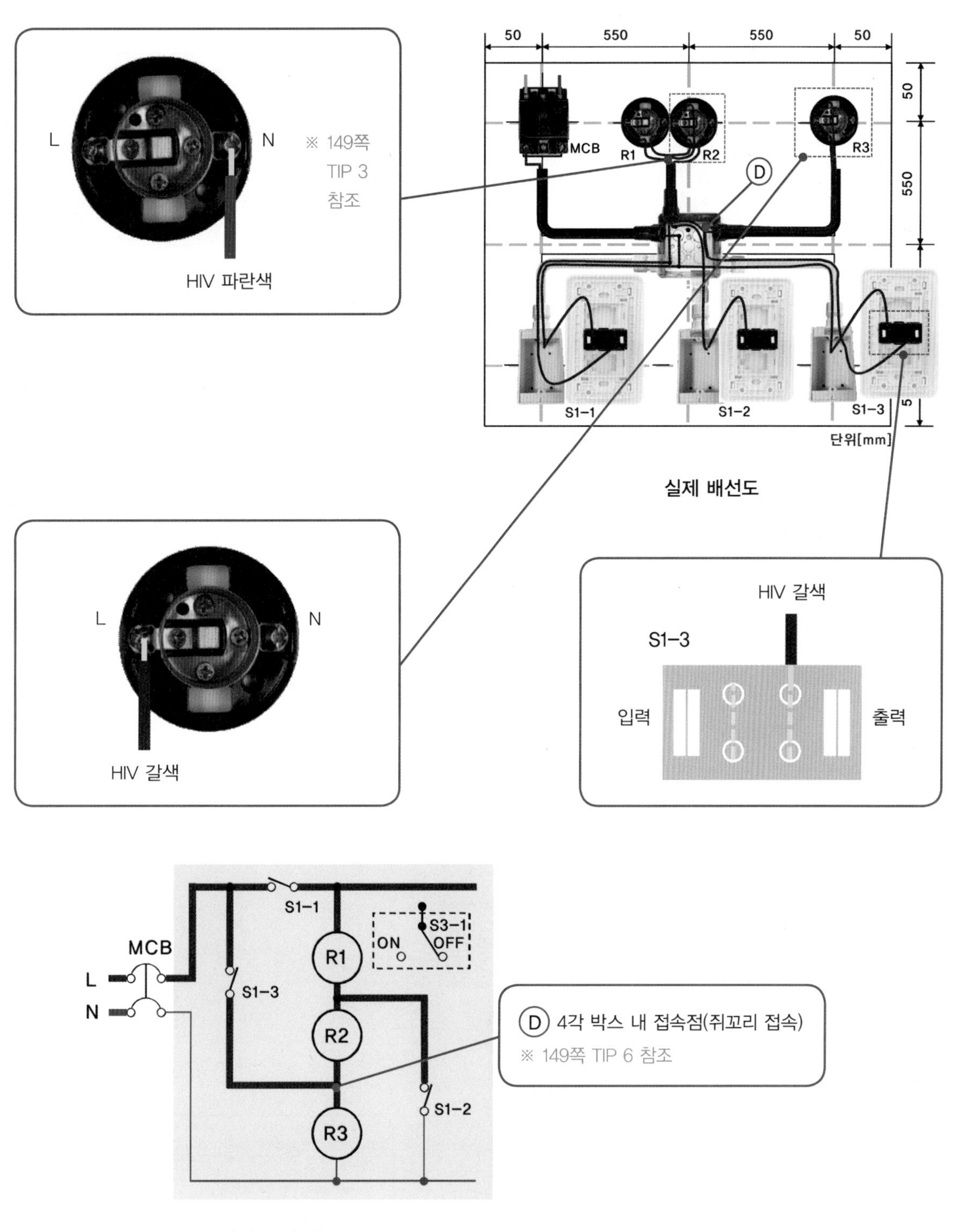

실제 배선도

전기 동작 회로도

⑦ 리셉터클 소켓(R3)의 출력 단자와 단로 스위치(S1−2) 출력 단자를 정션박스를 통해 HIV 1.78 mm 파란색 전선으로 연결한다. 두 접점의 연결점과 배선용 차단기(MCB)의 N상 출력 단자도 HIV 1.78 mm 갈색 전선으로 연결한다.

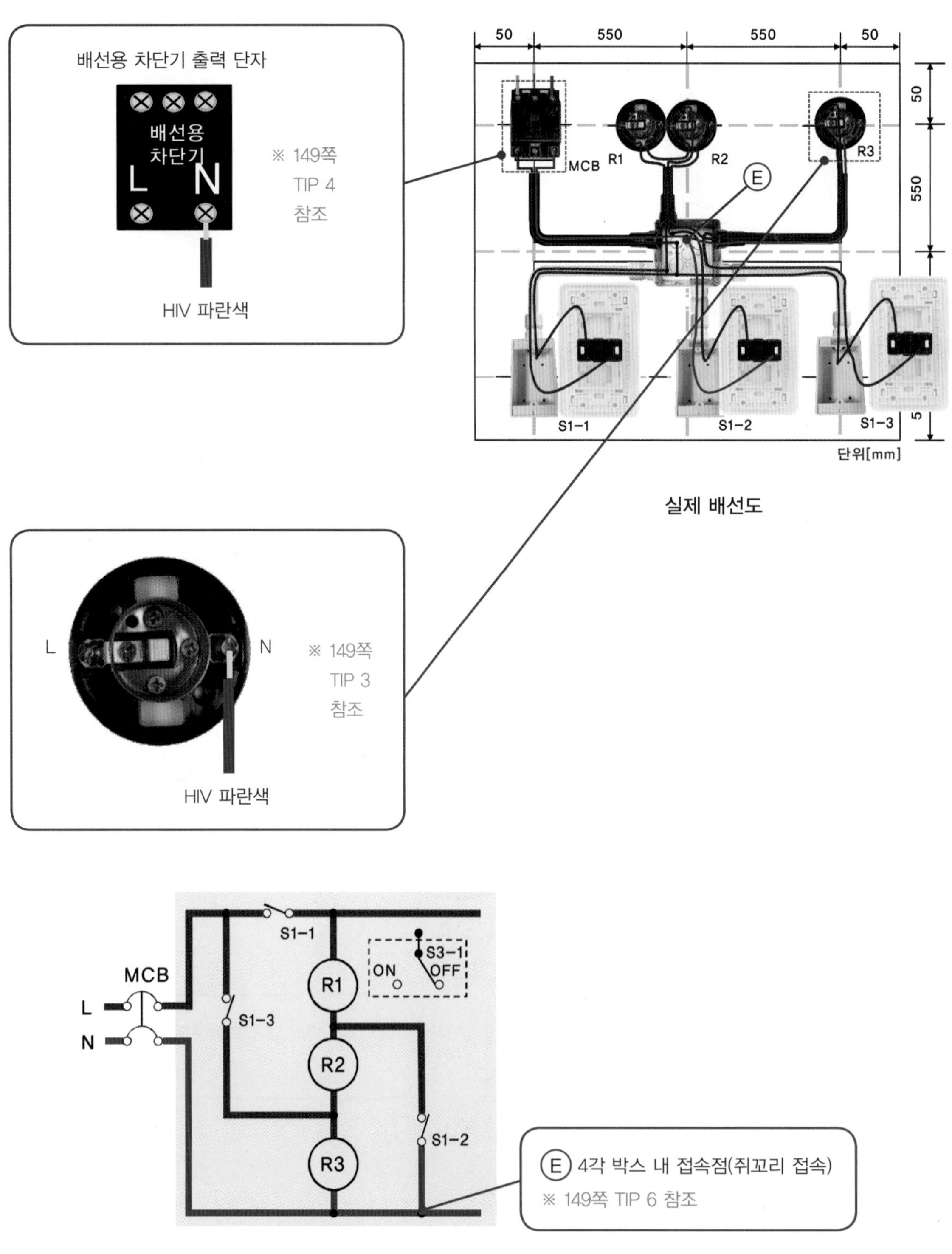

실제 배선도

전기 동작 회로도

6 전선과 기구 접속

① 전선과 리셉터클 소켓 단자와 연결 시 도체 부분을 물음표(?) 모양으로 만들어서 볼트가 조여지는 방향으로 접속한다.

② 전선과 차단기 접속 단자와 연결 시 피복이 단자에 물리는 현상을 방지하기 위해 도체 부분이 접속 후 10mm 정도 보일 수 있도록 한다.

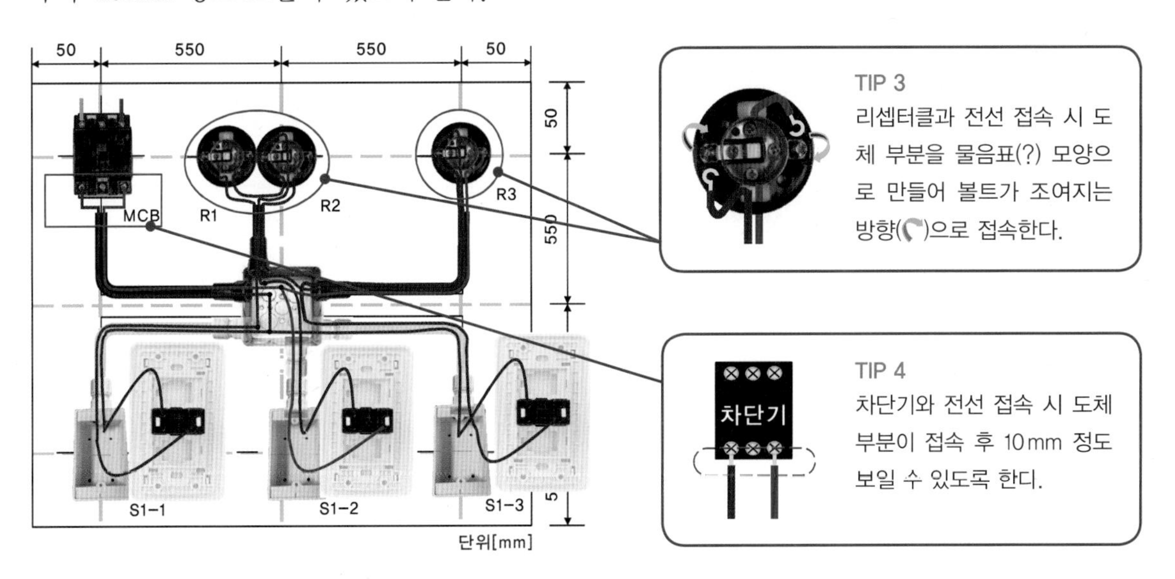

7 전선과 전선의 접속

박스 내 전선을 접속할 경우 쥐꼬리 접속을 4단 이상 꼬아서 절단하고 와이어 커넥터를 오른쪽으로 돌려 절연한다. 박스 내 여유선은 150mm 이상 충분히 남겨서 동그랗게 감는다. 전선의 접속점은 물 고임 방지를 위해 위를 향하게 한다.

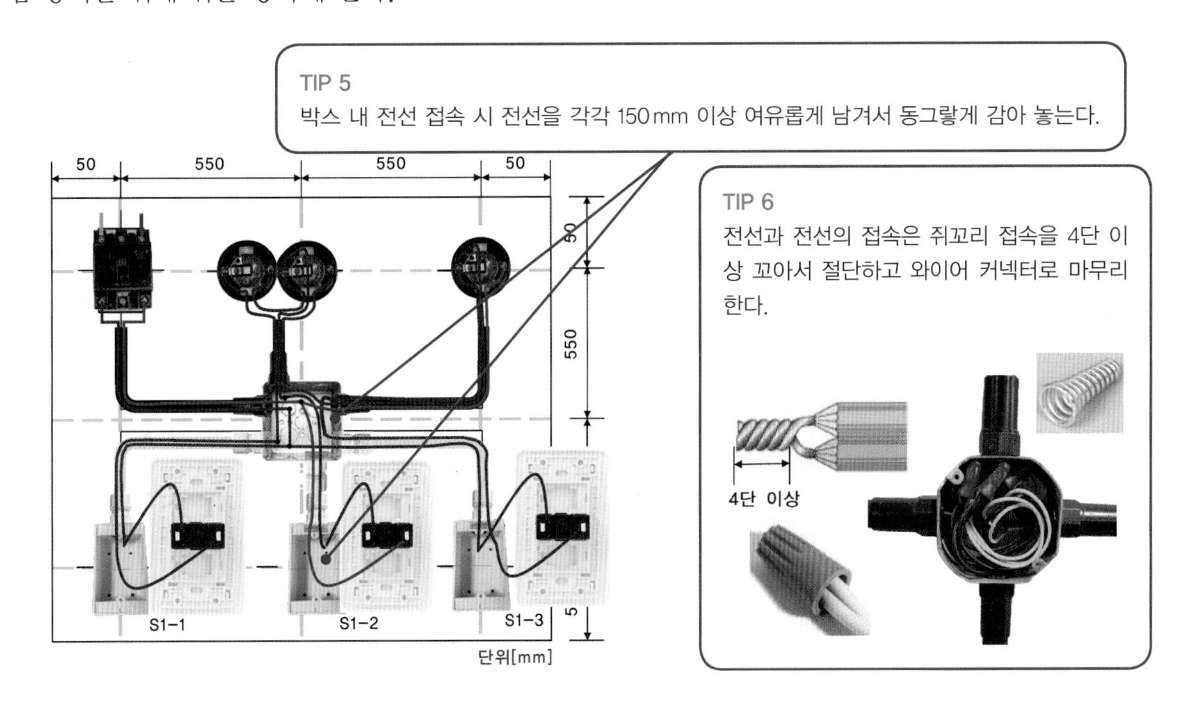

8 마무리 및 동작 테스트

① 스위치 전용 박스에 철판 피스로 고정 플레이트 설치 후 마무리한다.

② 리셉터클 소켓 커버(뚜껑)를 닫고, 벨 테스터로 회로를 점검한다.

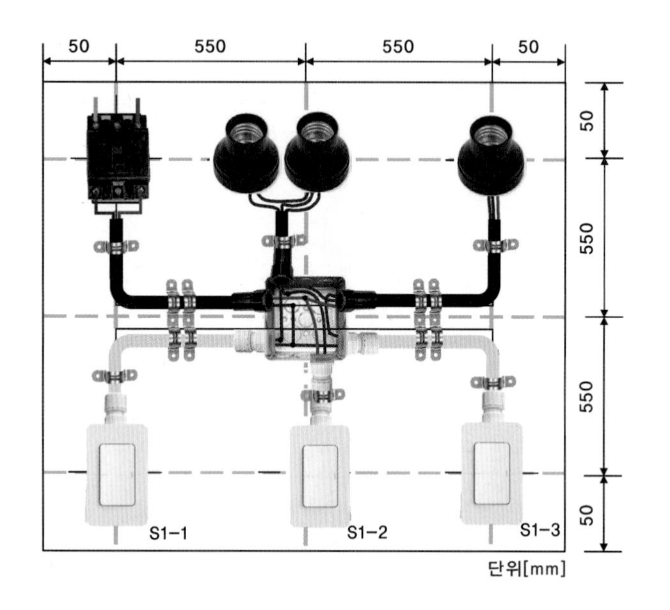

Chepter 1
스위치를 박스에 피스로 고정한다.
플레이트를 설치한다.

Chapter 2
리셉터클 뚜껑을 닫는다.

Chapter 3
벨 테스터로 선로를 확인한다.

Project 8	릴레이 사용 신호 회로	소요시간	6시간

학번 (　　　　　　) 성명 (　　　　　　)

■ 실습 목적

1. 전기에너지를 여러 개의 조명설비가 필요로 하는 장소까지 설계도서에 따라 전기기구, 전선관, 케이블 등을 안전하고 적합하도록 공사하는 능력을 습득할 수 있다.
2. 3로 스위치와 릴레이의 내부 회로도를 이해하고 혼용한 회로의 공사를 수행할 수 있다.
3. 한국전기설비규정(KEC)을 준수하여 건축물 등 전기사용장소에 전기회로 공사를 수행할 수 있다.

■ 실험 · 실습 소요 재료 내역

번호	재료명	규격	단위	수량
1	배선용 차단기(MCB)	3P 30A, AC 220V	EA	1
2	4각 정션박스	금속	EA	1
3	리셉터클 소켓	둥근형 2P, AC 220V	EA	3
4	전등용 스위치	1구 3로, AC 220V	EA	1
5	스위치 박스	난연 또는 금속	EA	1
6	CD 전선관 커넥터	ϕ25, 16mm	EA	4
7	콘센트(접지형)	2P 16A, AC 220V	EA	1
8	콘센트 박스	난연 또는 금속	EA	1
9	릴레이 소켓	8핀 베이스	EA	1
10	CD 전선관	16mm	M	4
11	PE 전선관 커넥터	ϕ25, 16mm	EA	4
12	PE 전선관	16mm	M	4
13	비닐전선(HIV 1.78mm)	2.5mm^2 검은색, 단선	M	5
14	비닐전선(HIV 1.78mm)	2.5mm^2 파란색, 단선	M	2
15	새들	철재, 16mm	EA	8

■ 사용 공구 내역

번호	공구명	규격	단위	수량	번호	공구명	규격	단위	수량
1	드라이버	60×200, 양용	EA	1	5	니퍼	200mm	EA	1
2	롱 노즈 플라이어	200mm	EA	1	6	전동 드라이버	충전식	EA	1
3	와이어 스트리퍼		EA	1	7	공구 벨트	공사용	EA	1
4	펜치	200mm	EA	1	8	피시 테이프	입선용	EA	1

■ 회로 동작 설명

1. 배선용 차단기(MCB)를 켜면(ON) 3로 스위치 출력 단자(OFF)에 연결된 리셉터클 소켓(R1)과 릴레이(RY) b접점에 연결된 리셉터클 소켓(R2)의 램프가 점등한다. 또한 콘센트에 전원이 들어온다.
2. 3로 스위치(S3)를 켜면(ON) 리셉터클 소켓(R1)의 램프가 소등한다. 릴레이(RY)에 전원이 공급되어 리셉터클 소켓(R2)의 램프도 소등되고 리셉터클 소켓(R3)의 램프는 점등한다.
3. 배선용 차단기(MCB)를 끄면(OFF) 모든 회로는 꺼진다.

■ 실습 도면

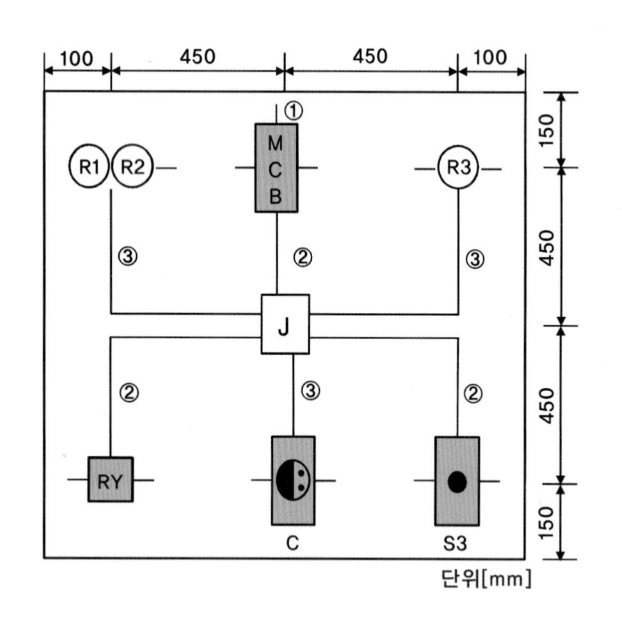

MCB : 배선용 차단기
J : 4각 정션박스
R1 · R2 · R3 : 리셉터클
S3 : 1구 3로 스위치
C : 1구 콘센트
RY : 8핀 릴레이
① : 케이블
② : PE 전선관
③ : CD 전선관

기구 배치 및 배관도

L(HIV 1.78mm 검은색)
N(HIV 1.78mm 파란색)

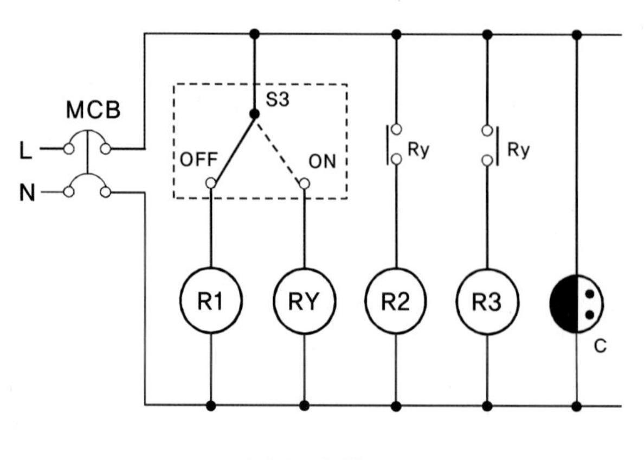

전기 동작 회로도

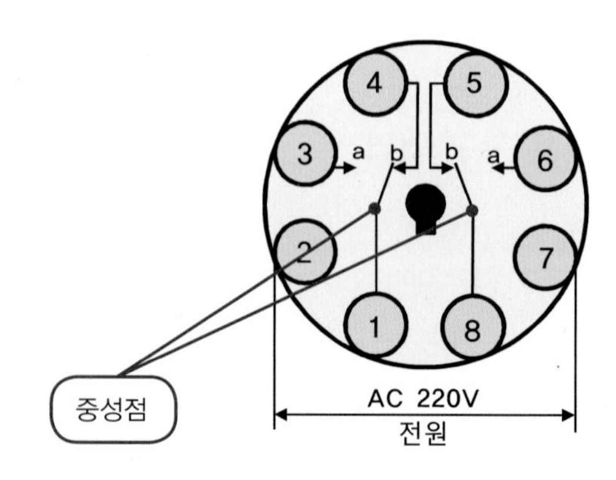

8Pin Relay 내부 회로도

■ 지시사항 및 안전사항

1. 지급된 재료와 실습장 시설을 사용하여 제한시간 내에 주어진 과제를 안전에 유의하여 완성한다.
   (단, 과제에 표시되지 않은 사항은 한국전기설비규정에 따른다.)
2. 전원 방식은 단상 AC 220V를 사용한다.
3. 작업판 제도 시 치수 오차범위는 외관 ±30mm를 허용한다.
4. 공사 방법은 ① 케이블 공사, ② PE 전선관, ③ PE 전선관, ④ HIV 전선을 설치한다.
5. 전선관과 박스가 접속되는 부분은 커넥터를 사용한다.
6. 요소 작업 시 손이 다치지 않도록 안전에 유의하여 작업한다.

■ 평가 내용

평가 영역		세부 평가 내용	배점
회로 해석(도면 검토)		주어진 과제의 회로 해석과 결선은 올바른가?	10
요소 작업	작업판 제도	작업판에 도면에서 제시한 규격으로 제도하였는가?	10
	기구 설치	작업판에 기구를 정확한 위치에 설치하였는가?	5
	배관 설치	작업판에 배관을 정확한 위치에 설치하였는가?	5
	입선 작업	배관에 알맞은 전선을 입선하였는가?	10
	접속 상태	전선과 기구를 알맞게 접속하였는가?	10
		정션박스 내 전선과 전선의 접속은 알맞게 하였는가?	10
실습 태도	실습 준비	공구 및 실습 준비는 철저한가?	10
	재료 사용	실습 재료의 사용은 경제적인가?	10
	문제 해결	발생한 문제의 해결에 적극적이며 방법은 바람직한가?	10
실습 시간		정해진 시간 내에 과제를 완성하였는가?	10
종합			100

Guide 8 릴레이 사용 신호 회로

■ 실습 순서

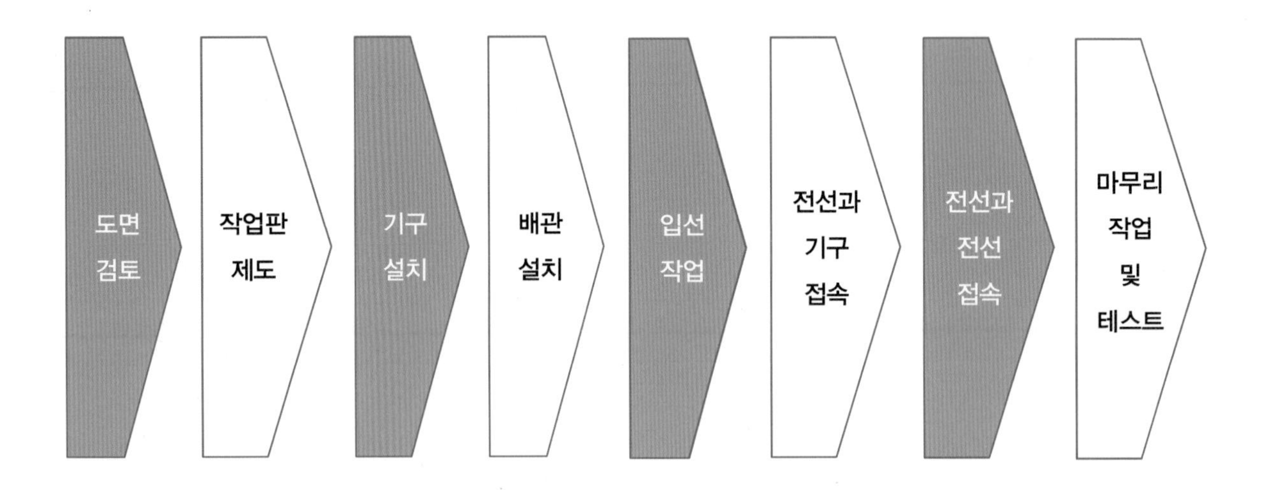

1 도면 검토

① 기구 배치 및 배관도를 확인하여 실제 사용하는 실습재료와 수량을 체크하여 준비한다.
② 동작 회로도가 어떻게 동작되는지 확인한다.
③ 지시사항 및 안전사항에 나타난 공사방법을 참고하여 공사를 준비한다.

2 작업판 제도

① 기구 배치 및 배관도 내 · 외곽선을 작업판에 스틱자와 하얀색 분필로 제도한다.

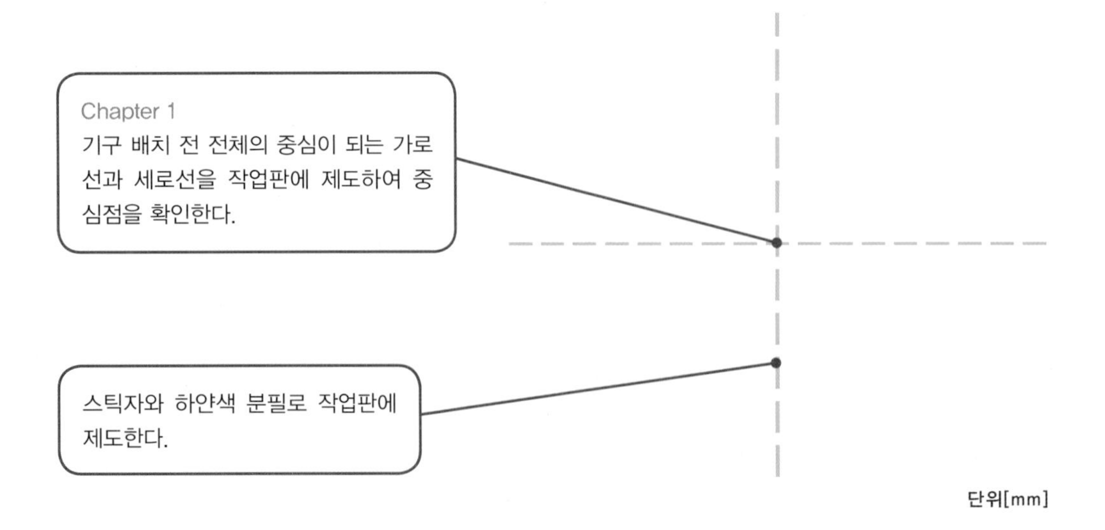

② 세로 기준선을 기준으로 오른쪽과 왼쪽 가로 간격 450 mm와 100 mm를 확인하여 세로 외곽선은 실선으로, 세로선은 점선으로 작업판에 제도한다.

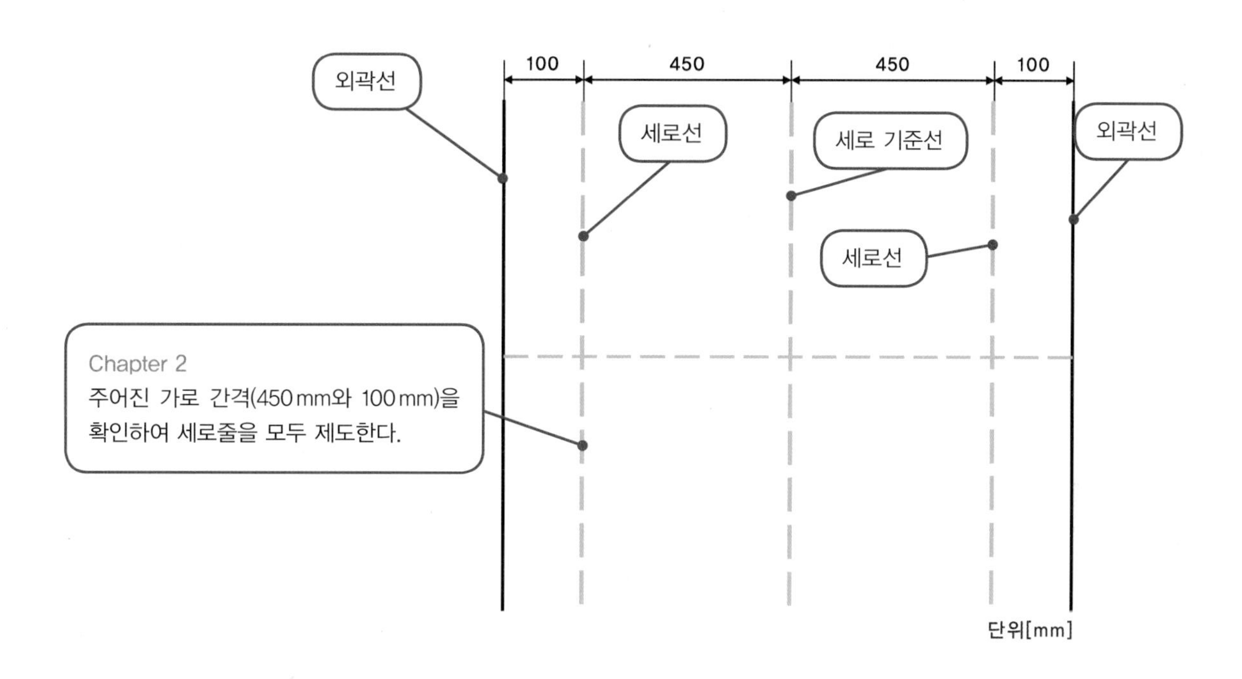

③ 가로 기준선을 기준으로 위쪽과 아래쪽 세로 간격 450 mm 또는 100 mm를 확인하여 가로 외곽선은 실선으로, 가로선은 점선으로 작업판에 제도한다.

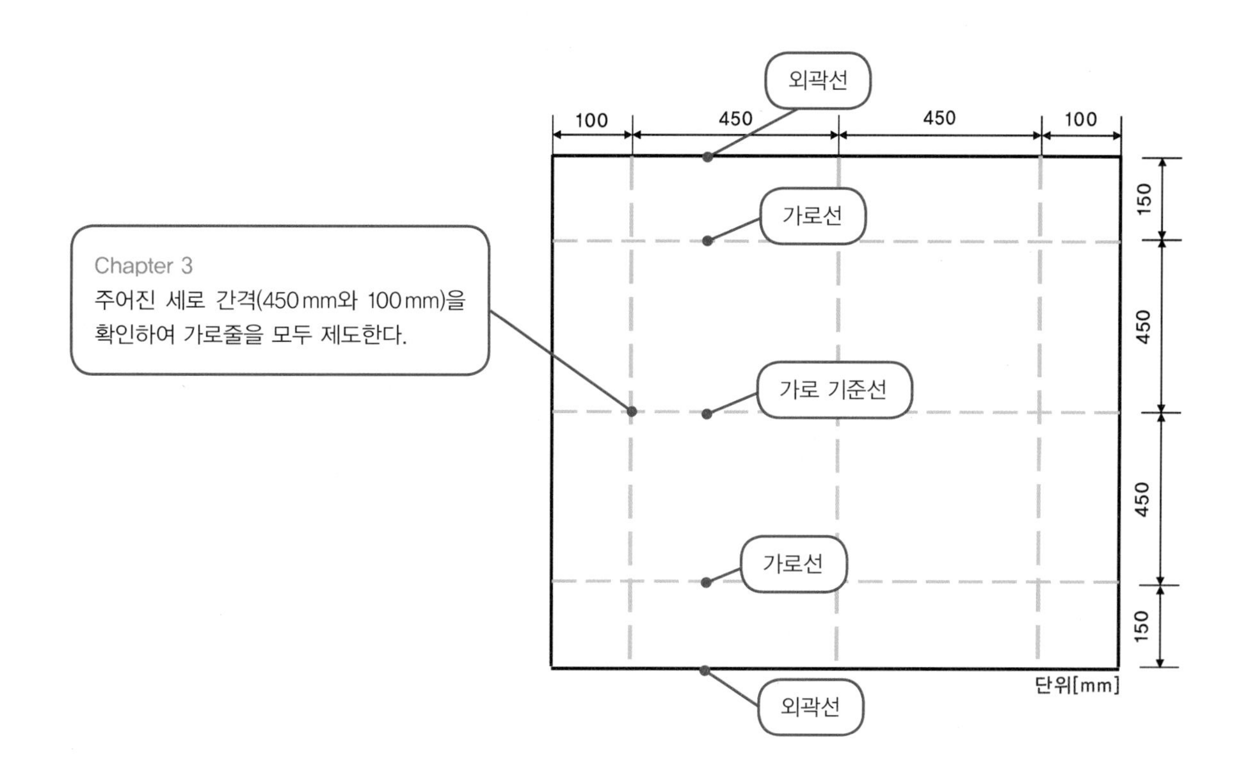

3 기구 설치

① 주어진 가로와 세로선이 겹치는 중심점에 기구를 설치할 수 있도록 표기한다. (예 정션박스 J, 배선용 차단기 MCB, 리셉터클 소켓 R1 · R2 · R3 등)

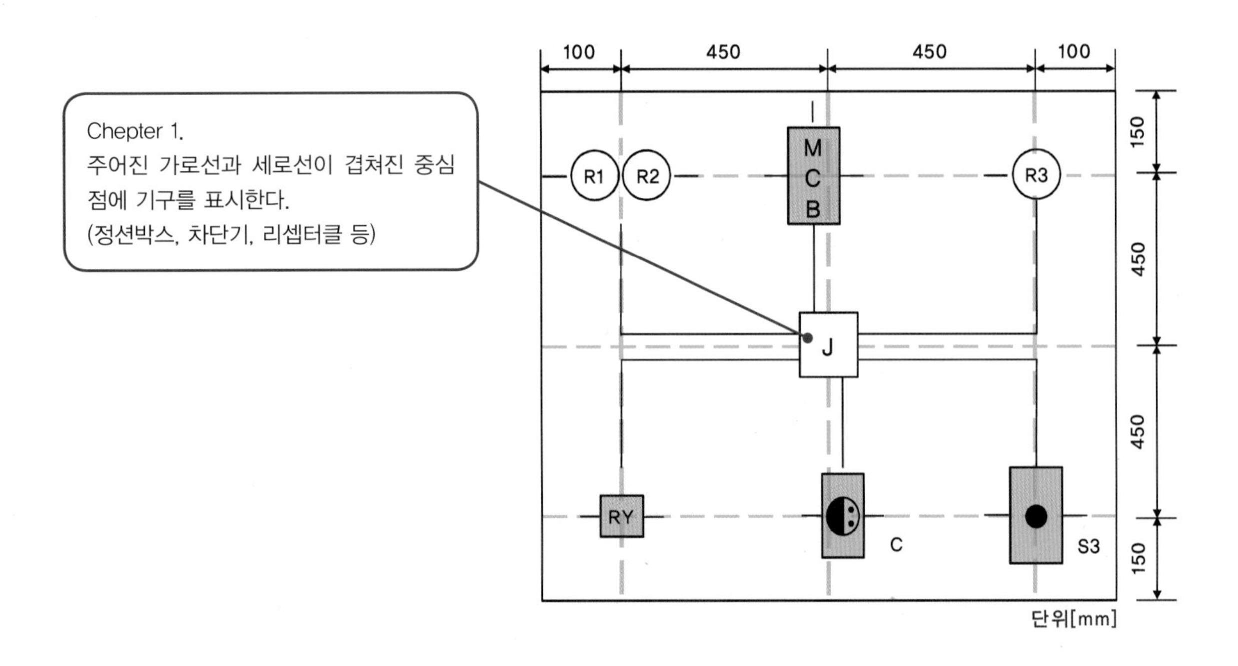

② 배관 및 배선공사의 종류를 숫자로 표기한다.(① 케이블 공사, ② PE 전선관 공사, ③ CD 전선관 공사, ④ HIV 전선 공사)

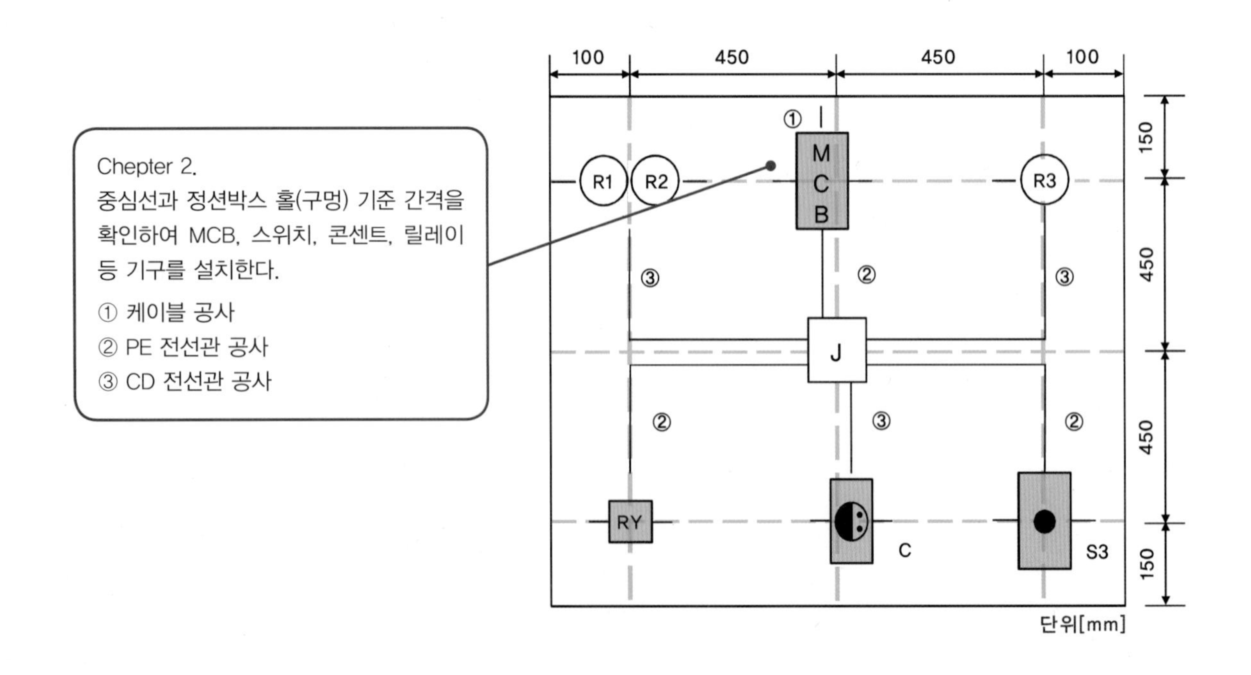

③ 작업판에 표기된 기구 위치에 기구를 철판 피스로 설치한다.

Chapter 3

기구를 작업판에 제도한 위치에 피스로 설치한다.

TIP 1

철판 피스는 헤드 부분이 평평한 것을 선택한다. 기구 및 철판 피스 규격은 아래와 같다.

① 4각 정션박스	4×12×4EA
② 배선용 차단기	4×20×2EA
③ 리셉터클	4×12×6EA
④ 스위치 및 콘센트 박스	4×16×4EA
⑤ 릴레이 소켓	4×16×2EA

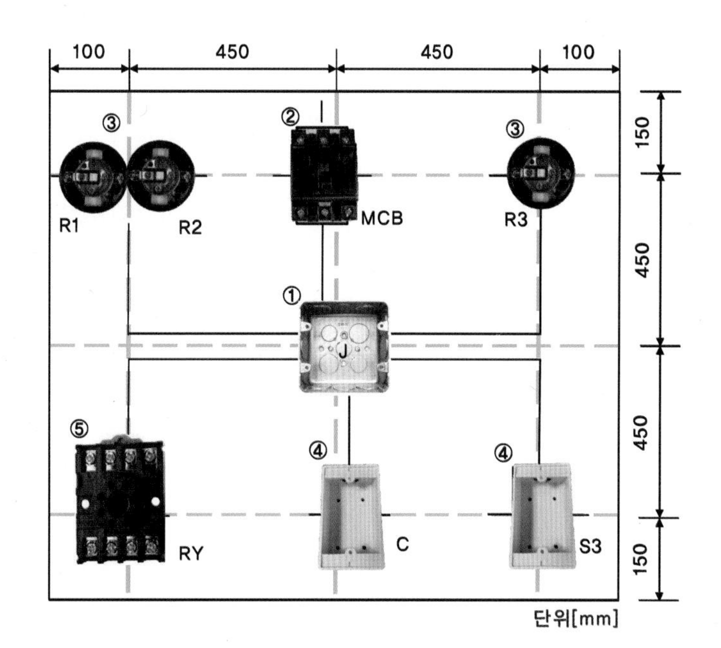

4 배관 설치

① 전선관 설치 전 정션박스, 스위치 박스에 커넥터를 설치한다.

Chapter 1

배관 설치 전 정션박스에 커넥터를 설치한다.

① PE 전선관용 커넥터

② CD 전선관용 커넥터

- 4각 정션박스
  PE 커넥터×3EA
  CD 커넥터×3EA
- 스위치 박스
  PE 커넥터×1EA
- 콘센트 박스
  CD 커넥터×1EA

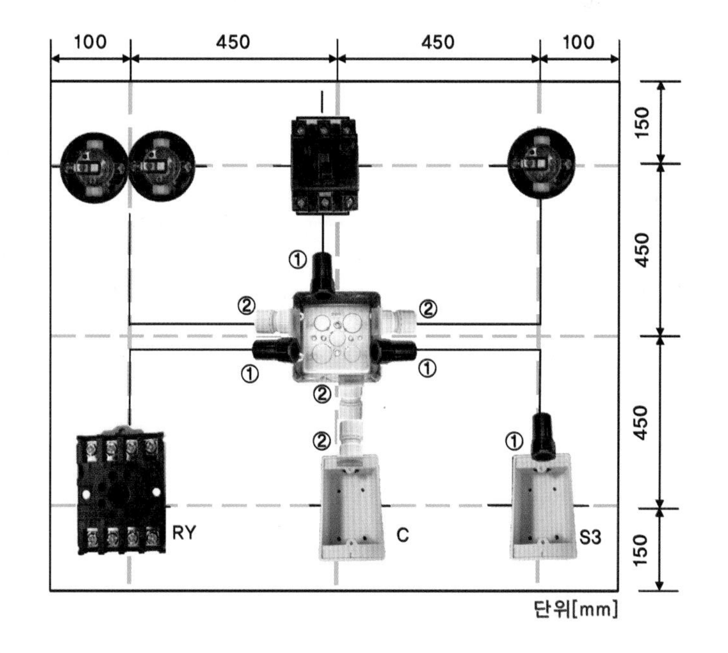

PE 전선관용 커넥터

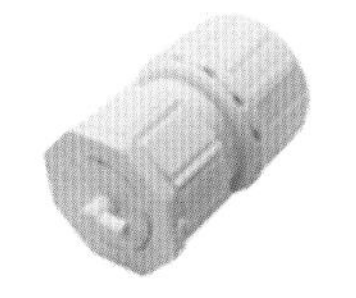

CD 전선관용 커넥터

② PE · CD 전선관을 규격에 알맞게 설치한다. 또한 기구와 전선관의 접속 시 이격거리를 50mm 이내로 설치한다.

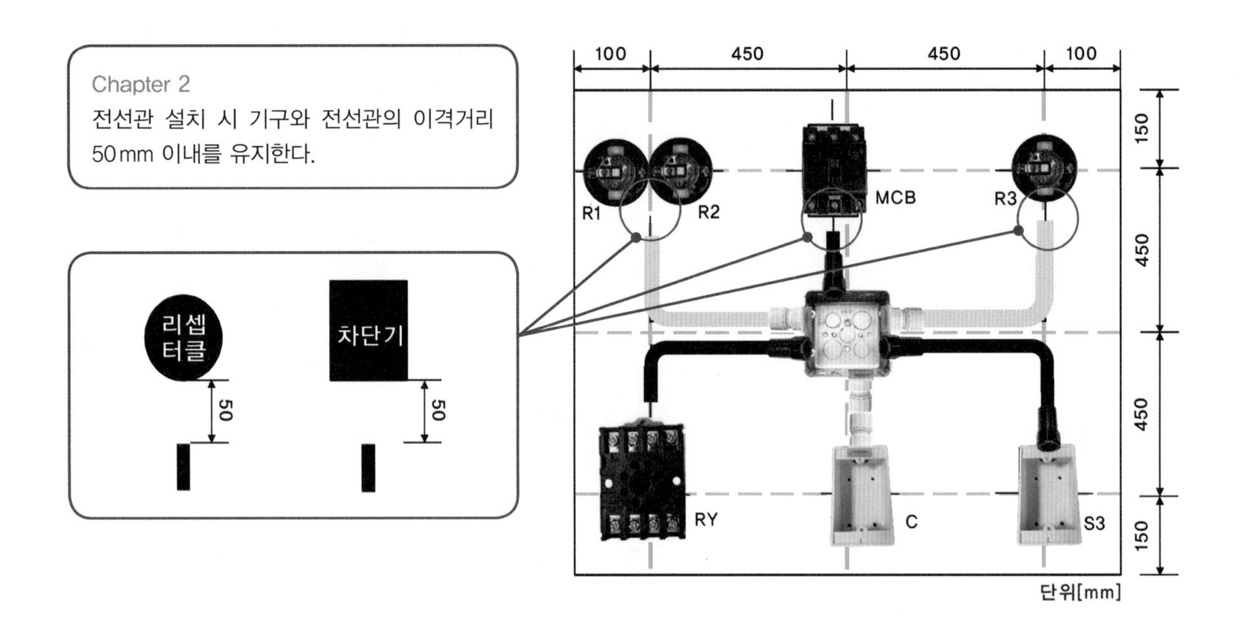

③ 전선관 설치 시 직선 구간은 300mm 간격마다 새들로 고정한다. 전선관의 곡선 · 박스 · 차단기 · 리셉터클 소켓 구간은 150mm 간격으로 새들을 설치한다.

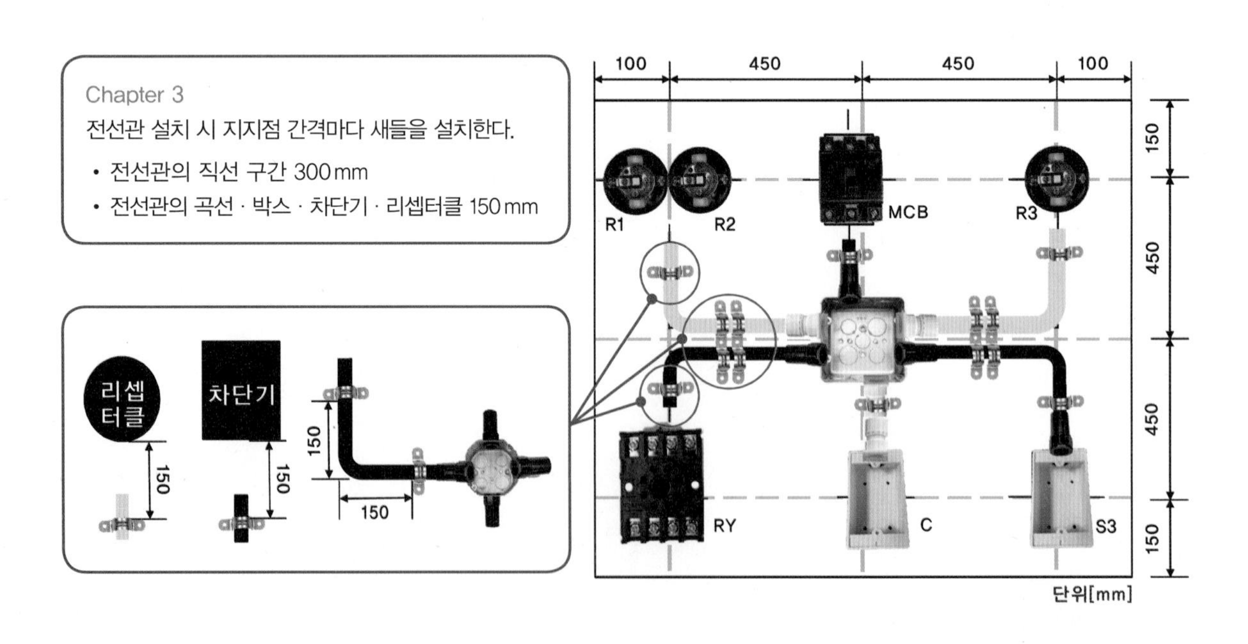

④ 4각 정션박스에서 전선관이 2구간에 설치될 경우 **새들 고정 협조**를 통해 전선관을 고정시킨다.

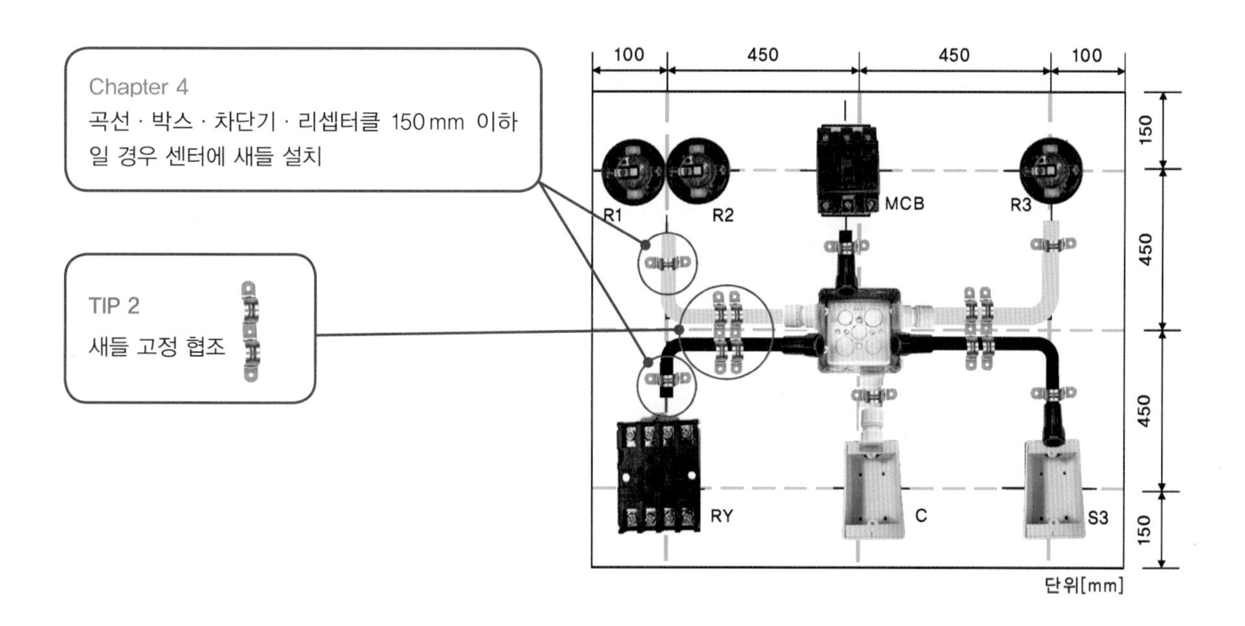

5 입선 작업

① 전기 동작 회로도를 기구 배치 및 배관도에 적용하여 설치한다.

❖ 기구 배치 및 배관도

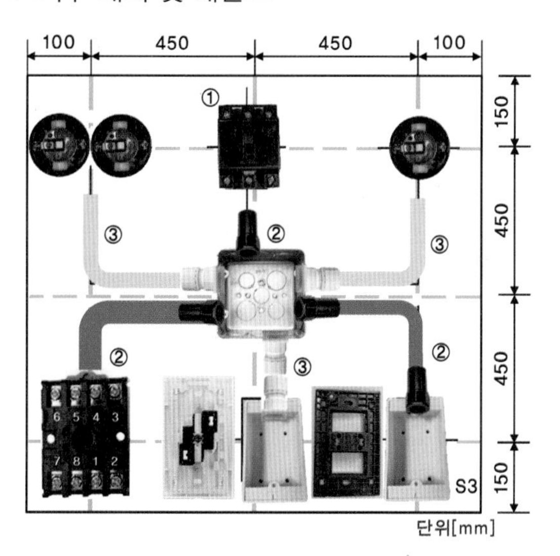

❖ 전기 동작 회로도

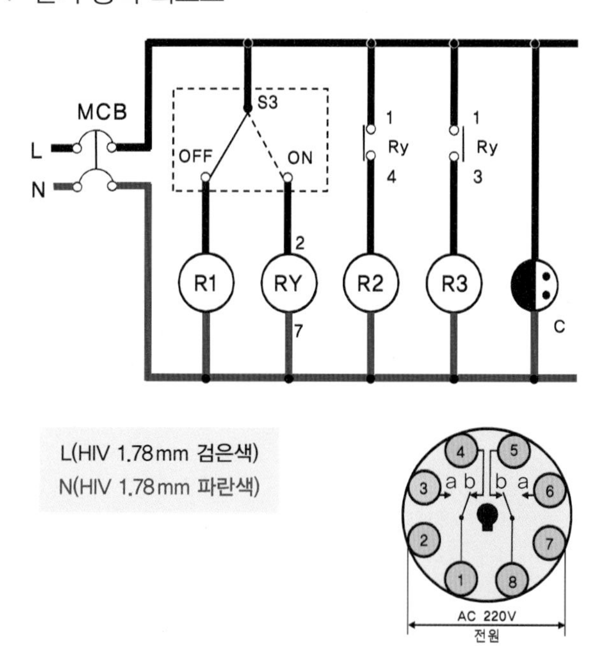

8Pin Relay
내부 회로도

❖ 요구사항

가. 전원 : 단상 2선식(220ACV)
나. 동작
- 배선용 차단기를 투입하면 R2 점등, 콘센트에 220V 전원이 들어온다.
- S3 스위치가 OFF 상태에서 R1이 점등한다.
- S3 스위치가 ON 상태에서 R1 소등, RY가 여자되고 R2 소등, R3이 점등한다.

다. 공사 구분
① 케이블 공사, ② PE 전선관 공사, ③ CD 전선관 공사, ④ HIV 전선 공사

② 배선용 차단기(MCB) 1차 입력 단자에 인입선(L, N상)을 연결한다. L상은 HIV 1.78mm 검은색 이고 N상은 HIV 1.78mm 파란색으로 사용한다.

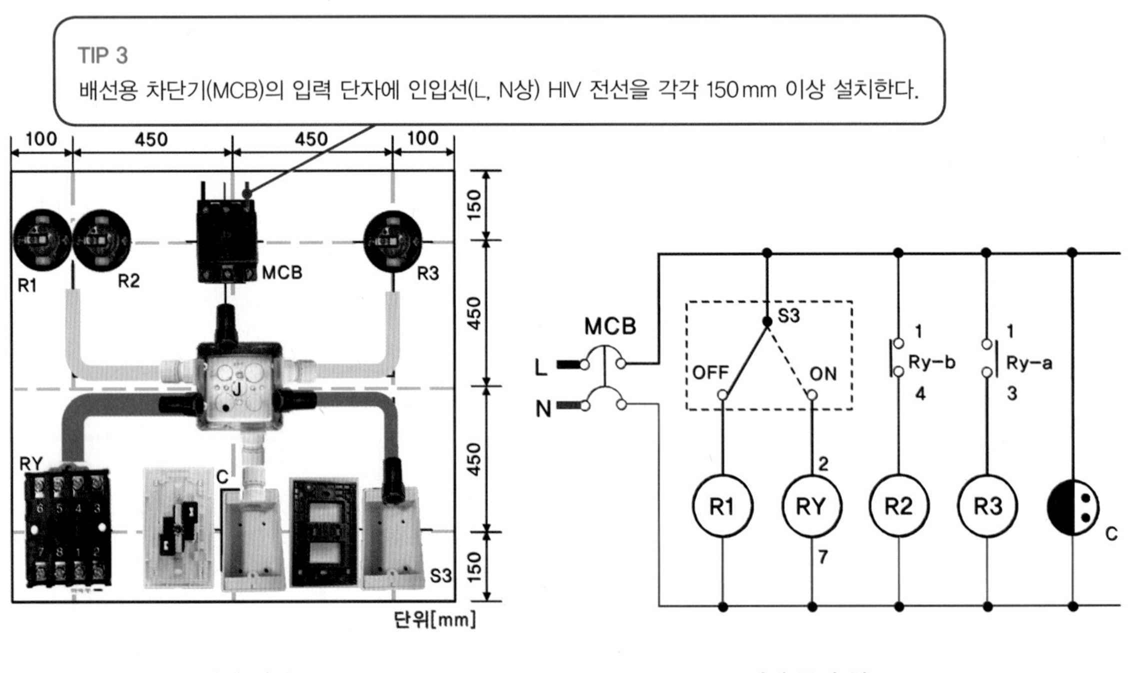

실제 배선도

전기 동작 회로도

③ 배선용 차단기(MCB) 2차 인출선(L상)을 3로 스위치(S3) 중성점과 HIV 1.78mm 검은색 전선으로 연결한다.

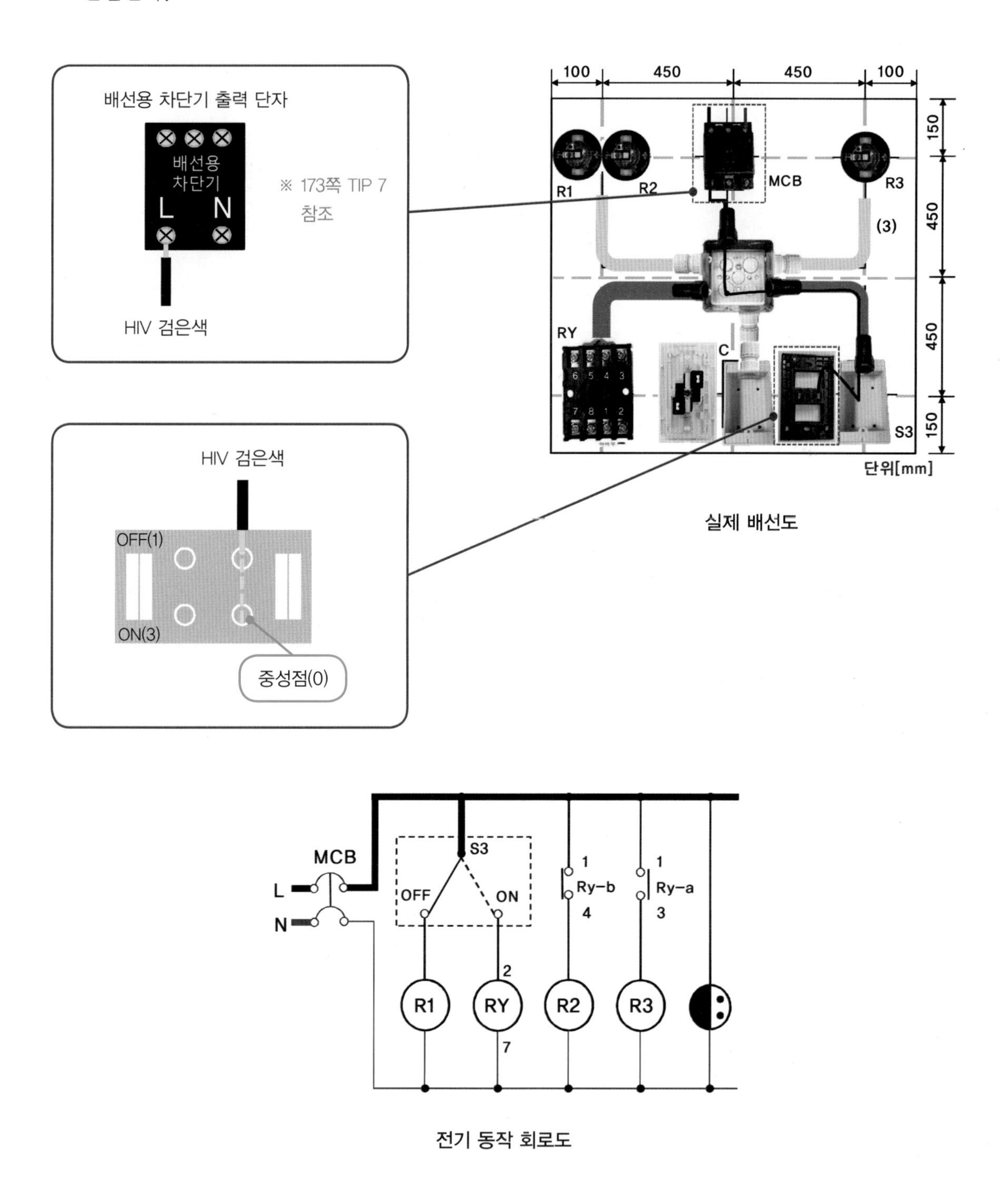

실제 배선도

전기 동작 회로도

④ 3로 스위치(S3) 출력 단자(OFF)를 정션박스를 통해 리셉터클 소켓(R1) 입력 단자와 HIV 1.78mm 검은색 전선으로 연결한다.

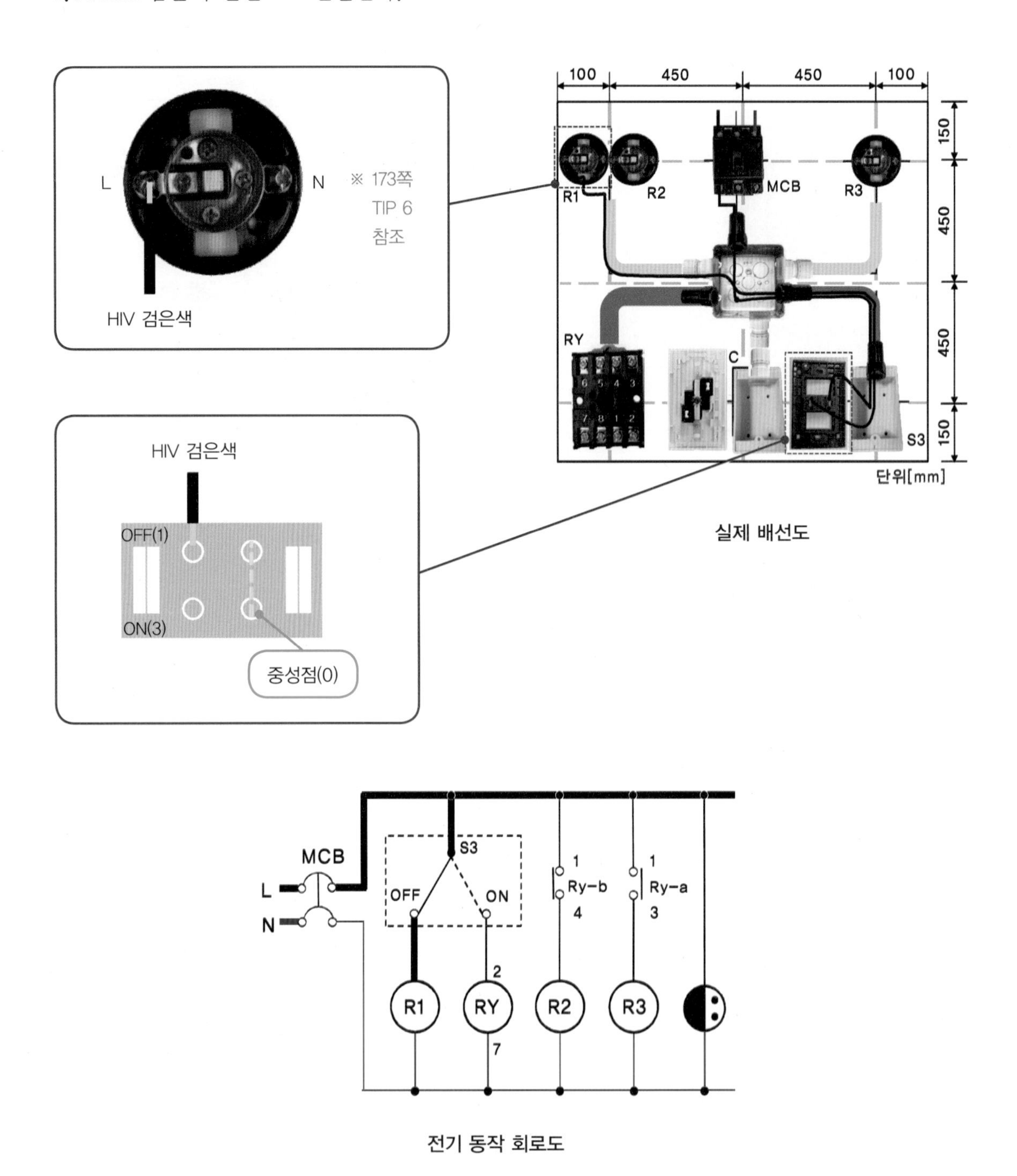

실제 배선도

전기 동작 회로도

⑤ 리셉터클 소켓(R1)의 출력 단자와 배선용 차단기 출력 단자(N상)을 정션박스를 통해 HIV 1.78mm 파란색 전선으로 연결한다.

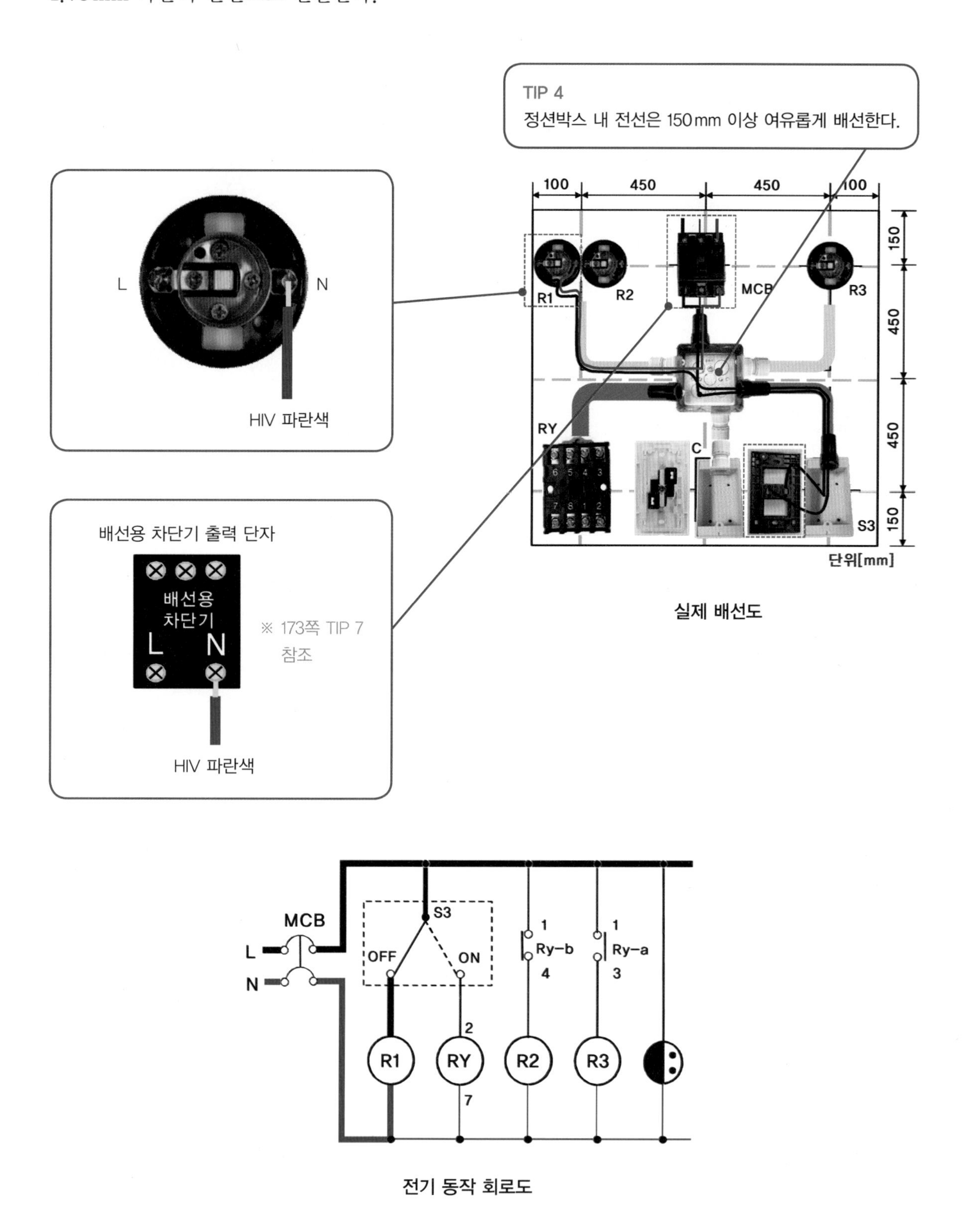

실제 배선도

전기 동작 회로도

⑥ 3로 스위치(S3) 출력 단자(ON)와 릴레이(RY) 전원 핀번호 2번을 정션박스를 통해 HIV 1.78 mm 검은색 전선으로 연결한다.

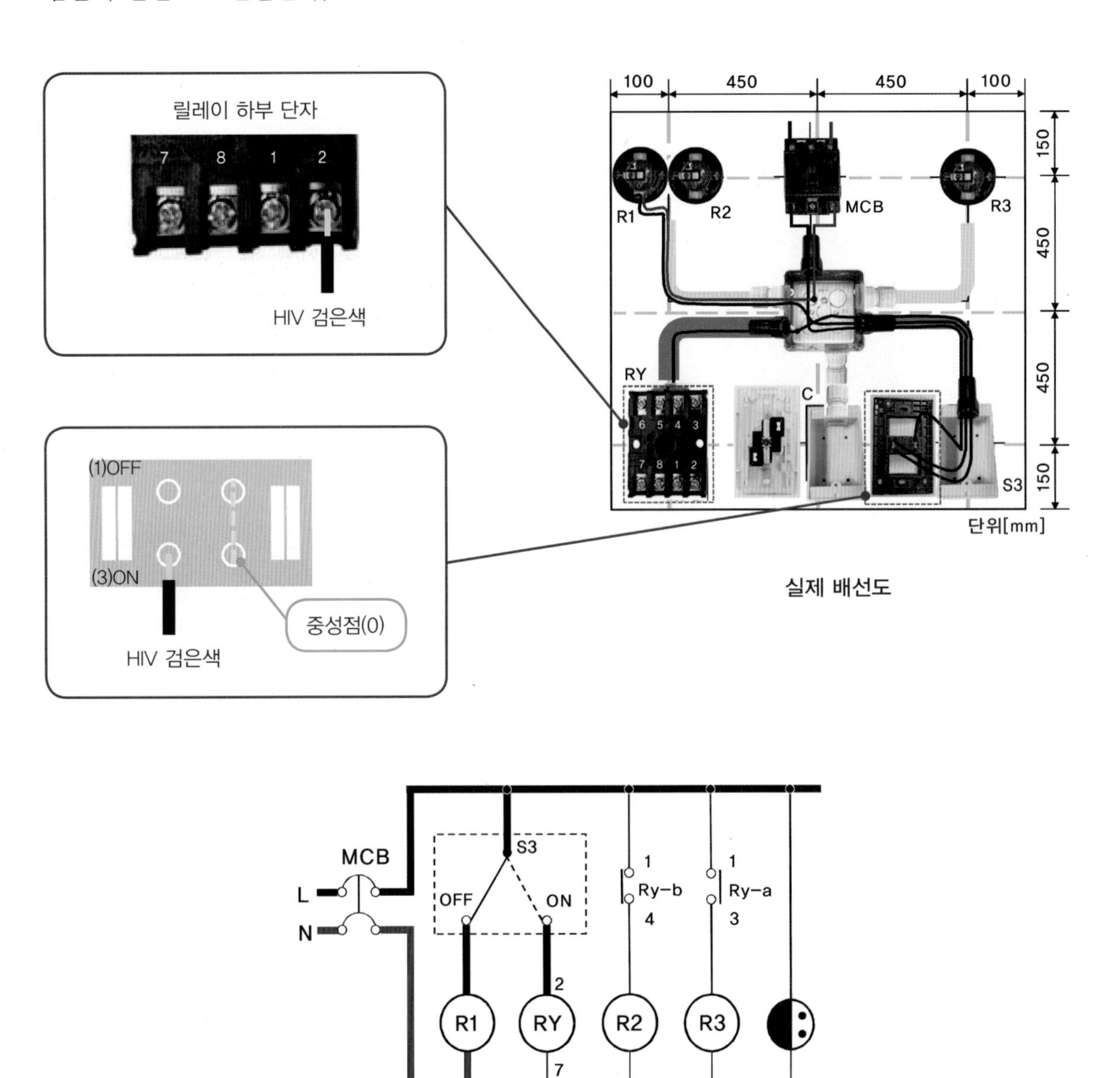

실제 배선도

전기 동작 회로도

⑦ 릴레이(RY) 전원 핀번호 7번과 정션박스 내 N상을 HIV 1.78mm 파란색 전선으로 쥐꼬리 접속으로 연결한다.

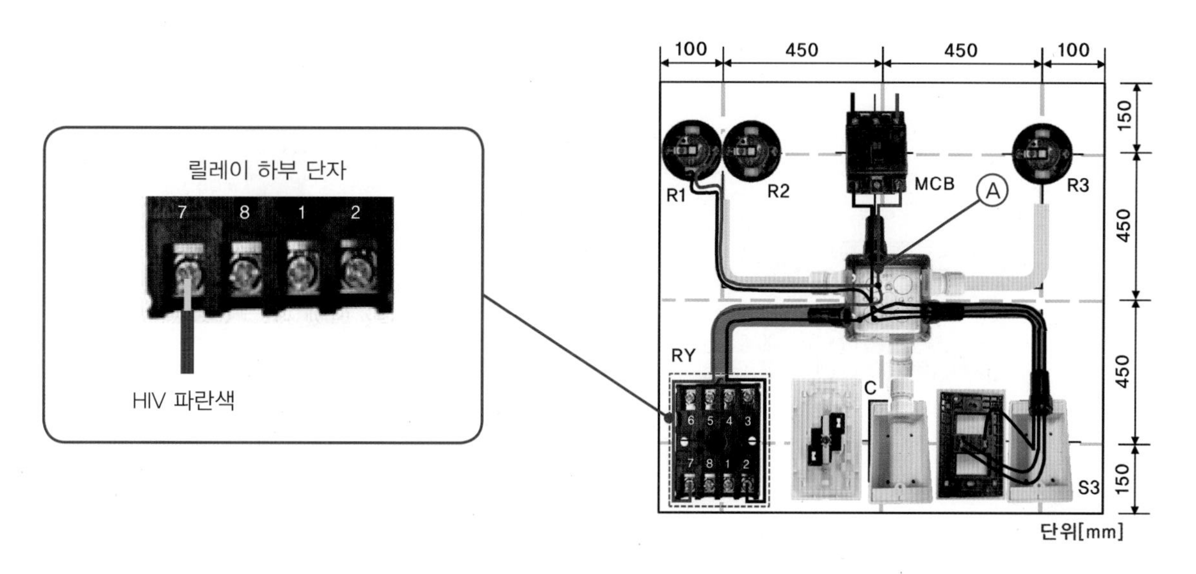

실제 배선도

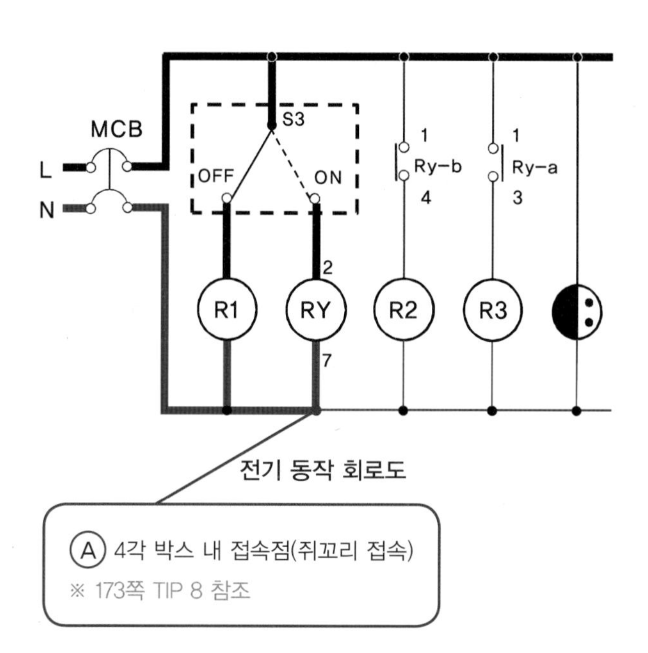

전기 동작 회로도

Ⓐ 4각 박스 내 접속점(쥐꼬리 접속)
※ 173쪽 TIP 8 참조

⑧ 릴레이(RY) a접점과 b접점의 공통 핀번호 1번과 정션박스 내 L상과 HIV 1.78mm 검은색 전선으로 쥐꼬리 접속 연결한다. (쥐꼬리 접속 시 150mm 이상 여유를 두어 배선한다.)

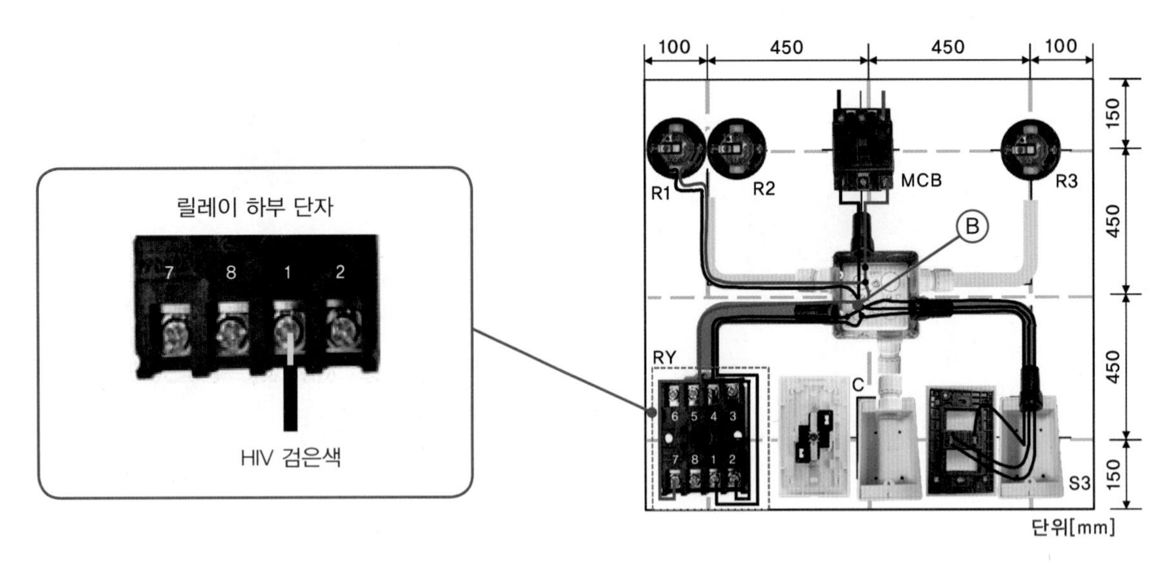

실제 배선도

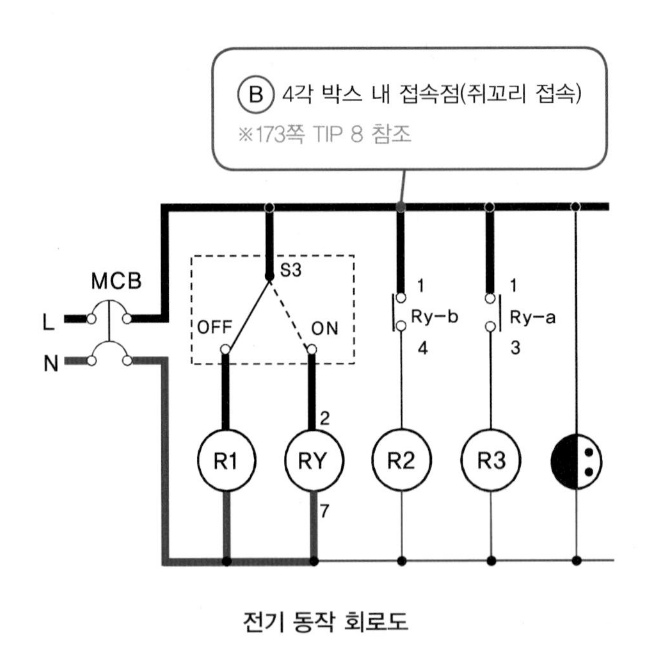

전기 동작 회로도

⑨ 릴레이(RY) b접점의 출력 단자 핀번호 4번과 리셉터클 소켓(R2) 입력 단자와 HIV 1.78mm 검은색 전선으로 접속 연결한다.

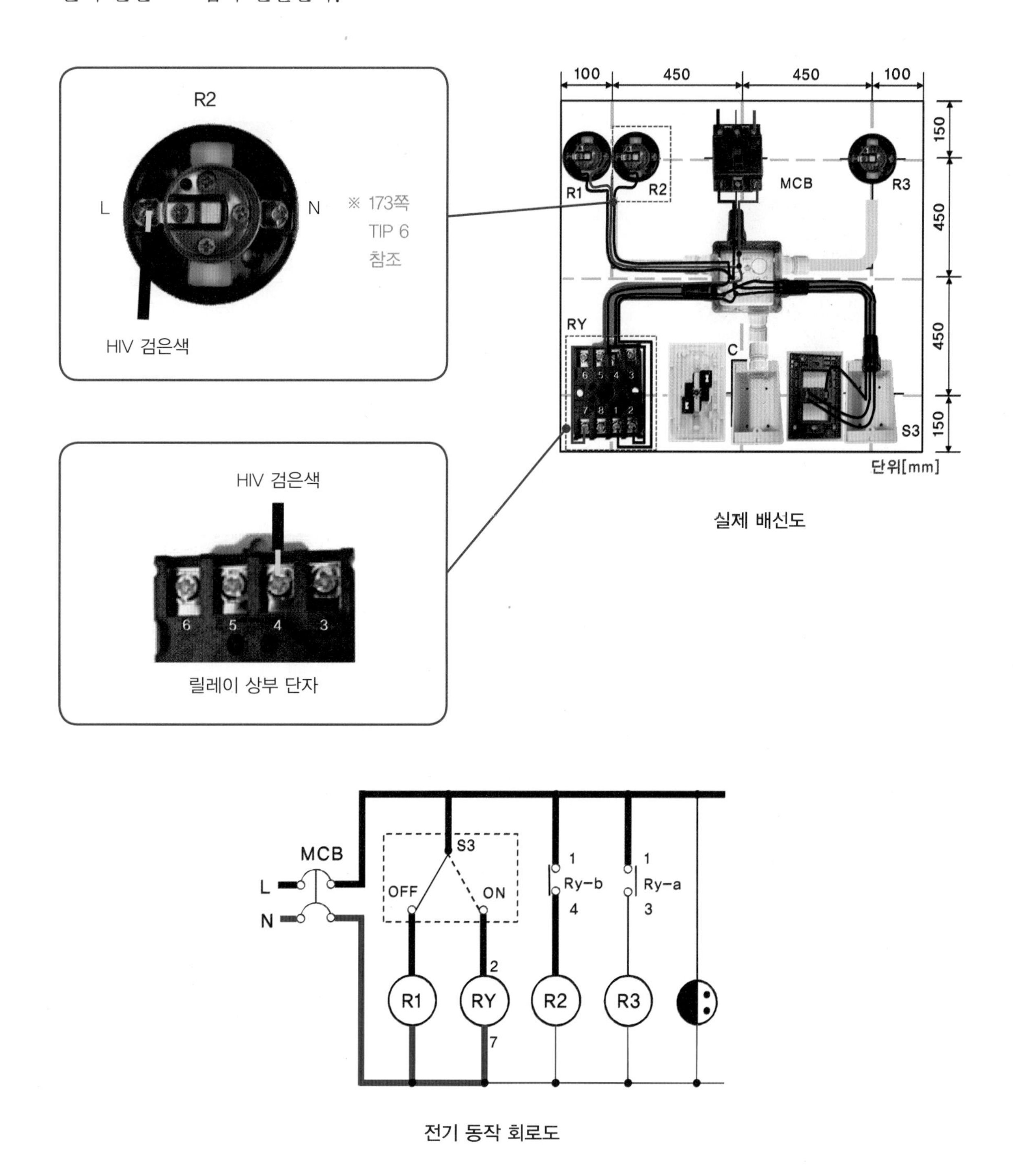

실제 배신도

전기 동작 회로도

⑩ 리셉터클 소켓(R2)의 출력 단자와 정션박스 내 N상을 HIV 1.78mm 파란색 전선으로 쥐꼬리 접속 연결한다.

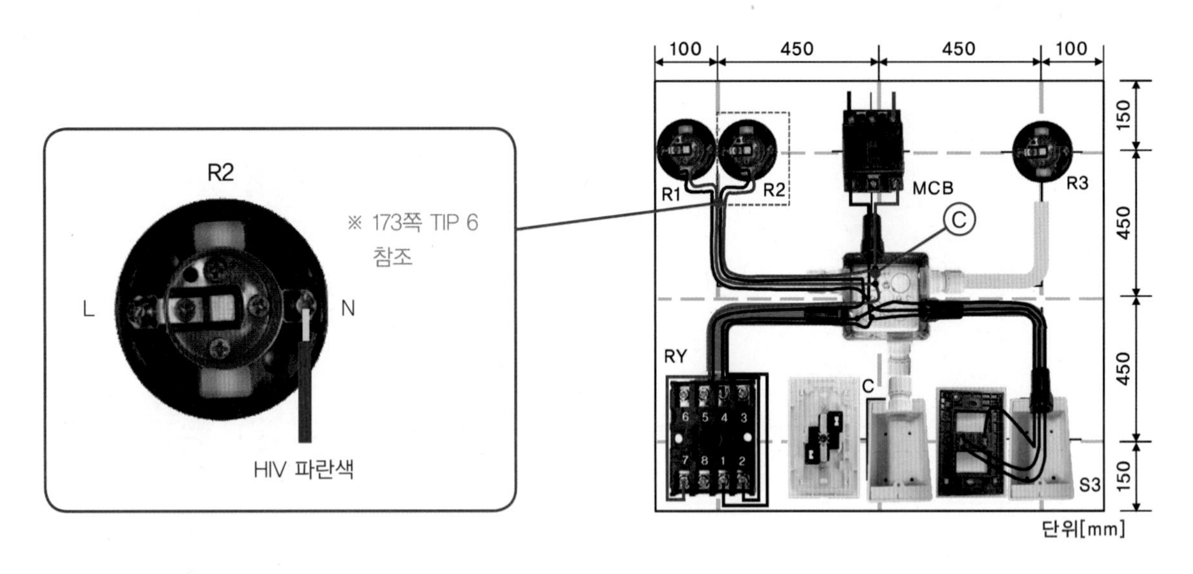

실제 배선도

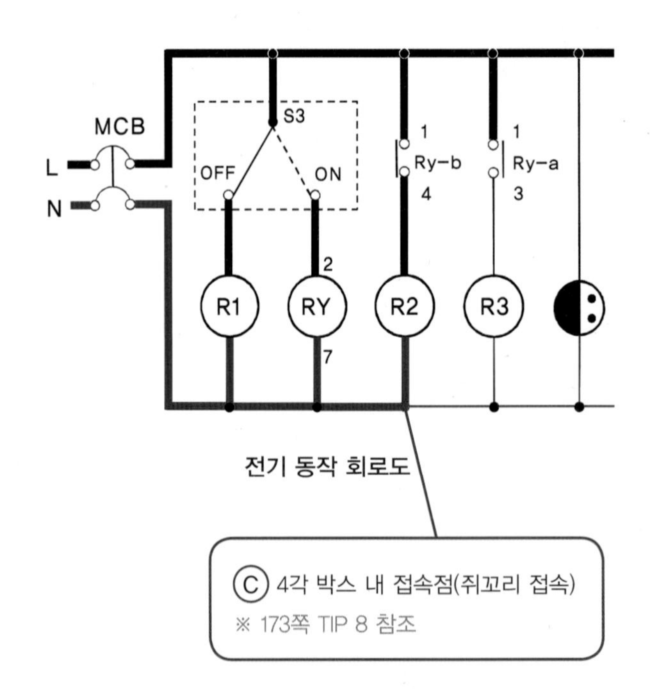

전기 동작 회로도

⑪ 릴레이(RY) a접점의 출력 단자 핀번호 3번과 리셉터클 소켓(R3) 입력 단자와 HIV 1.78mm 검은색 전선으로 접속 연결한다.

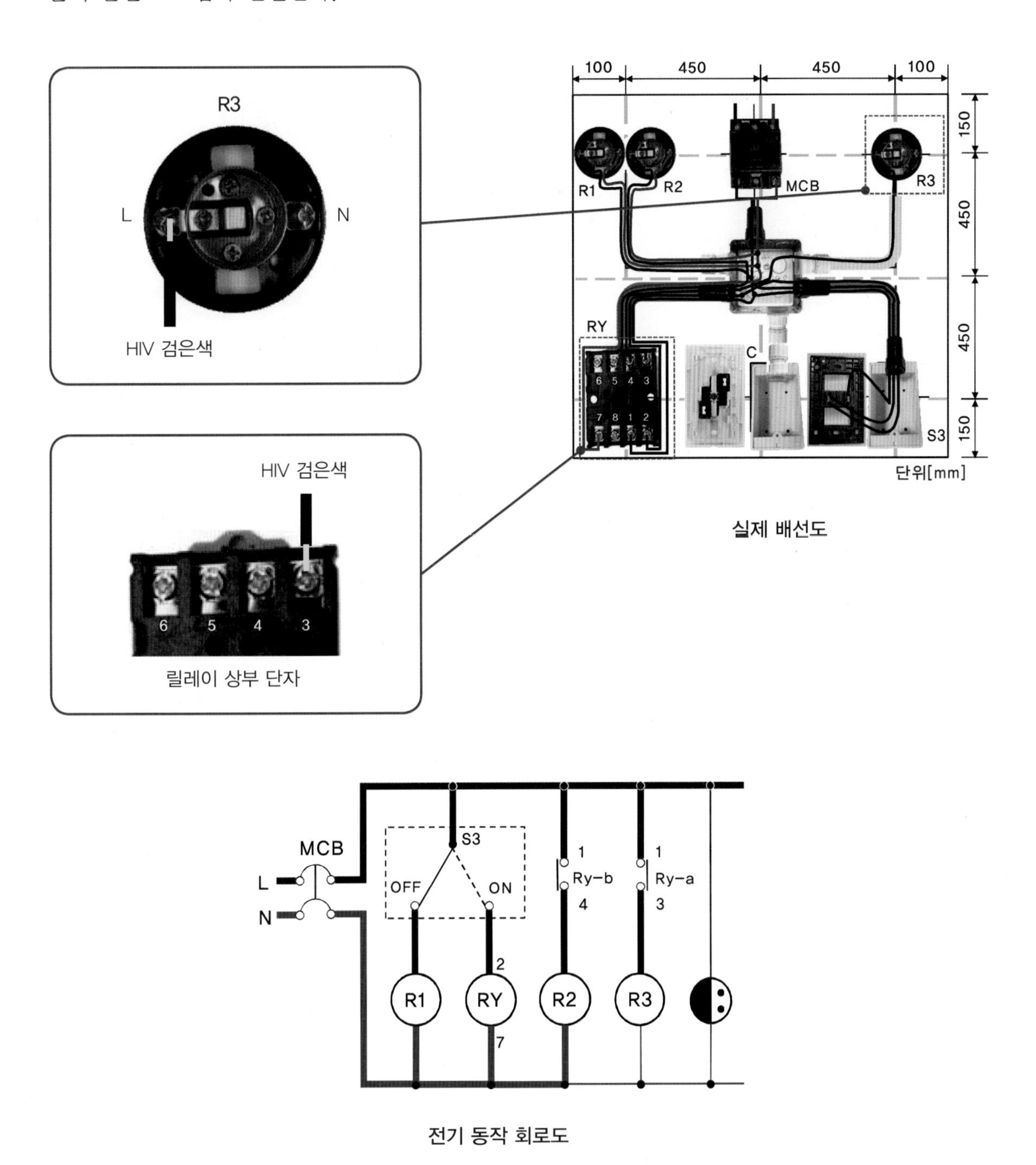

실제 배선도

전기 동작 회로도

⑫ 리셉터클 소켓(R3)의 출력 단자와 정션박스 내 N상을 HIV 1.78mm 파란색 전선으로 쥐꼬리 접속 연결한다.

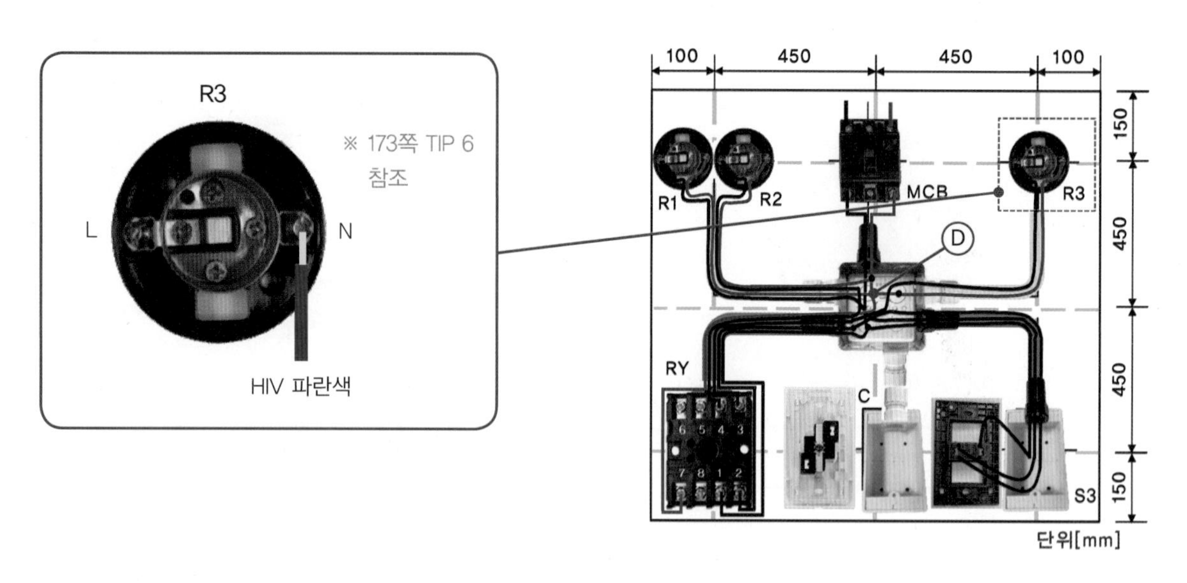

실제 배선도

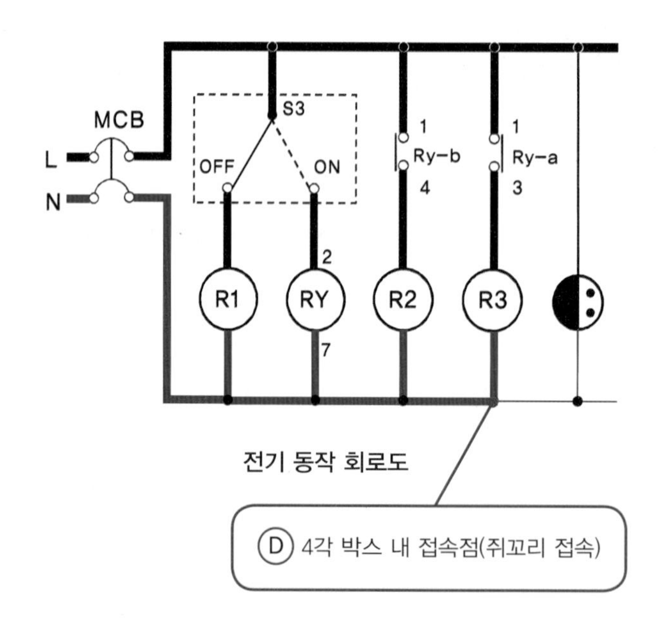

전기 동작 회로도

Ⓓ 4각 박스 내 접속점(쥐꼬리 접속)

⑬ 정션박스 내 배선용 차단기 출력 단자 L상과 콘센트(C) 입력 단자와 HIV 1.78 mm 검은색 전선으로 연결한다. (단, 콘센트 전원은 극성이 없다.)

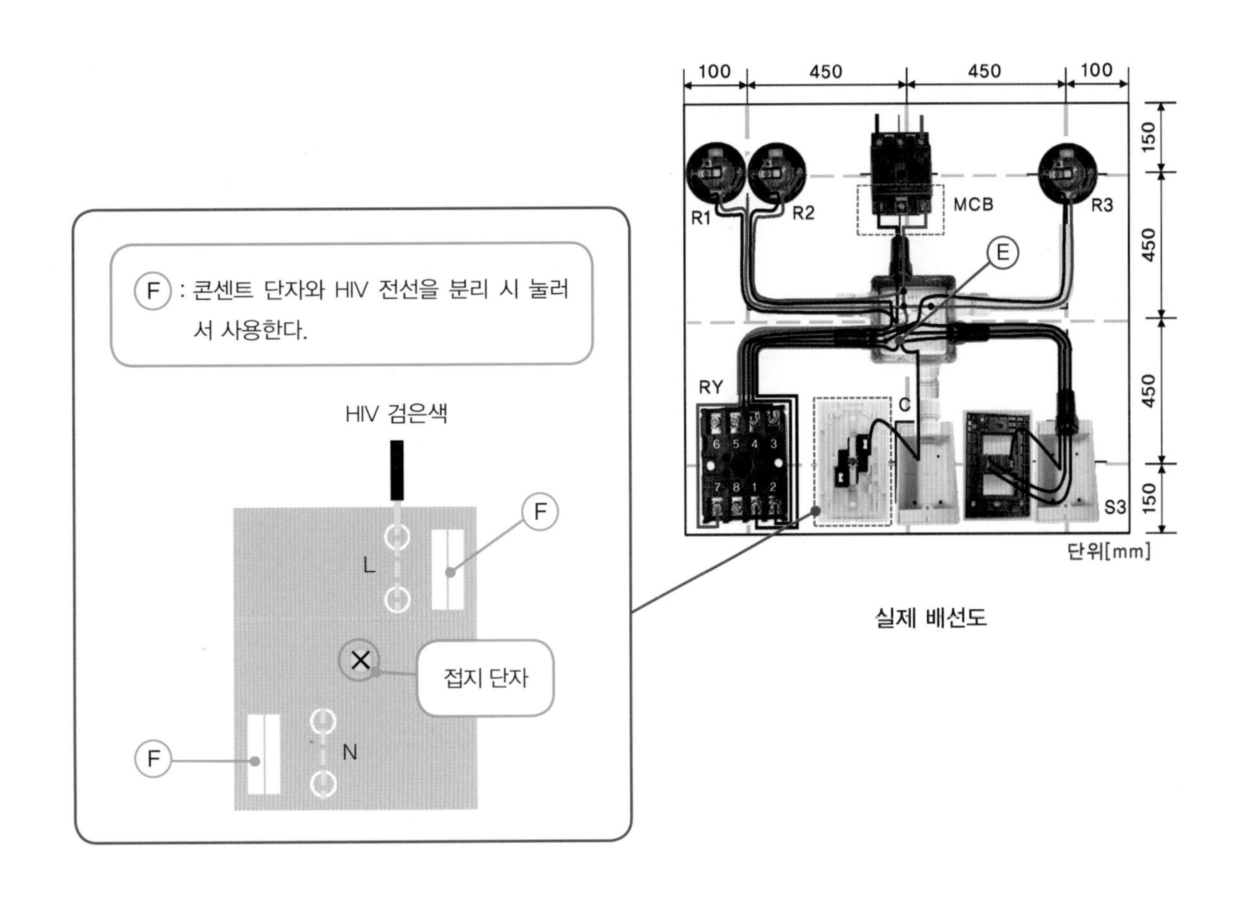

실제 배선도

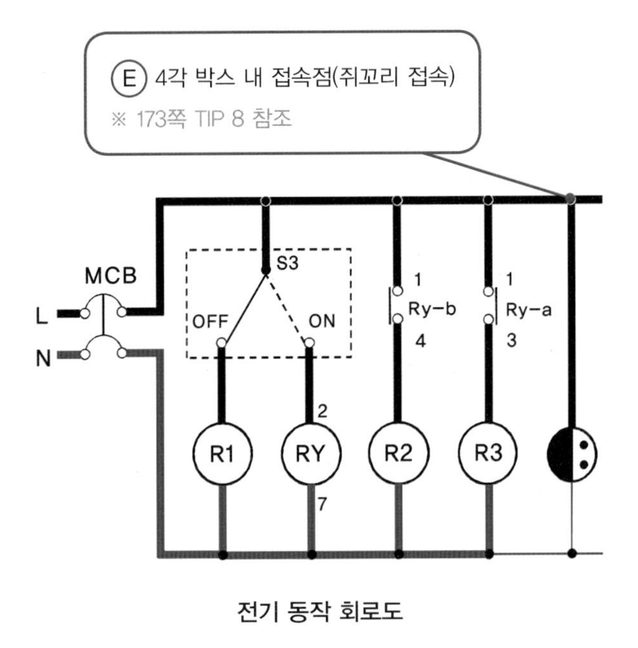

전기 동작 회로도

⑭ 콘센트(C) 출력 단자와 정션박스 내 N상 HIV 1.78 mm 파란색 전선을 쥐꼬리 접속 연결한다.

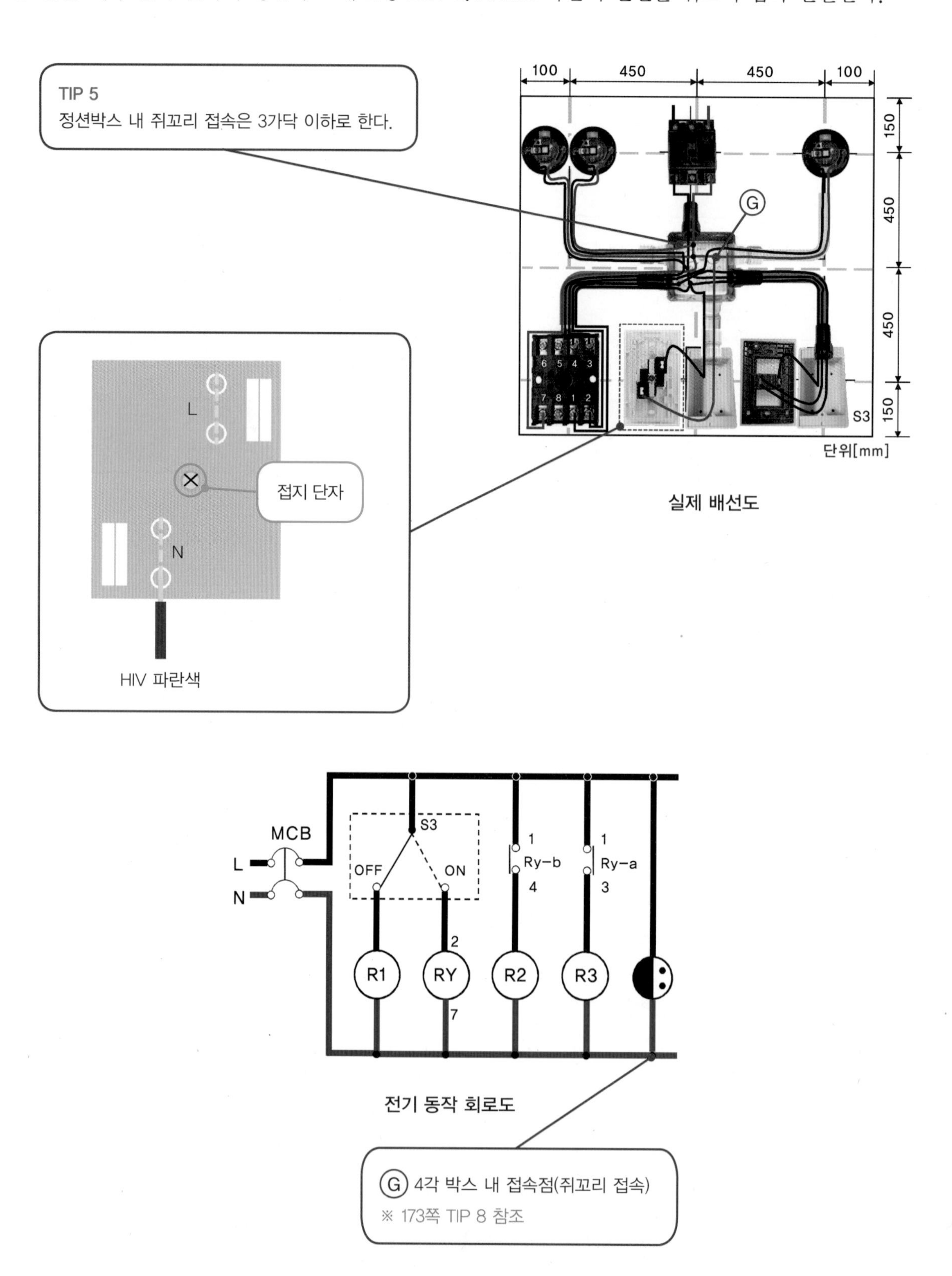

6 전선과 기구 접속

① 전선과 리셉터클 소켓 단자와 연결 시 도체 부분을 물음표(?) 모양으로 만들어서 볼트가 조여지는 방향으로 접속한다.

② 전선과 차단기 접속 단자와 연결 시 피복이 단자에 물리는 현상을 방지하기 위해 도체 부분이 접속 후 10 mm 정도 보일 수 있도록 한다.

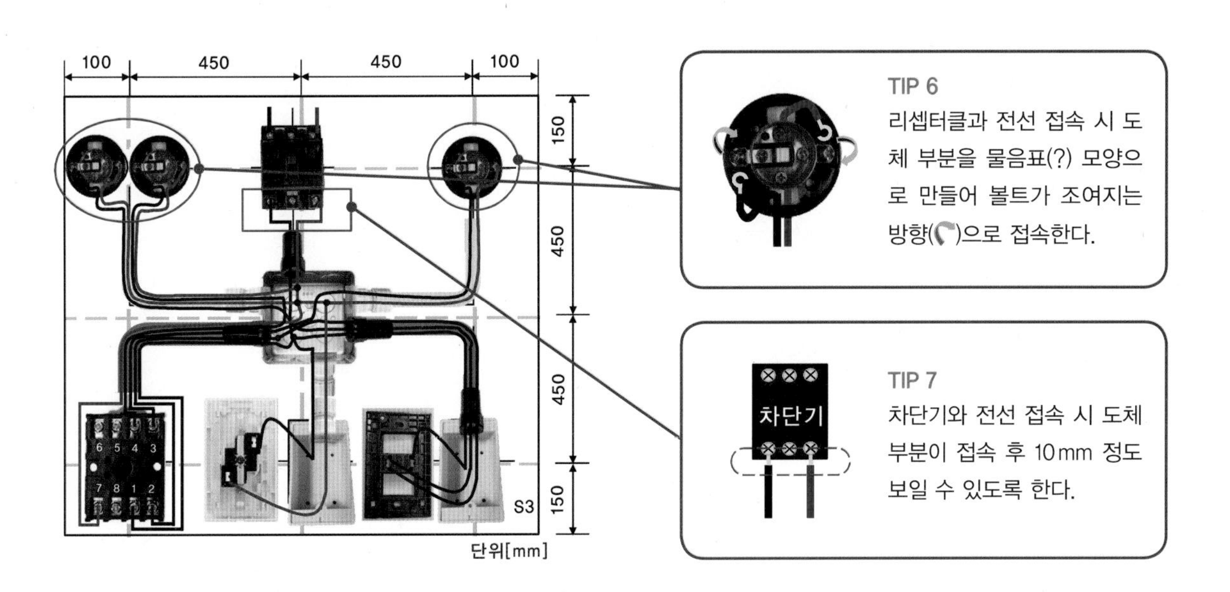

7 전선과 전선의 접속

박스 내 전선을 접속할 경우 쥐꼬리 접속을 4단 이상 꼬아서 절단하고 와이어 커넥터를 오른쪽으로 돌려 절연한다. 박스 내 여유선은 150 mm 이상 충분히 남겨서 동그랗게 감는다. 전선의 접속점은 물 고임 방지를 위해 위를 향하게 한다.

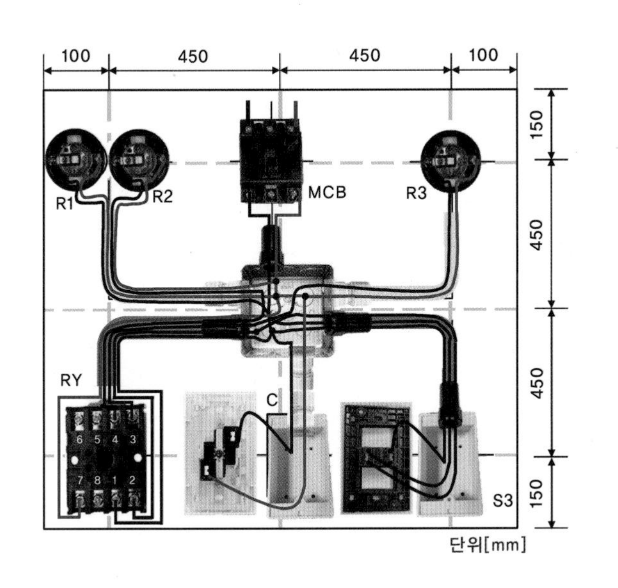

8 마무리 및 동작 테스트

① 스위치 전용 박스에 철판 피스로 고정 플레이트 설치 후 마무리한다.

② 리셉터클 소켓 커버(뚜껑)를 닫고, 벨 테스터로 회로를 점검한다.

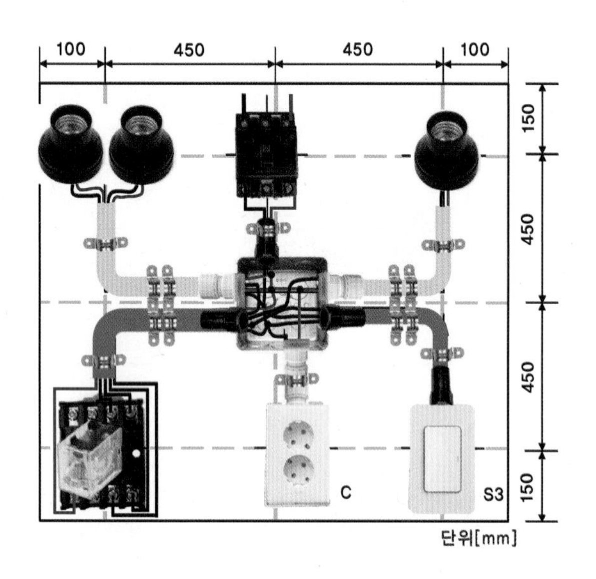

Chapter 1
스위치를 박스에 피스로 고정한다.
플레이트를 설치한다.

Chapter 2
리셉터클 뚜껑을 닫는다.

Chapter 3
벨 테스터로 선로를 확인한다.

Project 9	타이머 사용 신호 회로	소요 시간	6시간

학번 (   ) 성명 (   )

■ 실습 목적

1. 전기에너지를 여러 개의 조명설비, 전열설비가 필요로 하는 장소까지 설계도서에 따라 전기기구, 전선관, 케이블 등을 안전하고 적합하도록 공사하는 능력을 습득할 수 있다.
2. 푸시버튼 스위치(PB)와 타이머의 내부 회로도를 이해하고 혼용된 전기회로 공사를 할 수 있다.
3. 한국전기설비규정(KEC)을 준수하여 건축물 등 전기사용장소에 전기회로 공사를 수행할 수 있다.

■ 실험 · 실습 소요 재료 내역

번호	재료명	규격	단위	수량
1	배선용 차단기(MCB)	3P 30A, AC220V	EA	1
2	4각 정션박스	금속	EA	1
3	리셉터클 소겟	둥근형 2P, AC220V	EA	2
4	전등용 스위치	1구 단로, AC220V	EA	1
5	스위치 박스	난연 또는 금속	EA	1
6	콘센트(접지형)	2P 16A, AC220V	EA	1
7	콘센트 박스	난연 또는 금속	EA	1
8	타이머 소켓	8핀 베이스	EA	1
9	푸시버튼 스위치	파이롯트형 AC220V	EA	1
10	컨트롤 박스	푸시버튼용 1구, 난연	EA	1
11	CD 전선관	16mm	M	7
12	CD 전선관 커넥터	ϕ25, 16mm	EA	9
13	비닐전선(HIV 1.78mm)	2.5mm^2 회색, 단선	M	5
14	비닐전선(HIV 1.78mm)	2.5mm^2 파란색, 단선	M	2
15	새들	철재, 16mm	EA	8

■ 사용 공구 내역

번호	공구명	규격	단위	수량	번호	공구명	규격	단위	수량
1	드라이버	60×200, 양용	EA	1	5	니퍼	200mm	EA	1
2	롱 노즈 플라이어	200mm	EA	1	6	전동 드라이버	충전식	EA	1
3	와이어 스트리퍼		EA	1	7	공구 벨트	공사용	EA	1
4	펜치	200mm	EA	1	8	피시 테이프	입선용	EA	1

■ 회로 동작 설명

1. 배선용 차단기(MCB)를 켜면(ON) 전류가 흐르지만 동작은 없다.
2. 단로 스위치(S1)를 켜면(ON) 콘센트에 전원이 들어온다.
3. 푸시버튼(PB)을 누르면 타이머(T)에 전원이 공급된다. 푸시버튼(PB)이 여자되고 리셉터클 소켓 R1이 점등된다. T초 후에 리셉터클 소켓 R1은 소등, 리셉터클 소켓 R2는 점등된다.
4. 배선용 차단기(MCB)를 끄면(OFF) 모든 회로는 꺼진다.

■ 실습 도면

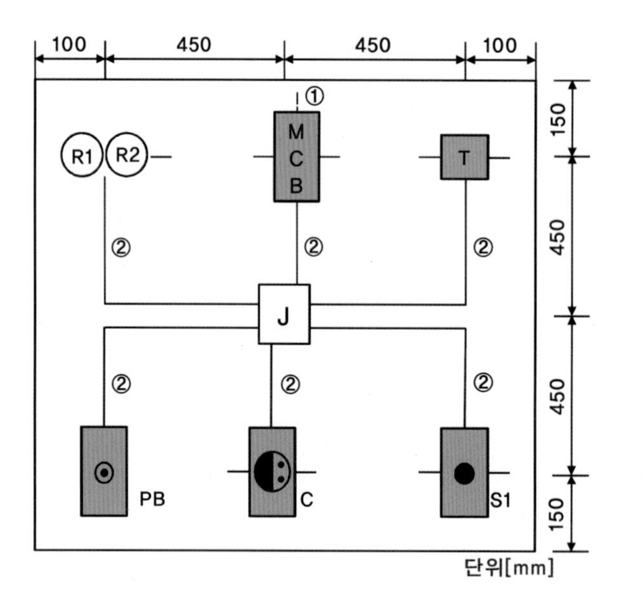

MCB : 배선용 차단기
J : 4각 정션박스
R1 · R2 : 리셉터클 소켓
T : 타이머
PB : 푸시버튼 스위치
C : 콘센트
S1 : 단로 스위치
① : 케이블
② : PE 전선관

기구 배치 및 배관도

L(HIV 1.78mm 회색)
N(HIV 1.78mm 파란색)

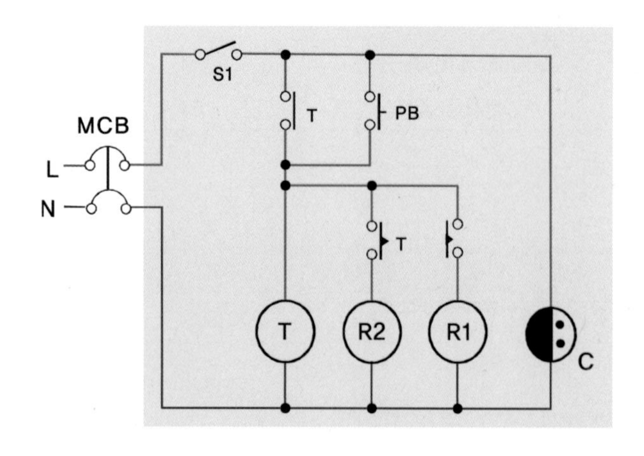

전기 동작 회로도

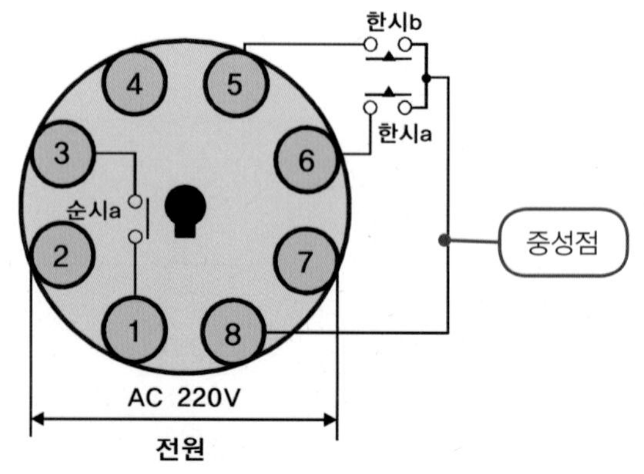

Timer 회로도

■ 지시사항 및 안전사항

1. 지급된 재료와 실습장 시설을 사용하여 제한시간 내에 주어진 과제를 안전에 유의하여 완성한다.
   (단, 과제에 표시되지 않은 사항은 한국전기설비규정에 따른다.)
2. 전원방식은 단상 AC 220V를 사용한다.
3. 작업판 제도 시 치수 오차범위는 외관 ±30mm를 허용한다.
4. 공사 방법은 ① 케이블 공사, ② PE 전선관, ③ HIV 전선을 설치한다.
5. 전선관과 박스가 접속되는 부분은 커넥터를 사용한다.
6. 요소 작업 시 손이 다치지 않도록 안전에 유의하여 작업한다.

■ 평가 내용

평가 영역		세부 평가 내용	배점
회로 해석(도면 검토)		주어진 과제의 회로 해석과 결선은 올바른가?	10
요소 작업	작업판 제도	작업판에 도면에서 제시한 규격으로 제도하였는가?	10
	기구 설치	작업판에 기구를 정확한 위치에 설치하였는가?	5
	배관 설치	작업판에 배관을 정확한 위치에 설치하였는가?	5
	입선 작업	배관에 알맞은 전선을 입선하였는가?	10
	접속 상태	전선과 기구를 알맞게 접속하였는가?	10
		정션박스 내 전선과 전선의 접속은 알맞게 하였는가?	10
실습 태도	실습 준비	공구 및 실습 준비는 철저한가?	10
	재료 사용	실습 재료의 사용은 경제적인가?	10
	문제 해결	발생한 문제의 해결에 적극적이며 방법은 바람직한가?	10
실습 시간		정해진 시간 내에 과제를 완성하였는가?	10
종합			100

Guide 9 타이머 사용 신호 회로

■ 실습 순서

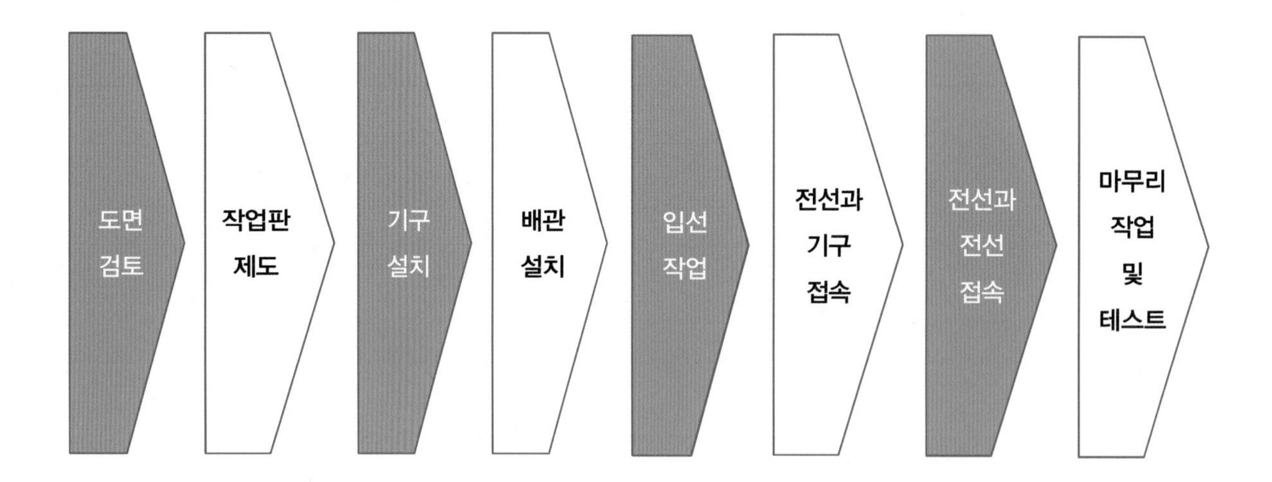

1 도면 검토

① 기구 배치 및 배관도를 확인하여 실제 사용하는 실습재료와 수량을 체크하여 준비한다.

② 동작 회로도가 어떻게 동작되는지 확인한다.

③ 지시사항 및 안전사항에 나타난 공사방법을 참고하여 공사를 준비한다.

2 작업판 제도

① 기구 배치 및 배관도 내 · 외곽선을 작업판에 스틱자와 하얀색 분필로 제도한다.

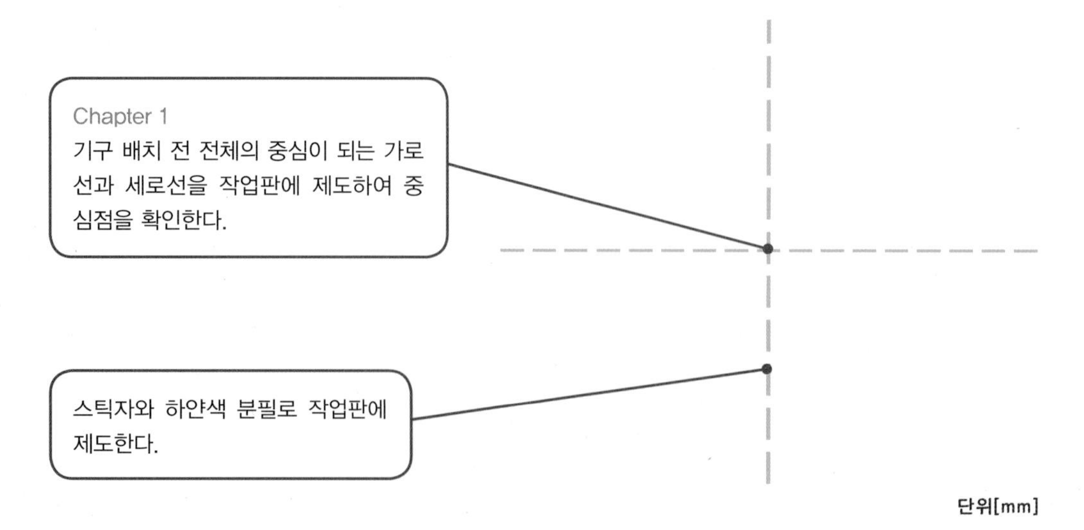

② 세로 기준선을 기준으로 오른쪽과 왼쪽 가로 간격 450 mm와 100 mm를 확인하여 세로 외곽선은 실선으로, 세로선은 점선으로 작업판에 제도한다.

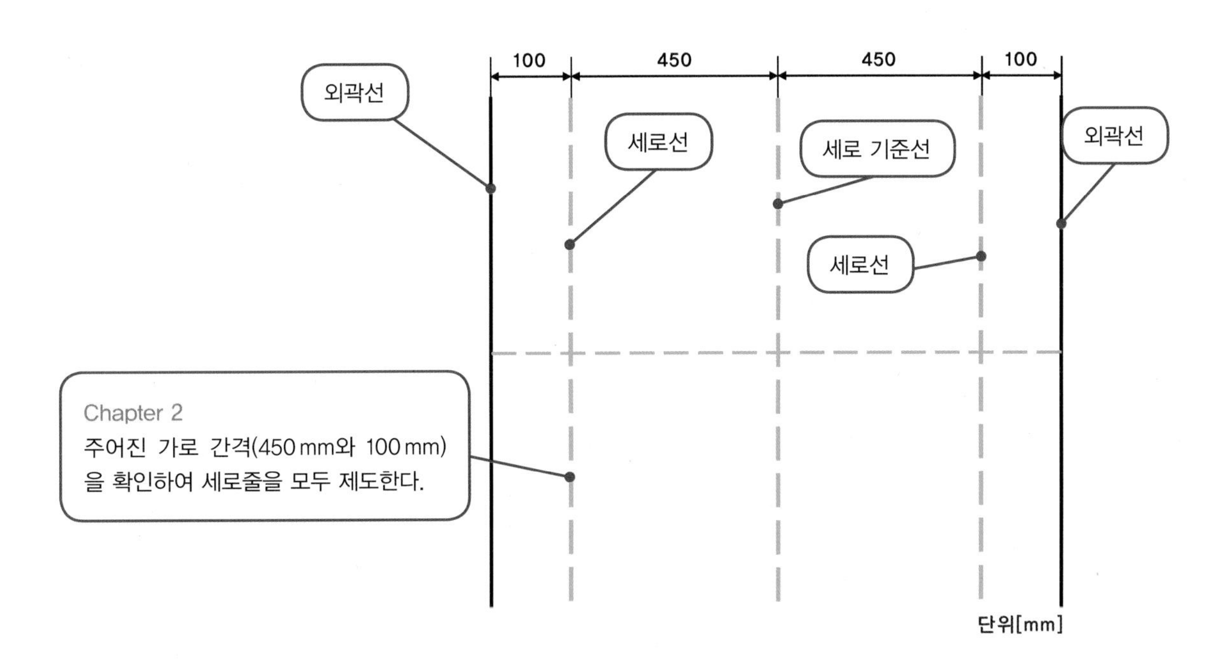

③ 가로 기준선을 기준으로 위쪽과 아래쪽 세로 간격 450 mm와 150 mm를 확인하여 가로 외곽선은 실선으로, 가로선은 점선으로 작업판에 제도한다.

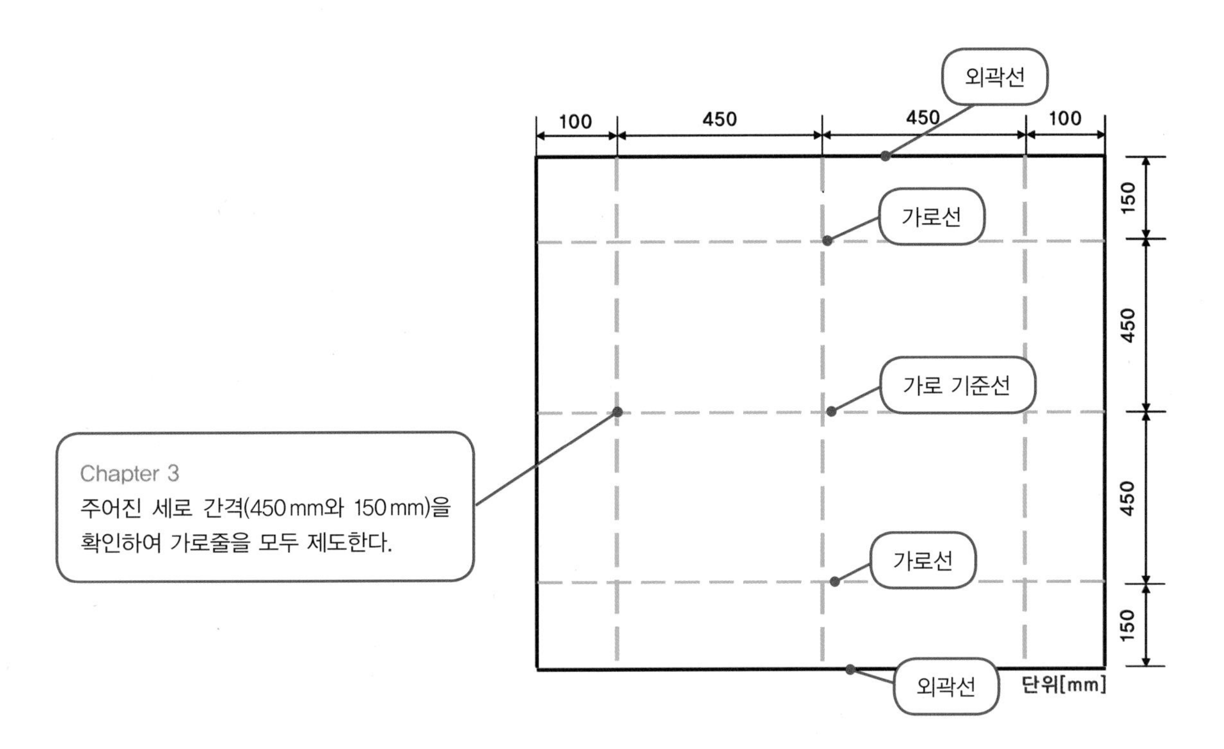

3 기구 설치

① 주어진 가로와 세로선이 겹치는 중심점에 기구를 설치할 수 있도록 표기한다. (예 정션박스 J, 배선용 차단기 MCB, 리셉터클 소켓 R1 · R2 등)

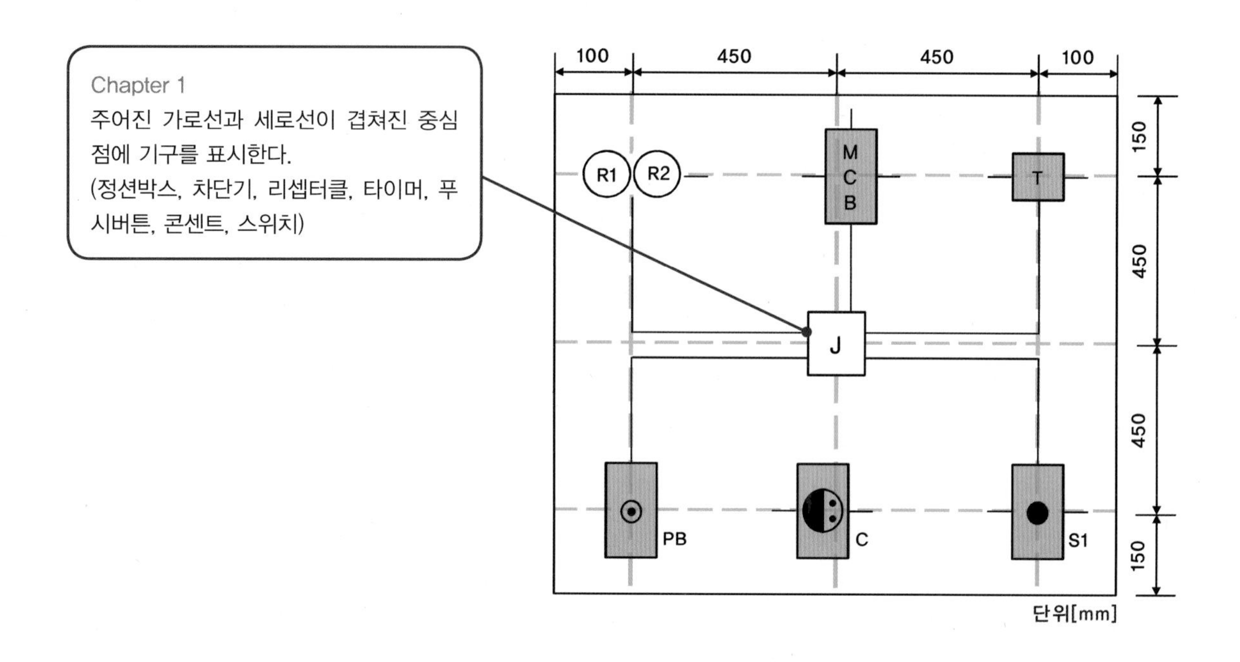

② 배관 및 배선공사의 종류를 숫자로 표기한다. (① 케이블 공사, ② PE 전선관 공사, ③ HIV 전선공사)

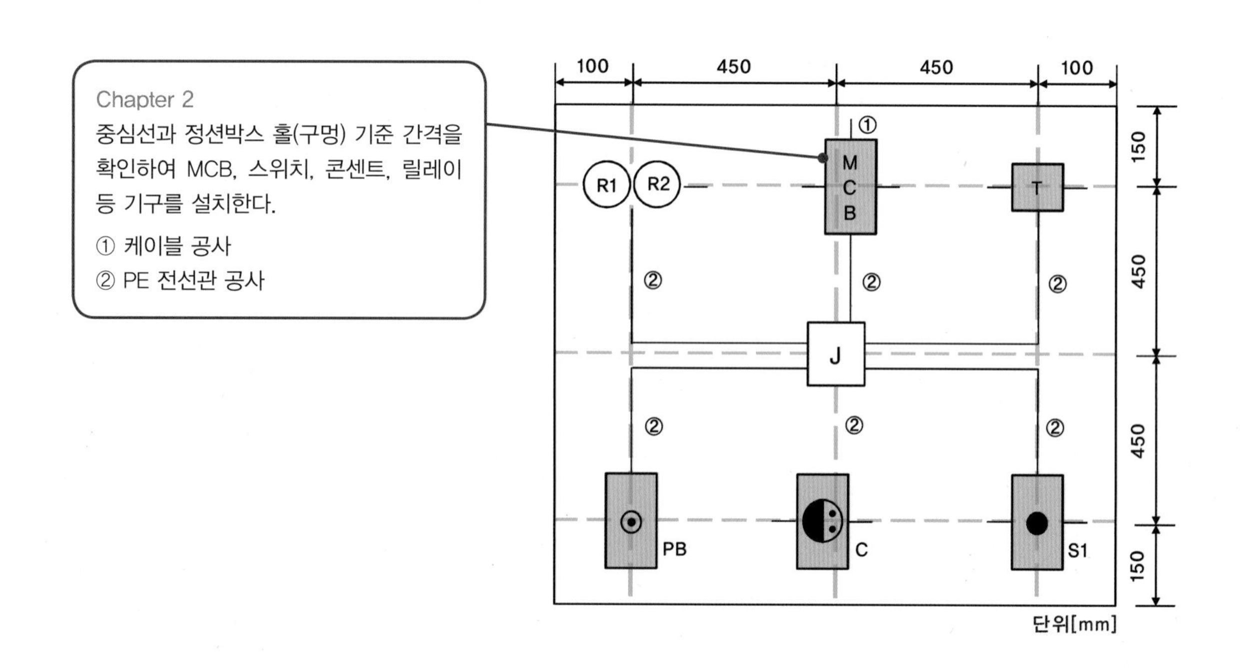

③ 작업판에 표기된 기구 위치에 기구를 철판 피스로 설치한다.

Chapter 3
기구를 작업판에 제도된 위치에 피스로 설치한다.

TIP 1
철판 피스는 헤드 부분이 평평한 것을 선택한다. 기구 및 철판 피스 규격은 아래와 같다.

① 4각 정션박스	4×12×4EA
② 배선용 차단기	4×20×2EA
③ 리셉터클	4×12×4EA
④ 푸시버튼 스위치 박스	4×12×4EA
⑤ 콘센트 및 단로 스위치 박스	4×16×4EA
⑥ 타이머 베이스	4×16×2EA

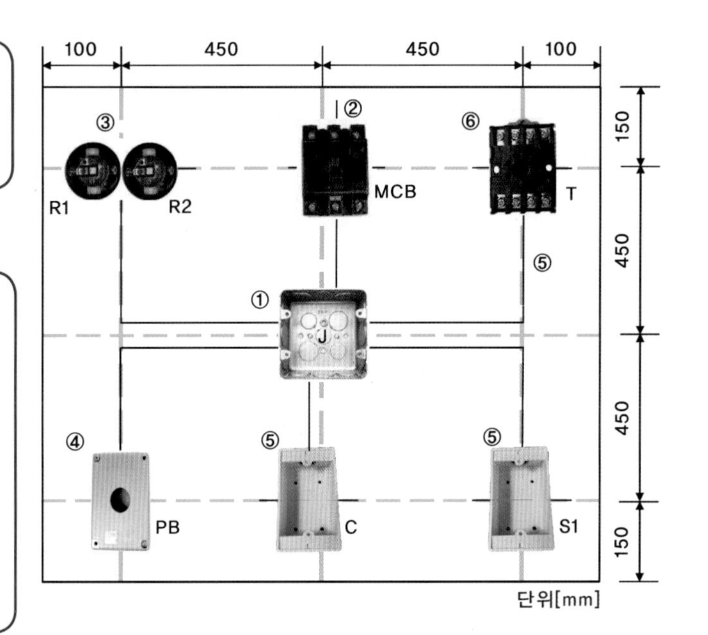

4 배관 설치

① 전선관 설치 전 정션박스, 스위치 박스에 커넥터를 설치한다.

Chapter 1
배관 설치 전 정션박스에 커넥터를 설치한다.

② PE 전선관용 커넥터
- 4각 정션박스
  PE 커넥터×6EA
- 푸시버튼 스위치 박스 · 콘센트 박스 · 단로 스위치 박스
  CD 커넥터×각 1EA

PE 전선관용 커넥터

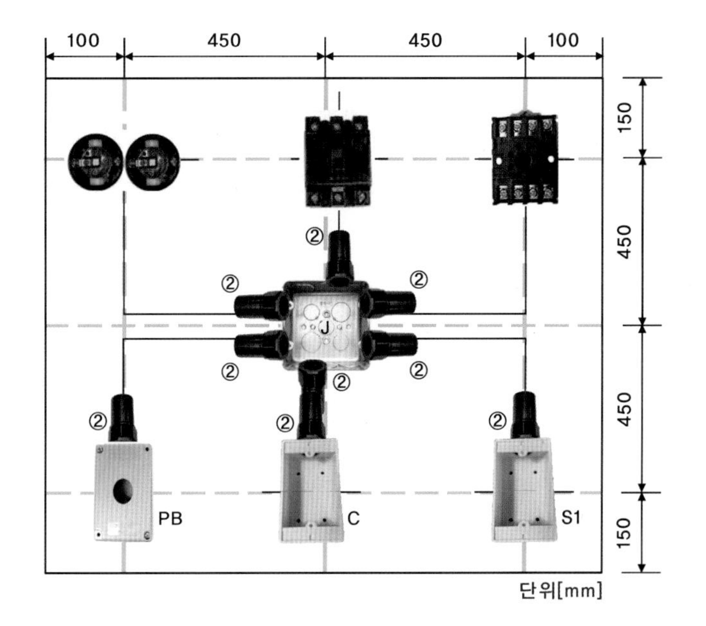

② PE 전선관을 규격에 알맞게 설치한다. 또한 기구와 전선관의 접속 시 이격거리를 50 mm 이내로 설치한다.

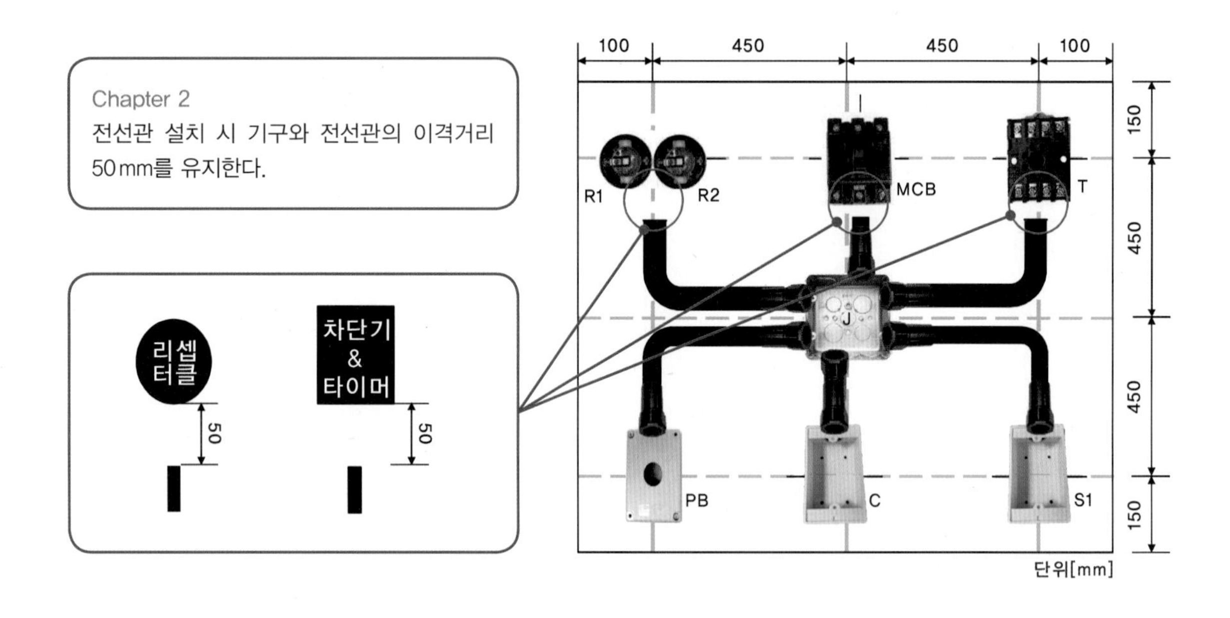

③ 전선관 설치 시 직선 구간은 300 mm 간격마다 새들로 고정한다. 전선관의 곡선 · 박스 · 차단기 · 리셉터클 소켓 구간은 150 mm 간격으로 새들을 설치한다.

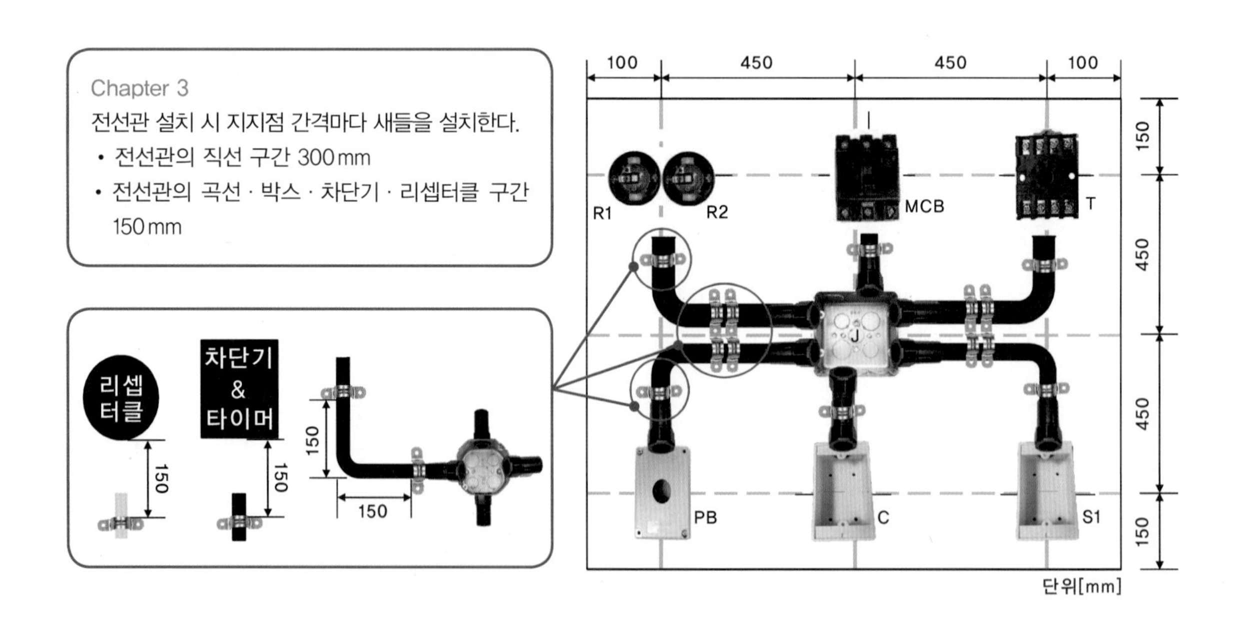

④ 4각 정션박스에서 전선관이 2구간에 설치될 경우 **새들 고정 협조**를 통해 전선관을 고정시킨다.

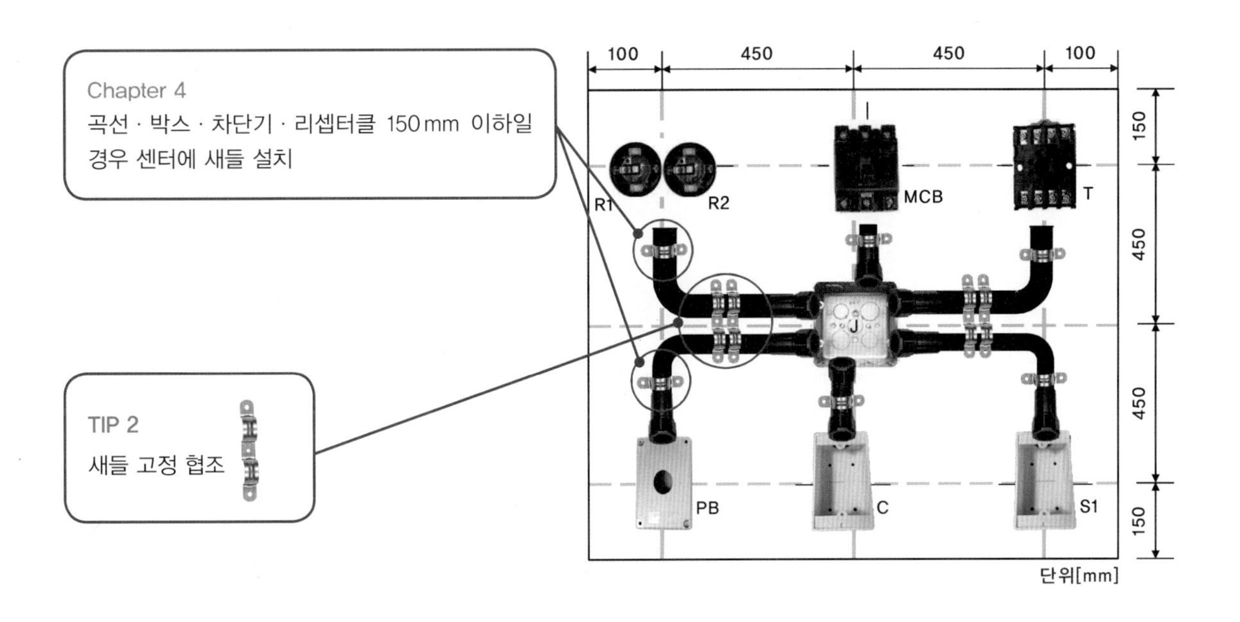

5 입선 작업

① 전기 동작 회로도를 기구 배치 및 배관도에 적용하여 설치한다.

❖ 기구 배치 및 배관도

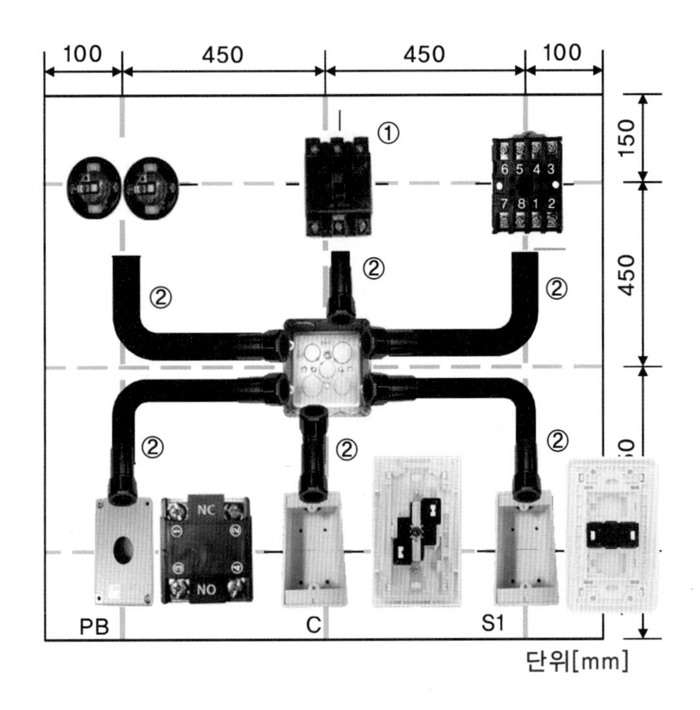

❖ 전기 동작 회로도

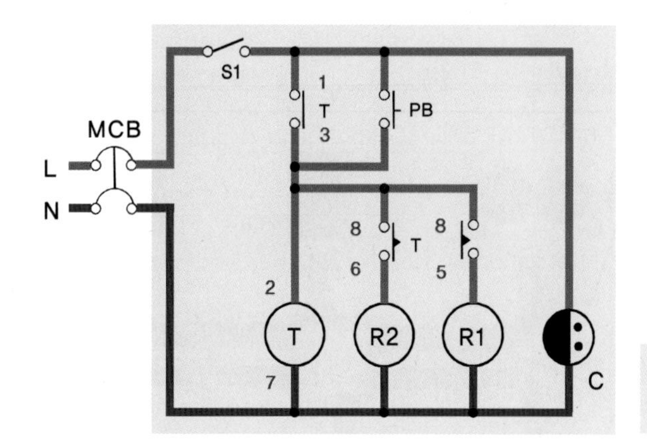

L(HIV 1.78mm 회색)
N(HIV 1.78mm 파란색)

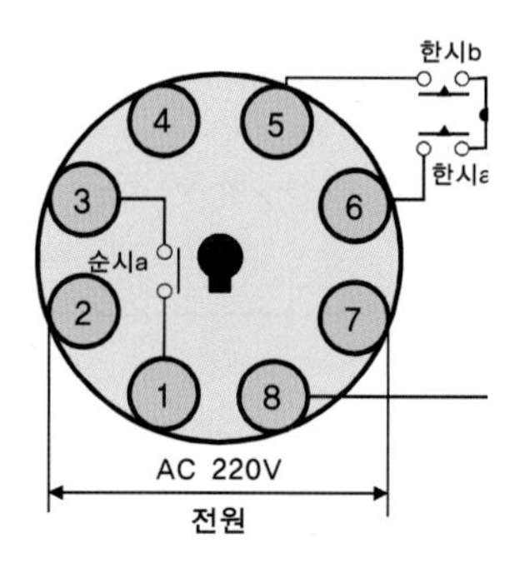

Timer 회로도

❖ 요구사항

가. 전원 : 단상 2선식(220ACV)
나. 동작
- 배선용 차단기를 투입하고 S1을 ON하면 콘센트에 220V 전원이 걸린다.
- PB-ON하면 타이머 여자, 설정시간 동안 R1이 점등, 설정시간 후 R2가 점등한다.

다. 공사 구분
① 케이블 공사, ② PE 전선관 공사, ③ HIV 전선 공사

② 배선용 차단기(MCB) 1차 입력 단자에 인입선(L, N상)을 연결한다. L상은 HIV 1.78mm 회색이고 N상은 HIV 1.78mm 파란색으로 사용한다.

TIP 3
배선용 차단기(MCB)의 입력 단자에 인입선(L, N상) HIV 전선을 각각 150mm 이상 설치한다.

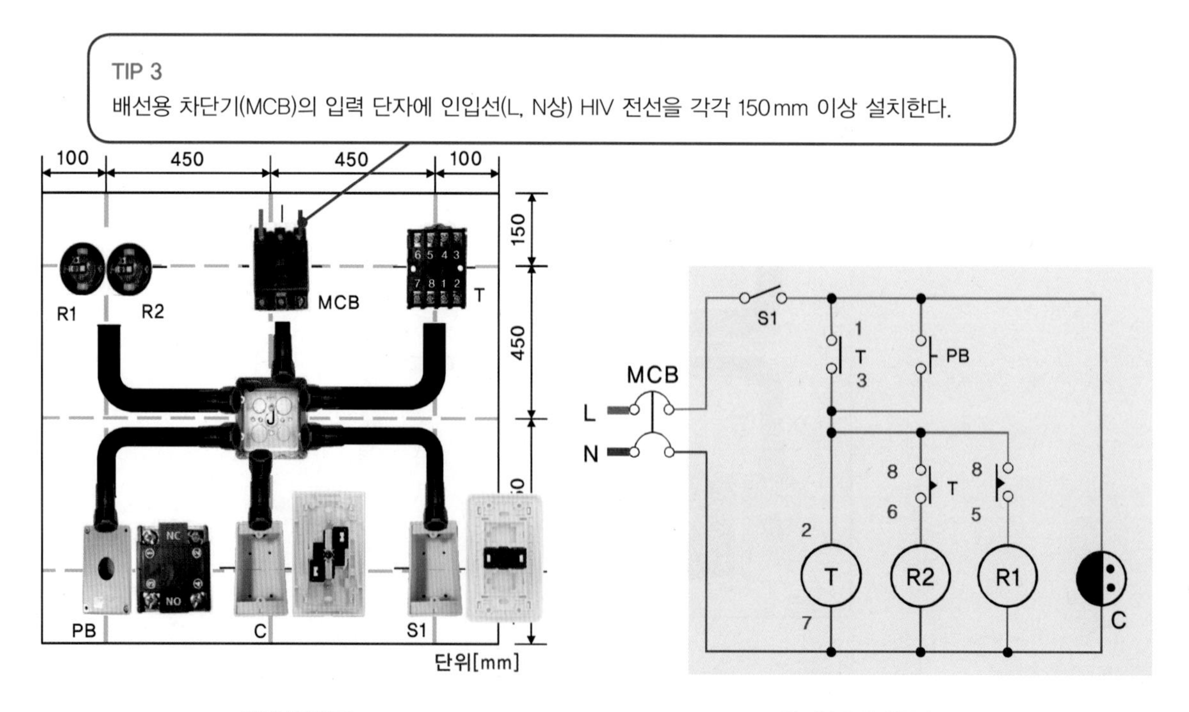

실제 배선도　　　　전기 동작 회로도

③ 배선용 차단기(MCB) 2차 인출선(L상)을 단로 스위치(S1) 입력 단자와 HIV 1.78mm 회색 전선으로 연결한다.

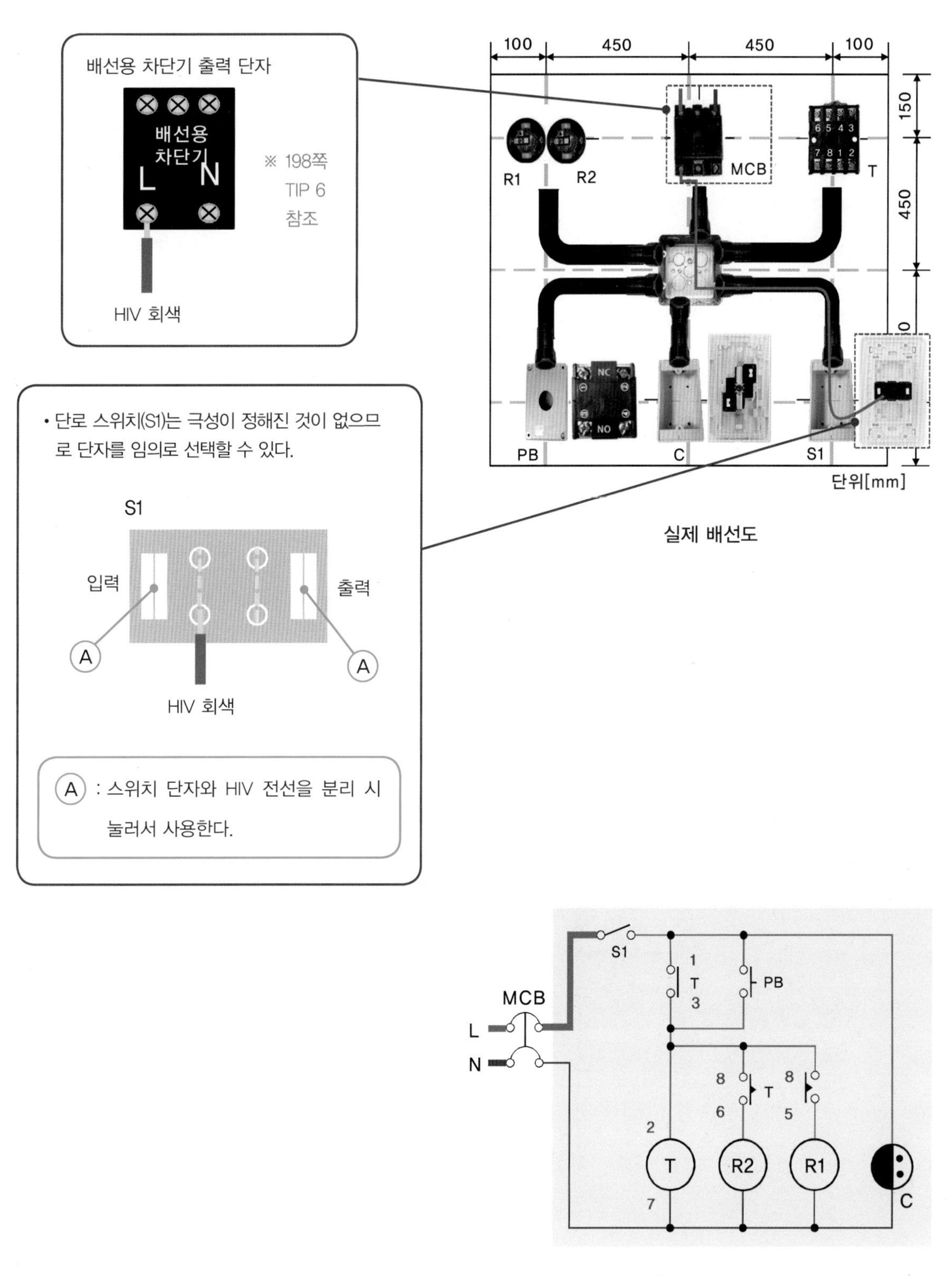

전기 동작 회로도

④ 단로 스위치(S1) 출력 단자를 정션박스를 통해 타이머(T) 베이스 소켓 순시접점 입력 단자 핀번호 1번과 HIV 1.78 mm 회색 전선으로 연결한다.

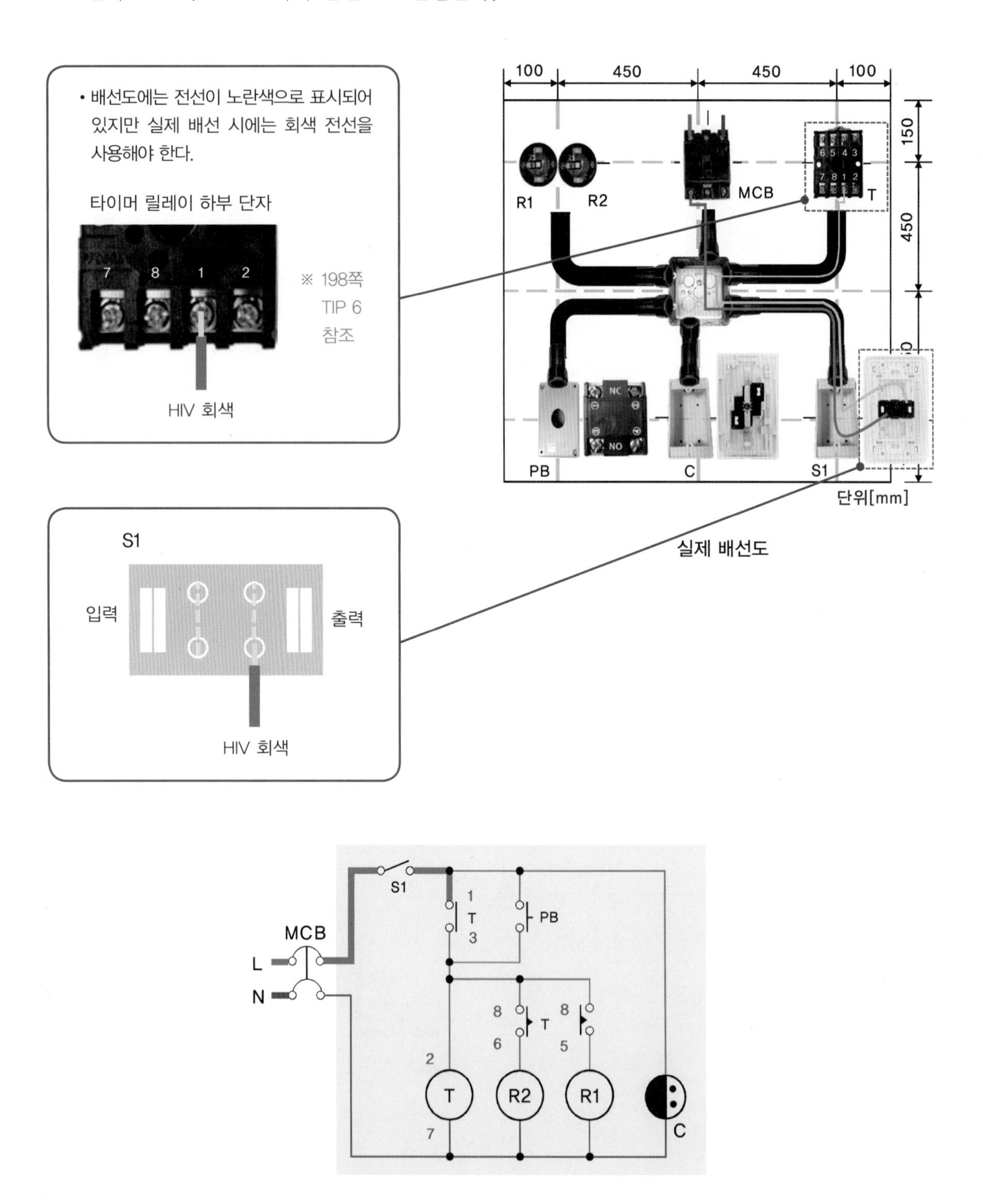

실제 배선도

전기 동작 회로도

⑤ 정션박스 내에 ④의 접속된 전선과 푸시버튼 스위치(PB)을 HIV 1.78 mm 회색 전선으로 쥐꼬리 접속 연결한다. (단, 정션박스 내 전선은 150 mm 이상 여유롭게 배선한다.)

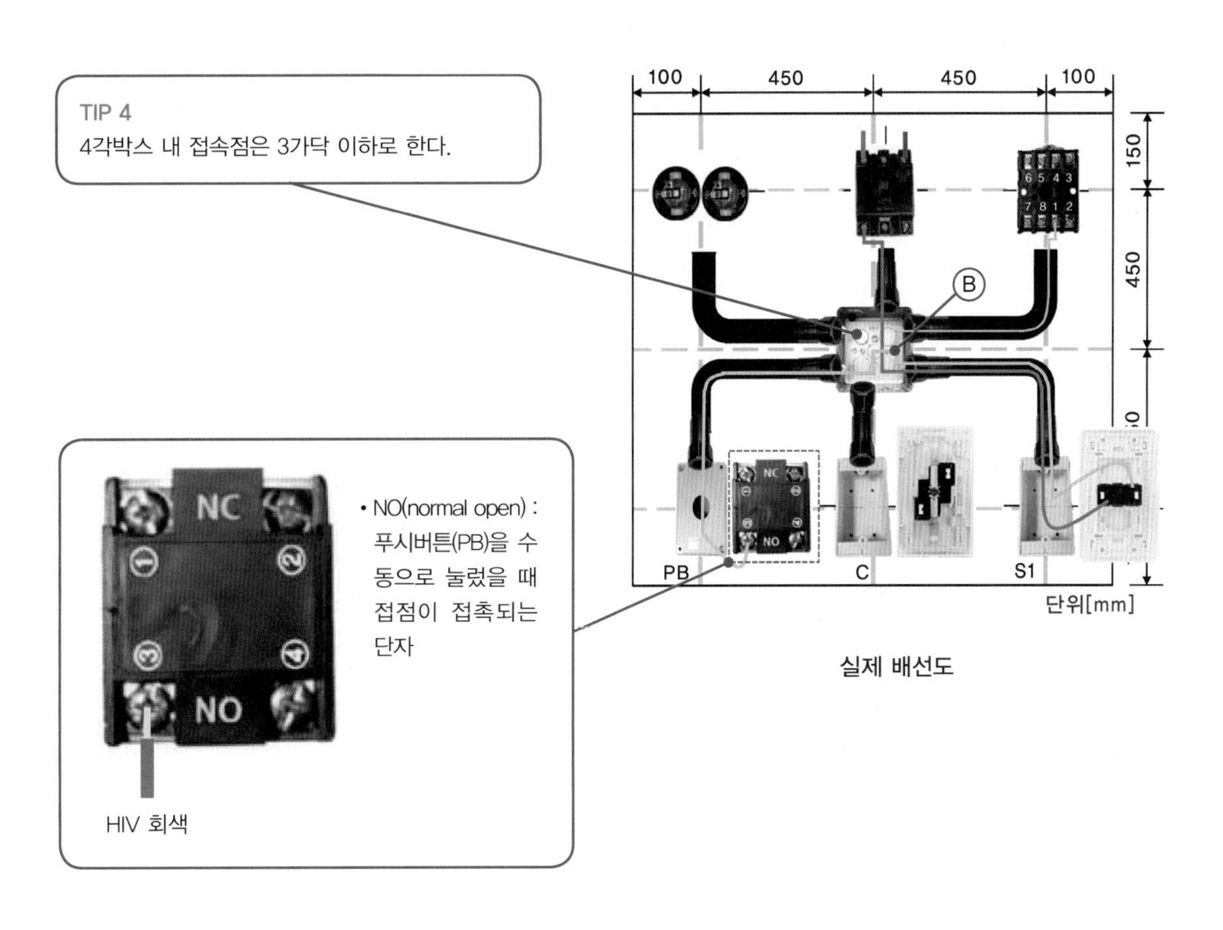

실제 배선도

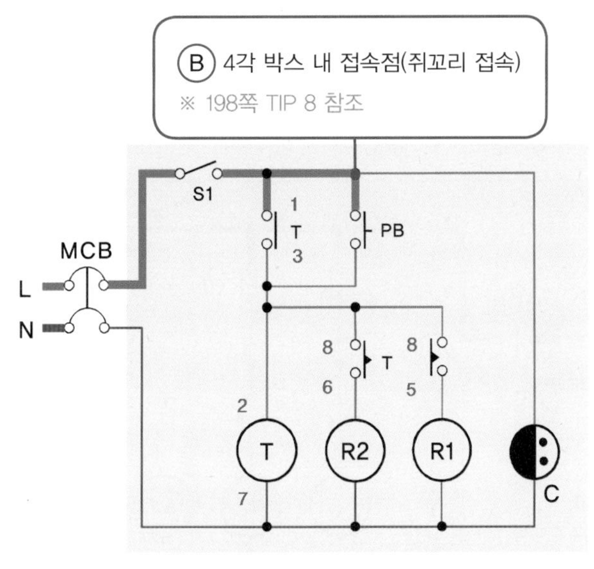

전기 동작 회로도

⑥ 정션박스 내에 ④, ⑤의 접속된 전선과 콘센트(C)의 입력 단자를 HIV 1.78 mm 회색 전선으로 쥐꼬리 접속 연결한다.

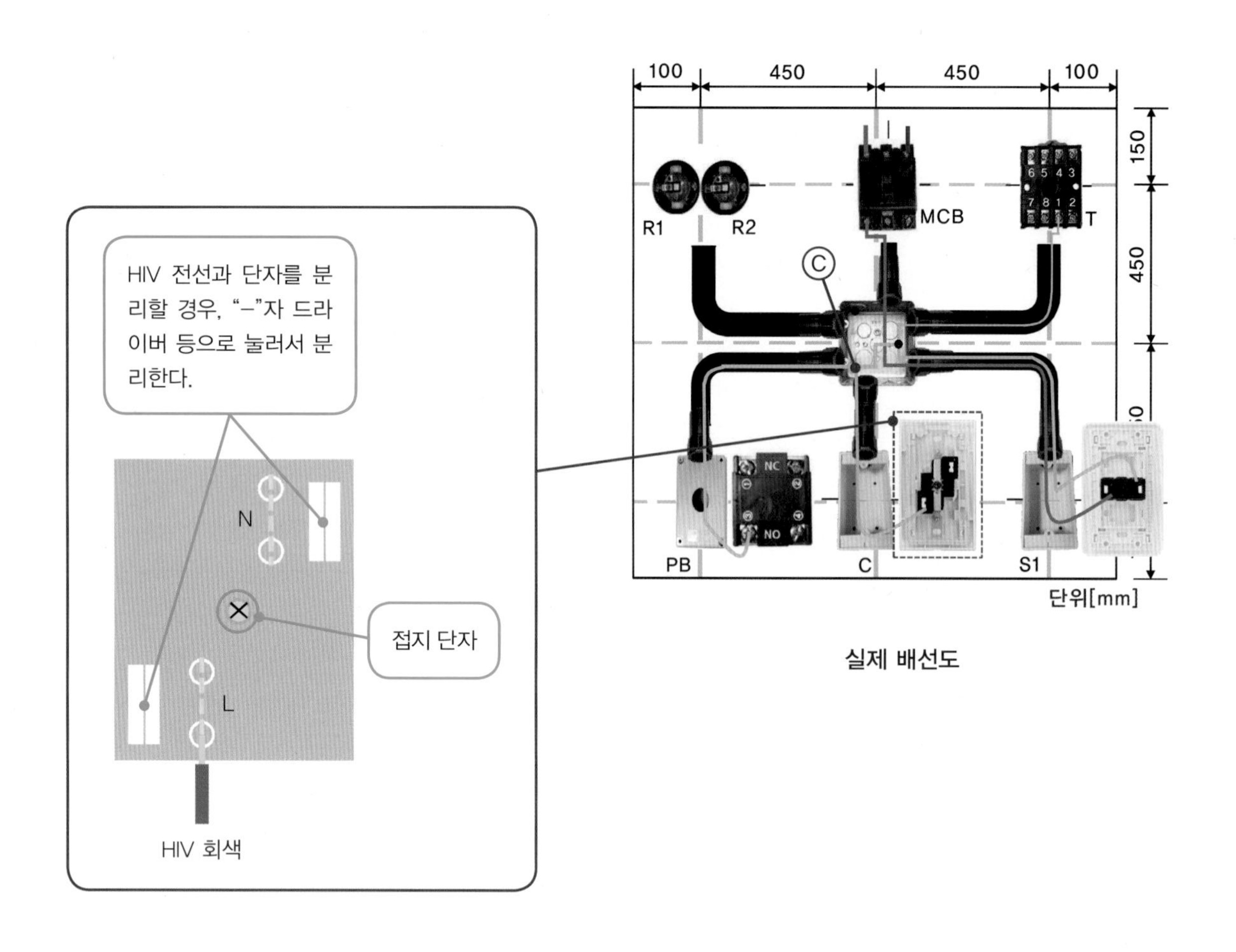

실제 배선도

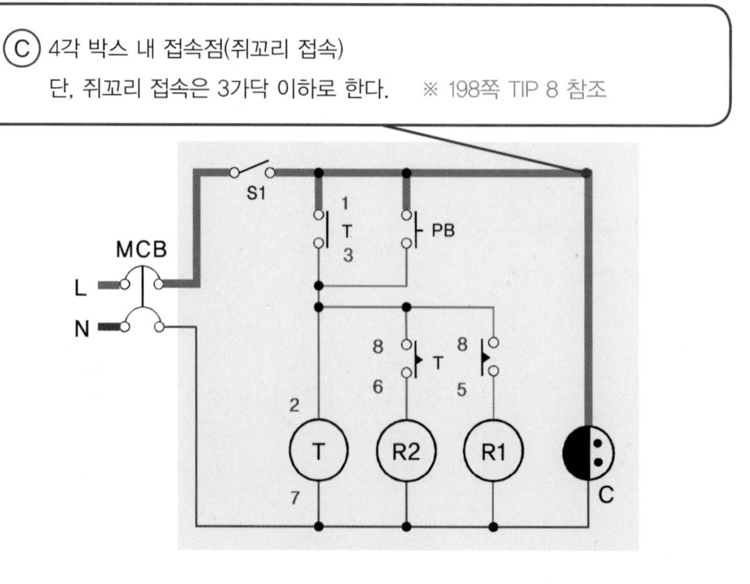

전기 동작 회로도

⑦ 타이머(T) 순시접점 출력 단자 핀번호 3번과 타이머(T) 전원 입력 단자 핀번호 2번을 HIV 1.78 mm 회색 전선으로 연결한다.

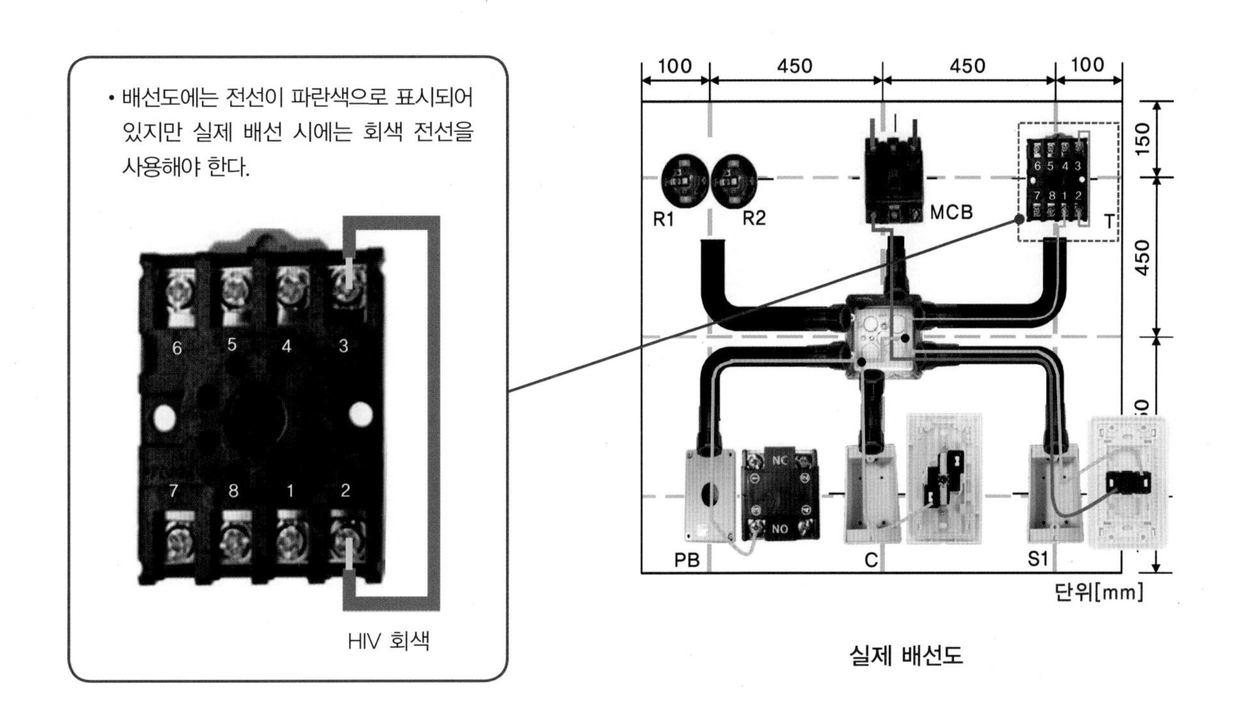

실제 배선도

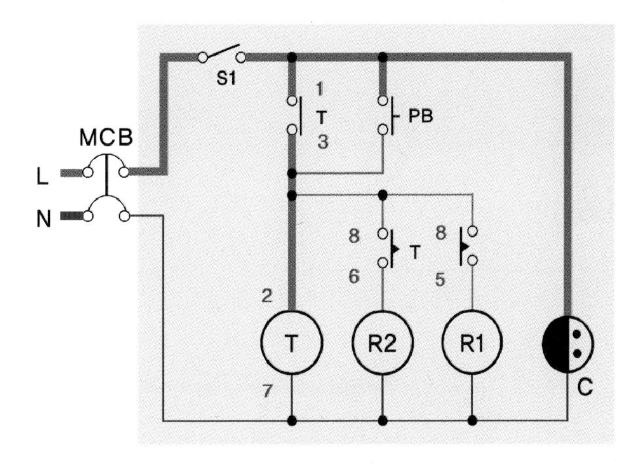

전기 동작 회로도

⑧ 정션박스 내에 ⑦의 접속 부분과 푸시버튼 스위치(PB) a접점의 출력 단자 핀번호 3번을 HIV 1.78mm 회색 전선으로 연결한다.

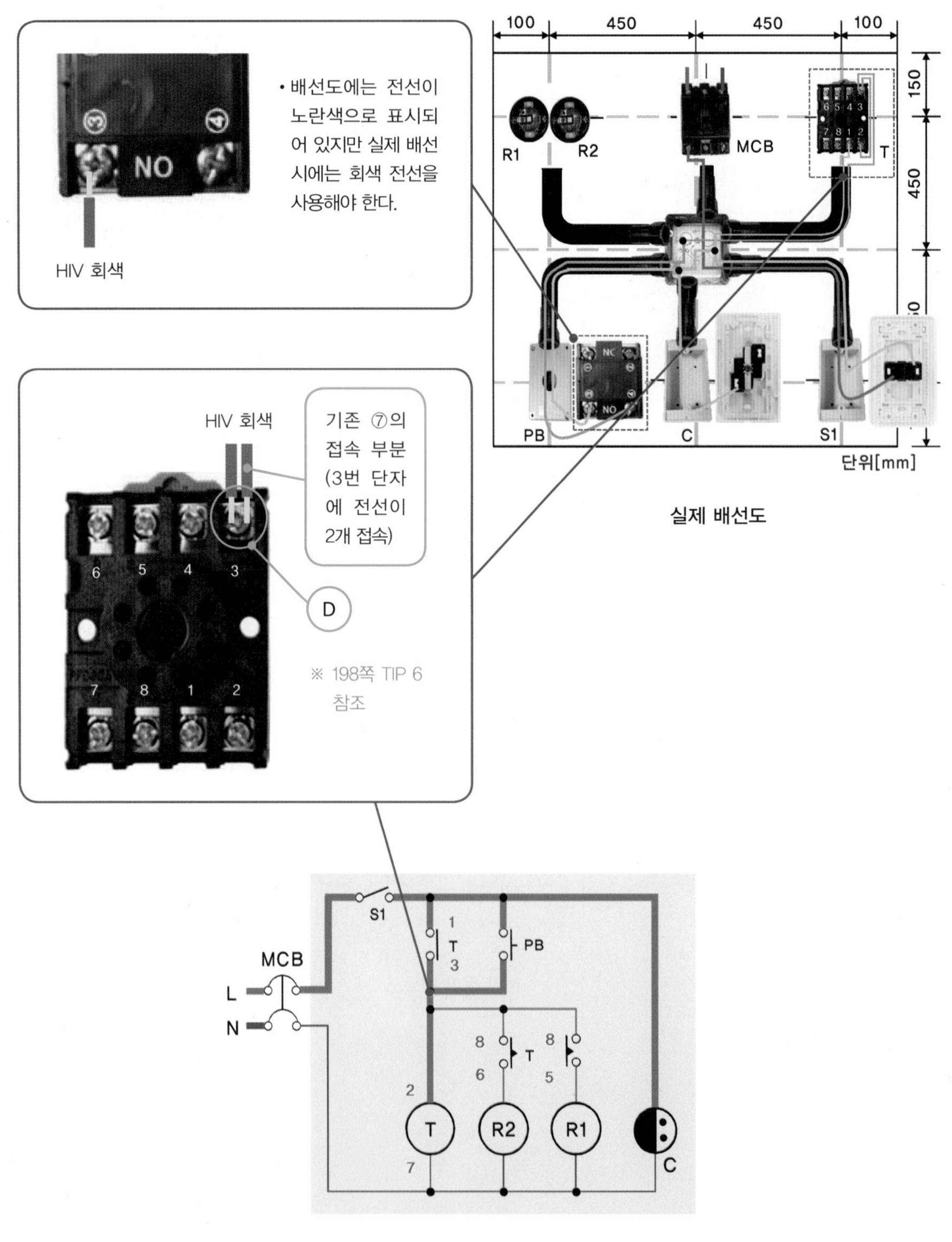

실제 배선도

전기 동작 회로도

⑨ 정선박스 내 ⑦, ⑧의 접속 부분과 타이머(T) 공통 접점의 입력 단자 핀번호 8번을 HIV 1.78mm 회색 전선으로 접속 연결한다.

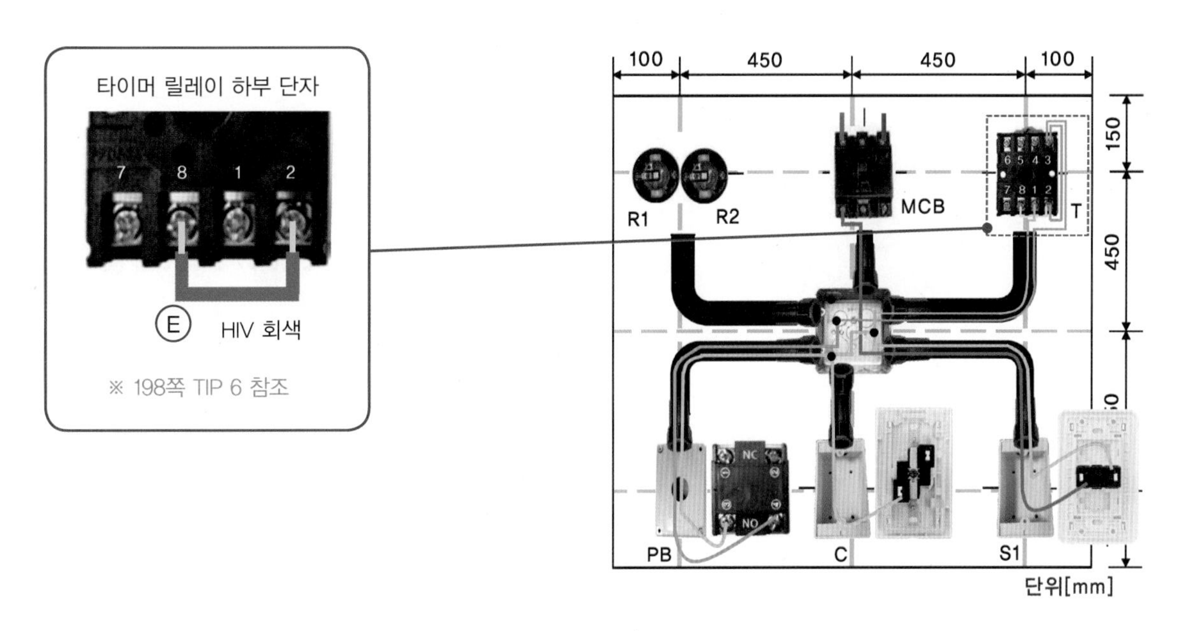

실제 배선도

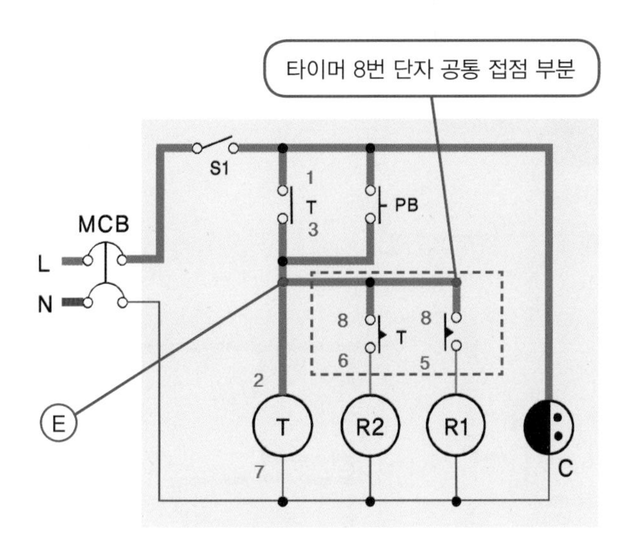

전기 동작 회로도

⑩ 타이머(T)의 a접점 출력 단자 핀번호 6번과 리셉터클(R2) 소켓을 정션박스를 통해 HIV 1.78 mm 회색 전선으로 연결한다.

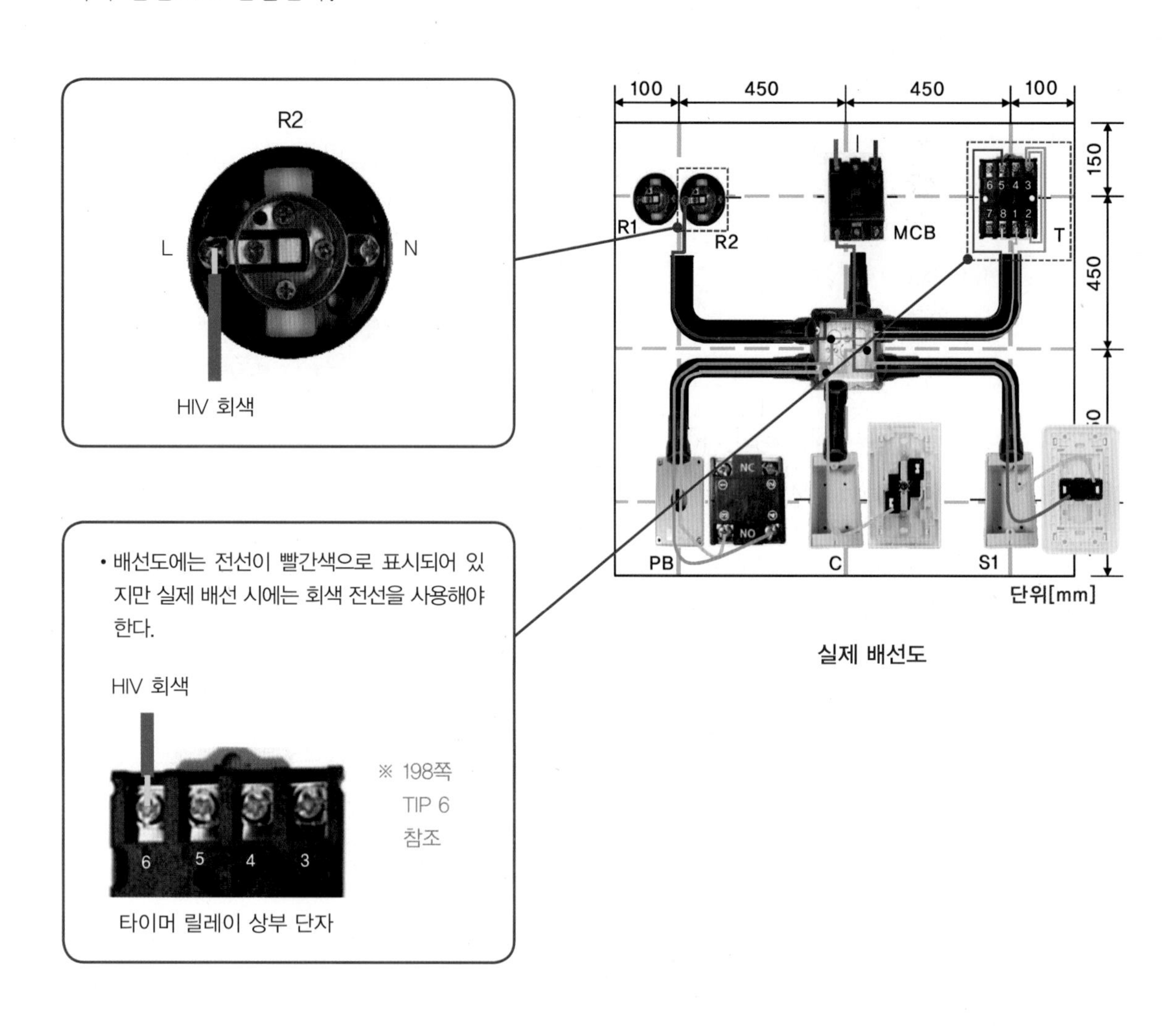

실제 배선도

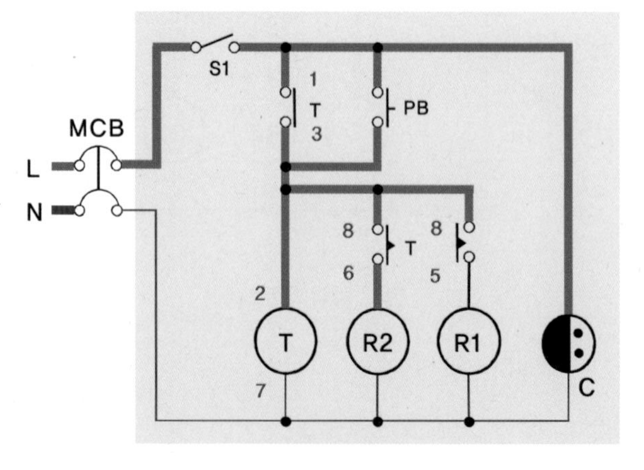

전기 동작 회로도

⑪ 타이머(T) b접점의 출력 단자 핀번호 5번과 리셉터클 소켓(R1) 출력 단자를 HIV 1.78 mm 회색 전선으로 접속 연결한다.

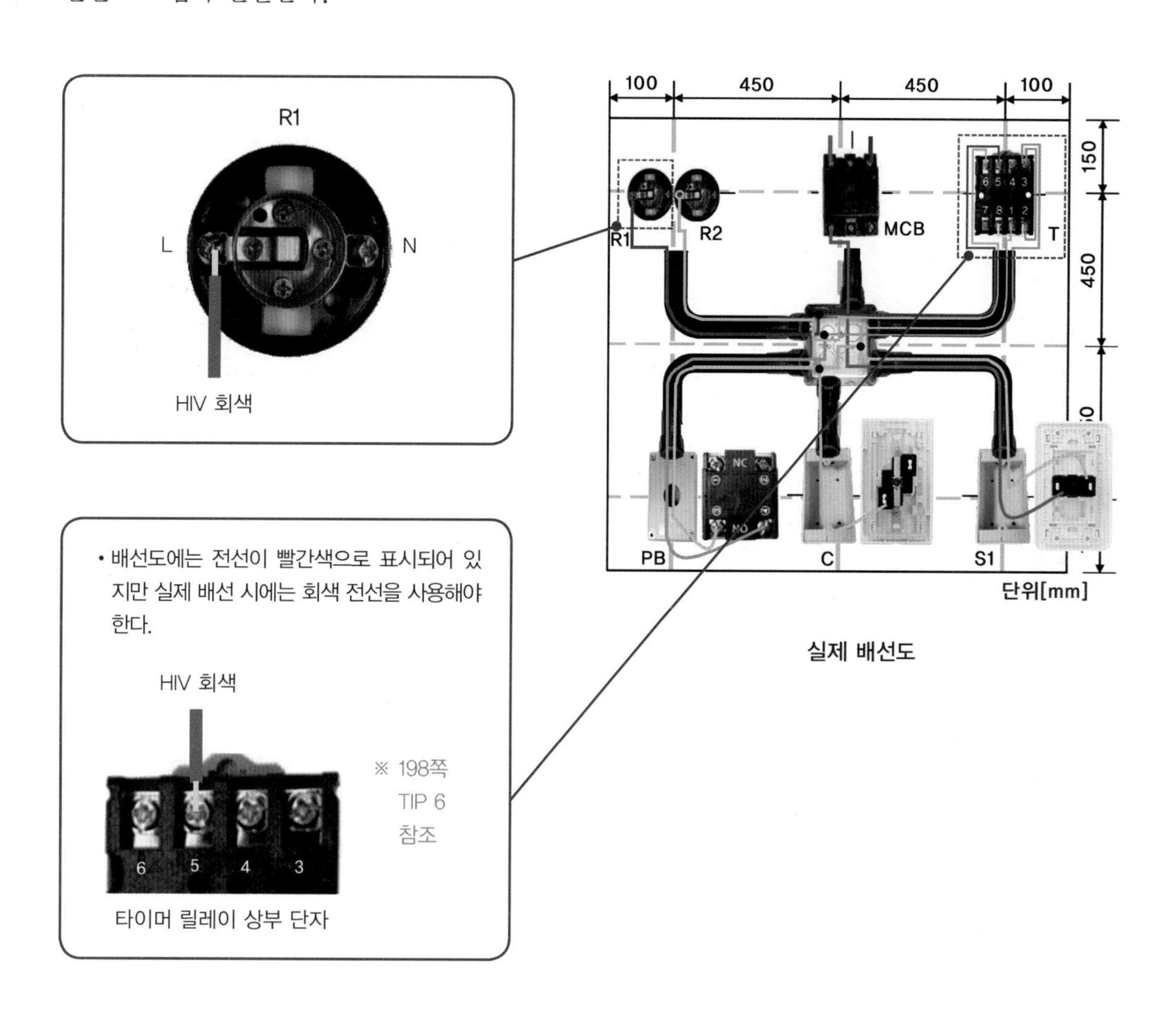

실제 배선도

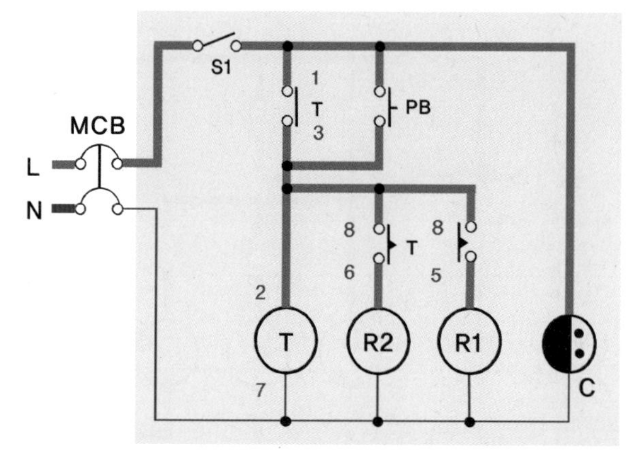

전기 동작 회로도

⑫ 콘센트(C)의 출력 단자와 리셉터클(R1) 소켓을 정션박스를 통해 HIV 1.78mm 파란색 전선으로 쥐꼬리 접속 연결한다. (단, 정션박스 내 전선은 150mm 이상 여유롭게 배선한다.)

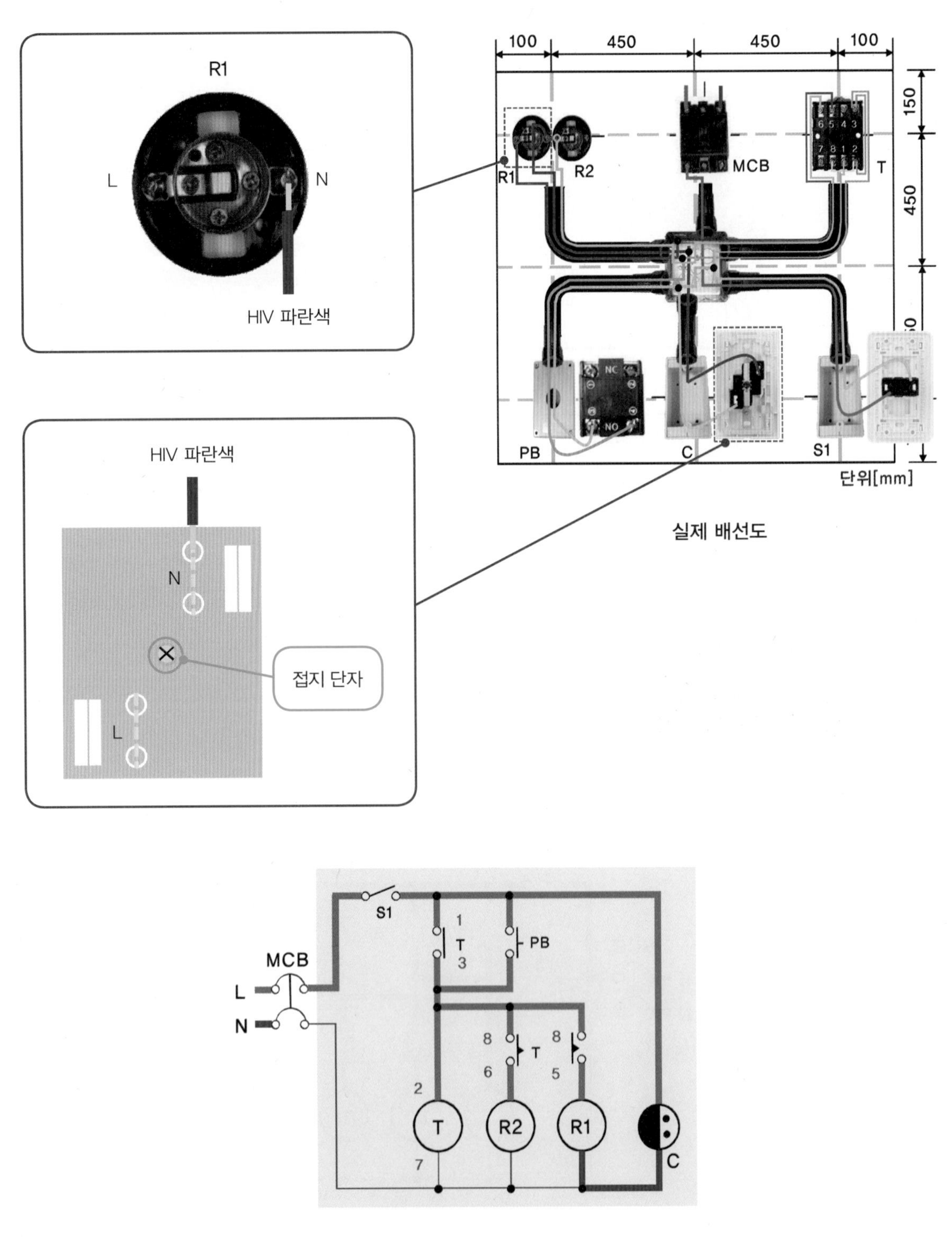

실제 배선도

전기 동작 회로도

⑬ 리셉터클(R1) 소켓 출력 단자와 리셉터클(R2) 소켓 출력 단자를 HIV 1.78mm 파란색 전선으로 연결한다.

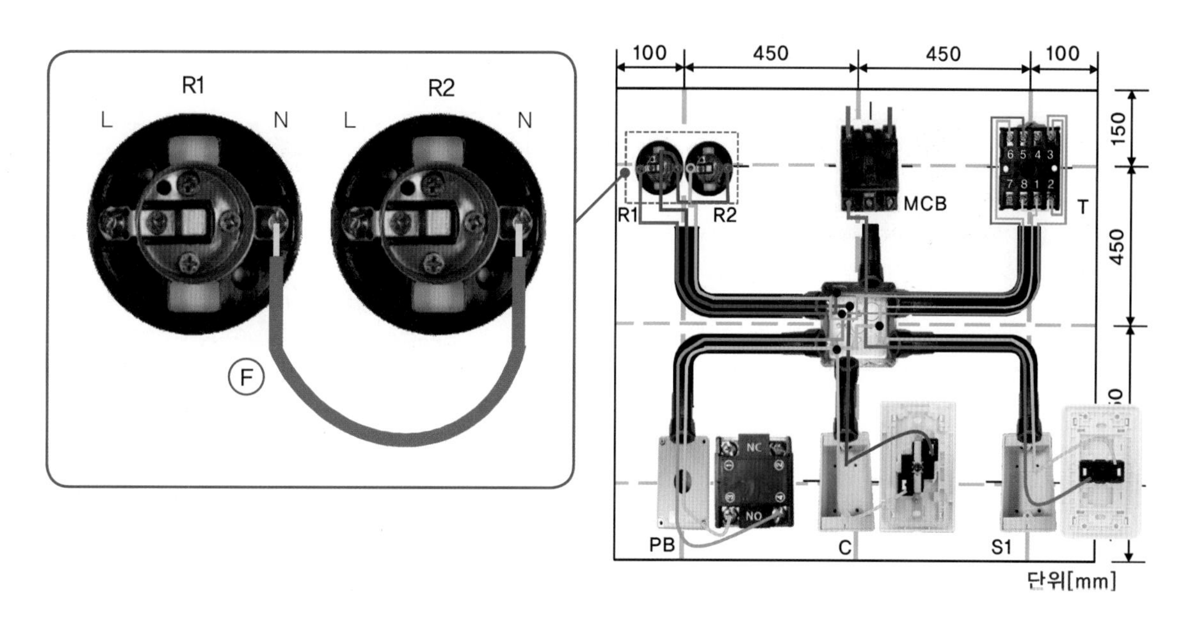

실제 배선도

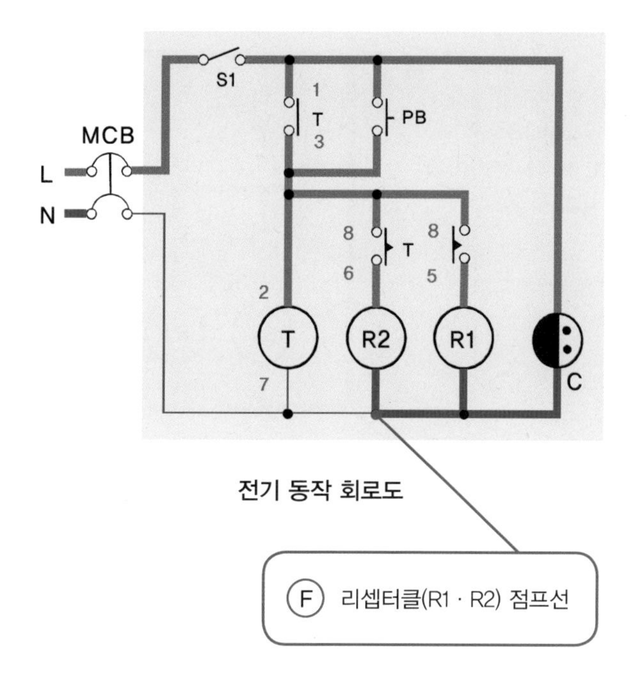

전기 동작 회로도

Ⓕ 리셉터클(R1 · R2) 점프선

⑭ 리셉터클(R2) 출력 단자와 타이머(T) 전원 출력 단자 핀번호 7번을 HIV 1.78 mm 파란색 전선을 접속 연결한다.

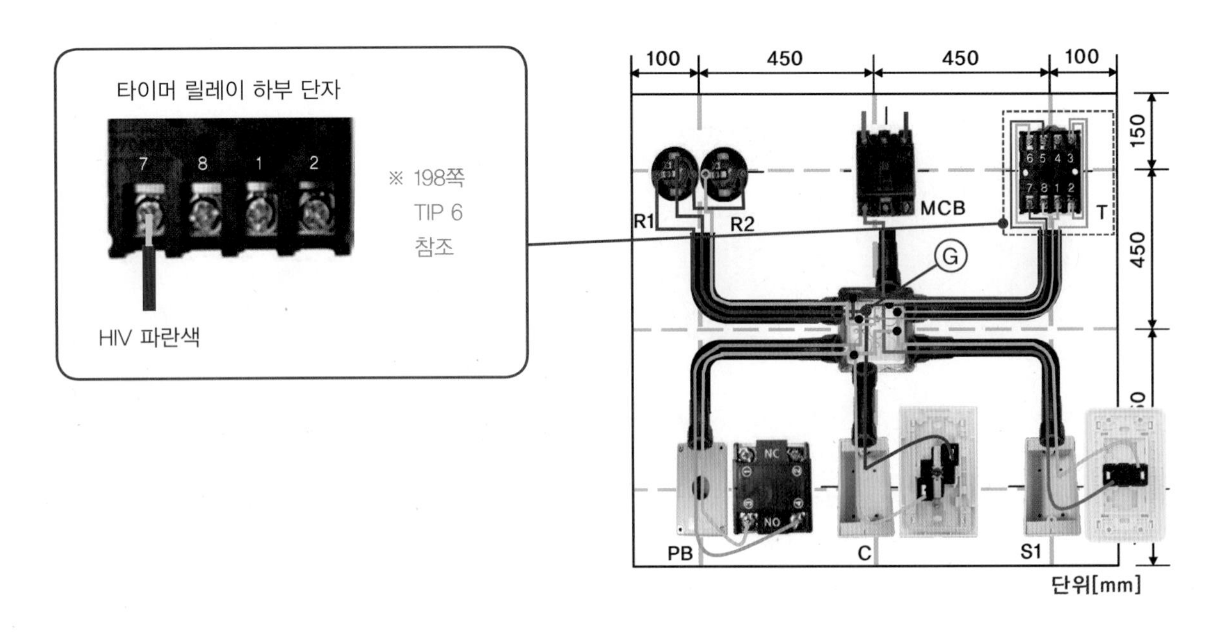

실제 배선도

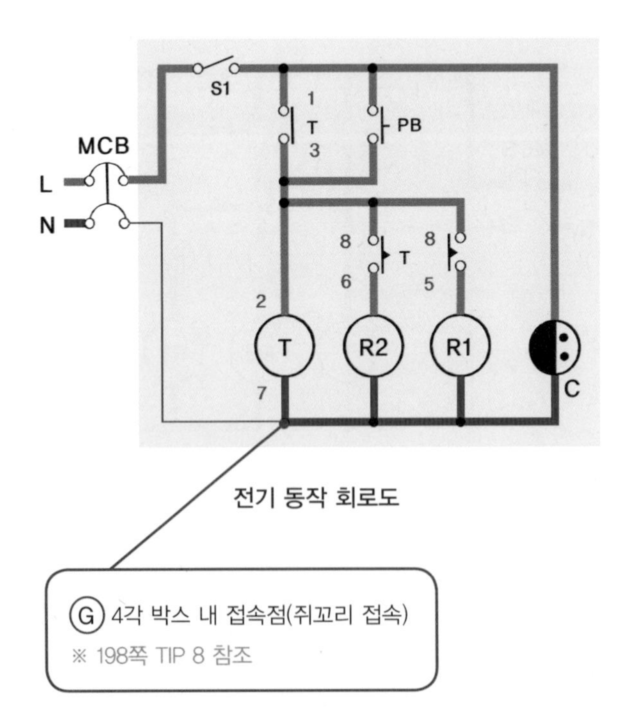

전기 동작 회로도

⑮ 타이머(T) 출력 단자 핀번호 7번과 배선용 차단기(MCB) 출력 단자 N상을 HIV 1.78mm 파란색 전선을 접속 연결한다.

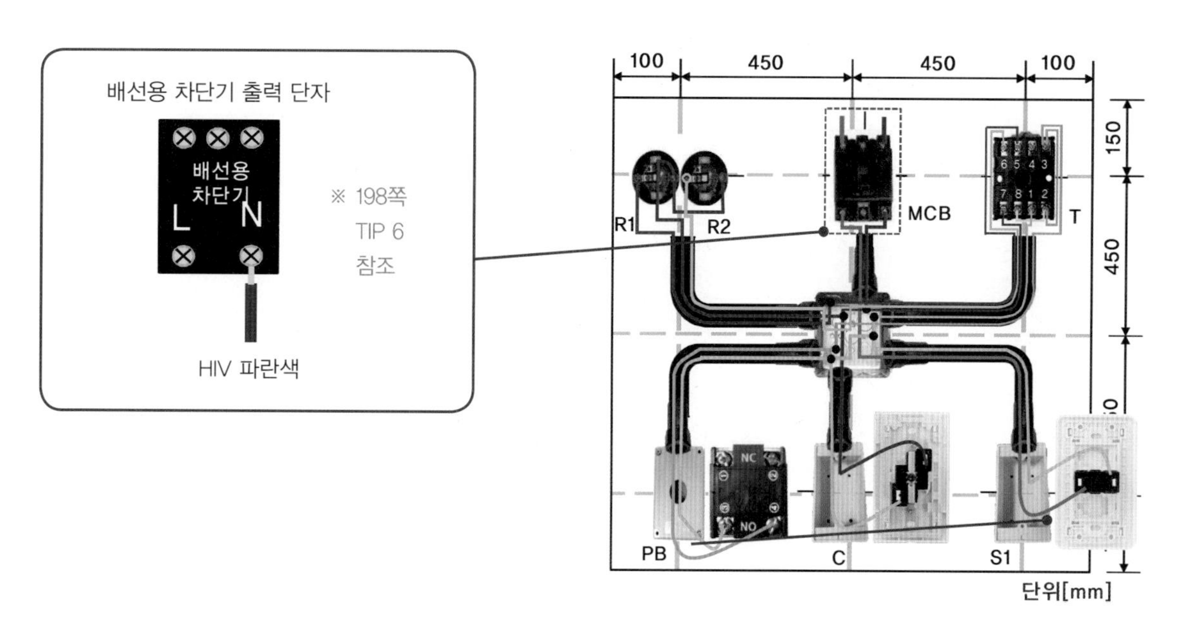

실제 배선도

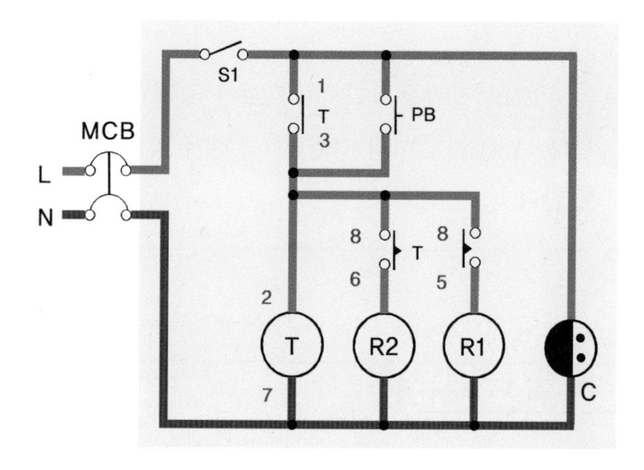

전기 동작 회로도

6 전선과 기구 접속

① 전선과 리셉터클 소켓 단자와 연결 시 도체 부분을 물음표(?) 모양으로 만들어서 볼트가 조여지는 방향으로 접속한다.

② 전선과 차단기 접속 단자와 연결 시 피복이 단자에 물리는 현상을 방지하기 위해 도체 부분이 접속 후 10mm 정도 보일 수 있도록 한다.

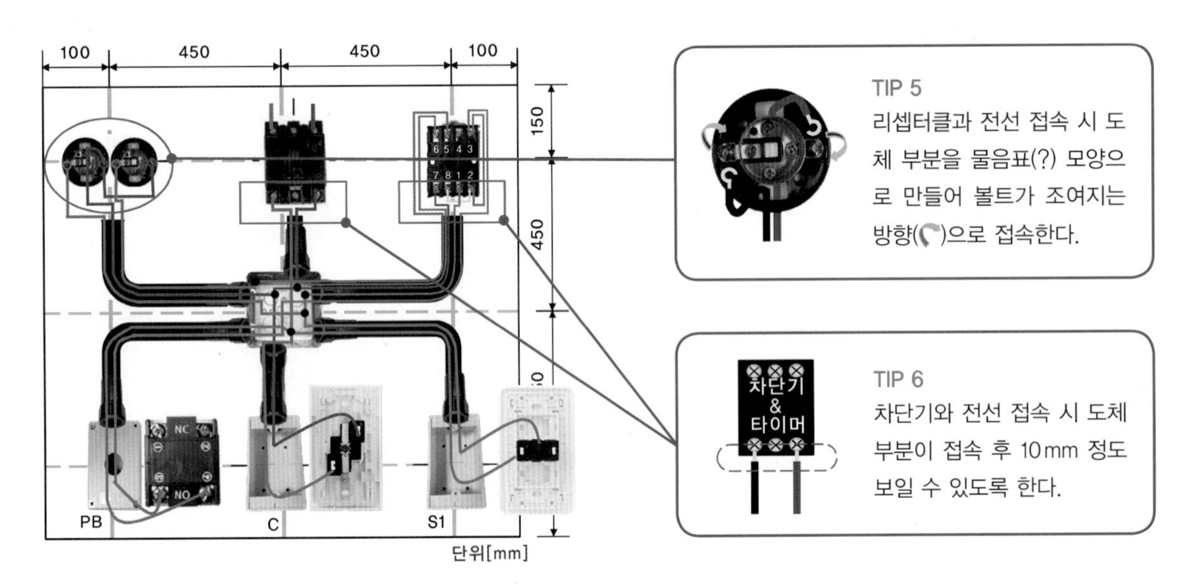

7 전선과 전선의 접속

박스 내 전선을 접속할 경우 쥐꼬리 접속을 4단 이상 꼬아서 절단하고 와이어 커넥터를 오른쪽으로 돌려 절연한다. 박스 내 여유선은 150mm 이상 충분히 남겨서 동그랗게 감는다. 전선의 접속점은 물 고임 방지를 위해 위를 향하게 한다.

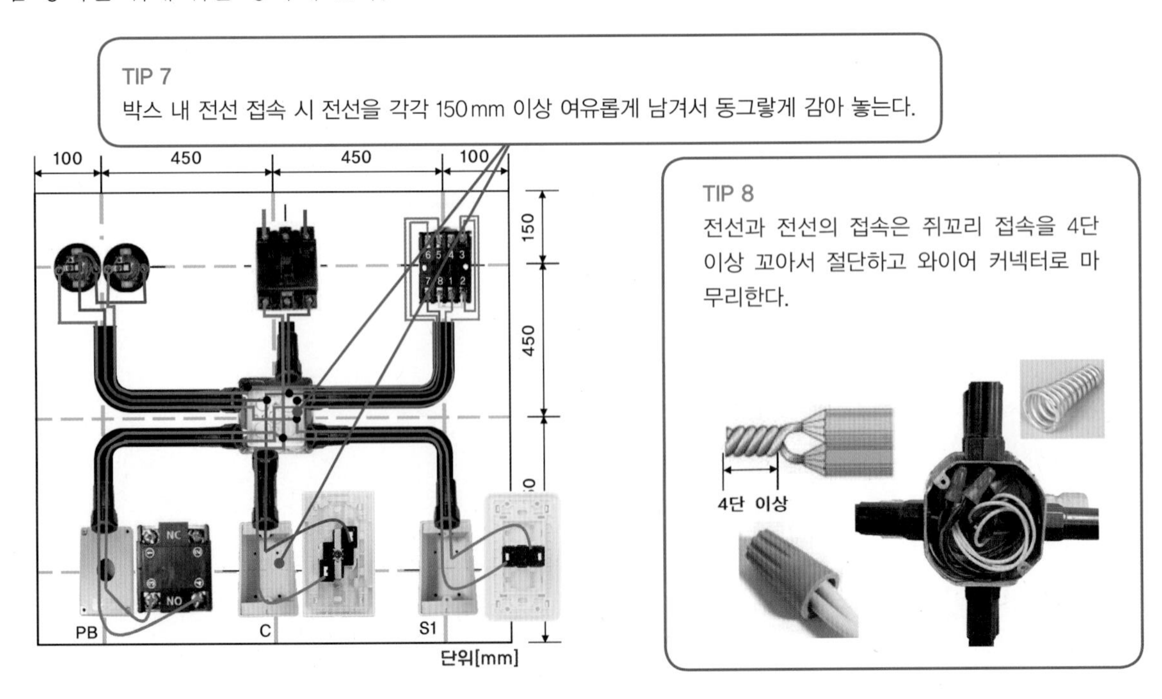

8 마무리 및 동작 테스트

① 스위치 전용 박스에 철판 피스로 고정 플레이트 설치 후 마무리한다.

② 리셉터클 소켓 커버(뚜껑)를 닫고, 벨 테스터로 회로를 점검한다.

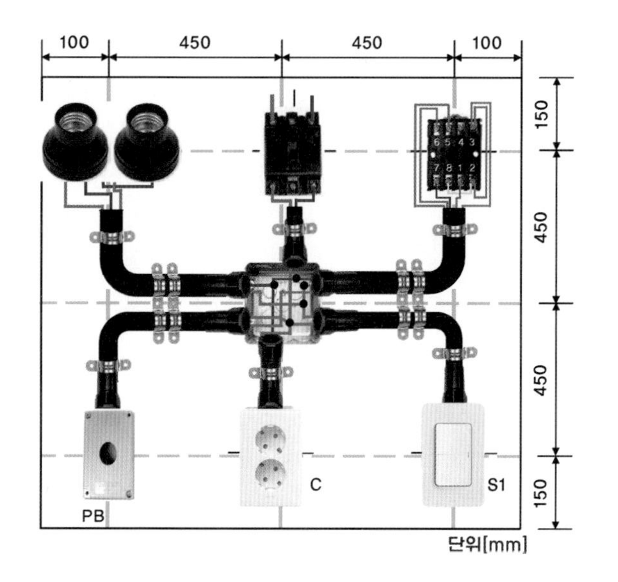

Chapter 1
스위치를 박스에 피스로 고정한다.
플레이트를 설치한다.

Chapter 2
리셉터클 뚜껑을 닫는다.

Chapter 3
벨 테스터로 선로를 확인한다.

Project 10 릴레이와 타이머 사용 신호 회로

소요시간	8시간

학번 (　　　　　　) 성명 (　　　　　　)

■ 실습 목적

1. 전기에너지를 여러 개의 조명설비가 필요로 하는 장소까지 설계도서에 따라 전기기구, 전선관, 케이블 등을 안전하고 적합하도록 공사하는 능력을 습득할 수 있다.
2. 릴레이와 타이머의 내부 회로도를 이해하고 혼용된 전기회로 공사를 할 수 있다.
3. 한국전기설비규정(KEC)을 준수하여 건축물 등 전기사용장소에 전기회로 공사를 수행할 수 있다.

■ 실험 · 실습 소요 재료 내역

번호	재료명	규격	단위	수량
1	배선용 차단기(MCB)	3P 30A, AC220V	EA	1
2	4각 정션박스	금속	EA	1
3	리셉터클 소켓	둥근형 2P, AC220V	EA	4
4	릴레이 소켓	8핀 베이스	EA	1
5	타이머 소켓	8핀 베이스	EA	1
6	푸시버튼 스위치	파이롯트형 AC220V	EA	1
7	컨트롤 박스	푸시버튼용 1구, 난연	EA	1
8	PE 전선관	16 mm	M	7
9	PE 전선관 커넥터	ϕ25, 16 mm	EA	9
10	비닐전선(HIV 1.78 mm)	2.5 mm^2 갈색, 단선	M	5
11	비닐전선(HIV 1.78 mm)	2.5 mm^2 파란색, 단선	M	2
12	새들	철재, 16 mm	EA	8

■ 사용 공구 내역

번호	공구명	규격	단위	수량	번호	공구명	규격	단위	수량
1	드라이버	60×200, 양용	EA	1	5	니퍼	200 mm	EA	1
2	롱 노즈 플라이어	200 mm	EA	1	6	전동 드라이버	충전식	EA	1
3	와이어 스트리퍼		EA	1	7	공구 벨트	공사용	EA	1
4	펜치	200 mm	EA	1	8	피시 테이프	입선용	EA	1

■ 회로 동작 설명

1. 배선용 차단기(MCB)를 켜면(ON) 리셉터클(R3) 소켓 램프가 점등한다.
2. 단로 스위치(S1)를 켜면(ON) 콘센트에 전원이 들어온다.
3. 푸시버튼(PB)을 누르면 타이머(T)에 전원이 공급된다. 푸시버튼(PB)이 여자되고 리셉터클 R1이 점등된다. T초 후에 리셉터클 R1이 소등, 리셉터클 R2가 점등된다.
4. 배선용 차단기(MCB)를 끄면(OFF) 모든 회로는 꺼진다.

■ 실습 도면

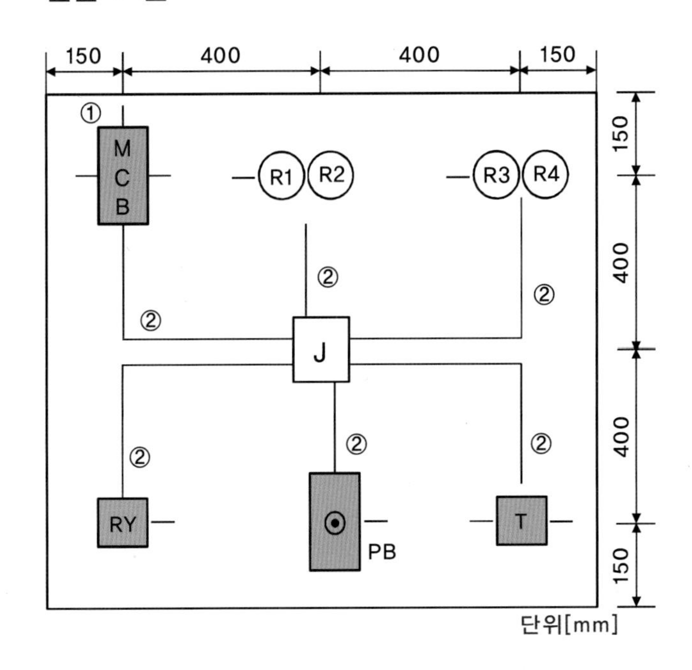

기구 배치 및 배관도

MCB : 배선용 차단기
J : 4각 정션박스
R1 · R2 · R3 · R4 : 리셉터클
RY : 릴레이
PB : 푸시버튼 스위치
T : 타이머 릴레이
① : 케이블
② : PE 전선관

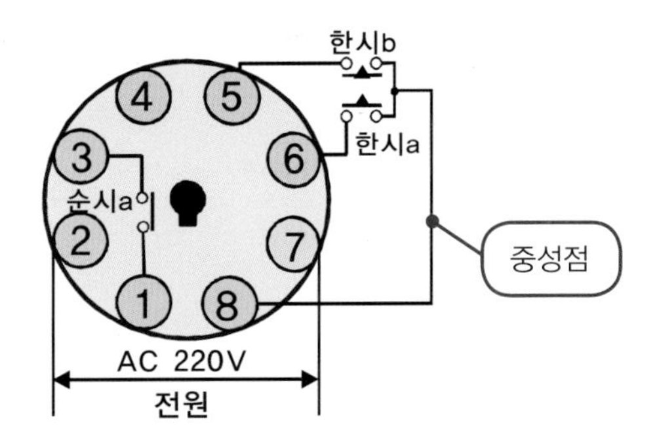

Timer 회로도

L(HIV 1.78mm 갈색)
N(HIV 1.78mm 파란색)

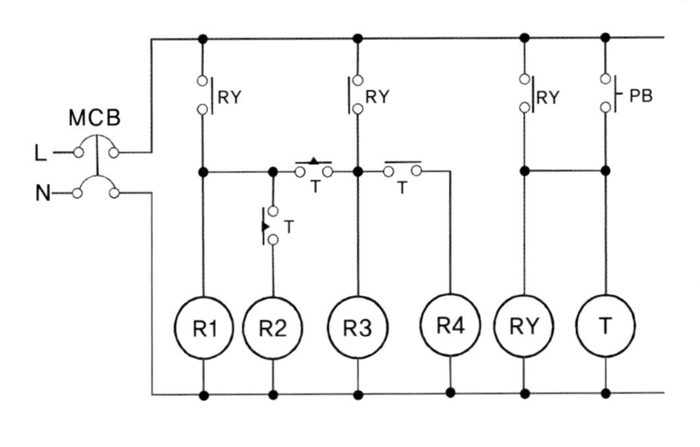

전기 동작 회로도

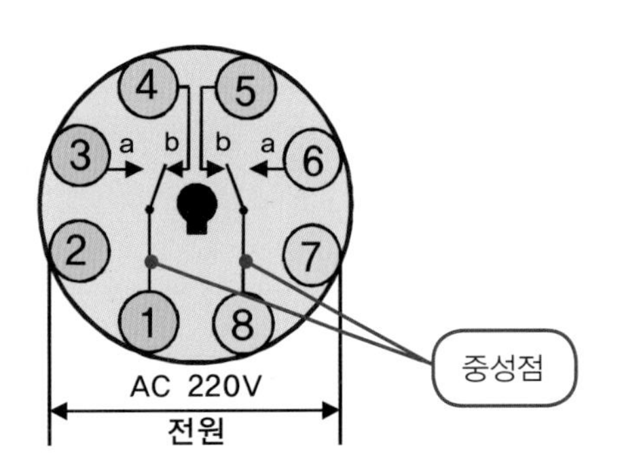

8Pin Relay 회로도

■ 지시사항 및 안전사항

1. 지급된 재료와 실습장 시설을 사용하여 제한시간 내에 주어진 과제를 안전에 유의하여 완성한다.
   (단, 과제에 표시되지 않은 사항은 한국전기설비규정에 따른다.)
2. 전원방식은 단상 AC 220V를 사용한다.
3. 작업판 제도 시 치수 오차범위는 외관 ±30mm를 허용한다.
4. 공사 방법은 ① 케이블 공사, ② PE 전선관, ③ HIV 전선을 설치한다.
5. 전선관과 박스가 접속되는 부분은 커넥터를 사용한다.
6. 요소 작업 시 손이 다치지 않도록 안전에 유의하여 작업한다.

■ 평가 내용

평가 영역		세부 평가 내용	배점
회로 해석(도면 검토)		주어진 과제의 회로 해석과 결선은 올바른가?	10
요소 작업	작업판 제도	작업판에 도면에서 제시한 규격으로 제도하였는가?	10
	기구 설치	작업판에 기구를 정확한 위치에 설치하였는가?	5
	배관 설치	작업판에 배관을 정확한 위치에 설치하였는가?	5
	입선 작업	배관에 알맞은 전선을 입선하였는가?	10
	접속 상태	전선과 기구를 알맞게 접속하였는가?	10
		정션박스 내 전선과 전선의 접속은 알맞게 하였는가?	10
실습 태도	실습 준비	공구 및 실습 준비는 철저한가?	10
	재료 사용	실습 재료의 사용은 경제적인가?	10
	문제 해결	발생한 문제의 해결에 적극적이며 방법은 바람직한가?	10
실습 시간		정해진 시간 내에 과제를 완성하였는가?	10
종합			100

Guide 10 릴레이와 타이머 사용 신호 회로

■ 실습 순서

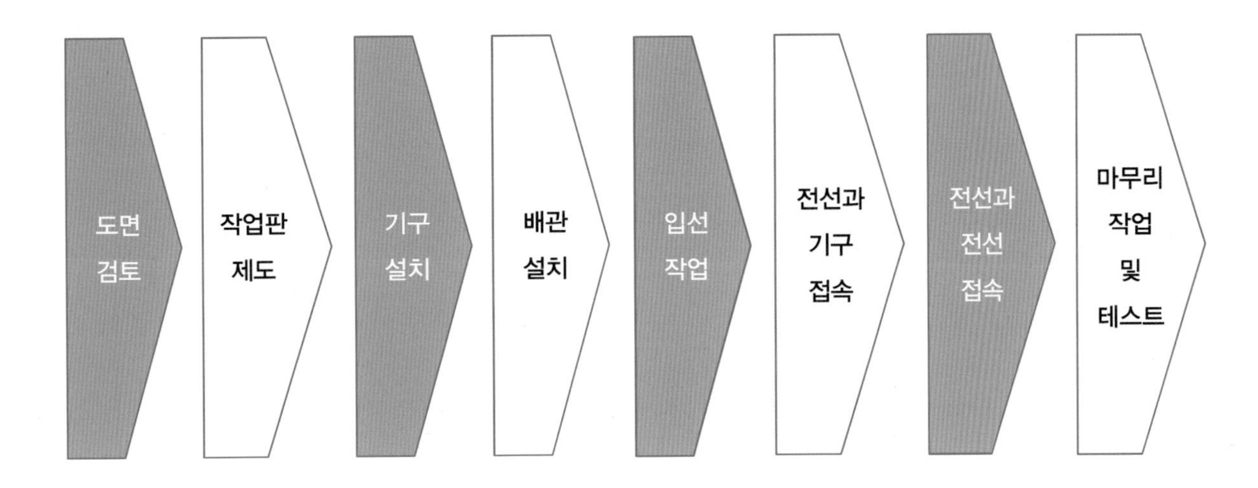

1 도면 검토

① 기구 배치 및 배관도를 확인하여 실제 사용하는 실습재료와 수량을 체크하여 준비한다.
② 동작 회로도가 어떻게 동작되는지 확인한다.
③ 지시사항 및 안전사항에 나타난 공사방법을 참고하여 공사를 준비한다.

2 작업판 제도

① 기구 배치 및 배관도 내 · 외곽선을 작업판에 스틱자와 하얀색 분필로 제도한다.

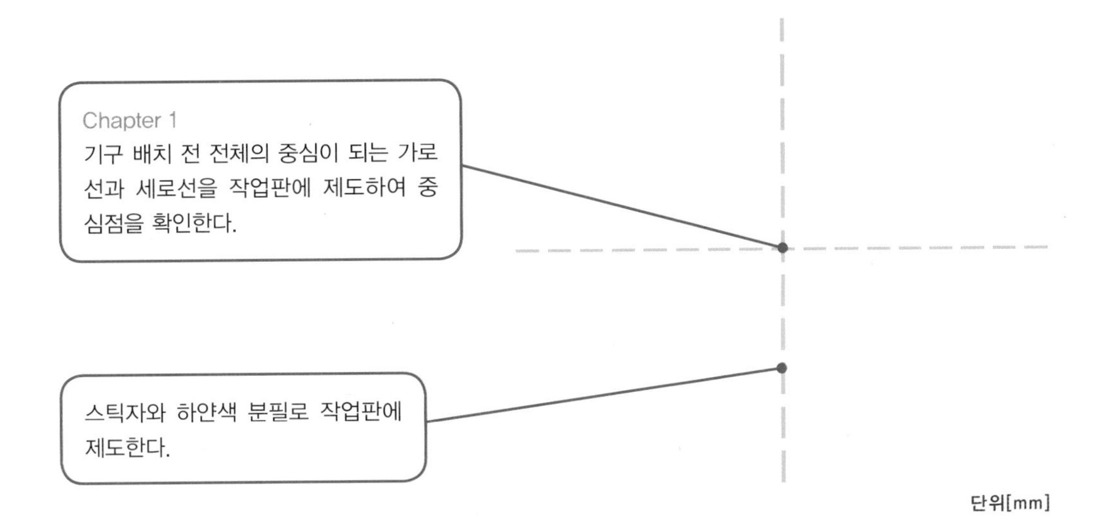

② 세로 기준선을 기준으로 오른쪽과 왼쪽 가로 간격 400 mm와 150 mm를 확인하여 세로 외곽선은 실선으로, 세로선은 점선으로 작업판에 제도한다.

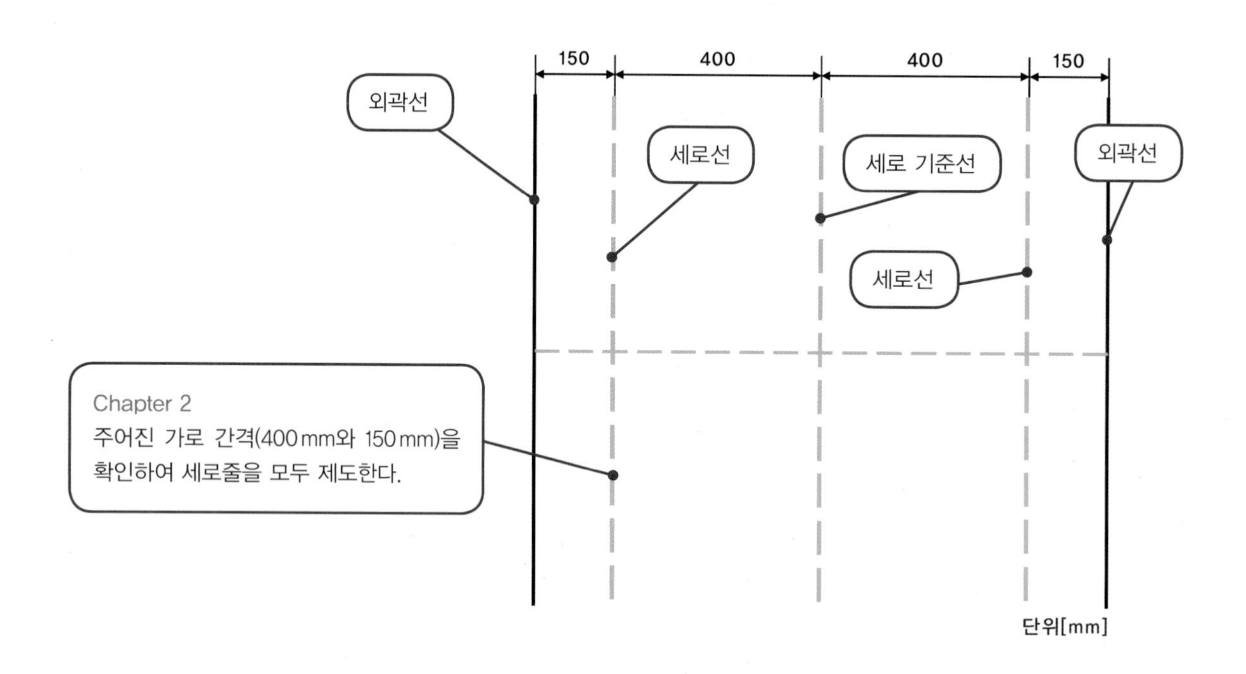

③ 가로 기준선을 기준으로 위쪽과 아래쪽 세로 간격 400 mm와 150 mm를 확인하여 가로 외곽선은 실선으로, 가로선은 점선으로 작업판에 제도한다.

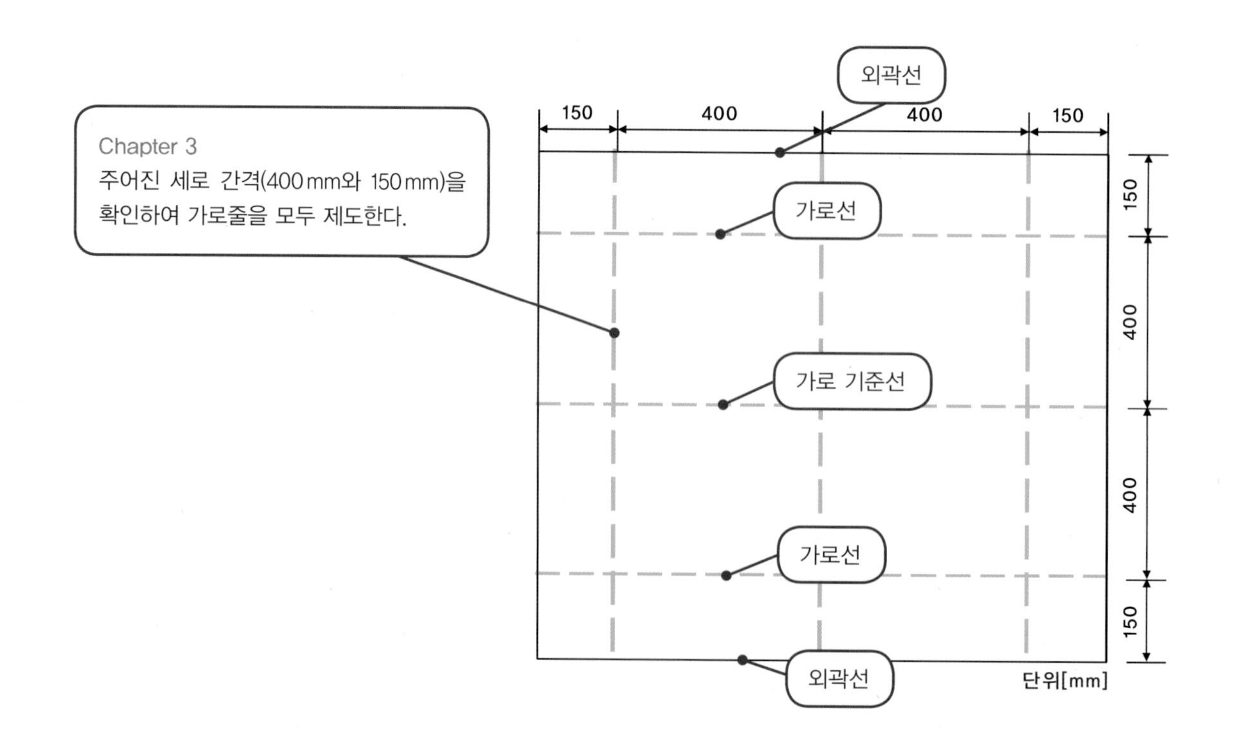

3 기구 설치

① 주어진 가로와 세로선이 겹치는 중심점에 기구를 설치할 수 있도록 표기한다. (예 정션박스 J, 배선용 차단기 MCB, 리셉터클 소켓 R1 · R2 · R3 · R4 등)

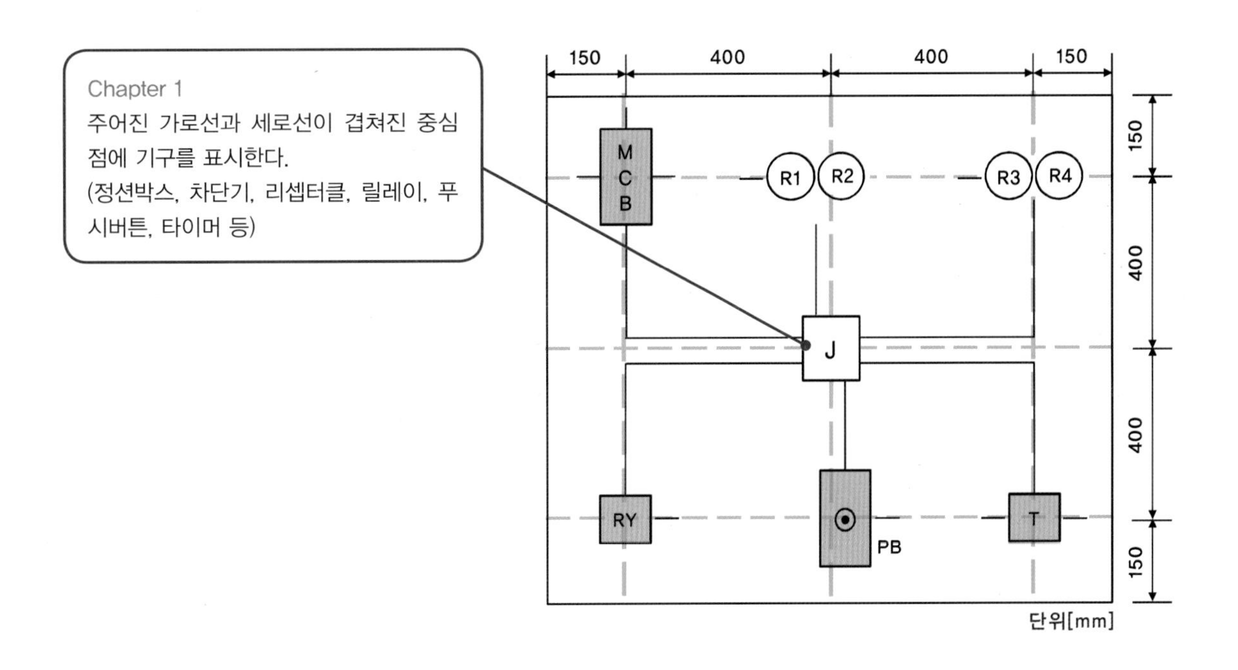

② 배관 및 배선공사의 종류를 숫자로 표기한다. (① 케이블 공사, ② PE 전선관 공사, ③ HIV 전선 공사)

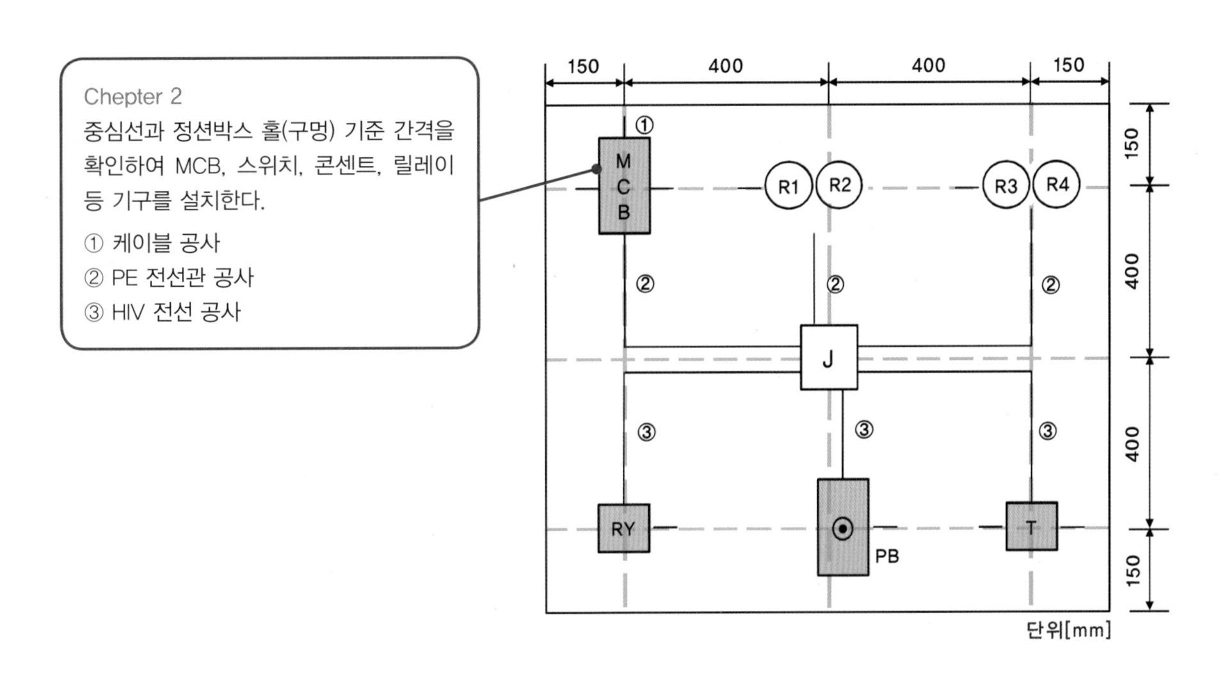

③ 기구를 작업판에 표기된 기구 위치에 철판 피스로 설치한다.

Chapter 3
기구를 작업판에 제도된 위치에 피스로 설치한다.

TIP 1
철판 피스는 헤드 부분이 평평한 것을 선택한다. 기구 및 철판 피스 규격은 아래와 같다.

① 4각 정션박스	4×12×4EA
② 배선용 차단기	4×20×2EA
③ 리셉터클	4×12×8EA
④ 푸시버튼 스위치	4×12×4EA
⑤ 릴레이 및 타이머 베이스	4×16×4EA

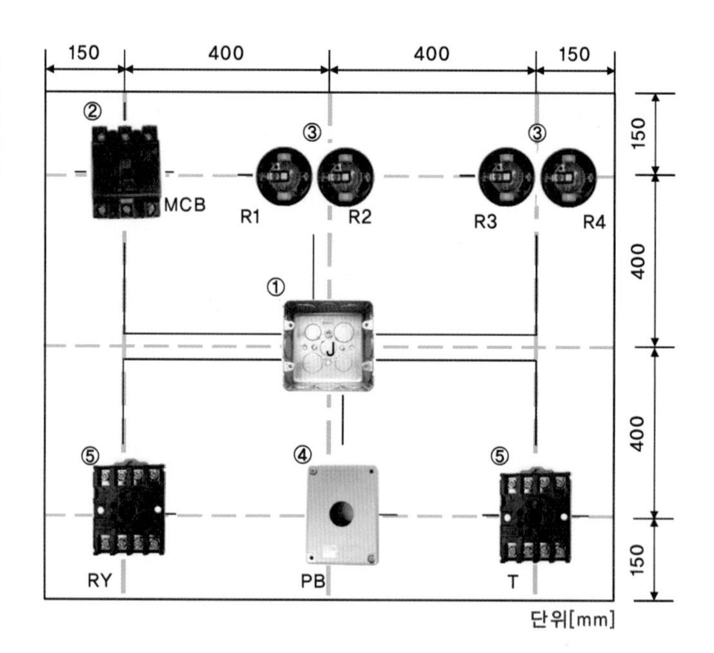

4 배관 설치

① 배관 설치 전 정션박스, 스위치 박스에 커넥터를 설치한다.

Chapter 1
배관 설치 전 정션박스에 커넥터를 설치한다.

② PE 전선관용 커넥터
- 4각 정션박스
  PE 커넥터×6EA
- 푸시버튼 스위치 박스
  PE 커넥터×1EA

PE 전선관용 커넥터

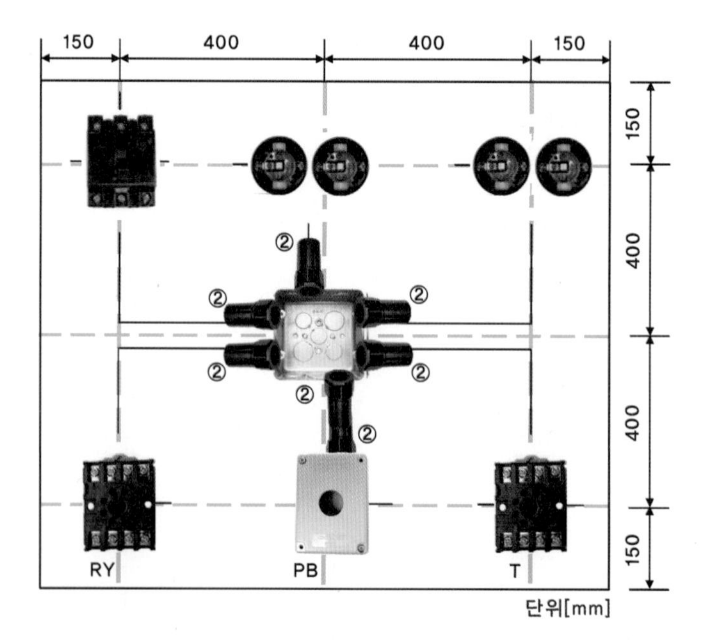

② PE 전선관을 규격에 알맞게 설치한다. 또한 기구와 전선관의 접속 시 이격거리를 50mm 이내로 설치한다.

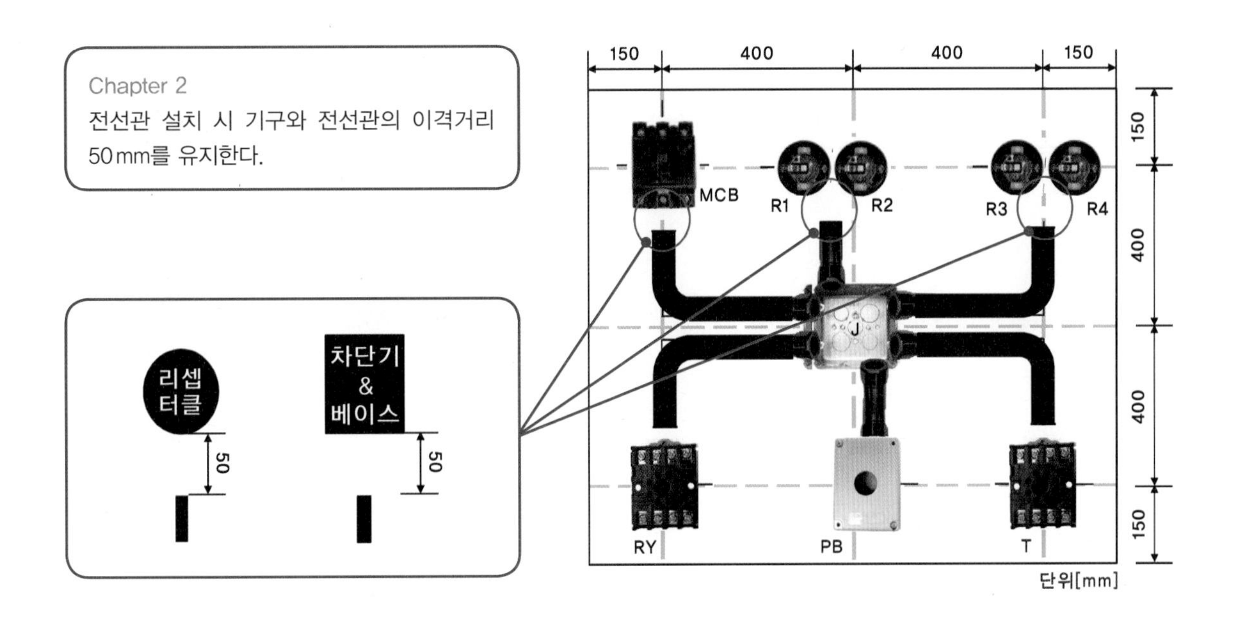

③ 전선관 설치 시 직선 구간은 300mm 간격마다 새들로 고정한다. 전선관의 곡선 · 박스 · 차단기 · 리셉터클 소켓 구간은 150mm 간격으로 새들을 설치한다.

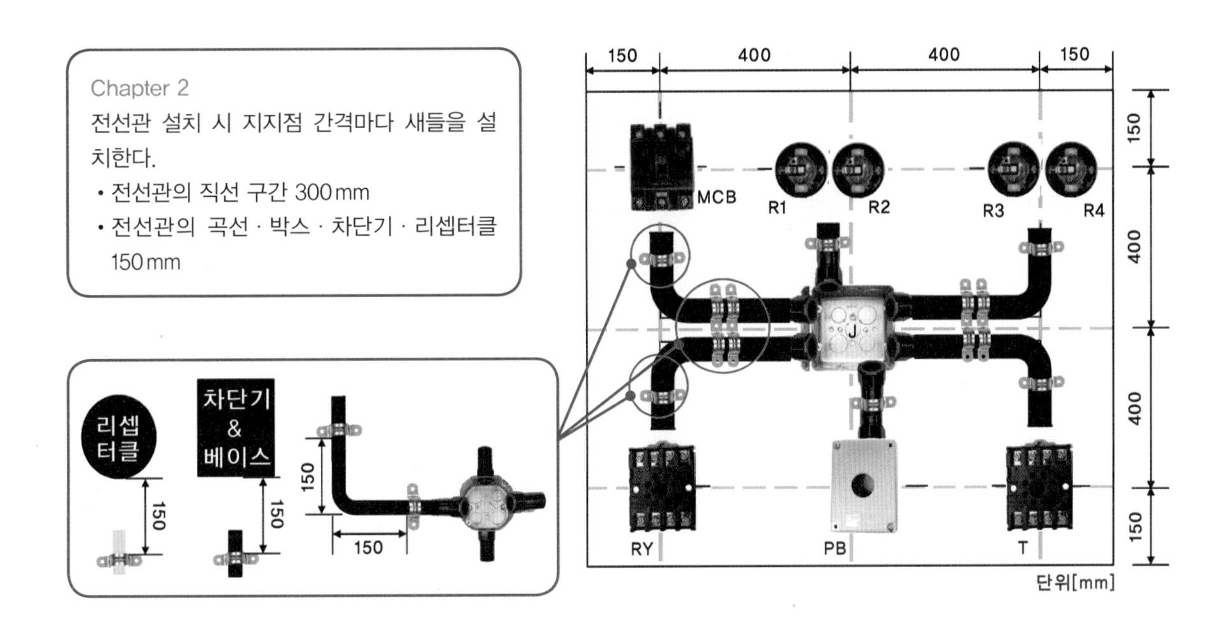

④ 4각 정션박스에서 전선관이 2구간에 설치될 경우 **새들 고정 협조**를 통해 전선관을 고정시킨다.

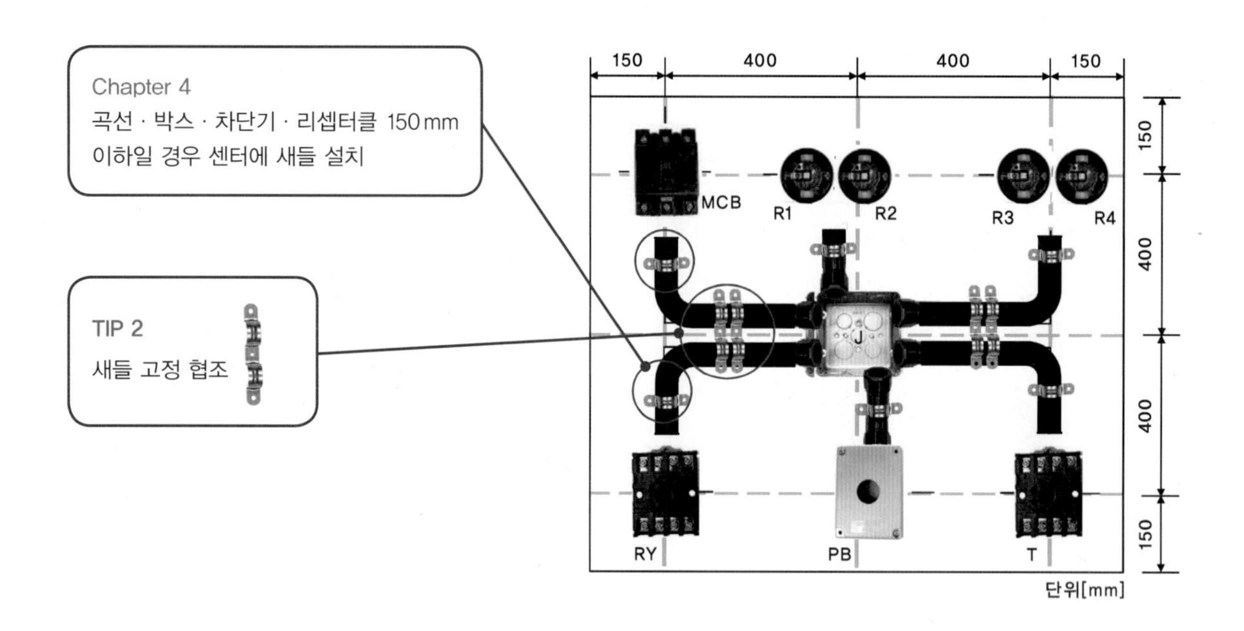

5 입선 작업

① 전기 동작 회로도를 기구 배치 및 배관도에 적용하여 설치한다.

❖ 기구 배치 및 배관도

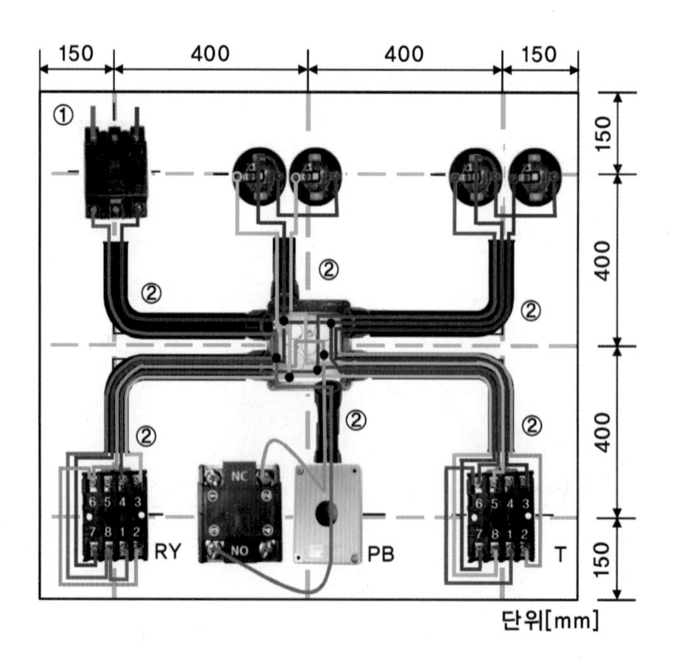

❖ 전기 동작 회로도

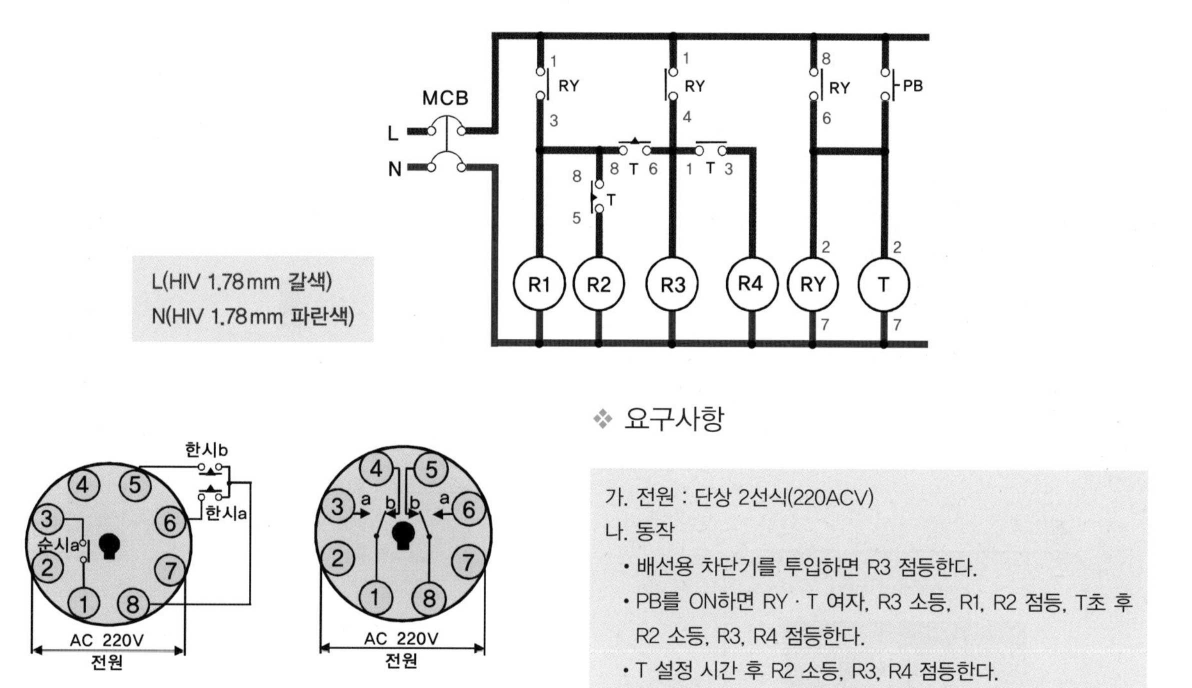

Timer 회로도

8Pin Relay 회로도

❖ 요구사항

가. 전원 : 단상 2선식(220ACV)

나. 동작

- 배선용 차단기를 투입하면 R3 점등한다.
- PB를 ON하면 RY · T 여자, R3 소등, R1, R2 점등, T초 후 R2 소등, R3, R4 점등한다.
- T 설정 시간 후 R2 소등, R3, R4 점등한다.

다. 공사 구분

① 케이블 공사, ② PE 전선관 공사, ③ HIV 전선 공사

② 배선용 차단기(MCB) 1차 입력 단자에 인입선(L, N상)을 연결한다. L상은 HIV 1.78mm 갈색이고 N상은 HIV 1.78mm 파란색으로 사용한다.

TIP 3

배선용 차단기(MCB)의 입력 단자에 인입선(L, N상) HIV 전선을 각각 150mm 이상 설치한다.

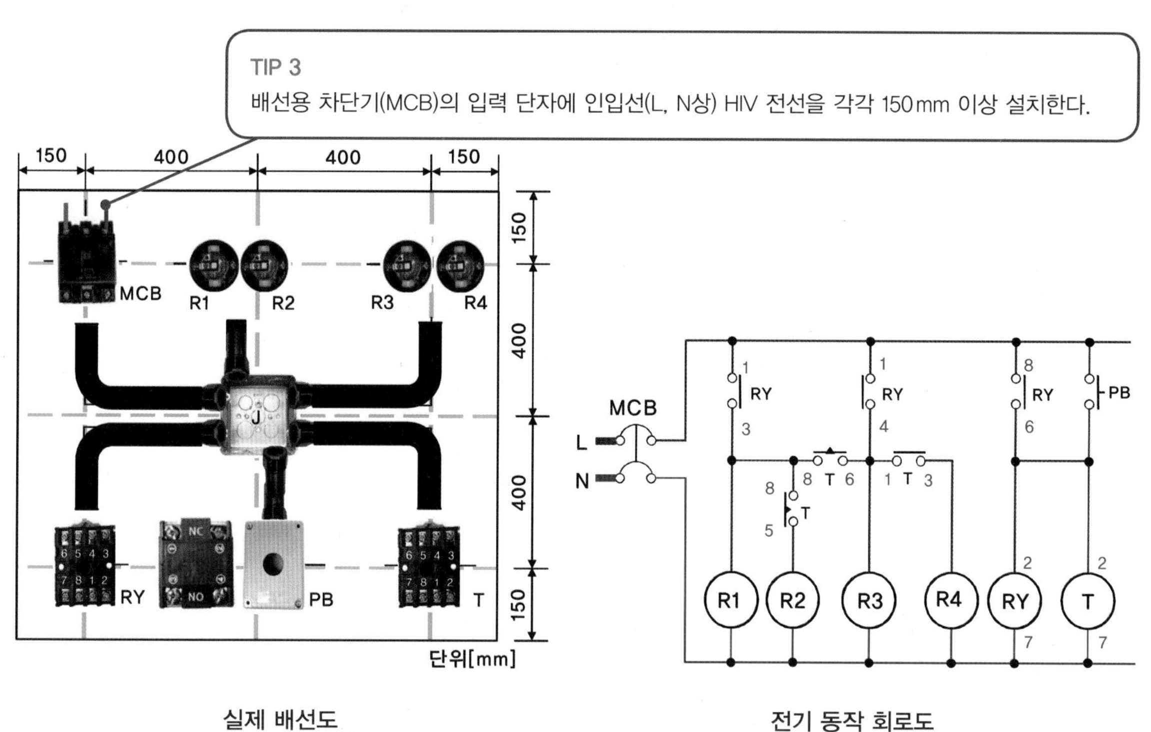

실제 배선도

전기 동작 회로도

③ 배선용 차단기(MCB) 2차 인출선(L상)을 릴레이(RY) 공통접점 핀번호 1번과 8번 그리고 푸시버튼 입력 단자를 HIV 1.78mm 갈색 전선으로 연결한다.

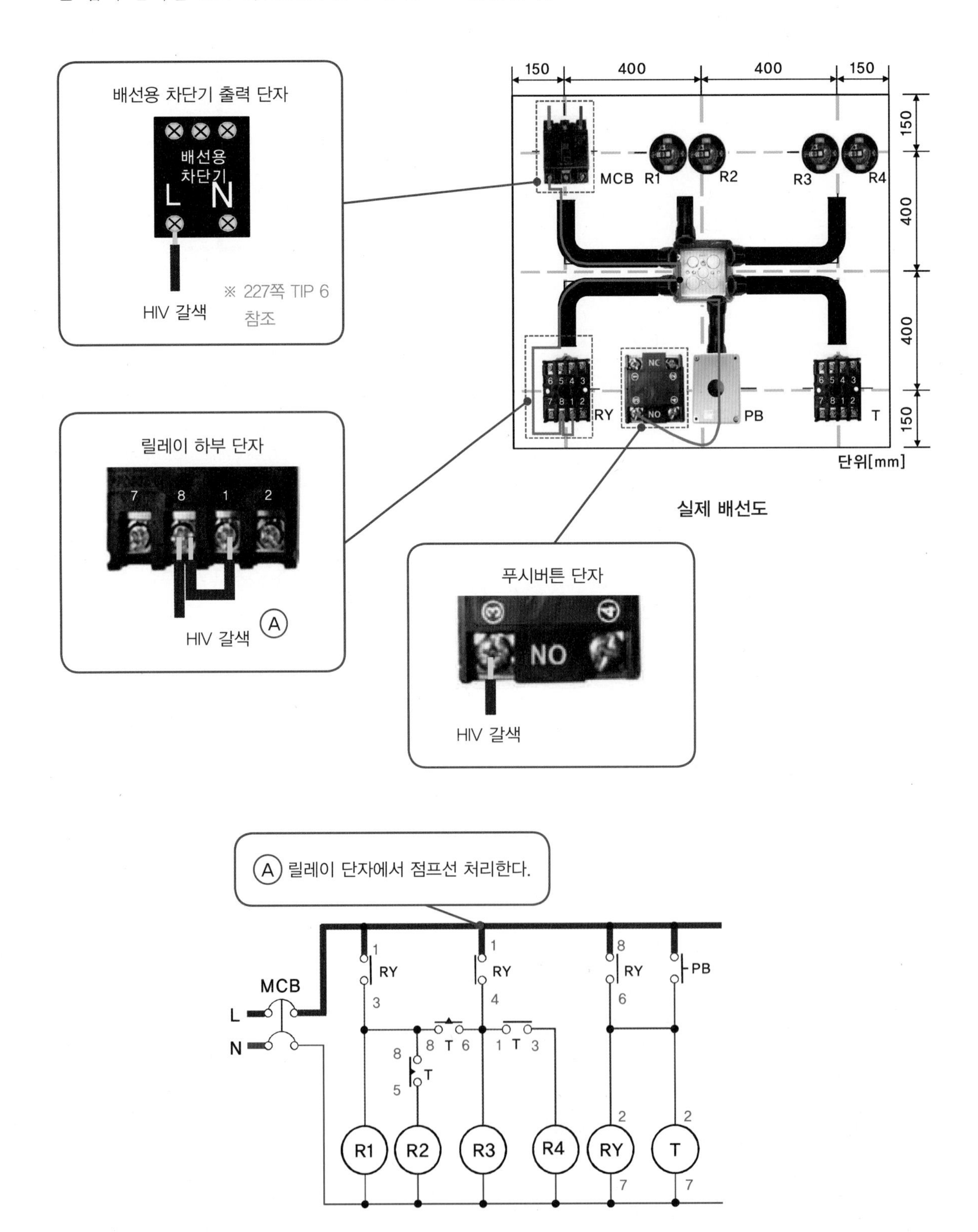

실제 배선도

전기 동작 회로도

④ 릴레이(RY) a접점 출력 단자 핀번호 3번과 정션박스를 통해 리셉터클(R1) 전원 베이스 소켓 입력 단자를 HIV 1.78mm 갈색 전선으로 연결한다. (단, 정션박스 내 전선은 150mm 이상 여유롭게 배선한다.)

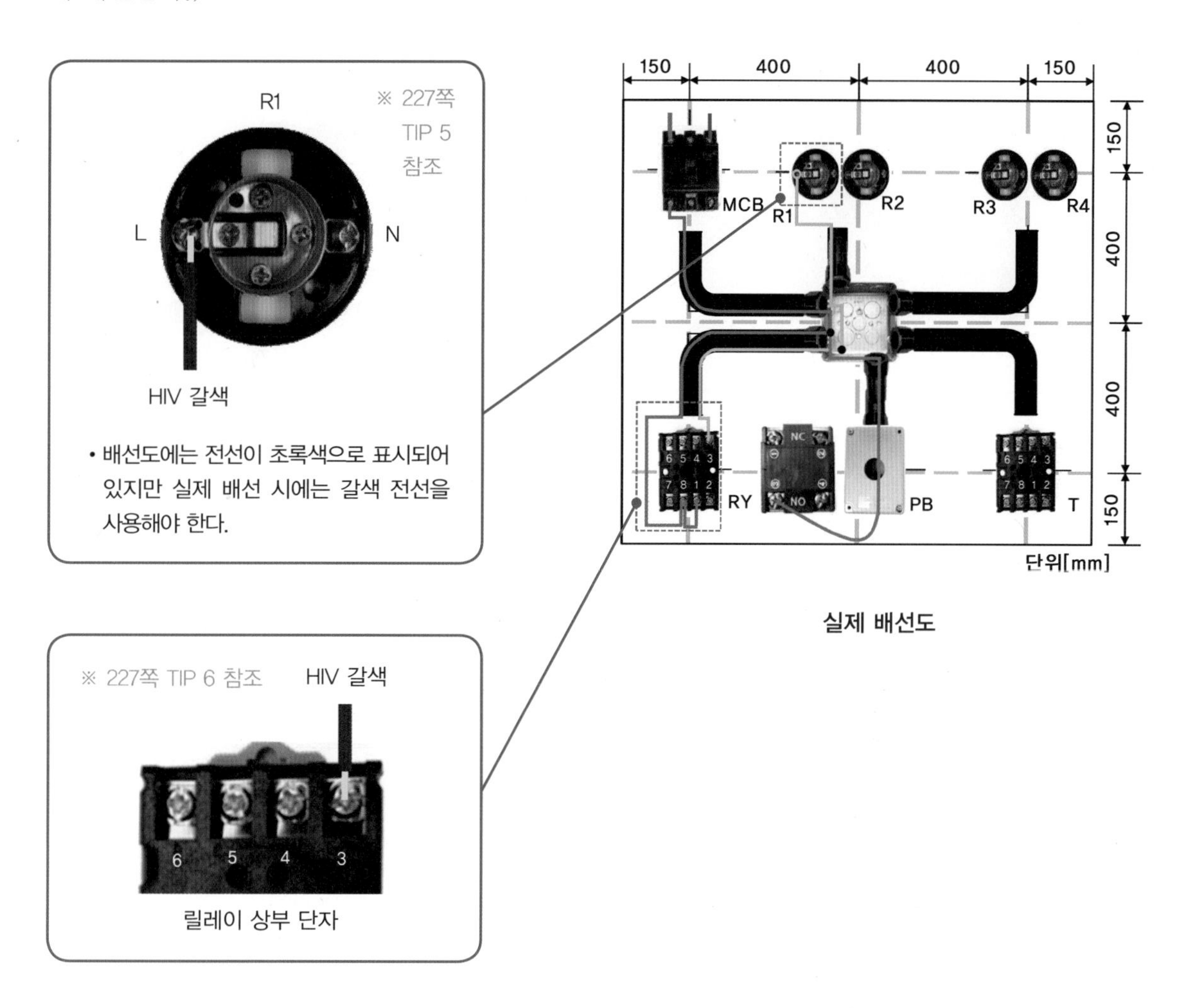

실제 배선도

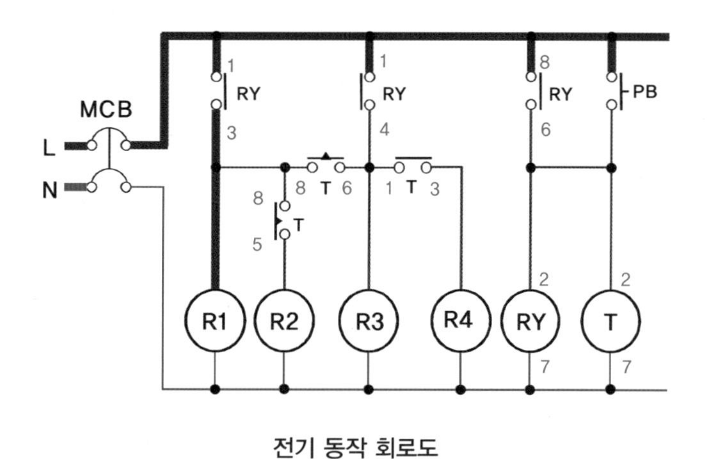

전기 동작 회로도

⑤ 정션박스 내에 ④의 접속된 전선과 타이머(T) 공통접점 핀번호 8번을 HIV 1.78mm 갈색 전선으로 쥐꼬리 접속 연결한다. (단, 정션박스 내 전선은 150mm 이상 여유롭게 배선한다.)

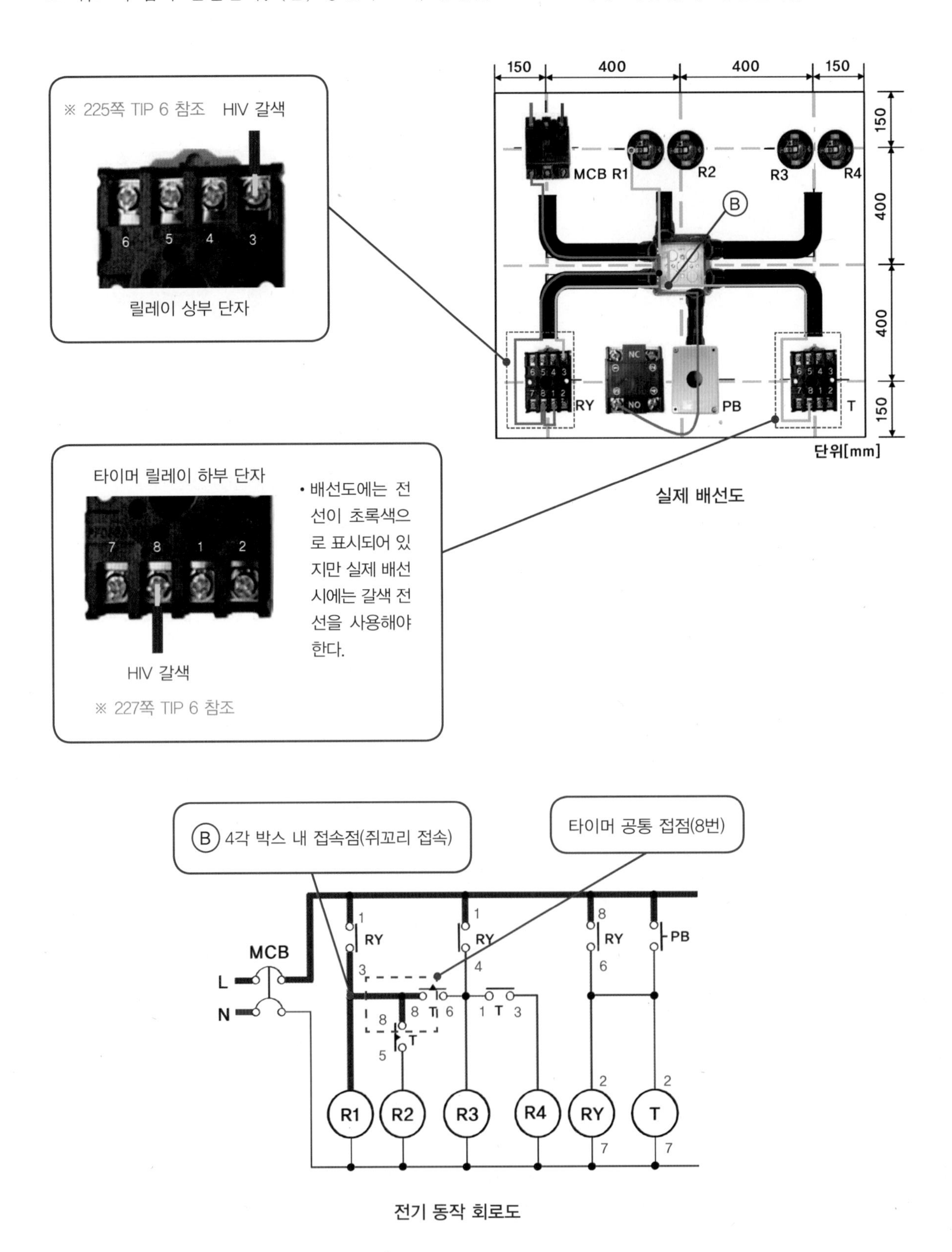

전기 동작 회로도

⑥ 타이머(T)의 b접점 출력 단자 핀번호 5번과 리셉터클(R2) 전원 베이스 소켓을 HIV 1.78 mm 갈색 전선으로 쥐꼬리 접속 연결한다. (단, 정션박스 내 전선은 150 mm 이상 여유롭게 배선한다.)

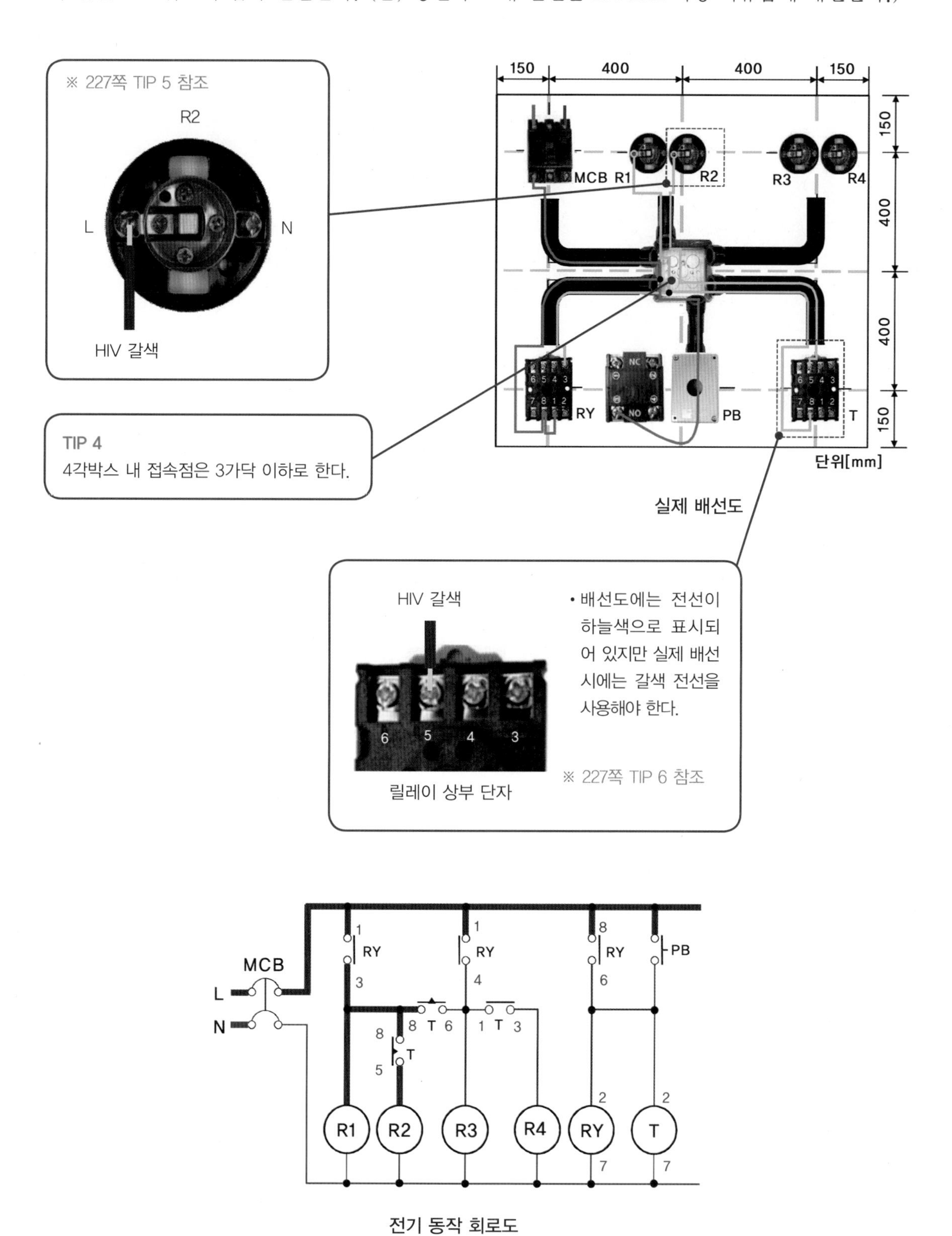

⑦ 타이머(T) a접점 입력 단자 핀번호 6번과 타이머(T) 순시접점 입력 단자 핀번호 1번을 HIV 1.78mm 갈색 전선으로 연결한다.

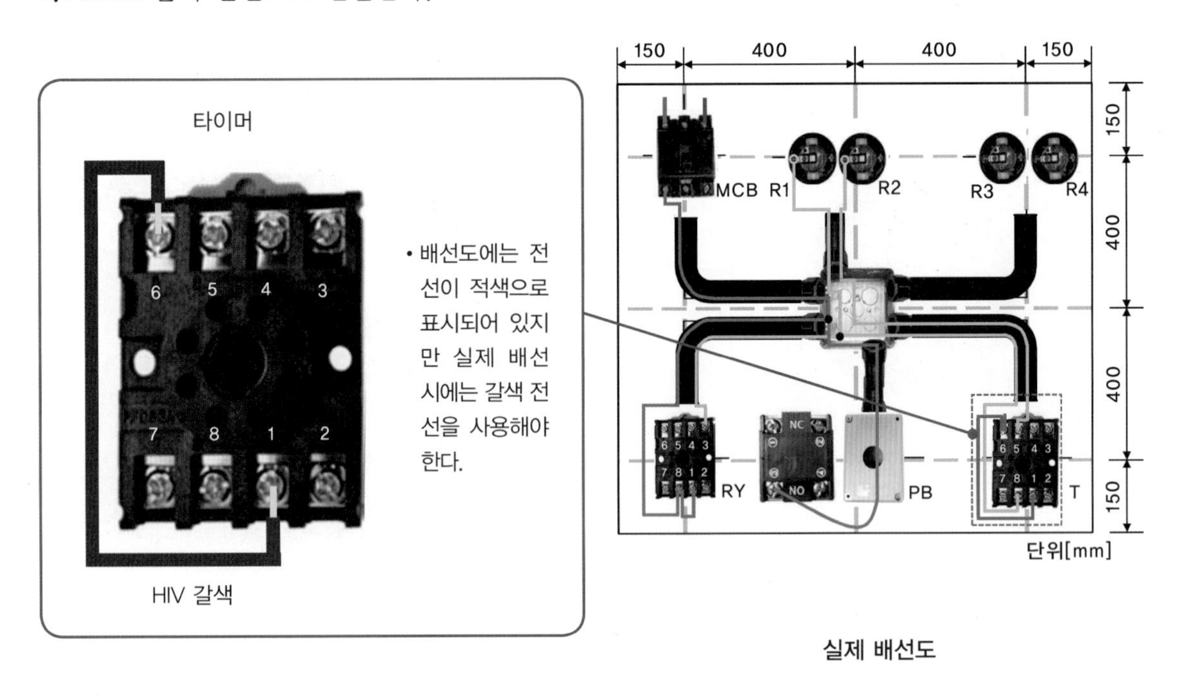

실제 배선도

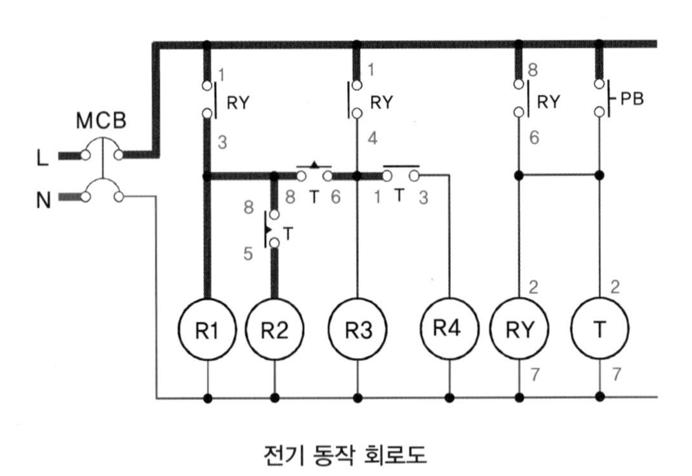

전기 동작 회로도

⑧ 정션박스 내에 ⑦의 접속 부분과 릴레이(RY) b접점의 출력 단자 핀번호 4번을 HIV 1.78mm 갈색 전선으로 연결한다.

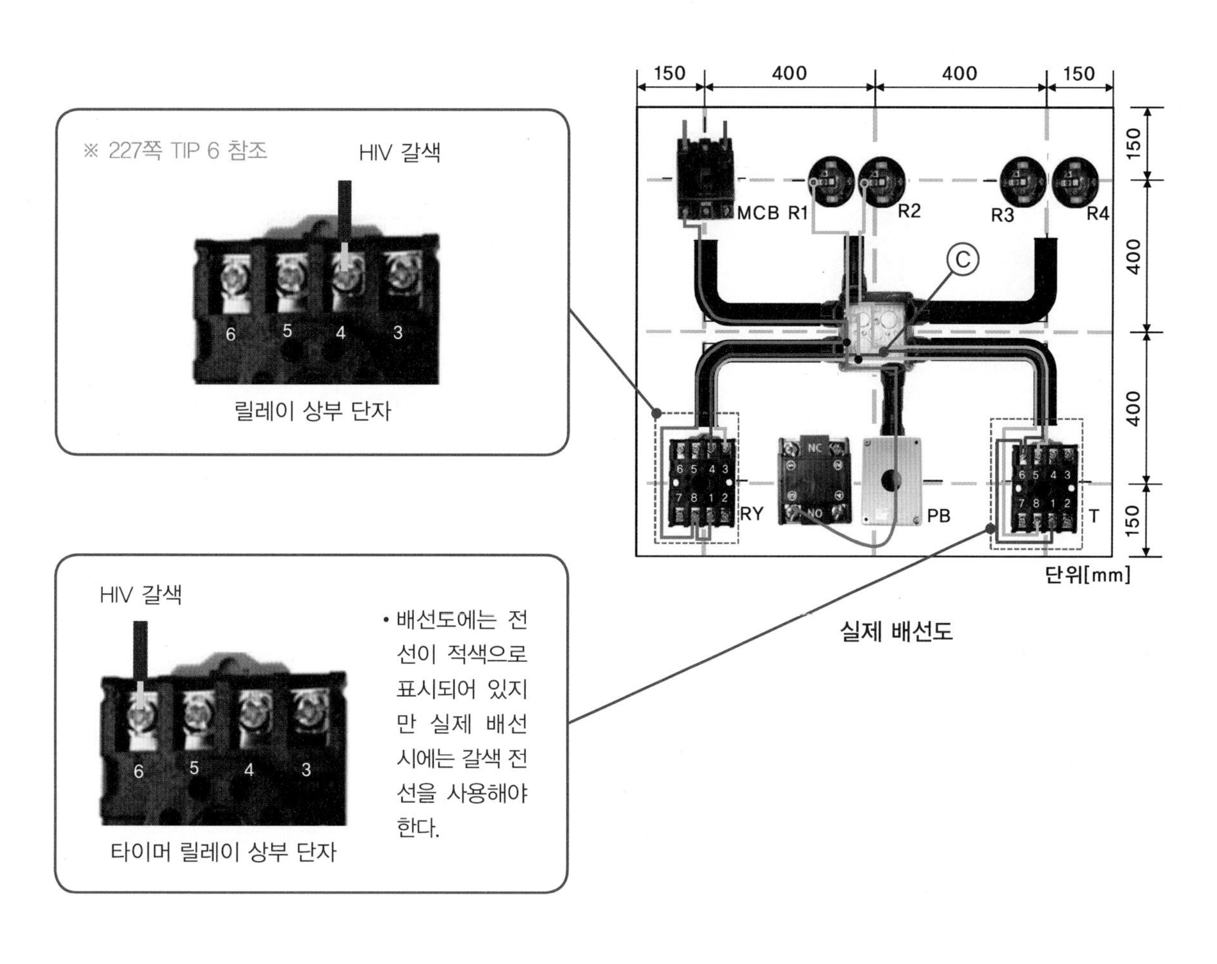

실제 배선도

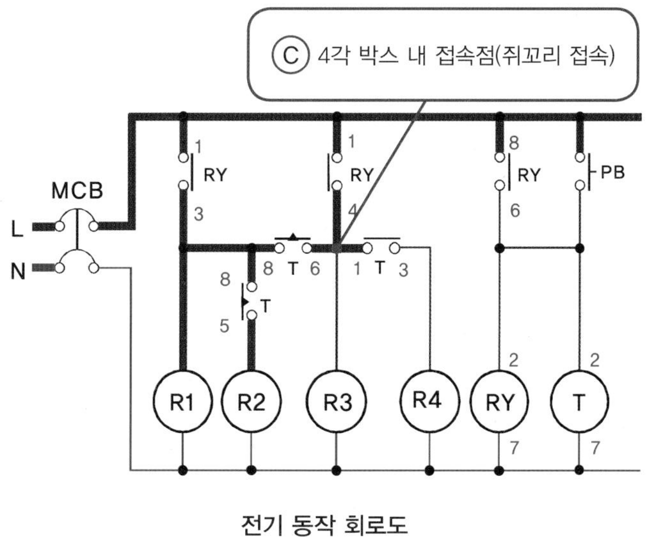

전기 동작 회로도

⑨ 정션박스 내 ⑦, ⑧의 접속 부분과 리셉터클(R3) 전원 베이스 소켓 입력 단자 핀 번호 8번을 HIV 1.78 mm 갈색 전선으로 접속 연결한다. (단, 정션박스 내 전선은 150 mm 이상 여유롭게 배선한다.)

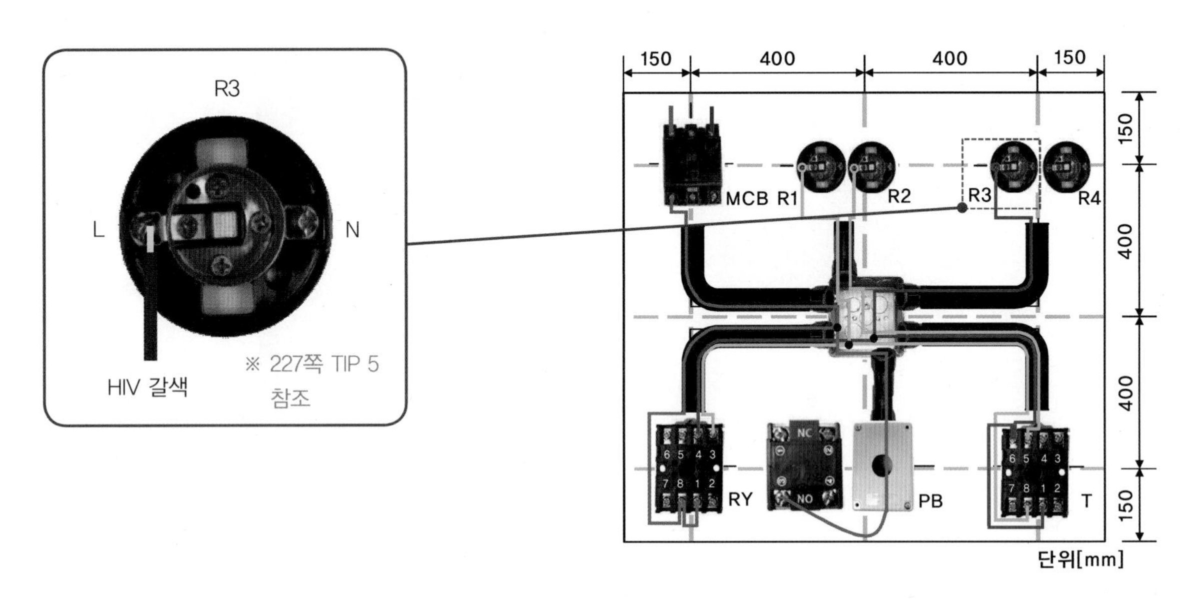

실제 배선도

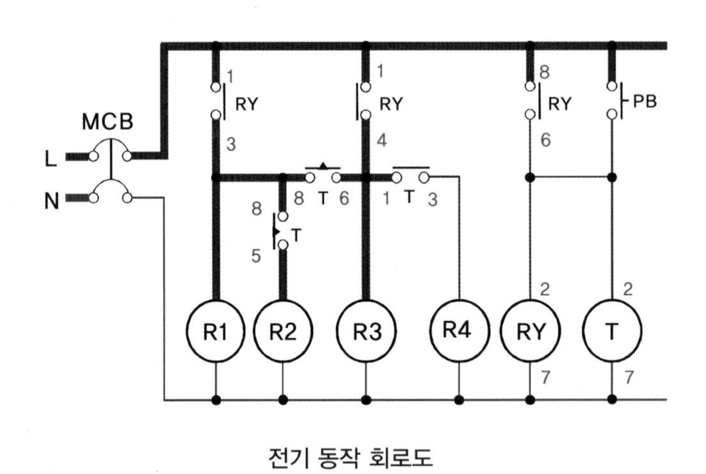

전기 동작 회로도

⑩ 타이머(T)의 순시접점 출력 단자 핀번호 3번과 리셉터클(R4) 전원 입력 단자 베이스 소켓을 정션박스를 통해 HIV 1.78mm 갈색 전선으로 연결한다. (단, 정션박스 내 전선은 150mm 이상 여유롭게 배선한다.)

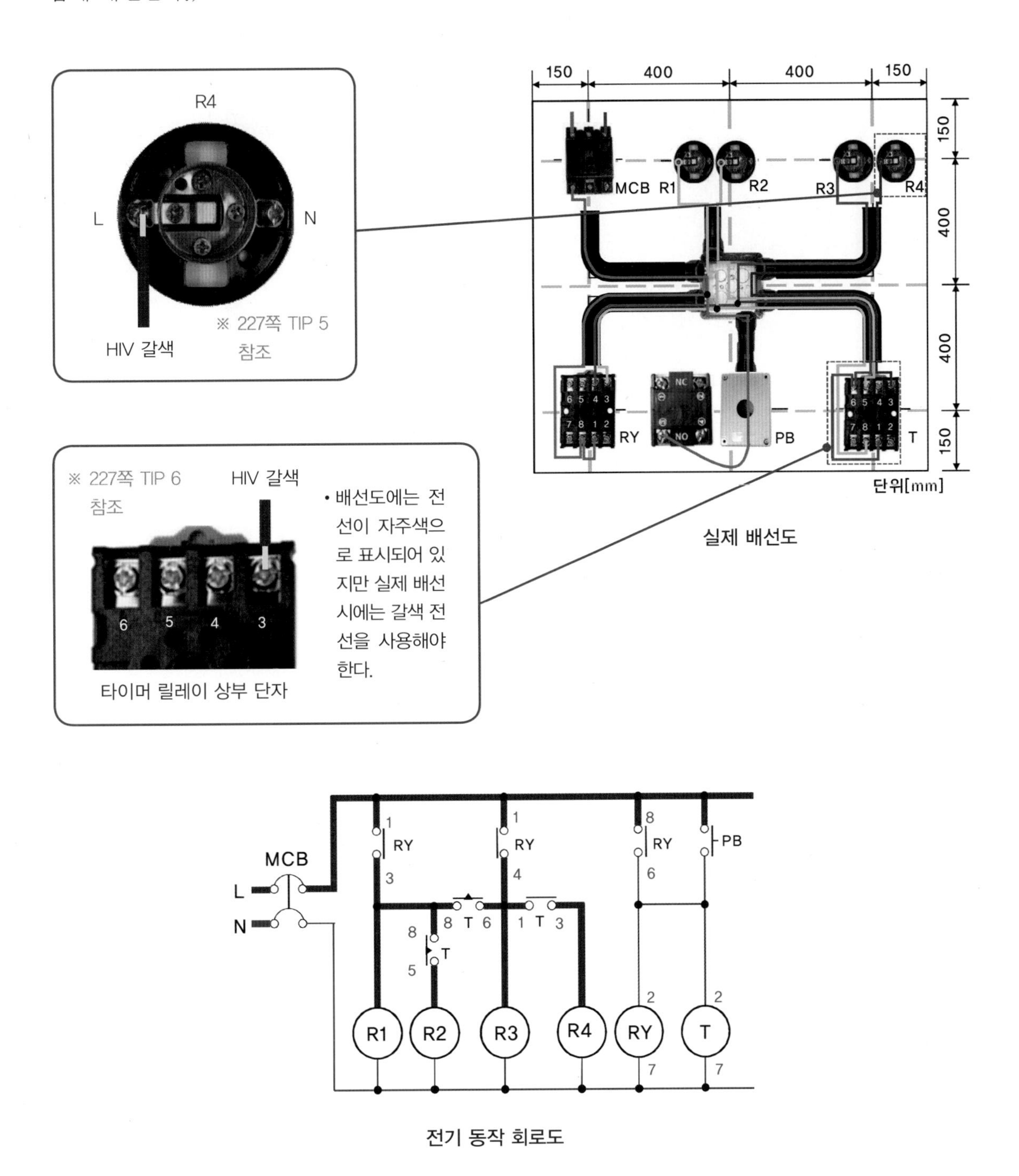

실제 배선도

전기 동작 회로도

⑪ 릴레이(RY) a접점의 출력 단자 핀번호 6번과 릴레이(RY) 전원 입력 단자를 HIV 1.78mm 갈색 전선으로 접속 연결한다.

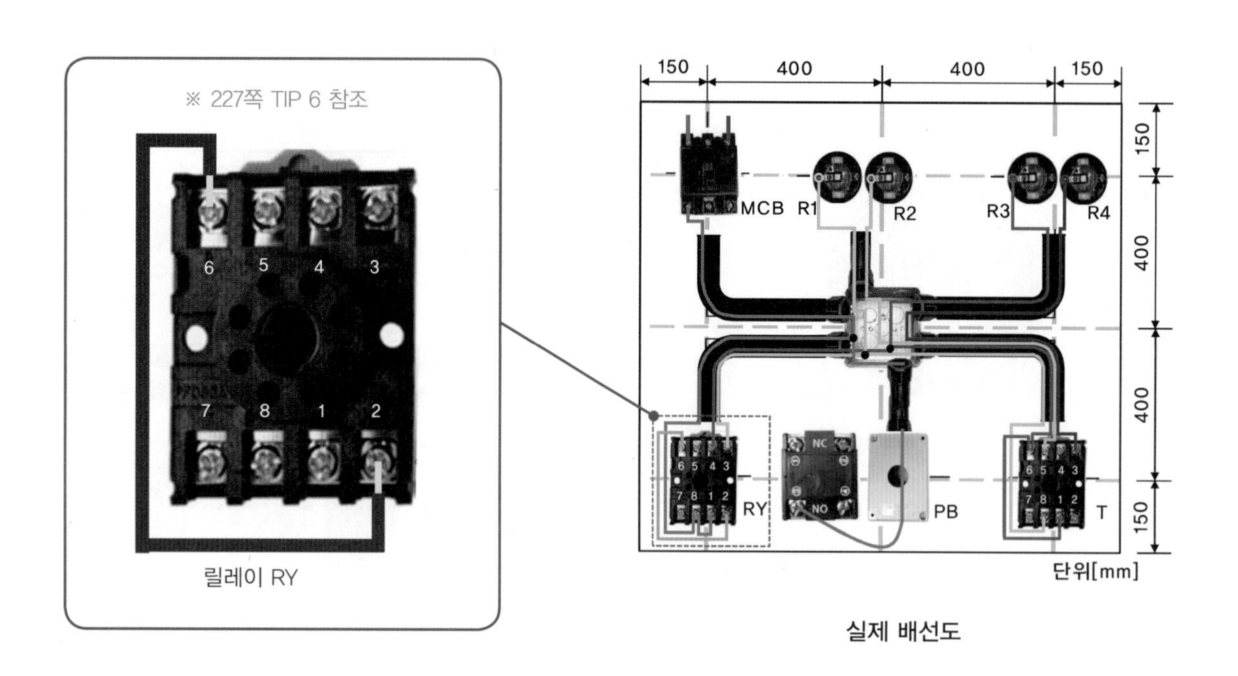

실제 배선도

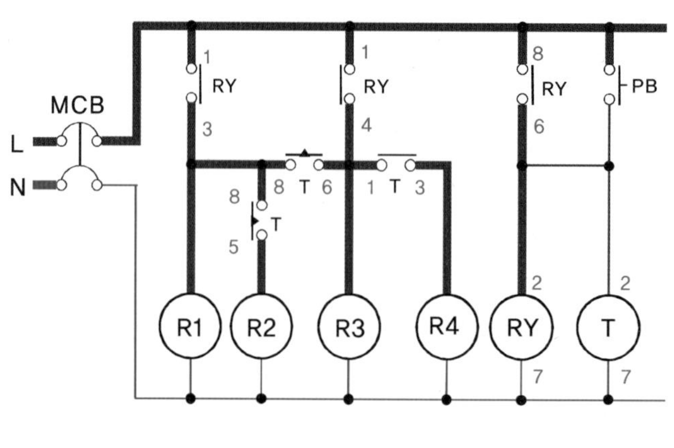

전기 동작 회로도

⑫ 릴레이(RY) 핀번호 1번과 2번 접속 부분 중 2번과 푸시버튼(PB) b접점 출력 단자와 HIV 1.78mm 갈색 전선으로 연결한다.

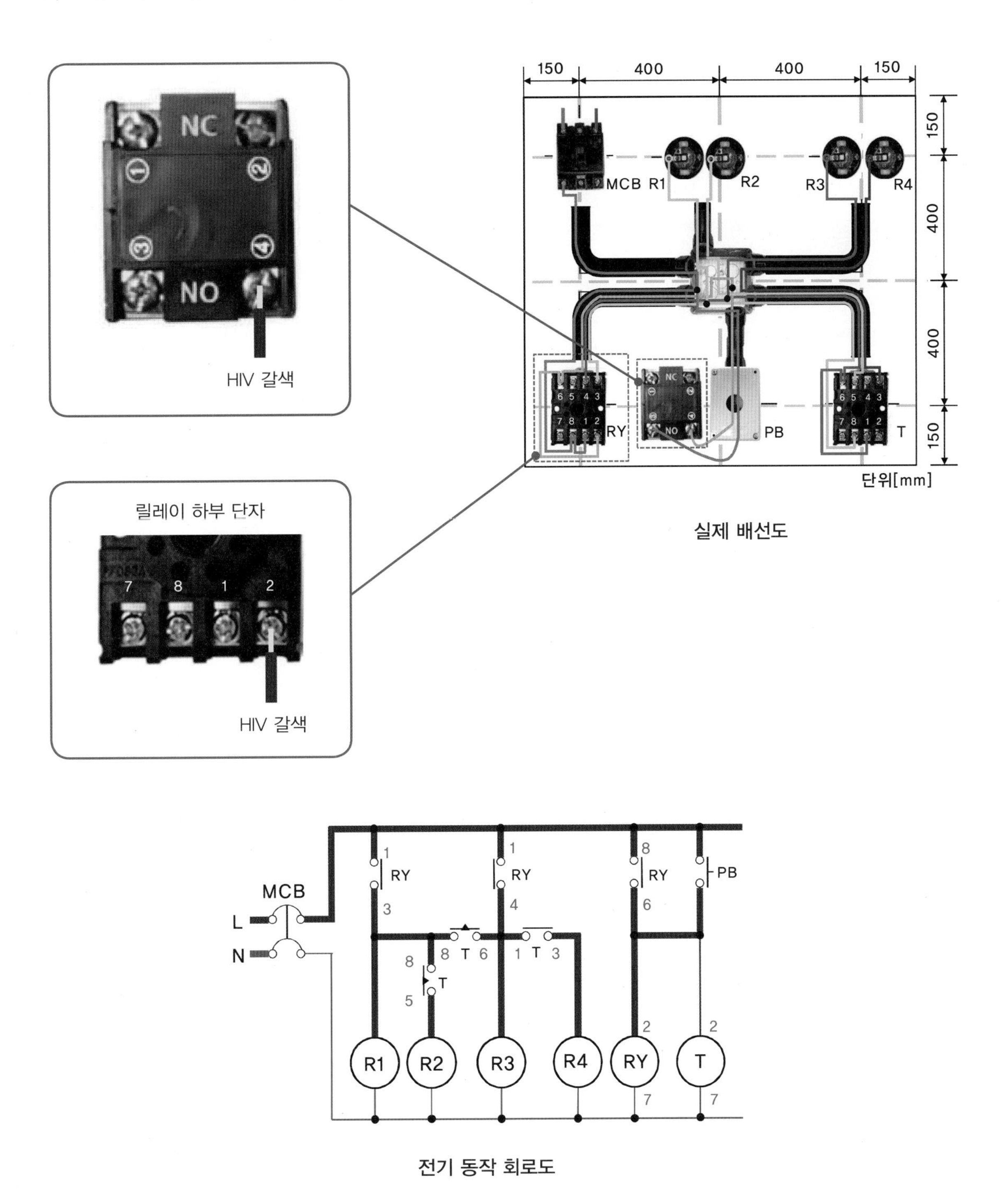

실제 배선도

전기 동작 회로도

⑬ 정션박스 내 ⑪, ⑫의 접속 부분(D)과 타이머(T) 전원 입력 단자와 핀번호 2번을 HIV 1.78mm 갈색 전선으로 연결한다.

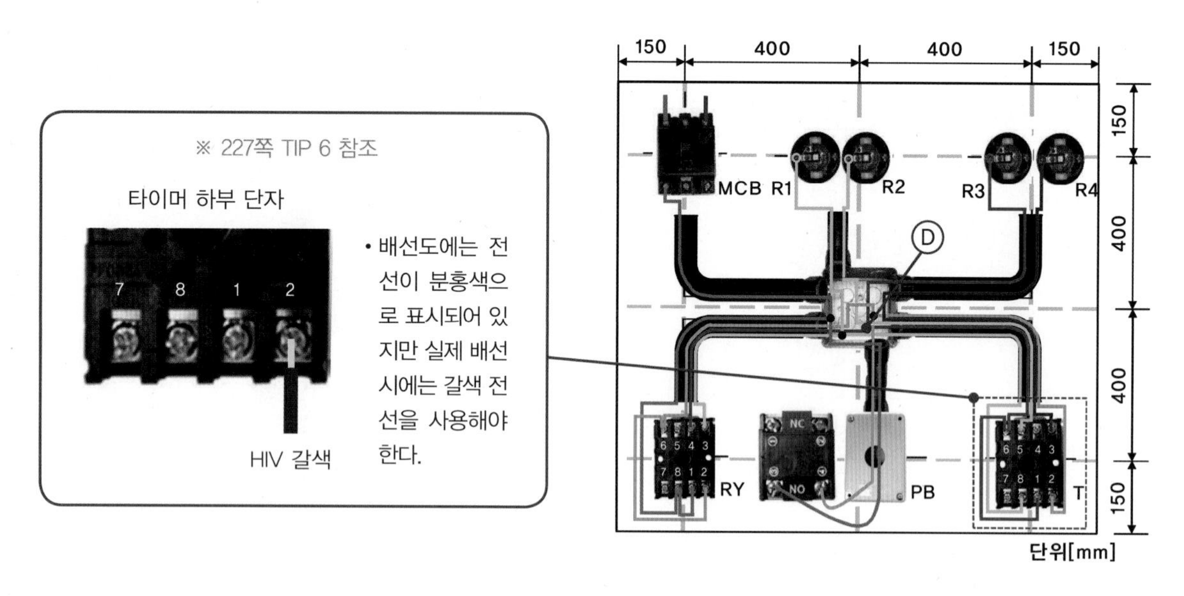

실제 배선도

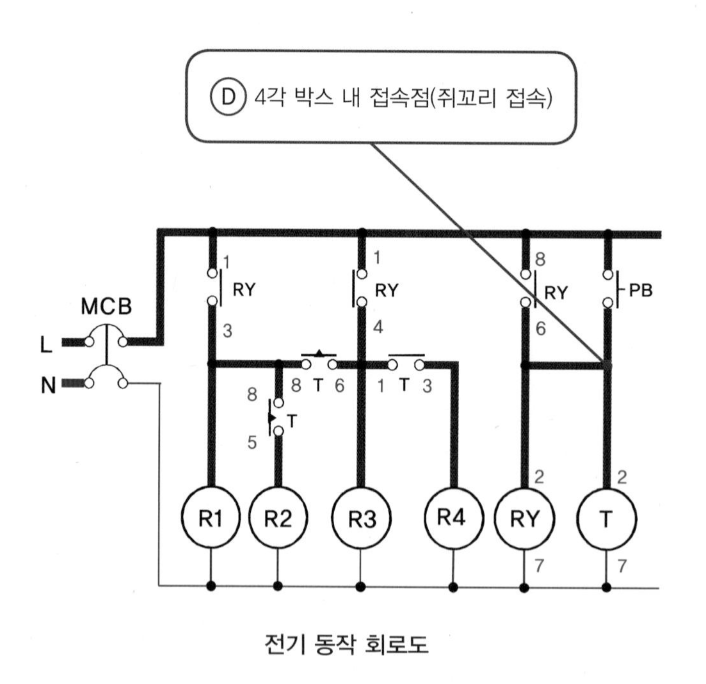

전기 동작 회로도

⑭ 타이머(T) 전원 출력 단자 핀번호 7번을 정션박스 내에 HIV 1.78mm 파란색 전선을 접속을 위해 입선한다.

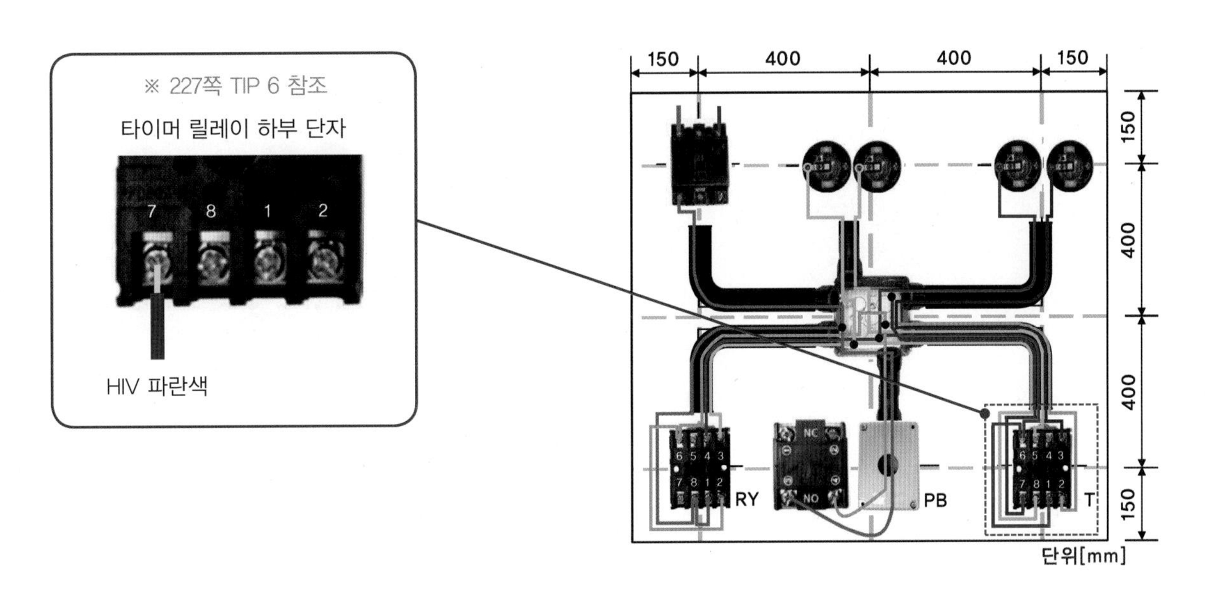

실제 배선도

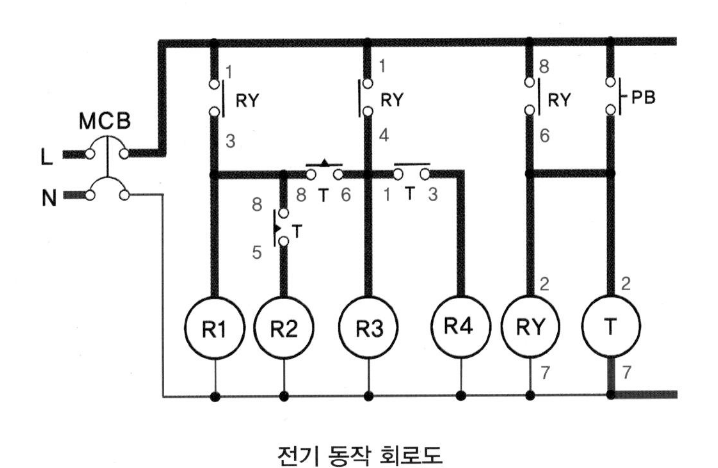

전기 동작 회로도

⑮ 릴레이(RY) 전원 출력 단자를 정션박스 내에 HIV 1.78 mm 파란색 전선을 접속을 위해 입선한다.

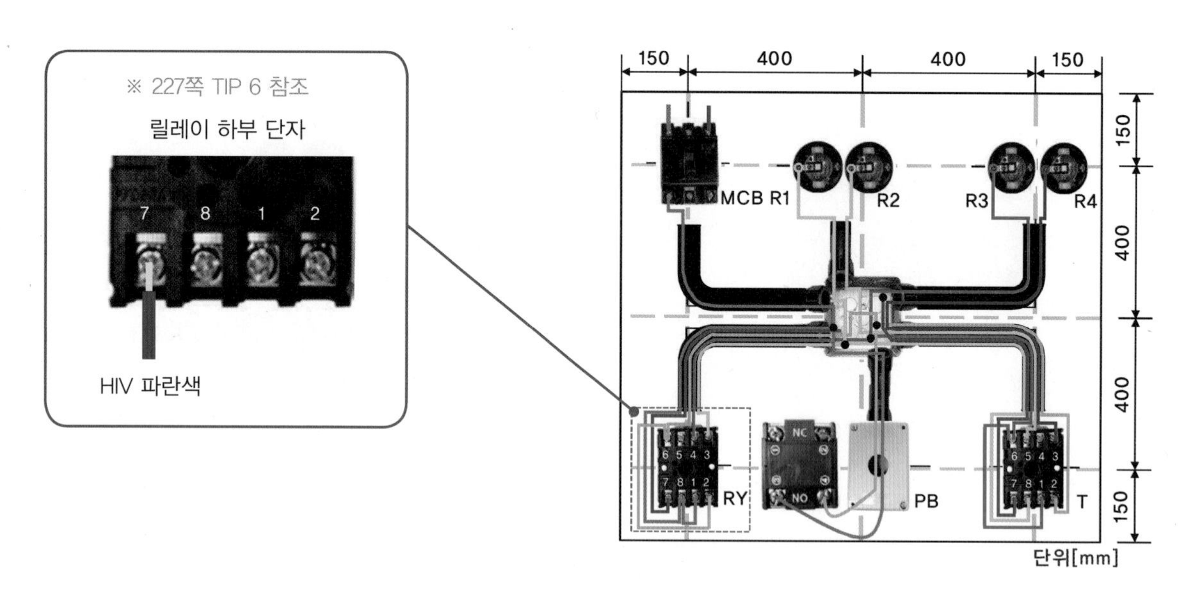

실제 배선도

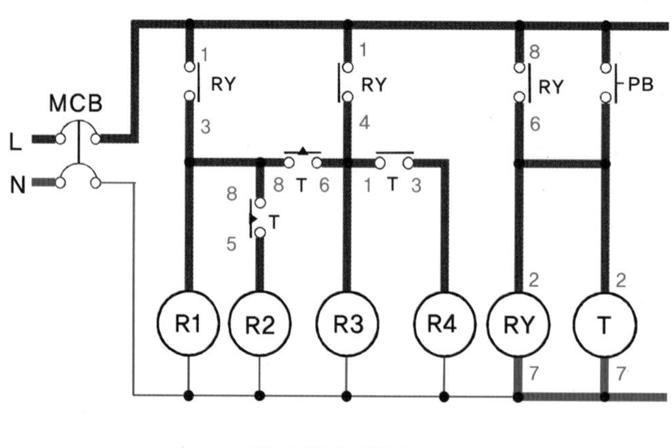

전기 동작 회로도

⑯ 정션박스 내 ⑭, ⑮의 접속 부분과 리셉터클(R3) 전원 출력 단자를 HIV 1.78mm 파란색 전선을 접속하여 연결한다. (단, 정션박스 내 전선은 150mm 이상 여유롭게 배선한다.)

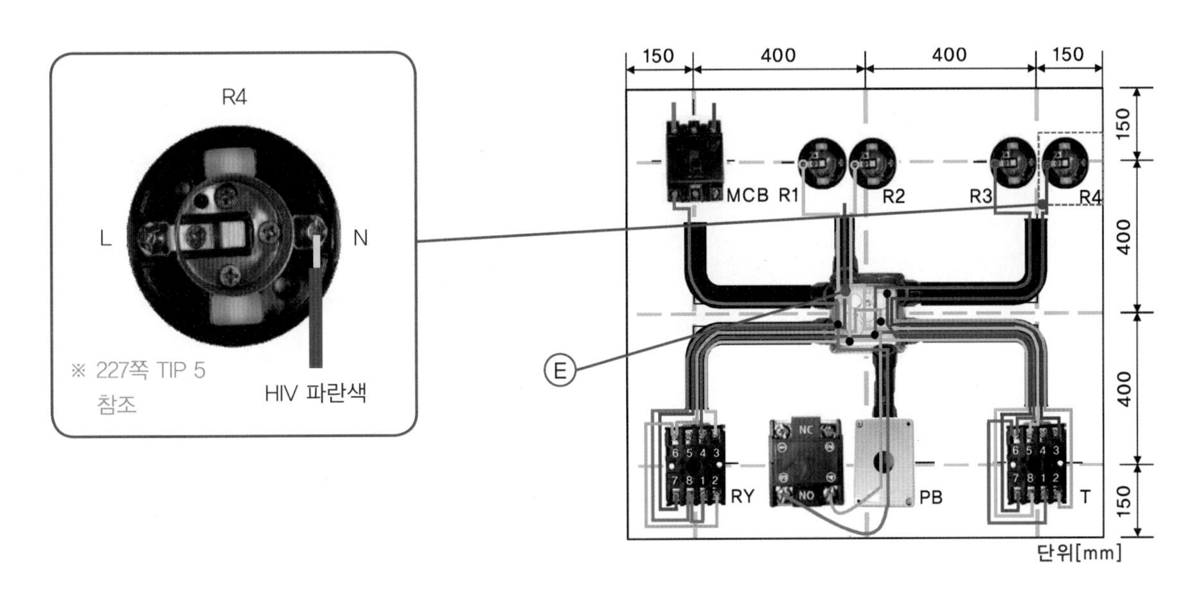

실제 배선도

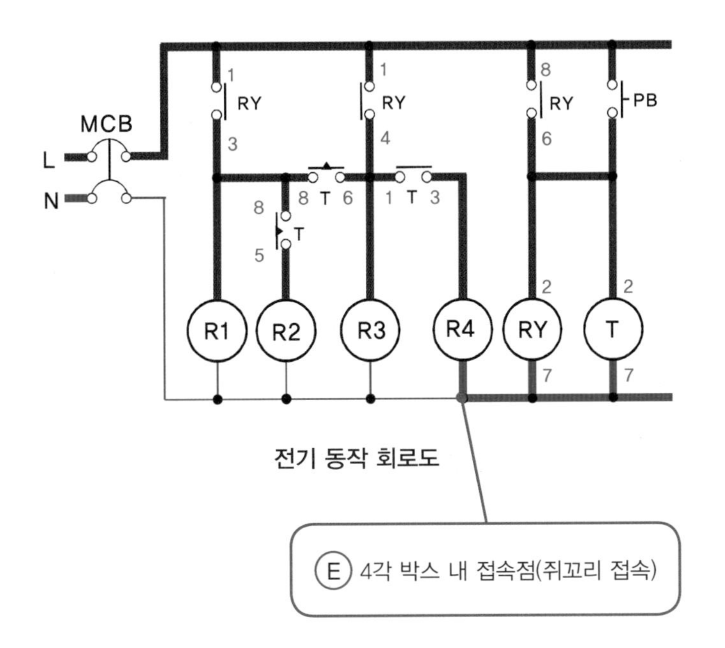

전기 동작 회로도

⑰ 리셉터클(R3) 전원 출력 단자와 리셉터클(R4) 전원 출력 단자를 HIV 1.78 mm 파란색 전선을 접속하여 연결한다. (단, 정션박스 내 전선은 150 mm 이상 여유롭게 배선한다.)

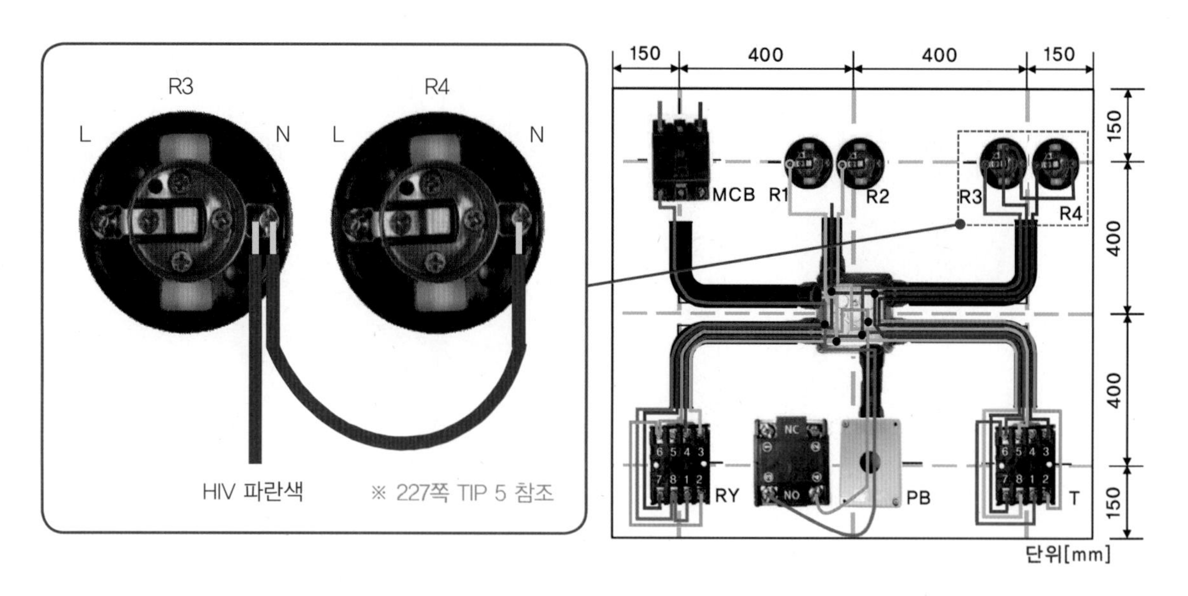

실제 배선도

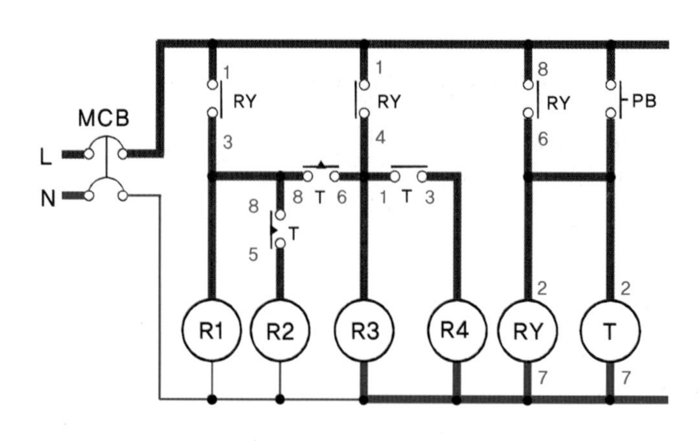

전기 동작 회로도

⑱ 정션박스 내 ⑰의 접속부분과 리셉터클(R1, R2) 전원 출력 단자를 HIV 1.78mm 파란색 전선을 접속하여 연결한다. (단, 정션박스 내 전선은 150mm 이상 여유롭게 배선한다.)

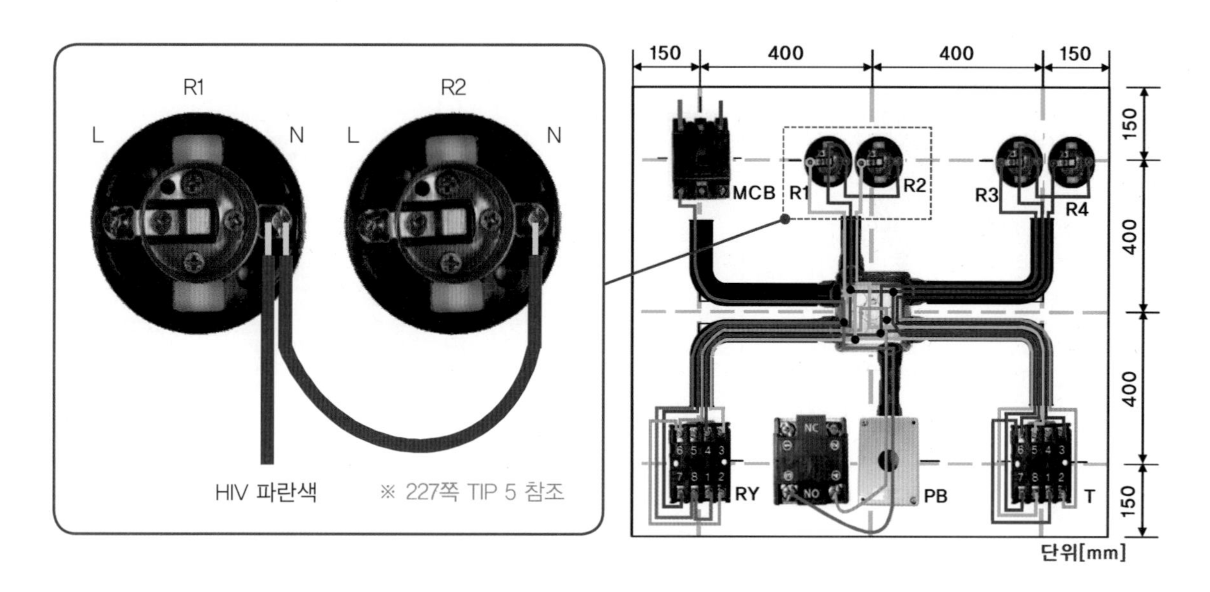

실제 배선도

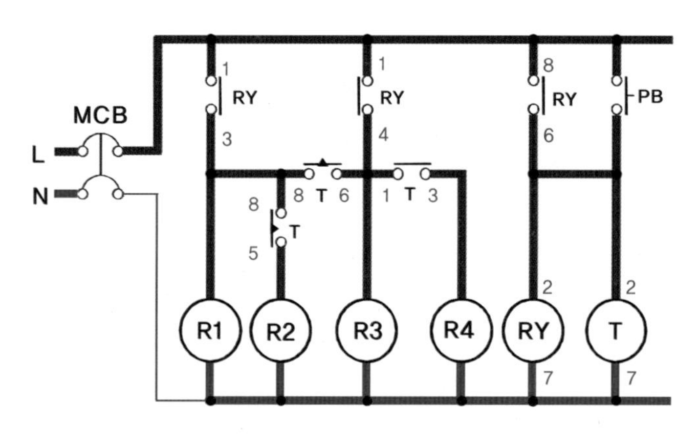

전기 동작 회로도

⑲ 정션박스 내의 ⑱ 접속 부분과 배선용 차단기(MCB) 전원 N상 출력 단자를 HIV 1.78 mm 파란색 전선을 접속하여 연결한다. (단, 정션박스 내 전선은 150 mm 이상 여유롭게 배선한다.)

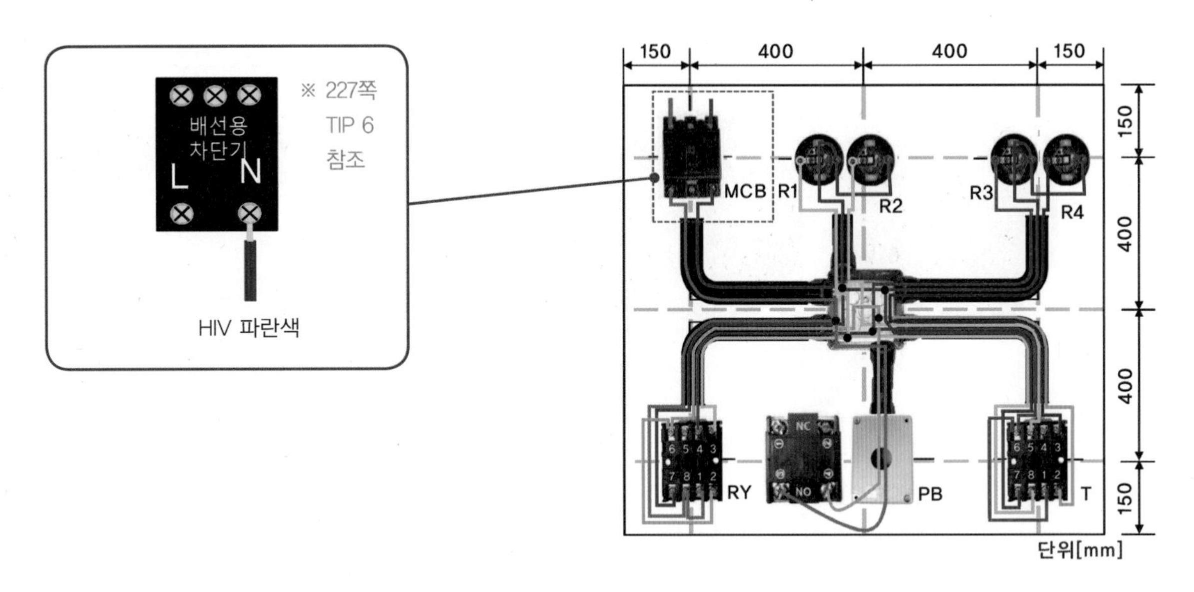

실제 배선도

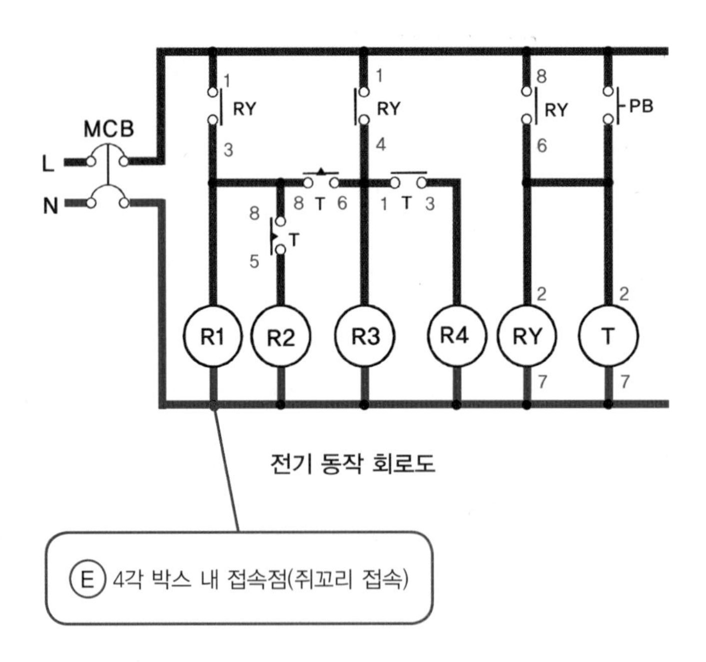

전기 동작 회로도

Ⓔ 4각 박스 내 접속점(쥐꼬리 접속)

6 전선과 기구 접속

① 전선과 리셉터클 소켓 단자와 연결 시 도체 부분을 물음표(?) 모양으로 만들어서 볼트가 조여지는 방향으로 접속한다.

② 전선과 차단기 접속 단자와 연결 시 피복이 단자에 물리는 현상을 방지하기 위해 도체 부분이 접속 후 10 mm 정도 보일 수 있도록 한다.

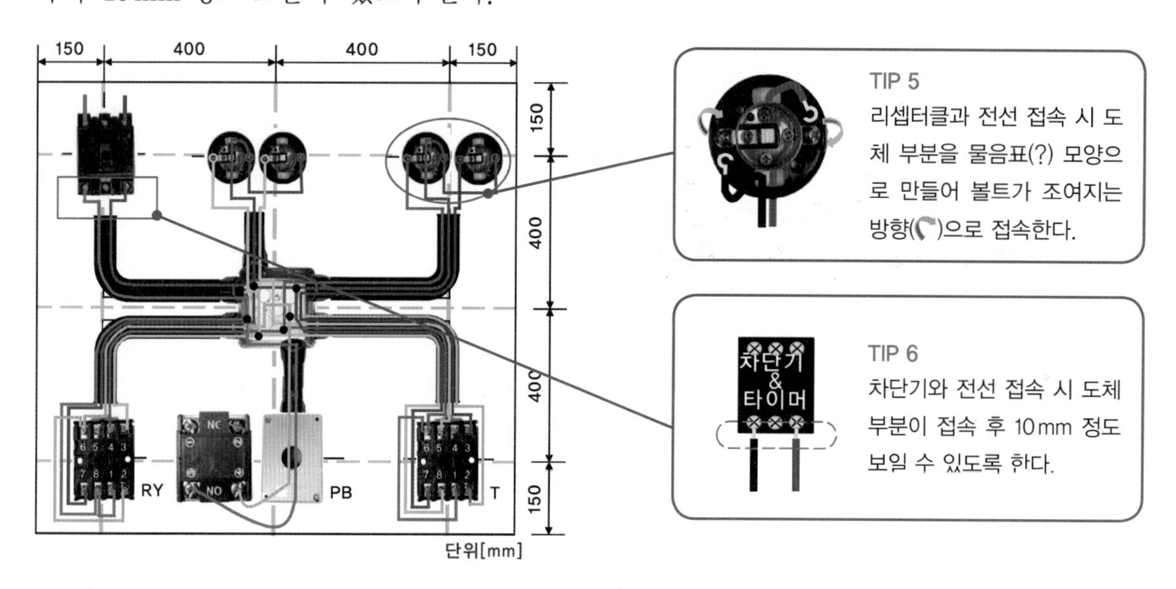

7 전선과 전선의 접속

박스 내 전선을 접속할 경우 쥐꼬리 접속을 4단 이상 꼬아서 절단하고 와이어 커넥터를 오른쪽으로 돌려 절연한다. 박스 내 여유선은 150 mm 이상 충분히 남겨서 동그랗게 감는다. 전선의 접속점은 물고임 방지를 위해 위를 향하게 한다.

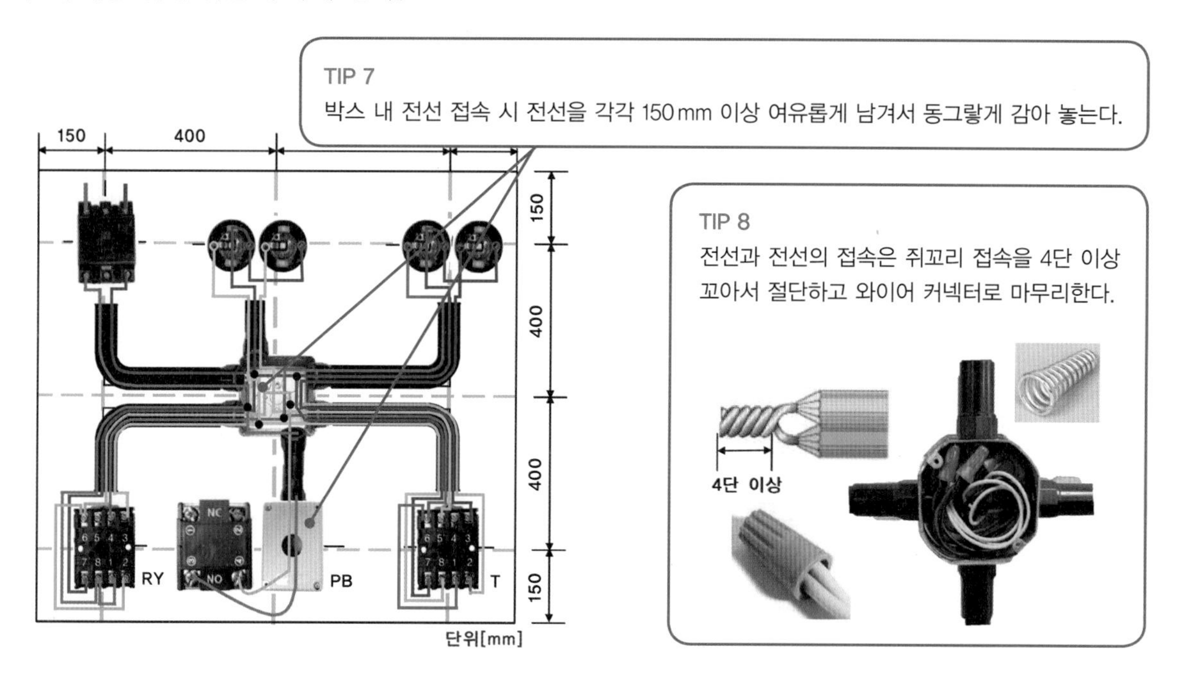

8 마무리 및 동작 테스트

① 스위치 전용 박스에 철판 피스로 고정 플레이트 설치 후 마무리한다.

② 리셉터클 소켓 커버(뚜껑)를 닫고, 벨 테스터로 회로를 점검한다.

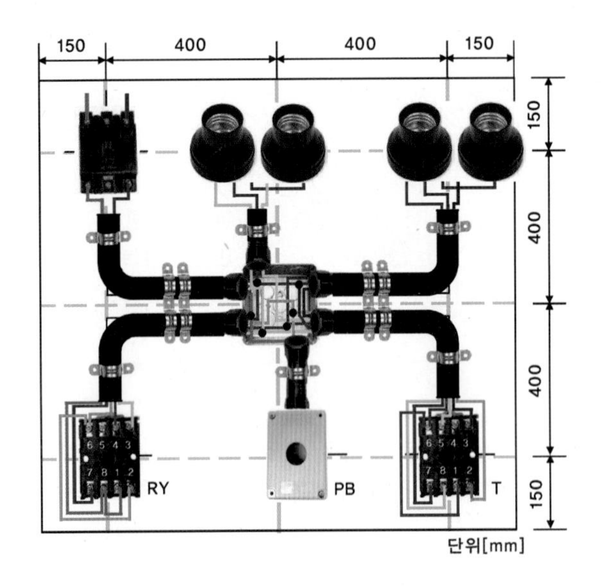

Chapter 1
스위치를 박스에 피스로 고정한다.
플레이트를 설치한다.

Chapter 2
리셉터클 뚜껑을 닫는다.

Chapter 3
벨 테스터로 선로를 확인한다.

Project 11 플리커 릴레이 사용 신호 회로

소요시간	8시간

학번 (   ) 성명 (   )

■ 실습 목적

1. 전기에너지를 여러 개의 조명설비가 필요로 하는 장소까지 설계도서에 따라 전기기구, 전선관, 케이블 등을 안전하고 적합하도록 공사하는 능력을 습득할 수 있다.
2. 3로 스위치와 플리커 릴레이 내부 회로도를 이해하고 혼용된 전기회로공사를 할 수 있다.
3. 한국전기설비규정(KEC)을 준수하여 건축물 등 전기사용장소에 전기회로공사를 수행할 수 있다.

■ 실험 · 실습 소요 재료 내역

번호	재료명	규격	단위	수량
1	배선용 차단기(MCB)	3P 30A, AC 220V	EA	1
2	4각 정션박스	금속	EA	1
3	리셉터클 소켓	둥근형 2P, AC 220V	EA	4
4	플리커 릴레이 소켓	8핀 베이스	EA	1
5	전등용 스위치(박스 포함)	2구 단로, 3로, AC 220V	EA	1
6	전등용 스위치(박스 포함)	1구 3로, AC 220V	EA	1
7	푸시버튼 스위치	파이롯트형, AC 220V	EA	1
8	컨트롤 박스	푸시버튼용 1구, 난연	EA	1
9	CD 전선관	16mm	M	3
10	CD 전선관 커넥터	ϕ25, 16mm	EA	4
11	PE 전선관	16mm	M	4
12	PE 전선관 커넥터	ϕ25, 16mm	EA	8
13	비닐전선(HIV 1.78mm)	2.5mm^2 검은색, 단선	M	10
14	비닐전선(HIV 1.78mm)	2.5mm^2 파란색, 단선	M	4
15	새들	철재, 16mm	EA	20

■ 사용 공구 내역

번호	공구명	규격	단위	수량	번호	공구명	규격	단위	수량
1	드라이버	60×200, 양용	EA	1	5	니퍼	200mm	EA	1
2	롱 노즈 플라이어	200mm	EA	1	6	전동 드라이버	충전식	EA	1
3	와이어 스트리퍼		EA	1	7	공구 벨트	공사용	EA	1
4	펜치	200mm	EA	1	8	피시 테이프	입선용	EA	1

■ 회로 동작 설명

1. 배선용 차단기(MCB)를 켜고(ON) 단로 스위치(S1)를 켜면(ON) 플리커 릴레이(FR) 여자 후 설정 시간 간격으로 리셉터클(R1, R2)이 교차 점멸한다.
2. 3로 스위치(S3-1)를 켜면(ON) 리셉터클(R3)가 점멸한다.
3. 3로 스위치(S3-2)를 켜면(ON) 리셉터클(R4)가 점멸한다.
4. 3로 스위치(S3-1, S3-2)를 끄면(OFF) 푸시버튼(PB)으로 리셉터클(R3, R4)이 병렬로 점등과 소등한다.
5. 배선용 차단기(MCB)를 끄면(OFF) 모든 회로는 꺼진다.

■ 실습 도면

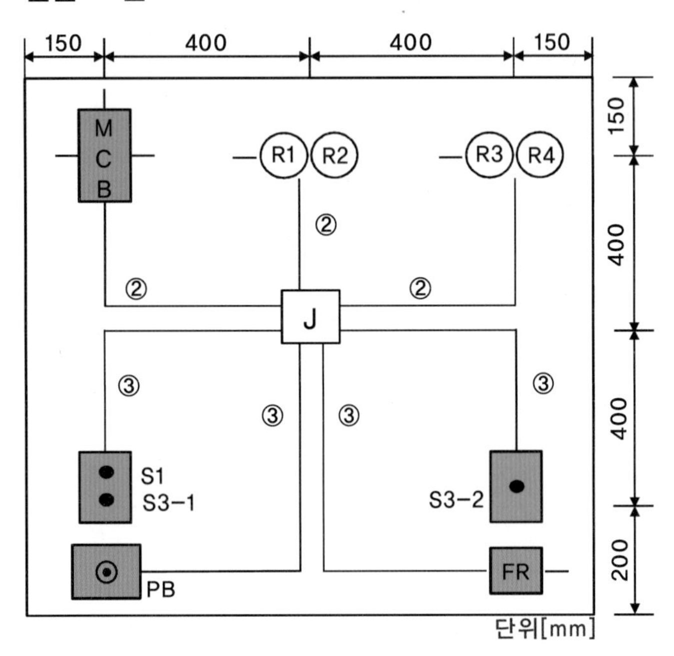

MCB : 배선용 차단기
J : 4각 정션박스
R1 · R2 · R3 · R4 : 리셉터클
S1 : 단로 스위치
S3-1 · S3-2 : 3로 스위치
PB : 푸시버튼 스위치
FR : 플리커 릴레이
② : PE 전선관
③ : CD 전선관

기구 배치 및 배관도

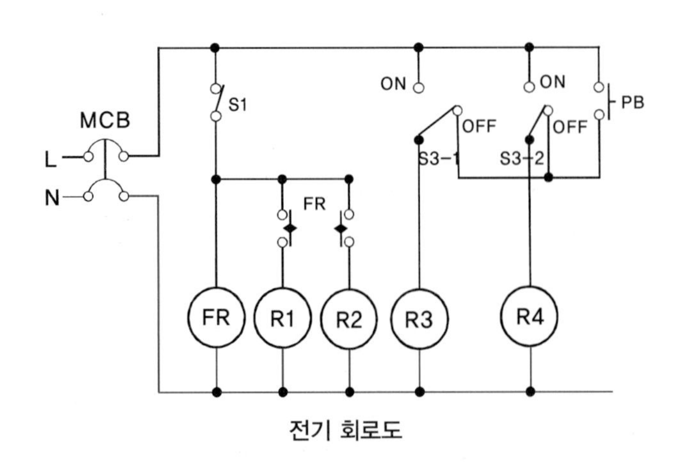

전기 회로도

L(HIV 1.78mm 검은색)
N(HIV 1.78mm 파란색)

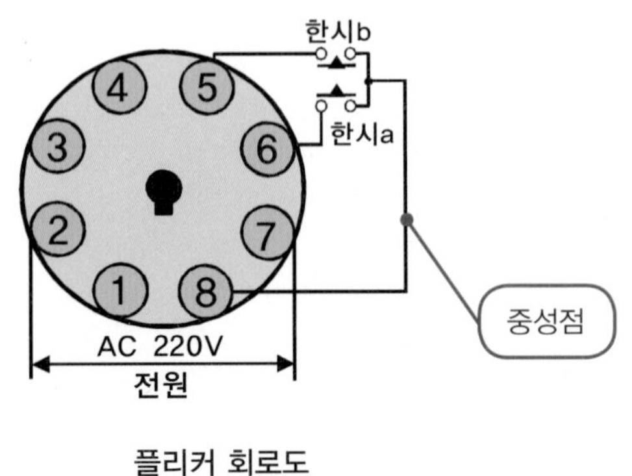

플리커 회로도

■ 지시사항 및 안전사항

1. 지급된 재료와 실습장 시설을 사용하여 제한시간 내에 주어진 과제를 안전에 유의하여 완성한다. (단, 과제에 표시되지 않은 사항은 한국전기설비규정에 따른다.)
2. 전원 방식은 단상 AC 220V를 사용한다.
3. 작업판 제도 시 치수 오차범위는 외관 ±30mm를 허용한다.
4. 공사 방법은 ① 케이블 공사, ② PE 전선관, ③ CD 전선관, ④ HIV 전선을 설치한다.
5. 전선관과 박스가 접속되는 부분은 커넥터를 사용한다.
6. 요소 작업 시 손이 다치지 않도록 안전에 유의하여 작업한다.

■ 평가 내용

평가 영역		세부 평가 내용	배점
회로 해석(도면 검토)		주어진 과제의 회로 해석과 결선은 올바른가?	10
요소 작업	작업판 제도	작업판에 도면에서 제시한 규격으로 제도하였는가?	10
	기구 설치	작업판에 기구를 정확한 위치에 설치하였는가?	5
	배관 설치	작업판에 배관을 정확한 위치에 설치하였는가?	5
	입선 작업	배관에 알맞은 전선을 입선하였는가?	10
	접속 상태	전선과 기구를 알맞게 접속하였는가?	10
		정션박스 내 전선과 전선의 접속은 알맞게 하였는가?	10
실습 태도	실습 준비	공구 및 실습 준비는 철저한가?	10
	재료 사용	실습 재료의 사용은 경제적인가?	10
	문제 해결	발생한 문제의 해결에 적극적이며 방법은 바람직한가?	10
실습 시간		정해진 시간 내에 과제를 완성하였는가?	10
종합			100

Guide 11 플리커 릴레이 사용 신호 회로

■ 실습 순서

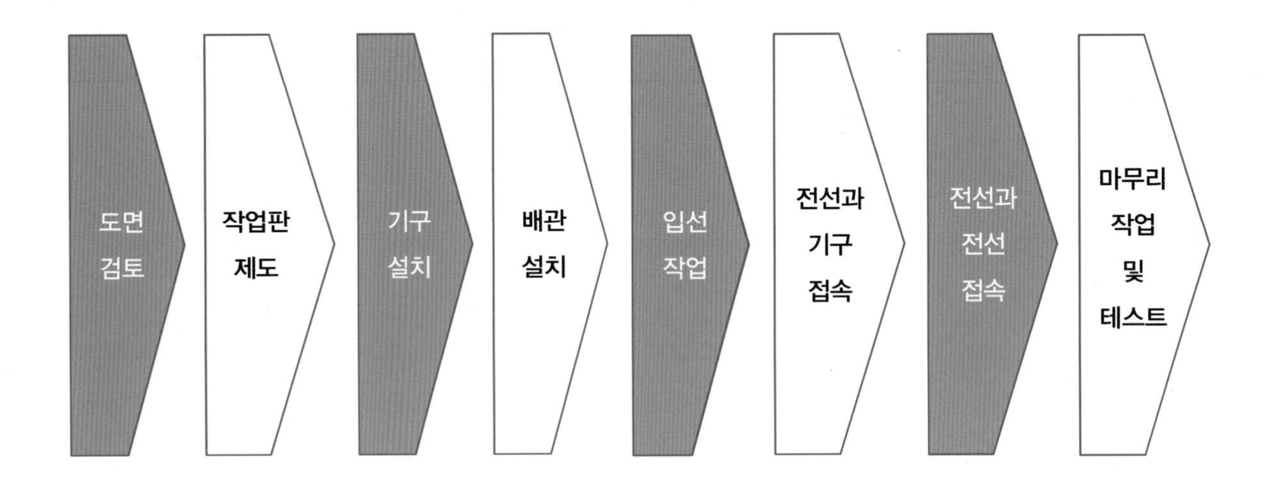

1 도면 검토

① 기구 배치 및 배관도를 확인하여 실제 사용하는 실습재료와 수량을 체크하여 준비한다.
② 동작 회로도가 어떻게 동작되는지 확인한다.
③ 지시사항 및 안전사항에 나타난 공사방법을 참고하여 공사를 준비한다.

2 작업판 제도

① 기구 배치 및 배관도 내 · 외곽선을 작업판에 스틱자와 하얀색 분필로 제도한다.

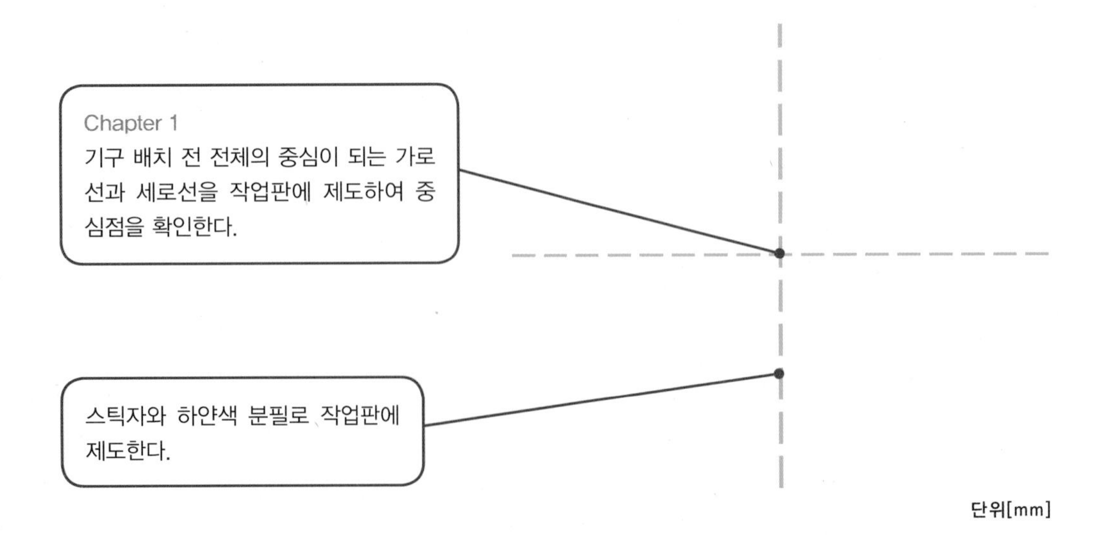

② 세로 기준선을 기준으로 오른쪽과 왼쪽 가로 간격 400 mm와 150 mm를 확인하여 세로 외곽선은 실선으로, 세로선은 점선으로 작업판에 제도한다.

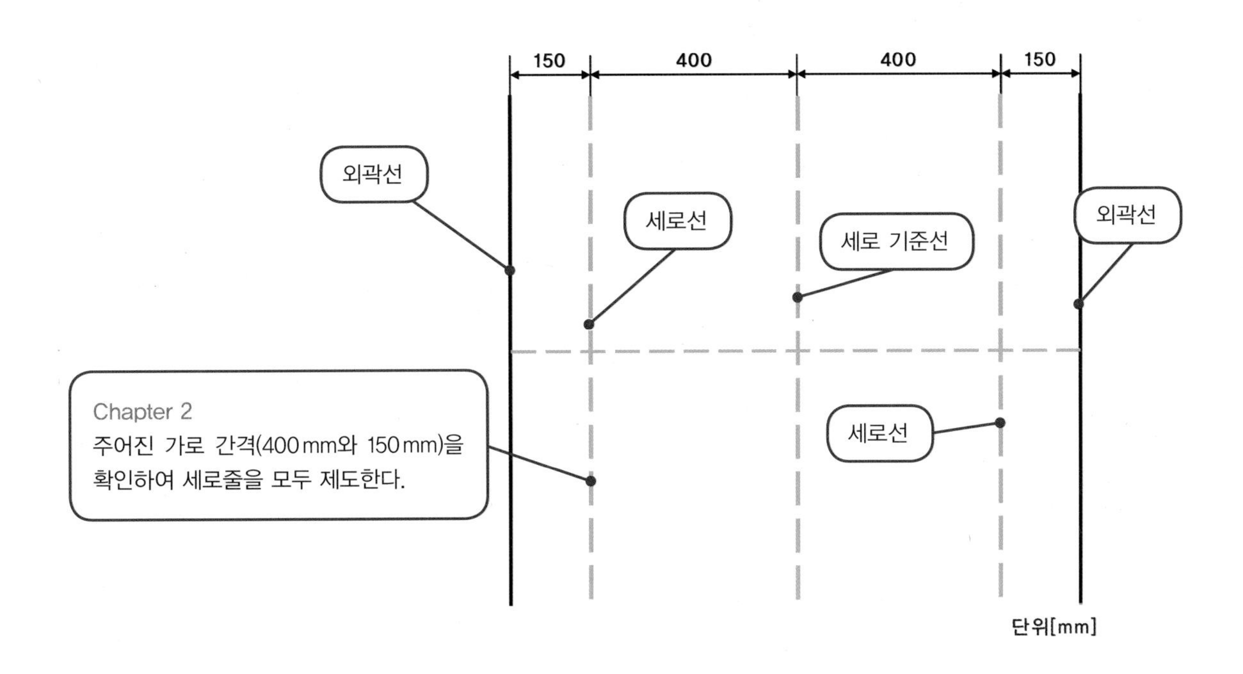

③ 가로 기준선을 기준으로 위쪽과 아래쪽 세로 간격 400 mm와 150 mm를 확인하여 가로 외곽선은 실선으로, 가로선은 점선으로 작업판에 제도한다.

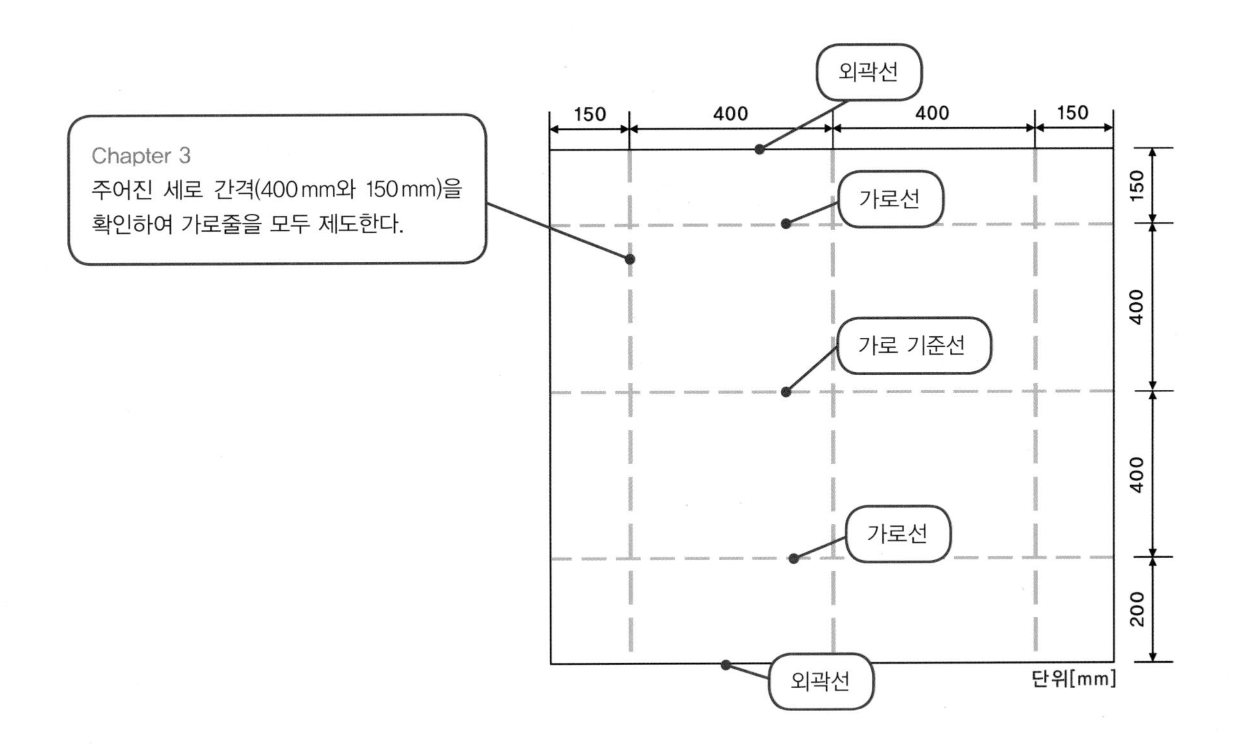

3 기구 설치

① 주어진 가로선과 세로선이 겹치는 중심점에 기구를 설치할 수 있도록 표기한다. (예 정션박스 J, 배선용 차단기 MCB, 리셉터클 소켓 R1 · R2 · R3 · R4 등)

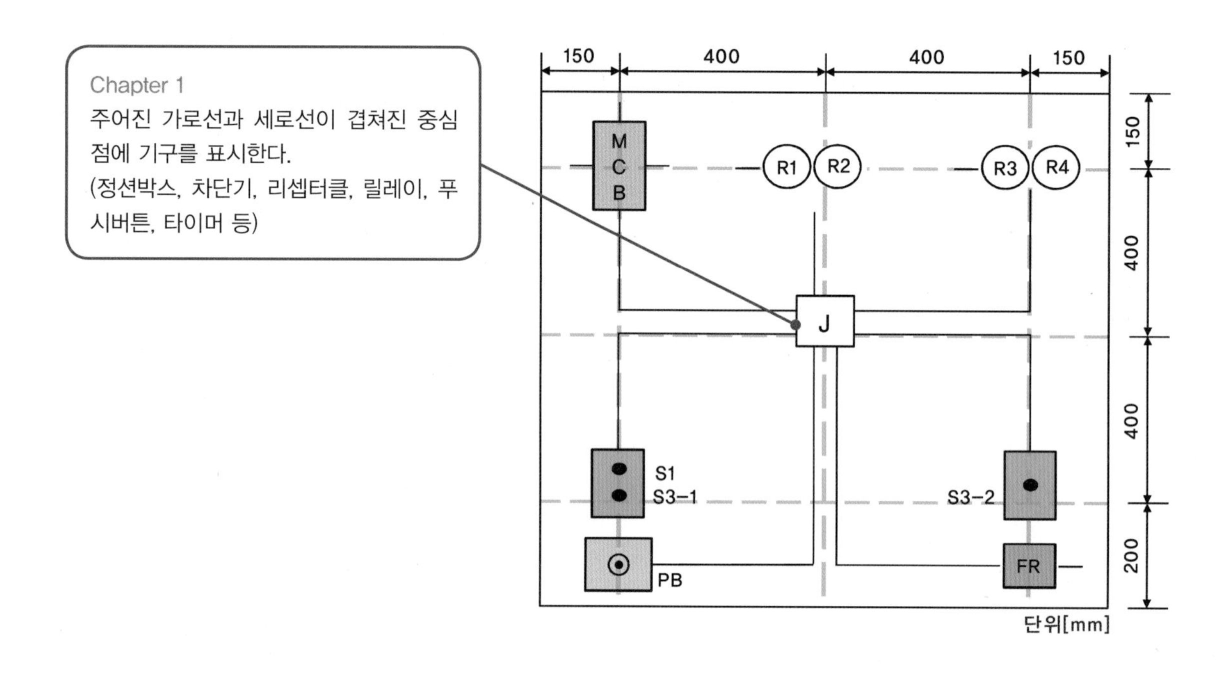

② 배관 및 배선공사의 종류를 숫자로 표기한다. (① 케이블 공사, ② PE 전선관 공사, ③ CD 전선관 공사)

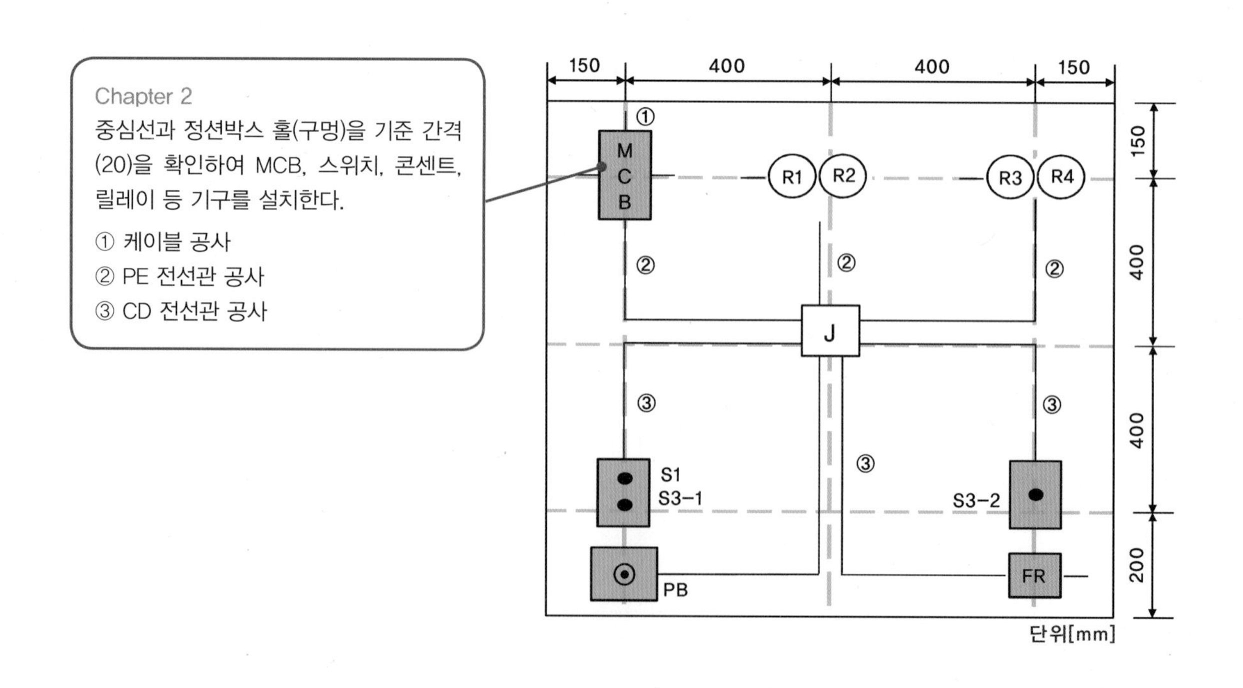

③ 작업판에 표기된 기구 위치에 기구를 철판 피스로 설치한다.

> Chapter 3
> 기구를 작업판에 제도된 위치에 피스로 설치한다.

> TIP 1.
> 철판 피스는 헤드 부분이 평평한 것을 선택한다. 기구 및 철판 피스 규격은 아래와 같다.
> ① 4각 정션박스 4×12×4EA
> ② 배선용 차단기 4×20×2EA
> ③ 리셉터클 4×12×8EA
> ④ 푸시버튼 스위치 박스 4×12×4EA
> ⑤ 스위치 박스 4×12×4EA
> ⑥ 플리커 릴레이 베이스 4×16×2EA

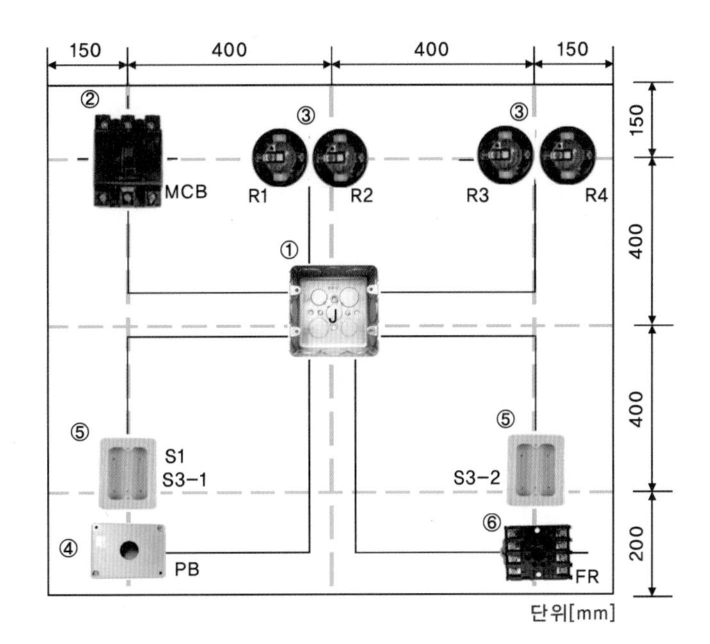

4 배관 설치

① 배관 설치 전 정션박스, 스위치 박스에 커넥터를 설치한다.

> Chapter 1
> 배관 설치 전 정션박스에 커넥터를 설치한다.
> ② PE 전선관용 커넥터
> ③ CD 전선관용 커넥터
> • 4각 정션박스
> PE 커넥터×3EA
> CD 커넥터×4EA
> • 푸시버튼 스위치 박스
> CD 커넥터×1EA
> • 단로 · 3로 스위치 박스
> CD 커넥터×2EA

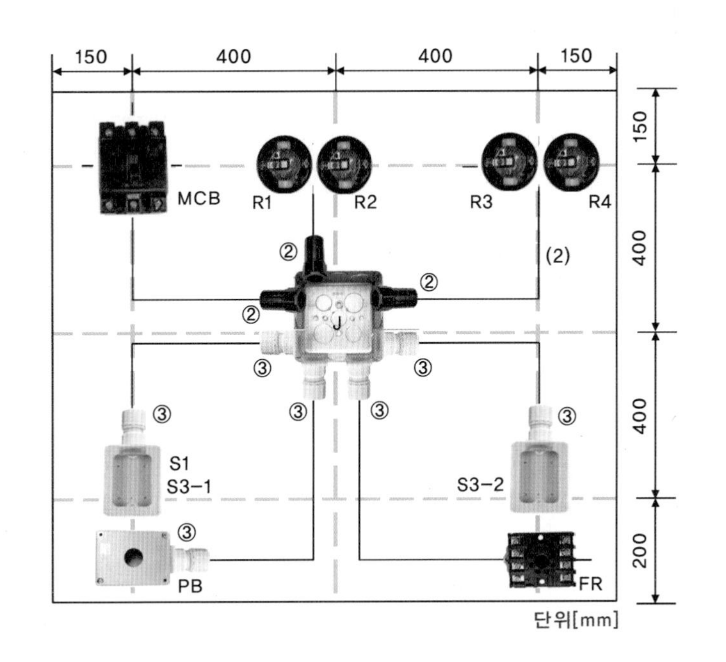

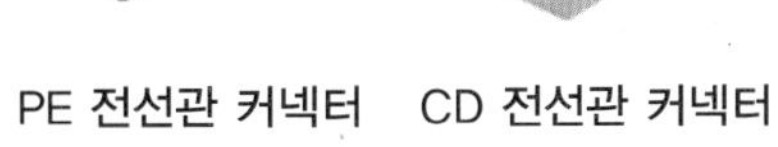
PE 전선관 커넥터 CD 전선관 커넥터

② PE · CD 전선관을 규격에 알맞게 설치한다. 또한 기구와 전선관의 접속 시 이격거리를 50mm 이내로 설치한다.

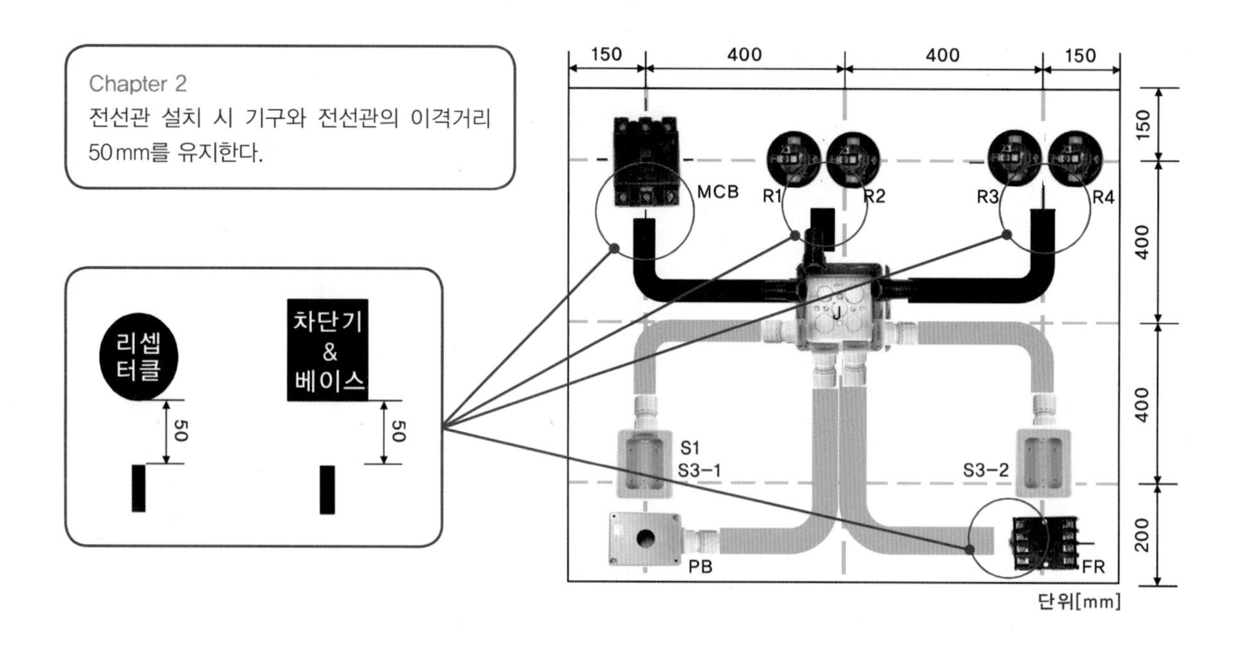

③ 전선관 설치 시 직선 구간은 300mm 간격마다 새들로 고정한다. 전선관의 곡선 · 박스 · 차단기 · 리셉터클 소켓 구간은 150mm 간격으로 새들을 설치해 준다.

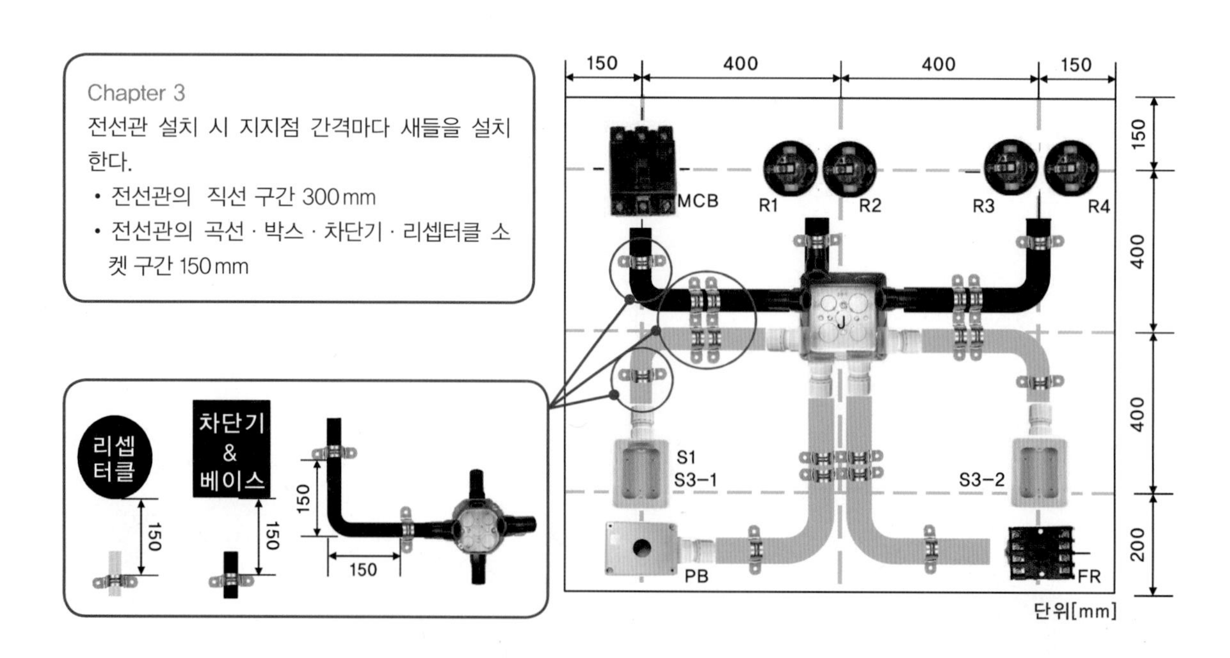

④ 4각 정션박스에서 전선관이 2구간에 설치될 경우 새들 고정 협조를 통해 전선관을 고정시킨다.

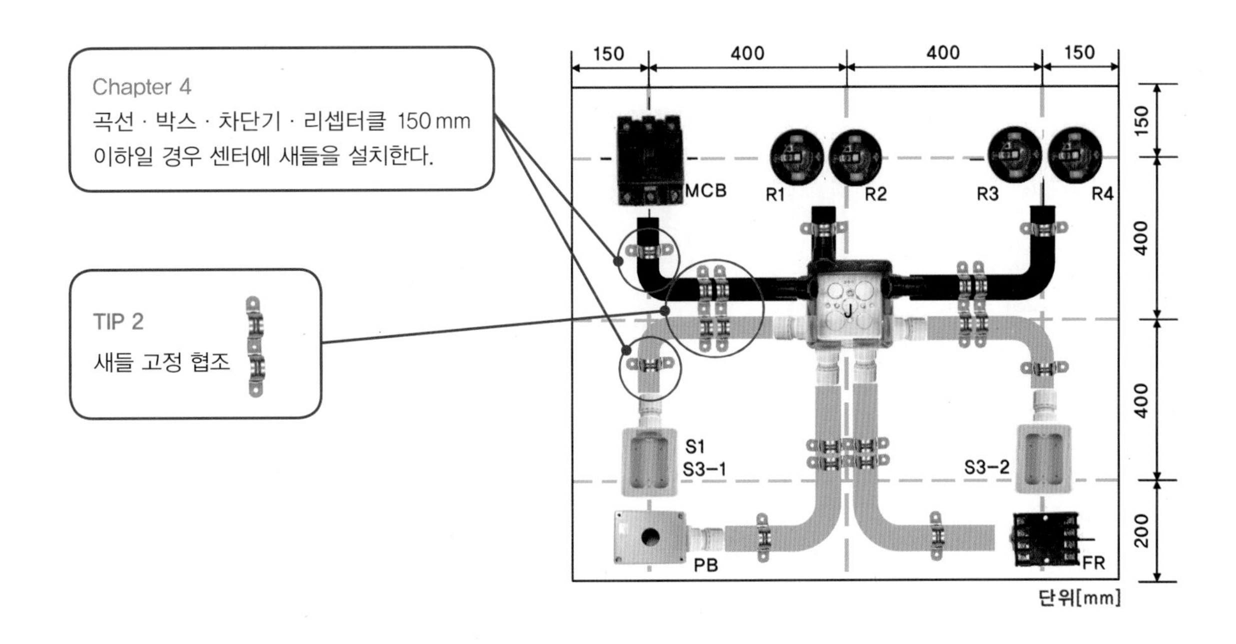

5 입선 작업

① 전기 동작 회로도를 기구 배치 및 배관도에 적용하여 설치한다.

❖ 기구 배치 및 배관도

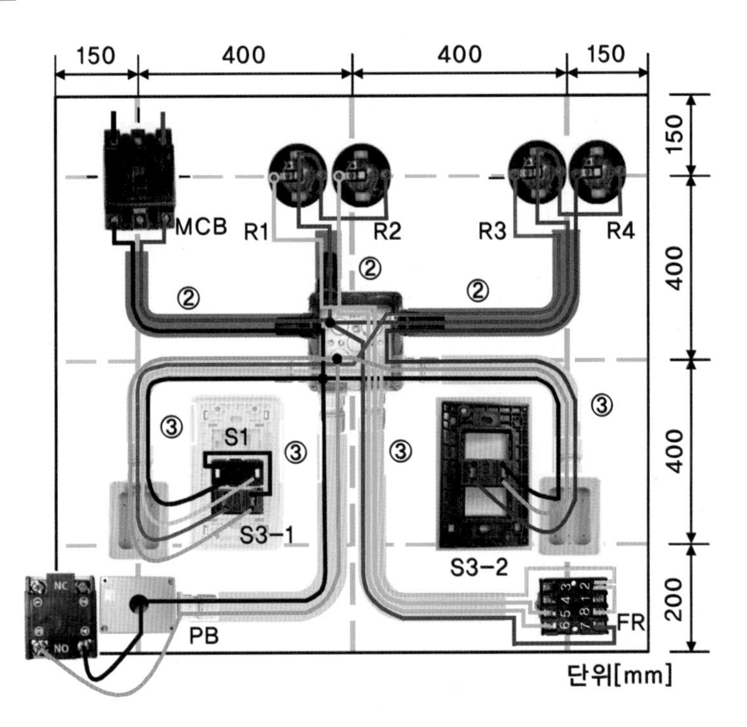

❖ 전기 동작 회로도

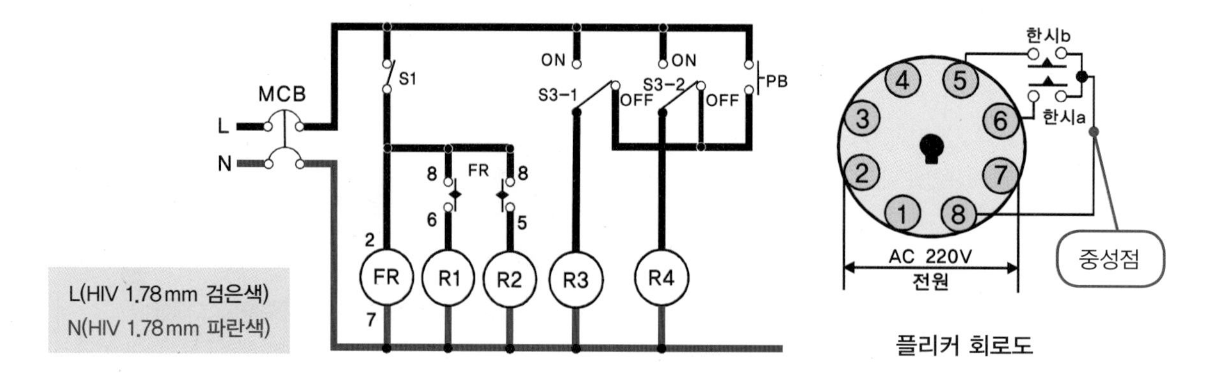

❖ 요구사항

가. 전원 : 단상 2선식(220ACV)
나. 동작
- 배선용 차단기를 투입하고 S1 스위치 ON → FR 여자 후 설정 시간 간격으로 R1, R2 교대 점멸한다.
- 배선용 차단기를 투입하고 S3-1, S3-2 OFF 시 PB를 누르고 있는 동안 R3, R4 병렬 점등한다.
- S3-1 ON 시 R3 점등, S3-2 ON 시 R4 점등한다.

다. 공사 구분
① 케이블 공사, ② PE 전선관 공사, ③ CD 전선관 공사, ④ HIV전선 공사

② 배선용 차단기(MCB) 1차 입력 단자에 인입선(L, N상)을 연결한다. L상은 HIV 1.78mm 검은색이고 N상은 HIV 1.78mm 파란색으로 사용한다.

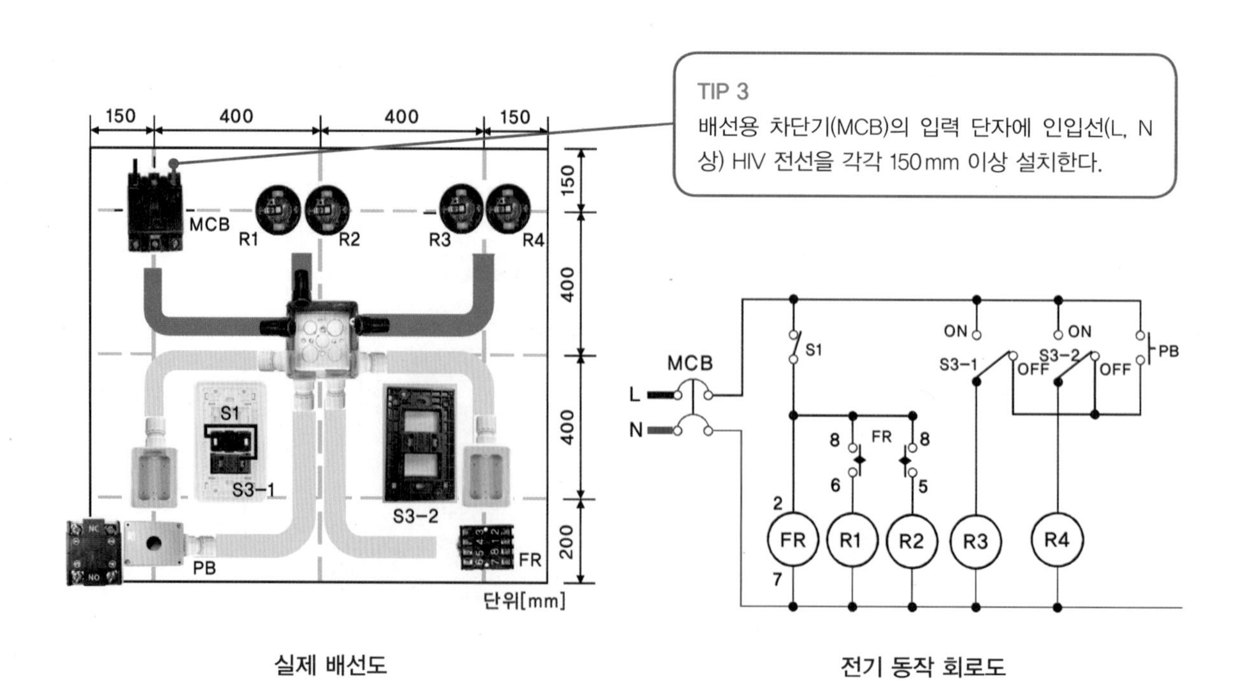

실제 배선도

전기 동작 회로도

③ 배선용 차단기(MCB) 2차 인출선(L상)을 4각 정션박스를 거쳐 단로 스위치(S1) 입력 단자를 HIV 1.78mm 검은색 전선으로 연결한다.

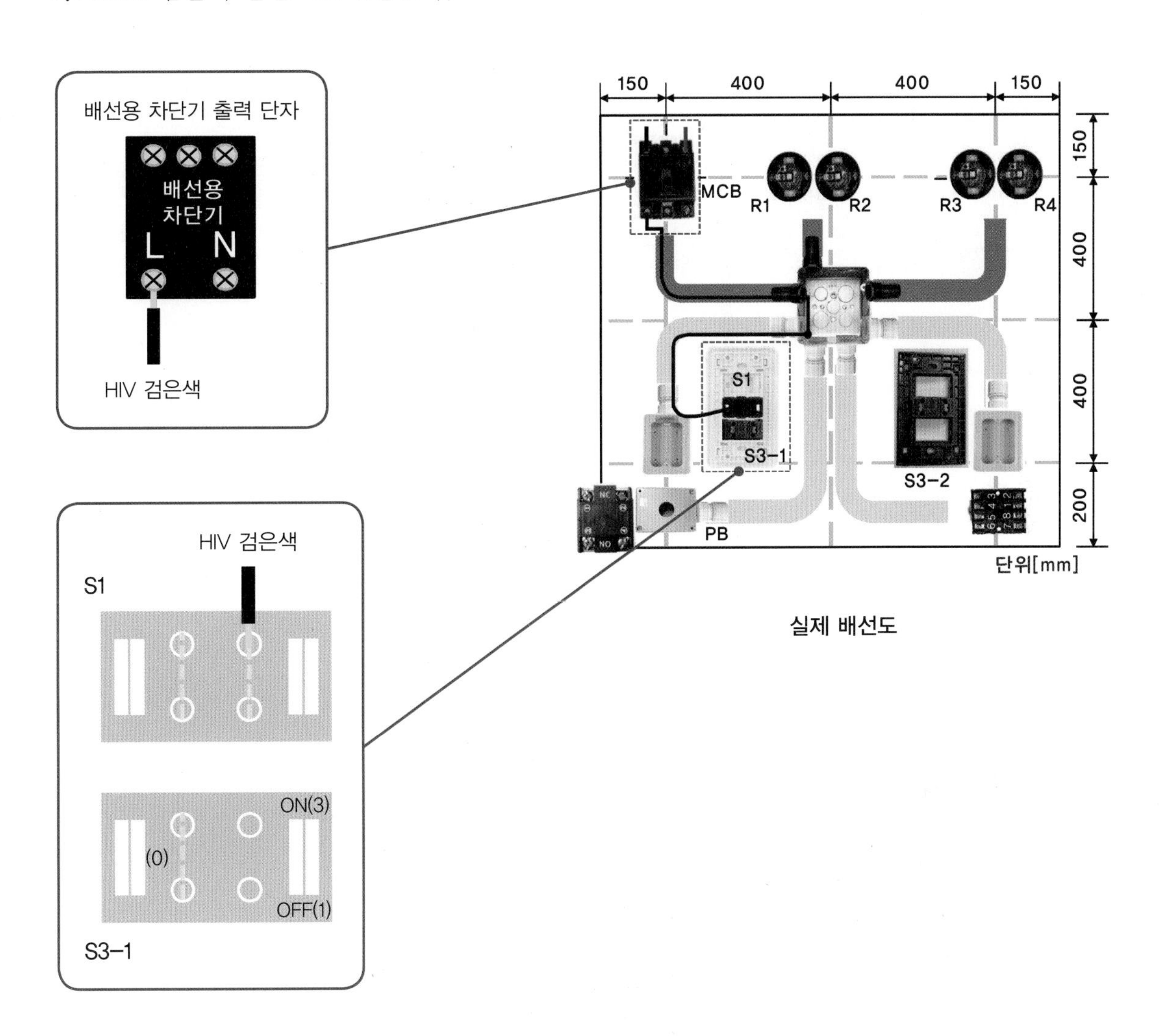

실제 배선도

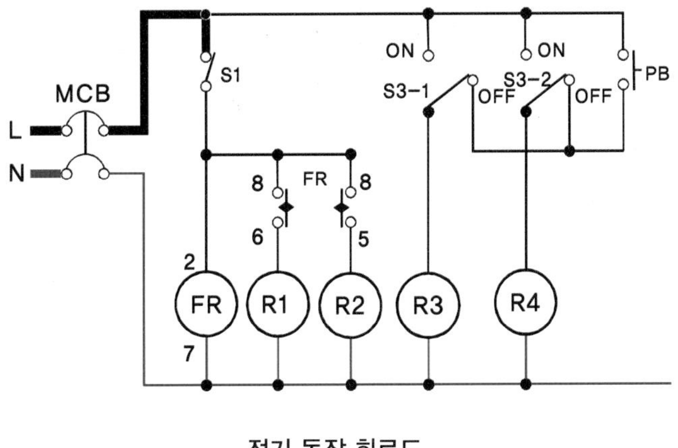

전기 동작 회로도

④ 단로 스위치(S1) 입력 단자와 3로 스위치(S3-1) ON 단자를 HIV 1.78 mm 검은색 전선으로 연결한다.

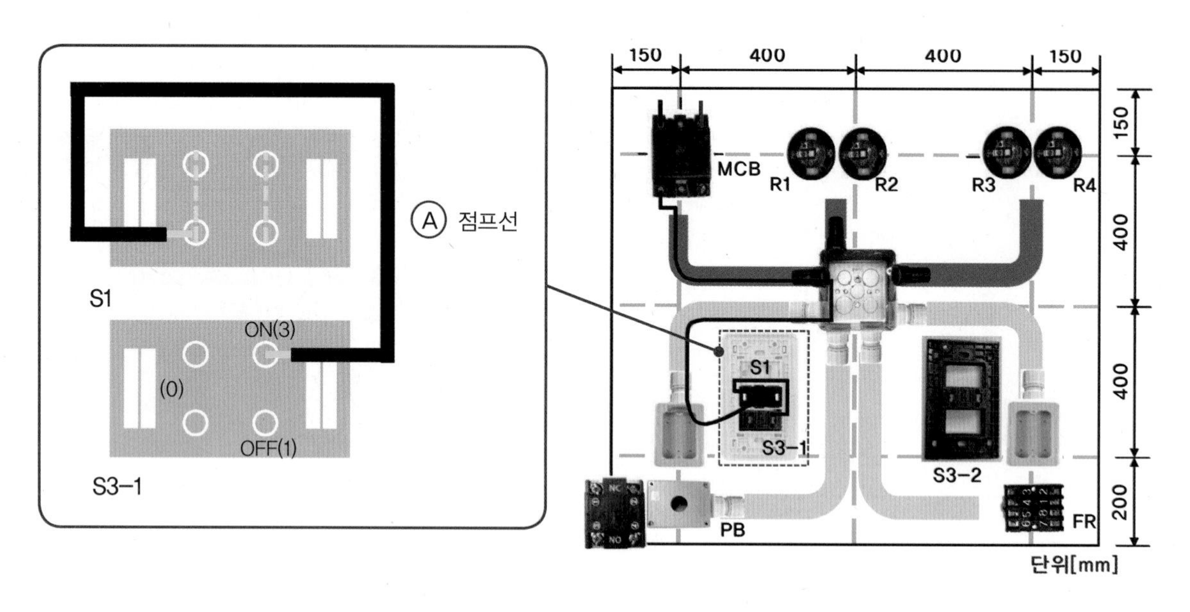

실제 배선도

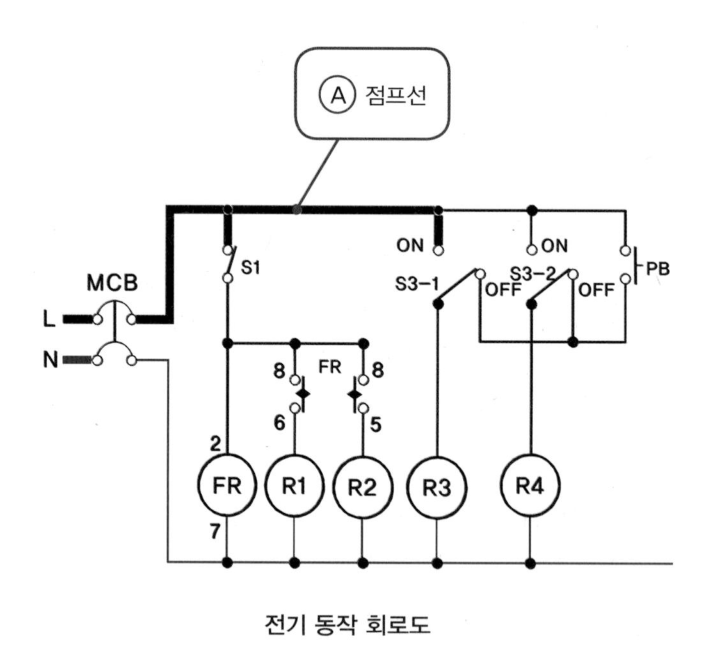

전기 동작 회로도

⑤ 정션박스 내에 ④의 접속된 전선과 3로 스위치(S3-2) ON 접점 HIV 1.78 mm 검은색 전선으로 쥐꼬리 접속 연결한다.(단, 정션박스 내 전선은 150 mm 이상 여유롭게 배선한다.)

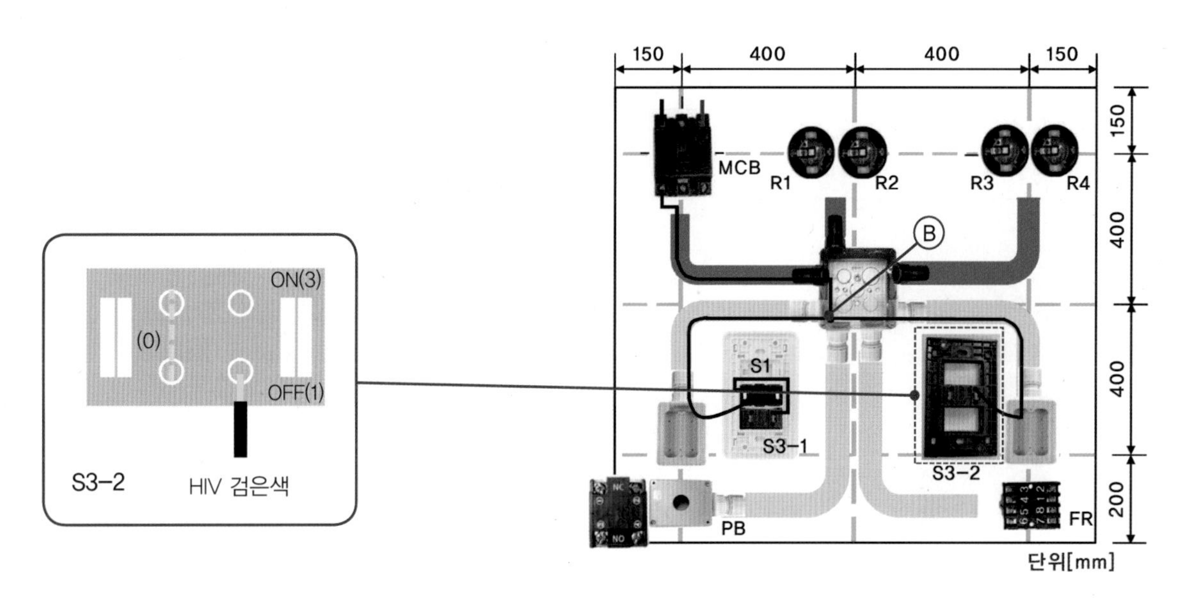

실제 배선도

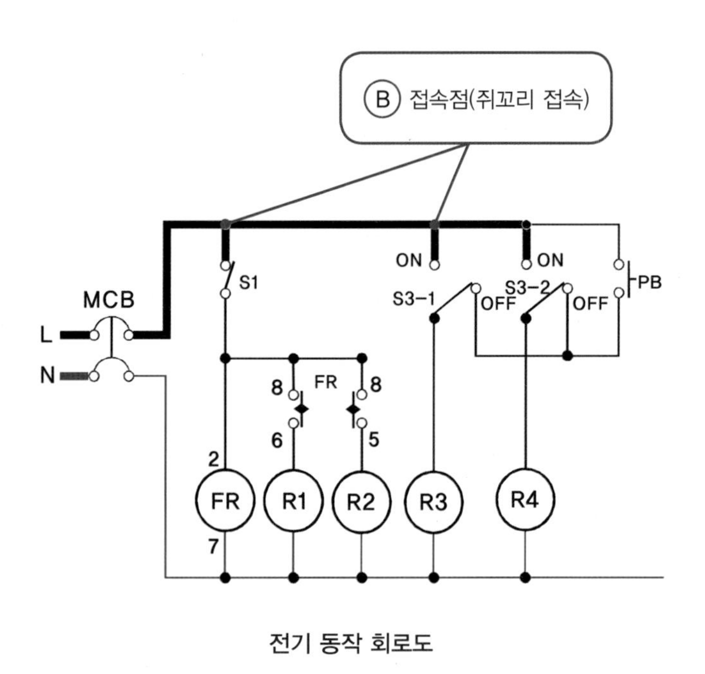

전기 동작 회로도

⑥ 정션박스 내에 ⑤의 접속된 전선과 푸시버튼(PB) a접점 입력 단자를 HIV 1.78mm 검은색 전선으로 쥐꼬리 접속 연결한다.(단, 정션박스 내 전선은 150mm 이상 여유롭게 배선한다.)

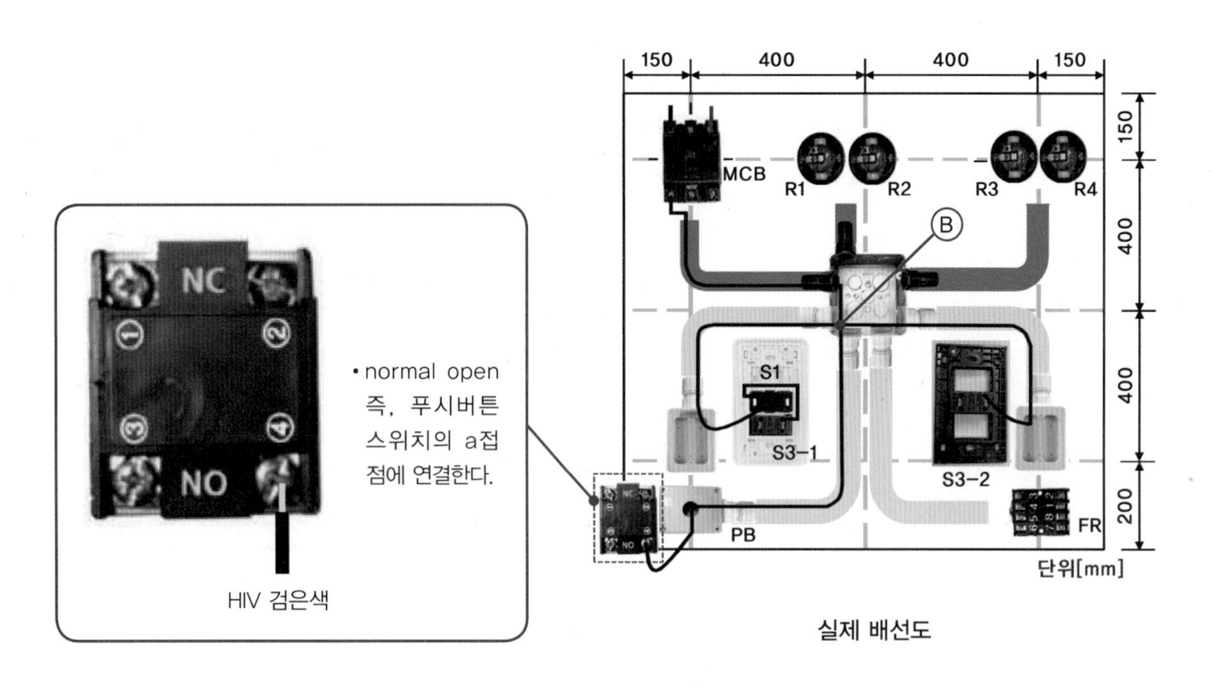

실제 배선도

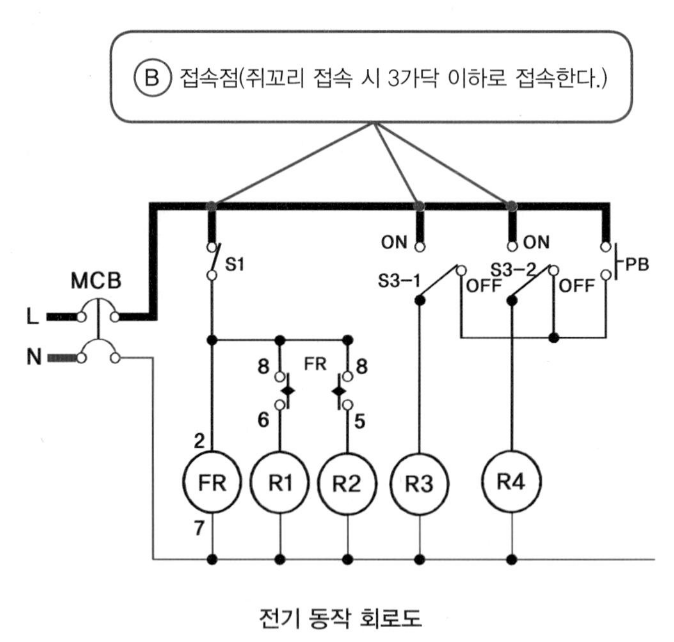

전기 동작 회로도

⑦ 단로 스위치(S1) 출력단자와 플리커 릴레이(FR) 소켓 전원 입력 단자 핀 번호 2번을 HIV 1.78mm 검은색 전선으로 연결한다.

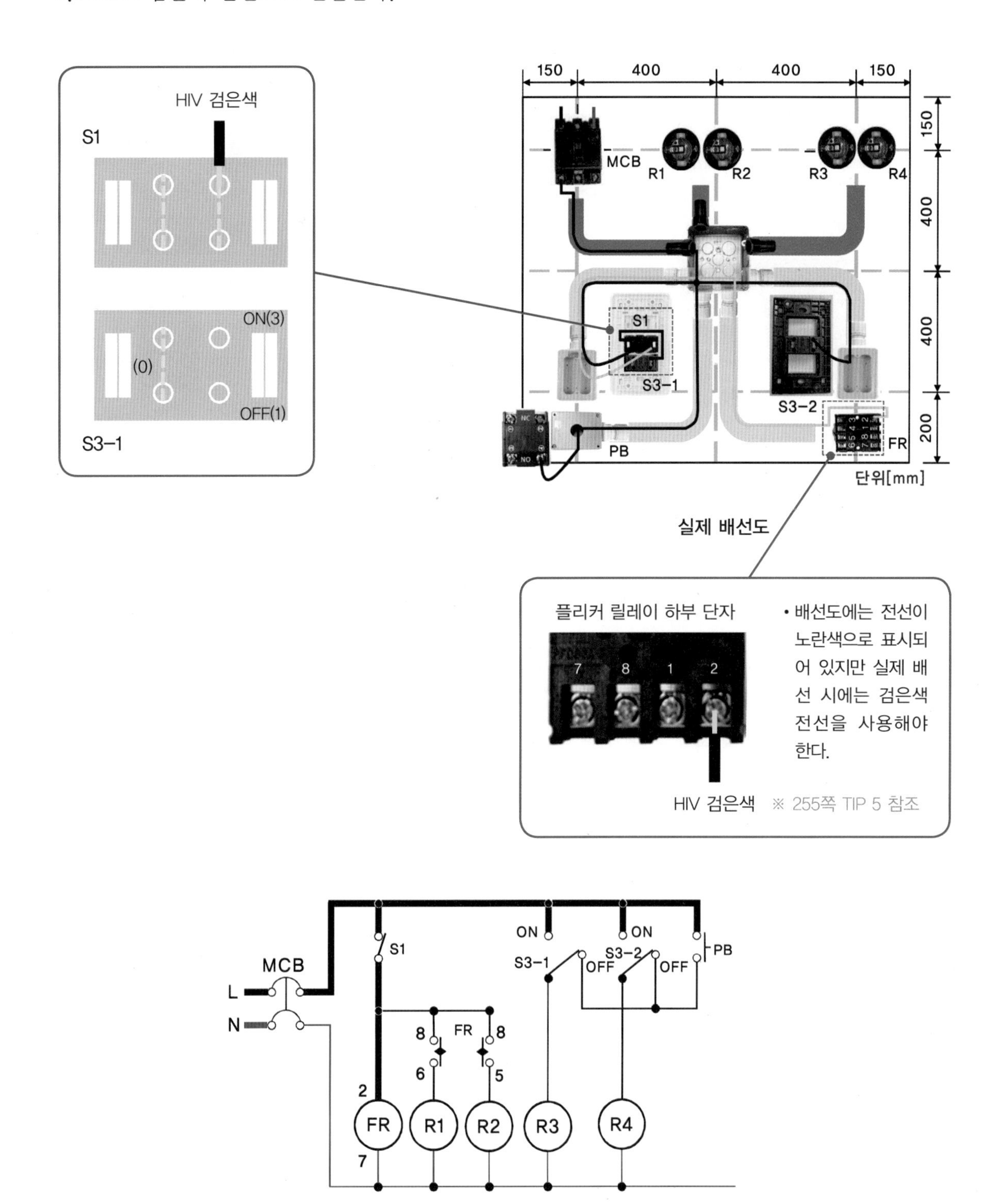

전기 동작 회로도

⑧ 플리커 릴레이(FR) 소켓 핀 번호 2번과 b접점 공통단자 핀 번호 8번을 HIV 1.78mm 검은색 전선으로 연결한다.

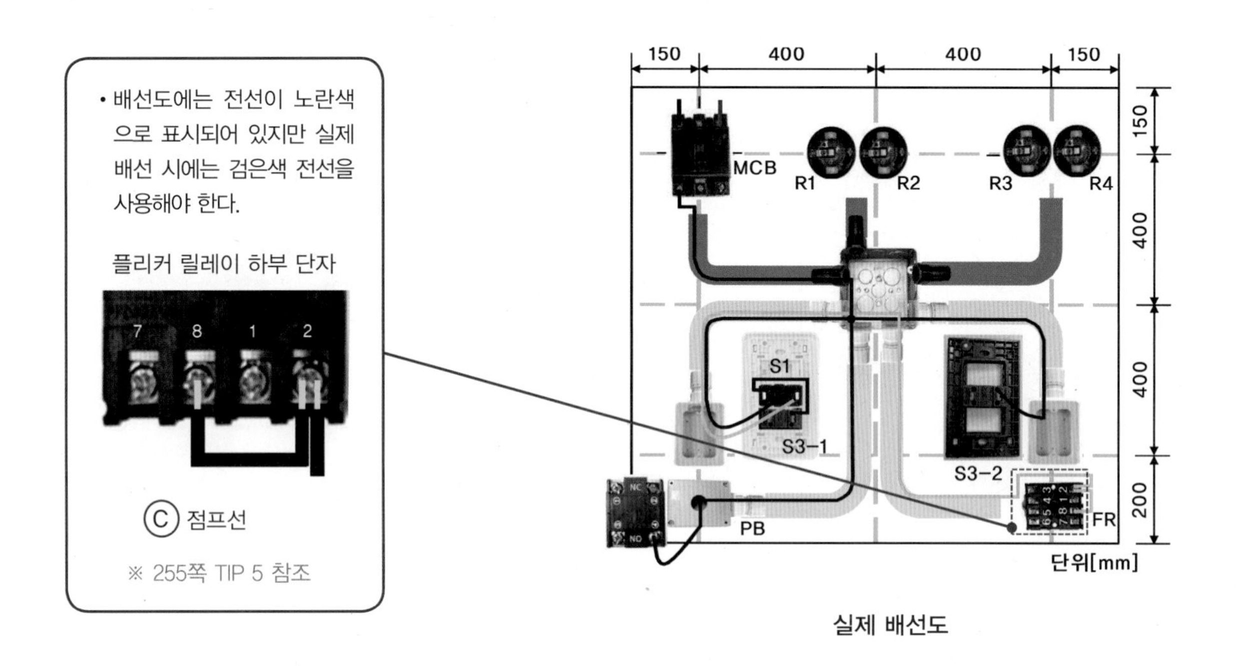

실제 배선도

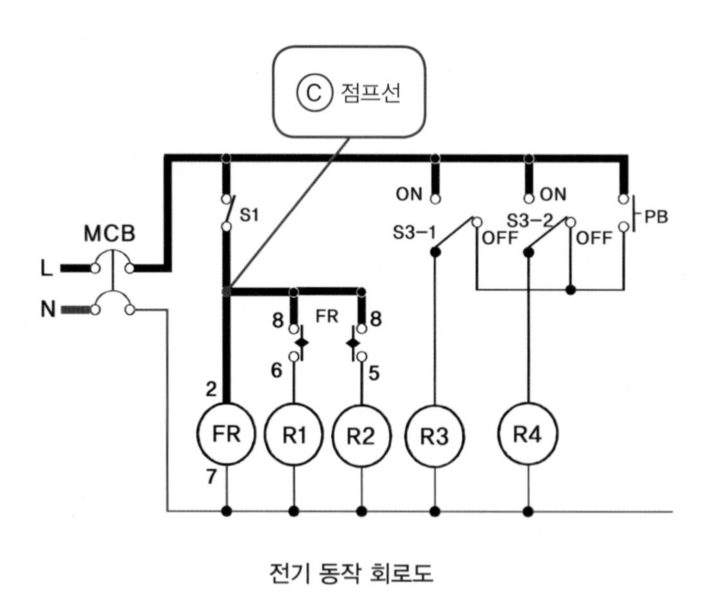

전기 동작 회로도

⑨ 플리커 릴레이(FR) b접점단자 핀 번호 6번과 리셉터클(R1) 입력 단자를 HIV 1.78mm 검은색 전선으로 접속 연결한다.(단, 정션박스 내 전선은 150mm 이상 여유롭게 배선한다.)

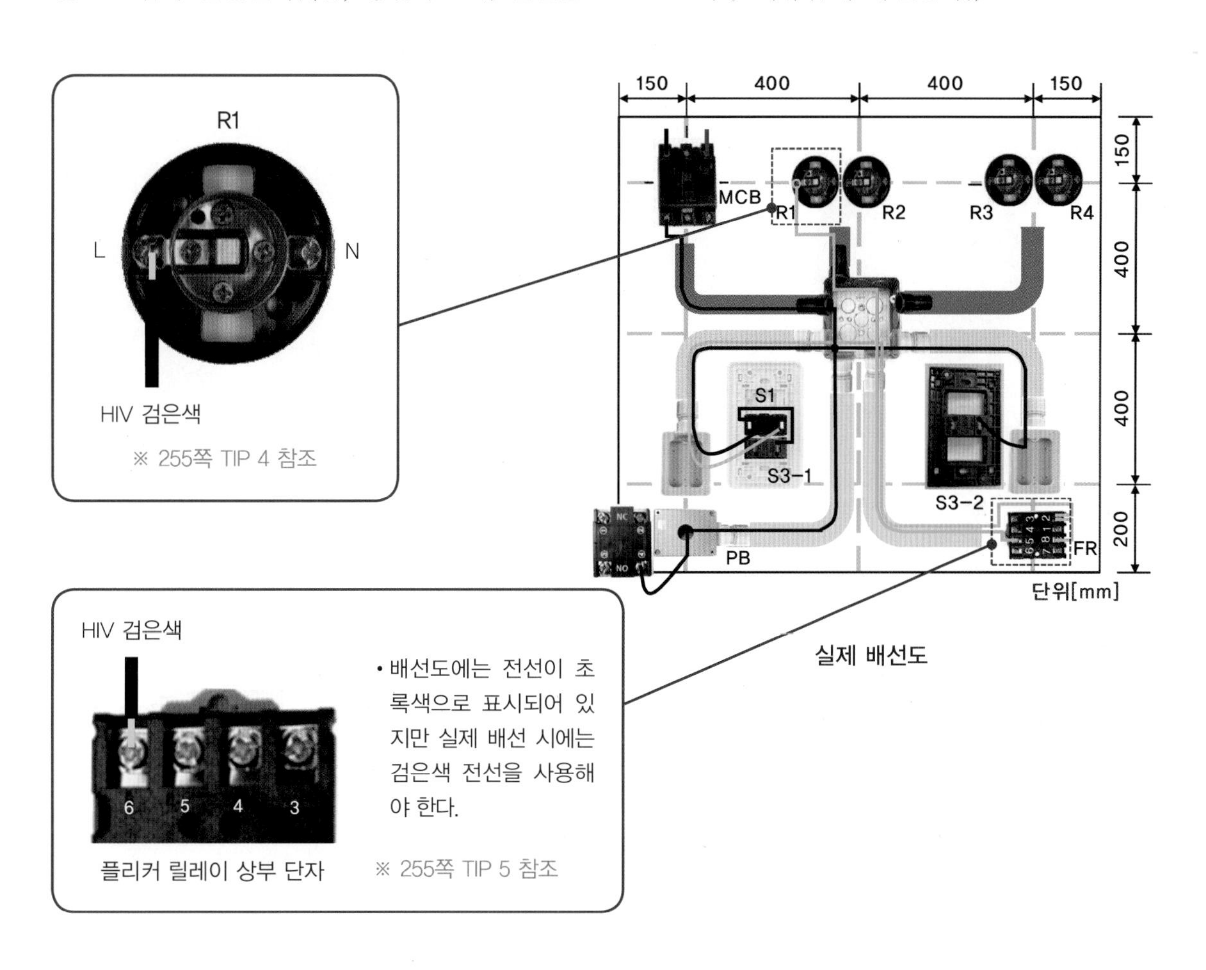

실제 배선도

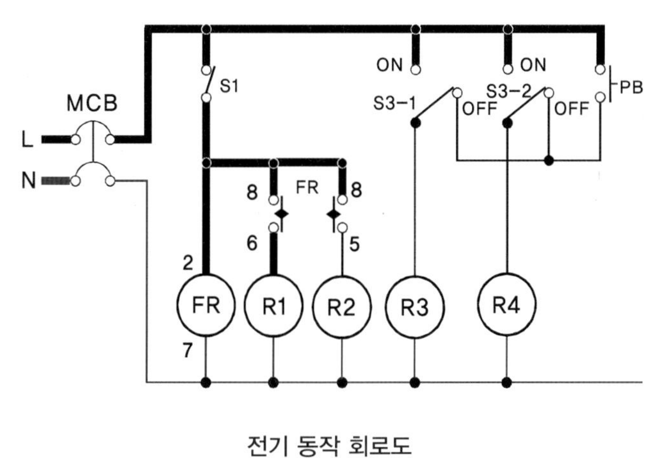

전기 동작 회로도

⑩ 플리커 릴레이(FR) a접점단자 핀 번호 5번과 리셉터클(R2) 입력 단자를 HIV 1.78mm 검은색 전선으로 접속 연결한다.(단, 정션박스 내 전선은 150mm 이상 여유롭게 배선한다.)

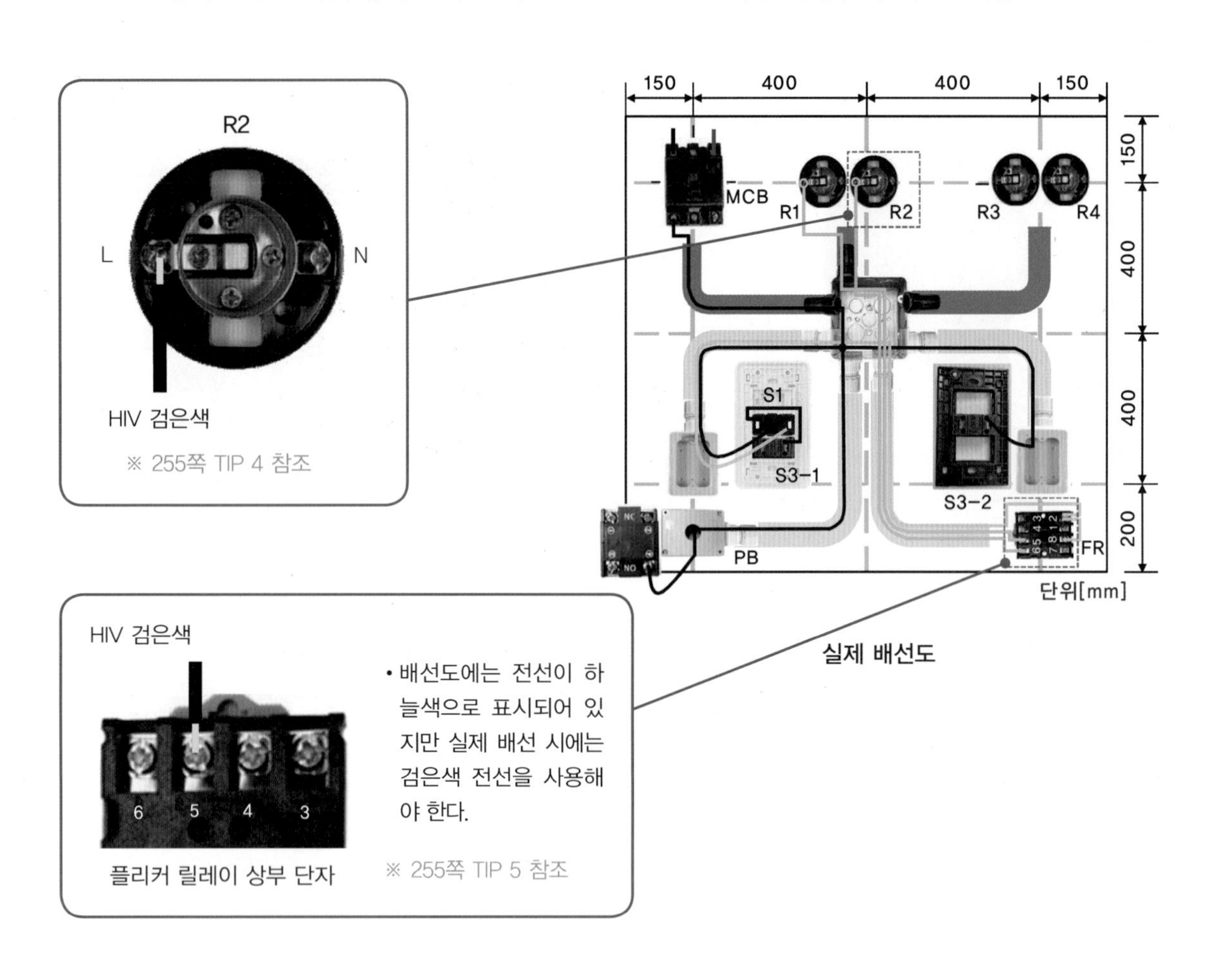

실제 배선도

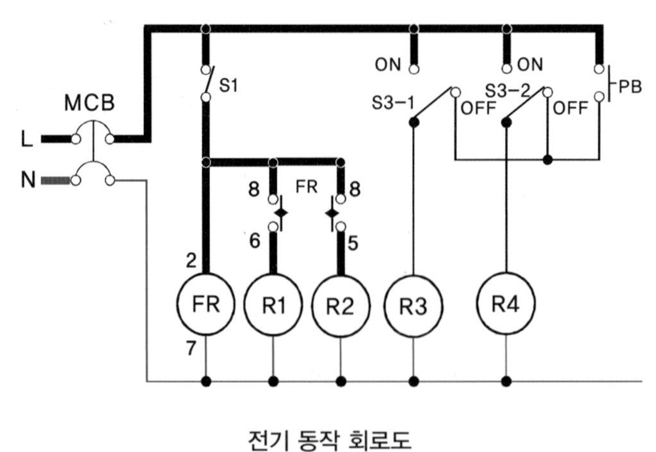

전기 동작 회로도

⑪ 플리커 릴레이(FR) 전원 출력단자 핀 번호 7번에 HIV 1.78mm 파란색 전선으로 접속하여 정션 박스에 입선한다.(단, 플리커 릴레이는 교류 전원을 사용하여 극성이 없다.)

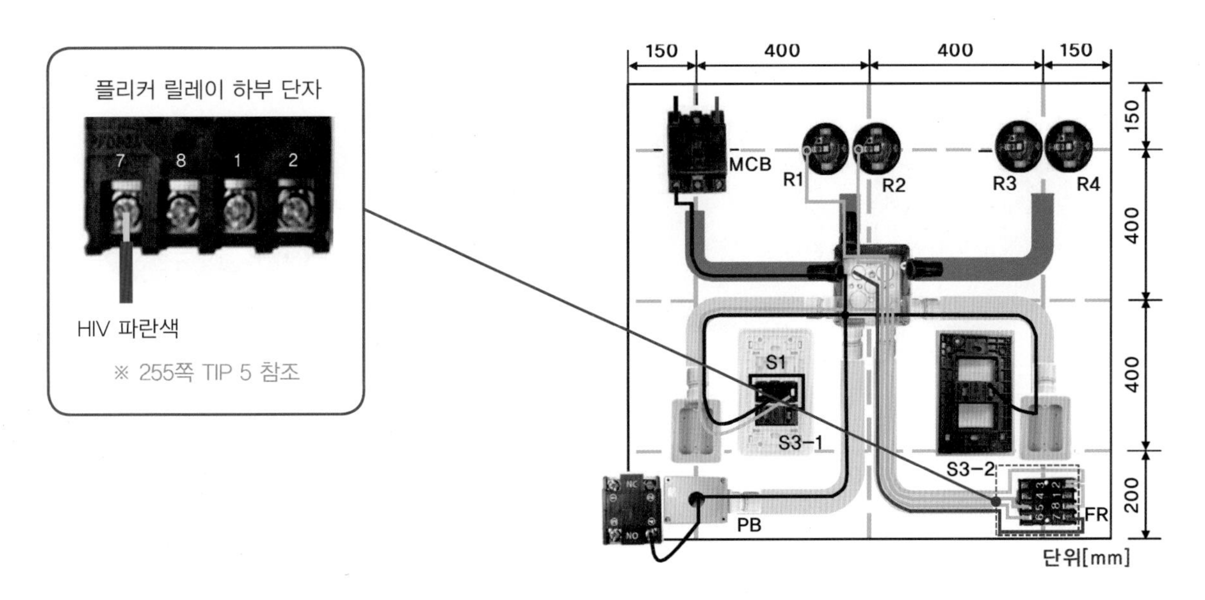

실제 배선도

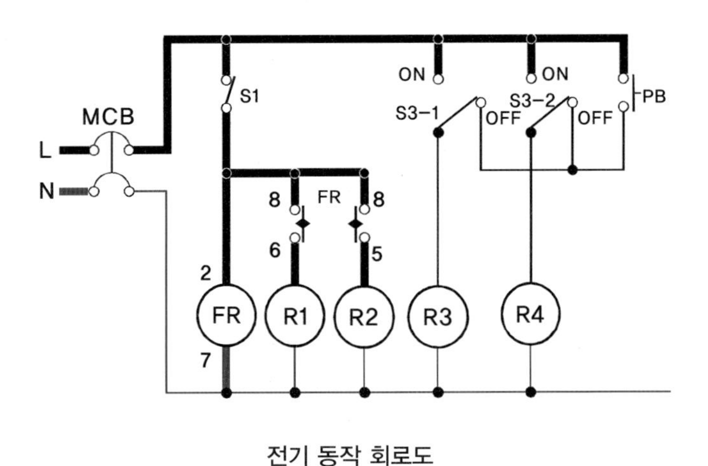

전기 동작 회로도

⑫ 정션박스 내 ⑪의 전선과 정션박스를 통해 리셉터클 소켓(R1, R2) 출력단자를 HIV 1.78mm 파란색 전선으로 쥐꼬리 접속 연결한다. (단, 정션박스 내 전선은 150mm 이상 여유롭게 배선한다.)

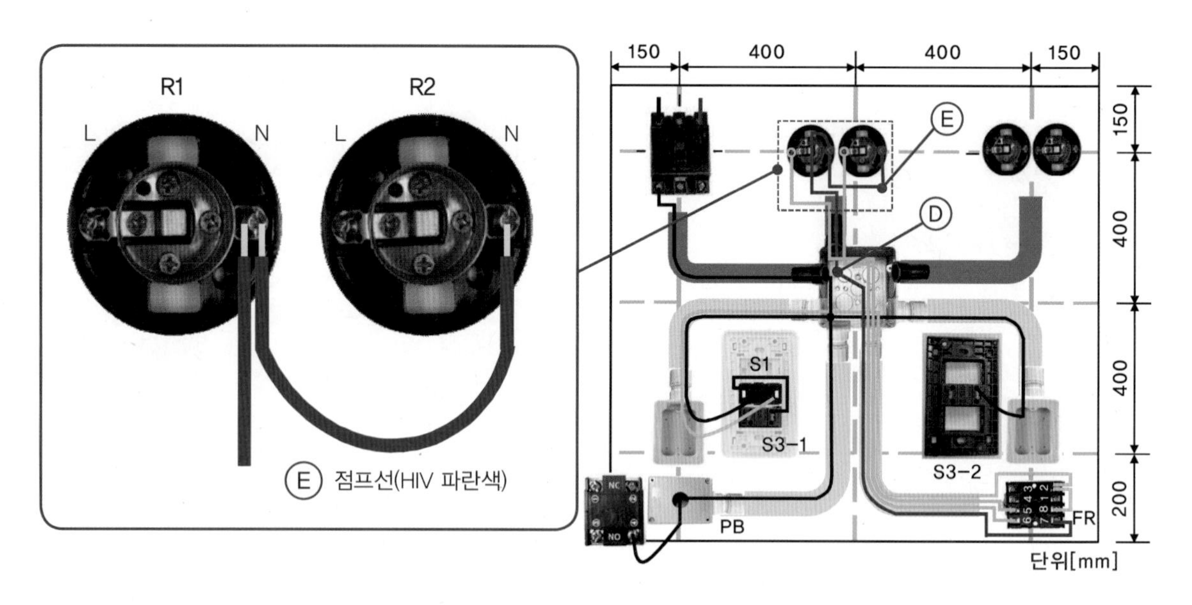

실제 배선도

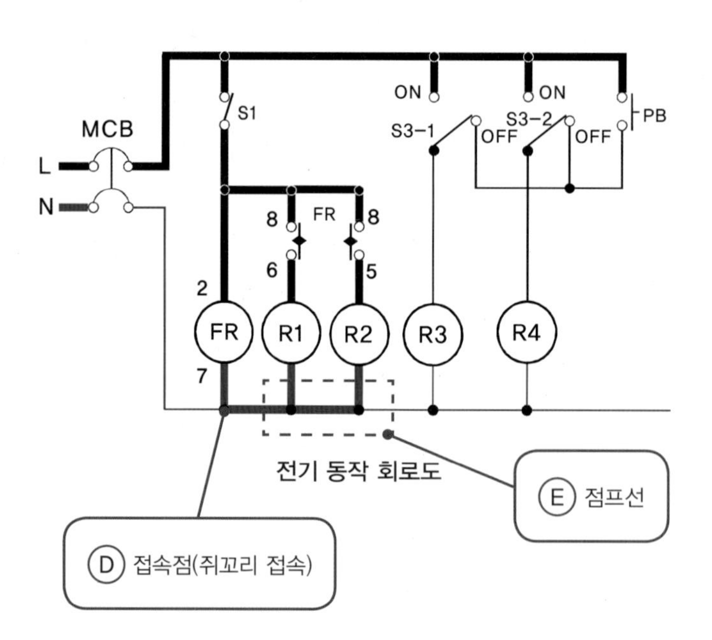

전기 동작 회로도

⑬ 정션박스 내 ⑪, ⑫의 접속 부분과 배선용 차단기(MCB) 전원 출력단자를 HIV 1.78mm 파란색 전선으로 연결한다. (단, 정션박스 내 전선은 150mm 이상 여유롭게 배선한다.)

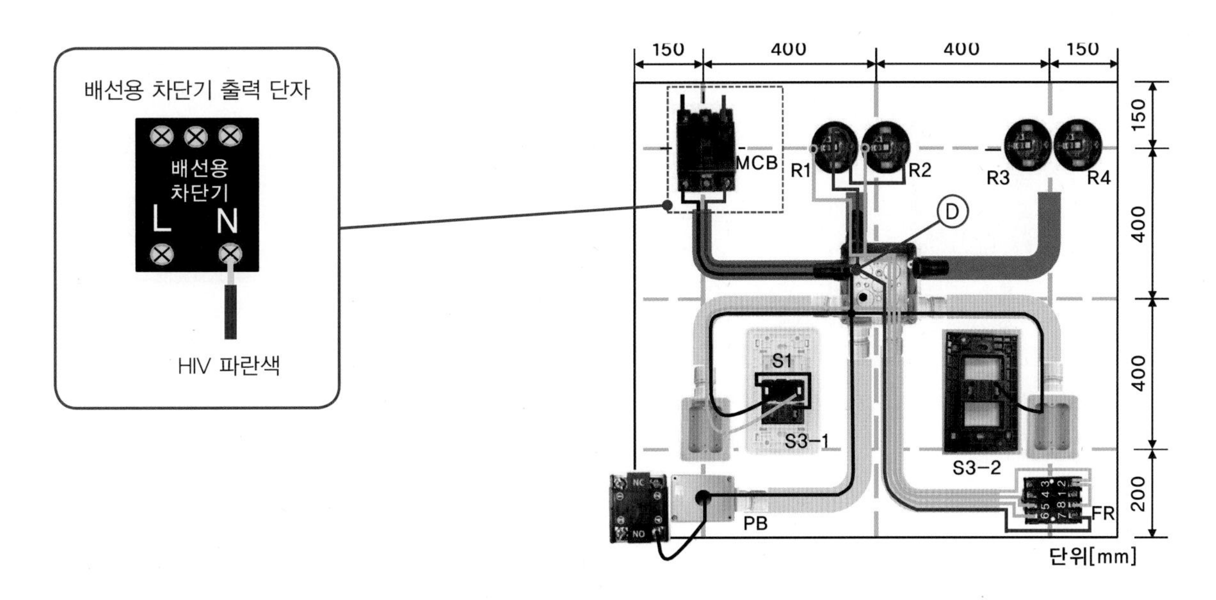

실제 배선도

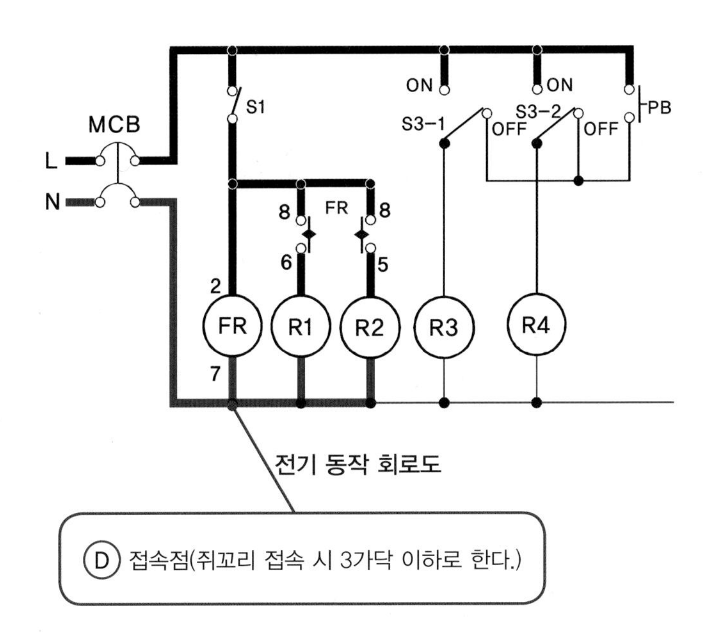

전기 동작 회로도

Ⓓ 접속점(쥐꼬리 접속 시 3가닥 이하로 한다.)

⑭ 3로 스위치(S3-1, S3-2)의 OFF 단자와 푸시버튼(PB) a접점 출력단자를 정션박스를 거쳐 HIV 1.78mm 검은색 전선을 접속한다.(단, 정션박스 내 전선은 150mm 이상 여유롭게 배선한다.)

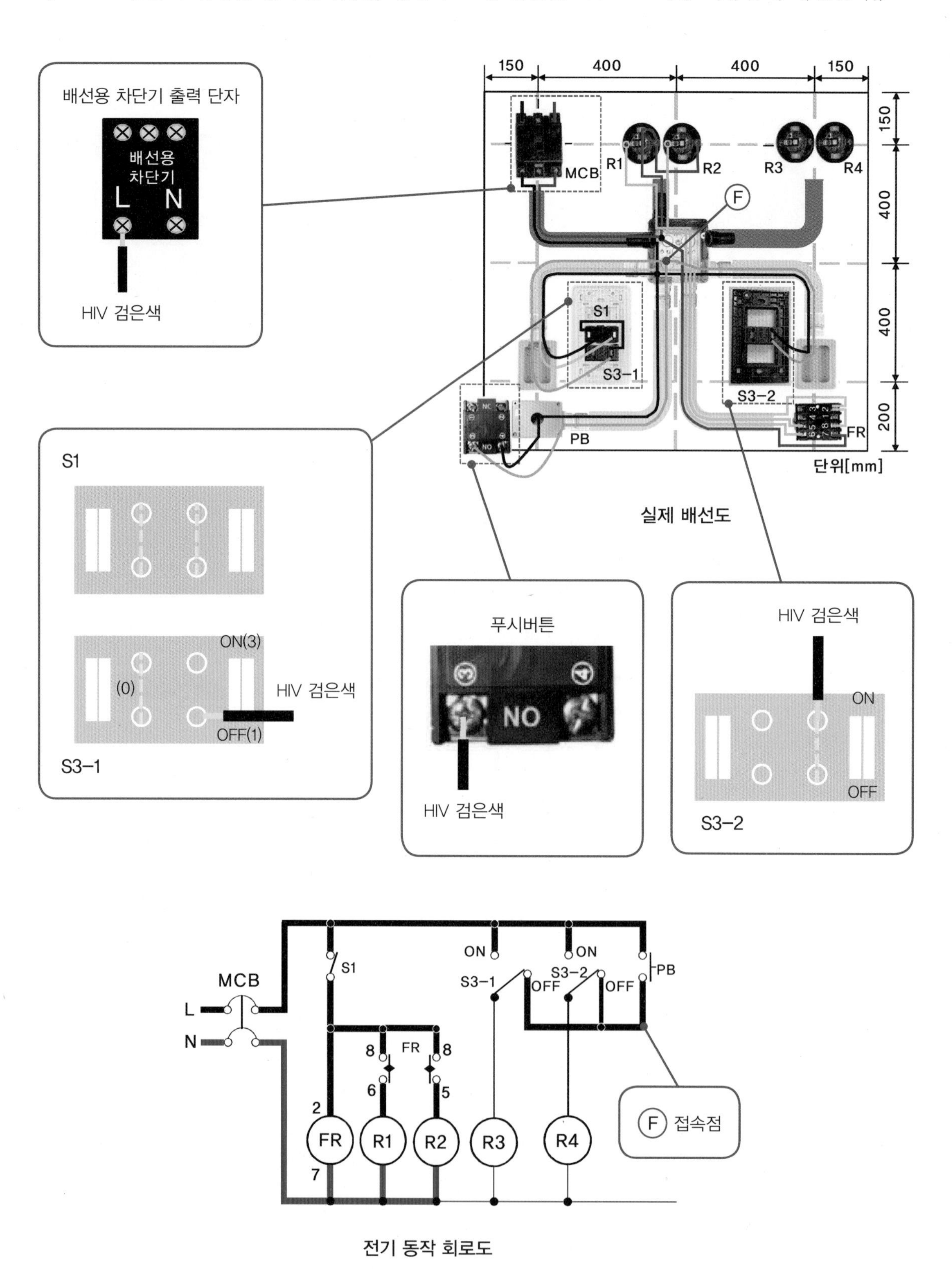

⑮ 3로 스위치(S3−1) 공통단자(중성점)와 리셉터클(R3) 전원 입력 단자와 HIV 1.78 mm 검은색 전선을 연결한다.

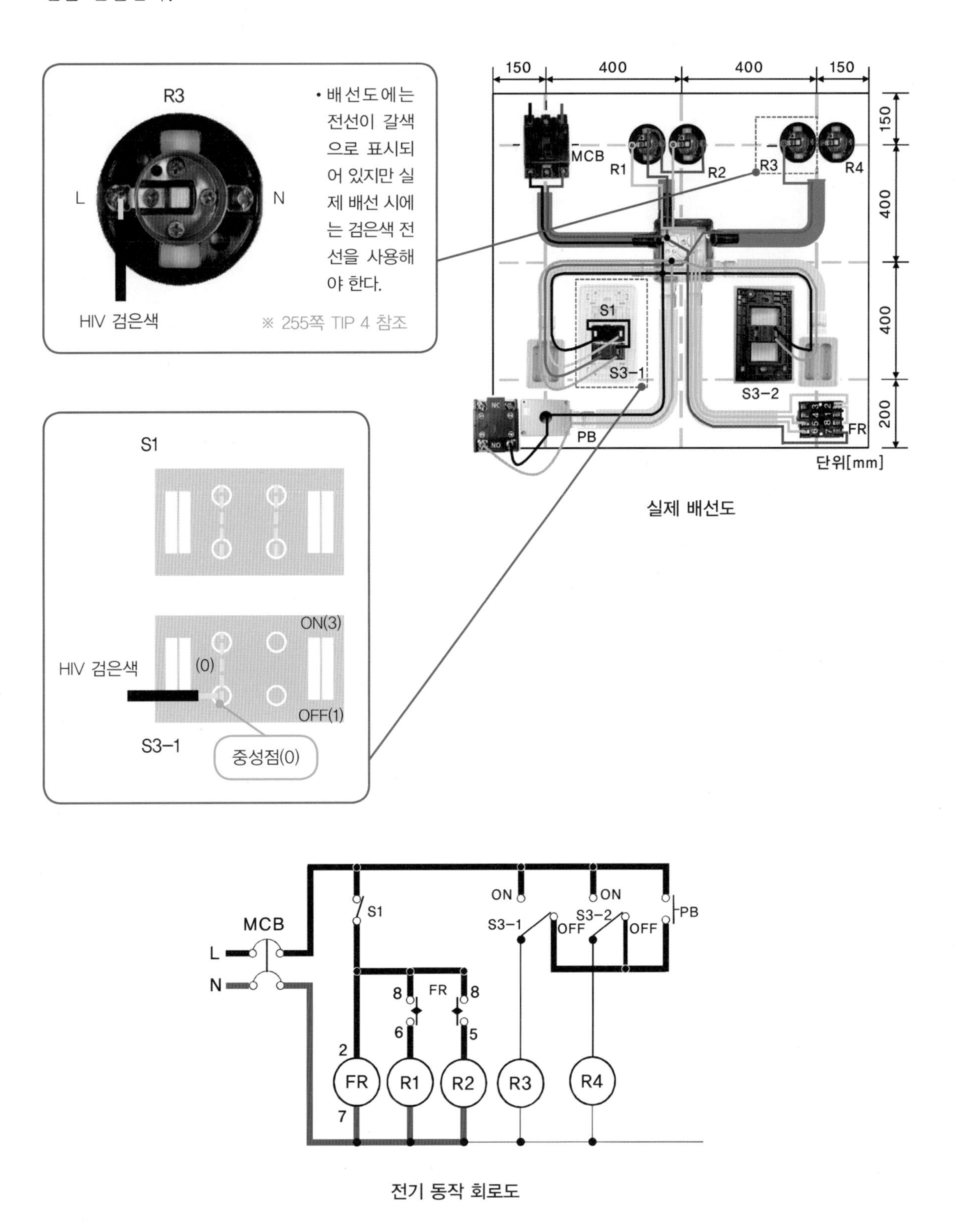

실제 배선도

전기 동작 회로도

⑯ 3로 스위치(S3−2) 공통단자(중성점)와 리셉터클(R4) 전원 입력 단자와 HIV 1.78 mm 검은색 전선을 연결한다.(단, 정션박스 내 전선은 150 mm 이상 여유롭게 배선한다.)

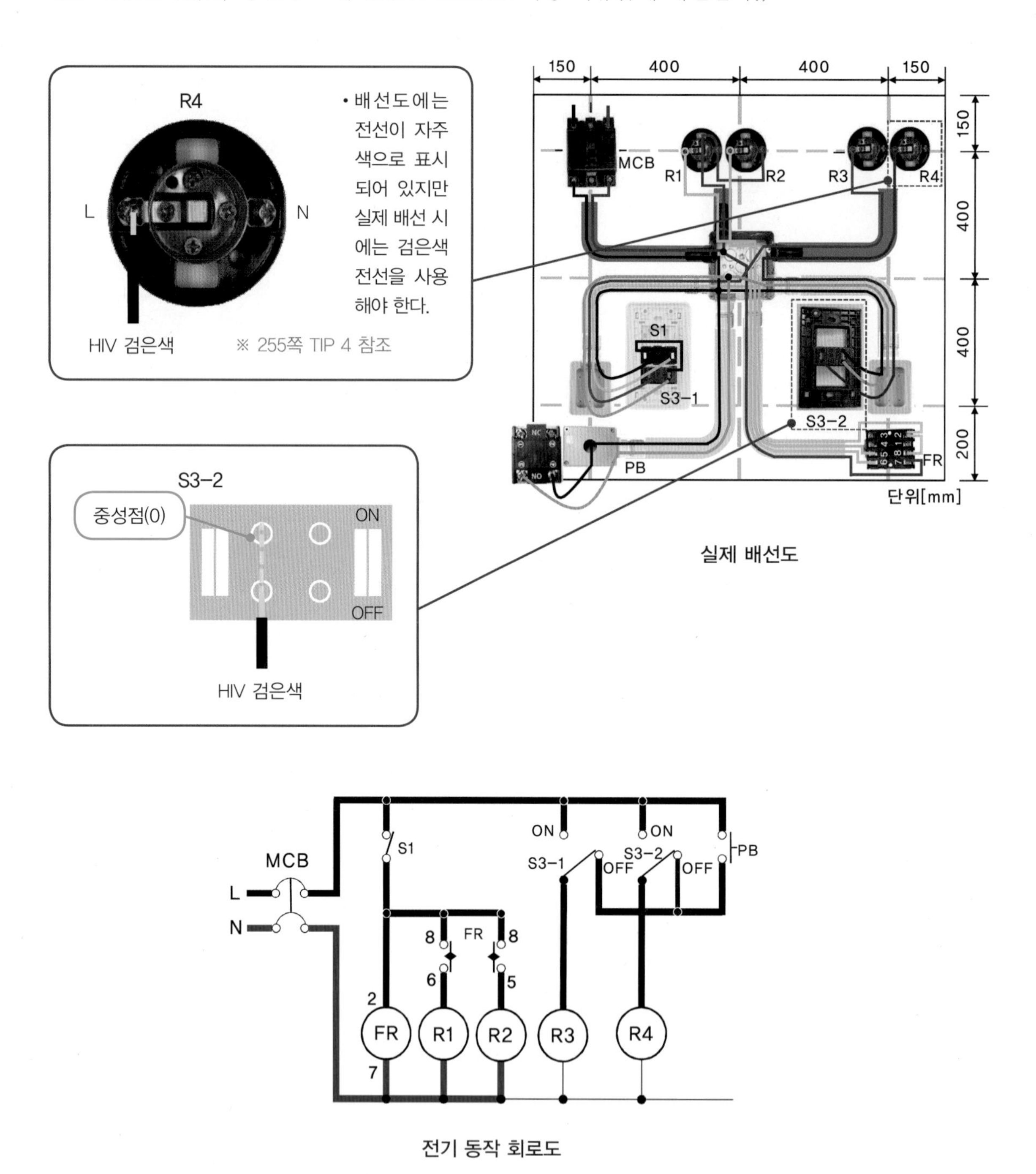

실제 배선도

전기 동작 회로도

⑰ 리셉터클(R3, R4) 전원 출력단자를 HIV 1.78mm 파란색 전선을 접속하여 연결한다. (단, 정션 박스 내 전선은 150mm 이상 여유롭게 배선한다.)

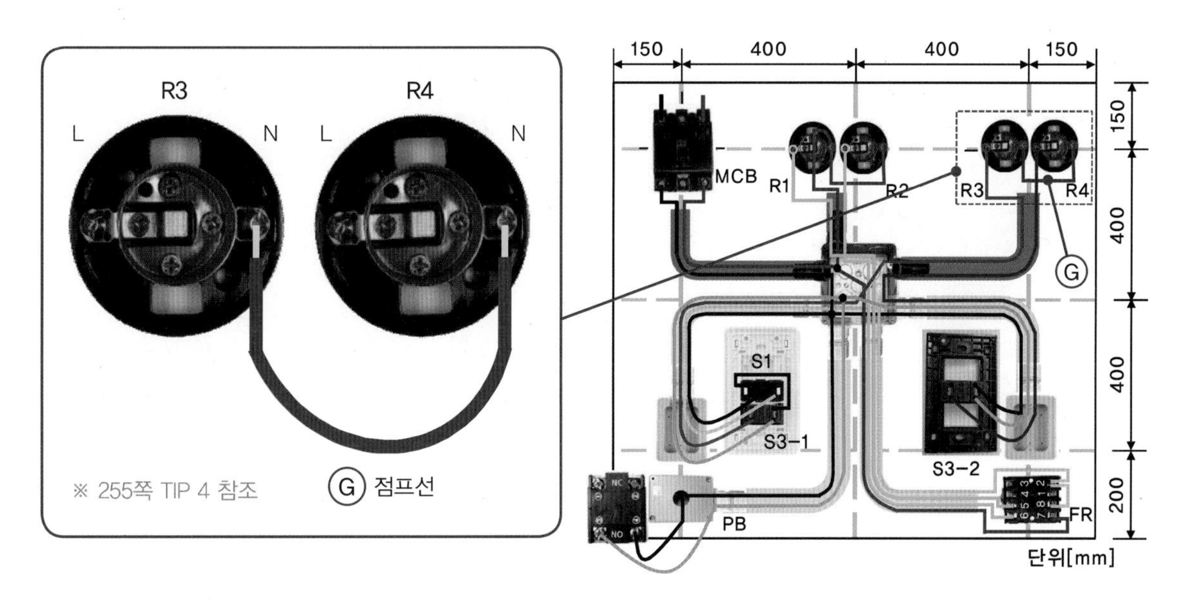

실제 배선도

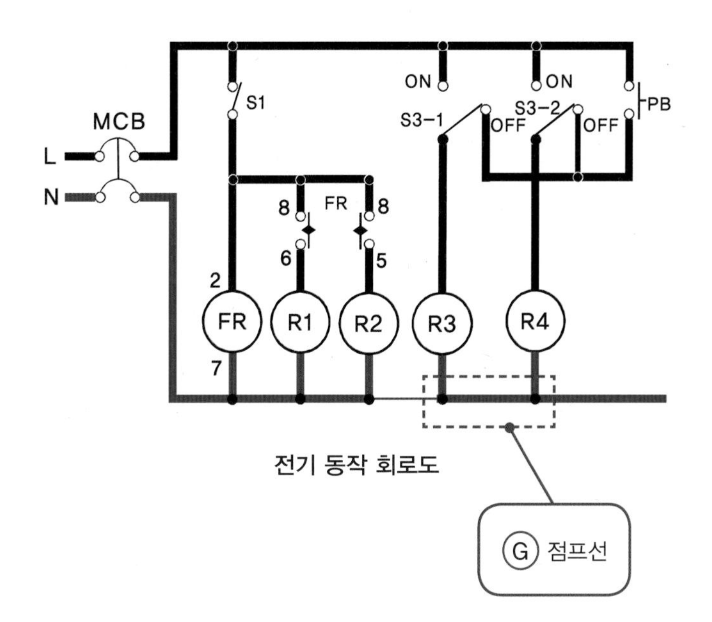

전기 동작 회로도

⑱ 리셉터클 소켓(R3) 전원 출력단자와 정션박스 내 ⑰의 접속 부분을 HIV 1.78mm 파란색 전선으로 접속하여 연결한다. (단, 정션박스 내 전선은 150mm 이상 여유롭게 배선한다.)

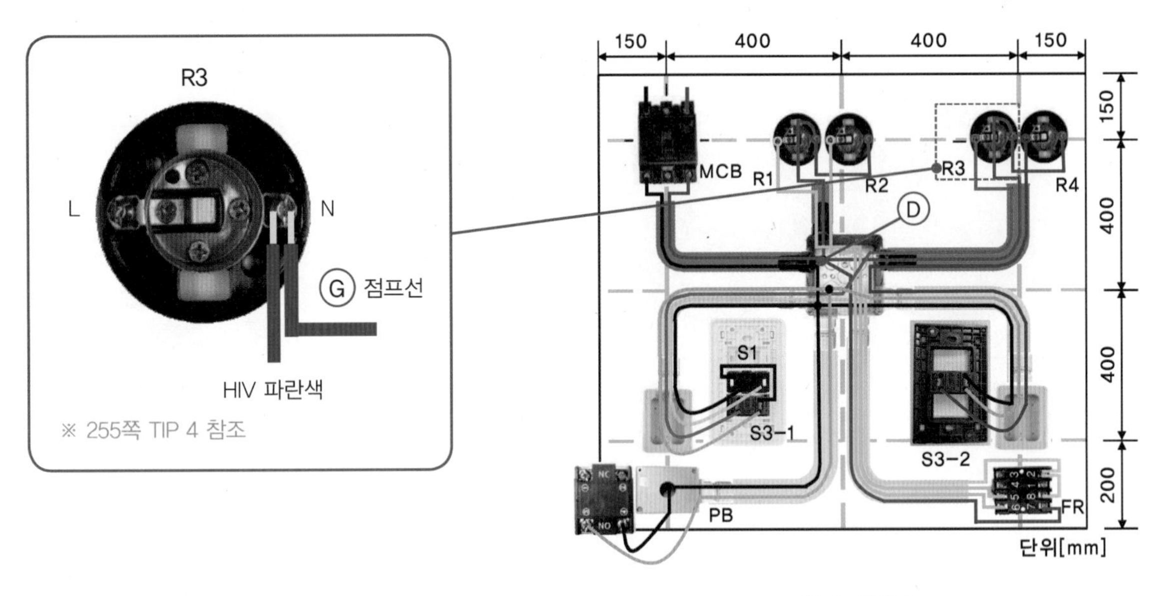

실제 배선도

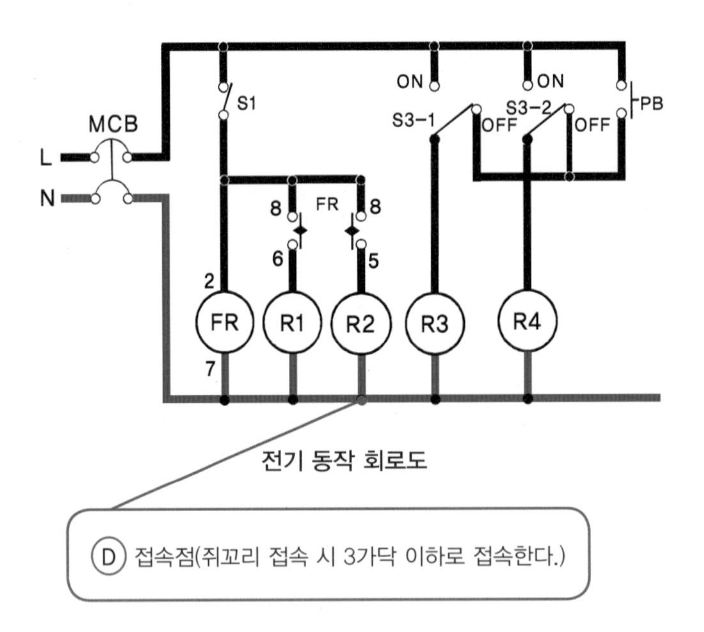

전기 동작 회로도

D 접속점(쥐꼬리 접속 시 3가닥 이하로 접속한다.)

6 전선과 기구 접속

① 전선과 리셉터클 소켓 단자와 연결 시 도체 부분을 물음표(?) 모양으로 만들어서 볼트가 조여지는 방향으로 접속한다.

② 전선과 차단기 접속단자와 연결 시 피복이 단자에 물리는 현상을 방지하기 위해 도체 부분이 접속 후 10 mm 정도 보일 수 있도록 한다.

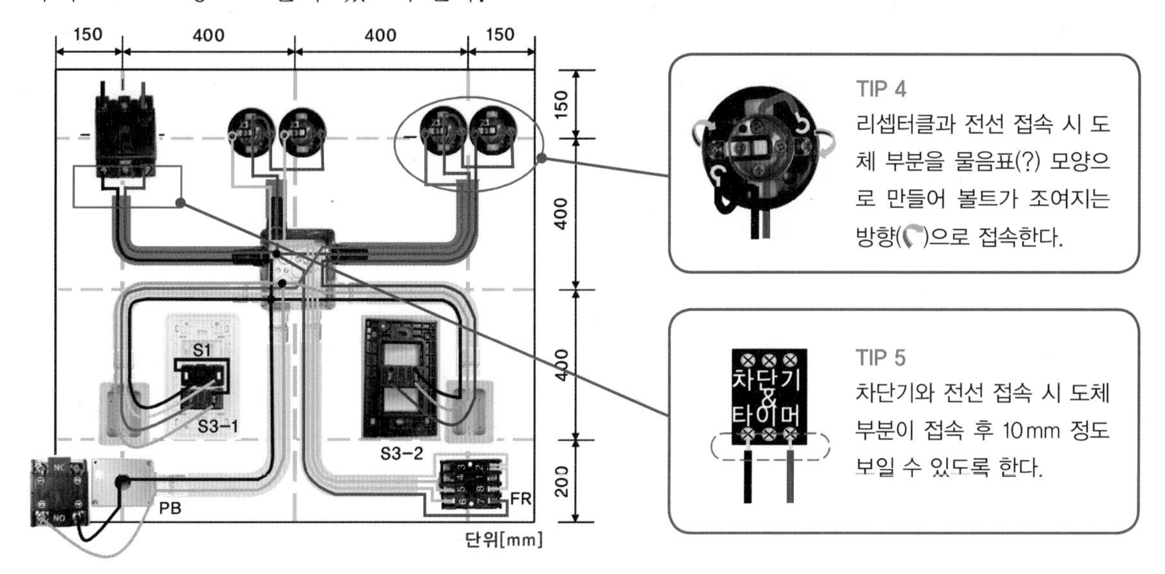

7 전선과 전선의 접속

박스 내 전선을 접속할 경우 쥐꼬리 접속을 4단 이상 꼬아서 절단하고 와이어 커넥터를 오른쪽으로 돌려 절연해 준다. 박스 내 여유선은 150 mm 이상 충분히 남겨서 동그랗게 감는다. 전선의 접속점은 물 고임 방지를 위해 위를 향하게 한다.

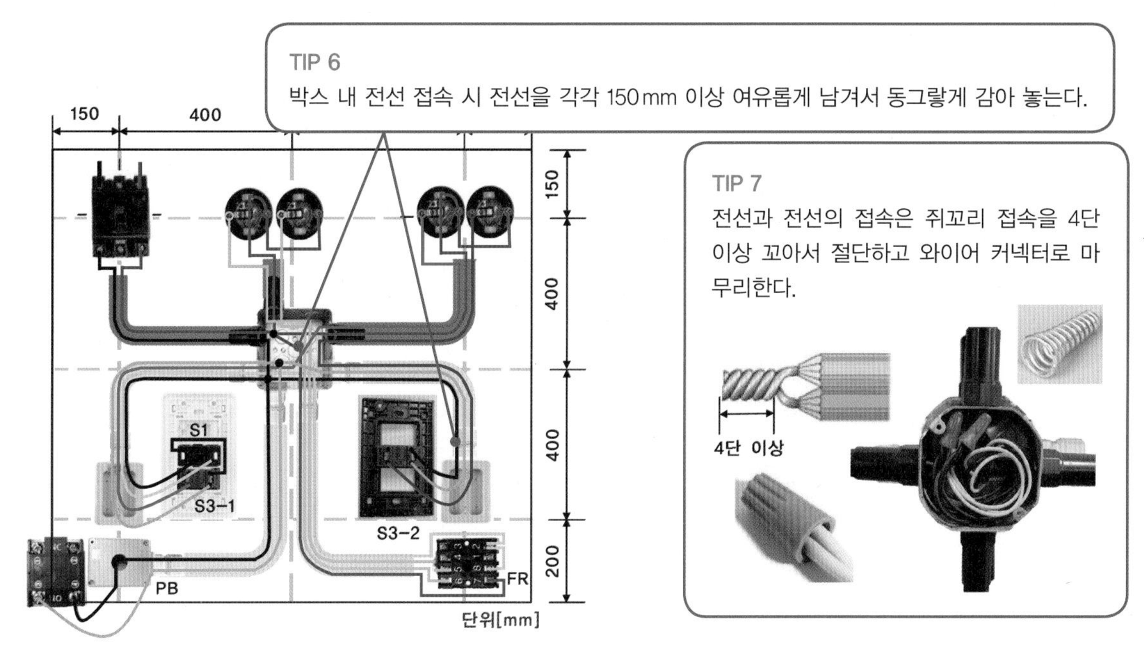

8 마무리 및 동작 테스트

① 스위치 전용 박스에 철판 피스로 고정 플레이트 설치 후 마무리한다.

② 리셉터클 소켓 커버(뚜껑)를 닫고, 벨 테스터로 회로를 점검한다.

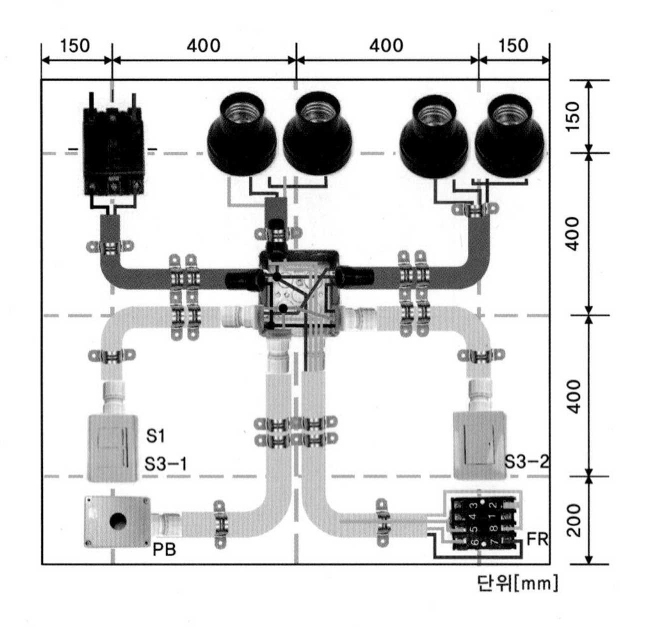

Chapter 1
스위치를 박스에 피스로 고정한다.
플레이트를 설치한다.

Chapter 2
리셉터클 뚜껑을 닫아 준다.

Chapter 3
벨 테스터로 선로를 확인해 준다.

Project 12 조광 스위치 사용 신호 회로

소요시간	8시간

학번 (   ) 성명 (   )

■ 실습 목적

1. 전기에너지를 여러 개의 조명설비가 필요로 하는 장소까지 설계도서에 따라 전기기구, 전선관, 케이블 등을 안전하고 적합하도록 공사하는 능력을 습득할 수 있다.
2. 조광 스위치의 내부회로도를 이해하여 전등회로를 설치할 수 있다.
3. 한국전기설비규정(KEC)을 준수하여 건축물 등 전기사용장소에 전기회로 공사를 수행할 수 있다.

■ 실험 · 실습 소요 재료 내역

번호	재료명	규격	단위	수량
1	배선용 차단기(MCB)	3P 30A, AC 220V	EA	1
2	4각 정션박스	금속	EA	2
3	리셉터클 소켓	둥근형 2P, AC 220V	EA	2
4	전등용 스위치(박스 포함)	1구 단로, AC 220V	EA	1
5	조광 스위치(박스 포함)	1구 6A, AC 220V	EA	1
6	광전식 자동 점멸기	3A, AC 220V	EA	1
7	CD 전선관	16mm	M	3
8	CD 전선관 커넥터	ϕ25, 16mm	EA	4
9	PE 전선관	16mm	M	4
10	PE 전선관 커넥터	ϕ25, 16mm	EA	8
11	비닐전선(HIV 1.78mm)	2.5mm^2 회색, 단선	M	10
12	비닐전선(HIV 1.78mm)	2.5mm^2 파란색, 단선	M	4
13	새들	철재, 16mm	EA	8

■ 사용 공구 내역

번호	공구명	규격	단위	수량	번호	공구명	규격	단위	수량
1	드라이버	60×200, 양용	EA	1	5	니퍼	200mm	EA	1
2	롱 노즈 플라이어	200mm	EA	1	6	전동 드라이버	충전식	EA	1
3	와이어 스트리퍼		EA	1	7	공구 벨트	공사용	EA	1
4	펜치	200mm	EA	1	8	피시 테이프	입선용	EA	1

■ 회로 동작 설명

1. 조광 스위치를 켜면(ON) 전등 리셉터클(R1)이 점등되고 손잡이를 오른쪽으로 돌리면 빛의 밝기가 제어된다.
2. 광전식 자동 점멸기를 어둡게 하면 전등 리셉터클(R2)은 점등되고 환하게 빛을 가하면 자동으로 소등된다.
3. 배선용 차단기(MCB)를 끄면(OFF) 모든 회로는 꺼진다.

■ 실습 도면

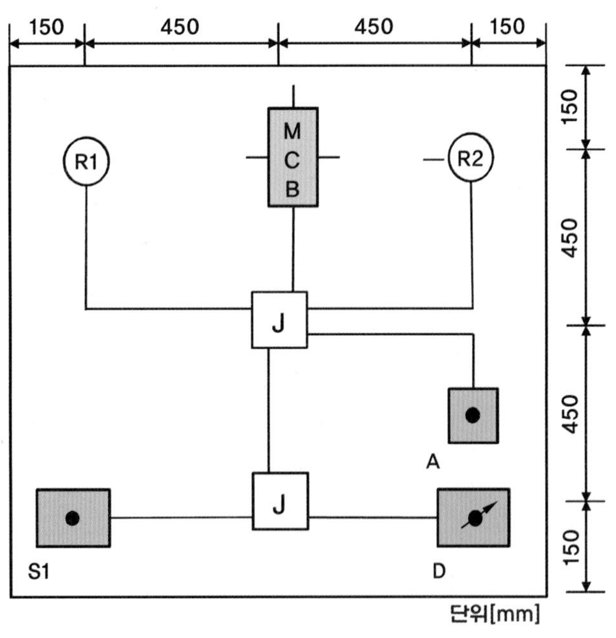

MCB : 배선용 차단기

J : 4각 정션박스

R1 · R2 : 리셉터클

A : 광전식 자동 점멸기

S1 : 단로 스위치

D : 조광 스위치

기구 배치 및 배관도

L(HIV 1.78mm 회색)
N(HIV 1.78mm 파란색)

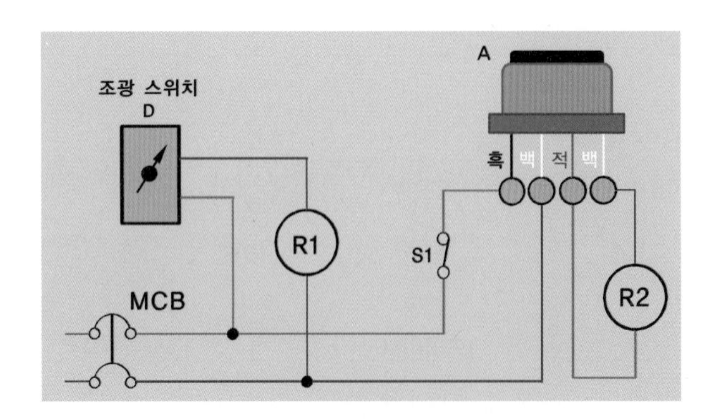

전기 회로도

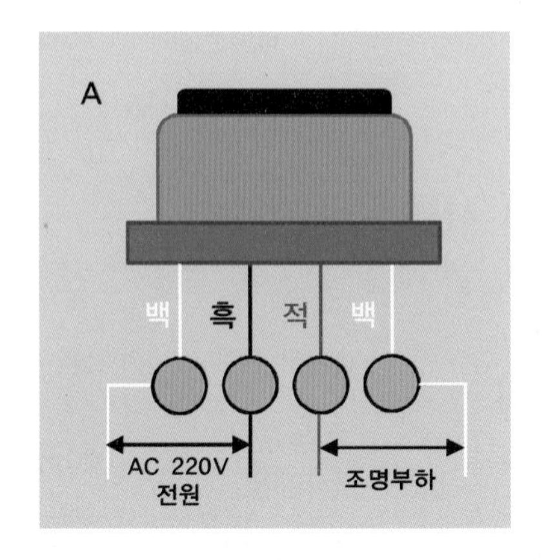

광전식 자동 점멸기(일체형) 내부 회로도

■ 지시사항 및 안전사항

1. 지급된 재료와 실습장 시설을 사용하여 제한시간 내에 주어진 과제를 안전에 유의하여 완성한다.
   (단, 과제에 표시되지 않은 사항은 한국전기설비규정에 따른다.)
2. 전원 방식은 단상 AC 220V를 사용한다.
3. 작업판 제도 시 치수 오차범위는 외관 ±30mm를 허용한다.
4. 공사 방법은 ① 케이블 공사, ② PE 전선관, ③ CD 전선관 ,④ HIV 전선을 설치한다.
5. 전선관과 박스가 접속되는 부분은 커넥터를 사용한다.
6. 요소 작업 시 손이 다치지 않도록 안전에 유의하여 작업한다.

■ 평가 내용

평가 영역		세부 평가 내용	배점
회로 해석(도면 검토)		주어진 과제의 회로 해석과 결선은 올바른가?	10
요소 작업	작업판 제도	작업판에 도면에서 제시한 규격으로 제도하였는가?	10
	기구 설치	작업판에 기구를 정확한 위치에 설치하였는가?	5
	배관 설치	작업판에 배관을 정확한 위치에 설치하였는가?	5
	입선 작업	배관에 알맞은 전선을 입선하였는가?	10
	접속 상태	전선과 기구를 알맞게 접속하였는가?	10
		정션박스 내 전선과 전선의 접속은 알맞게 하였는가?	10
실습 태도	실습 준비	공구 및 실습 준비는 철저한가?	10
	재료 사용	실습 재료의 사용은 경제적인가?	10
	문제 해결	발생한 문제의 해결에 적극적이며 방법은 바람직한가?	10
실습 시간		정해진 시간 내에 과제를 완성하였는가?	10
종합			100

Guide 12 조광 스위치 사용 신호 회로

■ 실습 순서

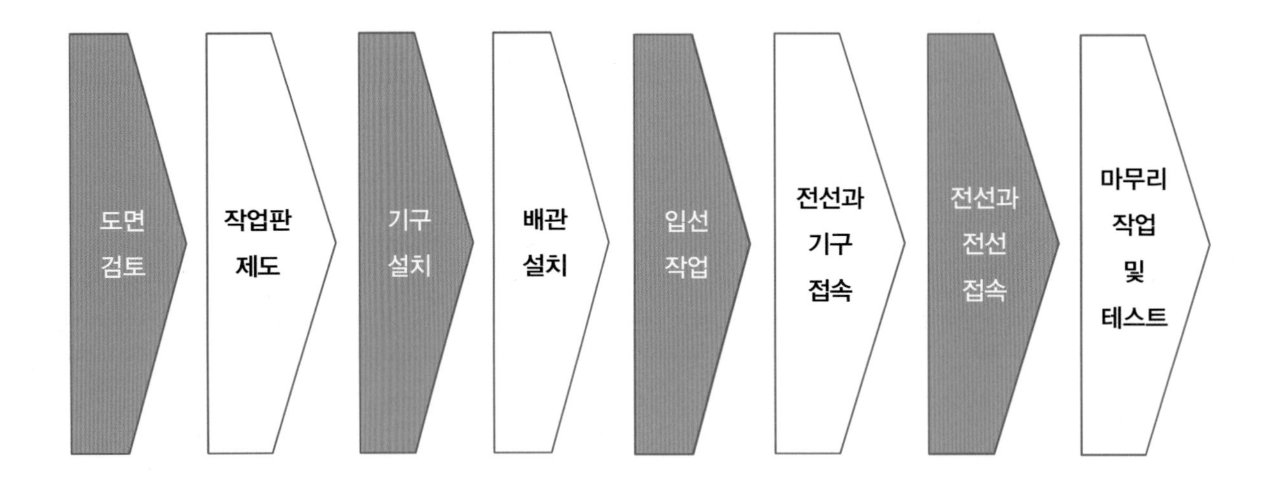

1 도면 검토

① 기구 배치 및 배관도를 확인하여 실제 사용하는 실습재료와 수량을 체크하여 준비한다.
② 동작 회로도가 어떻게 동작되는지 확인한다.
③ 지시사항 및 안전사항에 나타난 공사방법을 참고하여 공사를 준비한다.

2 작업판 제도

① 기구 배치 및 배관도 내 · 외곽선을 작업판에 스틱자와 하얀색 분필로 제도한다.

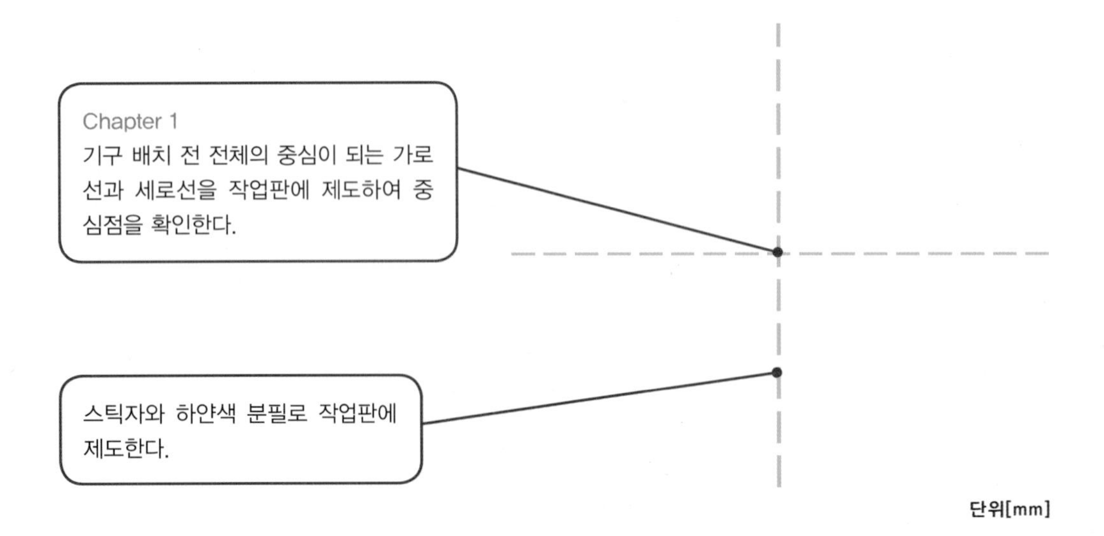

② 세로 기준선을 기준으로 오른쪽과 왼쪽 가로 간격 450 mm와 150 mm를 확인하여 세로 외곽선은 실선으로, 세로선은 점선으로 작업판에 제도한다.

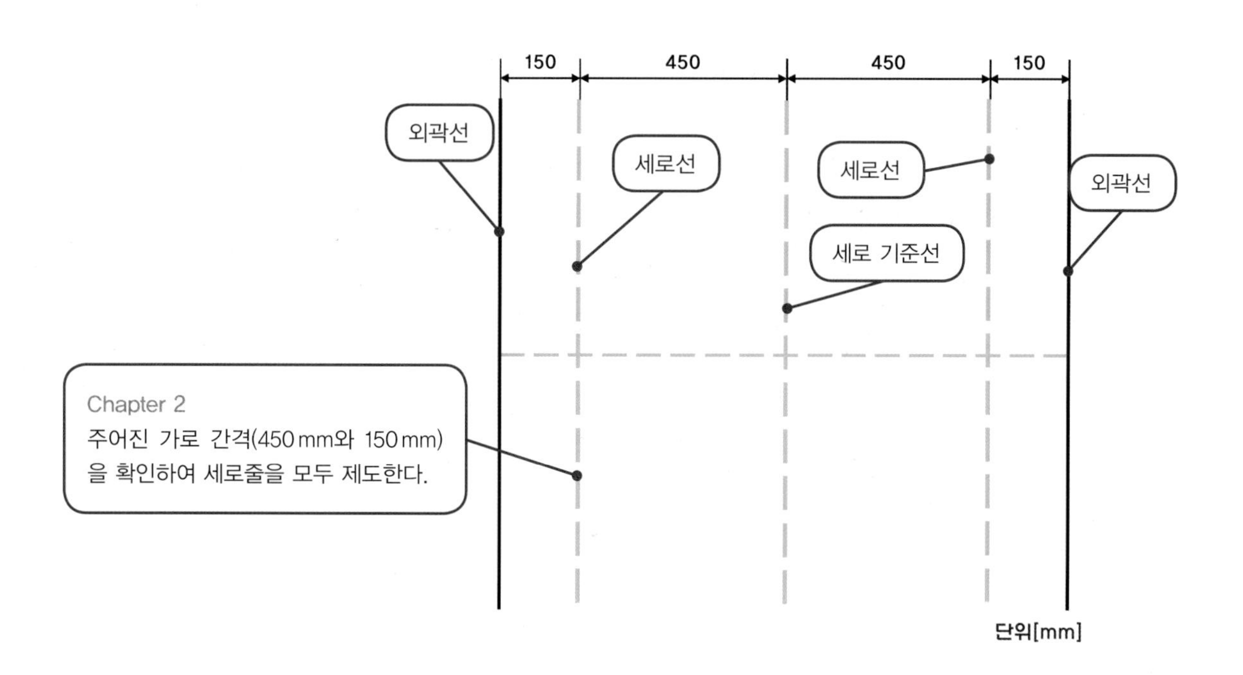

③ 가로 기준선을 기준으로 위쪽과 아래쪽 세로 간격 450 mm와 150 mm를 확인하여 가로 외곽선은 실선으로, 가로선은 점선으로 작업판에 제도한다.

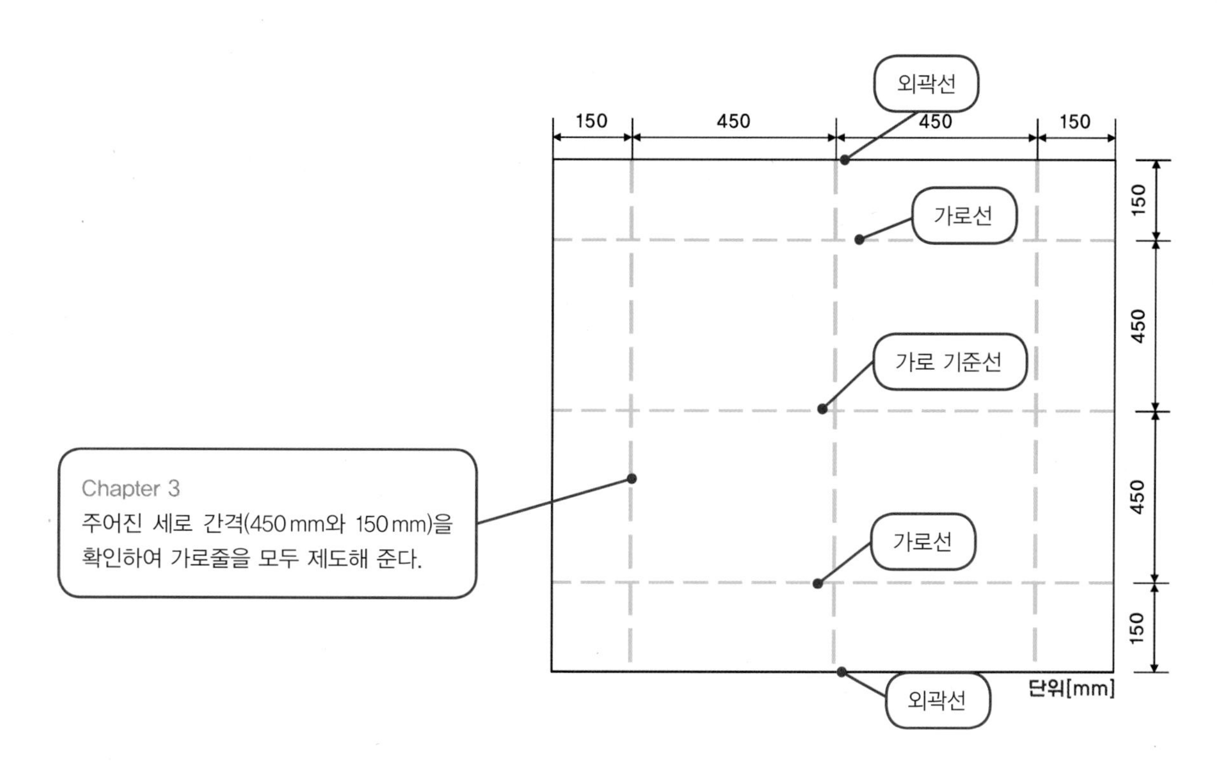

3 기구 설치

① 주어진 가로선과 세로선이 겹치는 중심점에 기구를 설치할 수 있도록 표기한다. (예 정션박스 J, 배선용 차단기 MCB, 리셉터클 소켓 R1 · R2 등)

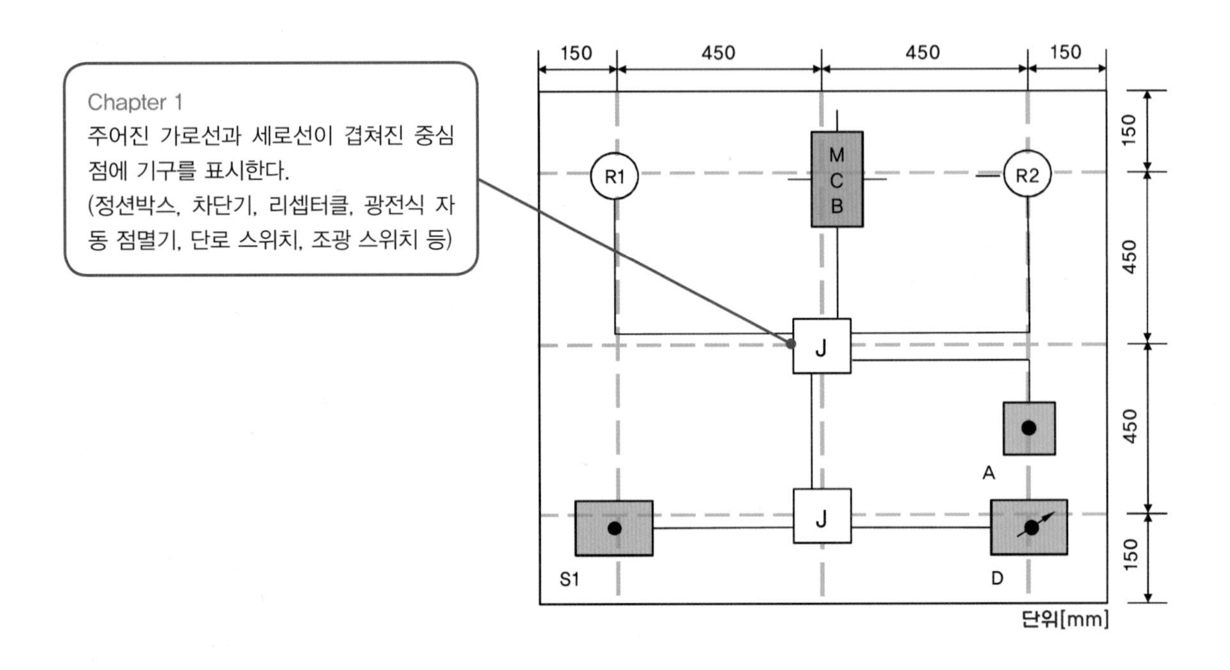

② 배관 및 배선공사의 종류를 숫자로 표기한다.(① 케이블 공사, ② PE 전선관 공사, ③ CD 전선관 공사)

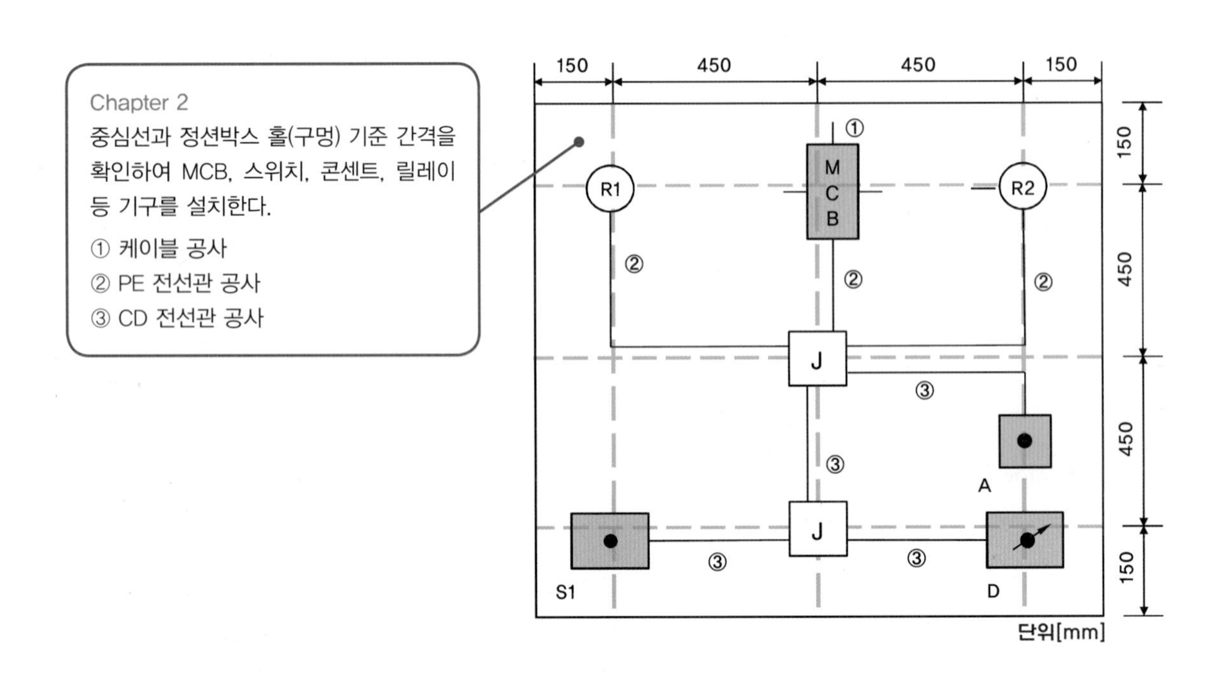

③ 작업판에 표기된 기구 위치에 기구를 철판 피스로 설치한다.

Chapter 1
기구를 작업판에 제도된 위치에 피스로 설치한다.

TIP 1.
철판 피스는 헤드 부분이 평평한 것을 선택한다. 기구 및 철판 피스 규격은 아래와 같다.

① 4각 정션박스 4×12×4EA
② 배선용 차단기 4×20×2EA
③ 리셉터클 4×12×4EA
④ 스위치 박스 4×12×8EA
⑤ 광전식 자동 점멸기 4×12×1EA

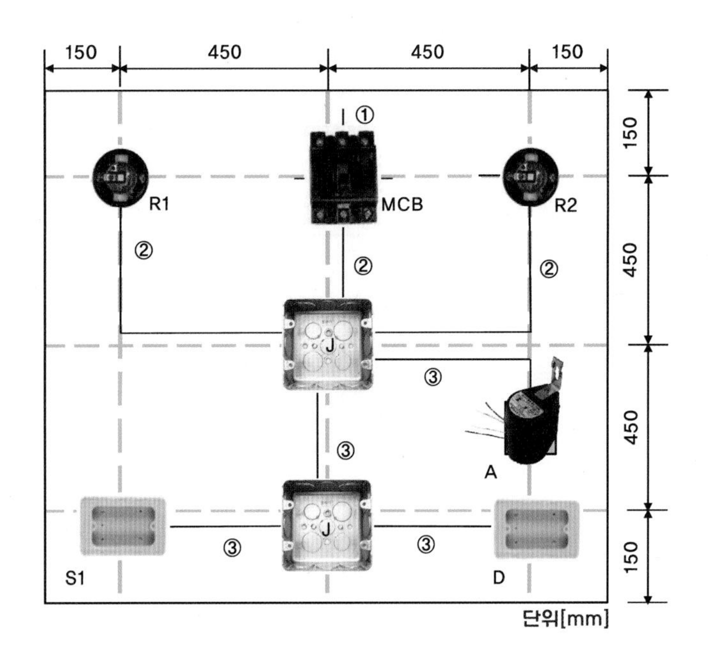

4 배관 설치

① 배관 설치 전 정션박스, 스위치 박스에 커넥터를 설치한다.

Chapter 1
배관 설치 전 정션박스에 커넥터를 설치한다.

① PE 전선관용 커넥터
② CD 전선관용 커넥터
- 4각 정션박스
  PE 커넥터×3EA
  CD 커넥터×5EA
- 스위치 박스
  CD 커넥터×2EA

PE 전선관 커넥터

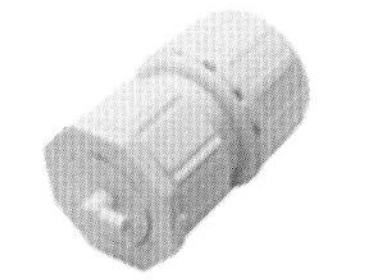
CD 전선관 커넥터

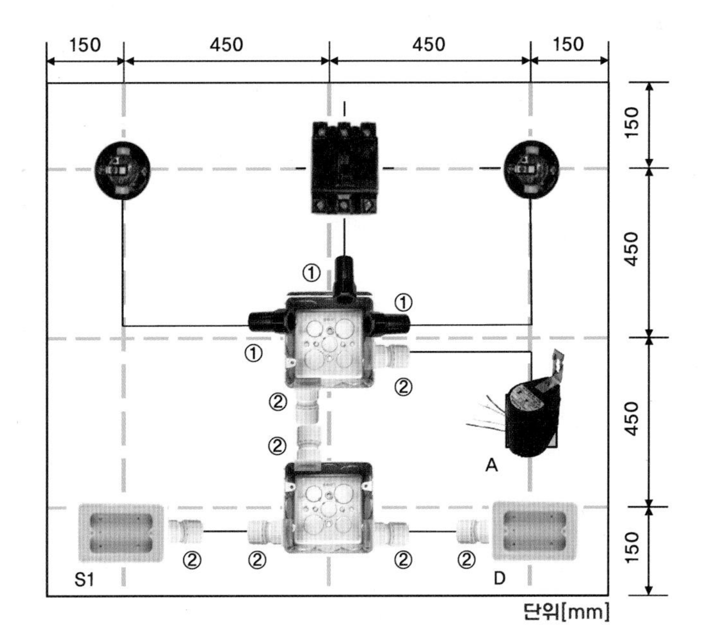

② PE · CD 전선관을 규격에 알맞게 설치한다. 또한, 기구와 전선관의 접속 시 이격거리를 50mm 이내로 설치한다.

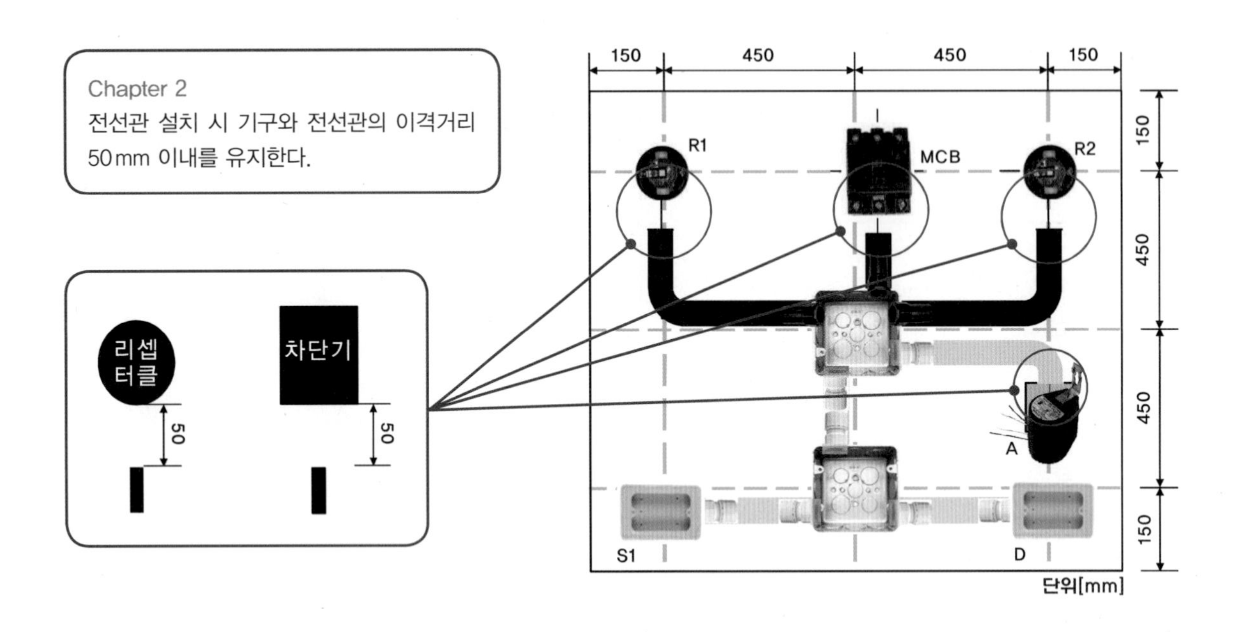

③ 전선관 설치 시 직선 구간은 300mm 간격마다 새들로 고정한다. 전선관의 곡선 · 박스 · 차단기 · 리셉터클 소켓 구간은 150mm 간격으로 해당되는 경우에 새들을 설치해 준다.

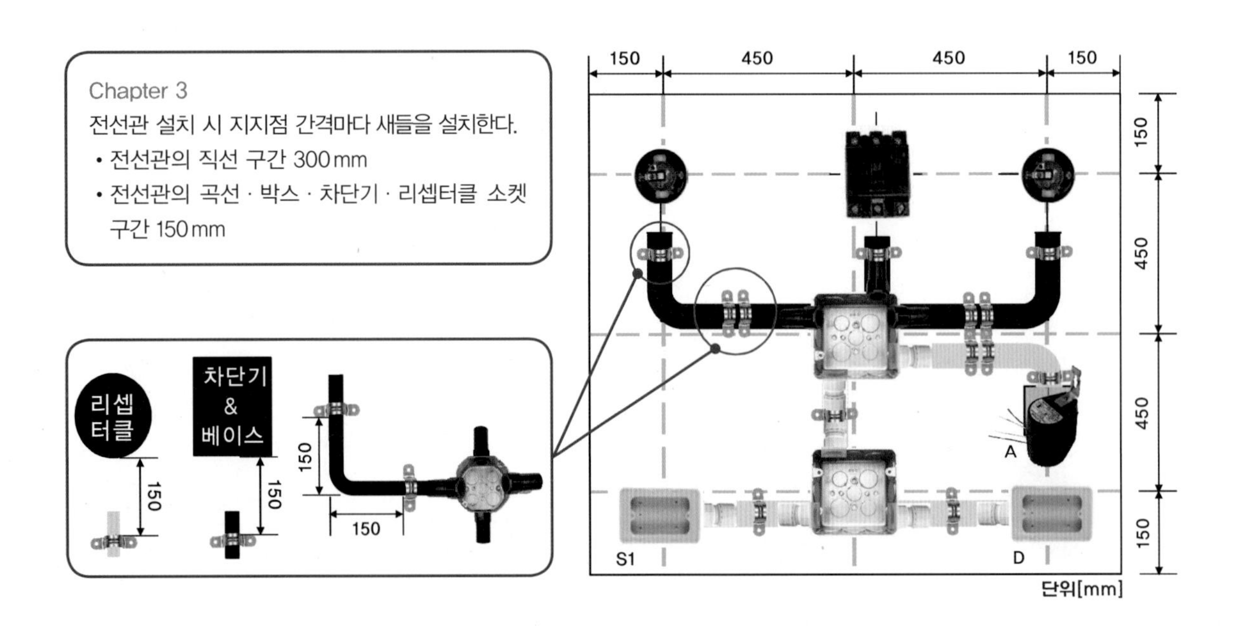

④ 4각 정션박스에서 전선관이 2구간에 설치될 경우 새들 고정 협조를 통해 전선관을 고정시킨다.

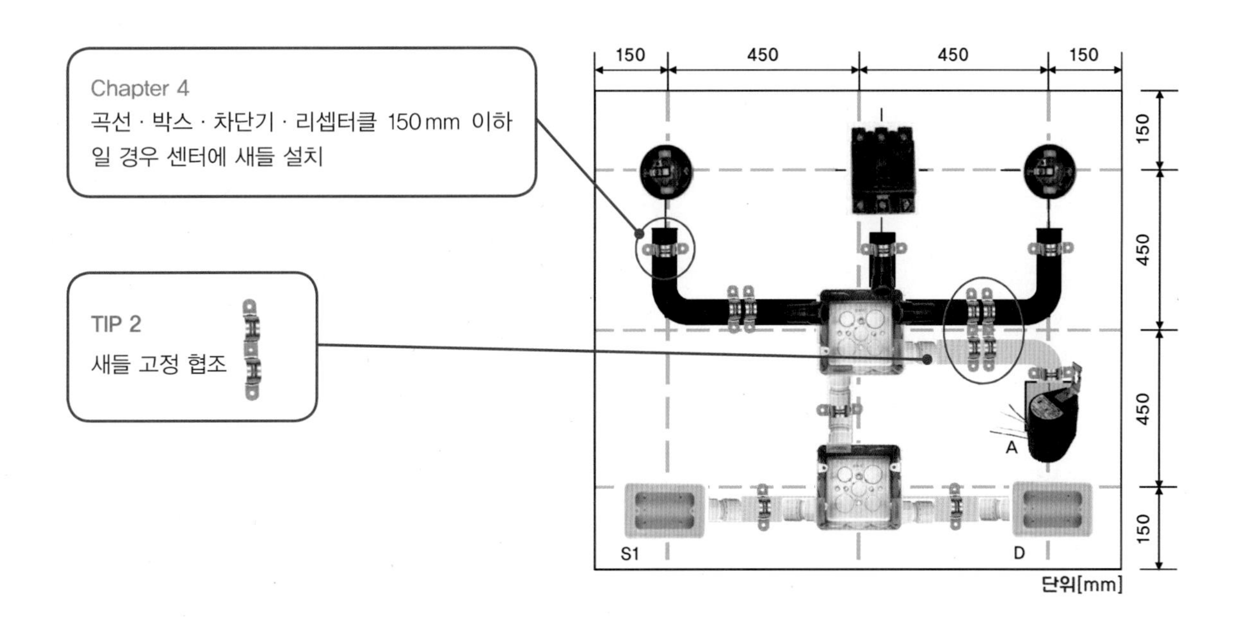

5 입선 작업

① 전기 동작 회로도를 기구 배치 및 배관도에 적용하여 설치한다.

❖ 기구 배치 및 배관도

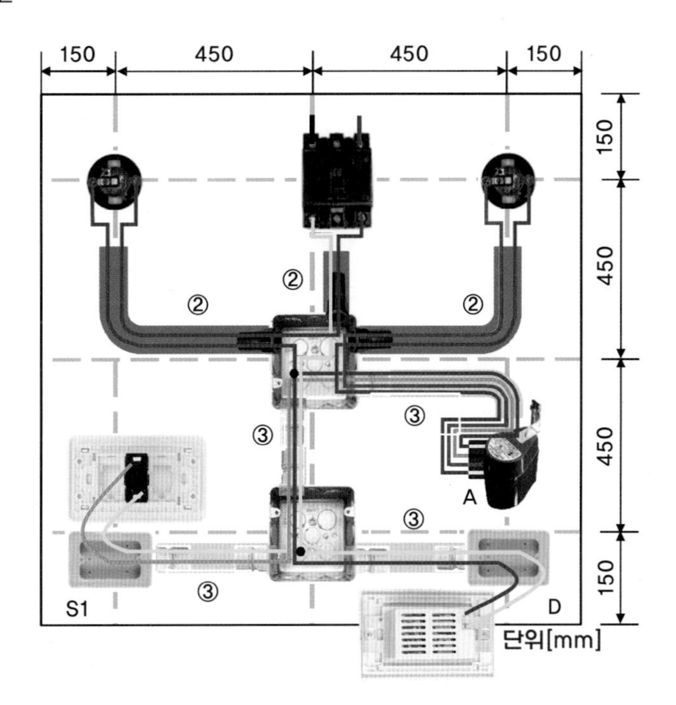

❖ 전기 동작 회로도

L(HIV 1.78 mm 회색)
N(HIV 1.78 mm 파란색)

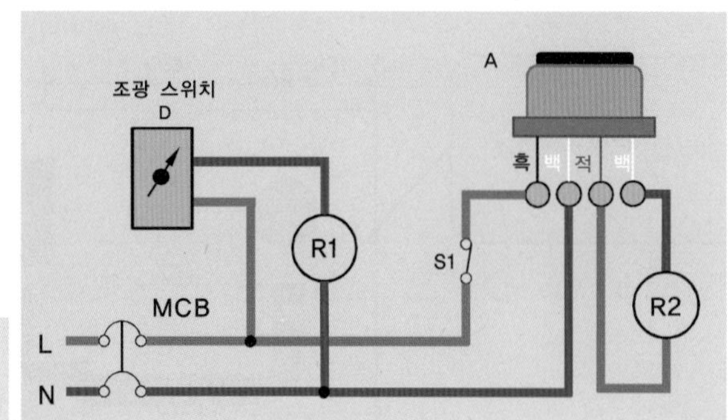

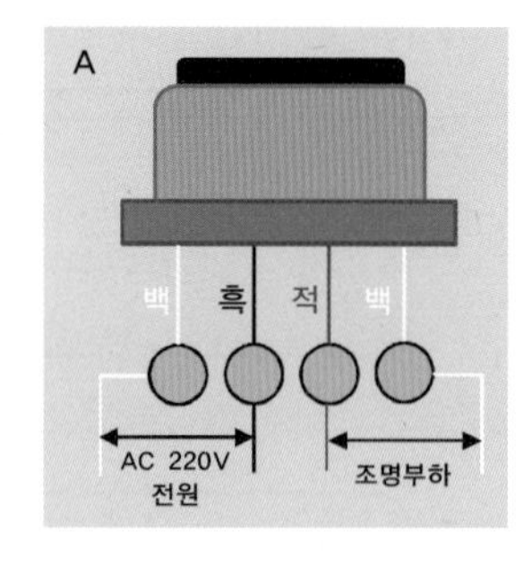

광전식 자동 점멸기(일체형) 내부회로도

❖ 요구사항

가. 전원 : 단상 2선식(220ACV)
나. 동작
- 조광 스위치를 켜면 전등 R1이 점등되고 손잡이의 조정 위치에 따라 빛의 밝기가 조절된다.
- 광전식 자동 점멸기를 어둡게 하면 전등 R2는 점등되고, 환하게 빛을 가하면 전등 R2는 자동으로 소등된다.

다. 공사 구분
① 케이블 공사, ② PE 전선관 공사, ③ CD 전선관 공사, ④ HIV 전선 공사

② 배선용 차단기(MCB) 1차 입력 단자에 인입선(L, N상)을 연결한다. L상은 HIV 1.78 mm 회색이고 N상은 HIV 1.78 mm 파란색으로 사용한다.

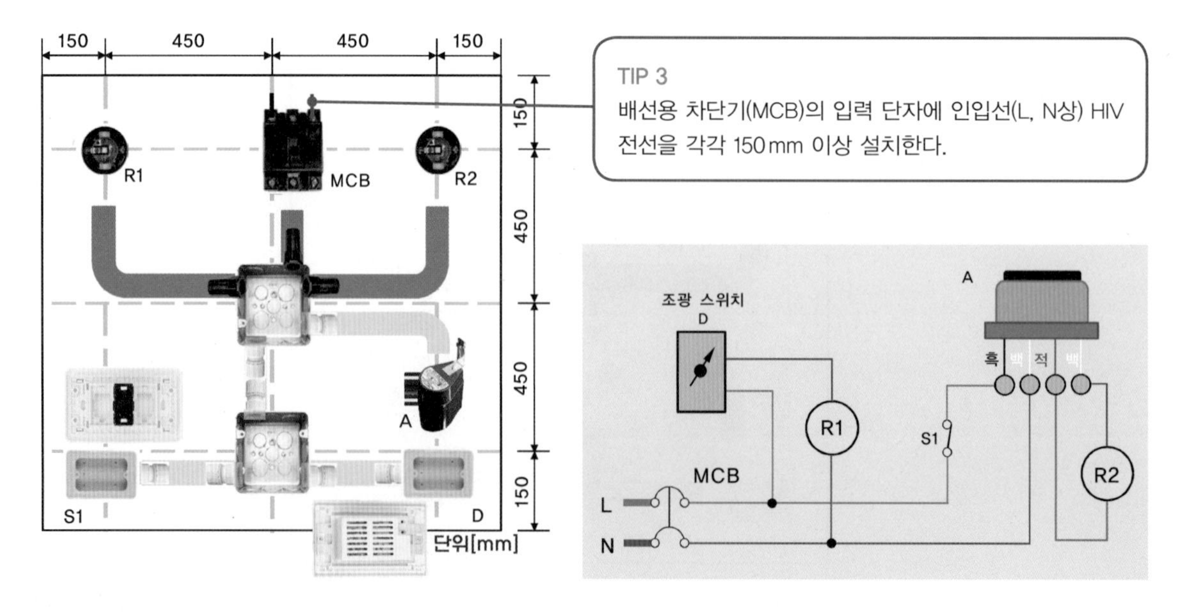

실제 배선도　　　　전기 동작 회로도

③ 배선용 차단기(MCB) 2차 인출선(L상)을 4각 정션박스를 거쳐 단로 스위치(S1)과 조광 스위치(D) 입력 단자를 HIV 1.78 mm 회색 전선으로 연결한다.

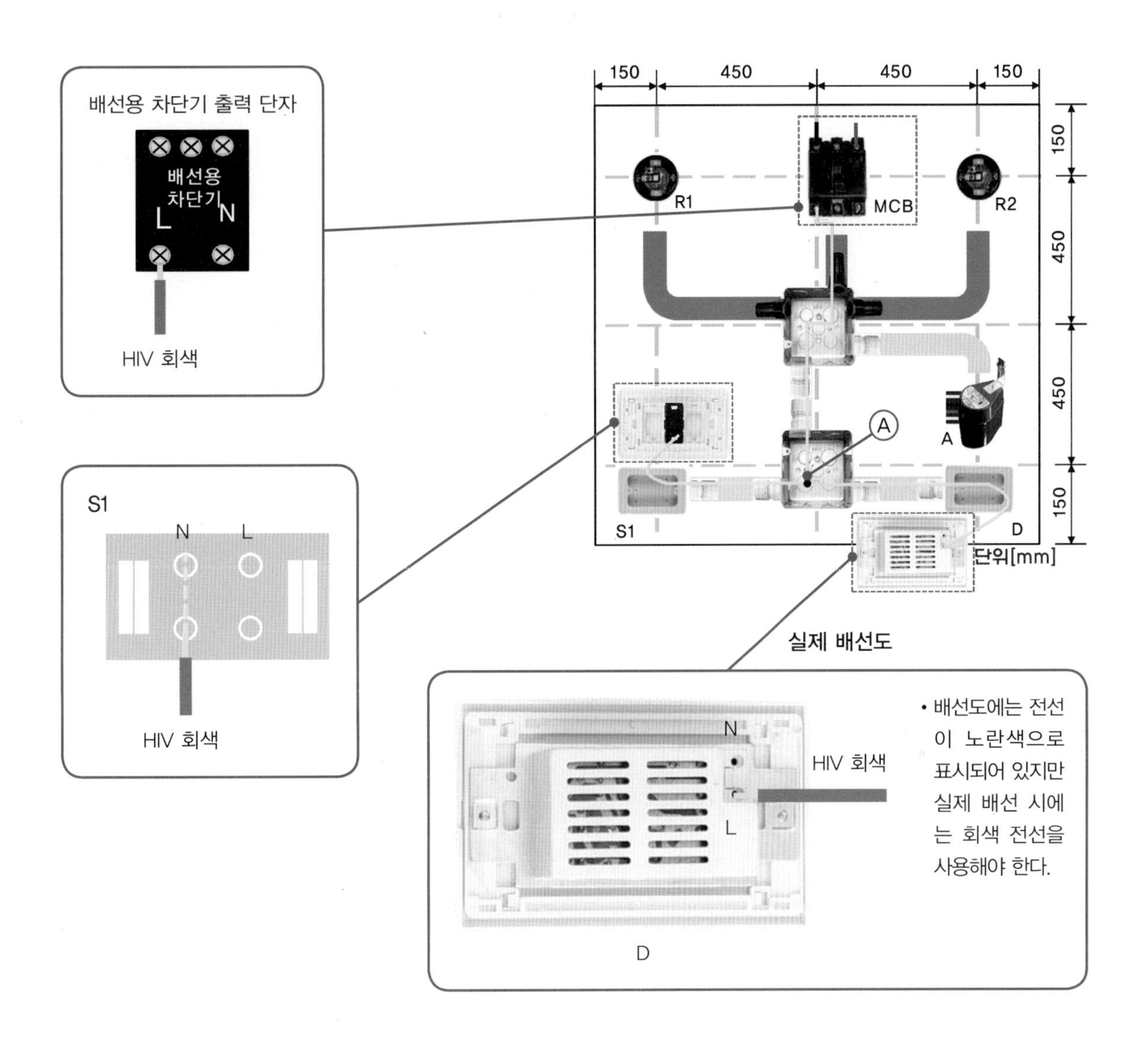

실제 배선도

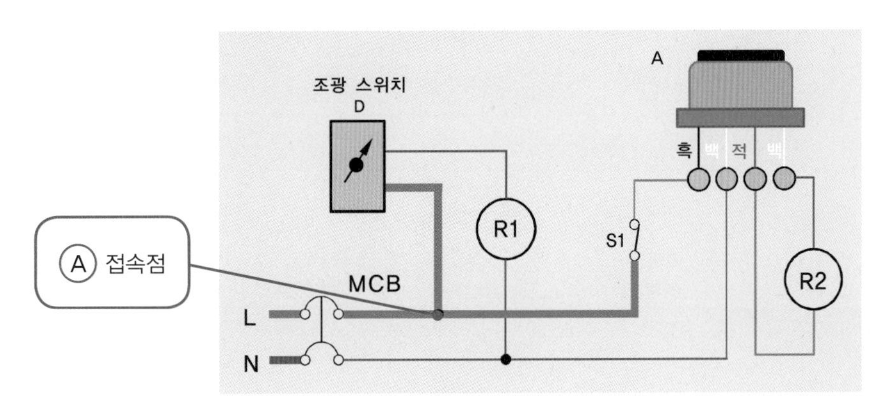

전기 동작 회로도

④ 단로 스위치(S1) 출력단자와 광전식 자동 점멸기(A) 전원부 검은색 전선을 HIV 1.78mm 회색 전선으로 연결한다.

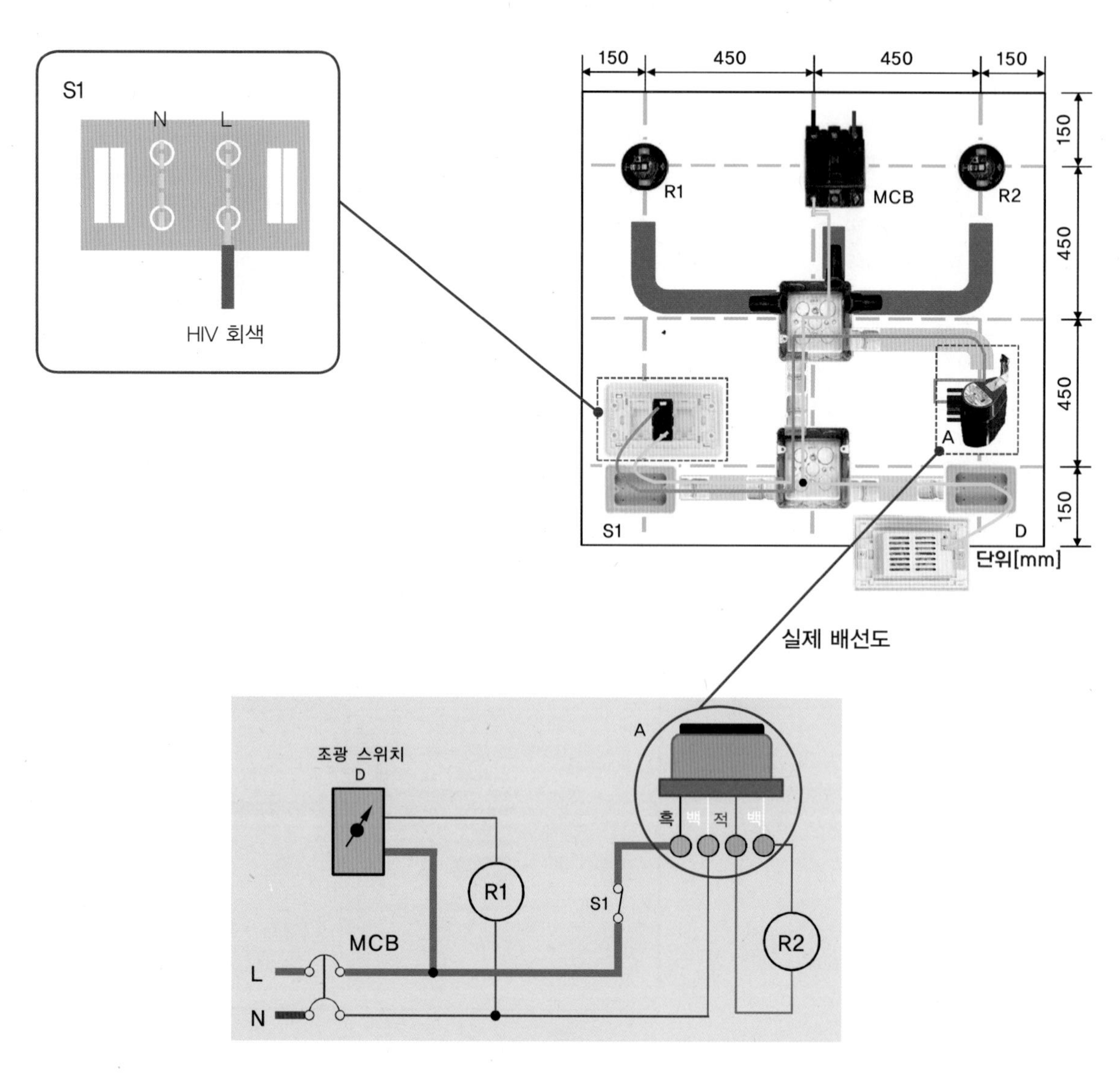

전기 동작 회로도

⑤ 배선용 차단기(MCB) 2차 출력단자(N상)와 광전식 자동 점멸기(A) 전원부 백색 전선을 HIV 1.78 mm 파란색 전선으로 쥐꼬리 접속 연결한다.

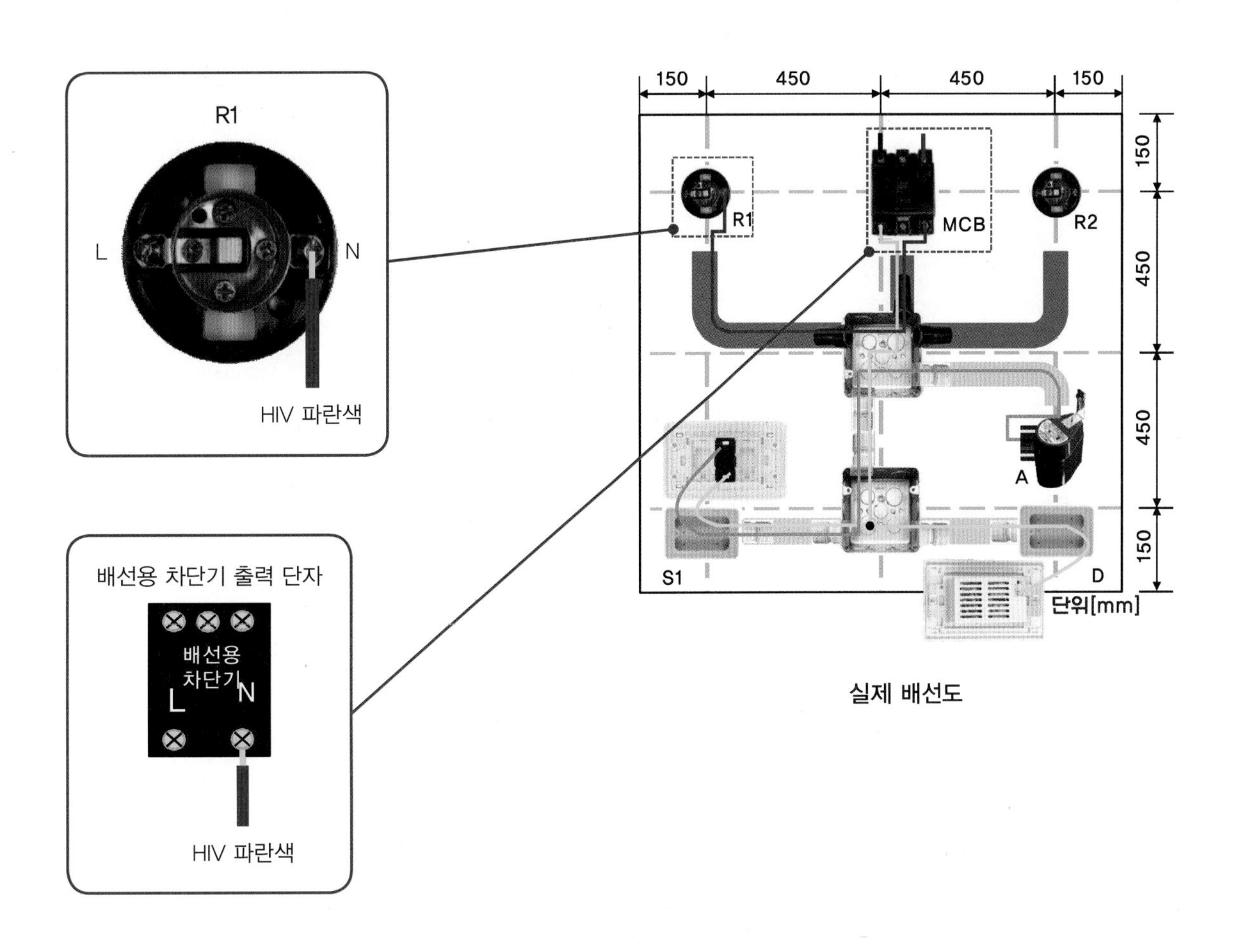

실제 배선도

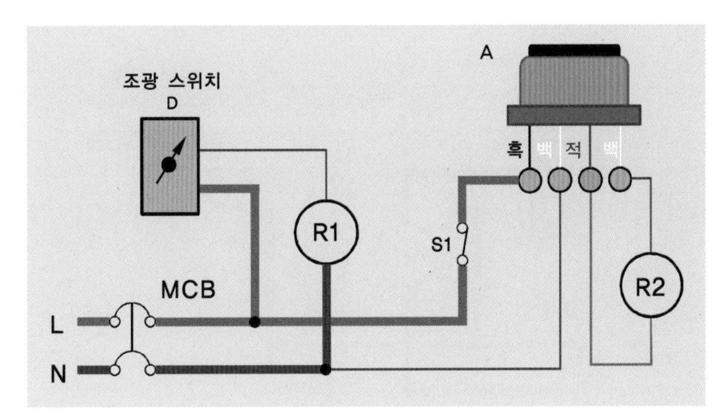

전기 동작 회로도

⑥ 리셉터클 소켓(R1) 출력단자와 조광 스위치(D) N상의 접속단자를 정션박스를 통해 HIV 1.78mm 파란색 전선으로 쥐꼬리 접속 연결한다.(단, 정션박스 내 전선은 150mm 이상 여유롭게 배선한다.)

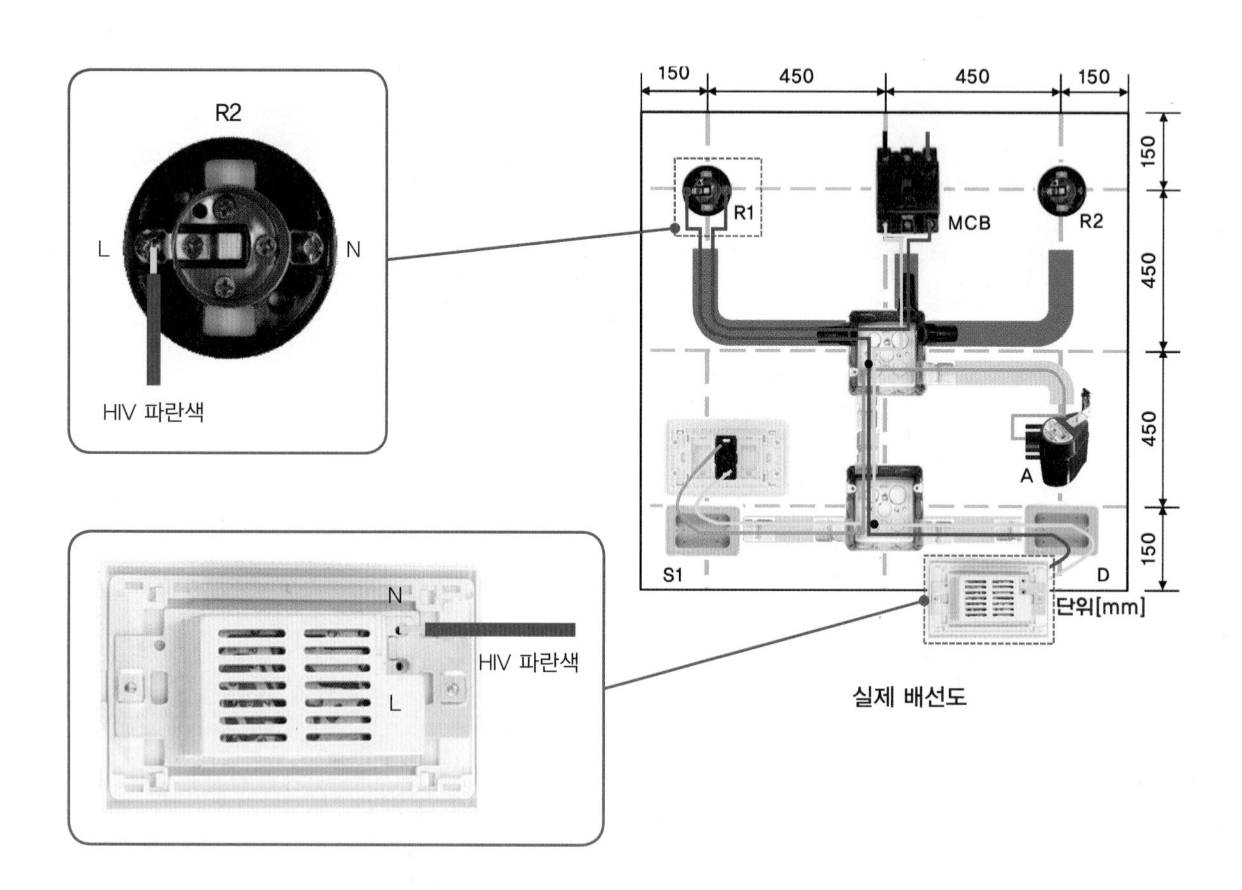

실제 배선도

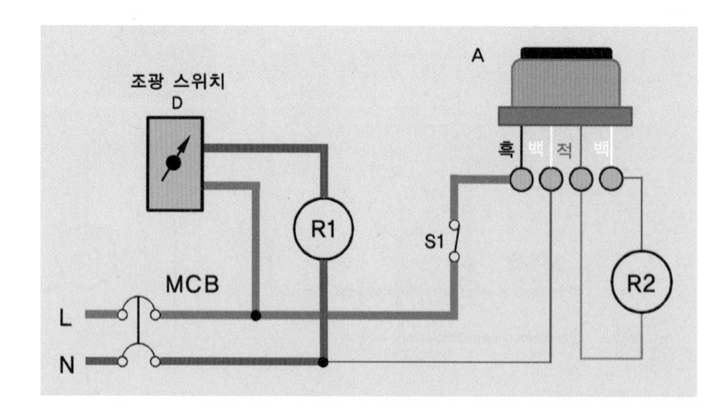

전기 동작 회로도

⑦ 정션박스 내 ⑥의 전선과 광전식 자동 점멸기(A) 전원부 배색 전선을 HIV 1.78mm 검은색 전선으로 연결한다.

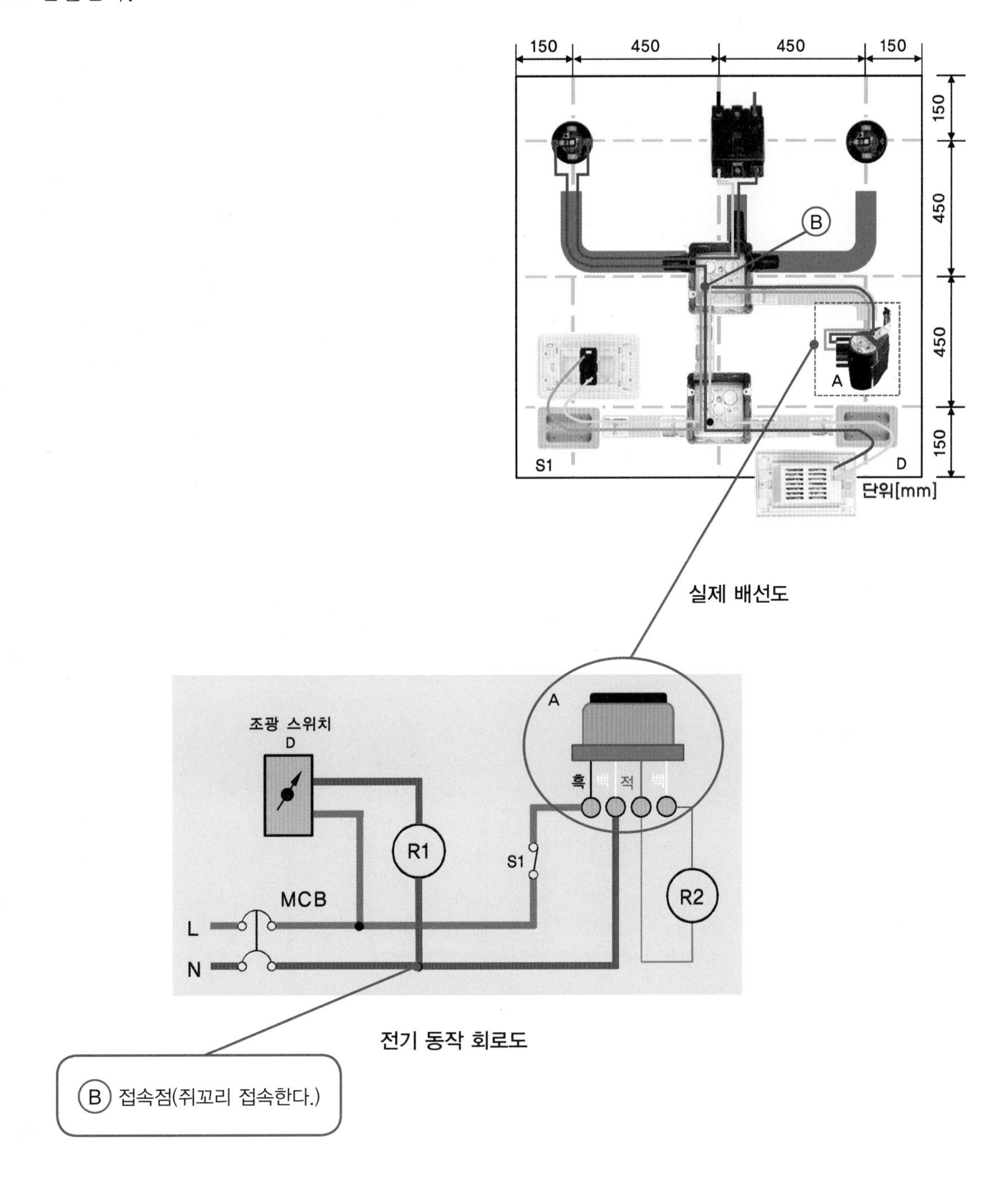

실제 배선도

전기 동작 회로도

⑧ 광전식 자동 점멸기(A) 전등부하 적색 전선과 리셉터클 소켓(R2) 입력 단자를 HIV 1.78mm 회색 전선으로 연결한다.

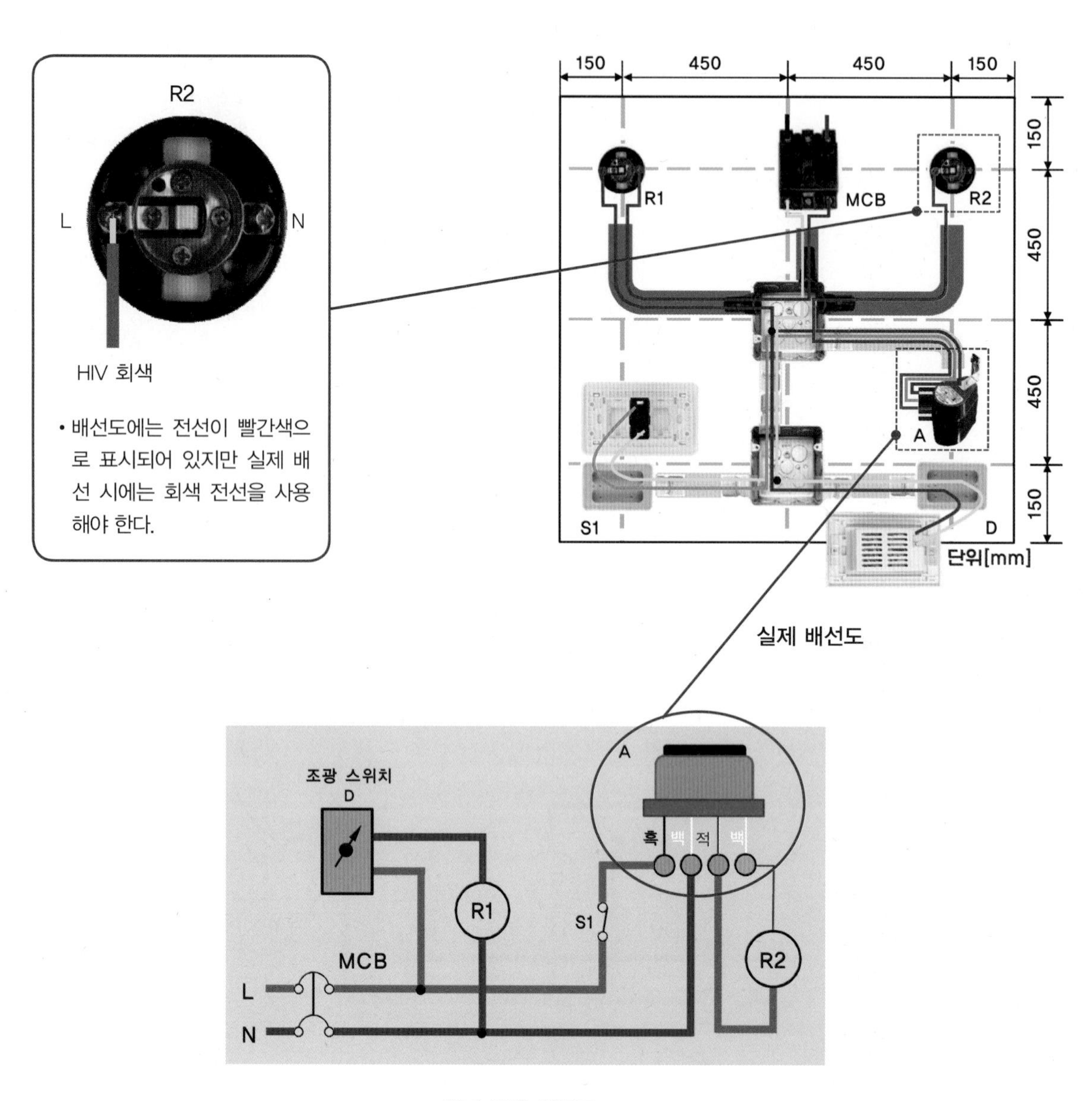

전기 동작 회로도

⑨ 광전식 자동 점멸기(A) 전등부하 백색 전선과 리셉터클 소켓(R2) 출력단자를 HIV 1.78mm 회색 전선으로 접속 연결한다.

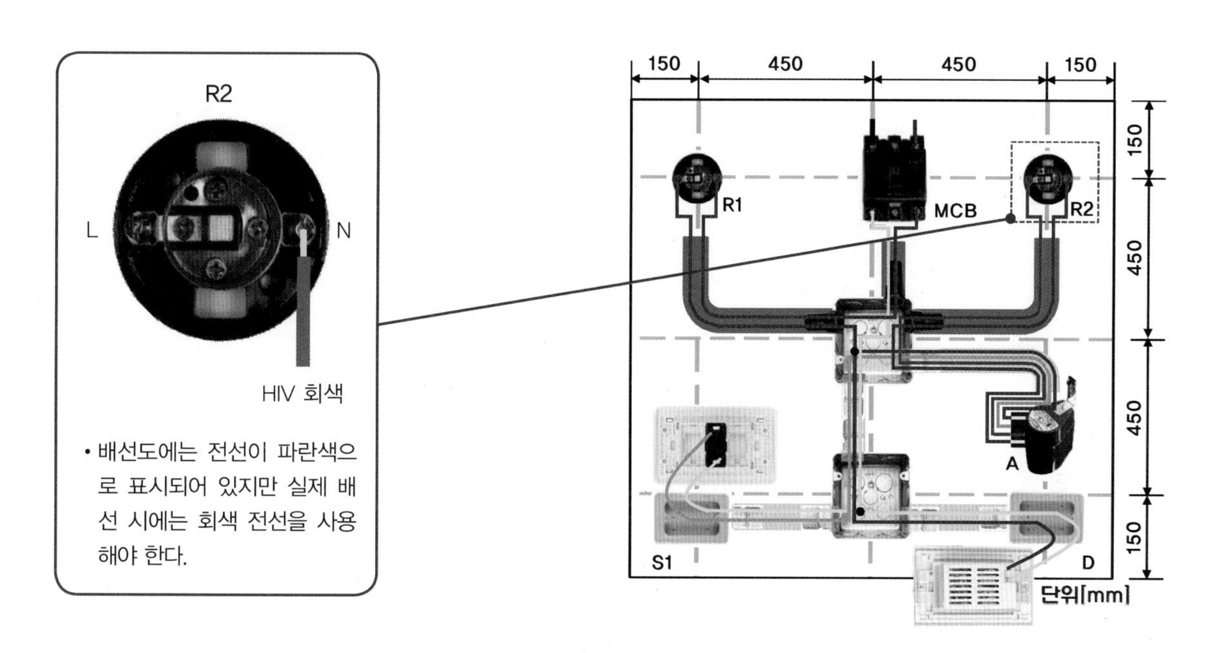

실제 배선도

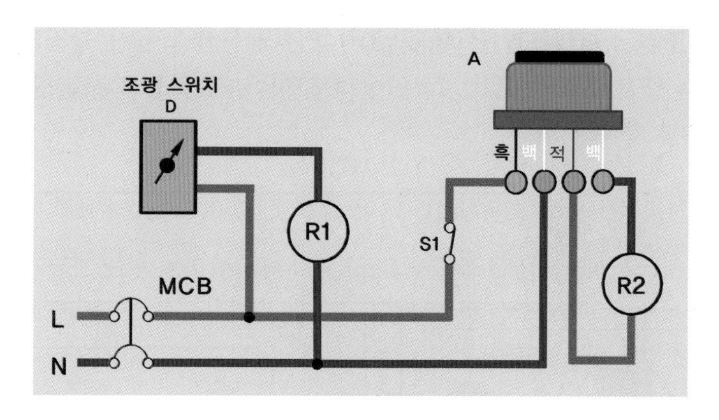

전기 동작 회로도

6 전선과 기구 접속

① 광전식 자동 점멸기의 전원(백, 흑)과 조명부하(적, 백)을 연결한다.

② 조광 스위치(Dimmer)는 극성 없이 원터치 방식으로 연결한다.

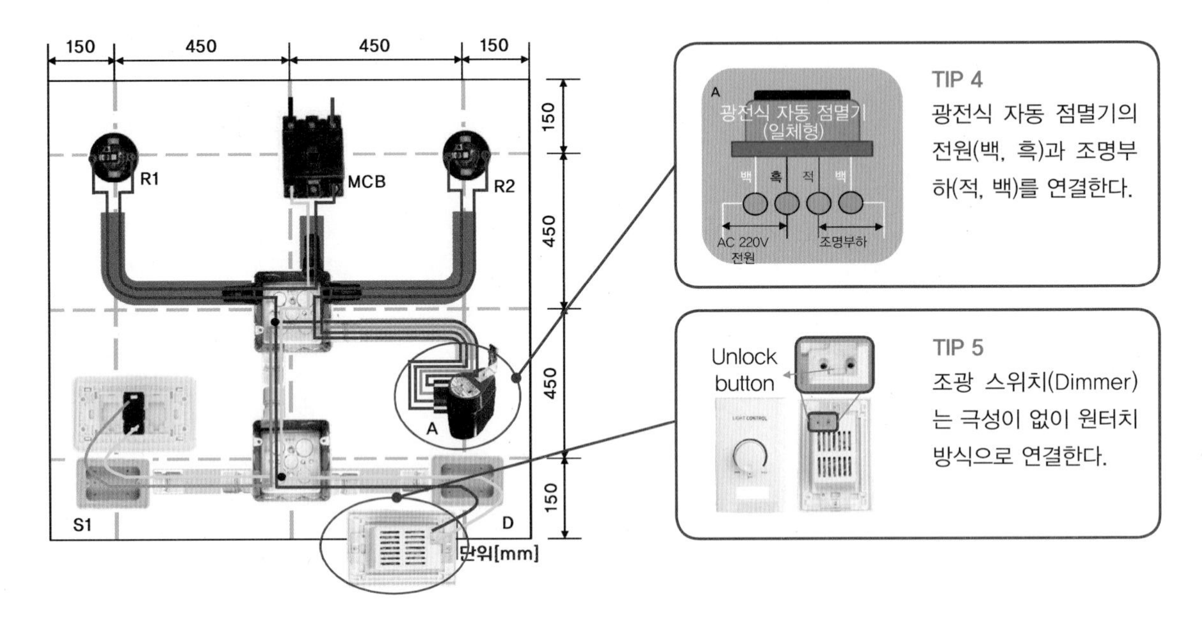

7 전선과 전선의 접속

박스 내 전선을 접속할 경우 쥐꼬리 접속을 4단 이상 꼬아서 절단하고 와이어 커넥터를 오른쪽으로 돌려 절연해 준다. 박스 내 여유선은 150mm 이상 충분히 남겨서 동그랗게 감는다. 전선의 접속점은 물 고임 방지를 위해 위를 향하게 한다.

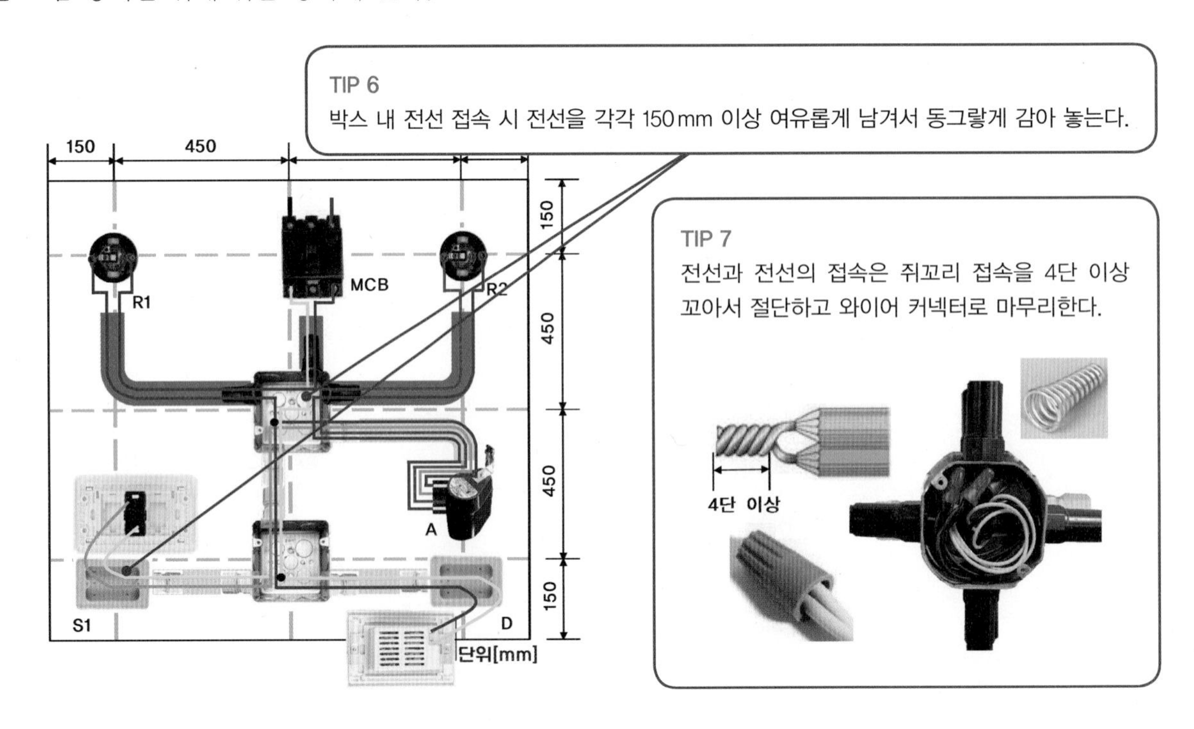

8 마무리 및 동작 테스트

① 스위치 전용 박스에 철판 피스로 고정 플레이트 설치 후 마무리한다.

② 리셉터클 소켓 커버(뚜껑)를 닫고, 벨 테스터로 회로를 점검한다.

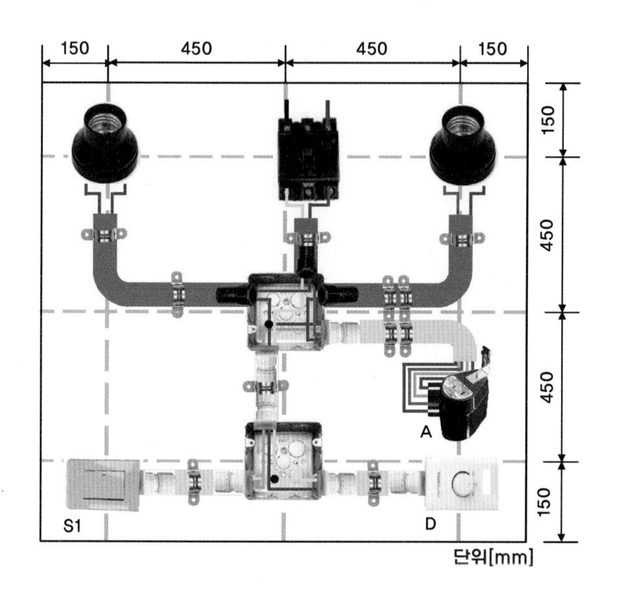

Chepter 1
스위치를 박스에 피스로 고정한다.
플레이트를 설치한다.

Chapter 2
리셉터클 뚜껑을 닫아 준다.

Chapter 3
벨 테스터로 선로를 확인해 준다.

Project 13	세대용 분전반 4회로 공사	소요시간	8시간

학번 ( ) 성명 ( )

■ 실습 목적

1. 전기에너지를 여러 개의 조명 및 부하 설비가 필요로 하는 장소까지 설계도서에 따라 전기기구, 전선관, 케이블 등을 안전하고 적합하도록 공사하는 능력을 습득할 수 있다.
2. 세대용 분전반 내부회로도를 이해하여 전등 · 전열회로를 설치할 수 있다.
3. 한국전기설비규정(KEC)을 준수하여 건축물 등 전기사용장소에 전기회로 공사를 수행할 수 있다.

■ 실험 · 실습 소요 재료 내역

번호	재료명	규격	단위	수량
1	가정용 분전반(4회로용)	메인 차단기 50A×1EA, 서브 차단기 30A×3EA, AC 220V	SET	1
2	4각 정션박스	금속	EA	3
3	전열용 콘센트(박스 포함)	1구 6A, AC 220V	EA	3
4	전등용 스위치(박스 포함)	1구 단로, AC 220V	EA	2
5	전등용 스위치(박스 포함)	1구 3로 6A, AC 220V	EA	2
6	FPL LED 등기구	15A, AC 220V	EA	3
7	CD 전선관	16mm	M	60
8	CD 전선관 커넥터	ϕ25, 16mm	EA	15
9	비닐전선(HIV 1.78mm)	2.5mm^2 회색, 단선	M	10
10	비닐전선(HIV 1.78mm)	2.5mm^2 파란색, 단선	M	4
11	새들	철재, 16mm	EA	20

■ 사용 공구 내역

번호	공구명	규격	단위	수량	번호	공구명	규격	단위	수량
1	드라이버	60×200, 양용	EA	1	5	니퍼	200mm	EA	1
2	롱 노즈 플라이어	200mm	EA	1	6	전동 드라이버	충전식	EA	1
3	와이어 스트리퍼		EA	1	7	공구 벨트	공사용	EA	1
4	펜치	200mm	EA	1	8	피시 테이프	입선용	EA	1

■ 회로 동작 설명

1. 가정용 분전반 메인 차단기는 50A이고 서브 차단기는 각각 30A로 선정하여 전열, 전등, 예비용으로 구분하여 설치한다.
2. 전열용 서브 차단기는 거실, 안방, 화장실의 콘센트에 연결한다.
3. 조명용 서브 차단기는 거실, 안방, 화장실의 조명(FPL LED)에 연결한다.

■ 실습 도면

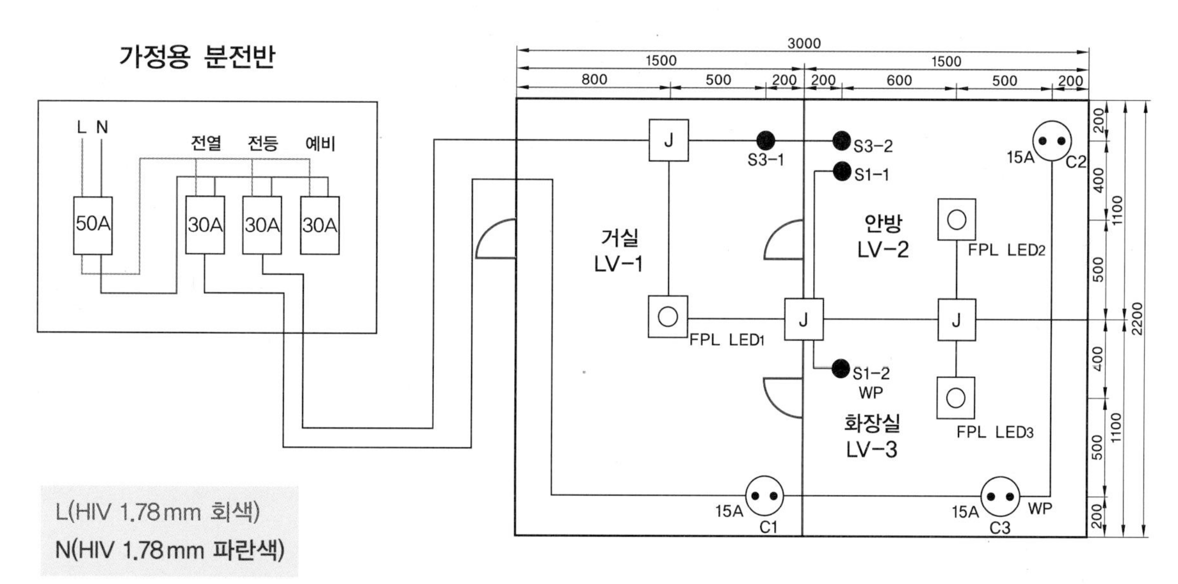

기구 배치 및 배관도

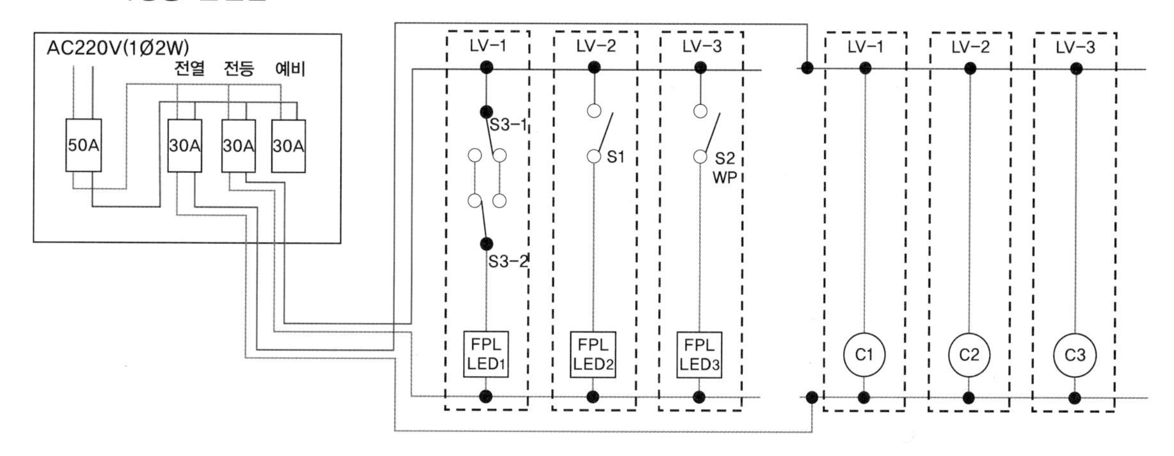

전기 회로도

■ 지시사항 및 안전사항

1. 지급된 재료와 실습장 시설을 사용하여 제한시간 내에 주어진 과제를 안전에 유의하여 완성한다. (단, 과제에 표시되지 않은 사항은 한국전기설비규정에 따른다.)
2. 전원 방식은 단상 AC 220V를 사용한다.
3. 작업판 제도 시 치수 오차범위는 외관 ±30 mm를 허용한다.
4. 공사 방법은 ① 케이블 공사, ② PE 전선관, ③ CD 전선관, ④ HIV 전선을 설치한다.
5. 전선관과 박스가 접속되는 부분은 커넥터를 사용한다.
6. 요소 작업 시 손이 다치지 않도록 안전에 유의하여 작업한다.

■ 평가 내용

평가 영역		세부 평가 내용	배점
회로 해석(도면 검토)		주어진 과제의 회로 해석과 결선은 올바른가?	10
요소 작업	작업판 제도	작업판에 도면에서 제시한 규격으로 제도하였는가?	10
	기구 설치	작업판에 기구를 정확한 위치에 설치하였는가?	5
	배관 설치	작업판에 배관을 정확한 위치에 설치하였는가?	5
	입선 작업	배관에 알맞은 전선을 입선하였는가?	10
	접속 상태	전선과 기구를 알맞게 접속하였는가?	10
		정션박스 내 전선과 전선의 접속은 알맞게 하였는가?	10
실습 태도	실습 준비	공구 및 실습 준비는 철저한가?	10
	재료 사용	실습 재료의 사용은 경제적인가?	10
	문제 해결	발생한 문제의 해결에 적극적이며 방법은 바람직한가?	10
실습 시간		정해진 시간 내에 과제를 완성하였는가?	10
종합			100

수변전설비

- 수변전설비 개요
- 수변전설비 주요 기기
- 수변전설비 실습

수변전설비 개요

1 용어 및 정의

① 발전 : 다른 에너지(열, 운동, 화학 등)를 변환하여 전기에너지를 생산하는 것
② 송전 : 발전소에서 생산된 전력을 수요지 근처의 배전용 변전소까지 전력을 수송하는 것(철탑 등 이용)
③ 배전 : 변전소에서 가정, 상가, 공장 등 고객이 전기를 사용하는 곳까지 전력을 수송하는 것(전주 등 이용)
④ 수변전설비는 전기사업자(한국전력)로부터 전기를 수전받아, 고객(건물, 공장 등)이 사용할 수 있는 전압(380, 220[V])으로 변환하는 일련의 과정을 위한 전기설비를 의미한다(수전설비, 변전설비).

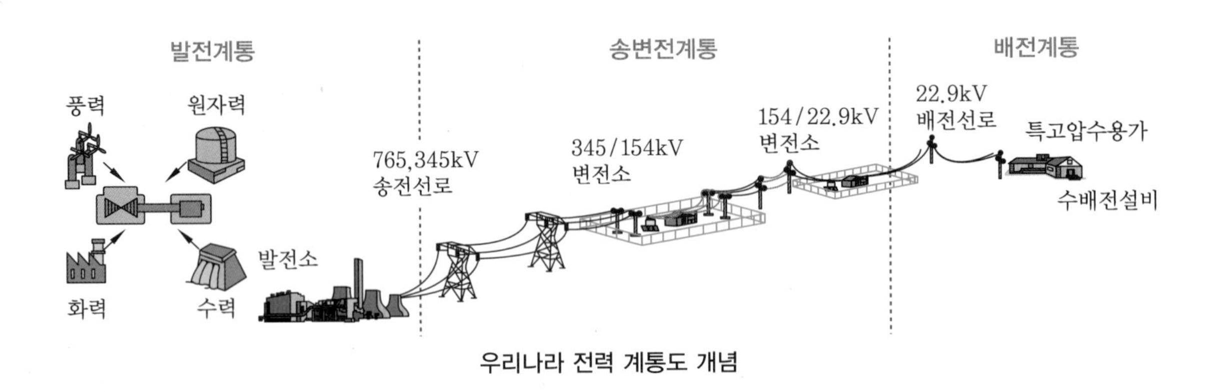

우리나라 전력 계통도 개념

2 계약 전력과 수전전압(한국전력 기본공급약관 제23조)

1 계약 전력에 따른 수전전압

(1) 저압수전 (380/220[V])

① 계약 전력 1,000[kW] 미만(전기 사용 계약단위의 계약 전력 500[kW] 미만)
② 교류 단상 220[V] 또는 교류 삼상 380[V] 중 한전이 적당하다고 결정한 한 가지 공급 방식 및 공급 전압

(2) 특고압 수전

계약 전력	공급 방식 및 공급 전압
1,000[kW] 이상 10,000[kW] 이하	교류 3상 22,900[V]
10,000[kW] 초과 400,000[kW] 이하	교류 3상 154,000[V]
400,000[kW] 초과	교류 3상 345,000[V]

22,900[V] 전압으로 40,000[kW] 이하로 공급할 수 있는 경우

- 한전 변전소의 변압기 공급 능력에 여유가 있는 경우
- 전력계통의 보호 협조, 선로구성 및 계량 방법에 문제가 없는 경우
- 한전 변전소에서 전용 2회선으로 수전하는 경우(각 회선당 20,000[kW]까지 공급 가능)

(3) 계약 전력별 전력회사 공급 요청 시기

계약 전력	시기
5,000[kW] 이상 10,000[kW] 이하	사용 예정일 1년 전
10,000[kW] 초과 100,000[kW] 이하	사용 예정일 2년 전
100,000[kW] 초과 300,000[kW] 이하	사용 예정일 3년 전
300,000[kW] 초과	사용 예정일 4년 전

(4) 계약 용량별 수전설비

① 1,000[kW] 이하 저압 : 주상변압기를 통해 저압으로 수전

② 1,000[kW] 이하 고압 : 간이 수전설비를 구성

③ 1,000[kW] 초과 : 정식 수전설비 구성

(5) 표준전압 및 허용오차

표준전압[V]	허용오차
110	110[V]의 상하로 6[V] 이내
220	220[V]의 상하로 13[V] 이내
380	380[V]의 상하로 38[V] 이내

※ 표준주파수 및 허용오차 60 상하로 0.2Hz 이내

3 역률

1 정의

① 피상전력과 유효전력의 비로, 전력이 얼마나 유효하게(유효전력으로) 사용되는지를 보여준다.

② 0~100%로 표현되며, 100%로 가까울수록 전력의 효율성이 높다는 것을 의미한다.

③ 한국전력에는 고객의 역률에 따라 요금할인 또는 추가요금 제도가 있다.

2 역률 기준(한국전력 기본 공급약관 제43조)

(1) 지상 기준 역률 : 지상 90% 이상

① 역률이 기준 역률에 미달할 경우 : 60%까지 미달하는 1%마다 기본요금의 0.2%를 추가

② 역률이 기준 역률을 초과할 경우 : 95%까지 초과하는 1%마다 기본요금의 0.2%를 감액

(2) 진상 기준 역률 : 진상 95% 이상

역률이 기준 역률에 미달할 경우 : 60%까지 미달하는 1%마다 기본요금의 0.2%를 추가

(3) 역률 산출

① 지상 역률 : 09:00~3:00까지

② 진상 역률 : 23:00~익일 09:00까지

(4) 기타 사항

① 역률에 따라 추가 요금이 있거나 요금 할인이 되므로 역률의 중요한 요소인 콘덴서의 이상 유무를 확인해야 한다.

② 시간대별 콘덴서의 수동 투입 및 개방이 어려울 경우, 타이머를 활용하여 자동 투입 · 개방을 설정하는 것이 좋다.

4 최대수요전력

최대수요전력은 전기요금 중 기본요금을 산정하는 기준이 되므로 주기적인 관리가 필요하다.

(1) 최대수요전력 산정

① 최대수요전력계를 설치하지 않는 고객은 계약 전력으로 적용한다.

② 최대수요전력계를 설치한 고객 : 검침 당월을 포함한 직전 12개월 중 7, 8, 9, 12, 1,

2월 및 당월분 중 가장 큰 최대수요전력으로 적용한다.

(2) **최대수요전력이 계약 전력의 30% 미만일 경우** : 계약 전력의 30%를 산정기준으로 적용한다.

5 수전 방식 선정

전력 회사로부터 전력을 공급받는 형식을 일컫는다.

(1) 전압별

① 저압 수전 방식(380/220[V])

② 특고압 수전 방식(22,900[V])

(2) 방식별

① 1회선 수전 방식

② 평행 2회선 수전 방식

③ 본선 + 예비회선 수전 방식

④ Loop 수전 방식

⑤ Spot Network 수전 방식

(3) 수전 방식 선정 시 고려사항

① 건물의 용도

② 부하의 중요도

③ 전원 공급 신뢰도(정전 횟수, 정전 시간)

④ 예비전원의 유무

⑤ 경제성

6 책임분계점

재산한계점이며, 안전상 책임을 구분하는 장소로 전력 회사와 고객의 각각의 책임 구간이다.

전압별	시설 유형	수급 지점
저압	공중인입(연접, 공동 인입 포함)	인입선과 인입구 배선 연결점
	지중인입(공중, 지중 지역)	고객 구내 인입선과 인입구 배선 연결점
고압 또는 22.9kV 이하 특고압	공중인입(연접, 공동인입 포함)	인입 전주의 인입선 연결점
	지중인입	인입 전주에 시설하는 개폐기 고객 측 단자 접속점 전기 사용 장소 내에 전력 회사가 시설하는 개폐기의 고객 측 단자 연결점
22.9kV 초과 특고압	공중 또는 지중	공급 변전소의 인출 개폐장치 고객 측 개폐기의 고객 측 단자 또는 고객과 전력 회사가 협의하여 정하는 지점

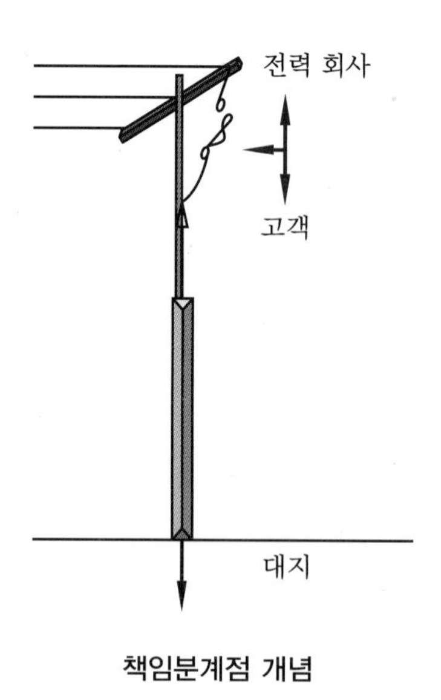

책임분계점 개념

7 인입선

1 가공인입선

(1) 종류

① 22.9[kV] : ACSR - OC 58 mm^2, 95 mm^2, 160 mm^2

② 154[kV] : ACSR 160 mm^2 이상(표준 330 mm^2, 240 mm^2)

③ 345[kV] : ACSR 480 $mm^2 \times 2B$, 480 $mm^2 \times 4B$

④ 765[kV] : ACSR 480 $mm^2 \times 6B$(송전용)

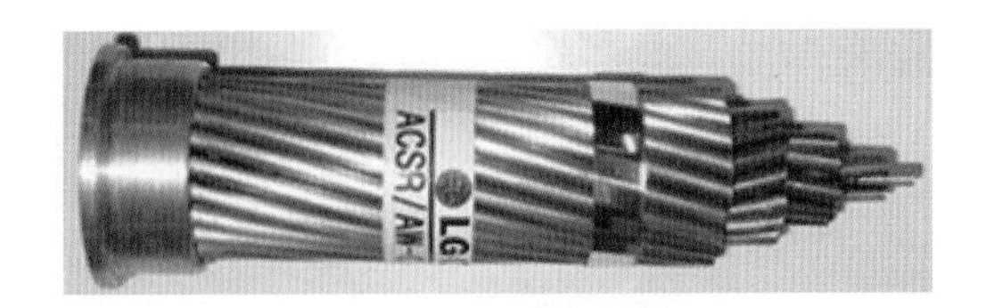

전력 송전용 ACSR

(2) 점검사항

① 전선의 지상고(22.9[kV])

- 지표상 높이 5m 이상
- 도로 횡단 6m 이상(단, 횡단보도교 위 & 케이블 사용 시 4m 이상)

② 건조물, 수목과의 거리(특고압 절연전선)

- 건조물 상부 : 2.5m 이상
- 옆쪽 · 아래쪽과 기타 : 1m 이상
- 특고압 가공 전선과 식물 : 1.5m 이상(절연 전선이나 케이블인 경우, 접촉하지 않도록 시설)

2 지중인입선

(1) 종류

① 22.9[kV-Y] : CNCV-W 60mm^2, 100mm^2, 150mm^2, 200mm^2, 250mm^2, 325mm^2 등

② 154[kV] : XLPE, OF Cable 600mm^2, 1,200mm^2, 2,000mm^2 등

③ 345[kV] : XLPE, OF Cable 600mm^2, 1,200mm^2, 2000mm^2 등

(2) 케이블(Cable) 구조

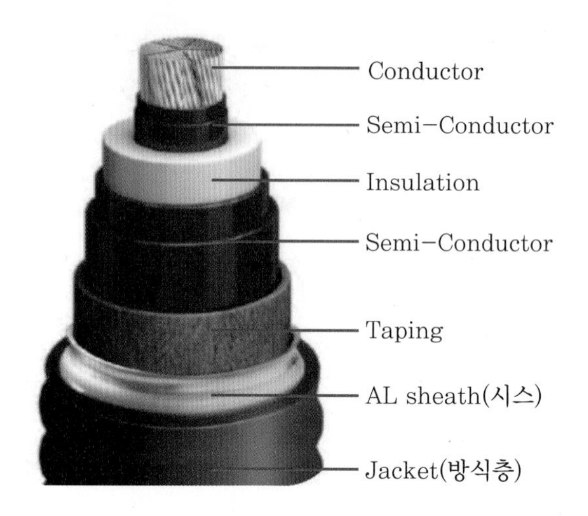

케이블 구조의 예

① 방식층(Jacket) 재질

(가) "한국전력 지중송전 설계 기준(DS-6210)"

- 지중 관로 설치 시 : PE(Polyethylene, 폴리에틸렌)
- 전력구 설치 시 : PVC(Polyvinyl Chloride, 폴리염화비닐)
- 혼합 부설 구간(관로 + 전력구) 설치 시 : PVC

(나) 역할

- 금속시스의 부식 방지
- 인체 접촉 시 감전사고 방지
- 재질별 특성

항목	기계적 특성		내후성 (耐朽性)	내한성 (耐寒性)	내연성 (耐燃性)	내수, 내유 내약품성
	인장 강도[kg/mm²]	신장률[%]				
PVC	1.0~2.5	100~300	○	◎(-15℃)	○	○
PE	1.2~1.5	500~700	○	◎(-40℃)	×	◎

◎ : 매우 우수, ○ : 실용상 문제 없음, × : 실용상 부적당

(3) 점검사항

① 케이블의 방호 상태 확인

(가) 특고압 케이블의 옥내 부분

(나) 손상의 위험이 있는 부분

(다) 철제 또는 철근 콘크리트관이나 덕트 및 기타 견고한 방호장치에 넣어 시설한다.

② 특고압 방호 장치 : 접지공사

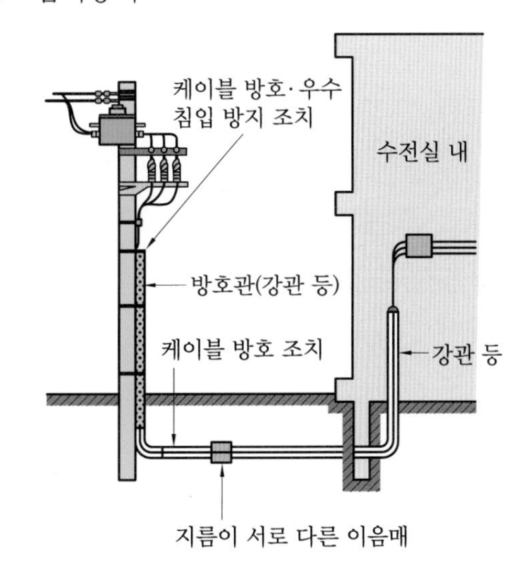

(4) 공사 방법

구분	장점	단점
직접매설식	• 공사비 저렴 • 공사 기간 짧음 • 굴곡개소 시공 용이	• 외상사고 발생 우려 • 보수, 점검 불편 • 증설, 철거 곤란
관로식	• 증설, 철거 용이 • 보수, 점검 비교적 용이 • 외상사고 발생 우려 감소	• 회선량 많을수록 송전용량 감소 • 굴곡개소 시공 곤란 • 케이블 신축 흡수력 저조
암거식 (전력구식)	• 다회선 포설 용이 • 보수, 점검 편리 • 외상사고 발생 우려 적음	• 공사비 고가 • 공사 기간 장기간 소요 • 케이블 화재 시 파급 확산

① 직매식(직접매설식)

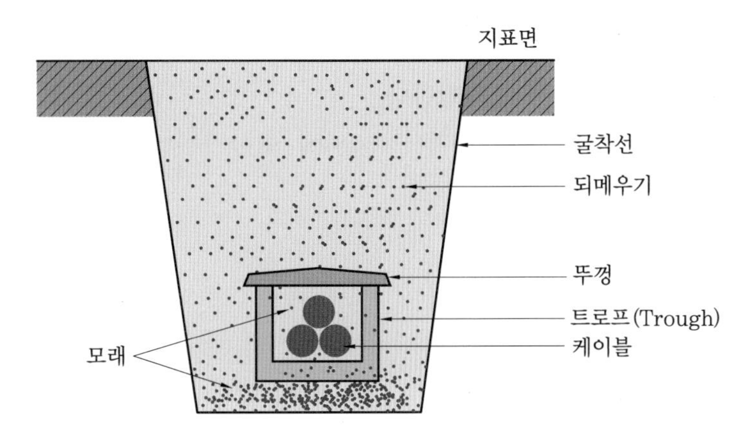

② 관로식

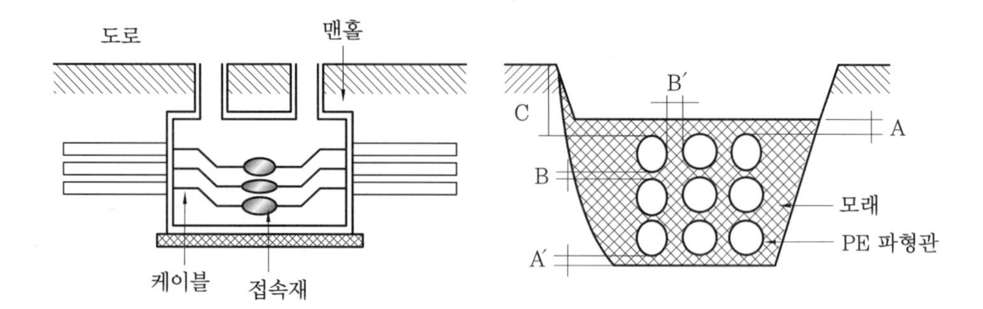

③ 전력구식

④ 케이블 시스 접지 방법 : 케이블의 시스에 유기된 전압을 저감하기 위해 편단 접지, 양단 접지, 크로스 본딩 접지 방식을 채용한다.

(가) 편단 접지 : 케이블 Route의 한쪽 편(편단)에서 금속 차폐층을 접지하는 방식

- 접지한 측은 유도전압이 발생치 않으나, 다른 측(미접지 부분)은 유도전압이 발생한다.
- 순환전류, 전력 손실이 발생되지 않는다.
- 비교적 짧은 선로에 적합하다.
- 비접지된 차폐층은 서지(Surge)에 의한 보호대책으로 SVL(Surge Voltage Limiter)을 설치한다.

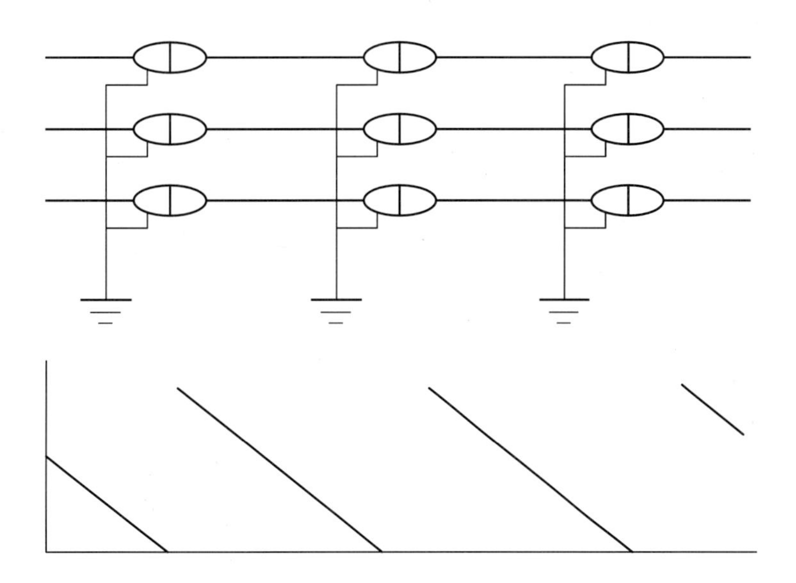

(나) 양단 접지 : 케이블 Route의 양측 편(양단)에서 금속 차폐층을 접지하는 방식

- 유도전압 경감 대책으로 유리하다.
- 차폐층을 회로로 하는 순환전류에 대한 대책이 필요하다.

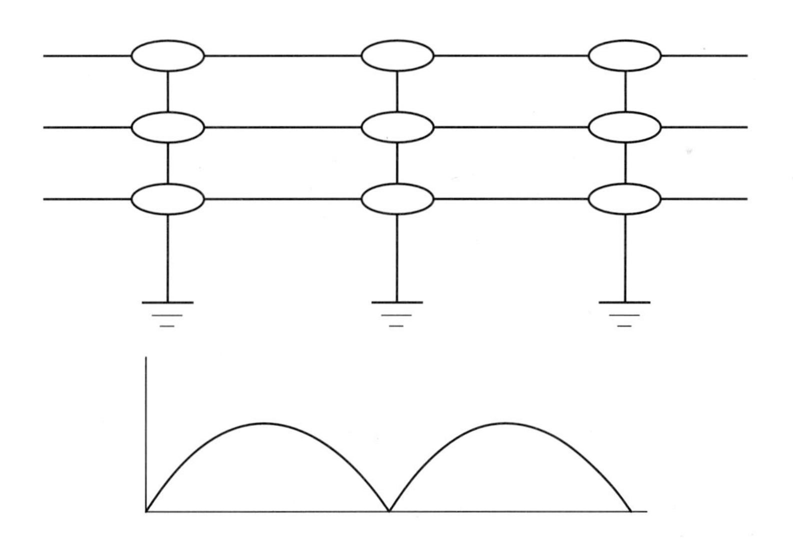

(다) 크로스 본딩 접지 : 케이블 길이를 3등분하여 3상의 차폐선을 절연 접속함을 통해 연가하는 방식

- 단심케이블의 접지 구간이 3구간 이상 발생할 경우 적용한다.
- 각 구간의 긍장이 일정할(동일) 경우 유도전압 경감 효율이 높다.

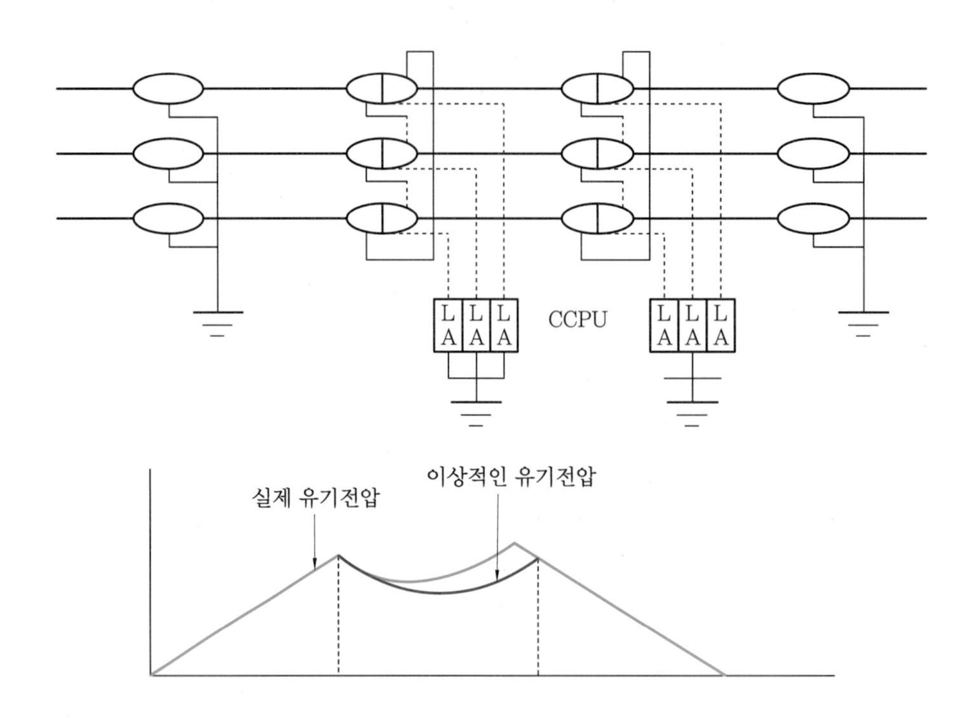

㈑ 기타 : SVL(시스전압제한기)

- SVL은 Sheath Voltage Limiter로서, 초고압 지중선로에 있어서 케이블 금속시스에 유기되는 Surge 전압으로부터 케이블을 보호하기 위한 장치이다.
- 종류
  - 절연통 보호장치 : EBG 또는 IJB에 있는 절연통을 Surge로부터 보호
  - 방식층 보호장치 : 케이블의 방식층을 Surge로부터 보호

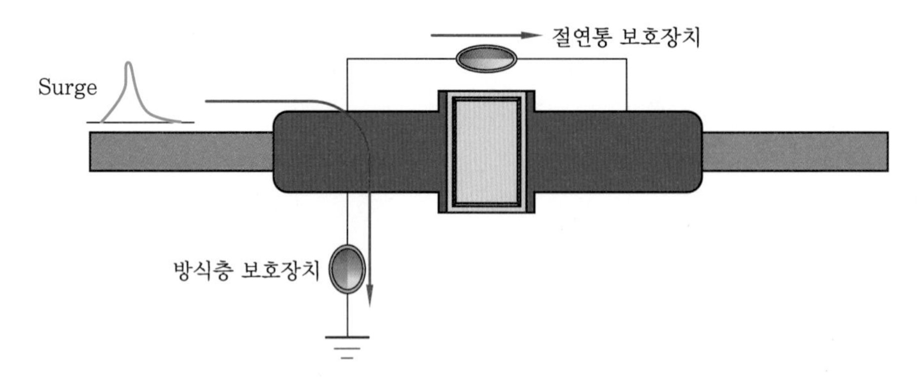

- 정격 전압 및 방전 등급

정격 전압[kV]	선로 방전 등급	비고
3.75	1	
5	2	

(5) 케이블 DC 내전압 판정 기준

① 최종 시험전압에서 누설전류가 안정되어 10분간 견뎌야 한다.

② 아래 항목 발생 시, 요주의 판정(2개 이상 시, 부적합 판정)

- 누설전류의 크기 : 최종 시험전압에서 누설전류가 10[μA/km] 이상
- 상간 불평형률 : 최종 시험전압에서 누설전류 상간 불평형률이 200% 이상
- 성극비 : 최종 시험전압에서 성극비가 1.0 미만

  * 성극비 : 전압인가 1분 후의 누설전류/전압인가 10분 후의 누설전류

③ 내압시험 시 kick 현상 발생하면 요주의

④ 전류변화 특성에서 전류가 시간적으로 증가하면 요주의

8 수전설비 결선도

1 정식 수전 설비

1,000[kVA] 초과하는 곳에 설치되며, 보호계전기, 차단기 등으로 구성되어 있다.

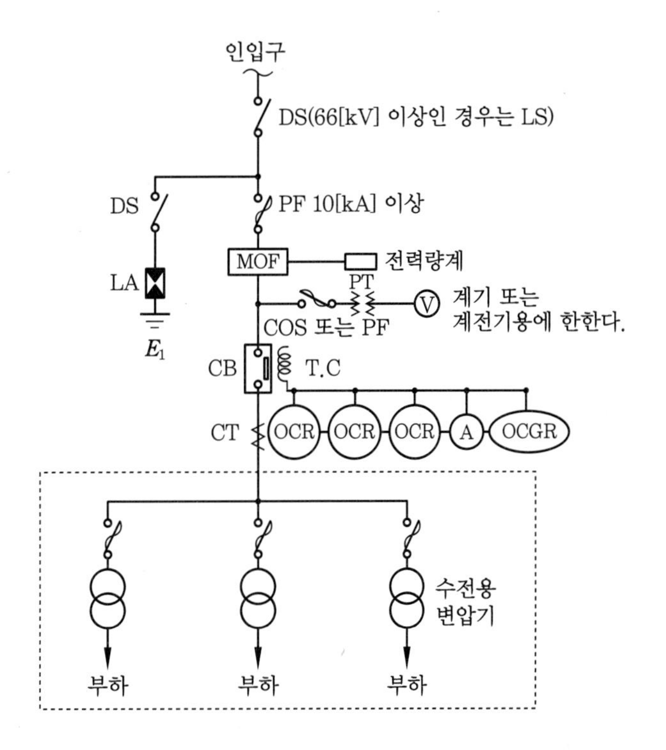

2 간이 수전 설비

1,000[kVA] 이하의 곳에 설치되며, 계폐기, 퓨즈 등으로 구성되어 있다.

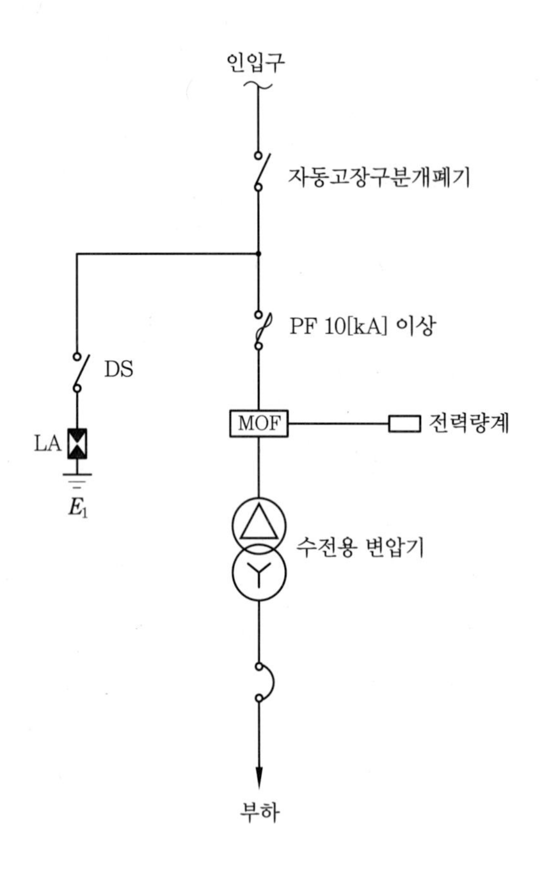

수변전설비 주요 기기

1 전력 계통도

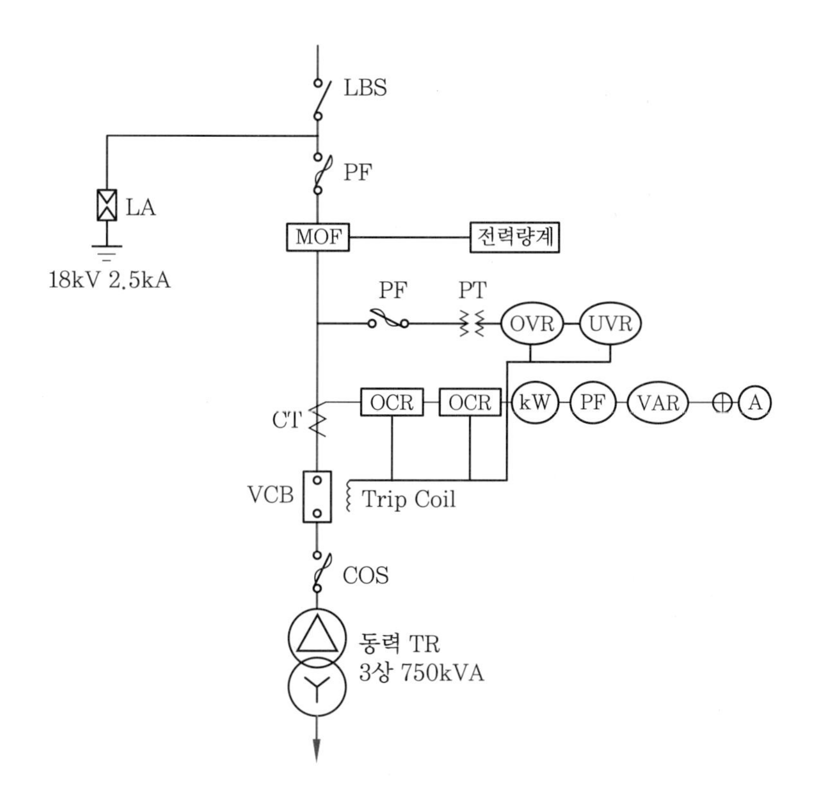

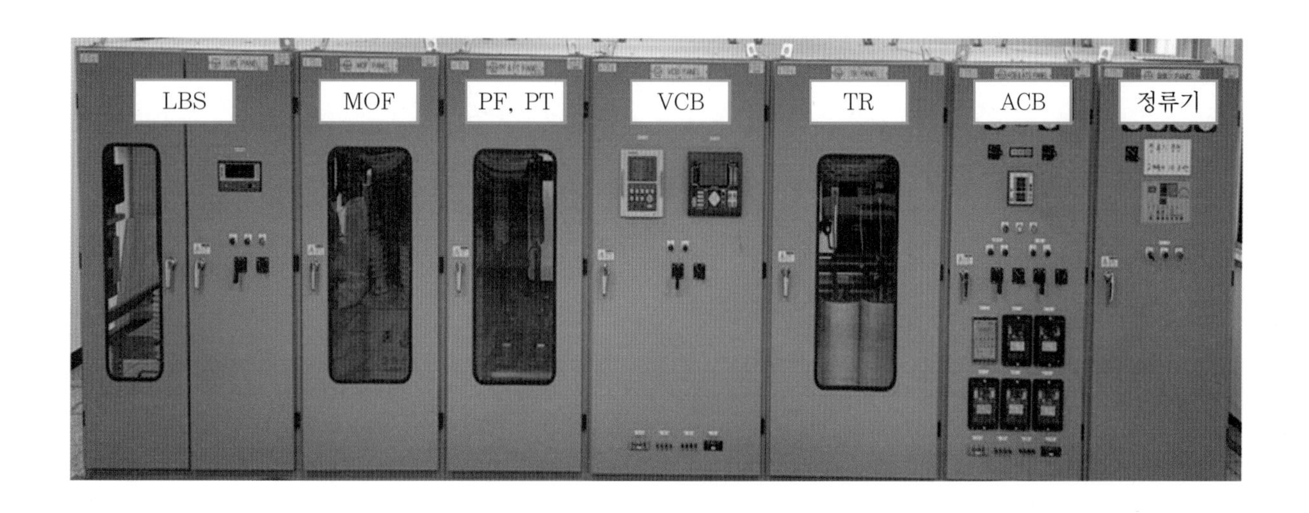

1 구성 요소

① LBS(Load Breaking Switch) 부하개폐기
② LA(Lightning Arrester) 피뢰기
③ PF(Power Fuse) 전력 퓨즈
④ MOF(Metering Out Fit) 계기용 변성기
⑤ PT(Potential Transformer) 계기용 변압기
⑥ CT(Current Transformer) 계기용 변류기
⑦ VCB(Vacuum Circuit Breaker) 진공 차단기
⑧ COS(Cut Out Switch) 퓨즈
⑨ TR(Transformer) 변압기
⑩ Protective Relay(OCR, OVR, UVR 등) 보호계전기

2 부하개폐기(LBS)

1 개요

① 수변전설비의 인입개폐기로 주로 사용한다.
② 전력퓨즈와 결합하여 결상사고를 방지할 수 있다.

2 설치 위치 : 고객(건물) 수변전설비의 인입구 측

(1) 전력 계통도 위치

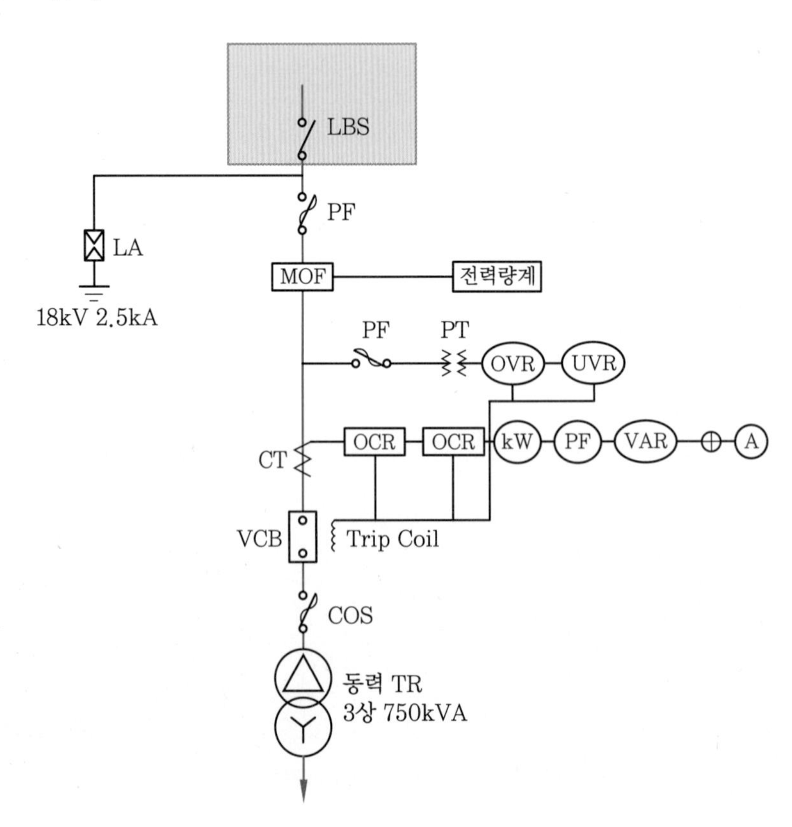

(2) 판넬 위치

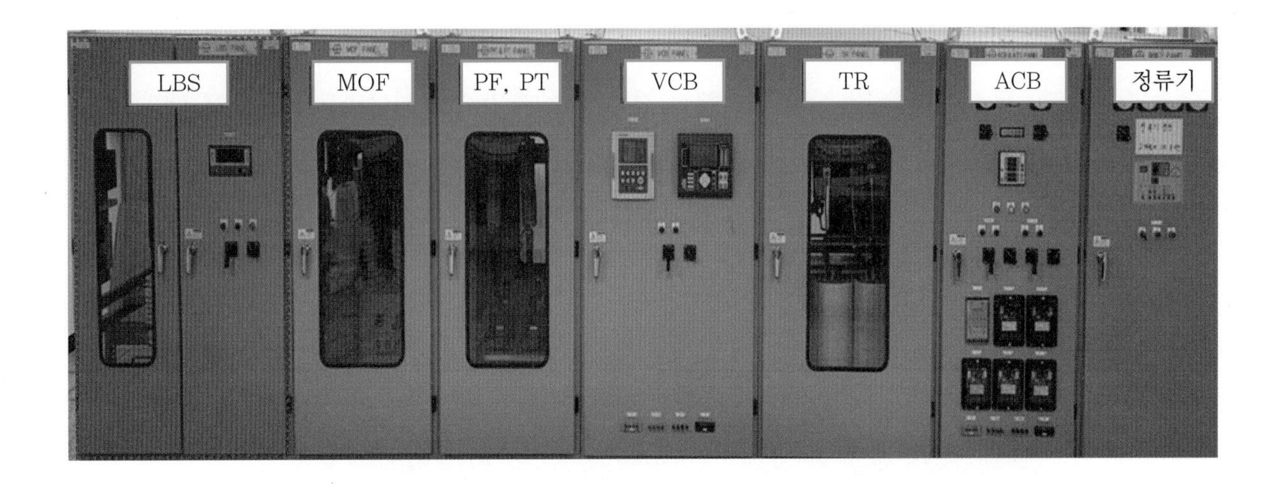

(3) 설치 사진

① 기기 사진

② 판넬 내부

(4) 특징

① 부하전류는 주접점과 고정접점에 의해서 통전되며, 차단 시에는 소호실 내에서 아크를 소호시킨다.

② 퓨즈 용단 트립 장치에 의해서 전류퓨즈 1개만 용단되더라도 3상 모두 개방되기 때문에 결상으로부터 보호할 수 있다.

③ 전력 퓨즈가 용단되면 동작 표시기(Striker)가 튀어나와 퓨즈 용단 트립 장치를 눌러 LBS를 개방시킨다.

④ 트립 장치가 눌리면 Fuse Fault 스위치(리밋 스위치)가 눌려 Panel에 황색등(YL)이 점등된다.

(5) LBS 점검사항

① 일상 점검

(가) 수변전반 외부의 표시 램프(On, Off 등)가 정상적으로 점등되었는지 확인한다.

(나) 케이블 헤드 접속 부분에 이상 유무를 확인한다(탄화 흔적).

(다) 애자를 육안으로 확인하고(크랙 등), 이상 확인 시 보수 또는 교체 실시한다.

(라) 제어 회로반의 청결 상태 또는 결선 상태(고정 상태, 탈락 여부)를 확인한다.

② 정밀 점검

(가) 정기검사(법적) 또는 계획 정전 시 LBS 및 고정 볼트, 애자 등의 먼지, 불순물을 제거한다.

(나) 아크접점의 날 부위의 이상 유무를 확인하고, 소손 여부에 따라 보수 또는 교체를 실시한다.

(다) 소호실도 육안으로 점검하여 탄화 흔적 또는 소손이 발생될 경우 보수, 교체를 실시한다.

(라) 조작 전원(정류기, 배터리 포함)의 이상 유무를 확인한다.

(마) 전력용 퓨즈를 분리하여 저항을 측정한 후, 이상 발생 시 교체 실시한다.

3 피뢰기(LA)

1 개요

① 이상전압 침입 시, 신속히 대지로 방전하여 전력설비를 보호한다.

② 부하 개폐기(LBS)의 바로 뒤에 위치하며, 이곳에 설치하는 이유는 외부에서 이상전압이 발생하여 선로를 타고 들어왔을 때 이를 억제하기 위해서이다.

③ 뇌서지 보호용은 LA(Lightning Arrester), 개폐서지 보호용은 SA(Surge Absorber)를 사용한다.

2 설치 사진

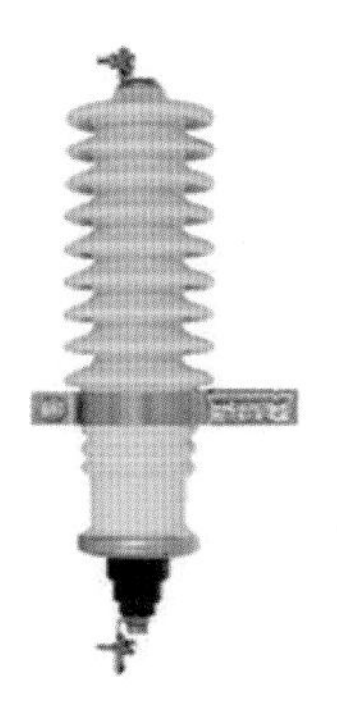

3 설치 장소

① 발전소, 변전소 및 이에 준하는 장소의 가공전선 인입구 및 인출구
② 가공전선로에 접속되는 배전용 변압기의 고압, 특고압 측
③ 고압, 특고압 가공전선으로부터 공급받는 수용장소의 인입구
④ 가공전선로와 지중전선로가 접속되는 곳

5 설치 위치

① 피뢰기의 보호 효과를 충분히 발휘하기 위하여 주요 피보호기기인 변압기의 단자와 가깝게 설치하는 것이 좋다.
② 부득이한 경우 다음의 이격거리 내에 설치한다.

선로전압[kV]	유효 이격거리[m]	선로전압[kV]	유효 이격거리[m]
345	85	22	20
154	65	22.9	20

6 Disconnector

① 22.9[kV-Y] 계통의 피뢰기는 Disconnector 붙임형을 사용한다.
② 이 피뢰기에 연결되는 접지선은 사고 시 완전하게 분리될 수 있도록 가요성이 풍부한 접지선으로 시공한다.

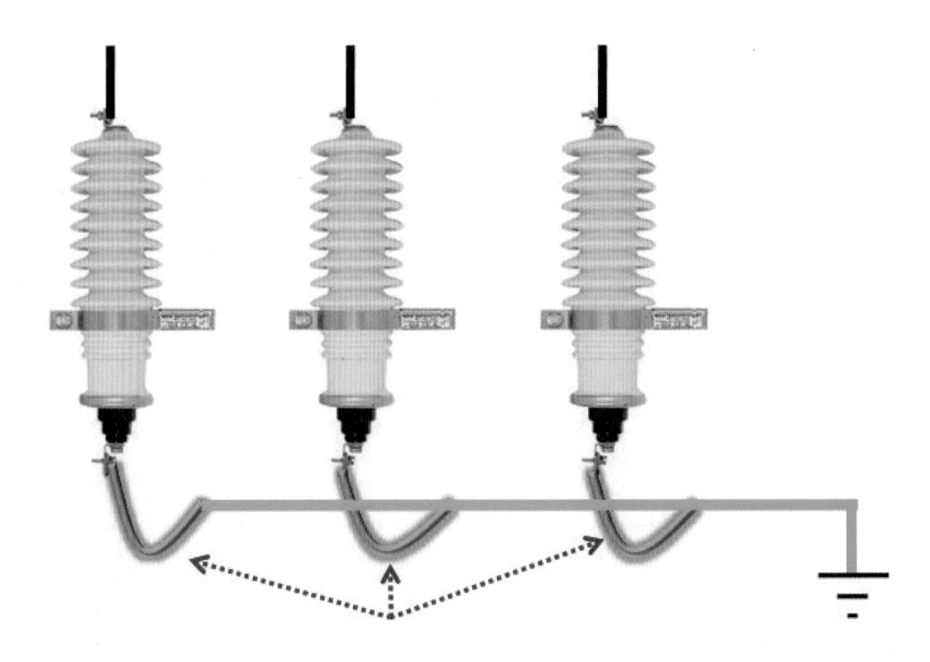

※ 파란색(화살표) 부분은 사고 시 완전히 분리될 수 있도록 가요성 전선을 사용한다.

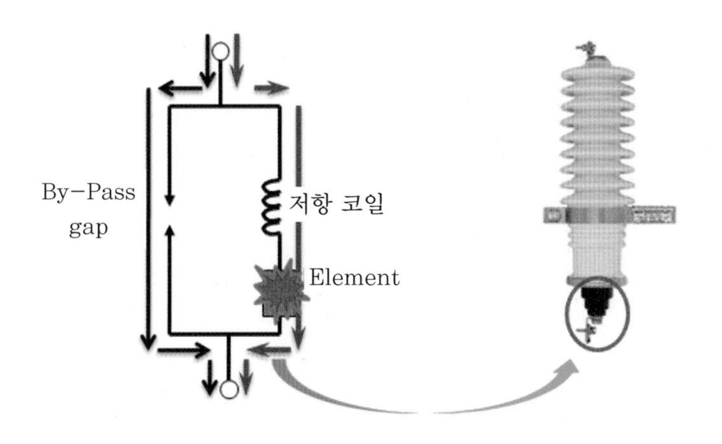

7 서지 흡수기(SA, Surge Absorber)

(1) 시설 기준

① 개폐서지, 순간 과도전압 등 이상전압이 2차 기기에 악영향 방지

② 보호하고자 하는 기기전단(개폐서지가 발생하는 차단기 후단 부하 측)에 설치

(2) 설치 사진

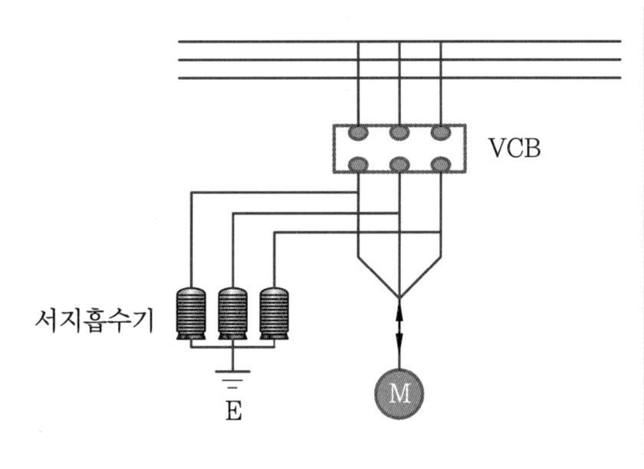

(3) 피뢰기와 서지 흡수기 차이

① Arrester : 일반적으로 뇌 Surge 보호용

② Absorber : 개폐 Surge 보호용

구분	뇌 Surge	개폐 Surge
파고치	높다.	낮다.
파두장 및 파미장	짧다. (1.2 x 50μs)	길다. (50~500μs x 10~20ms)
전류 용량	크다.	작다.
발생 빈도	매우 적다.	매우 많다.

4 전력 퓨즈(Power Fuse)

1 개요

① 부하전류를 안전하게 통전한다.

② 일정 값 이상의 과전류(예 단락전류, 과부하전류 등)에서 확실하게 동작하여 전로나 기기를 보호한다.

③ 퓨즈가 동작하면 교체가 필요하다(재사용 불가).

2 설치 위치

(1) 전력 계통도 위치

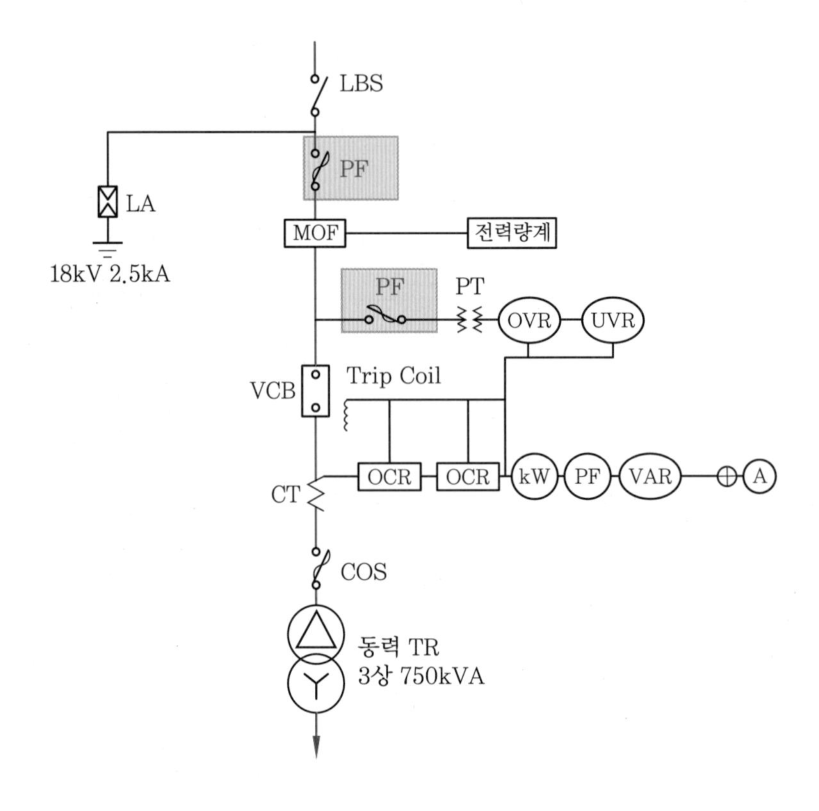

(2) 판넬 위치

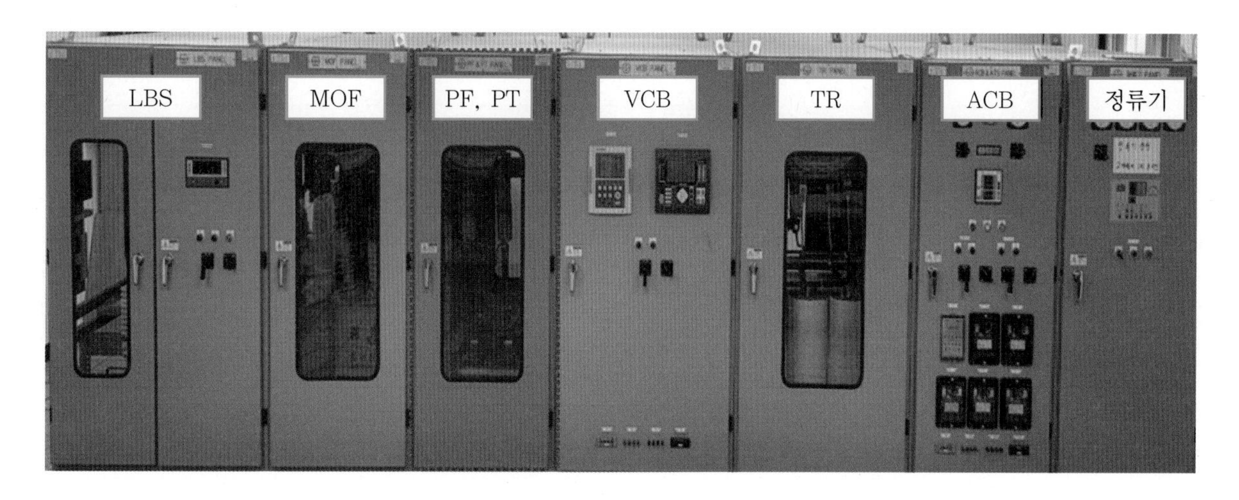

(3) 설치 사진

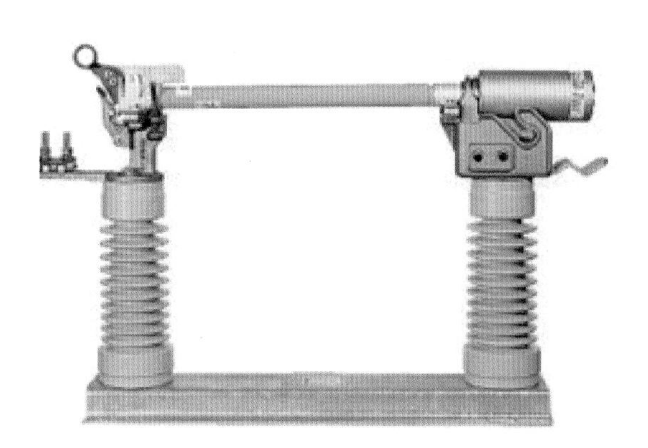

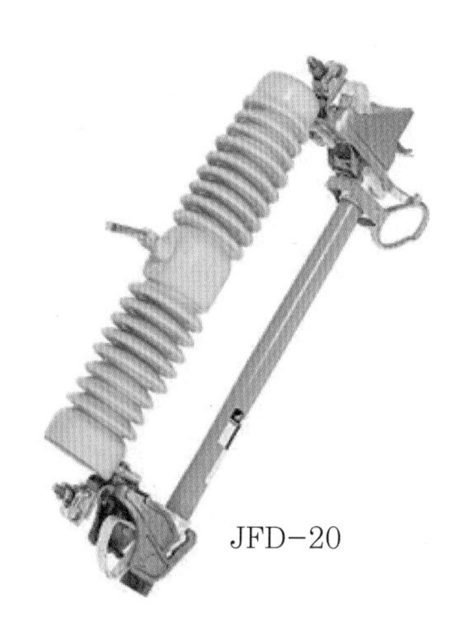

(a) 비한류형 퓨즈

(b) 한류형 퓨즈

(c) 설치 예

3 특징

(1) 비한류형 및 한류형 퓨즈 비교

구분	비한류형 퓨즈	한류형 퓨즈
차단원리	전류 0점에서 전압 강제 차단	전압 0점에서 전류 강제 차단
동작원리	Arc에 소호가스를 불어서 전류 0점의 극간 절연 내력을 재기전압 이상으로 하여 차단	Arc 저항 상승으로 단락전류를 억제하여 차단
동작상태	차단 시 소음, Gas 방출	차단 시 소음이 적다. 무방출
	차단용량이 작다(20~32[kA]).	차단용량이 크다(20~50[kA]).
과부하	변압기 과부하 및 단락 보호	변압기 단락 보호용(과부하 보호 적용 불가)

(2) 차단기 및 전력퓨즈의 차단 특성

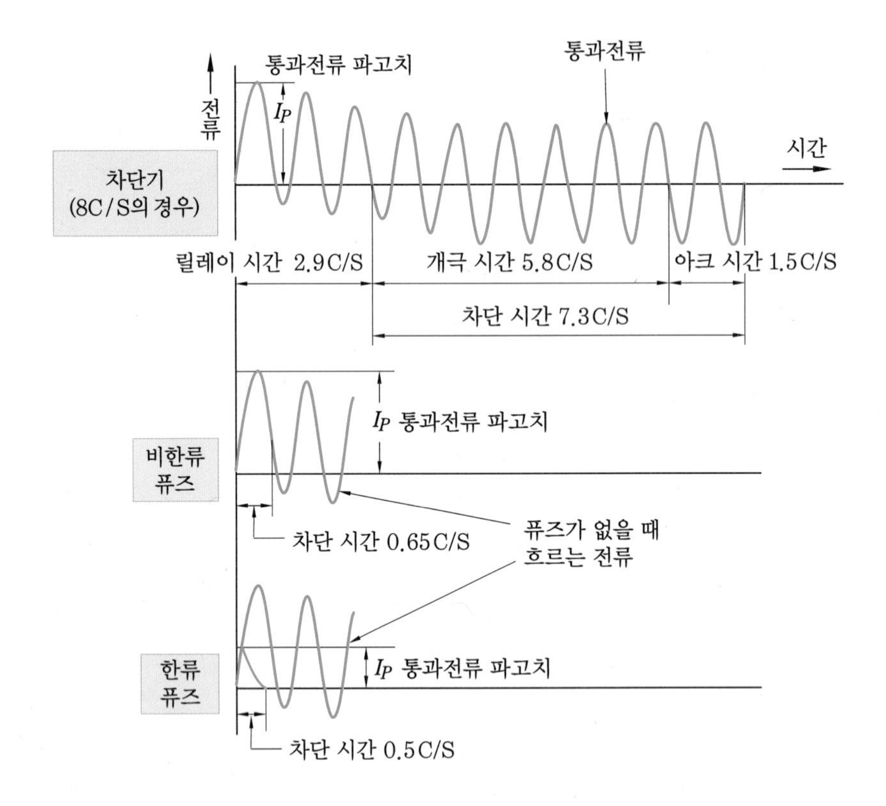

4 각 개폐 장치별 비교

구분 \ 기능	회로 분리		사고 차단	
	무부하	부하	과부하	단락
퓨즈	○		(○)	○
차단기	○	○	○	○
개폐기	○	○	○	
단로기	○			
전자접촉기	○	○	○	

5 구조

(1) 비한류형 퓨즈

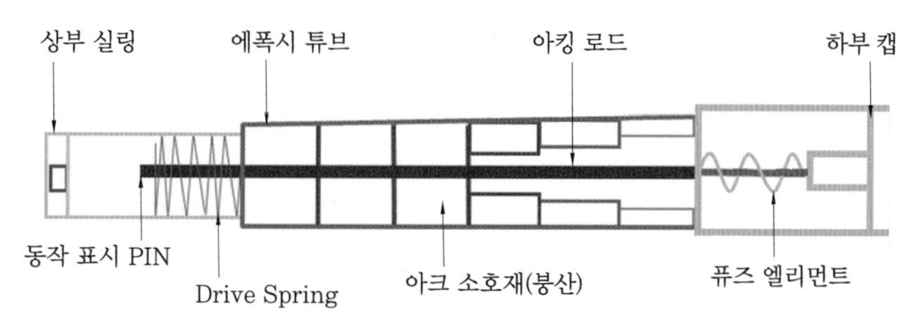

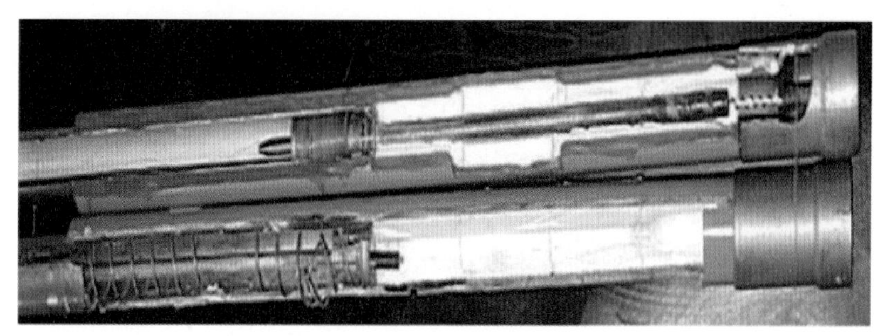

(2) 한류형 퓨즈

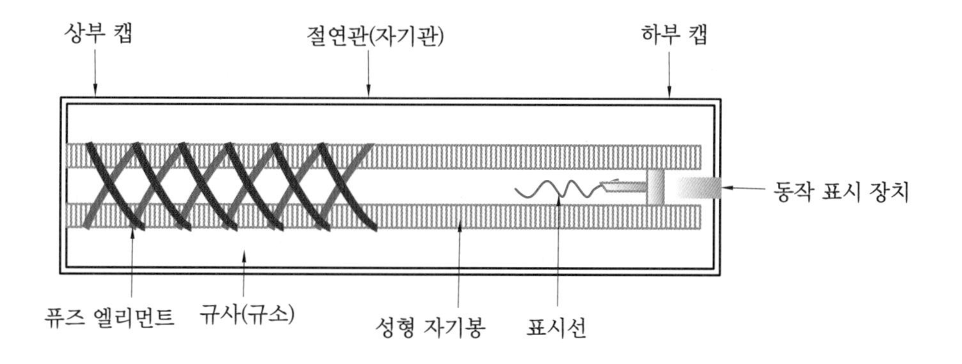

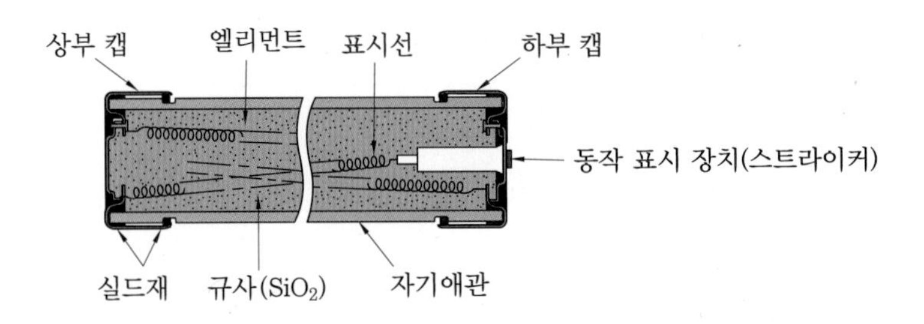

6 파워 퓨즈 점검사항

① 퓨즈 동작 시 튀어나오는 Pin을 확인한다.
② 테스터기를 이용하여 파워 퓨즈 양단의 저항을 측정한다.
③ 퓨즈를 위아래로 흔들어 소리가 나는지 확인한다.

5 컷아웃 스위치(Cut Out Switch)

1 개요

① 변압기 1차측 과부하전류 보호용으로 사용
② 가공선로 책임분계점으로 역할(전력회사~고객)
③ COS 내에 퓨즈가 들어 있으며, 사고 시 자동으로 개방

2 설치 위치

(1) 전력 계통도 위치

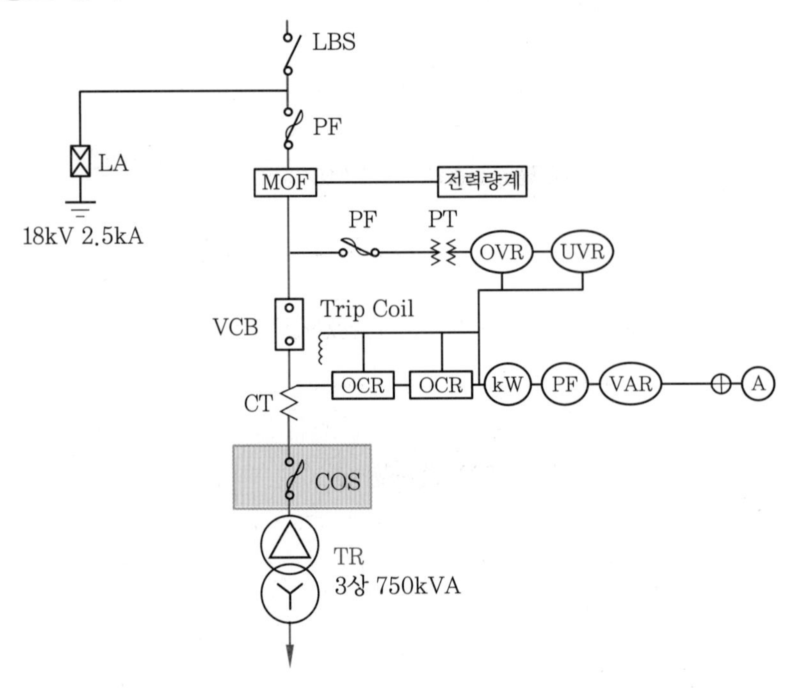

(2) 판넬 위치

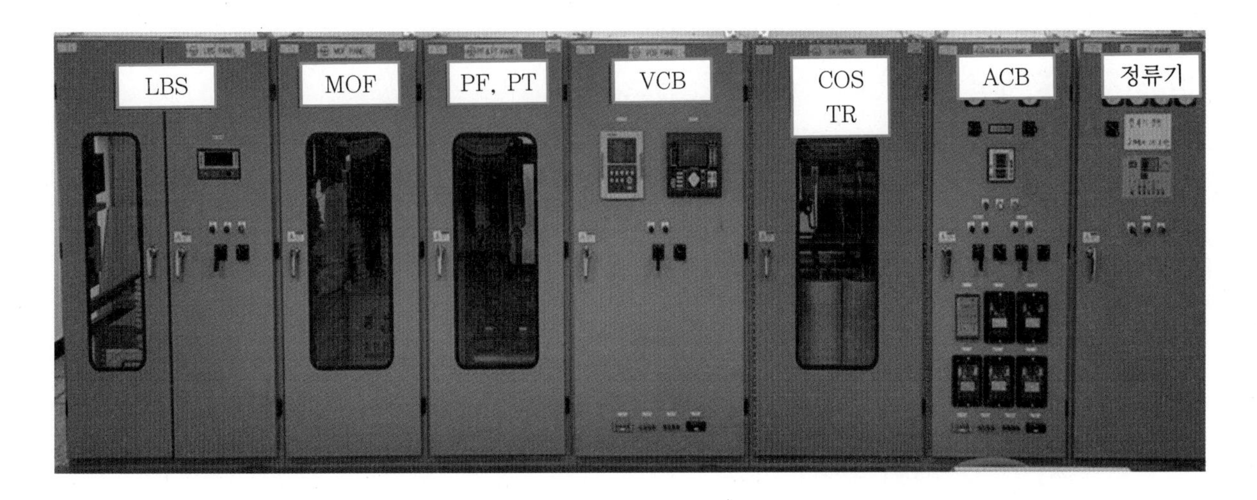

3 설치 사진

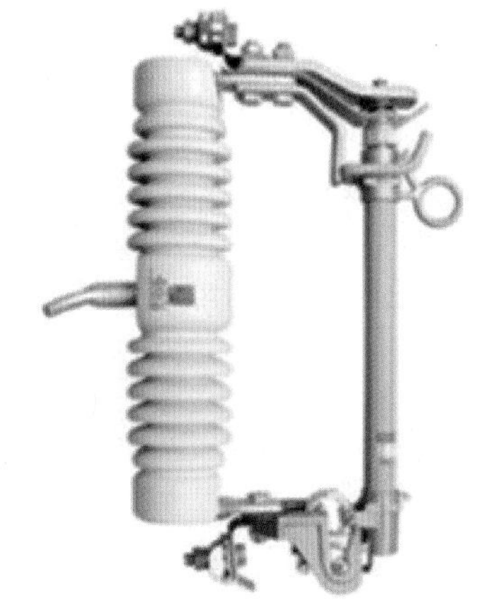

(a) COS 외관

(b) 판넬 내부 설치 예

4 특징

① 퓨즈 용단 시 퓨즈 링크만을 교환할 수 있어 재사용이 가능하다.

② 퓨즈 용량은 변압기 1차측 정격 전류의 1.5~2배로 선정하여 사용한다.

③ 변압기의 과전류에 의한 보호를 위하여 단극으로 변압기 1차측 각상에 설치한다.

④ 용단 특성에 따라 K-Type과 T-Type으로 나눌 수 있으며, K-Type은 용단 속도가 빠른 Fast Type이고 T-Type은 용단 속도가 느린 Slow Type이다.

⑤ COS 퓨즈 정격 전류는 크기에 따라 1, 2, 3, 5, 6, 8, 10, 12, 15, 20, 25, 30, 40, 50, 65, 80, 100이 있다.

6 계기용 변성기(PT, CT)

1 개요

① 전기 계기 또는 측정장치와 함께 사용되는 것으로서, 전류 및 전압을 변환하는 기기
② 계기용 변류기, 계기용 변압기 및 계기용 변압 · 변류기의 총칭
③ 계기용 변류기(Current Transformer, CT) : 어떤 전류값을 이것에 비례하는 전류값으로 변성하는 기기
④ 계기용 변압기(Voltage Transformer, VT, PT) : 어떤 전압값을 이것에 비례하는 전압값으로 변성하는 기기

2 CT의 설치 위치

(1) 전력 계통도 위치

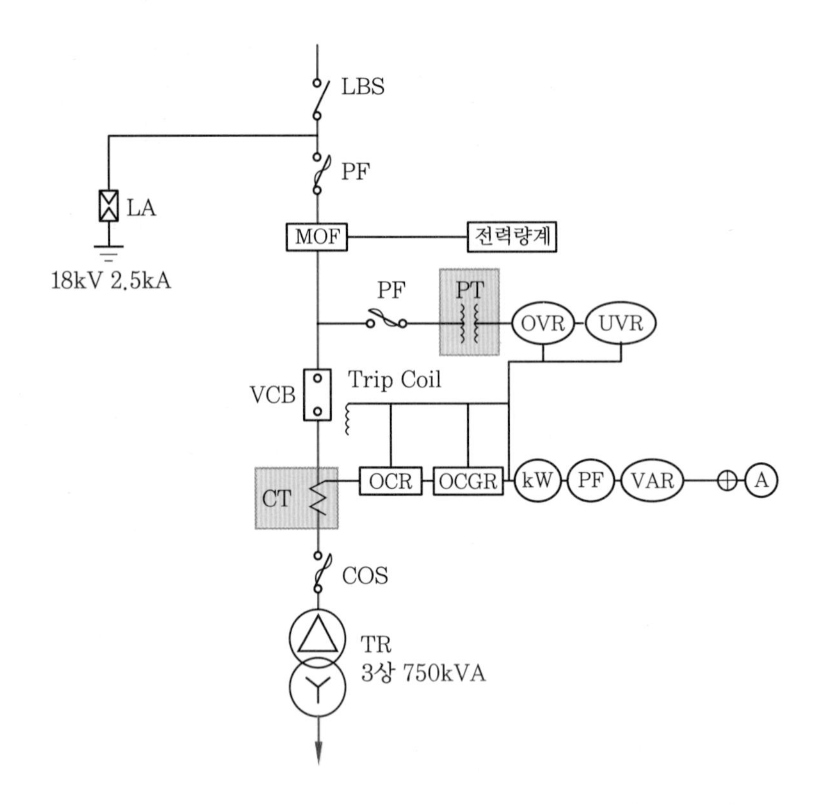

3 CT의 설치 사진

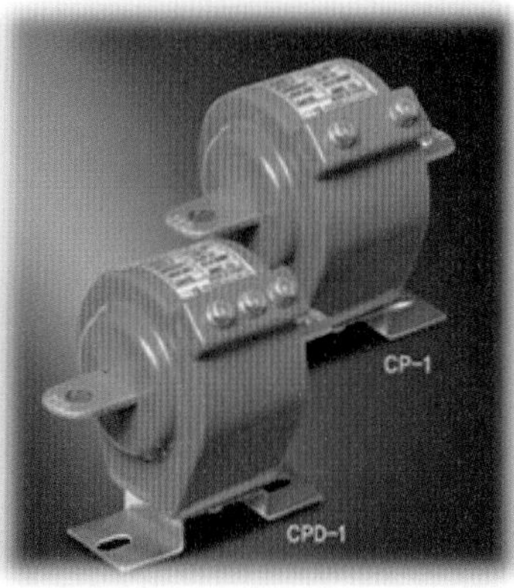

(a) 권선형 CT

(b) 관통형 CT

(c) 판넬 내부 설치 예

4 CT의 동작 원리

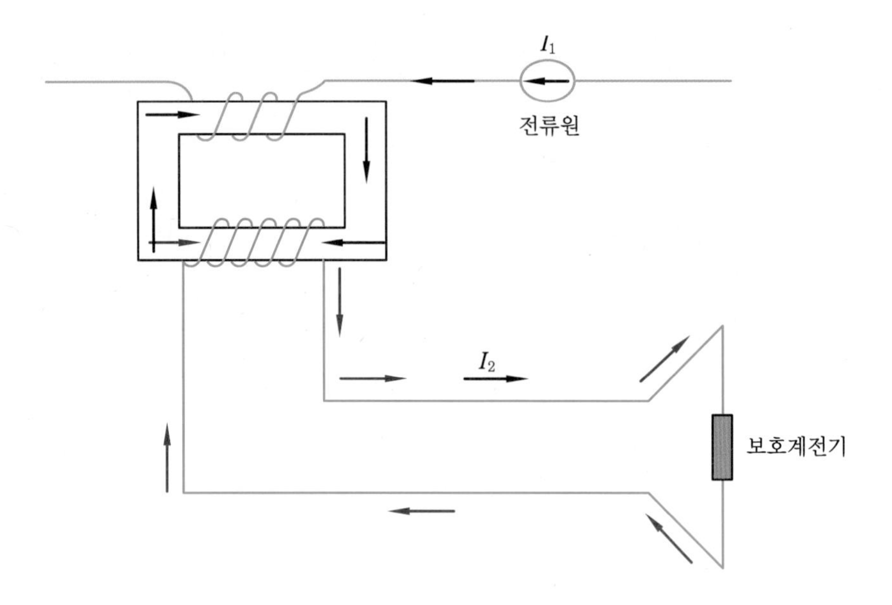

① 전자유도법칙에 의한다. (시간의 변화에 따라 전류, 자속의 크기가 변화하면 유도기전력이 발생된다.)

$$\text{유도기전력 } e = -N\frac{d\phi}{dt} = -L\frac{di}{dt}$$

② 전로에 직렬로 취부하여 대전류를 소전류(1[A] 또는 5[A])로 변환한다.

5 CT의 특징

① 변류비 : 1차 전류에 대한 2차 전류의 비

② 부담 : 계기용 변류기의 2차 단자 간에 접속되는 부하

③ 과전류 강도 : 정격 부담, 정격 주파수 상태에서 열적, 기계적 손상 없이 1초간 흘릴 수 있는 최대 1차 전류를 정격 1차 전류로 나눈 값(40, 75, 150, 300 등)

④ 과전류 정수 : 정격 부담, 정격 주파수 상태에서 변류비 비오차가 −10%가 될 때의 최고 1차 전류를 정격 1차 전류로 나눈 값

- 과전류 정수는 n으로 표시($n > 5$, $n > 10$, $n > 20$, $n > 40$ 등)

$$n = \frac{\text{변류비 비오차가 } -10\%\text{일 때의 1차 전류}}{\text{정격 1차 전류}}$$

* 비오차 −10%의 의미

$$\text{비오차} = \frac{\text{공칭 변류비} - \text{실제 변류비}}{\text{실제 변류비}} \times 100\% = -10\%$$

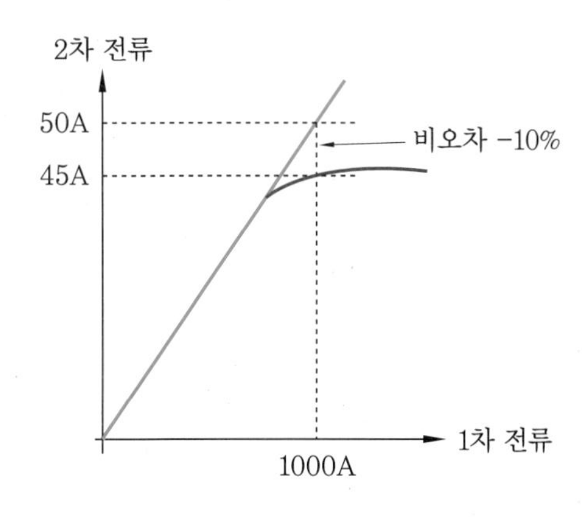

6 CT 선정 방법

① 1차 전류 : $\dfrac{\text{수전전력[kW]}}{\sqrt{3} \times \text{전압} \times \text{역률}} \times \alpha$

② 여기서 α(여유율)는,

- 일반부하 : 1.25~1.5배
- 기동 전류가 큰 부하 : 2.0~2.5배

7 변류기 규격 표시

① IEC : 25[VA], 5P20

- 정격 부담 : 25[VA]
- 비오차(%) : 5, 계전기용(Protection) : P, 과전류 정수 : 20

② ANSI : C400

- 400 : 정격 전류의 20배가 흐를 때의 2차 단자전압
  $400 = ZI = 4[\Omega] \times 5[A] \times 20$배
- 정격 부담[VA] = $5^2 \times 4 = 100$[VA]

7 보호계전기(Protective Relay)

1 개요

① 전력계통 이상 발생 시 이상 상태를 신속히 판단하여, 고장 구간을 차단하고 건전 구간을 보호하는 역할을 한다.

② 구비 기능으로 정확성, 신속성, 선택성이 있다.

- 정확성 : 고장을 정확하게 검출하여 제거할 수 있는 기능
- 신속성 : 조건에 만족하는 고장 시, 신속하게 검출하여 제거할 수 있는 기능

- 선택성 : 고장 구간만을 선택 차단 및 복구함으로써 정전 구간을 최소화할 수 있는 기능

③ 고장 전류, 전압을 검출하는 CT, PT 그리고 고장 구간을 차단하는 차단기와 조합하여 사용한다.

2 설치 위치

(1) 전력 계통도 위치

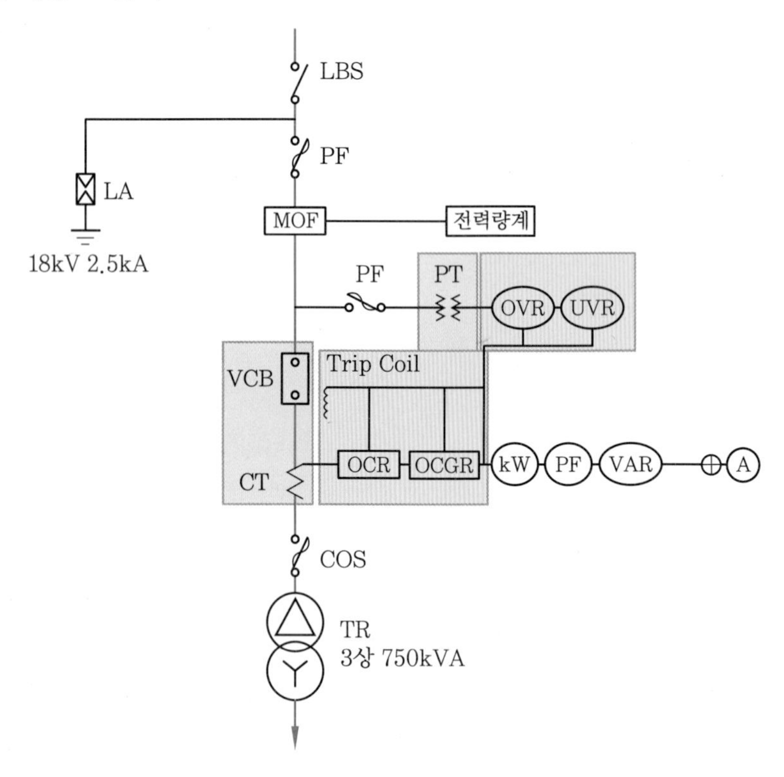

(2) 판넬 위치

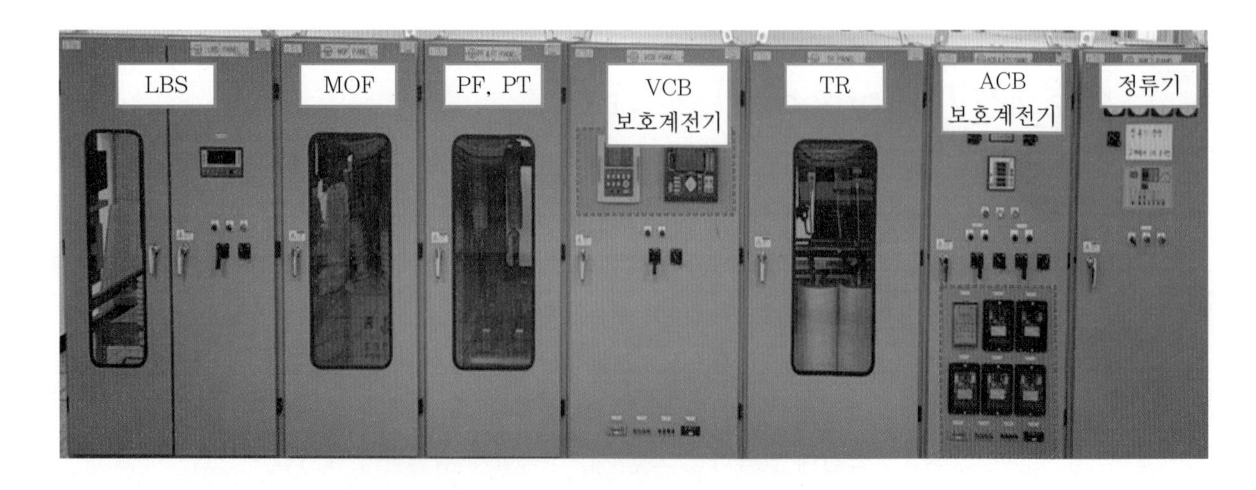

3 설치 사진

(1) 기기 사진

(a) 유도원판형 계전기

(b) 디지털 계전기

(2) 판넬 취부

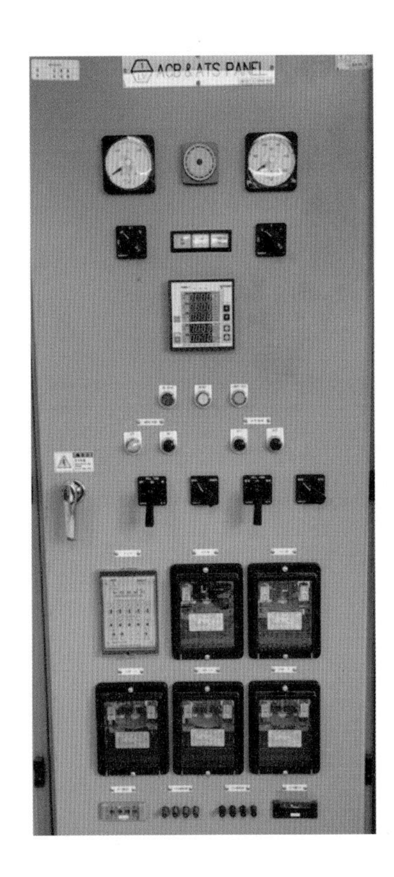

보호계전기 판넬 설치 예

4 구성 및 종류

(1) CT, PT, VCB와 조합하여 구성

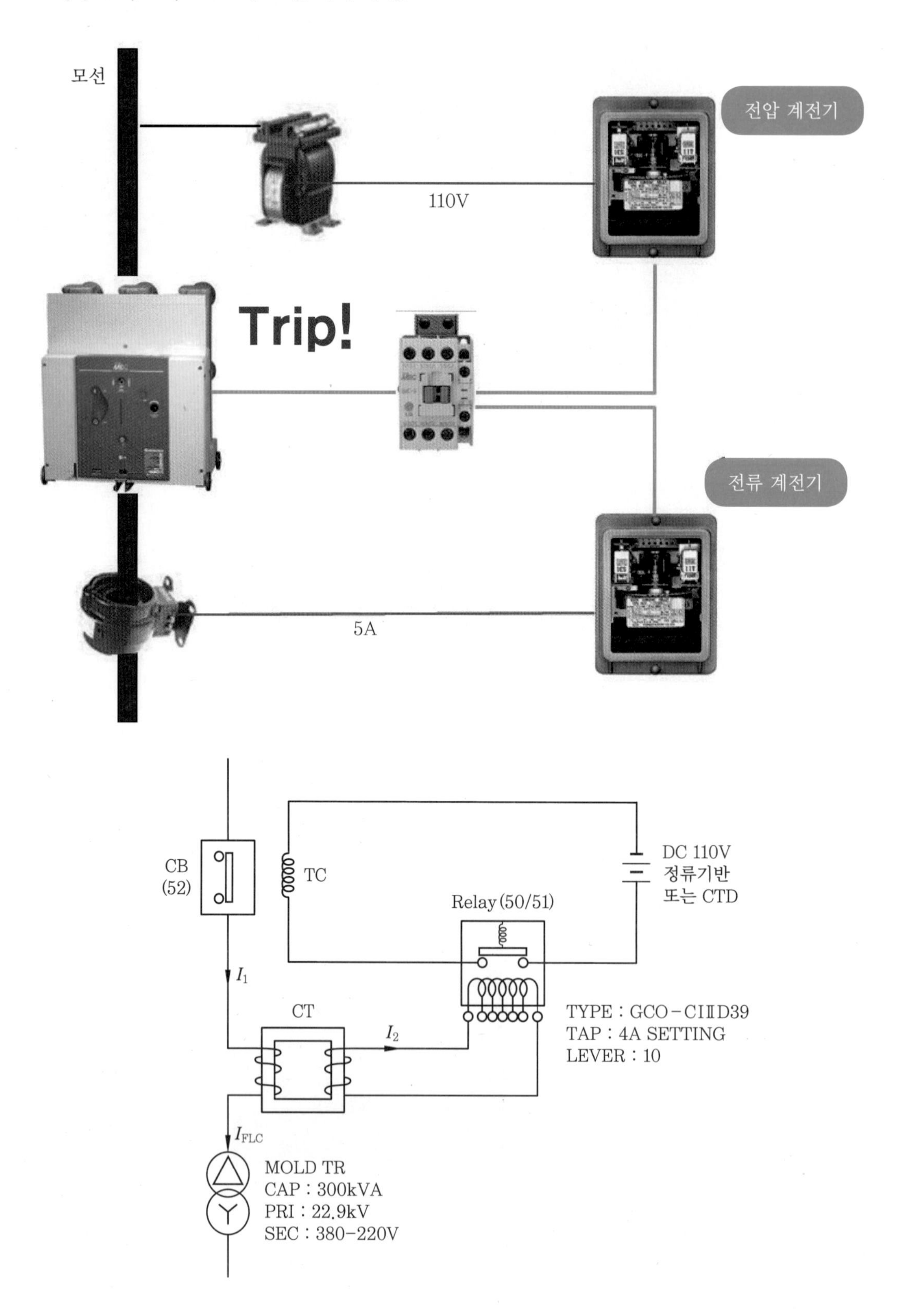

(2) 종류(용도별)

① 과전류계전기(OCR) : CT에 의해 검출된 과전류에 의해 동작한다.
② 과전압계전기(OVR) : 이상전압 발생 시, PT에 의해 검출된 과전압에 의해 동작한다.
③ 부족전압계전기(UVR) : 전압강하나 정전 발생 시 PT에 의해 저전압을 검출하여 동작한다.
④ 지락계전기(GR) : 지락 사고 발생 시, 영상 전류에 의해 동작한다.

(3) 종류(동작 구조)

① 유도원판형(Electro-mechanical type)
 (가) 가동부에 자속이 작용하여 그 힘에 의해 접점을 개폐하는 것
 (나) 기능이 단순하고 동작 정밀도가 낮음, 고장 분석 곤란
② 정지형(Solid state type)
 (가) 트랜지스터 회로가 사용되어 입력 전기량의 크기 및 위상 비교를 하고 그 결과에 따라 출력을 내는 것
 (나) 전자화에 따른 동작 정밀도 향상, 고장 분석 곤란
③ 디지털형
 (가) 입력 전기량(전압, 전류)을 일정 시간 간격으로 샘플링하여 디지털 양으로 변환하고, 이 데이터를 연산처리부에서 판단하여 출력을 전송한다.
 (나) 정확성과 정밀도가 높음, 고장 분석 용이

5 과전류 계전기(OCR)

(1) 개요

과부하 또는 지락, 단락 사고 시 발생되는 과전류를 판단하여 동작한다.

(2) TAP 계산 방법

$$\text{정정 TAP} = \frac{\text{수전전력}}{\sqrt{3} \times \text{전압} \times \text{역률}} \times \frac{1}{\text{CT}} \times \alpha$$

* α[배율] : 1.3~2.0

① 100/5[A], 전부하 전류 60[A]의 CT 2차 전류는 60 × 5 ÷ 100 = 3.0[A]
② 여기서 4[A] 세팅 시, 전부하 전류의 133%
③ 5[A] 세팅 시, 전부하 전류의 170%이므로 부하 종류와 계전기 오차 등을 고려하여 종합적으로 판단한다.

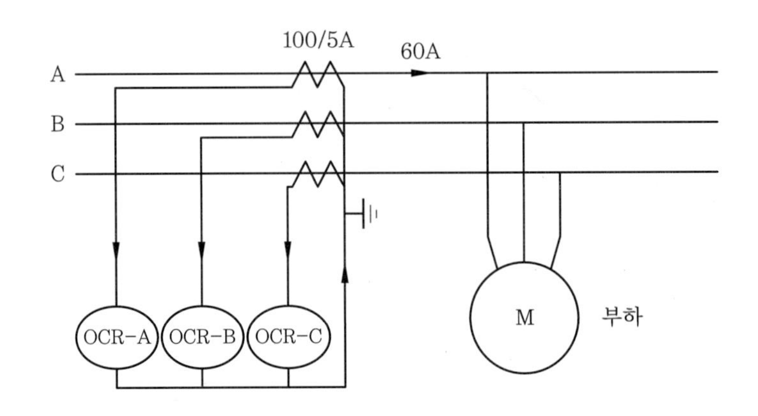

(3) 동작 시간 특성

① 동작 시간 특성은 계전기의 전류 탭 및 타임 레버에 의해 변화한다.

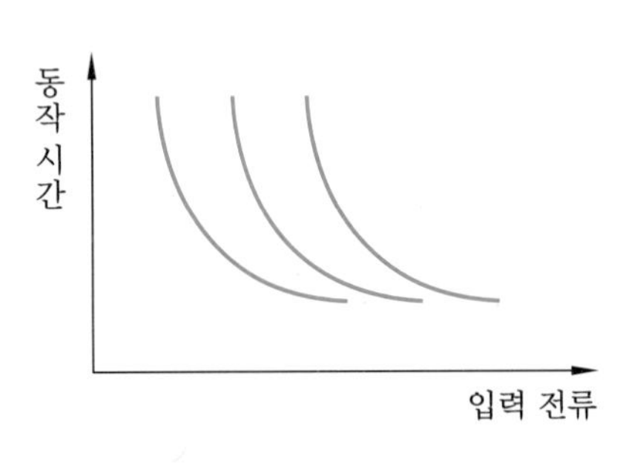

(a) 레버 고정, 탭값 변경의 경우

(b) 탭값 고정, 레버 변경의 경우

㈎ 탭값을 변경하면 (a)와 같이 곡선이 좌우로 움직인다.

㈏ 레버를 변경하면 (b)와 같이 곡선이 상하로 움직인다.

② 순시 및 한시 특성

㈎ 순시 특성(Instantaneous)

- 세팅된 최소 동작치 이상이면 즉시 동작한다.
- 일반적으로 일정 입력(200%)에서 0.2초 이내에 동작한다.

㈏ 한시 특성(Time Delay)

- 정해진 시간(특성) 후에 동작한다.
- 반한시 : 입력값이 증가함에 따라 짧은 시간에 동작한다.
- 정한시 : 입력값에 관계없이 정해진 시간에 동작한다.
- 반한시 정한시 : 입력값이 증가하면 빠른 시간에 동작하나, 입력값이 어떤 범위를 넘으면 일정 시간에 동작한다.
- 단한시 : 입력의 일정 범위별로 일정 시간에 계단식으로 동작한다.

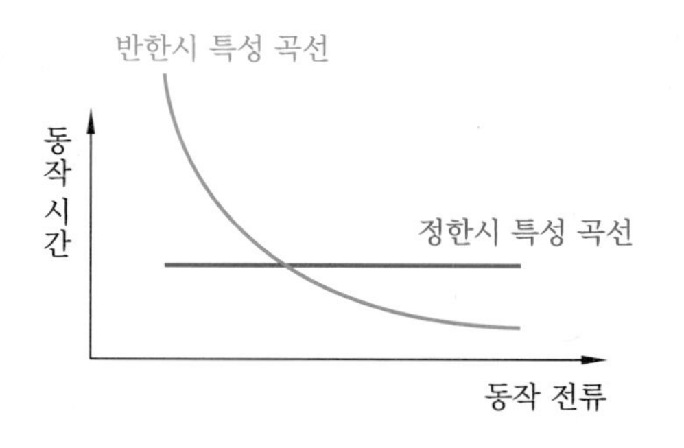

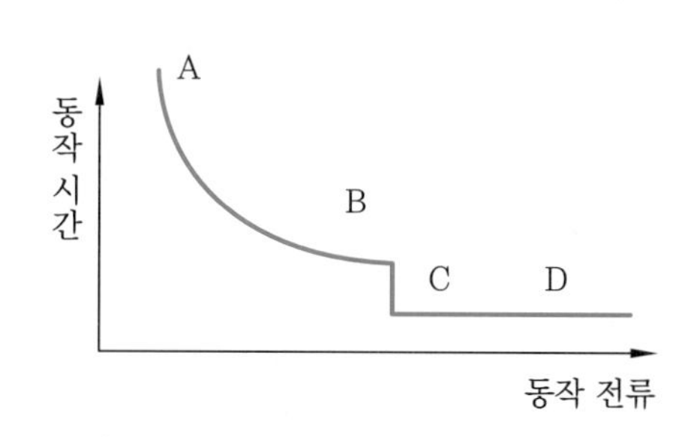

③ 과전류 계전기(OCR) 탭과 레버 설정(유도원판형)

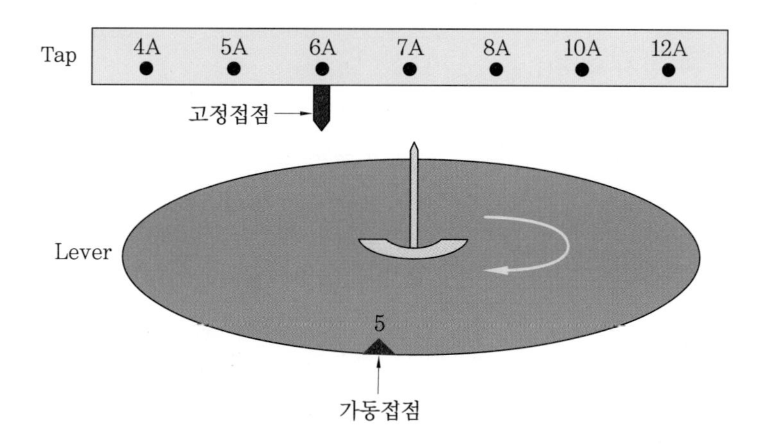

㈎ Tap : 6[A]

㈏ Lever : 5 설정 시,

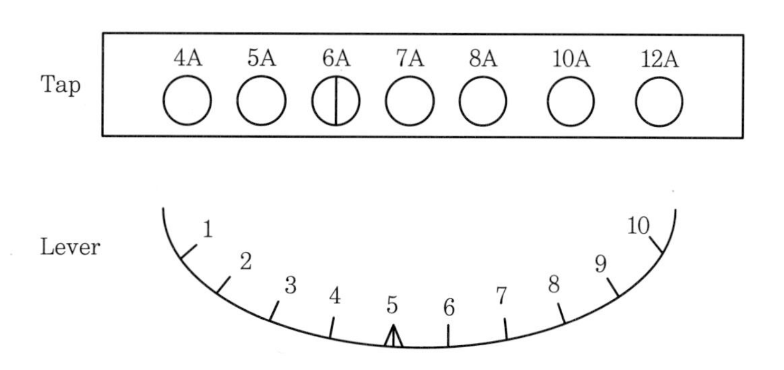

㈐ 과전류 계전기 동작 전류의 세팅은 탭

㈑ 과전류 계전기 동작 시간 조정은 레버

㈒ 한시 탭(Tap) 정정

- 최대 부하전류의 125~150% 이상으로 세팅하여 오동작을 방지한다.

㈓ 한시 레버(Lever = Time Dial)

- 레버를 조정하면 가동접점의 위치가 변화되어 동작 시간이 변화한다.
- 일반적으로 레버는 0.5~10까지 눈금이 표시되어 있으며, 0.5에서 고정접점과 가동접점의 간격이 가장 가까워져 동작 시간이 짧고, 레버 10에서 동작 시간이 가장 길게 된다.

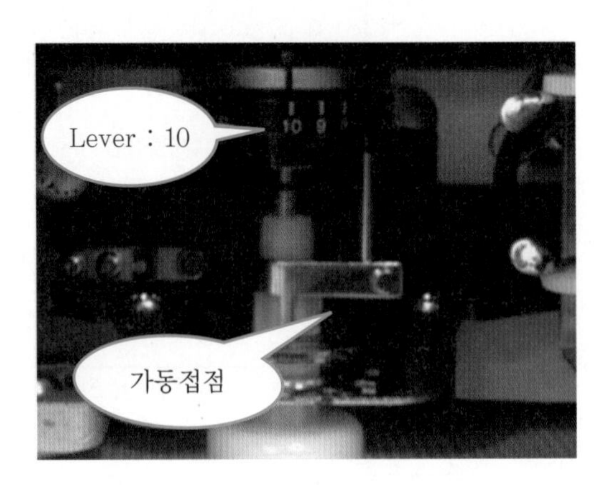

④ 과전류 계전기 사용 중 고려사항

㈎ OCR의 사용 중에 전류 탭을 분리하면 CT가 개방되어 2차 회로에 고전압이 유도됨에 따라 CT 절연 파괴 위험이 있다.

㈏ 탭 변경 시, 먼저 예비 나사를 사용하여 새롭게 정정하고 난 후 현재 사용하고 있는 탭의 나사를 제거하여 예비 탭 홀에 삽입한다.

㈐ 눈 관리(변경 사유, 변경 일자, 담당자 등 기록)하여 유지 보수에 활용한다.

6 보호계전기 보호 협조

① F점 고장(단락 또는 지락) 발생 시 고장점에 가까운 차단기부터 순차적으로 동작하도록 보호 협조가 필요하다.

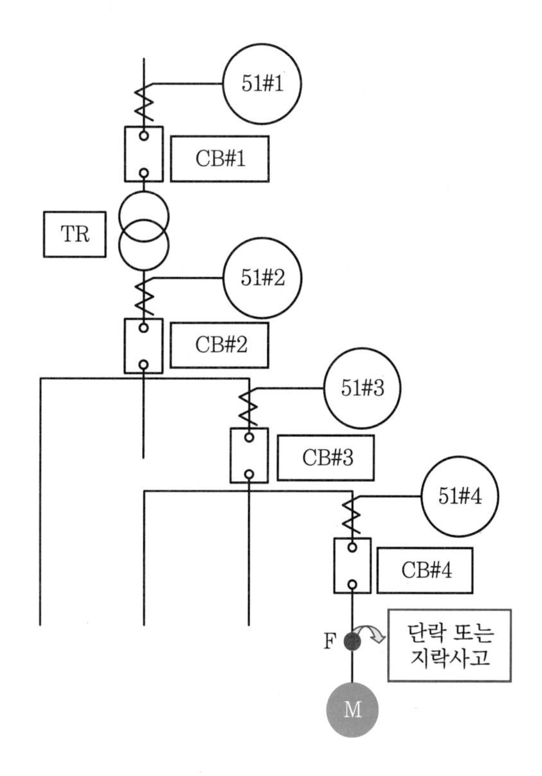

② 동작 순서 : 차단기 CB#4, CB#3, CB#2, CB#1 순으로 동작한다.

③ 고장점에 가까운 차단기부터 동작함으로써 고장범위를 최소화한다.

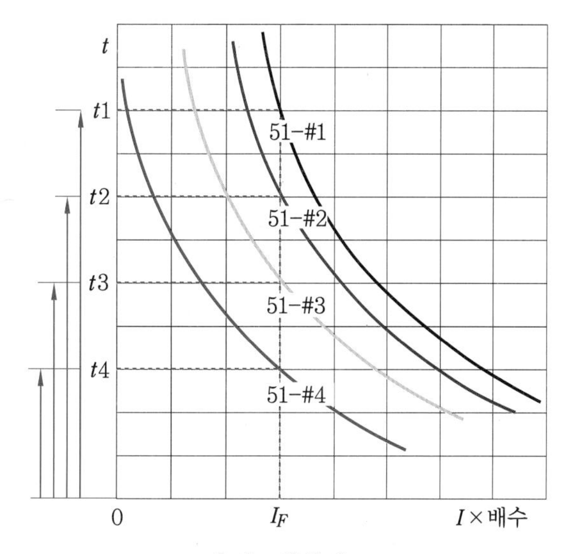

※ F점 사고 발생 시
$t4 < t3 < t2 < t1$의 형태이므로
한시차 보호 협조를 취하게 됨

④ 보호계전기 정정기준(한국전력 송변전처 보호계전 참조)

구분		동작치 정정	비고
단락 보호 (OCR)	한시 요소	• 최대계약 전력의 150~170% • 전기로, 전철 등 변동부 200~250%	• 수전변압기 2차 3상 단락 시 0.6초 이하 • 최소 고장전류에 동작
	순시 요소	• 수전변압기 2차 3상 단락전류의 150~250%	• 최대 고장전류에서 0.05초 이하
지락 보호 (OCGR)	한시 요소	• 수전변압기 정격 전류의 30% 이하 • 3상 불평형 전류의 1.5배 이상	• 완전 지락 시 0.2초 이하 • 최소 고장 전류에 동작
	순시 요소	• 최소치(30% 이상)에 정정	• 최소 고장 전류에서 0.05초 이하

7 기타 사항

① 변압기 여자 돌입전류는 계전기 오동작의 원인이 되므로, 보호계전기 정정 시 이를 고려하여 정정한다.

㈎ 정상 시 여자전류는 매우 작아서 계전기의 오동작 우려가 없다.

㈏ 무부하 · 무여자 상태의 변압기에 전압 인가 시, 철심 포화로 인한 큰 여자전류가 흘러 계전기의 오동작 우려가 있다.

② 비율차동계전기의 여자 돌입전류에 대한 대책으로 2고조파에 대한 억제 방식을 채용한다.

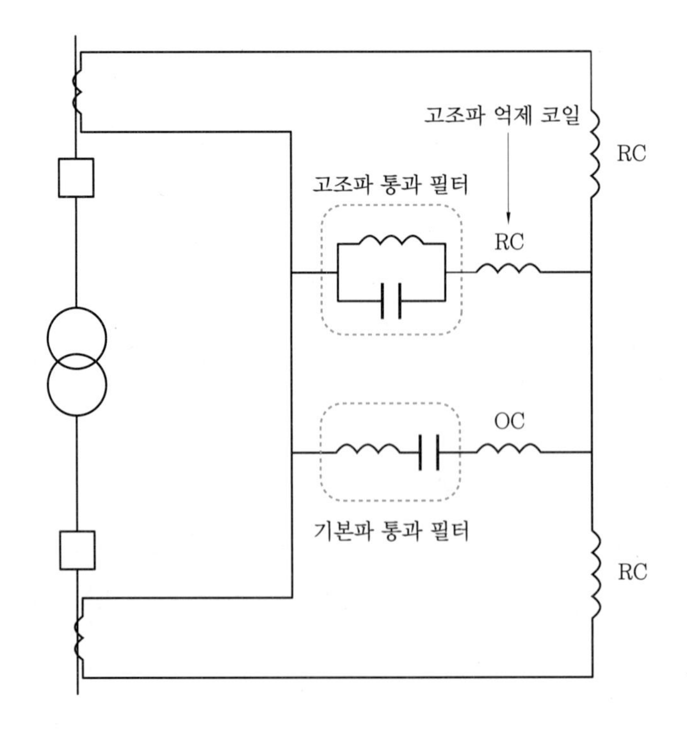

8 변압기(Transformer)

1 개요

① 전자유도작용을 이용한 기기

② 한 권선의 교류전력을 다른 권선에 동일한 주파수의 교류전력으로 변환하는 정지형 유도기기

③ 일반적으로 변압기 1차는 22,900[V], 2차는 380/220[V]를 주로 사용한다.

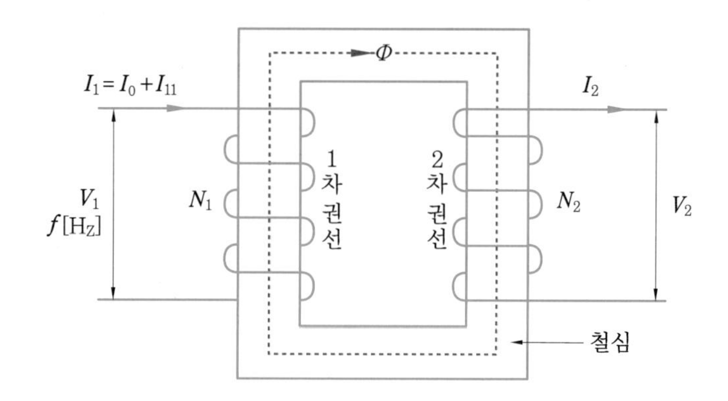

2 설치 위치

(1) 전력 계통도 위치

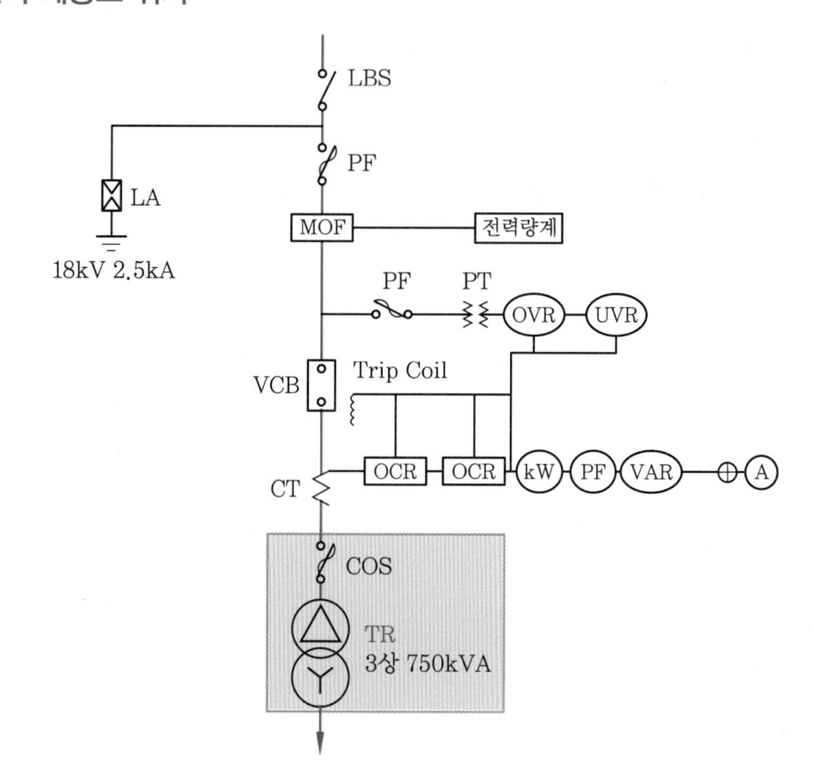

(2) 판넬 위치

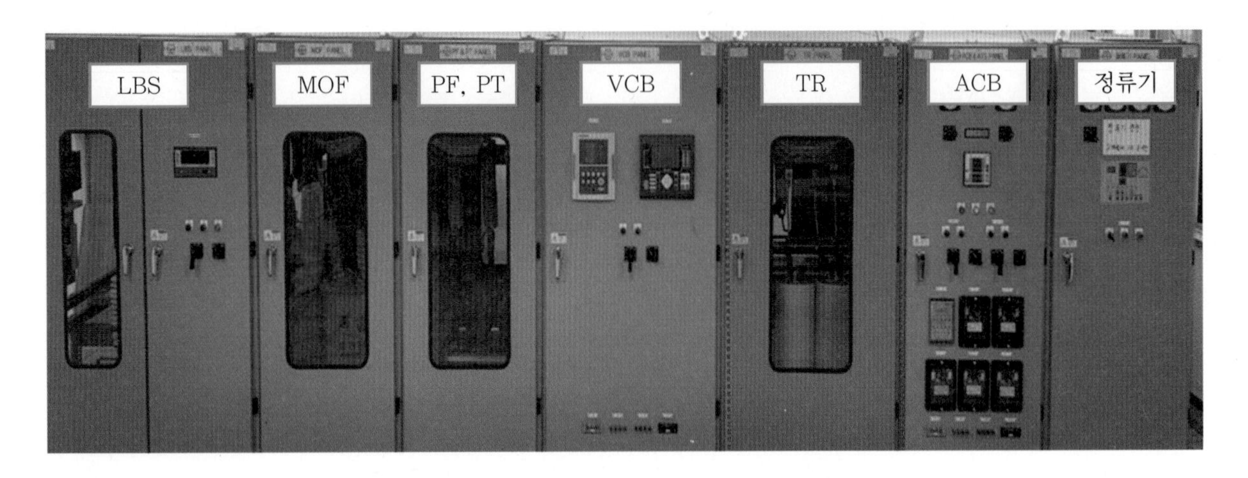

3 설치 사진

(1) 기기 사진

(a) 유입 변압기

(b) 몰드 변압기

(2) 판넬 내부

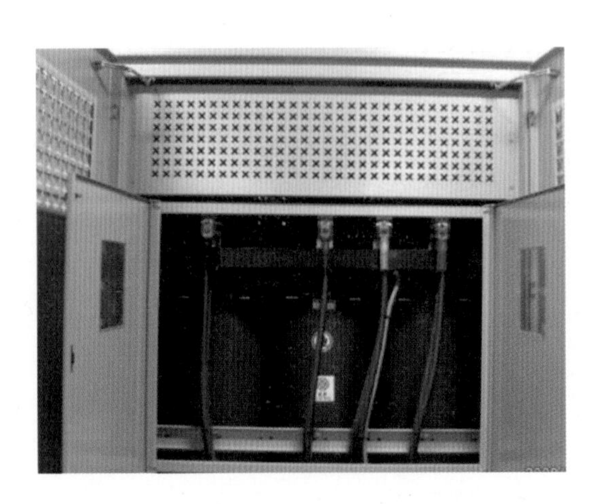

4 종류

(1) 유입 변압기

① 절연유를 사용하는 방식으로, 옥내 · 외 구분 없이 사용 가능하다.
② 정기적인 절연유 점검 및 유지 보수가 필요하다.
③ 소용량~대용량, 저전압~고전압까지 사용범위가 넓다.

(2) 몰드 변압기

① 절연물로 난연성 에폭시 수지를 사용한다.
② 소형, 경량이며 분해 · 반입 · 현장 조립이 가능하다.
③ 서지에 약하므로, VCB와 결합 시 SA(서지 흡수기)가 필요하다.
④ 인출부 절연과 방열에 문제가 있어 고전압화에는 한계가 있다.

5 보호장치

① 브흐홀쯔계전기 : 이상과열 및 유중 아크에 의해 발생하는 가스에 의해 동작한다.
② 방압안전장치 : 내부 압력 상승 시, 동작하여 외함을 보호하는 장치이다.
③ 충격압력계전기 : 이상과열 및 유중 아크에 의해 급격한 유압, 가스압 상승 시 동작한다.
④ 비율차동계전기 : 변압기 1, 2차 전류차에 의해 동작하는 전기적 보호장치이다.
⑤ 권선온도계 : 변압기 내부 권선의 온도를 표시한다.
⑥ 유온도계 : 변압기 내부 절연유 온도를 표시한다.

6 주요사항

(1) 퍼센트 임피던스

① 임피던스 전압은 변압기 2차 측을 단락하고, 1차 측에 정격 전류가 흐르는 때의 1차 전압이며, 이 전압을 정격 전압에 대한 백분율로 나타낸 값을 퍼센트 임피던스라 한다.
② 퍼센트 임피던스는 매우 중요한 요소로서 단락 사고 시 고장 전류를 결정하며, 차단기의 차단용량 선정 시 필요하다.

(2) 권수비

$$a = \frac{N_1}{N_2} = \frac{V_1}{V_2} = \frac{I_2}{I_1}$$

① 변압기 1차 권선 및 2차 권선에 유도되는 기전력은 권수에 따라 비례한다(즉, 전압과 권수는 비례).
② 22,900 / 220[V] 변압기의 1[Turn]에 1[V]라면, 1차는 22,900회, 2차는 220회이다.

(3) 변압기 용량 선정

① 권선 온도에서 결정되는 열적 조건의 만족과 동시에 최대 계약 전력에 따른 기본전

력 요금 산정에 영향이 있으므로 신중하게 검토한다.

② 변압기 용량(KVA) = 총부하 설비용량(kW) × 수용률(%) ÷ 부등률

7 변압기 점검사항

① 유입 변압기 : 절연유의 누유 등의 주기적인 점검 및 보수가 필요하다.

② 몰드 변압기 : 몰드의 경화된 물성은 오랜 진동에 의해 부분적 균열 발생 우려가 있으므로 하부에 방진고무를 삽입한다.

9 기중차단기(ACB, Air Circuit Breaker)

1 개요

① 저압 전기회로에서, 접촉자 간의 개폐 동작이 공기에서 행해지는 차단기이다.

② 교류 1,000[V] 이하에서 사용하며, 과전류를 검출하여 자동으로 회로를 개방하거나, 수동으로 개폐할 수 있다.

③ 별도의 절연 매질 없이 공기 중에서 아크를 차단한다.

④ 주로 저압 계통의 주요 차단기 역할을 한다.

2 설치 위치

(1) 전력 계통도 위치

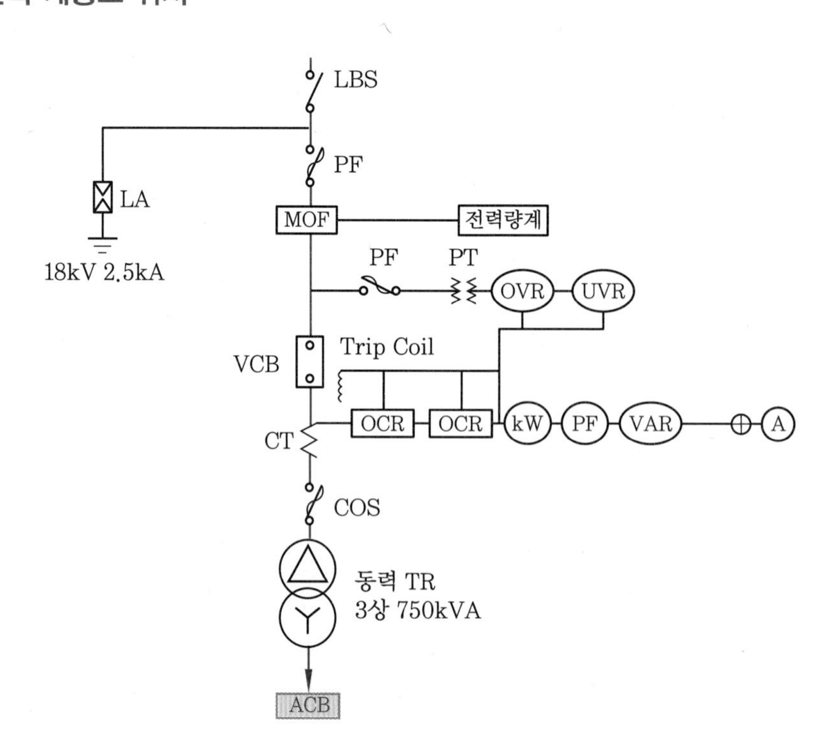

(2) 판넬 위치

3 설치 사진

(1) 기기 사진

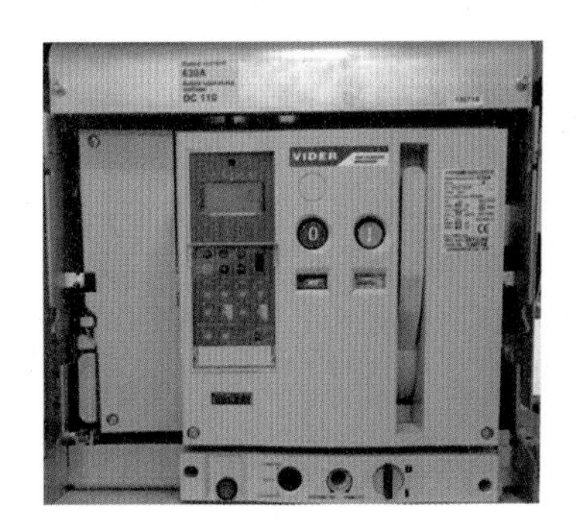

(a) 기중차단기

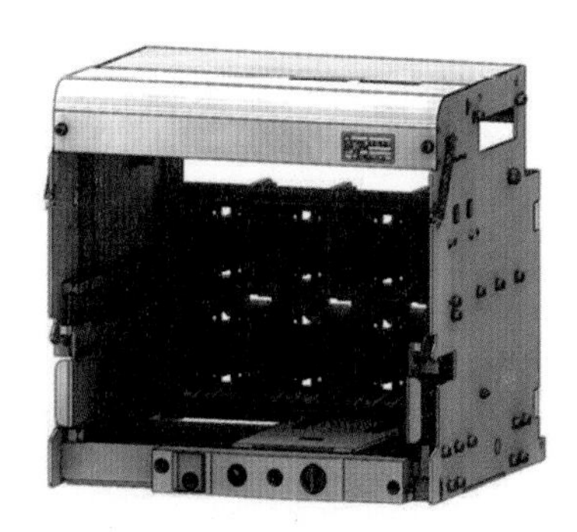

(b) 기중차단기 크래들

(2) 판넬 내부

4 특징

(1) 소호 원리

① 두 접점 사이의 아크는 접점 간 간격이 커짐에 따라 신장되면서, 아크슈트로 유입한다.

② 절연된 금속판인 Grid에 의해 분할, 냉각되어 전류 영점에서 소호한다.

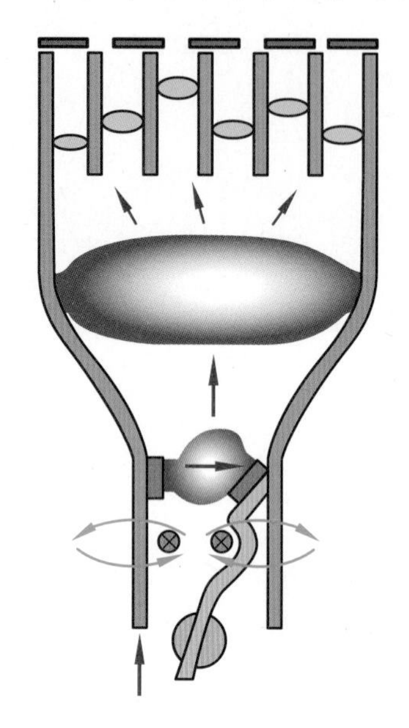

(2) 구조 및 명칭

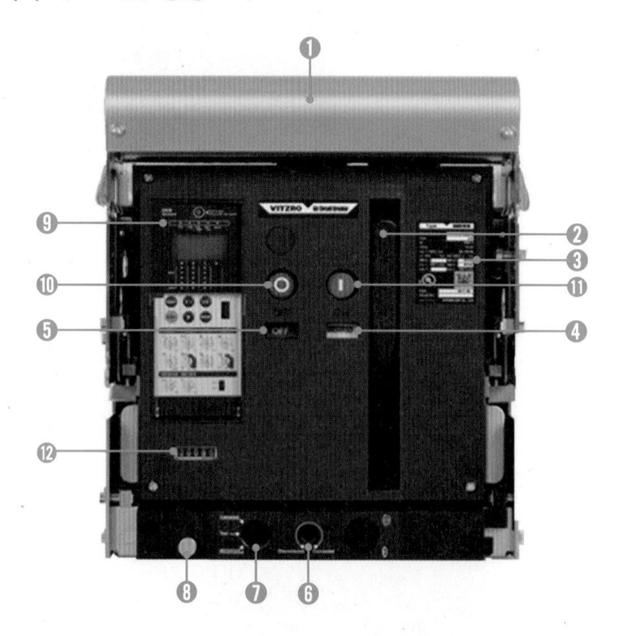

❶ 제어단자 안전 커버
❷ 수동 Charge 핸들
❸ 정격명판
❹ Charge/Discharge 표시기
❺ ON/OFF 표시기
❻ 인입출 핸들 삽입구
❼ 인입출 표시기
❽ 인입출 핸들
❾ 보호계전기
❿ OFF 버튼
⓫ ON 버튼
⓬ 카운터

(3) 기타 사항

① 단락 · 지락 · 과부하 보호용으로 사용할 수 있다.

② 기중차단기 과부하 트립 장치는 순시, 단한시, 정한시 3가지 특성을 가지고 있으며 보호 대상에 따라 조합하여 사용한다.

10 배선용 차단기(MCCB, Molded Case Circuit Breakers)

1 개요

① 저압회로의 과부하 및 단락 등의 사고 발생 시 자동적으로 전로를 차단하여 보호한다.
② 인입구, 간선 그리고 분기회로에 사용한다.

2 구조 및 동작 원리

(1) 구조

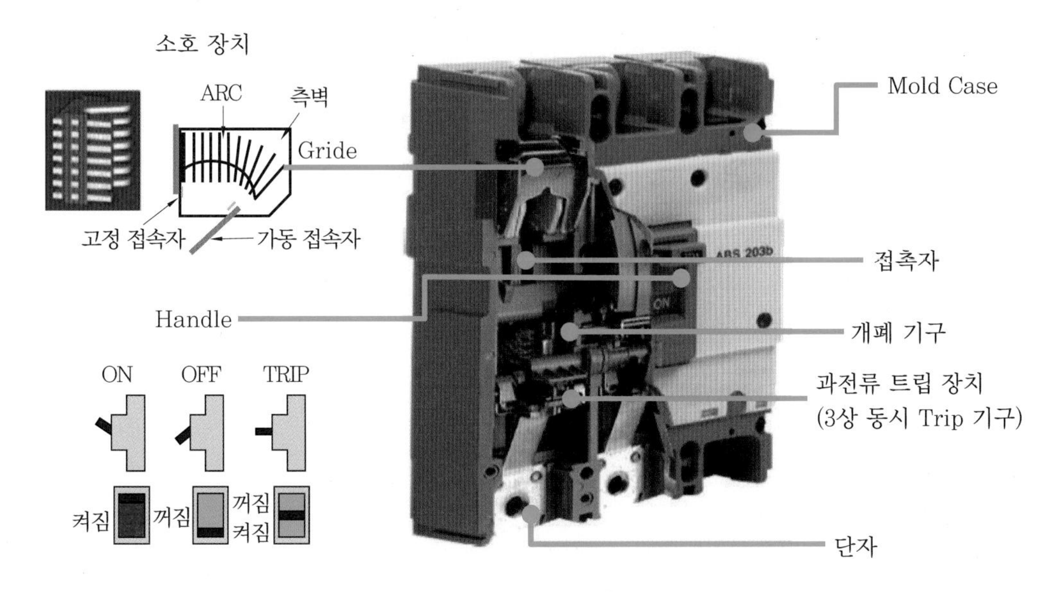

(2) 동작 원리

① 열동 전자식 : 바이메탈 및 전자석의 원리를 이용한다.
② 전자식 : CT와 반도체 Relay를 적용하여, CT에 의해 검출된 전류를 판단하여 동작한다.

(3) 동작 특성 곡선

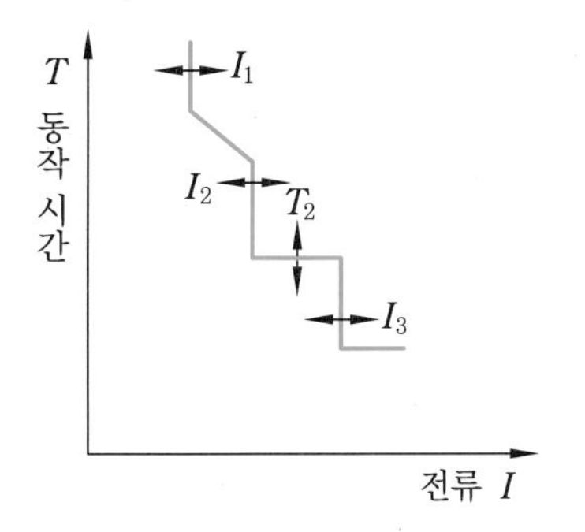

전자식 MCCB의 동작 특성 곡선

3 적용 기준

(1) 주택용 배선 차단기

① 동작 특성

정격 전류의 구분	시간	정격 전류의 배수(모든 극에 통전)	
		부동작 전류	동작 전류
63A 이하	60분	1.13배	1.45배
63A 초과	120분	1.13배	1.45배

② 순시트립 전류에 따른 차단기 분류(B, C, D)

Type	순시트립 범위
B	$3I_n$ 초과 ~ $5I_n$ 이하
C	$5I_n$ 초과 ~ $10I_n$ 이하
D	$10I_n$ 초과 ~ $20I_n$ 이하

* 여기서, I_n : 차단기 정격 전류

(2) 산업용 배선 차단기

① 동작 특성

정격 전류의 구분	시간	정격 전류의 배수(모든 극에 통전)	
		부동작 전류	동작 전류
63A 이하	60분	1.05배	1.3배
63A 초과	120분	1.05배	1.3배

4 기타 사항

(1) 캐스캐이딩(Cascading) 차단 방식

① 경제적으로 차단기를 사용하는 방식이다.

② 상위 차단기가 선로의 최대 단락전류를 차단할 수 있다.

③ 하위 차단기는 선로용량보다 낮은 차단용량을 사용하고 상위 차단기의 차단 협조를 받아야 한다.

11 누전 차단기

"기존" ELB(Earth Leakage Breaker) [일본]
"변경" RCD(Residual Current Device) [IEC]

1 개요

① 누전으로 인한 인체의 감전 사고 및 화재를 예방한다.
② 과부하 및 단락 시 차단하여 기기를 보호한다.

2 구조 및 동작 원리

(1) 구조

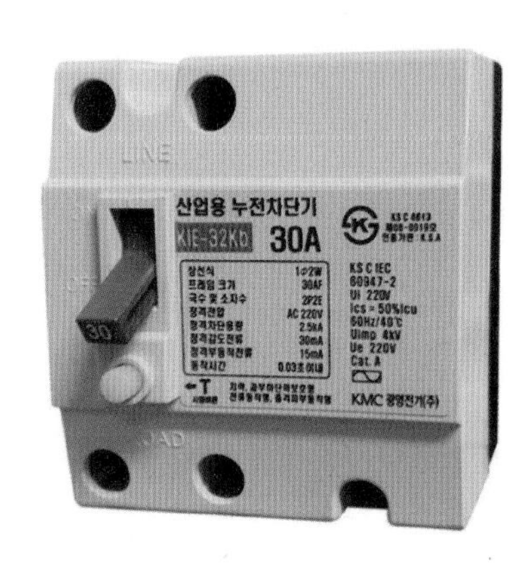

(a) 누전 차단기 외관

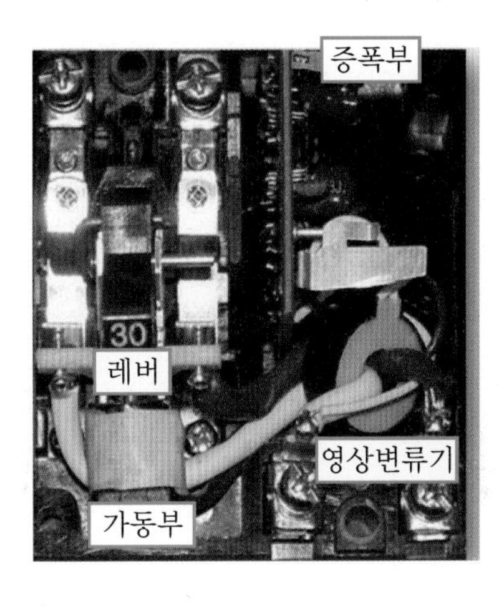

(b) 누전 차단기 내부

(2) 동작 원리

① 유입 전류와 유출 전류의 차를 감지하여 동작한다.

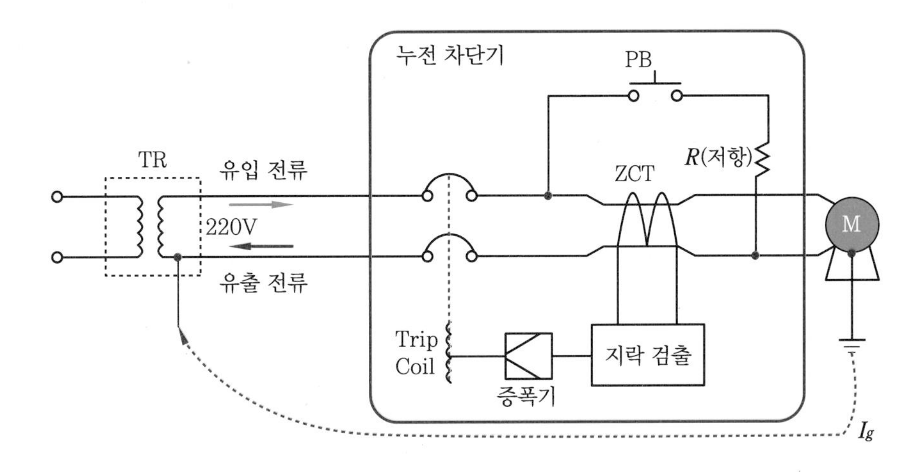

3 누전 차단기의 종류 및 정격 감도 전류

구분		정격 감도 전류(mA)	동작 시간
고감도형	고속형	5, 10, 15, 30	• 정격 감도 전류에서 0.1초 이내 (인체 감전 보호용은 0.03초 이내)
	시연형		• 정격 감도 전류에서 0.1초 초과 2초 이내
	반한시형		• 정격 감도 전류에서 0.2초 초과 1초 이내 • 정격 감도 전류 1.4배에서 0.1초 초과 0.5초 이내 • 정격 감도 전류 4.4배에서 0.05초 이내
중감도형	고속형	50, 100, 200	• 정격 감도 전류에서 0.1초 이내
	시연형	500, 1000	• 정격 감도 전류에서 0.1초 초과 2초 이내
저감도형	고속형	3000, 5000	• 정격 감도 전류에서 0.1초 이내
	시연형	10000, 20000	• 정격 감도 전류에서 0.1초 초과하고 2초 이내

일반적으로 누전 차단기의 최소 동작 전류는 정격 감도 전류의 50% 이상, 정격 감도 전류가 10[mA] 이하인 것은 최소 동작 전류가 60% 이상으로 구분한다.

4 기타 사항(명판)

① 정격 감도 전류 : 고감도형(15[mA], 30[mA]), 중감도형, 저감도형이 있다.

② 동작 시간

(가) 고속형, 시연형, 반한시형이 있다.

(나) 인체 보호용 0.03(초)과 산업용 0.1(초)으로 구성된다.

③ 정격 부동작 전류 : 정격 감도 전류의 50% 이하로 설정한다.

④ 제조사를 표기한다.

⑤ 정격 차단 전류 : 고장 전류를 차단할 수 있는 용량이다.

12 자동 절환 스위치(ATS, Automatic Transfer Switch)

1 개요

① 정전 등의 이유로 공급전원이 차단되면 수용가의 비상 발전기 등의 예비전력으로 자동 전환하는 스위치이다.

② 일반적인 ATS는 개방 절체(Open Transition)이며, 이와 달리 폐쇄형 절체를 하는 CTTS(Closed TRansition TRansfer Switch)가 있다.

2 작동 순서

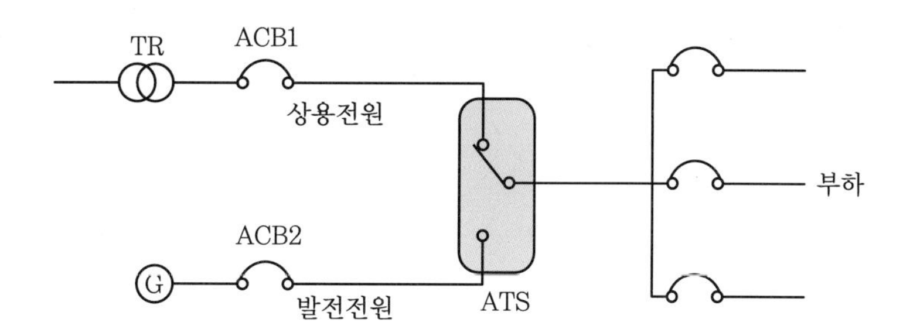

① 상용전원이 정전되면 발전기가 가동되고, ACB2는 투입, ATS는 절체되어 부하에 전원을 공급한다.

- 발전기 운전 시 ACB1은 개방한다.

② 상용전원이 복구되면 ACB2는 개방되고, ATS는 발전전원에서 상용전원으로 전환된 후 부하에 전원을 공급한다.

- 상용전원 운전 시 ACB2는 개방한다.

3 설치 사진

(1) 기기 사진

(a) ACB 외관

(b) 판넬 내부

4 구조

(1) 한전 측 제어 전원

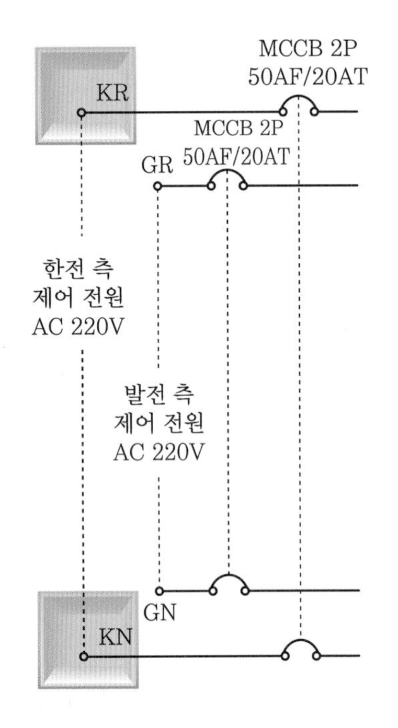

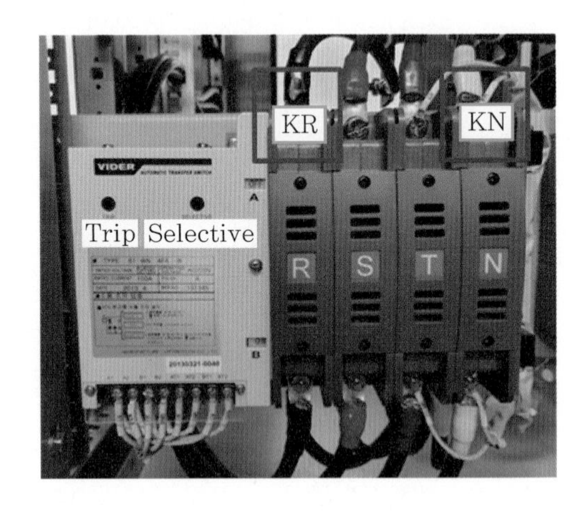

(2) 발전 측 제어 전원

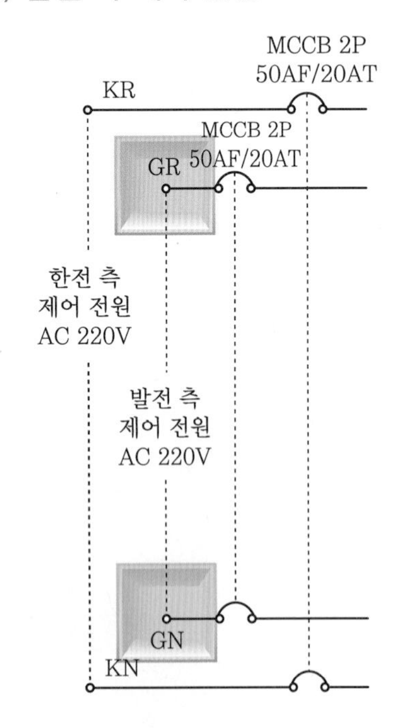

(3) ATS 제어 단자

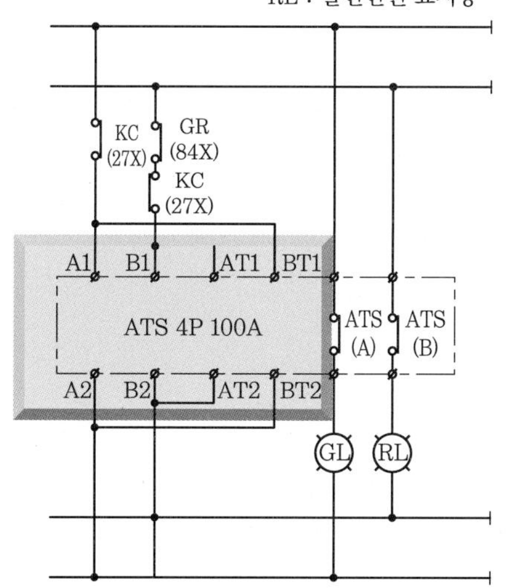

5 정전 시 신호 검출 방안

① 부족전압계전기(UVR) 방식
② 진공차단기(VCB) 접점 방식
③ ACB 2차 전원 방식
④ ATS 한전 Relay 방식

6 점검사항

① 발전기 자동 동작 여부를 확인한다.
㈎ 발전기 ACB 자동 투입을 확인한다.
㈏ 엘리베이터 및 공용전기 공급 여부를 확인한다.

② ACB가 투입되지 않았을 때
㈎ ACB가 자동 투입되지 않았을 때, 발전기 판넬을 열어 수동 투입(Close 버튼)한다.
㈏ 수동 투입도 안 될 경우, 레버를 앞으로 몇 번 당겨서 충전(Charged) 후 투입한다.
㈐ 발전기 전압, 주파수, RPM, 냉각수 온도 등이 적정치인지 확인한다.

③ 전기가 공급되지 않았을 때
㈎ Main ATS 및 공용 ACB가 정상적으로 투입되었는지 확인한다.
㈏ 투입되지 않았을 때, ATS는 수동으로 돌리고 GEN 버튼을 누르고, ACB를 투입한다.
㈐ 그래도 투입되지 않았을 때 판넬을 열어 수동 조작으로 투입한다.
㈑ 부하 설비에 정상적으로 전기가 공급되는지 재확인한다.

④ 한전 측 복전 시
㈎ UVR등 계전기 동작을 확인 후, 부저를 멈추고 리셋을 누른다.
㈏ VCB가 투입되지 않을 경우, 판넬 내부 본체의 투입 버튼을 눌러 투입하거나, 충전 후 투입한다.

수변전설비 실습

1 LBS

1 제어 전원 투입(정류기반)

① 정류기 판넬을 Open한다.

② 단계별 투입을 진행한다.

(가) Main AC를 투입한다.

- MCCB#1(AC INPUT)

(나) Main DC를 투입한다.

- MCCB#2(DC OUTPUT)

(다) LBS 판넬 DC를 투입한다.

- MCCB#4 L.B.S

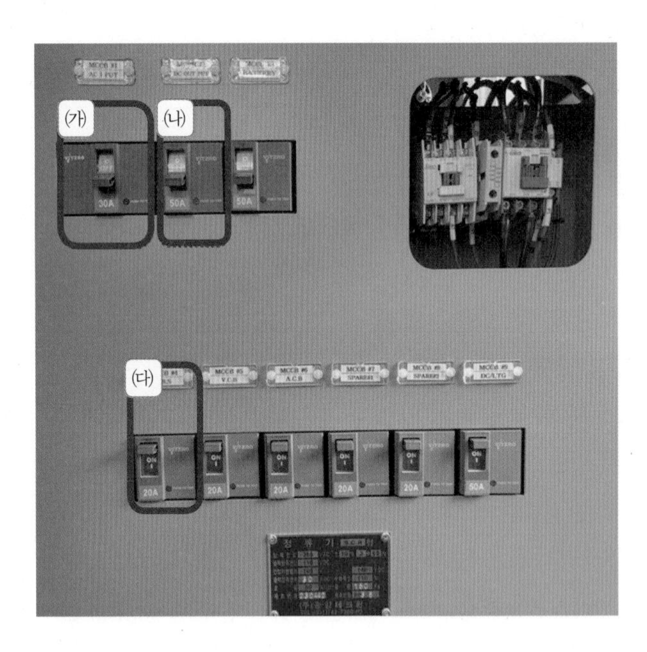

2 제어 전원 투입(LBS 판넬)

① 판넬 Door를 Open한다.

② 우측면 MCCB 3개 중 MCCB(LBS 전원)를 투입한다.

③ 제어 전원으로 Local을 조작한다.

(가) 판넬 전면 Local/Remote 스위치를 Local로 위치한다.

㈏ PULL TURN 스위치를 몸쪽으로 당긴 상태에서 On 방향으로 조작한다.

- 전면 램프(On 적색) 점등을 확인한다.
- 판넬 측면에서 접점 연결 상태를 확인한다.

㈐ PULL TURN 스위치를 몸쪽으로 당긴 상태에서 Off 방향으로 조작(램프, 녹색 확인)한다.

- 전면 램프(Off 녹색) 점등을 확인한다.
- 판넬 측면에서 접점 해체 상태를 확인한다.

3 수동 조작(제어 전원이 정상 작동하지 않을 때)

① 판넬 Door를 Open하고, 우측 하단의 핸들 조작부 위치를 확인한다.

② LBS 조작 시 유의 사항(노란색 스티커)을 확인한다.

③ 수동 On으로 조작한다.

㈎ 조작 핸들을 끼워 유의 사항의 내용과 같이 우측 방향으로 약 30~45회 돌린다(램프 확인, 연결 상태 확인).

㈏ 20회 정도까지는 하중 상태에서, 나머지는 비하중 상태에서 회전한다.

④ 수동 Off로 조작한다.

㈎ 조작 핸들을 우측 방향으로 2~5회 돌린다(램프 확인, 해체 상태 확인).

㈏ 투입 완료 후에는 공회전을 가급적 금한다.

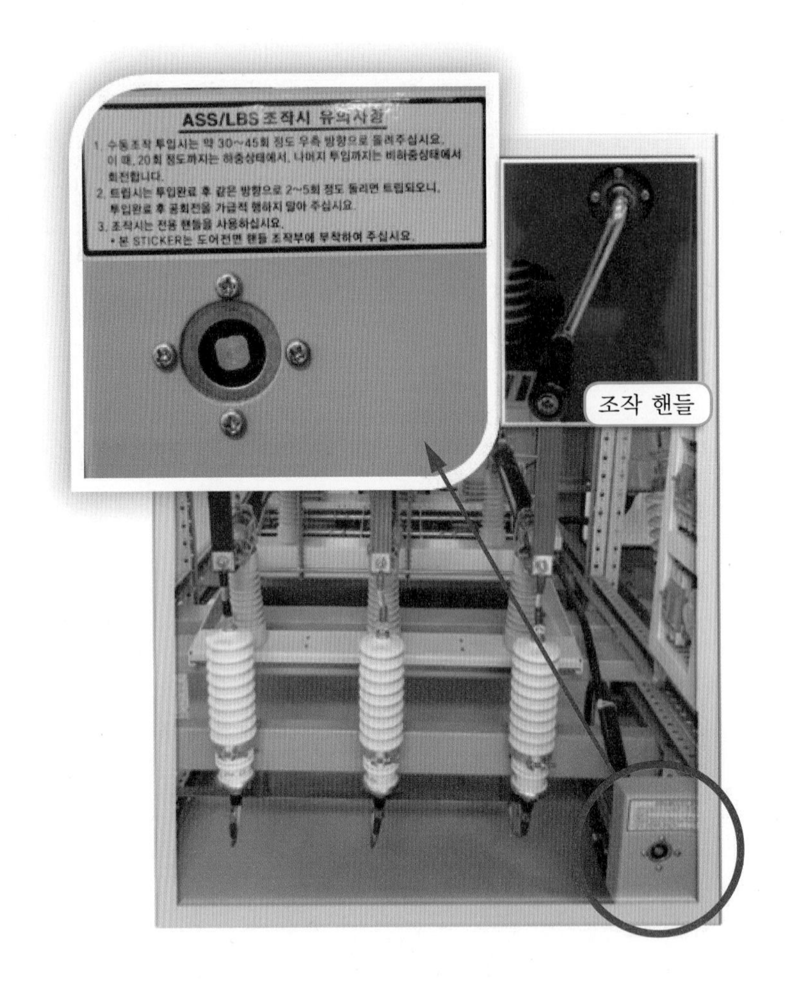

4 파워 퓨즈 저항 Check

① 파워 퓨즈를 LBS에서 해체하여 평탄한 장소로 이동한다.

② 저항 측정계를 이용하여 파워 퓨즈 양단 간의 저항을 측정한다.

③ 저항 수치를 확인한다.

(가) 약 1Ω 정도(참고치) 확인한다.

(나) 신품은 약 0.1Ω 정도 확인한다.

(다) 고장으로 양단이 끊어지면 개방(OL)으로 표시한다.

(라) 3상을 측정하여 비교 확인한다.

2 전력 퓨즈

퓨즈에 이상이 발생했을 때 이상의 원인을 파악한 후 교체를 실시한다.

1 부하 차단 및 방전 실시

(1) 전원 차단 순서

① 부하용 MCCB를 Off한다.
② 저압 차단기(ACB)를 Off한다.
③ 고압 차단기(VCB)를 Off한다.
④ 부하 개폐기(LBS)를 Off한다.

(2) 방전 진행 순서

① 방전장치를 접지선에 연결한다.
② PF 1, 2차 측 방전을 실시한다.

PF 1차 측 방전

(3) 검전 및 접지 진행 순서

① 검전기를 이용하여 잔류전하 유무를 확인한다.
② PF 1, 2차 측을 접지한다.

검전 실시

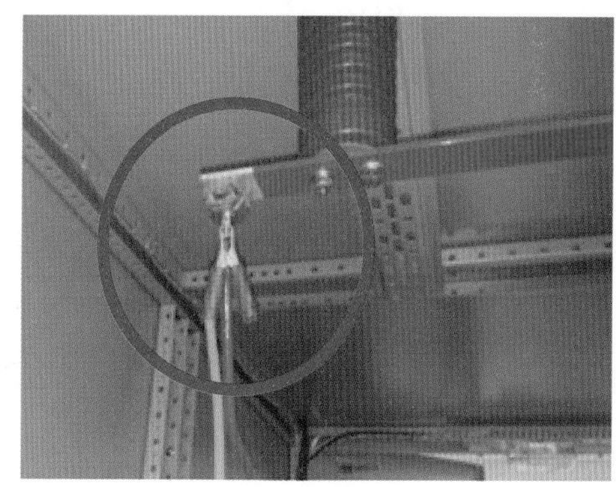
접지 실시

2 파워 퓨즈 개방

① PF Hook-eye에 단로기(DS)봉을 건다.
② 단로기(DS)봉을 몸쪽(아래)으로 잡아당겨(한순간의 힘으로 홀더에서 분리), PF를 개방시킨다.
③ PF가 하부로 위치할 때까지 단로기(DS)봉을 잡는다.
④ 투입은 반대 순으로 진행한다.

DS봉 접속

PF 개방(진행)

PF 개방(완료)

3 파워 퓨즈 교체

① 퓨즈 튜브를 홀더로부터 분리한다.

퓨즈 튜브 분리 및 구성품 확인

② 렌치(14mm) 등을 이용하여 상단 금구의 볼트를 풀어 금구류를 분리시킨다.

- 비한류형 퓨즈 안에는 붕소 가스가 압축되어 있어 퓨즈 폭발 시 반동에 의해 퓨즈가 튀어 오를 수 있으므로 퓨즈 작업 시에는 반드시 옆으로 눕혀 놓은 상태에서 작업을 한다.

③ 하단 금구도 분리시킨다.

상부 금구류 볼트 분리

하부 금구류 해체

④ 교체할 전력퓨즈는 상 · 하단에 접속된 금구류와 동일한 제조사의 제품을 사용한다.

⑤ 먼저 하단 금구를 조립한다.

- 하단 금구의 후크 고리가 아래로 향하게 하여, 퓨즈 유닛의 로케이팅 핀과 결합되도록 끼우고 조임 나사를 채운다.

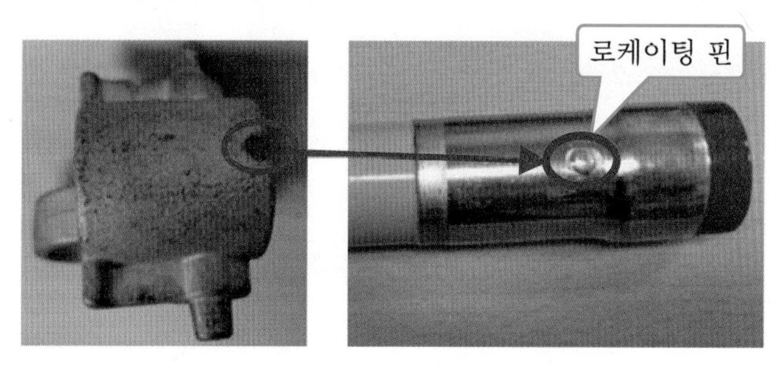

하단 금구류 접속 (1)

⑥ 하단 금구 접속 시 퓨즈 돌출부(로케이팅 핀)가 하단 금구 접속부에 들어가도록 고정한다.

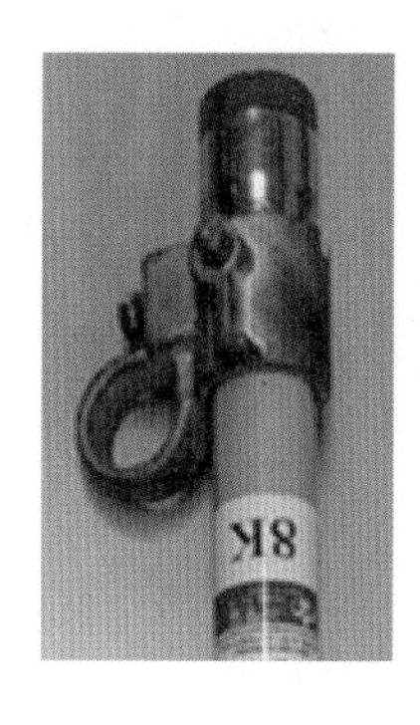

하단 금구류 접속 (2)

⑦ 볼트를 조인다. 또한 볼트 하부 너트도 조여, 풀리지 않도록 고정한다.

⑧ 다음으로 상단 금구를 끼워 준다.

(가) 상단 금구 안쪽에 로케이팅 핀이 퓨즈 상부 로케이팅 슬롯에 결합되도록 끼우고 조임 나사를 채워 준다.

㈏ 상단 금구를 접속하여 토크렌치를 이용하여 고정한다(볼트 사이즈 M8(14mm)일 때, 토크는 120[kg · cm]).

※ 퓨즈 유닛 교환 시 분해한 상 · 하단 금구는 반복 사용할 수 있다. 다만, 아크로 접점부 손상이 심한 경우, 신품으로 교환이 필요하다.

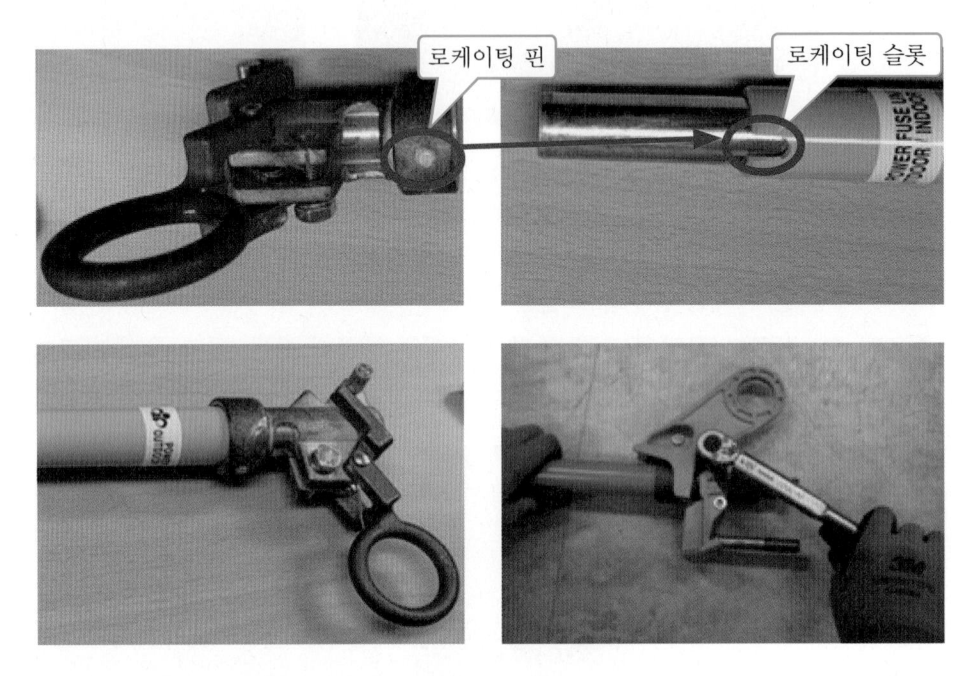

상부 금구류 접속

⑨ DS봉을 이용하여 파워 퓨즈를 투입한다.

DS봉을 이용한 파워 퓨즈 투입

4 파워 퓨즈 이상 유무 점검

① 테스터기를 이용하여 파워 퓨즈 양단의 저항을 측정한다.

② 측정값이 1[Ω] 정도인지, 또는 3상 간의 차이를 확인한다.

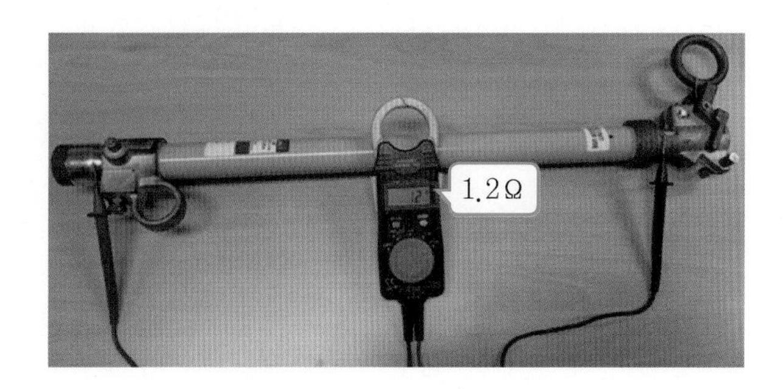

파워 퓨즈 양단 저항 측정(1.2Ω 정상)

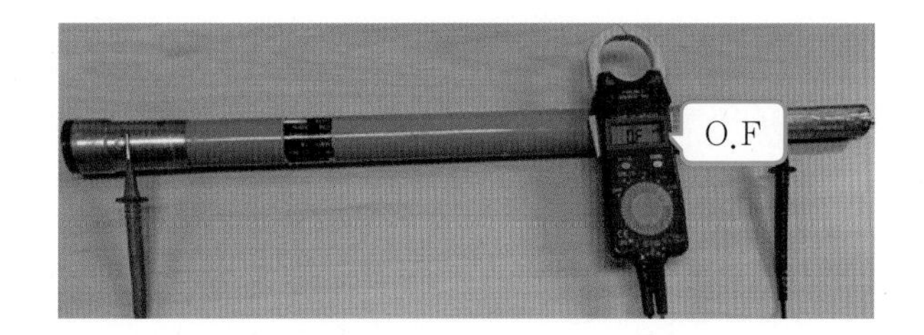

파워 퓨즈 양단 저항 측정(O.F 부적합)

3 COS

퓨즈에 이상이 발생했을 때 이상의 원인을 파악한 다음 교체한다.

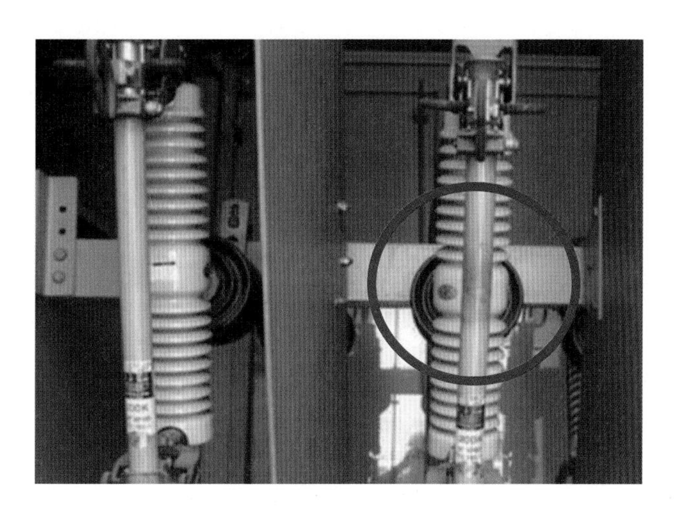

퓨즈 튜브(tube) 변색

1 부하 차단 및 방전 실시

(1) 전원 차단 순서

① 부하용 MCCB를 Off한다.
② 저압차단기(ACB)를 Off한다.
③ 고압차단기(VCB)를 Off한다.
④ 부하개폐기(LBS)를 Off한다.

(2) 방전 실시

① 방전장치를 접지선에 연결한다.
② COS 1, 2차 측 방전을 진행한다.

COS 1차 측 방전

(3) 검전 및 접지 설치

① 검전기를 이용하여 잔류전하 유무를 확인하다.
② COS 1, 2차 측 접지를 실시한다.

검전 실시

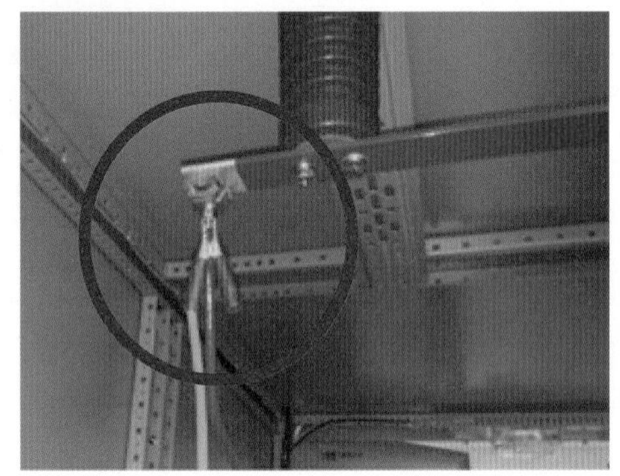

접지 실시

2 COS 개방

① COS Hook-eye에 단로기(DS)를 건다.
② 단로기(DS)봉을 몸쪽(아래)으로 잡아당겨(한순간의 힘으로 홀더에서 분리), COS를 개방시킨다.
③ COS가 하부로 위치할 때까지 단로기(DS)봉을 잡는다.
④ 투입은 반대 순으로 진행한다.

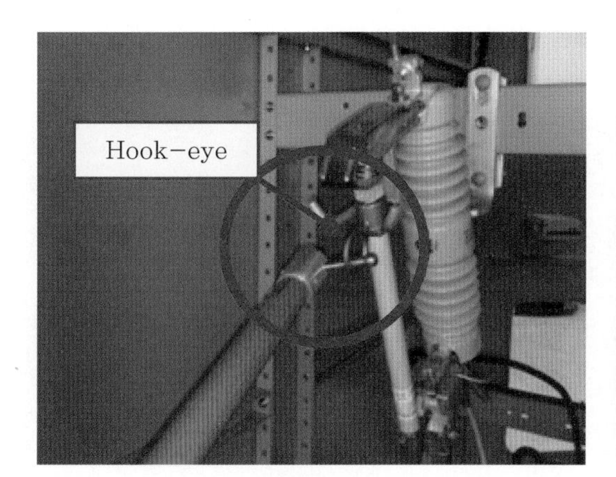

DS봉 접속

COS 개방(진행)

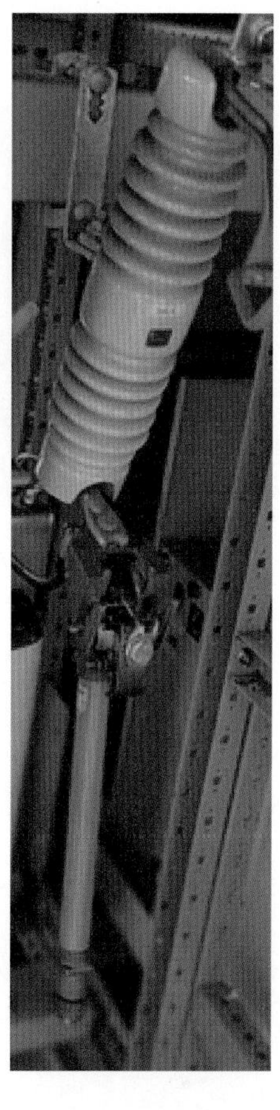

COS 개방(완료)

3 COS 퓨즈 교체

① 퓨즈 튜브를 홀더로부터 분리한다.

② 퓨즈 튜브 구성을 확인한다.

퓨즈 튜브 분리

퓨즈 튜브 구성 확인

③ 퓨즈선 지지 볼트를 해제시키고, 퓨즈선은 분리한다.

④ 퓨즈 고정 볼트를 해제한다.

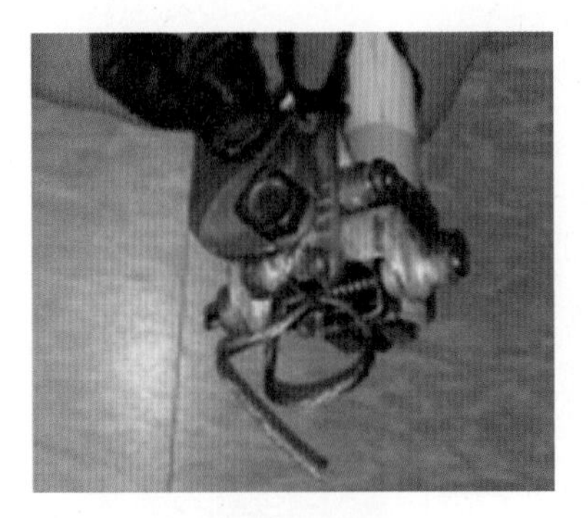

퓨즈선 지지 볼트 해제

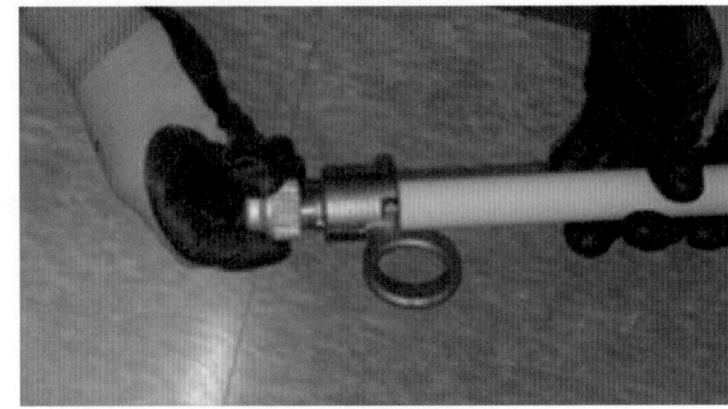

퓨즈 고정 볼트 해제

⑤ 퓨즈를 제거한다.

⑥ 새 퓨즈를 삽입하고, 퓨즈 고정 볼트를 조여 고정한다.

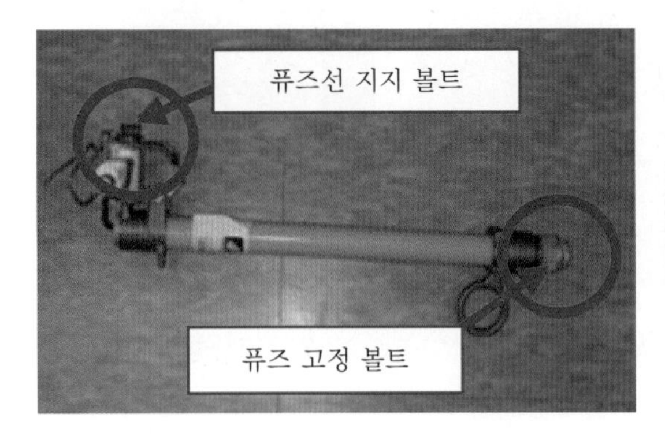

퓨즈 제거

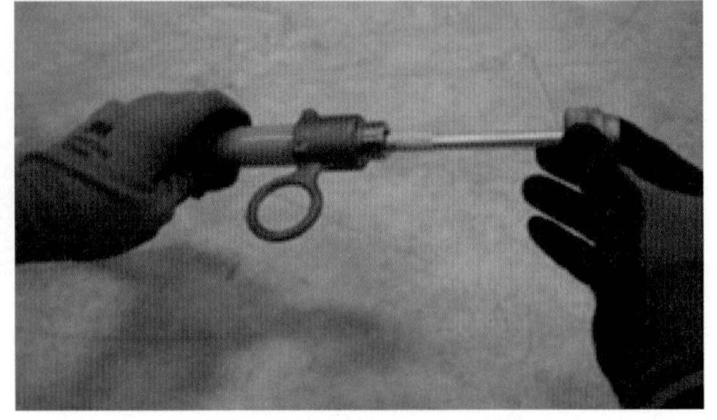

새 퓨즈 삽입

⑦ 퓨즈 튜브에서 퓨즈선이 나오면 엄지손가락을 이용하여 트립 장치를 눌러 선을 당긴다.

⑧ 퓨즈선 지지 볼트에 한 바퀴 정도 감고, 스패너를 이용하여 고정한다. (이때 퓨즈선은 볼트 조임에 의해 장력이 발생할 수 있으므로, 볼트의 방향과 반대 방향으로 감아준다.)

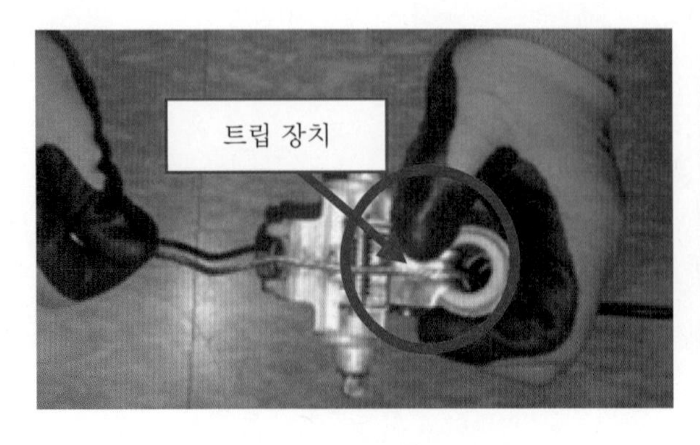

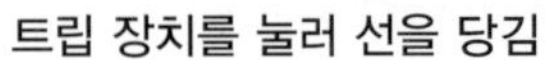

트립 장치를 눌러 선을 당김

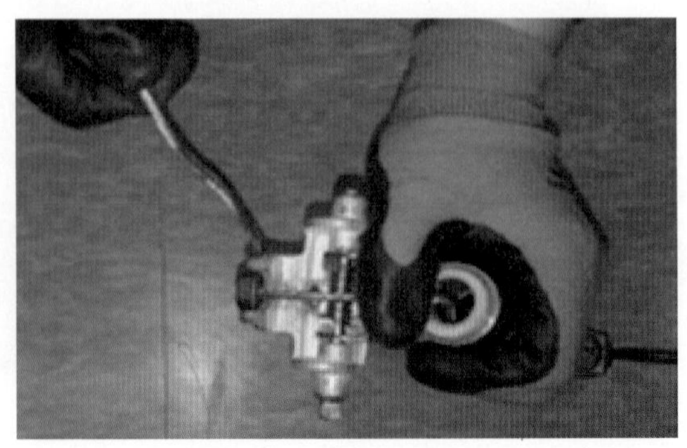

퓨즈선 지지 볼트에 감음

⑨ 지지 볼트를 조인다. (너무 심하게 당기면 퓨즈 접촉 부분이 끊어질 수 있으니 주의한다.)

⑩ 단로기(DS)봉을 이용하여 COS를 투입한다.

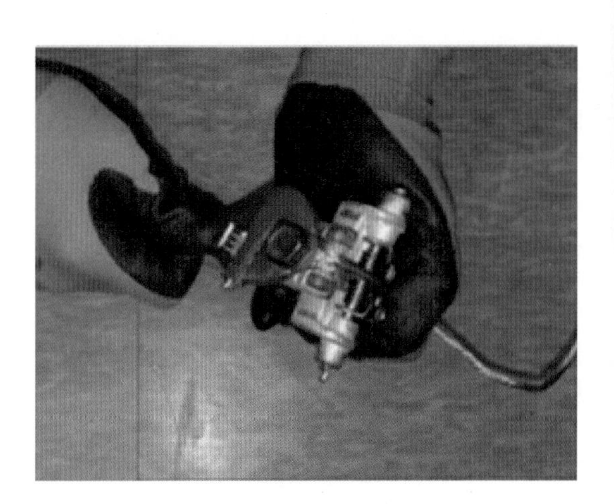

지지 볼트를 조임

DS봉을 이용한 COS 투입

4 CT

CT 결선방식에 따른 2차 전류를 알 수 있다.

1 정 결선

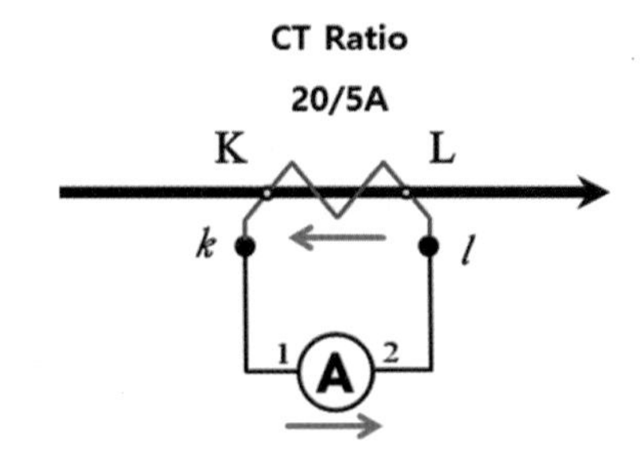

(1) 1차 전류 : 20[A]

이때 전류계 Ⓐ의 전류(2차 전류) : (　　)[A]

답 5

2 직렬 결선

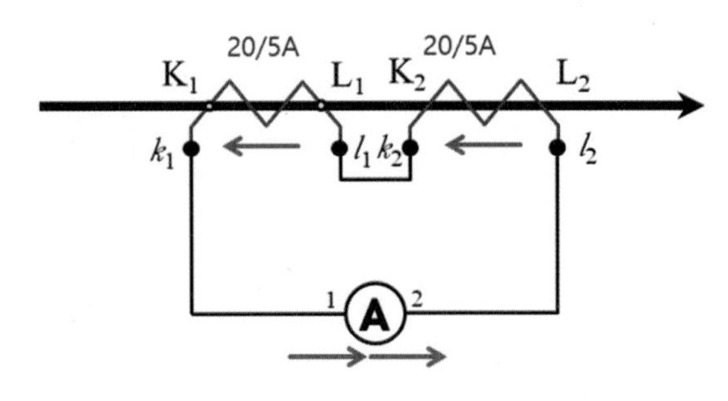

(1) 1차 전류 : 20[A]

이때 전류계 Ⓐ의 전류(2차전류) : (   )[A]

답 5

3 병렬 결선

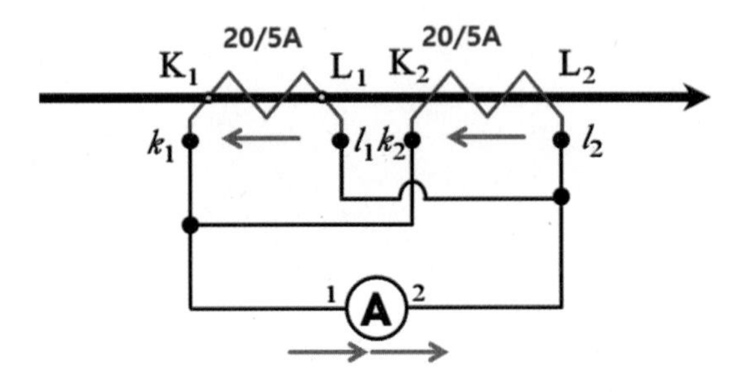

(1) 1차 전류 : 20[A]

이때 전류계 Ⓐ의 전류(2차 전류) : (   )[A]

답 10

4 Y 결선

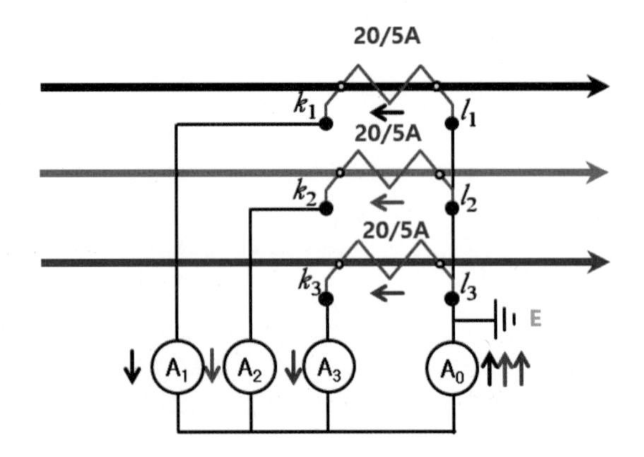

(1) 1차 전류 : 20[A]

이때 전류계 Ⓐ의 전류(2차 전류) : A1, A2, A3, A0 (,   ,   ,   )[A]

답 5, 5, 5, 0

5 VCB

진공 차단기의 On, Off에 대해 조작하고, 조작 전원(또는 축전지)이 상실되었을 때, 수동 조작할 수 있는 방법을 알 수 있다.

1 제어 전원 투입(정류기반)

① 정류기 판넬을 Open한다.

② 단계별 투입 순서

(가) Main AC를 투입한다. – MCCB #1(AC INPUT)

(나) Main DC를 투입한다. – MCCB#2(DC OUTPUT)

(다) VCB 판넬 DC를 투입한다. – MCCB#5 VCB

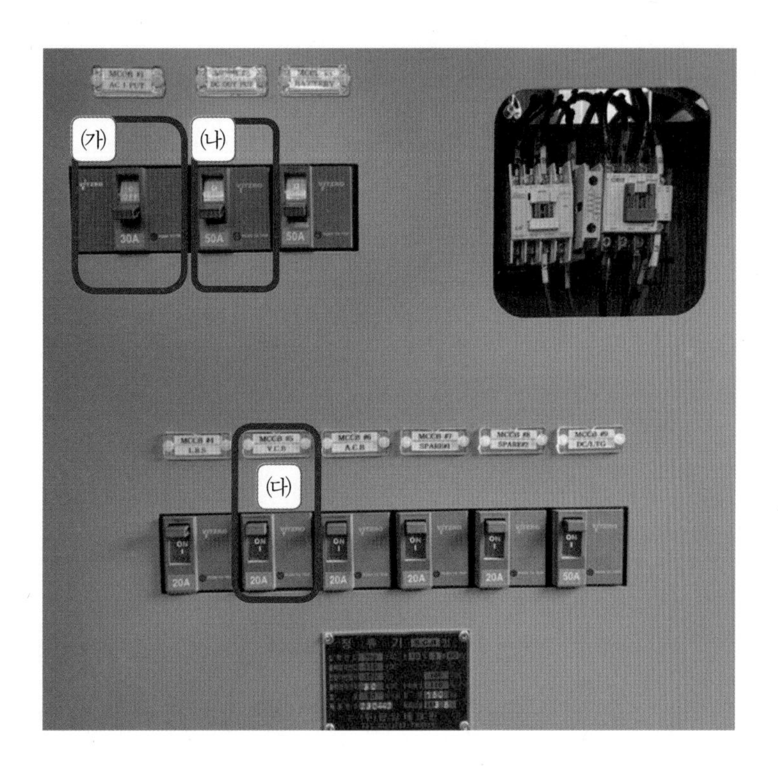

2 제어 전원 투입(VCB 판넬)

① 판넬을 Door Open한다.

② 우측면 MCCB 2개 중 MCCB(VCB 전원)를 투입한다.

3 제어 전원으로 Local 조작 순서

① 판넬 전면 Panel과 Gipam(또는 Local과 Remote) 스위치를 Panel(또는 Local)로 위치한다.

② PULL TURN 스위치를 몸쪽으로 당긴 상태에서 On 방향으로 조작한다.

- 전면 램프(On 적색) 점등을 확인한다.

③ PULL TURN 스위치를 몸쪽으로 당긴 상태에서 Off 방향으로 조작(램프, 녹색 확인)한다.

㈎ 전면 램프(Off 녹색) 점등을 확인한다.

㈏ Gipam(또는 Remote) 상태에서 조작이 되면 안 되므로, PULL TURN 스위치를 조작하여 이를 확인한다.

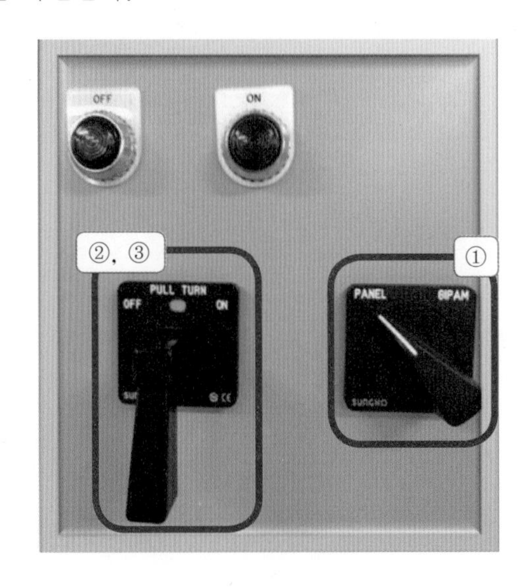

4 수동 조작(제어 전원이 정상 작동하지 않을 때)

① 판넬 Door를 Open하고, 차단기 상부 핸들 조작부 위치를 확인한다.
② VCB 조작 시 사용 설명서를 숙지한다.
③ 수동 On 조작 순서
　(가) 조작 핸들을 끼워, Charge Indicator 상태가 될 때까지 우측으로 돌린다(노란색 CHARGE 표시 확인).
　(나) On/Off 버튼을 눌러 투입을 확인한다.
④ 수동 Off 조작 순서
- Charge Indicator 상태에서 조작 가능하며, Discharge 상태일 때에는 조작 핸들을 끼워 다시 Charge 동작을 반복한다.

5 VCB 인출 조작 순서

① 차단기가 Off 상태인지 반드시 확인 후 조작한다.
② 좌측 하단의 인터록 레버를 들어 올린 상태(잠금 장치 해제)에서 사진과 같이 핸들을 끼우고 당긴다(잠금 장치 해제 상태에서 손잡이를 잡고 순간적인 힘으로 인출 가능).
③ 계속 인출하여 인터록 로드가 Test 위치 Hole에 Lock되도록 한다.

6 VCB 인입 조작 순서

① 차단기가 Off 상태인지 반드시 확인 후 조작한다.
② 좌측 하단의 인터록 레버를 들어 올린 상태(잠금 장치 해제)에서 차단기를 밀어 후진시킨다.

③ 인출 핸들을 VCB 취부판 사이의 크래들로 끼우고 RUN 스티커가 보일 때까지 밀어서 인입한다.

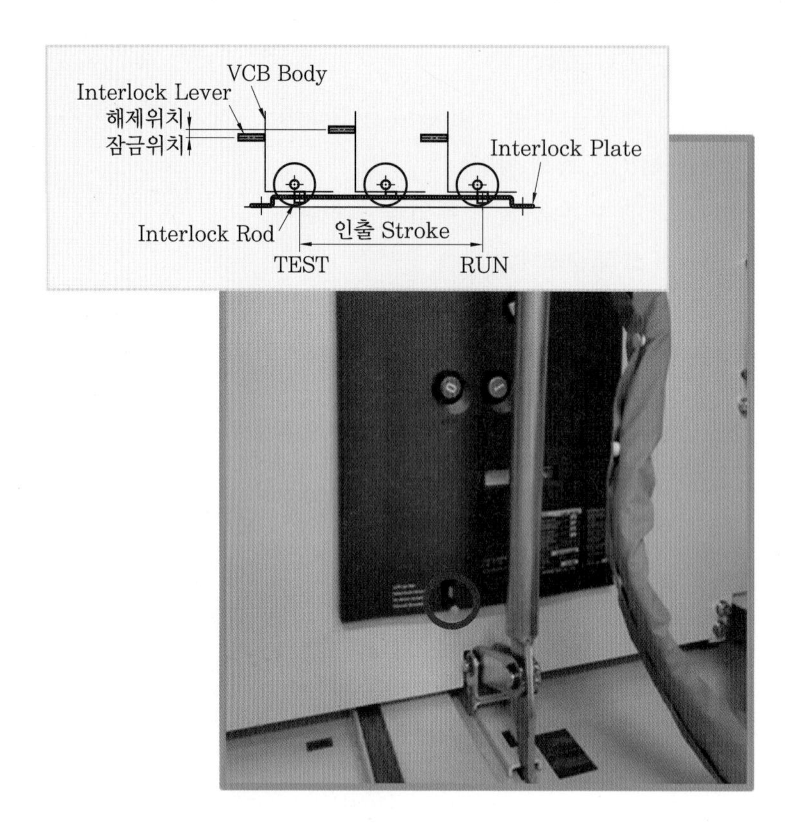

6 ACB

기중차단기의 On · Off에 대해 조작하고, 조작 전원(또는 축전지)이 상실되었을 때, 수동 조작할 수 있는 방법을 알 수 있다.

1 제어 전원 투입 순서(정류기반)

① 정류기 판넬을 Open한다.

② 단계별로 투입한다.

(가) Main AC를 투입한다. – MCCB #1(AC INPUT)

(나) Main DC를 투입한다. – MCCB#2(DC OUTPUT)

(다) ACB 판넬 DC를 투입한다. – MCCB#6 ACB

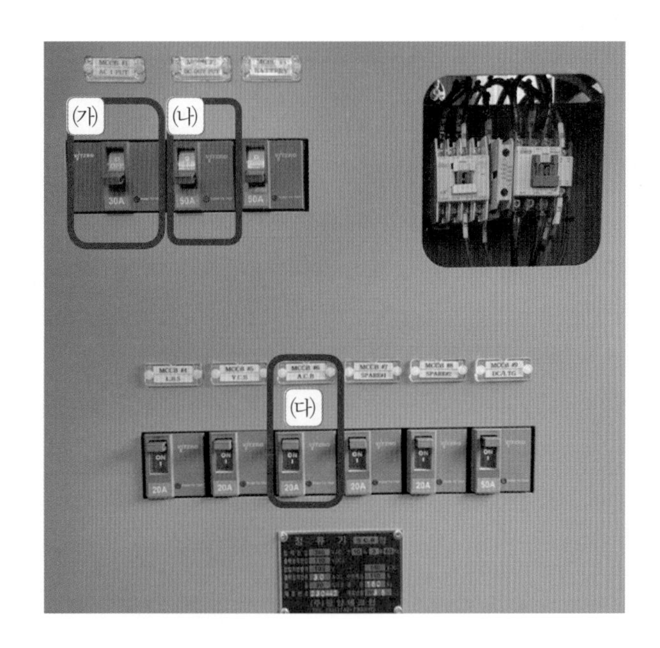

2 제어 전원 투입 순서(ACB 판넬)

① 판넬 Door를 Open한다.

② 상부 우측 MCCB

- MCCB(ACB 전원)를 투입한다.

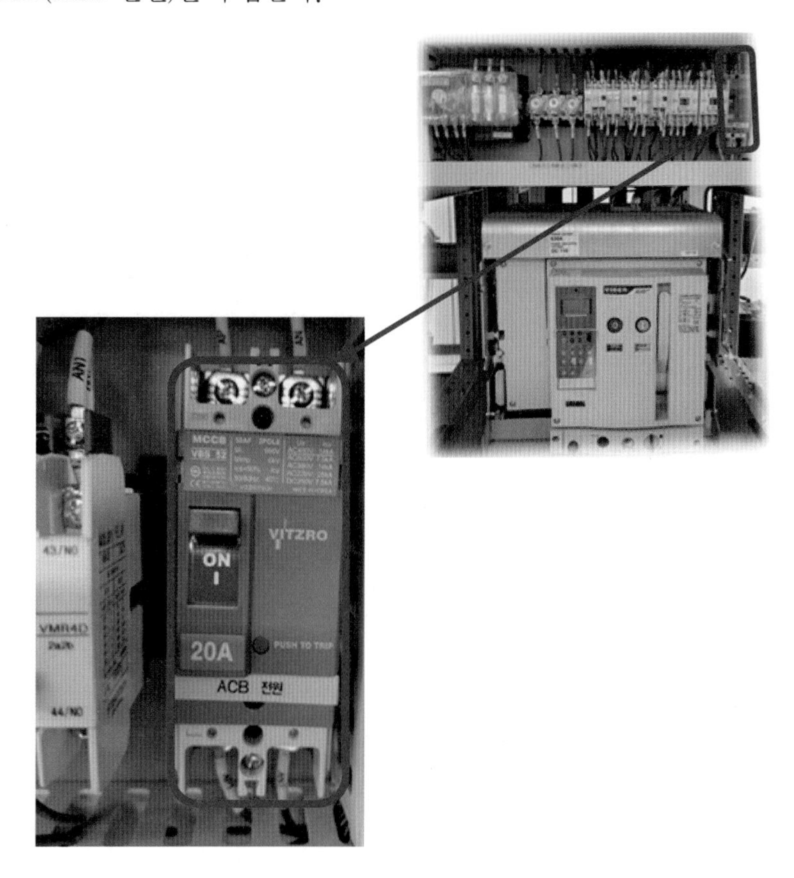

3 제어 전원으로 Local 조작 순서

① 판넬 전면 Local과 Remote 스위치를 Local로 위치한다.

② PULL TURN 스위치를 몸쪽으로 당긴 상태에서 On 방향으로 조작한다.

- 전면 램프(On 적색) 점등을 확인한다.

③ PULL TURN 스위치를 몸쪽으로 당긴 상태에서 Off 방향으로 조작(램프, 녹색 확인)한다.

(가) 전면 램프(Off 녹색) 점등을 확인한다.

(나) Remote 상태에서 조작이 되면 안 되므로, PULL TURN 스위치를 조작하여 이를 확인한다.

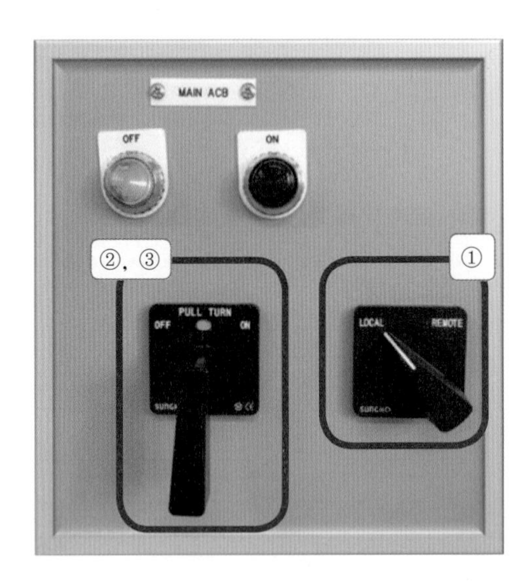

4 수동 조작 순서(제어 전원이 정상 작동하지 않을 때)

① 판넬 Door를 Open하고, 차단기 우측 핸들 조작부 위치를 확인한다.

② ACB 조작 시 사용 설명서를 숙지한다.

③ 수동 On 조작한다.

(가) 핸들을 충전(Charge Indicator) 상태가 될 때까지 아래로 끝까지 여러 차례 내린다. (올림~내림 반복)(약 5~8회)

※ 노란색 충전(CHARGE) 표시를 확인한다.

(나) On 버튼을 눌러 투입을 확인한다.

④ 수동 Off 조작한다.

- 충전(Charge Indicator) 상태에서 조작 가능하며, Discharge 상태일 때에는 핸들을 다시 위 · 아래로 반복한다.

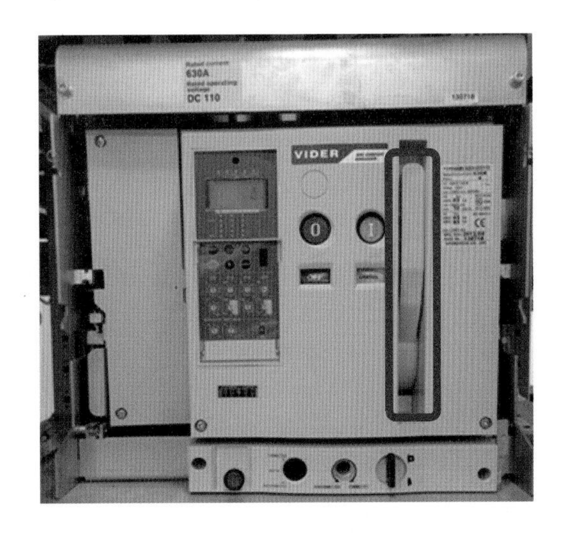

5 ACB 인출 조작 순서

① 차단기가 Off 상태인지 반드시 확인 후 조작한다.

② 조작 핸들을 ⓐ에서 꺼내어 차단기 본체에 있는 ⓑ Hall로 삽입한다.

③ 핸들이 견고하게 들어삼을 확인한 후 ⓒ 패드락 버튼을 누른 뒤 핸들을 반시계 방향으로 회전시킨다.

④ 차단기가 Test 위치에 도달했을 때 인출 잠금 장치는 자동으로 돌출된다.

⑤ 재차 인출 잠금 장치를 누른 후, 핸들을 반시계 방향으로 회전시키면 인출 잠금 장치가 돌출되고 위치 표시기는 Disconnected로 표시된다.

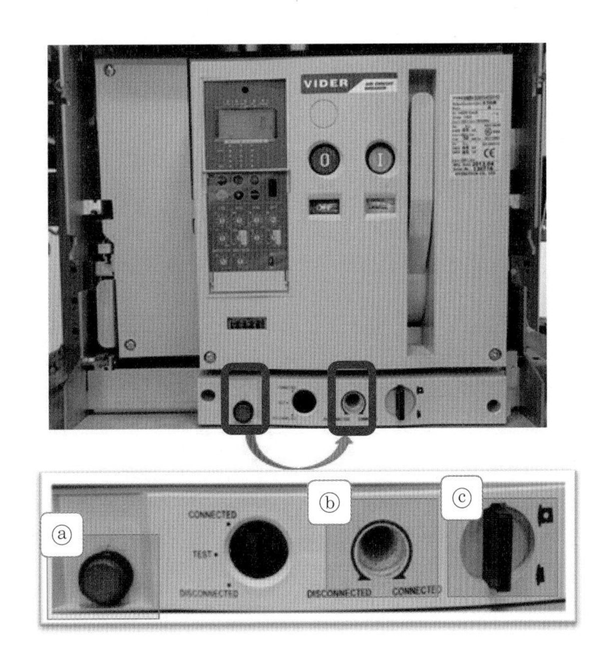

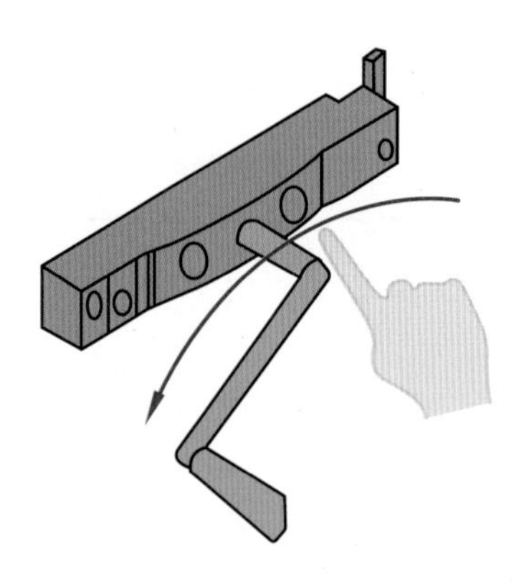

ACB 인출 시 핸들 회전 방향

• 인입 완료

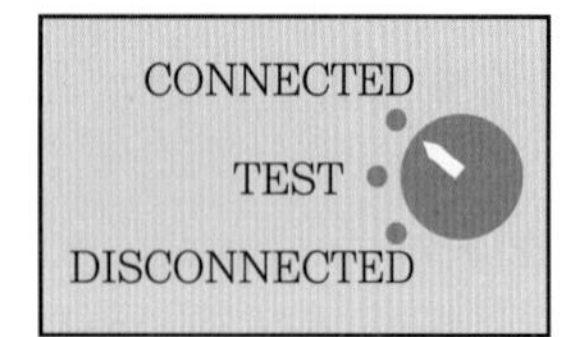

• 시험 위치

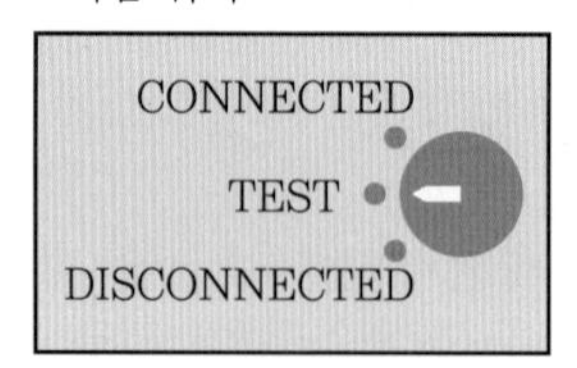

• 인출 완료

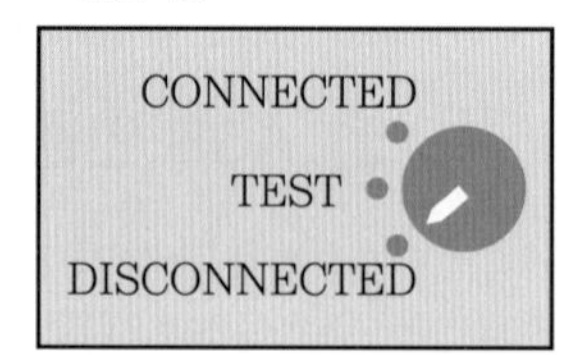

인출 상태

6 ACB 인입 조작 순서

① 차단기가 Off 상태인지 반드시 확인 후 조작한다.

② 조작 핸들을 ①에서 꺼내어 차단기 본체에 있는 ② Hall에 삽입한다.

③ 핸들이 견고하게 들어간 것을 확인한 후 ③ 패드락 버튼을 누른 뒤 핸들을 시계 방향으로 회전시킨다.

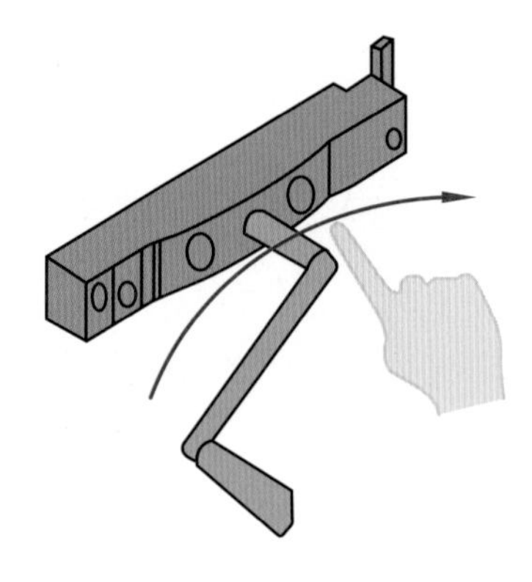

ACB 인입 시 핸들 회전 방향

④ 차단기가 Test 위치에 도달했을 때 인출 잠금 장치는 자동으로 돌출된다.

⑤ 재차 인출 잠금 장치를 누른 후, 핸들을 시계 방향으로 회전시키면 인출 잠금 장치가 돌출되고 위치 표시기는 Connected로 표시된다.

7 ATS

자동 절환 스위치의 자동 또는 수동 운전 방식을 알 수 있다.

1 ATS 자동 운전

① 판넬 전면 MANU과 AUTO 스위치를 AUTO로 전환한다.

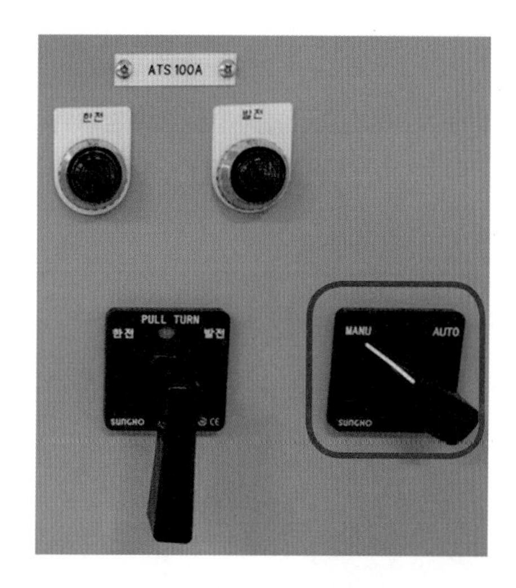

② 판넬 내부 우측 전원 투입 순서

(가) 한전전원(MCCB)을 On한다.

(나) 한전전원을 Off한다.

(다) 발전전원(MCCB)을 On한다.

판넬 전면 Lamp 확인

2 ATS 수동 운전 순서

① 판넬 전면 MANU/AUTO 스위치를 MANU로 전환한다.

② Pull Turn 스위치를 한전 또는 발전 측으로 조작한다.

3 ATS 수동 조작 순서

① 먼저 Trip 부분을 드라이버로 눌러 중립으로 전환 후, 수동 핸들을 “M”에 삽입하고 ↑ 방향으로 조작한다(colse ‘A’, 한전).

② 발전 방향 조작 시에도 먼저 Trip 부분을 드라이버로 눌러 중립으로 전환 후, 수동 핸들을 “M”에 삽입하고 Selective 부분을 드라이버로 누른 상태에서 ↑ 방향으로 조작한다(colse ‘B’, 발전).

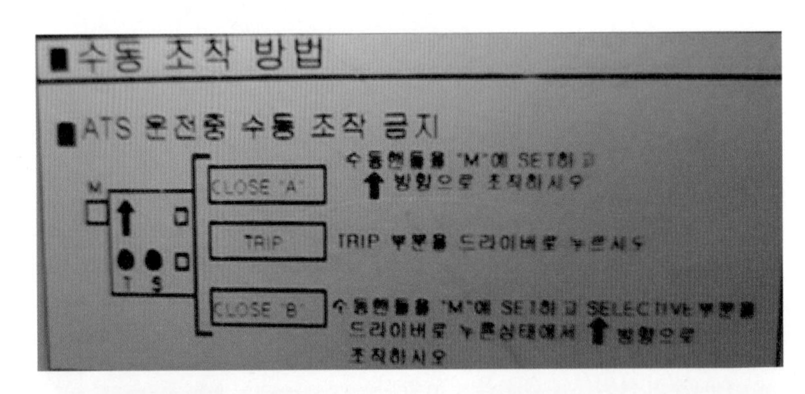

수동 조작 방법 스티커(Sample)

전기설비기초 실기/실습

2024년 8월 10일 인쇄
2024년 8월 15일 발행

저자 : 김홍용 · 김병철 · 오선호
펴낸이 : 이정일

펴낸곳 : 도서출판 **일진사**
www.iljinsa.com

(우) 04317 서울시 용산구 효창원로 64길 6
대표전화 : 704-1616, 팩스 : 715-3536
이메일 : webmaster@iljinsa.com
등록번호 : 제1979-000009호(1979.4.2)

값 30,000원

ISBN : 978-89-429-1945-1